磁化率与土壤侵蚀研究

张科利　刘　亮　于　悦等　著

科 学 出 版 社

北　京

内 容 简 介

土壤侵蚀是全球性生态环境问题之一，其造成的水土流失导致土壤退化和生产力下降，威胁粮食安全，而土壤侵蚀量的定量监测与评价是开展有效防治的前提和基础。本书主要包括土壤磁化率概念、表现特征，以及采样技术和测定方法；土壤磁化率在土壤侵蚀研究中的应用原理及理论基础，以及土壤磁化率与土壤侵蚀强度在不同时空尺度上的对应关系。同时，介绍了运用磁化率指标识别坡面上侵蚀区和沉积区的技术、坡面多年平均土壤流失量估算方法，以及利用磁化率变化对小流域尺度上多年平均土壤流失量进行反演的技术和利用磁物质示踪土壤侵蚀过程和强度的技术方法。最后，通过几个研究案例，系统讲述了利用磁化率识别、追踪和估算土壤侵蚀的全过程。

本书可作为水土保持与荒漠化防治、自然地理学、土壤学、生态学等专业研究生的学习参考书，也对从事土壤侵蚀和水土保持及相关领域的研究人员有重要参考价值。

图书在版编目(CIP)数据

磁化率与土壤侵蚀研究/张科利等著. —北京：科学出版社，2024.6.
—ISBN 978-7-03-078803-0

Ⅰ. S153.2; S157

中国国家版本馆 CIP 数据核字第 2024UF8768 号

责任编辑：朱　丽　赵晶雪/责任校对：郝甜甜

责任印制：徐晓晨/封面设计：蓝正设计

科学出版社 出版

北京东黄城根北街 16 号

邮政编码：100717

http://www.sciencep.com

北京建宏印刷有限公司印刷

科学出版社发行　各地新华书店经销

*

2024 年 6 月第　一　版　开本：787×1092　1/16

2024 年 6 月第一次印刷　印张：22

字数：518 000

定价：258.00 元

(如有印装质量问题，我社负责调换)

前　言

土壤侵蚀是全球性的环境问题之一。由于侵蚀的持续发生，肥沃的表土资源发生流失，导致耕地退化、粮食减产，严重威胁着全球粮食安全。同时，大量流失的土壤进入河道，导致河床淤高，洪水灾害加剧，也严重威胁沿河居民的生命财产安全。因此，土壤侵蚀防治一直受到学者及政府相关部门的广泛关注。为了有效地防治水土流失，必须摸清土壤侵蚀发生规律，并对土壤侵蚀做出定量评价，以便成功有效地指导水土保持。实测资料的获取是开展土壤侵蚀规律研究和水土流失定量评价的基础。然而，土壤侵蚀和水土流失的传统监测是一项费时费力的工作，需要长期不断的积累。因此，在很多情况下，土壤侵蚀研究工作常常会受到资料获取局限性的制约。核素示踪技术的出现，可以说是土壤侵蚀监测的一次革命，不仅解决了传统监测方法的不足，而且还不受时间和地域的限制，但核素技术也存在设备昂贵、样品测试耗时和可用时段较短等不足。因此，将土壤磁化率技术应用于土壤侵蚀研究，尽管存在一定的局限性，但可以通过与其他方法的互补与验证，为土壤侵蚀研究和水土保持实践提供新的途径。

磁性是土壤内在性质之一。土壤磁性强弱与土壤组成物质类型和结构密切相关，磁性物质含量越多，土壤磁性越强。作为土壤磁性研究领域的重大成果，20 世纪 50 年代，Henin 和 Le Borgne 在第五届国际土壤学大会上首次发布了其发现：土壤表土磁性增强现象。不论什么类型的土壤，表层土壤的磁性都最强，随着土壤深度的增加，磁性会逐渐变弱，我们把土壤磁性随深度的分布称为土壤磁性剖面。土壤磁性剖面与自然土壤剖面中黏粒分布趋势极为相似，而土壤黏粒含量及分布趋势又与成土过程及成土环境密切相关，即在一定的环境条件下，必然会发育特定的土壤类型及黏粒剖面，也就决定了土壤磁化率剖面的特征。导致土壤磁化率剖面发生变化只有两种可能：其一，成土环境发生重大变化；其二，土壤剖面发生改变。在自然界中，第一种情况只会发生在漫长的地质时期，而第二种情况可以伴随因人类活动导致的土壤侵蚀而发生。这样，就可以根据土壤磁化率剖面的变化来研究土壤侵蚀发生过程及强度。土壤磁化率是度量土壤磁性强度的定量性指标，可以通过仪器来直接测定，根据土壤磁化率变化就可以定量研究土壤侵蚀。在国家自然科学基金重点项目“西南黄壤区不同尺度土壤侵蚀与泥沙运移规律耦合关系”（41730748）和国家自然科学基金青年科学基金项目“基于磁铁矿粉示踪剂的水蚀定量监测方法的可行性研究”（41701310）、“基于磁化率技术的黑土坡面土壤再分配识别及定量评价研究”（41907045）的支持下，作者对土壤磁化率在土壤侵蚀定量评价中的应用问题开展了系统研究。本书是在结合前人研究的基础上，对近年来作者研究成果的系统总结，包括理论假设、应用原理、测试方法、设备优化、应用案例等，全面系统地介绍了土壤磁化率技术在土壤侵蚀研究中的应用问题。

全书共分为 15 章，全书构架及提纲由张科利拟定，各章编写分工如下：第 2 章、第 15 章，以及第 1 章和第 3 章的部分章节由张科利执笔；第 5 章、第 8 章、第 10 章、第

12 章、第 13 章，以及第 1 章、第 3 章、第 4 章的部分章节由刘亮执笔；第 6 章、第 7 章和第 1 章、第 3 章、第 4 章的部分章节由于悦执笔；第 9 章由丁子涵和张卓栋执笔；第 11 章由曹梓豪执笔；第 14 章由何江湖执笔。全书由张科利统稿，刘亮协助统稿。

由于将土壤磁化率用于土壤侵蚀研究不论在国外还是国内都处于初级阶段，研究积累相对较少，技术本身也有不成熟的地方，希望本书的出版能进一步促进该领域研究工作的不断深入和拓展。同时，作者在此也向书中所提及相关研究工作的全部作者表示感谢。撰写过程中出现考虑不周之处在所难免，希望国内外同行及读者不吝赐教。最后，感谢国家自然科学基金委员会对本书出版的资助。

张科利

2023 年 9 月于北京

目　录

第 1 章　土壤磁化率及其环境意义

1.1　土壤磁学及其特征概述

土壤是母质、气候、生物、地形和时间五大成土因素综合作用的结果。不同的自然地理环境，成土因素及其组合千差万别，孕育了形形色色的土壤。土壤既是保障农业生产的重要资源，又是地理环境要素之一。不同土壤性状决定了土壤资源的肥力水平，也是土壤与成土环境之间相互关系的具体体现。因此，土壤性状指标既可以用来评价土壤肥力水平，又可以用来探索土壤与环境的关系。除了质地、容重、pH 和有机质等这些常用的理化指标外，土壤还具有磁学特性。尽管土壤磁性十分微弱，不借助特殊仪器无法感受到，但土壤磁学特征及其差异性却客观真实地记录了其他理化指标无法表达的地环境学特征。

1.1.1　土壤磁性与土壤磁学

磁性是一种自然界中普遍存在的现象，地球上的所有物质，包括地球在内都具有磁性。只是磁性外在表现不同，有些物质磁性强，有些物质磁性弱。物质磁性强弱取决于其基本组成和晶体结构，以及磁性物质含量的多少。磁性物质分为铁磁质、顺磁质和抗磁质，它们表现出来的磁性也分别称为铁磁性、顺磁性和抗磁性。一般而言，铁磁质含量越高，物质的磁性越强，否则相反。Weiss(1907)提出，物质可以被无限细分成无数小单元，称为磁畴。对于自然界中绝大多数物质而言，由于每个磁畴中磁力线的方向不同，磁性会相互抵消，这些物质对外表现为无磁性或弱磁性。土壤属于弱磁性物质，其磁性强弱主要取决于磁性物质含量的多少。土壤由固、液、气三相物质组成，固相包括矿物质和有机质，液相包括土壤水和土壤溶液，气相指土壤气体。土壤磁性是不同组成物质的磁性大小的综合体现。由于土壤以岩石矿物及其风化物为主，几乎没有磁性很强的铁磁质物质，磁性较强的铁的氧化物等含量也很低，所以土壤磁性一般都很弱，只有借助仪器才能被感知到。

土壤磁学是一门新兴学科，是现代磁学与土壤学结合的产物。土壤磁学是以土壤为对象，研究其磁性特征、原理及其应用的科学，其与环境磁学相互补充，各有特点(俞劲炎和卢升高, 1991)。土壤磁学的研究内容主要包括土壤磁学发生理论、土壤磁学分布规律、不同土类的磁性特征、土壤磁性在土壤调查与制图中的应用、土壤改良，以及与土壤相关的环境问题。近几十年来，土壤磁学和环境磁学在地学中的应用得到稳步发展，并取得了很大的成功。学者们利用环境磁学和特定的磁测技术，成功地示踪湖相、河相悬浮沉积物的运移。另外，也有一部分学者通过整合磁测技术，探索坡面表层土壤侵蚀和沉积物再分配。磁化率(MS)技术被普遍接受，得益于它的经济实惠、简单快捷，且对样品无损坏等优点，而传统方法和 ^{137}Cs 示踪不是费时就是费力，很大程度上限制了大范围水土流失数据的获取。同时，磁化率技术的上述优点也可以帮助研究者全面了解和掌握坡面侵蚀和沉积发生过程及位置，为土壤侵蚀的准确预测与防治提供有效的技术支撑。

在研究实践中，地理学家、土壤学家及其他相关领域的专家，不断地整合快速经济的磁测手段，力图将磁学手段融入地理学研究方法，拓展地理学研究的时空尺度。有学者发现，磁化率能可靠地识别河湖相悬浮物(Oldfield et al., 1979)和沉积物的物质来源(Thompson and Morton, 1979)。根据这一发现，后来便发展了利用磁测手段示踪河流系统中沉积物的技术。另有研究证明，利用磁化率技术，可以有效地示踪坡面表层土壤的运移和再分配过程(de Jong et al., 1998; Dearing et al., 1986; Hussain et al., 1998)，进而估算坡面土壤侵蚀量、泥沙沉积量，以及净流失量。由于土壤磁性与成土过程有关，土壤磁化率指标也被用于土壤母质类型划分、土壤分布界线确定、土壤诊断层位置与深度判断、异源母质识别等土壤分类研究中(卢升高, 2003)。同样，由于现代工业排放的废弃物及废水中含有大量的磁性物质，土壤磁测技术也已经应用于污染物检测与评价。

1.1.2 土壤磁性特征及表现

磁化率技术是一种相对较新的地环境学研究手段，源自古地磁学(palaeomagnetism)和环境磁学(environmental magnetism)。尽管土壤本身磁性很弱，但当给土壤外加一个磁场时，土壤物质各个磁畴里的磁性方向会趋于一致，从而表现出磁性(图 1-1)。利用这一原理，可以检测和度量土壤磁性的强弱。土壤磁性强弱可以用磁化率来量化与表达，常用的磁化率有体积磁化率和质量磁化率，计算公式如式(1-1)和式(1-2)所示：

$$\kappa=J/H \tag{1-1}$$

$$\chi=\kappa/\rho \tag{1-2}$$

式中，κ 为土壤体积磁化率，是土壤磁性的一个常用指标；J 和 H 为土壤磁化强度和外加磁场的强度，T 和 A/m。由于 T 和 A/m 的因次都是 $L^{1/2}M^{1/2}T^{-1}$，分子分母相约后，磁化率就变成无量纲的因子；χ 为土壤质量磁化率，$10^{-8}m^3/kg$；ρ 为物质密度，对于多孔介质的土壤，应用容重 d 代替。由于实测到的土壤磁化率很小，为了方便使用，常通过缩小单位来表达。土壤磁化率可以直接用磁化率仪测得，用国际制表达式时，其单位为 $10^{-8}m^3/kg$。

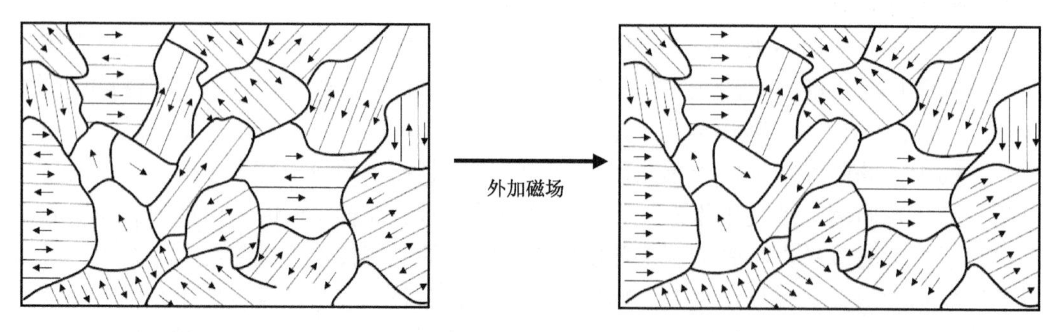

图 1-1 物质磁畴及外加磁场磁化示意图 (Thompson and Oldfield, 1986)

已有的相关研究发现，土壤磁化率大小与土壤黏粒含量高低密切相关，黏粒含量越高，土壤磁化率也相应越强。而土壤中黏粒含量高低及其在剖面中的分布与成土环境、土壤发育过程密切相关，也就是说土壤磁化率及其随深度变化的规律受制于成土环境及发育过程。在没有人类活动干扰的前提下，不同类型的土壤应具有特定的磁化率剖面，但是土壤磁化率剖面普遍存在表层增强现象。

目前，土壤磁性的应用研究仍处于发展和完善阶段，研究对象主要分为两类。一类为天然土壤类型。利用土壤磁化率的表层增强特征，分析不同尺度、不同坡面位置、不同土地利用类型等条件下土壤磁化率的差异，并通过探讨其变异机制来追踪与自然地理学、土壤学、生态学，以及环境科学相关的问题。利用天然土壤磁性来研究地理学问题一般适用于大空间尺度和长时间尺度。在不同的自然地理环境下，经过漫长的成土过程，土壤形成了具有地带性分布规律的不同类型。其中，母质类型对土壤磁化率强弱有重要影响，对于弱磁性母质形成的土壤而言，表层土壤的磁化率明显高于亚表层。随着土壤深度的增加，土壤磁化率逐渐减小，母质层土壤磁化率最低。表层土壤磁化率增强的规律在温带地区的土壤中极为明显，而在干旱地区和低温地区则不明显(Le Borgne, 1955; Mullins, 1977; 卢升高, 2003)。另一类为人工磁性物质，如工业粉煤灰(flyash)、磁性塑料珠、灼烧后的土壤等，通过与土壤充分混合并根据研究目的人工撒布，利用已知磁性强弱的人工磁性物质迁移变化来进行环境示踪。例如，降水发生时，磁性物质会随土壤颗粒运移，根据降水前后磁性物质的含量变化就可以示踪土壤侵蚀过程和计算侵蚀强度。利用人工磁性物质开展示踪研究时，选择适合的人工磁性物质至关重要，同时要与标记土壤充分结合。待土壤发生侵蚀或沉积后，测定人工磁性物质的位置及浓度，示踪土壤颗粒的移动过程，并探讨土壤再分配规律(Hussain et al., 1998; Jones and Olson, 2009; Liu et al., 2018a; Olson et al., 2004; Ventura et al., 2002)。然而，实验之前的准备工作，如选择和制作示踪剂，并将人工磁性物质与土壤混合等，对技术和物源要求较高，否则实验结果容易存在不确定性(Jones and Olson, 2009)。尽管磁性示踪技术目前仍存在一些不足，但由于测试方便和不存在衰变问题，未来磁性示踪技术在土壤侵蚀研究中具有光明的发展前景。

1.1.3　影响土壤磁性的因素

土壤圈处于岩石圈、水圈、大气圈和生物圈的中心位置。土壤圈既是人类生存和动物栖息的场所，又是地表系统中物质循环和能量转换发生的界面。土壤是母质、气候、生物、地形和时间等成土因素综合作用的产物，土壤磁化率也必然受成土因素的制约和影响。因此，要准确地应用土壤磁化率参数作为土壤环境的代用指标，必须了解该参数在不同区域应用的复杂性和解释的非唯一性(杨萍果, 2012)。在各种成土因素中，土壤磁性受母质的磁学性质、气候因子以及人类活动的影响最大。根据作用机制的不同，土壤磁化率的影响因素归纳为自然因素和人为因素两类。

1. 自然因素

自然因素包括成土母质、成土环境和成土过程。大量的磁测研究资料表明，自然土壤磁性是成土因素和成土过程的综合反映(卢升高, 2003)，而人类活动的影响等于增加了自然土壤磁性的复杂性和变异性。

1)成土母质

作为土壤磁性的“本底值”，成土母质是土壤磁性的决定性因素，土壤的磁性与其发育的母岩磁性有显著的相关性。土壤磁性主要由原生矿物风化、成土过程以及次生矿物的侵蚀搬运等过程决定，主要取决于原生或次生的亚铁磁性物质和不完整的反铁磁性物质含量多少。原生的磁性矿物往往富集在粗粒级砂粒中，次生的磁性矿物则主要集中在细颗粒黏粒中，这是因为黏土矿物对不完整的反铁磁性物质具有吸附作用。俞劲炎和卢升高(1991)认为母岩(岩浆岩、火成岩、沉积岩、花岗岩、闪长岩、玄武岩)中普遍含有0.90%～4.76%磁铁矿(magnetite)及Ti、Al、Co、Ni、Zn、Cr、Cu、Mn等金属元素的同晶替代物，粒径为 1～50 μm。磁铁矿及其同晶替代物可以低温氧化为磁赤铁矿(maghemite)，部分岩浆岩中的磁铁矿则由铁钛固溶体离钛氧化而成，钛磁铁矿($FeTiO_3$)含量可高达10%。黑云母和黄铁矿中含有顺磁性矿物，磁化率较低。高岭石、长石、方解石、石英、碳酸岩、有机质和水属于或者含有抗磁性物质，磁化率为负值(杨萍果等, 2008)。此外，在排水不良、潜育性强的土壤中，纤铁矿(lepidocrocite)脱水也可以形成磁赤铁矿。

2)气候因素

气候与土壤磁性的关系相对比较复杂。气候主要通过水、热及其组合状况来影响土壤磁化率强弱。研究表明，土壤磁性与温度和降水量的关系存在相反的结果(Singer and Fine, 1989)，即如果在高温干旱和低温多雨条件下，土壤磁化率都不会高，只有在高温高湿环境下发育的土壤才具有高磁化率。表1-1中列举的几个不同气候区玄武岩土壤磁化率的剖面特征，显示了磁化率的地带性差异。

表 1-1　玄武岩土壤磁化率的剖面特征(杨萍果, 2012)

省份	土壤类型	年均温/℃	年降水量/mm	从上而下的磁化率/(10^{-6} cm^3/μm)
河北	暗栗钙土	11.6	683	35～338～453～856
浙江	红壤	16.5	1292	202～274～376
海南	砖红壤	23.6	1606	780～760～900～680

意大利和英国学者有关土壤磁性与气候关系的研究证实，地中海型气候有利于土壤中游离氧化铁转化为铁磁性氧化铁。年降水量与年均温对土壤磁性的影响，正如概率论中乘法定理所描述的那样，是一种互为依存的协同作用。高温多雨的气候条件才有利于铁从硅酸盐矿物中游离出来，形成铁的氢氧化物、氧化物，从而使土壤磁化率变强。同时，由于在高温高湿环境下，盐基离子的大量淋失使铁铝相对富集，土壤磁性也会得到一定程度的增强。也就是说，一方面高温多雨的气候条件有利于土壤中铁元素的释放和富集，使土壤磁性增强，另一方面气候条件也决定了土壤中氧化铁的形态。土壤磁化率与年均温呈显著的正相关(r=0.593，n=16)，而其与年降水量的相关性则未达到显著水平，是因为降水量年内分配与季节有关，不一定与温度完全匹配。对现代地表土壤磁化率与

气候条件的相关研究发现，黄土高原地区表土样品的磁化率与气候的温湿程度(温度和降水)呈明显的正相关关系(吕厚远和韩家懋, 1994)，成壤过程中形成的细颗粒的软磁性矿物被认为是土壤磁化率增加的主要原因。

3)生物因素

由于微生物活动及环境化学因子的变化，如有机质、酸碱度、氧化还原电位等，磁性和非磁性物质发生沉淀-溶解、水解、络合、吸附、氧化-还原等作用。这些过程直接关系到土壤元素存在的状态，从而影响土壤磁性。同时，在曾遭受过森林火灾的地方，亚铁磁性物质相互转化，弱磁性的氧化铁和氢氧化铁，通过土体内氧化还原反应形成磁铁矿和磁赤铁矿，以超顺磁性(SP)颗粒或稳定单畴(SSD)晶粒存在，土壤磁化率会显著增强。

从 Blackmore 首次在沉积物中发现了趋磁细菌(MTB)以来，微生物对磁性的贡献引起了极大关注(Blackmore, 1975)。趋磁细菌在陆地、海洋普遍存在，主要是异氧铁还原菌、硫酸盐还原菌的新陈代谢物与环境中的物质形成磁小体。许多生物也能合成磁小体，如细菌、藻类、鸽子、蜜蜂、鲸等。在透射电子显微镜下观察磁小体的粒径为 0.012～0.4 μm，属于 SSD 和 SP 的颗粒范围。经穆斯堡尔谱测定，生物形成的磁小体与实验室合成的纯磁铁矿相同，表明生物合成的磁铁矿纯度较高，多为磁铁矿(Fe_3O_4)颗粒(潘永信等, 2004)。少数富硫还原环境中的趋磁细菌体内还可以生成胶黄铁矿(Fe_3S_4)磁小体，是沉积物中一种重要的剩磁载体。

科学家在长江河口潮滩开展磁性研究时发现，由于植物的生理活动，在亚表层形成以 Fe^{3+} 占主导的相对氧化层。该氧化层中显示了不完整反铁磁性矿物的相对富集，表现为频率磁化率(χ_{fd}%)、非磁滞剩磁(anhysteretic remanent magnetization, ARM)、非磁滞剩磁/饱和等温剩磁(saturated isothermal remanent magnetization，SIRM)具有较低的值，而饱和等温剩磁/磁化率(SIRM/χ)、矫顽力等参数则明显增大(韩晓非等, 2003)。随着深度增加，沉积物的还原性总体上增强，在磁性特征上表现为不完整反铁磁性矿物相对含量下降。利用 200 mT 磁场处理水稻种子及育苗的土壤，证明生物磁化和土壤磁化具有一定的累加效应(夏丽华等, 2000)。探讨土壤-小麦系统磁化健康效应的过程中发现，200 mT 磁场强度是适于小麦生长的最佳磁处理参数(顾继光等, 2004)。

4)地形因素

地形通过影响土壤中氧化铁矿物的迁移、氧化还原过程，进而影响土壤的磁性。相同母质上发育的土壤，由于地形的不同，磁性会有明显差异，随地形变化形成一条磁性“土链”。海拔也是影响土壤磁化率大小的因素，一般山顶的磁化率大于山脚。大量的磁测结果证实，地形对土壤磁性的主要影响机制是由于水分状况的差异而影响氧化铁矿物的形态转化，在排水不良或渍水条件下，磁性矿物可以发生还原、水化、溶解和迁移，使土壤磁化率明显降低。

2. 人为因素

湖泊、海洋中的大部分沉积物来自其周边流域，沉积物中磁性矿物的含量和成分与土地利用、坡地生态过程、森林砍伐和火灾等因素有关。因此，湖泊沉积物的磁性剖面可反映流域生态环境的变化。现代土壤的磁性特征具有明显的人类活动印记，如燃煤产生的磁铁矿，其中的硫铁矿氧化形成赤铁矿(hematite)，赤铁矿与熔融的硅酸盐反应生成磁铁矿和磁赤铁矿，它们随烟尘、煤灰进入土壤环境。电镀厂、冶炼厂、钢铁厂等排放的工业废水中含有铁锰物质，其通过地表径流进入地球环境系统中，对土壤的磁性产生了很大的影响。冶炼厂的炉渣、汽车尾气、煤灰的低频磁化率 $\chi_{lf}>5\times10^{-6}\ m^3/kg$，而频率磁化率 $\chi_{fd}\%<3\%$(Wang et al., 2000)。人为活动所产生的磁性矿物，能通过大气尘降、污水扩散，以不同的赋存状态在地球环境中富集，使土壤表现出较强的磁信息，从而极大地改变了土壤磁性物质的存在形式和循环规律，以及土壤本身的磁化率强度。

1.2　土壤磁化率概念

1.2.1　定义及物理意义

在自然界中，所有物质均具有磁性，但不同物质间磁化率差异很大，这主要取决于其所含磁性矿物的属性。按磁性表现强度，磁性物质可分为铁磁性矿物(ferromagnetic mineral)、亚铁磁性矿物(ferrimagnetic mineral)、反铁磁性矿物(antiferromagnetic mineral)、顺磁性矿物(paramagnetic mineral)和抗磁性矿物(diamagnetic mineral)等类型(Dearing, 1994; 卢升高, 2003)(表 1-2)。铁磁性矿物的磁矩严格按一个方向排列，表现出极强的磁性，即使含量很少，也能够大幅度提高物质磁性，然而，铁磁性矿物在土壤中几乎不存在。亚铁磁性矿物是土壤中最重要的磁性矿物，其磁性比铁磁性矿物要小很多，磁矩按两个完全相反的方向排列，反平行的磁矩大小不同，相互抵消后仍显示磁性。反铁磁性矿物的磁矩也呈两个相反方向，但磁矩恰好相互抵消，净磁化强度为零。顺磁性矿物在自然界中比较常见，表现为弱正磁性，许多矿物和大多数岩石均为顺磁性。抗磁性矿物在土壤中的含量极少，如纯石英、多数金属和水等，其性质与顺磁性矿物相反，在施加外磁场下呈现弱的负磁性，若无外磁场作用，磁化强度随即消失(图 1-2)。土壤中的氧化铁矿物主要包括磁铁矿、磁赤铁矿、赤铁矿、针铁矿(goethite)、纤铁矿和水铁矿(ferrihydrite)(表 1-2 和表 1-3)。

表 1-2　常见物质及矿物的磁化率(Dearing, 1994)

矿物磁性类型	代表性物质	分子式	含铁量/%	质量磁化率/($10^{-6}\ m^3/kg$)
铁磁性	铁	αFe	100	276000
亚铁磁性	磁铁矿	Fe_3O_4	72	596±77
	磁赤铁矿	γFe_2O_3	70	286～371、410、440
反铁磁性	赤铁矿	αFe_2O_3	70	0.49～0.65、0.58～0.78、1.19～1.69
	针铁矿	$\alpha FeO(OH)$	63	0.35、0.38、0.7、<1.26
顺磁性(20℃)	橄榄石	$4[(Mg, Fe)_2SiO_4]$	<55	0.01～1.3
	黑云母	Mg、Fe、Al、复杂硅酸盐	31	0.05～0.95
	黄铁矿	FeS_2	47	0.3
	纤铁矿	$\gamma FeO(OH)$	63	0.69、0.5～0.75

续表

矿物磁性类型	代表性物质	分子式	含铁量/%	质量磁化率/(10^{-6} m³/kg)
抗磁性	方解石	$CaCO_3$	—	–0.0048
	塑料	—	—	–0.005
	石英	SiO_2	—	–0.0058
	有机质	—	—	–0.009
	水	H_2O	—	–0.009
	食盐	NaCl	—	–0.009
	高岭石	$Al_2Si_2O_5(OH)_4$	—	–0.019

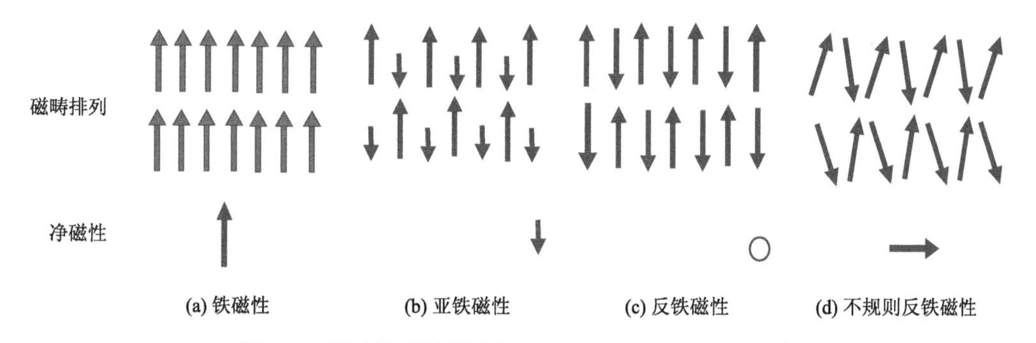

图 1-2　磁畴排列示意图(Thompson and Oldfield, 1986)

表 1-3　土壤中常见的磁性物质(Dearing, 1994)

物质	磁性类型	化学组成	质量磁化率/(10^{-6} m³/kg)	矫顽力
纯铁、镍、铬	铁磁性	Fe、Ni、Cr	$10^{4\sim5}$	—
磁铁矿、磁赤铁矿、磁黄铁矿、胶黄铁矿	亚铁磁性	Fe_3O_4、γFe_2O_3、Fe_7S_8、Fe_3S_4	$10^{1\sim2}$	0.02～0.04
赤铁矿、针铁矿	反铁磁性	αFe_3O_4、$\alpha FeO(OH)$	10^{-1}	0.76
纤铁矿、水铁矿	顺磁性	$\gamma FeO(OH)$、$5Fe_2O_3 \cdot 9H_2O$	10^{-2}	—
石英、碳酸钙	抗磁性	SiO_2、$CaCO_3$	<0	—

1.2.2　土壤粒径与磁化率

作为自然界中的独立自然体，土壤的形成和发育经历了岩石-母质-土壤的不同阶段。土壤是由矿物质、有机质、空气和水等组成的复杂体，不但组成复杂、类型多样，而且表现出很强的时空变异性。土壤磁化率是土壤中各种组分磁化率的代数和，但其强弱主要取决于土壤矿物质的含量。由于不同的矿物质具有不同的磁性特征，土壤磁化率也会随不同矿物质的含量组成而变化。赤铁矿和针铁矿为反铁磁性矿物，纤铁矿和水铁矿为顺磁性矿物，磁赤铁矿和磁铁矿为亚铁磁性矿物(表 1-4)。前四者又常称为弱磁性矿物，后两者称为强磁性矿物。尽管亚铁磁性矿物在土壤中通常只占痕量的成分，但是土壤磁性的控制因子。土壤中的其他成分，包括有机质、水、石英砂、黏土和铁氧化物，各种物质的相对含量及其磁化率见表 1-4。含量仅 0.1%的磁铁矿对土壤磁化率的相对贡献为 85.4%，而土壤中主要的成分，含量占 75%的顺磁性矿物、有机质、石英砂和水仅贡献了样品磁化率的 6%左右(Dearing, 1994)(表 1-4)。

表 1-4 土壤中矿物质的含量及其磁化率与相对贡献(Dearing, 1994)

物质	含量/%	磁化率/(10^{-6} m^3/kg)	组分磁化率/(10^{-6} m^3/kg)	组分磁化率相对贡献/%
磁铁矿	0.1	500	0.5	85.4
针铁矿、赤铁矿	9.9	0.5	0.0495	8.5
顺磁性矿物	75.0	0.05	0.0375	6.4
有机质、石英砂和水	15.0	–0.01	–0.0015	–0.3
总计	100.0	500.54	0.5855	100.0

1.3 土壤磁化率表征指标

作为最常用的磁性指标之一，磁化率反映物质被磁化的难易程度，是物质磁性强弱的常用指标和直接量度(Evans and Heller, 2003; 卢升高, 2003; 俞劲炎和卢升高, 1991)。土壤磁性可用一系列参数表示，包括体积磁化率、质量磁化率和频率磁化率。

1.3.1 体积磁化率

体积磁化率(volume magnetic susceptibility)又称容积磁化率，为磁化率仪直接测量的常数。在外加磁场作用下，物质受到感应而产生磁化强度，磁化强度与外加磁场强度的比值被称为体积磁化率，无量纲。以巴廷顿(Bartington)磁化率仪为例，低频率外磁场(0.47 kHz)中测得的体积磁化率为低频体积磁化率，高频率外磁场(4.7 kHz)中测得的体积磁化率为高频体积磁化率。

1.3.2 质量磁化率

在环境磁学和土壤磁学中，常用质量磁化率(mass magnetic susceptibility)表示物质的磁性，其能够粗略地度量物质中亚铁磁性矿物的含量，在一定程度上反映磁性颗粒大小的变化。体积磁化率与物质密度(因土壤为多孔介质，可直接用容重)的比值为质量磁化率，其本质是各种磁性矿物磁性强弱的代数和。与体积磁化率对应，由外加磁场强度决定获得低频或高频质量磁化率。低频质量磁化率代表样品的总体磁性，由于土壤的磁性多源于亚铁磁性矿物，因此低频质量磁化率也反映土壤中亚铁磁性矿物的含量。

1.3.3 频率磁化率

频率磁化率(frequency dependent susceptibility)为低频质量磁化率和高频质量磁化率的相对差值，高频质量磁化率对土壤黏粒中的超顺磁性(SP)颗粒(<0.02 μm)并不敏感，因此频率磁化率反映样品中超顺磁性颗粒的存在和含量。

$$\chi_{fd}\% = \frac{\chi_{lf} - \chi_{hf}}{\chi_{lf}} \times 100\% \tag{1-3}$$

式中，χ_{lf}为低频质量磁化率，10^{-8} m^3/kg；χ_{hf}为高频质量磁化率，10^{-8} m^3/kg；$\chi_{fd}\%$为频率磁化率，%。

频率磁化率反映磁性矿物颗粒的磁畴状态。磁畴状态不仅与粒度有关，还与颗粒形态有关，可区分存在的超顺磁性颗粒与单畴颗粒，磁性矿物颗粒大小的分配，一般指示细黏滞性(fine viscous)晶粒的存在及其相对含量。在磁学上，磁性矿物颗粒的大小通常用磁畴(domain)来描述。粒径介于 1～2 μm，为多畴(multi-domain，MD)颗粒；由单一磁畴构成，粒径在 0.05 μm 左右的为单畴(single domain，SD)颗粒，其中，粒径在 0.02～0.04 μm 的单畴颗粒称为稳定单畴(stable single domain，SSD)颗粒，介于多畴与单畴之间的铁磁颗粒称为假单畴(pseudo single domain，PSD)颗粒；粒径在 0.001～0.01 μm 的铁磁颗粒具有很大的感应磁化强度，但在室温下不能保留剩磁，称其为超顺磁性颗粒 S；从单畴向超顺磁过渡，在 0.02μm 左右的粒径段，存在一种具有特殊磁性特征的细小晶粒，为细黏滞性晶粒。同一种磁性矿物，当其磁畴状态不同时，其磁性特征具有较大的差异(杨萍果, 2012)。

1.4　土壤磁化率技术发展过程

尽管土壤磁化率技术目前已经成为比较成熟的地理学研究手段，并在很多领域得到广泛应用，但在早期阶段也遇到过瓶颈，在不同发展阶段也会面临不同的问题。为了今后不断完善和拓展应用范围，有必要系统地回顾磁化率技术发展过程。

1.4.1　磁化率技术在土壤侵蚀应用中的发展

磁化率技术是一项相对新型的技术。虽然 Henin 和 Le Borgne 于 1954 年就报道了土壤磁学，并发现了表土磁性增强现象，但由于没有实用型的测试仪器，磁化率技术在很长一段时间处于停滞状态，直到英国巴廷顿(Bartington)公司发明和生产出磁化率仪，磁化率技术才得到快速发展和广泛应用。磁化率技术的应用原理与核素和稀土元素示踪法相似，都是通过与参考点或面进行比较，通过指标的变化值来反演和示踪环境要素或指标载体的对应变化。由于具有许多其他方法不具备的优点，磁化率技术被广泛应用于地理学研究的不同领域，而且未来潜力巨大。磁化率技术的优点主要体现在：第一，操作简便，不仅能够在室内测量，还支持野外原位测量，只需要短期培训，即可开展室内外工作，人人可用，且具有较高的精度；第二，与其他方法相比，磁化率技术在样品处理和上机测试时所需时间短，经济成本低廉，测一个样品的磁化率只需 10s 左右，可以快速地分析大批量样品；第三，土壤磁性源自成土母质，测定磁化率变化能够追踪千年，乃至万年尺度上的环境变化和土壤侵蚀，且具有较高的时间分辨率，这是放射性核素示踪方法无法比拟的；第四，经过磁化率仪测定的样品没有任何物理和化学损伤，能够继续测定土壤样品的其他理化性质；第五，磁化率技术可以应用到各种环境载体上，如岩石、土壤、沉积物、大气颗粒等(Dearing, 1994)。

磁化率技术在土壤侵蚀研究领域的应用正处于发展阶段。根据研究对象和原理，磁化率技术在土壤侵蚀研究方面的应用可以分为两大类：① 利用土壤表层及剖面土壤磁化率变化追踪侵蚀；② 利用土壤中施加的磁性物质在侵蚀前后含量变化时追踪侵蚀。对于第一类利用天然土壤表层及剖面的磁化率而言，主要利用磁化率的表层增强特征及其变化，通过分析不同尺度、不同坡面位置、不同土地利用类型土壤磁化率的差异及其变异机制，来估算与之对应的土壤侵蚀强弱。磁性是土壤的自然物理属性，土壤磁性的变化主要受自然因素的影响，能够进行多时空尺度的土壤侵蚀研究。由于不需要人工播撒混合，所以不会改变研究对象的自然形态或属性。但土壤天然磁性都较弱，针对性不及人工磁性物质。然而，天然土壤剖面的磁化率具有特定的分布规律，即表层增强性，而且不同的成土环境下，会在不同的自然地带形成具有不同磁化率剖面的土壤类型。表层土壤的磁化率明显高于亚表层，随着土壤深度的增加而逐渐减小，母质层土壤磁化率最低（Le Borgne, 1955; Mullins, 1977; 卢升高, 2003）。这一成土过程中形成的磁化率剖面只要自然成土环境保持稳定，就不会发生改变，除非人类活动介入，破坏原有下垫面条件，而导致土壤侵蚀。由于自然地理环境变化的时间尺度为地质年代，动辄百万年，甚至上亿年，属于地质侵蚀，并不在现代土壤侵蚀研究的时间范畴内。而人类活动导致的土壤磁化率剖面变化就是千年和百年尺度，可以构建磁化率变化与土壤侵蚀之间的对应关系。磁化率在土壤侵蚀研究中的另一类应用为施加人工磁性物质，如工业粉煤灰、磁性塑料珠、灼烧后的土壤等，具体原理和操作步骤与放射性核素示踪相似。现在常用的上述磁性物质，具有能与土壤充分混合，随土壤颗粒运移，但不会随水淋溶下渗等特点。因此，选择适合的人工磁性物质对土壤进行标记，待土壤发生侵蚀或沉积后，测定人工磁性物质的位置及浓度，从而示踪土壤再分配过程（Hussain et al., 1998; Jones and Olson, 2009; Liu et al., 2018a; Olson et al., 2004; Ventura et al., 2002）。另外，还有一些特殊的人工磁性物质，如球形磁性颗粒（spherical magnetic particles，SMPs）和蒸汽机燃料产生的粉煤灰，其与核爆炸产生的放射性核素相似，随大气运动自然沉降到土壤上，但这种示踪剂在时间和空间上具有局限性，并不适用于所有地区（Jones and Olson, 2009）。上述两种应用类型，各有不同的特点，也适用于解决不同的科学问题，在具体应用上，可以针对不同研究目的和内容，相互配合，互为补充，进行土壤侵蚀过程和影响因子评价研究。

1.4.2 常见磁化率仪器类型

磁化率仪是测定物质磁化率最直接的手段。早期的磁化率仪，功能简单，精度不高，只能在室内测量土壤磁化率，不能应用于野外原位磁化率的测定，如浙江农业大学、沈阳农业大学和北京地质仪器厂研制的 WCL-1 型土壤磁化率仪，南京地质矿产研究所的 HKB-1 型高精度磁化率仪和捷克生产的 Kappabridge KLY2 磁化率仪等。随着科学技术的发展，磁化率仪从单一的室内测量渐渐地向野外原位测量拓展，现在的很多种磁化率仪都兼具这两种功能，并且可以直接与电脑连接，测定精度也大大提高，可达 10^{-6} 数量级。总体而言，尽管目前实用性磁化率仪不少，但应用最广泛的仍是英国 Bartington 公司生产的 MS2 和 MS3 磁化率仪（图 1-3），包括主机、室内测量探头（MS2B）和野外测量探头（MS2D、MS2E、MS2F 等），Lecoanet 等（1999）比较了 MS2D、MS2F 和捷克 Geofyzika

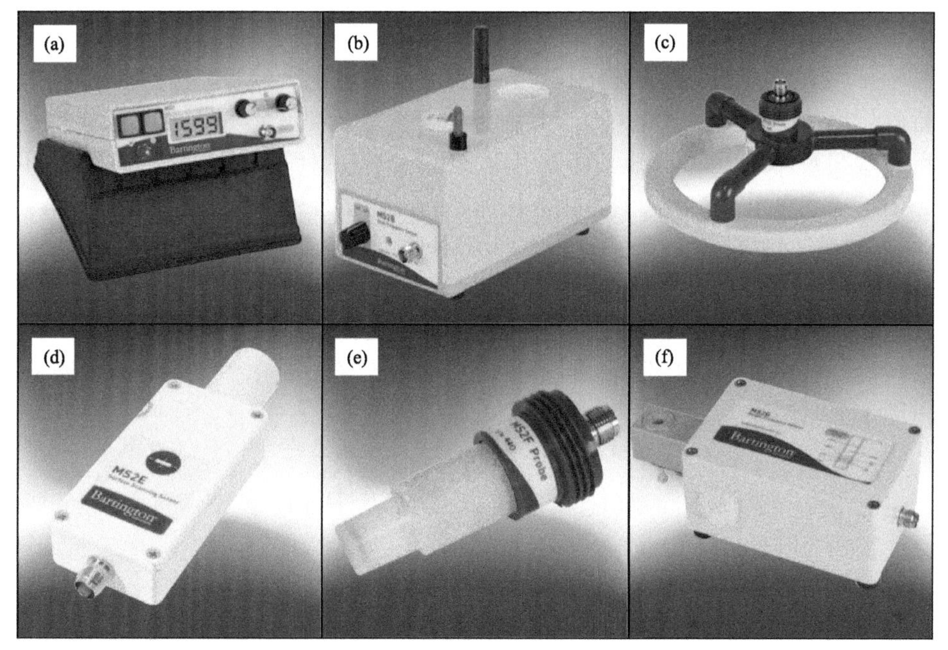

图 1-3　Bartington 公司生产的磁化率仪及常用探头

(a) MS2 磁化率仪；(b) MS2B 测量探头；(c) MS2D 测量探头；(d) MS2E 测量探头；(e) MS2F 测量探头；(f) MS2G 测量探头

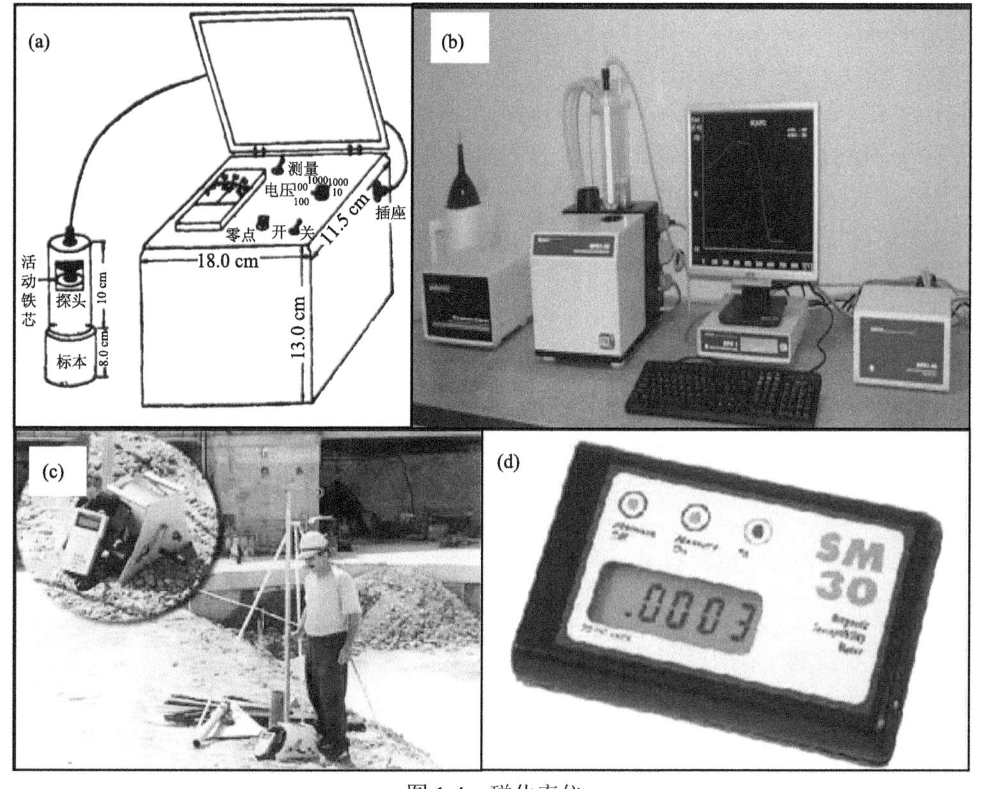

图 1-4　磁化率仪

(a) WCL-1 型磁化率仪；(b) MFK1 磁化率仪；(c) SM-400 磁化率仪；(d) SM-30 磁化率仪

公司生产的 KT-5 Kappameter 磁化率仪，三种仪器测定的表土深度分别为 6 cm、1 cm 和 2 cm。另外，捷克 Advanced Geoscience Instruments Company（AGICO）生产的 MFK 系列卡帕桥磁化率仪已经生产至第五代，在测量岩石样本的磁化率方面表现突出。进入 21 世纪后，欧洲 MAGPROXIII 成功研发了用于野外测定的便携式磁化率仪 SM-30 和土壤剖面磁化率仪 SM-400。SM-30 磁化率仪体积小，便于野外携带和使用，而且其精度可达 10^{-7} 数量级。同时，该仪器还可以应用于多种类型环境载体磁化率的测量，如植物（农作物、树叶等）、新鲜的人工露头、土壤剖面等。土壤剖面磁化率仪 SM-400 属于袖珍型仪器，使用特制的土壤钻头，采集得到 30～50cm 长度的土柱。利用计算机控制钻孔中的测井装置，快速获取土壤剖面的连续磁化率，并及时绘出磁化率的变化曲线（张风宝等，2005）（图 1-4）。

1.5　磁化率技术在地学中的应用

磁化率技术源自古地磁学，其涉及磁学、地理学和环境科学等多个领域，研究对象广泛，包括岩石、土壤、沉积物、大气颗粒等多种磁性载体。对环境物质磁性特征进行提取，探索不同时空分辨率的环境过程、作用机制及环境问题，试图解决人类活动与环境相互作用的难题（卢升高, 2003）。20 世纪 80 年代，英国爱丁堡大学和利物浦大学的教授 Thompson 和 Oldfield，以他们几十年研究成果为基础，撰写了全球首本环境磁学专著 *Environmental Magnetism*，书中系统介绍了这门学科的基础知识，对环境磁学的发展和推广影响深远，至今仍被广泛参考和应用。到 20 世纪 90 年代中期，Verosub 和 Roberts（1995）综述了这门学科的过去、现在，并对未来的发展提出展望。随后，实验手段研发与应用成为环境磁学研究的主流方法，产出了大量相关文献。进入 21 世纪后，环境磁学稳步发展，在我国也受到相关学者的广泛重视，在环境问题相关领域的应用研究也日益增多（卢升高, 2003；鲍玉海等, 2007）。同时，国际上也涌现出一些经典的著作（Evans and Heller, 2003）。

土壤磁性是土壤的本质属性之一，研究者早先将土壤磁性应用在土壤诊断分类和发生分类中（de Jong, 2002; Jordanova et al., 2014）。通过探究土壤磁性的差异，总结特定土类的共性，为后来的土壤分类提供了依据。在全球范围内，土壤磁化率指标的测量主要集中在温带地区，其中，俄罗斯、欧洲和中国温带地区的土壤磁性研究数据尤其丰富（Hanesch and Scholger, 2005; 朱日祥等, 2001）。20 世纪 80 年代，我国学者也开始对热带和亚热带地区的土壤磁性进行野外和室内磁测（卢升高等, 1999; 吴次芳和陆景冈, 1987; 俞劲炎和詹硕仁, 1981; 俞劲炎等, 1986）。总体而言，我国早期土壤磁测研究主要集中在以下两个层面：第一，不同土壤类型的土壤磁性，涉及土类包括红壤、水稻土、盐碱土等（卢升高等, 1987; 俞劲炎和詹硕仁, 1981）；第二，不同区域土壤类型的土壤磁性，涉及浙江、宁夏、河北、辽宁等省（自治区）的土壤磁性特征及变化规律（卢升高, 1999）。

土壤是重要的环境磁性载体之一。卢升高（2003）全面总结了土壤磁性的研究内容，包括土壤磁性发生理论研究；土壤磁性分布规律研究；各类土壤磁性的专题研究；土壤磁测用于土壤调查和制图、土壤诊断和鉴定、土壤分类研究；土壤磁法改良；土壤电磁场理论；古土壤磁性研究；土壤磁性监测环境污染追踪土壤侵蚀源等。目前，磁化率技术已经在与环境相关的研究领域得到广泛应用，如黄土-古土壤与全球变化(Maher and Thompson, 1991)、土壤发生与分类(de Jong, 2002)、土壤侵蚀与沉积过程(Dearing et al., 1986)、流域泥沙来源追踪(Walling et al., 1979)、湖相和海相沉积与环境演化、环境污染(Dankoub et al., 2012; Hay et al., 1997; Hoffmann et al., 1999; Jordanova et al., 2008; Petrovský et al., 1999; Jordanova, 2017)、生物磁性以及考古学等诸多领域。纵观全世界，土壤磁性在 20 世纪中期的第五届国际土壤大会上首次被介绍(Henin and Le Borgne, 1954)，随后，针对土壤磁性原理及测试方法等方面的研究越来越多。Le Borgne(1955)首次利用地球磁学的磁性测量技术丰富了土壤学的研究方法，虽然该技术很早便开始应用，但直至 20 世纪 70 年代土壤磁学才得以全面发展。Mullins(1977)介绍了环境磁学的相关知识，并系统地总结了土壤磁性矿物颗粒的性质及其发生理论，为土壤磁性研究奠定了坚实的基础。

1.5.1　磁化率与环境演变

土壤磁性与成土过程、成土环境密切相关，探究土壤磁性发生原理，将这一指标应用到古环境演变研究中，成果斐然。磁学与气候是两个相对独立的概念，表面看上去并没有什么联系。然而，40 多年前，Shackleton 和 Opdyke(1973)巧妙地将二者联系起来，估算了地层的磁性，并通过相对应的氧同位素值进行断代。这项早期研究的成功开启了后期研究者开展磁性地层学研究的大门。Kukla 等(1988)、Heller 和 Liu(1982)利用磁化率指标分别判断中国更新世时期的气候，证明磁化率法得出的结果与深海沉积物的氧同位素测得的结果十分接近。Kukla 等(1990)选取中国黄土高原区过去 2.5 Ma 的古土壤沉积物，测定其低频磁化率并用于断代。结果表明，在长时间尺度上，磁化率结果与氧同位素比率的波动一致。一系列的研究表明，磁化率技术可以广泛应用于古气候与第四纪环境演变领域的多种磁性载体(如土壤磁性、岩石磁性等)上。

Heller 和 Liu(1982)在顶级期刊 *Nature* 上发表他们的研究成果，发现黄土-古土壤的磁化率极大，并认为土壤磁化率指标可以指示古气候变化。这一论断的提出是土壤磁性应用在古环境演变的开端。此后，大量研究成果也都描述了原位土壤的磁性特征，分析各气候时期(冰期或间冰期)形成的典型土层及其剖面磁性分异(方小敏等, 1998)。这些研究结果表明，土壤磁性指标能够记录古土壤形成过程中的环境信息及其变化，指示成土过程中的第四纪古环境(Heller and Liu, 1982; Kukla et al., 1990; Maher, 1998; Maher and Thompson, 1991; 鸟居雅之等, 1999; 刘秀铭等, 1993)、气候变化(Kukla et al., 1988; 安芷生等, 1990)和环境演变(Dearing et al., 1996; 刘青松和邓成龙, 2009)。

1.5.2　磁化率与环境污染

近年来，随着生态文明建设的提出，人们日益重视环境污染，利用磁性参数指示环境污染的研究更是层出不穷，如基于污染物磁性与重金属元素相关关系的建立，为土壤污染的环境监测提供依据和指导(Ayoubi et al., 2014; Beckwith et al., 1986; Dankoub et al., 2012; Hay et al., 1997; Jordanova et al., 2008; Karimi et al., 2011)。

1. 磁化率与土壤污染

土壤是人类生存环境的一部分，在生产和生活中起着极为重要的作用。化肥和农药不合理使用、工业“三废”污染、重金属超标、生活垃圾堆放等造成土壤质量退化，加速了土壤污染的发展速度。Hay 等(1997)在英国采集了 1176 个土样，提出通过 $\chi_{lf}>38\times10^{-8}m^3/kg$ 和 $\chi_{lf}<3\%$，初步判断人类活动对土壤污染的评价标准。Fialová 等(2006)在捷克和澳大利亚利用土壤磁性来区分不同地质和环境条件下的点源污染和面源污染，结果表明，母质和人类活动对有些土壤类型的磁性强弱起决定性作用。

利用土壤磁性参数与某些金属元素的相关性，进行土壤污染调查和监测，在近年得到快速发展(Beckwith et al., 1986; Strzyszcz, 1993; Denting et al., 1995)。卢瑛等(2004)研究了南京城市土壤磁化率特征及其与土壤重金属全量、有效态含量及转化率的关系。结果表明，城市土壤磁化率的平均值都大于非城区自然土壤，但频率依赖系数平均值小于非城区自然土壤。在斯洛伐克东部一个冶炼厂的土壤磁测中发现，表土磁化率等值线图与重金属含量等值线图的趋势十分接近，表明可以利用磁化率监测重金属污染范围与程度 (Duraz, 1999)。另外，也有研究证明爱沙尼亚工业中心表土的磁化率与 Cr、Pb、Zn 和 Cu 存在正相关性(置信区间为 99%) (Bityukova, 1993)。

也有相关研究将磁测技术应用于高速公路两侧污染物的分布和浓度追踪。在德国西南部图宾根(Tübingen)市高速公路两侧，磁化率高值在离公路中心 5～7 m 处，或离沥青路面 2～3 m 处，磁化率是附近未污染土壤背景值的 10 倍。可以根据磁化率变化绘制高速公路污染程度区，也可以用磁化率方法确定受到汽车尾气污染影响的区域，结果与直接测定的重金属、有机质含量基本一致(Hoffmann et al., 1999)。在某些条件下，土壤金属(Fe、Pb、Cd、Zn 等)与磁性参数有显著相关性。随着研究案例的增加，有可能将磁化率作为监测土壤和沉积物中污染物的代用指标(Hunt et al., 1984; Kapička et al., 1999)。因此，土壤磁化率为监测城市土壤金属 Cu、Zn、Pb 的污染提供了一种简单、快速的手段。

Dearing 提出可以用 $\chi_{fd}\%$来判断土壤或沉积物的磁畴状态：如 $\chi_{fd}\%<2.0\%$,表明土壤颗粒中基本没有 SP 颗粒；$\chi_{fd}\%$在 2.0%～10.0%，表明土壤颗粒以 SP 颗粒和 MD 颗粒的混合物为主；$\chi_{fd}\%$在 10.0%～14.0%，表明土壤颗粒以 SP 颗粒为主，SP 颗粒要占 75%左右；而 $\chi_{fd}\%>14\%$的情况极少，如果出现，表明可能受误差或样品污染等影响(Dearing, 1994; Dearing et al., 1996)。

2. 磁化率与水体污染

磁化率大小受到物源、沉积过程和沉积后风化成壤及生物作用等因素的影响。因其测定简单快速、对气候变化反应敏感等特点，沉积物的粒度与磁化率作为沉积物特征的重要指标而备受研究者青睐。近年来，不少研究者对湖泊沉积物、河口沉积物、城市大气悬浮颗粒物、街道尘埃、河道表层沉积物的磁性特征及环境意义进行了广泛研究(Xia et al., 2008；王博等, 2011)。结果表明，沉积物的磁性特征与水体重金属污染之间存在显著的相关关系，可以用磁化率反映重金属的污染程度。

湖泊或海洋沉积物磁性矿物的变化，往往反映了沉积物物源、搬运营力、侵蚀强度等的变化，而这些变化很大程度上是受气候变化的驱动，因此，沉积物磁化率大小也能够指示气候变化。Thompson 和 Oldfield (1986) 在对北爱尔兰内伊 (Lough Neagh) 湖的研究工作中发现，湖泊样芯的磁化率曲线与其孢粉组合类型变化相吻合，进而认识到通过磁性测量，结合生物化学指标，能快速简便地从湖泊沉积物样芯中提取环境变化的高分辨率信息。Scoullos 和 Oldfield (1986) 指出在受工业污染的滨海环境中，沉积物的磁化率、饱和等温剩磁 (SIRM) 与其金属元素 Zn、Fe 等的含量之间存在密切关联。对海洋及富营养化湖泊沉积物进行研究发现，沉积物还原程度的加深会导致亚铁磁性矿物大量溶解。其中，细颗粒矿物优先溶解，导致沉积物的磁性明显减弱，表现为磁化率和 SIRM 值的下降与亚铁磁性矿物颗粒粗化 (Reinhardt et al., 2005; Robinson and John, 2000; Robinson, 2001)。

潮滩沉积物磁性的变化研究表明，潮滩重金属污染的空间分布特征与沉积物中细颗粒组分的百分含量以及磁性参数的变化规律具有一致性，表明重金属的富集、污染与沉积物机械组成有关。同时，总结出水动力条件、盐度和理化条件等沉积环境的变化是影响重金属污染脆弱带分布的重要因素。有关江苏省南通市任港河底泥柱样的磁化率研究，也探讨了沉积物重金属污染的环境磁学诊断的可行性。结果表明，沉积物的磁性特征为亚铁磁性矿物所主导，表层 12 cm 以上样品中重金属 Pb、Zn、Cu、Ni 的含量均超出江苏省土壤背景值，剔除粒度影响后，重金属含量“上高下低”的特征仍十分明显。磁化率、SIRM 和非磁滞剩磁磁化率与 Pb、Zn、Cu、Ni 的含量存在极显著的正相关关系，可用于定性评价任港河底泥的重金属污染程度 (董艳等, 2012)。

3. 磁化率与大气污染

Kapička 等 (2001) 研究热电厂煤燃烧产生的 SO_x、NO_x、CO_2 等，以及固体微粒造成的大气污染，结果表明，燃煤产生的微粒具有高磁化率和低矫顽力。Magiera 等 (2006) 通过分析波兰、捷克、德国 7 个不同类型的森林地区和 1 个城市土壤剖面磁性，来区分人为因素和自然因素对土壤磁性的影响。结果表明，在表土 3～4 cm 处磁化率最大，主要原因是人为影响的大气降尘提高了剖面腐殖质层的磁性，重金属也在该层累积。此外，森林土壤磁化率高于草地、牧场、农田土壤。Hanesch 和 Scholger (2002) 在澳大利亚 102 个地方采集枫叶测其磁性参数，来判断大气污染源是现代还是过去工业活动的结果。

1.5.3　磁化率与沉积物来源

Walling 等 (1979) 通过磁化率指标确定悬浮沉积物的泥沙来源，并将其应用在单次洪水事件中。他认为这是一种简单、高效并无损的输沙量测量方法，并且还可以详细地调查沉积物来源。此后，土壤磁化率测定法被广泛应用于确定土壤侵蚀沉积物和泥沙来源的研究中 (Caitcheon, 1993, 1998; Dearing et al., 1981; Eriksson and Sandgren, 1999; Guzmán et al., 2010, 2013; Oldfield, 1991)。澳大利亚学者提出利用环境矿物磁性示踪泥沙来源，建立矿物磁性参数之间的线性关系，在河流汇合处及下游河段确定支流泥沙来源，并利用此关系反映相关支流对干流二维混合泥沙的补给程度 (Caitcheon, 1993)。近几年，我国学者也将磁化率技术应用在喀斯特地区侵蚀沉积关系，以及小流域泥沙来源追踪的研究中(Cao et al., 2022; Li Z et al.,2020)，研究结果为喀斯特地区土壤侵蚀与泥沙运移规律研究提供了新的途径。

1.5.4 磁化率与土壤再分配

1. 基本原理

土壤再分配指在降水径流或风力等外力作用下，土壤颗粒被侵蚀、搬运和沉积，在坡面发生位置移动的过程。对于水力侵蚀而言，坡面中上部的土壤会遭受侵蚀，土壤颗粒随水向下坡移动。对于坡度陡且坡长短的坡面，遭侵蚀搬运的土粒会通过各级沟道汇入河流。而对于坡度缓且坡长较长的漫岗坡面，降水径流冲刷分离的土粒在向下坡搬运的过程中不会全部进入沟道，而部分侵蚀泥沙会在坡面中下部发生淤积。对于风蚀而言，位于迎风坡的土粒会遭侵蚀吹扬，再被搬运至背风坡沉积。不论是土壤再分配过程中的侵蚀还是沉积，都会改变原有土壤剖面的形态。在侵蚀发生部位，发生层不断遭受侵蚀，剖面整体上会渐渐变薄。而在沉积发生部位，原始发生层会不断覆盖，剖面整体上会渐渐增厚。土壤再分配是土壤侵蚀的结果，因此，也可以通过土壤发生再分配的现状反推土壤侵蚀。利用土壤磁化率追踪反演土壤再分配的基本原理是，在不考虑长期气候变化驱动的前提下，土壤磁化率剖面的改变只是由侵蚀导致的土壤再分配驱动，不论是侵蚀还是沉积都会改变原有土壤的磁化率剖面。在侵蚀发生区，与土壤剖面变薄现象相对应，磁化率剖面表层增强现象变弱，甚至消失。而在沉积发生区，与土壤剖面增厚现象相对应，磁化率剖面表层增强现象将更为显著。利用当前土壤磁化率剖面与参考面土壤磁化率剖面进行对照，就可以在坡面上识别出侵蚀区和沉积区的范围。

2. 识别方法

我国水土流失问题十分严重。严重的水土流失不仅导致土壤生产力下降，还加剧水旱灾害和江河湖淤积，对生态环境影响极大。近年来，应用磁性示踪在土壤侵蚀研究方面取得了很大进展。根据野外调查和小区试验的结果，当侵蚀发生时，坡上部为侵蚀小区，坡下部为沉积小区。磁性颗粒也会伴随着侵蚀过程和泥沙移动而重新分配。据此，通过磁性示踪技术就可以确定沉积物在不同坡面位置的迁移运动过程，也可以确定风蚀物质移动距离及散落位置(Ventura et al., 2001)。通过对丘陵、低地、沼泽、湖泊等地貌类型的土壤进行 ^{14}C 示踪和磁性测量，认为玛雅低地南部的土壤退化主要是由人口增加、土地开垦、城市建设、土地不合理利用等造成(Beach et al., 2006)。Carcaillet 等(2006)测定沉积物的积聚量和磁化率，研究火灾对加拿大东部 7 个湖泊和 2 个沙丘森林生态系统的作用，结果表明，由于沙丘地区的干旱和土壤瘠薄，火灾增加了土壤中的无机沉积物，且改变了黏土矿物的磁性组分，加剧了土壤侵蚀。Jiang 等(2006)研究三峡库区紫色泥岩坡地表层的风化特征和测定地表主要物质的氧化物含量、黏土矿物和磁化率，结果表明，硅、铝、铁氧化物的含量在 60%～75%，风化系数与平缓坡度关系较大，而与陡坡坡度关系较小。

在坡面尺度，用土壤磁化率揭示土壤再分配规律的研究成果很多。根据土壤中磁性物质的来源，对土壤再分配的研究也可以分为天然土壤磁性研究和人工磁性示踪研究两部分。天然土壤磁性研究以自然土壤坡面为研究对象，采集土壤样本带回室内测定其磁化率，或者在野外原位测定磁化率，通过分析坡面磁化率分异特征及其变化来探究坡面土壤再分配规律(de Jong, 2002; de Jong et al., 1998, 2000; Dearing et al., 1986; 胡国庆等, 2010; 马玉增等, 2008)；人工磁性示踪研究是在自然土壤中施加人工磁性物质，如工业粉煤灰、磁性塑料珠、灼烧过的土壤等，通过测定这些人工磁性示踪剂在坡面上的变化来间接反映土壤颗粒在坡面上的侵蚀和沉积过程(Gennadiev et al., 2002, 2010; Hu et al., 2011; Olson et al., 2013; Ventura et al., 2002; 胡国庆等, 2010)。然而，现阶段利用土壤磁性指标揭示土壤再分配规律还停留在定性的阶段，定量估算土壤侵蚀量和侵蚀速率方面的研究仍然十分薄弱，尚未建立土壤磁化率与土壤侵蚀速率的定量关系。即使有一些初步结果，也均在特定几个研究区域进行，缺少对中国地区的研究成果。

1.6　基于磁化率技术的土壤侵蚀研究进展

磁性是自然界物质普遍存在的客观属性，但磁性的强弱会因土壤的物质组成和结构而异，不同物质的磁性差异很大。土壤属于弱磁性物质，其磁性不易被直接感知，通常需要借助仪器获取。土壤磁化率是表征土壤磁性强弱的定量指标和直接度量，其反映物质被磁化的难易程度，其大小与土壤黏粒含量成正比，而土壤侵蚀会导致土壤黏粒减少(侵蚀区)或增加(沉积区)。最早的环境磁学侧重于古环境的研究，磁测手段也烦琐复杂，随着科学技术的发展，电子磁化率仪为快速简单地获取土壤磁性指标提供可能，土壤磁化率被应用于土壤侵蚀研究的案例越来越多。一般而言，未受扰动的土壤剖面具有表层磁化率增强现象，而且土壤磁化率高低与成土环境有显著的相关性，并且有与成土环境相对应的磁化率剖面 (Mullins, 1977; 卢升高, 2003)。受侵蚀影响的坡面，其土壤磁化率因土壤颗粒在坡面侵蚀、搬运与沉积而发生改变。因此，借助土壤磁化率在坡面及剖面上的异质性，就可以反演长时间序列和广空间尺度上土壤侵蚀和土壤再分配过程。

1.6.1　土壤侵蚀与剖面磁性分异特征

土壤磁性在坡面和剖面上的分布规律与地形和母质关系密切。经过漫长的成土过程，不同的成土环境形成了不同的土壤类型；相同的成土环境则形成了特征相近的土壤类型。由于成土因素存在地带性规律，土壤类型在分布上也会表现出地带性特征。对于弱磁性母质发育的土壤而言，磁化率随土壤深度的增加逐渐减小，母质层磁化率最低，即表层增强性。表层增强性规律在温带地区的土壤中较明显，而在干旱区和低温区不明显(Le Borgne, 1955; Mullins, 1977; 卢升高, 2003)。de Jong(2002)认为侵蚀区剖面的土壤磁化率随土层深度的增加而变化，证实土壤磁化率的表层增强性，并将磁化率技术与不同坡面位置的土壤剖面特征建立联系。由于坡下土壤受淋溶作用影响，土壤中亚铁磁性矿物发生转化，因此磁化率会偏小，坡面下部的土壤磁化率剖面与弱磁性母质上发育的土壤剖面的磁性规律有所不同。

我国的自然土壤磁性研究始于 20 世纪 80 年代。我国地域辽阔，地带性和非地带性土壤类型多样，分布广泛，不同土壤类型的磁性具有较强的异质性。早期成果主要为土壤磁性理论和土壤磁性调查研究提供了基础支撑。刘孝义等(1982)对我国东北地区的主要土壤进行磁测，建立了不同土壤类型的有机质含量与磁化率之间的关系。卢升高(2003)及俞劲炎和卢升高(1991)系统地梳理了环境磁学和土壤磁性的相关理论基础，并汇总我国南方地区的土壤磁性数据库。近年来，磁化率技术被成功应用于东北地区和华北地区的土壤侵蚀与土壤再分配研究(Liu et al., 2015; Yu et al., 2017; Liu et al., 2018a; Yu et al., 2019)。

1. 表层土壤磁性特征变化与土壤侵蚀

磁化率异质性普遍存在于长期受人类耕作活动影响的农地坡面，地形、耕作方式和管理措施等因素决定坡面土壤的运移规律(Moritsuka et al., 2021)。土壤中细小的黏粒具有较高的磁性，是土壤磁性的主要来源，因此，土壤磁化率反映土壤质地，揭示土壤颗粒的分离与搬运过程。磁化率技术在土壤侵蚀领域的研究正处于发展阶段，磁化率在土壤侵蚀研究中的应用根据载体不同有自然土壤磁性和人工磁性物质之分。

1) 自然土壤磁性变化与土壤物质迁移

土壤磁性的大小受成土过程和成土环境影响，超顺磁性颗粒的数量直接影响土壤磁性。超顺磁性颗粒在土壤侵蚀过程中被搬运，或者进入水体，或者在坡面下部沉积，结果导致坡面上部磁化率变小而在坡面下部呈现出磁性富集现象。Dearing 等(1985, 1986)首次将磁化率技术应用到土壤再分配研究中，阐述了因土壤侵蚀而导致磁化率在坡面的异质性，并证实了土壤再分配现象的存在。在地形、降水、土地利用类型等数据的基础上，磁学技术的应用有助于综合分析和理解土壤侵蚀与沉积过程，为土壤侵蚀预报提供有力支持。Karchegani 等(2011)和 Rahimi 等(2013)将 ^{137}Cs 活度和磁化率两种方法结合，探究伊朗西部弱磁性石灰岩母质坡面土壤磁性的分异规律。然而，并没有确切的证据表明土壤磁性与 ^{137}Cs 浓度存在联系，但两者均能够应用于土壤侵蚀预报研究。Royall(2001)分析了表层土壤磁性的空间异质性规律，建立了耕作均一化(tillage-homogenization，T-H)模型。利用耕作均一化模型，可以估算坡面任意一点的土壤侵蚀深度，以及坡面净土壤侵蚀量。该研究对土壤磁化率技术在土壤侵蚀定量化评价中的应用具有里程碑意义。以土壤侵蚀导致土层厚度变化为纽带，利用磁化率技术估算坡面土壤侵蚀量及土壤侵蚀速率，已被应用于世界上多个国家和地区。

我国自然土壤磁性与坡面土壤再分配的研究起步较晚，研究也多集中在东北黑土区。很多学者以东北黑土区为例，证明了土壤磁性技术在土壤再分配研究中的有效性。通过土壤磁化率测定定量地评价坡面土壤侵蚀，进而探索不同地区、不同侵蚀类型的磁性示踪技术。Liu 等(2015)和 Yu 等(2017)在东北黑土区农地坡面开展磁化率技术在土壤侵蚀定量化评价中应用的研究，通过系统采样，探明了不同坡面坡位、不同土地利用类型的土壤磁化率分布特征，并分析土壤再分配规律，探究小流域尺度土壤磁化率变异特征及其与 ^{137}Cs 浓度之间的关系。结果表明，坡位和土地利用类型等因素对土壤磁化率的再分配方式具有重要影响。在时间尺度上，开垦年限反映土壤侵蚀的发展趋势，开垦年限越长，土壤磁性的异质性越强，土壤侵蚀越严重，得出了土壤磁化率与土壤侵蚀在坡面位置、土地利用类型和开垦时间上存在时空对应关系的结论。此外，Liu 等(2018b)和 Ding 等(2020)初步验证土壤磁性指标在干旱、半干旱地区指示风力侵蚀的可行性，Cao 等(2020)将磁化率技术应用于喀斯特地区土壤侵蚀研究，建立指纹示踪指标体系，评价土壤磁性应用于石漠化地区识别土壤流失侵蚀变化的潜力。

2) 人工磁性物质示踪与土壤物质迁移

用于土壤侵蚀研究的磁性物质主要包括工业粉煤灰、磁性塑料珠和复合磁性颗粒等，其磁性远大于自然土壤磁性。利用磁性物质示踪，具有磁性大小可控、定量化表达程度高、适用性广等优点。通过磁性物质特性、粒径大小和混合密度等指标的选配，人工磁性物质可以适用于不同时空环境场景下的实验模拟。Hussain 等(1998)比较铁路附近农地与非农地相同部位的工业粉煤灰含量，评价该地区土壤侵蚀导致的土壤再分配规律。结果表明，在 142 年间，坡面表层 10.6 cm 或 46 %的土壤被侵蚀掉。Olson 等(2002)利用工业粉煤灰含量和土壤磁化率指标评价农地和林地坡面土壤侵蚀规律，发现林地土壤磁化率均大于农地。Parsons 等(1993)首次利用磁赤铁矿粉末示踪土壤沉积物的运移，监测侵蚀泥沙运动状况。Gennadiev 等(2002)在俄罗斯莫斯科周边采集土壤样品，测定土壤磁化率，分离磁性矿物颗粒和球状磁性颗粒，认为土壤磁化率方法适用于定量评价土壤侵蚀与沉积强度。董元杰和史衍玺(2006)以工业粉煤灰为载体，探究了鲁东山区小流域坡面土壤侵蚀规律，并不断改进人工磁性示踪剂的特性，试图使其最大程度地接近自然土壤磁性物质。

人工磁性示踪剂为基于模拟实验的土壤侵蚀研究提供了新的载体，使实验场景中的土壤磁性可调可控，但人工磁性示踪剂的粒径组成、密度和吸附性等性质与自然土壤存在一定差异，二者坡面运移规律是否一致仍需验证。

2. 磁化率剖面特征

由于土壤磁化率与土壤黏粒含量大小密切相关，黏粒在土壤剖面上的分布也就决定了磁化率沿土壤深度的变化。土壤矿物组成包括原生矿物和次生矿物，原生矿物是从母质或母岩中继承的矿物，其晶体结构、组成成分和理化性质都未发生变化。次生矿物是在土壤形成过程中新形成的物质，由原生矿物经风化重组而来，其晶体结构和理化性质都发生显著改变，形成了很多原生矿物不具备的特性，如遇水膨胀性、带电性、吸附性等。土壤中次生矿物的类型及含量多少主要由水热条件决定，在高温多雨的华南地区，土壤次生矿物在整个剖面上的含量普遍要高，且以铁铝氧化物为主。而在西北干旱地区，土壤次生矿物含量少，且以伊利石为主。其他大多数地区土壤次生矿物介于中间，多以蒙脱石和铁铝氧化物为主。对于土壤磁化率而言，原生矿物通过本身的磁性特征影响或决定土壤磁化率大小及其随土壤深度的变化。如果土壤原生矿物磁性成分含量高，则土壤总体磁化率就要高，如果土壤原生矿物磁性成分含量低，则土壤总体磁化率。而次生矿物则由在成土过程中形成的铁铝氧化物含量的高低决定或影响土壤磁化率大小及剖面特征。因此，土壤磁化率剖面特征主要与母质物质组成和成土环境密切相关。对于大多数土壤类型而言，磁化率随深度的变化与黏粒含量变化具有对应关系：表层土壤磁化率最高，然后开始减小，到亚表层快速变小，但随深度的变率也同时收窄；再向下，磁化率就会渐渐接近母质层的磁化率，并基本保持稳定。如果母质中磁性物质含量高，则土壤总体磁化率高，但还是表层土壤磁化率最高。只是在特定的成土环境下，有些成土过程会改变氧化铁形态导致其遭到淋失，会形成磁化率较低的发生层，如白浆土剖面上的潴育层和灰化土剖面上的灰化层。同时，黏化作用会形成黏粒含量较高的黏化层，土壤磁化率也会比相邻土层高。由于土壤剖面及黏粒在剖面中的分布由成土环境和成土过程决定，在一定的环境条件下，土壤磁化率剖面也是一致的。土壤磁化率剖面特征与成土环境以及成土过程之间的对应关系，也为磁化率技术在地学领域的广泛应用奠定了理论基础。如果土壤磁化率剖面特征发生变化，就意味着成土环境或某种成土因素发生改变。通过对照研究对象的土壤磁化率剖面与参考面的土壤磁化率剖面就可以反演成土环境的变化。

3. *坡面土壤沉积区磁性特征*

在缓坡丘陵地带，侵蚀泥沙不会被全部搬运出坡面，有部分泥沙会在坡面中下部发生沉积，从而改变原始土壤剖面，这必然导致土壤磁化率发生改变。由于土壤侵蚀过程中，径流冲刷搬运具有分选性，加之表层土壤一般黏粒含量普遍较高，沉积部位的土壤剖面会不断增厚，特别是上层土壤。由于坡面上部冲刷而来的黏粒不断沉积，沉积区土壤磁化率一般会高于参考坡面的土壤磁化率。但如果在湿凉的环境下，坡面下部的土壤含水量高，加之受冻融作用影响显著，土壤形成和发育过程中或多或少地会存在潴育化和潜育化现象，土壤中的氧化铁或以亚铁形式存在，并发生一定程度的淋失，土壤磁化率降低(Liu et al., 2019)。因此，坡面沉积区土壤磁化率是土壤黏粒含量和地理环境要素共同制约的结果。在不受土壤水分潴育作用的影响下，沉积区土壤磁化率会增大，但在坡脚处会出现水分饱和状态频率高、时段长的现象，导致土壤磁化率反而变小。

4. *磁化率与泥沙搬运沉积*

近几十年来，研究者不断整合快速经济的磁测手段，试图将磁学手段融入地理学研究。有学者认为，磁化率能可靠地识别河湖相悬浮物和沉积物的物质来源，将其应用在单次洪水事件中是一种简单、高效、无损地测量输沙量的方法，并且能够详细地调查沉积物来源。此后，土壤磁化率技术在土壤侵蚀沉积物和泥沙来源等研究中被广泛采用。由于影响因素多样，小流域土壤侵蚀和沉积是一个复杂的系统。俞立中和张卫国(1998)提出了针对单因子指纹识别技术的磁混合模型。在不考虑其他复杂过程对土壤磁性影响的情况下，研究者建立了小流域沉积物来源与沉积物磁性物质之间的联系，用于估算不同沉积物来源的占比。其基本原理为设定自变量为不同物质来源的质量百分比，各物源的质量百分比之和为 100%。而因变量为与其对应的磁性参数，各物源对应的磁性参数与质量百分比之积的总和为沉积物的磁性参数值，在符合以上要求的数据集中，进行多元回归分析，误差最小的组合即拟合值最接近沉积物磁测值的组合(贾松伟和韦方强, 2009)。

1.6.2　土壤磁性与土壤侵蚀量估算

1. 利用人工磁性示踪剂

粉煤灰是一种由化石燃料燃烧产生的磁性小颗粒，其随降水均匀沉降到土壤表面，可来自不同的燃烧源。针对蒸汽动力器械的活动区域和起始时间，粉煤灰是研究土壤侵蚀的有效示踪剂和时间有效标记物(Haliuc et al., 2016)。Jones 和 Olson(2009)最早提出了利用粉煤灰自然沉降判断侵蚀时间的新思路，指出可以利用历史时期铁路沿线的粉煤灰估算特定时段的土壤侵蚀量。Gennadiev 等(2010)将利用 ^{137}Cs 活度估算土壤流失量的比例模型直接用于研究 SMPs(0～50 cm)与侵蚀量的定量关系。Olson 等(2013)提供了一种计算不同时间段侵蚀量和侵蚀速率的方法，即利用 ^{137}Cs 活度估算 1960 年至今的土壤流失量，利用粉煤灰含量计算化石燃料燃烧以来的土壤流失量，两者的差值即为中间时段的流失量。Ventura 等(2002)研制了一种磁性塑料珠，在微型小区人工降雨条件下，确定相应坡面位置的土壤侵蚀量。结果表明，磁性示踪剂含量和土壤侵蚀量呈线性正相关，该方法能够定性地反映小区尺度的土壤侵蚀/沉积状况。Liu 等(2018a)将人工磁性示踪剂应用于黄土高原地区，将示踪剂和自然土壤均匀混合，设置多种模式(入渗或冲刷)探究混合物属性，验证人工磁性示踪剂应用于黄土地区地带性土壤的可行性。

众多研究者充分利用人工磁性物质可控性强、易于识别等优势，将多种类型的磁性物质应用于土壤颗粒的运移过程模拟研究，有针对性地将磁化率技术应用于不同时空尺度下的模拟实验。未来研究应注重人工磁性物质与土壤颗粒附着程度的评价。

2. 融合放射性核素的土壤侵蚀磁性示踪技术

为克服单一示踪技术的不足，验证磁化率技术的应用潜力，利用两种或多种示踪方法相结合的复合示踪成为土壤侵蚀定量化的新手段。de Jong 等(1998)将磁化率与 ^{137}Cs 示踪技术结合，应用于农地土壤再分配的研究，但由于剖面土壤磁化率变异很大，且受 ^{137}Cs 半衰期制约，无法验证 20 世纪 60 年代以前的土壤流失量。Hutchinson(1995)应用土壤磁化率及放射性核素(^{137}Cs 和 ^{210}Pb)浓度等指标，综合评价了英国丘陵地区某小流域-湖泊系统典型流域的侵蚀状况与泥沙来源。Royall(2004)通过探讨土壤侵蚀规律与泥沙运移情况，评价了土壤磁化率技术在区域侵蚀研究中的适用性。土壤磁化率空间分布与其他土壤理化性质相结合，将能更好地解释坡面土壤再分配过程，有助于将磁化率和土壤侵蚀量建立联系。也有研究对磁化率技术在土壤侵蚀研究中的应用提出了担忧。Ayoubi 等(2012)和 Rahimi 等(2013)测定伊朗石灰质土壤的磁化率与 ^{137}Cs 浓度两种指标，他们认为磁化率的变异性只能解释 45%的 ^{137}Cs 浓度变异性，磁化率应用于石灰质土壤侵蚀的土壤坡面示踪需要深入研究。

利用复合指标评价土壤侵蚀量的研究将空间尺度扩展至小流域，但不能保证时间尺度的连续性及外推性。磁化率技术与放射性核素示踪的精度存在差异，复合示踪时的匹配程度有待进一步探索。

3. 模型估算方法——T-H 模型

借助自然土壤磁性量化土壤侵蚀量存在一定困难，其研究瓶颈在于土壤磁性与土壤侵蚀过程定量联系的建立。农地土壤健康与农业生产和生态环境息息相关，农地坡面尺度的土壤侵蚀主要受周期性人为活动影响，耕作扰动表层土壤，使土壤在坡面发生重新分配。这一过程具有可追溯、可预测和周期性等特征，研究土壤再分配过程有助于土壤侵蚀预报模型的建立。

Royall (2001) 首次提出利用农地土壤磁性剖面特征变化估算土壤流失量的耕作均一化 (T-H) 模型。该模型假设土壤磁性在耕层呈现均一化，侵蚀发生后，表层被侵蚀出现部分缺失，下一个耕作周期后，耕层下移，土壤磁化率发生变化，参考未侵蚀区域的土壤剖面磁化率特征，计算耕层磁化率模拟值，建立表层土壤磁化率与侵蚀深度之间的关系，根据磁化率大小确定土壤侵蚀深度 (Royall, 2004)。根据这一原理，Jordanova 等 (2011, 2014) 曾利用 T-H 模型预报黑钙土农地长期累积的土壤流失速率，将低频磁化率、频率磁化率以及饱和等温剩磁应用到 T-H 模型中，根据土壤质地系数比较底层与耕层土壤磁化率的差异，即 $\Delta\chi=100\times(\chi_{coarse}-\chi_{fine})/\chi_{bulk}$，计算流失量。Yu 等 (2019) 将 T-H 模型引入我国东北黑土区，并在 T-H 模型的基础上加入沉积厚度指标，通过估算坡面侵蚀深度和沉积厚度，实现坡面尺度上侵蚀量、沉积量和净侵蚀量的估算。磁化率技术的应用有利于开展景观尺度的土壤侵蚀空间变化调查。但如何综合考虑环境等影响因素以及选择适当的参考剖面，对于正确应用磁化率示踪方法十分重要。

磁化率技术在土壤侵蚀领域的应用研究正处于从定性到定量的发展阶段，前期成果主要是对坡面或小流域土壤再分配的定性描述，依托多载体、多指标、多角度、多尺度 (王涵等, 2021) 量化分析土壤颗粒的运移过程，侧重于经验型的定量评价模型稳步发展。

1.6.3　基于文献分析的磁化率技术应用研究

磁性测量具有操作简单、分辨率高、成本低、对样品无破坏等优势 (杨萍果等, 2008)。近年来，土壤磁测技术已被逐渐应用到土壤侵蚀研究中，如确定沉积泥沙来源 (Caitcheon, 1993)、研究土壤侵蚀的空间分布特征 (董元杰和史衍玺, 2004)、建立预测土壤侵蚀模型 (Royall, 2004)、还原历史环境事件 (Dearing et al., 1981) 以及研制和应用人工磁性示踪剂 (董元杰等, 2007) 等。与传统监测手段相比，磁化率技术优势明显，不仅能定性描述土壤侵蚀的时空分异规律，还能定量评价土壤侵蚀量。文献计量是以数理统计为基础的一种定量分析方法，主要用于研究各领域科学文献的分布特征和数量变化等 (Nederhof, 2006; 钟赛香等, 2014)。文献计量方法在地理学科中应用较广泛，如分析土壤氮素矿化的研究进展 (蒋竹青和彭辉, 2021)、土壤污染微生物修复领域发展趋势 (仝婧婧等, 2021) 等。通过归纳梳理近 30 年的文献资料，借助 CiteSpace 软件对相关文献进行可视化，分析国内外不同发展阶段发文量、研究热点、研究机构和主要研究者等指标，可以揭示土壤侵蚀磁性研究的进展和发展趋势，并为今后科研工作提供数据支持。

1. 数据来源与研究方法

在 Web of Science ™ 核心合集数据库中以“TS①=[(soil magnetic or soil magnetism) and (soil erosion or soil loss)]”为条件检索到 838 条记录，其中 774 条为有效记录。

在中国知网(CNKI)中以“SU=‘土壤侵蚀’*‘磁性’or SU=‘水土流失’*‘磁性’or SU=‘土壤侵蚀’*‘磁化率’or SU=‘水土流失’*‘磁化率’”为条件检索到 74 条记录②。

利用 CiteSpace 等可视化文献计量工具评价和分析近 30 年来国内外磁性示踪技术应用于土壤侵蚀领域文献的发文量、研究热点、作者、国家和研究机构。

2. 全球发文量时空统计分析

土壤磁性反映成土过程和成土环境对土壤发生发育的影响，近年来其已成为研究全球变化的主要对象之一(杨萍果等, 2008)。随着经验和技术的不断进步，土壤磁性研究逐渐广泛而深入，在黄土-古土壤(王勇等, 2008)、土壤污染(郭军玲等, 2009)、土壤侵蚀(董元杰等, 2009)及古气候预估环境变化(卢升高等, 1999)等领域取得了巨大的研究成果。在土壤侵蚀领域，利用磁性示踪技术揭示土壤颗粒的运移过程，即土壤侵蚀磁性研究。

中文论文指用中文撰写的期刊论文，在 CNKI 数据库中检索；英文论文指用英语撰写的期刊论文，在 Web of Science™ 核心合集数据库中检索，英文论文包括国际英文论文和中国英文论文两部分，前者由非中国学者撰写，后者由中国学者撰写。以上述检索结果为基础，将检索到的英文论文数据导入 CiteSpace 软件，生成国家合作网络知识图谱。根据各国的节点信息，分别统计出国际英文论文数量和中国英文论文数量。其中，按照发文量的变化趋势将国内外土壤侵蚀磁性研究分为 3 个发展阶段(图 1-5)。

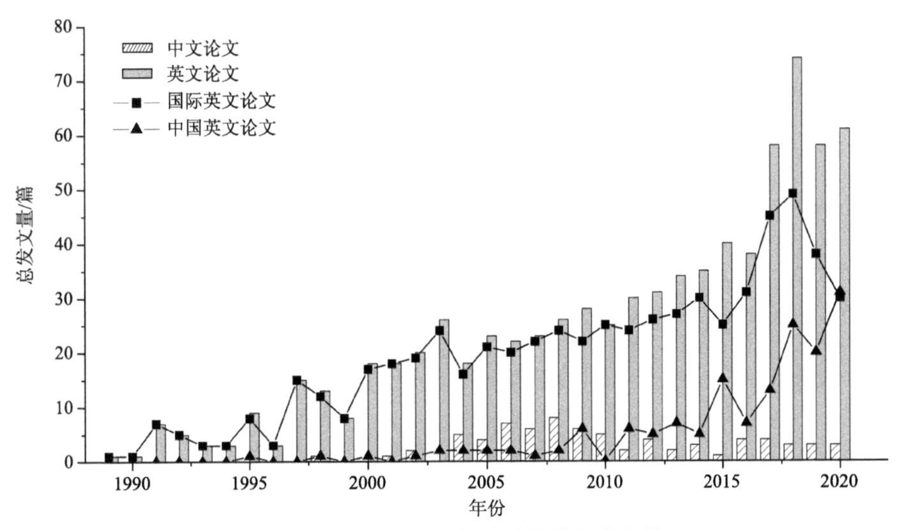

图 1-5 近 30 年土壤侵蚀磁性论文发文量

① TS 为 Web of Science™ 核心合集数据库的高级搜索项目 Topic 的简写。

② SU 指主题，运算符*代表“与”。

1) 雏形期(1989～2000 年)

中文论文在 1998 年出现且数量少，说明该时期国内对土壤侵蚀磁性的研究不太重视，正处于探索阶段。国际英文论文数量在最初 8 年里，每年发文量不足 10 篇，后期每年发文量可达 15 篇。其中，中国学者自 1995 年起共发表 3 篇相关内容的英文论文，表明中国学者在国际土壤侵蚀磁性交流中起步较晚。总之，在这一时期，用磁化率技术开展土壤侵蚀研究在整个世界上都刚刚起步，在中国相对要更晚。

2) 突破期(2001～2010 年)

中文论文数量迅速增加，呈波动上升趋势，表明国内开始重视土壤侵蚀磁性研究，与前一阶段相比有飞跃式的进展。国际英文论文发文量呈增长趋势，中国学者发表的英文论文数量持续增加，在 2009 年达到该阶段最大值。

3) 增长期(2011～2020 年)

中文论文数量开始小幅度下降并呈波动变化，最后逐渐趋于平稳，可能与同年中国英文论文数量增多有关。英文论文数量显著增加并在 2018 年达到峰值，发文量为 74 篇。中国英文论文数量在 2020 年达到峰值，发文量为 31 篇，占同年英文论文总发文量一半，说明中国学者对土壤侵蚀磁性研究的活跃度和科研能力有所提高。

3. 国内土壤侵蚀磁性研究进展

1) 研究热点网络知识图谱特征

关键词图谱可以分析研究热点和热点的演变(陈悦等, 2015)。节点大小表示关键词在论文中出现频率的高低，一般而言，节点间的连线越粗，表明关键词之间的联系越紧密。分别统计国内土壤侵蚀磁性研究在不同发展阶段中文论文关键词出现频次(表 1-5)，结果表明，雏形期只有一篇相关中文论文，表明我国土壤侵蚀磁性研究与国际相比起步较晚；突破期中文论文关键词词频迅速增加，研究方向增多；增长期以“土壤侵蚀”为关键词的发文量有所减少，从突破期的 27 次降低至 12 次，随着中国学者的研究成果逐渐被国际认可，中国英文论文开始增加，导致中文论文数量减少。此外，“小流域”“泥沙来源”等关键词在近 10 年开始出现，表明学者们逐渐将土壤磁性指标应用于土壤侵蚀研究中。

表 1-5　国内土壤侵蚀磁性研究在不同发展阶段中文论文关键词出现频次　(单位：次)

雏形期关键词	词频	突破期关键词	词频	增长期关键词	词频
土壤磁测	1	土壤侵蚀	27	土壤侵蚀	12
坡地	1	磁化率	9	磁化率	8
土壤侵蚀与土地退化	1	全新世	8	泥沙来源	6
^{137}Cs	1	磁性示踪	6	磁性示踪剂	5
—	—	坡面	5	小流域	3
—	—	水库沉积物	4	黄土高原	3
—	—	沉积物	3	坡面	3
—	—	环境演变	3	指纹示踪	3
—	—	空间分异	3	纳米磁性材料	2
—	—	磁性示踪剂	3	溅蚀	2

(1) 雏形期国内土壤侵蚀磁性研究进展。该阶段高频关键词包括“土壤磁测”“坡地”“土壤侵蚀与土地退化”“^{137}Cs”[图 1-6(a)]。在中国知网检索到的相关文献仅有一篇，表明该阶段土壤侵蚀磁性研究处于起步阶段。

(2) 突破期国内土壤侵蚀磁性研究进展。该阶段高频关键词包括“土壤侵蚀”“磁化率”“全新世”“磁性示踪”等[图 1-6(b)]，研究热点可分为 4 个部分。①土壤侵蚀磁性机理研究：该时期以土壤理化性质与土壤磁化率的关系为主要研究内容，旨在揭示土壤侵蚀磁化率的变化规律(董元杰等, 2008；马玉增等, 2008)。②土壤侵蚀与磁化率时空分异特征研究：董元杰和史衍玺(2006)采用实地磁测方法研究坡面土壤侵蚀的空间分异特征，该实验进一步证实了将磁测法应用于土壤侵蚀研究的可行性。查小春等(2006)利用沉积物磁化率等指标，研究运城盆地流水侵蚀和沉积的发生以及环境演变规律。③磁性示踪技术：根据文献性质可分为综述类和实验类。综述类文献主要介绍磁性示踪技术在土壤侵蚀领域的研究现状和应用前景(张风宝等, 2005)。实验类文献以研制人工磁性示踪剂和确定磁性示踪剂布设方法等内容为主(董元杰和史衍玺, 2006；胡国庆等, 2009)。④沉积物磁性的指示意义：湖泊(水库)沉积物的环境演变是环境磁学的重要研究领域，磁化率可以作为环境代用指标(姜月华等, 2004)。该阶段的研究内容侧重对沉积物柱芯进行磁性参数测量，以便分析研究区土壤侵蚀变化过程，并探讨土壤侵蚀发生的原因(王红亚等, 2006；吕明辉等, 2007)。在突破期内，土壤侵蚀磁性研究处于迅速增长状态，使精确预测和定量评价土壤侵蚀成为可能，磁性示踪技术克服了以往示踪技术的缺陷，逐渐成为研究土壤侵蚀的一种可靠的示踪技术。

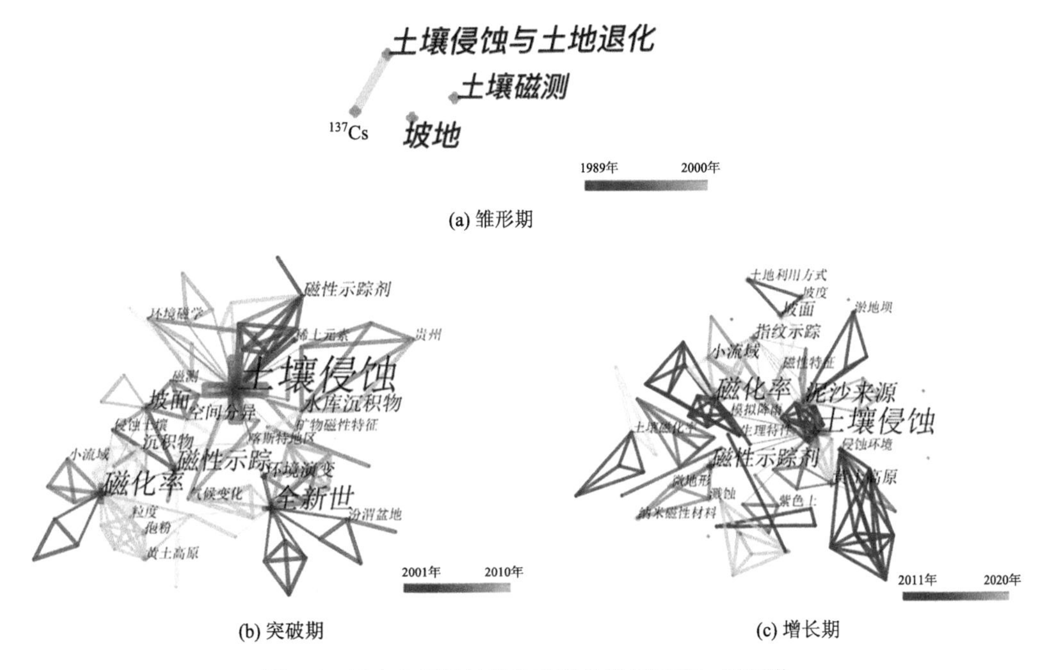

图 1-6　国内土壤侵蚀磁性研究关键词网络知识图谱

(3) 增长期国内土壤侵蚀磁性研究进展。该阶段出现了一些新的高频关键词，如“泥沙来源”“指纹示踪”“纳米磁性材料”等[图 1-6(c)]，研究热点可分为 2 个部分。①指纹示踪法计算泥沙贡献率：周曼(2018)利用复合指纹法和多元混合模型计算出各泥沙源地的泥沙贡献率。安正锋(2017)使用复合指纹示踪技术和泥沙输移分布模型(sediment delivery distributed model, SEDD)定量评价小流域侵蚀产沙强度，并探究流域内不同源地对泥沙淤积地的贡献率。②纳米磁性材料模拟溅蚀特征：汪倩等(2017)利用纳米磁性材料进行人工模拟溅蚀实验，研究地表磁性变化与溅蚀后地表特征变化间的关系。该阶段学者们开始在示踪方法和磁性技术上进行更深入的研究，使磁性示踪技术在土壤侵蚀研究中进一步发展和广泛应用。

2) 作者合作网络知识图谱特征

作者合作网络知识图谱可以展现研究者的合作程度、科研影响力和活跃度。生成的作者合作网络知识图谱共 119 个节点，220 条连线，密度为 0.313(图 1-7)，节点大小代表作者的发文量，连线粗细代表作者之间的合作强度，连线越粗合作程度越高，颜色代表不同的年份。根据图 1-7 可看出研究者间的联系不够密切，合作程度较低；研究团队多且零散，只形成了小范围的合作网络。董元杰的发文量最多(18 篇)，其次是史衍玺(11 篇)，随后是邱现奎(8 篇)，说明以董元杰为核心的研究团队科研影响力最强。发文量超过 10 篇的作者仅有 2 位，表明该研究领域作者活跃度低。

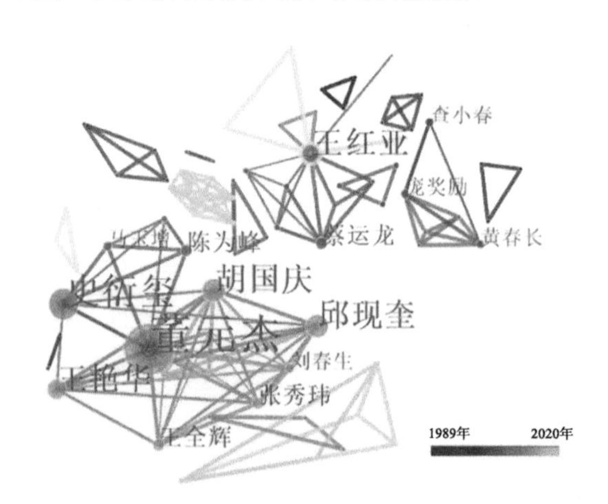

图 1-7　国内土壤侵蚀磁性研究作者合作网络知识图谱

3) 机构合作网络知识图谱特征

机构合作网络知识图谱可以大致反映各机构的科研水平和合作强度。生成的机构合作网络知识图谱共 40 个节点，22 条连线，密度为 0.282(图 1-8)，节点大小代表各机构的发文量，连线粗细代表机构之间的合作强度，连线越粗合作程度越高，颜色代表不同的年份。由图 1-8 可知，发文量最多的机构是山东农业大学资源与环境学院(16 篇)，其次是青岛农业大学资源与环境学院(5 篇)、北京大学环境学院资源环境与地理系(3 篇)等。从图谱节点与连线的相对数量来看，大多数研究机构仅点状分布，没有与其他机构形成合作网络，表明机构之间联系少，交流合作的程度低。

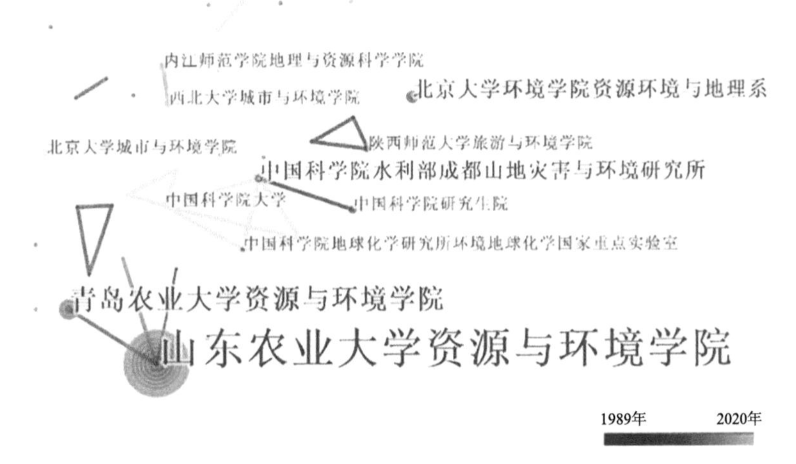

图 1-8　国内土壤侵蚀磁性研究机构合作网络知识图谱

4. 国际土壤侵蚀磁性研究进展

1) 研究热点网络知识图谱特征

国际土壤侵蚀磁性研究整体呈稳定发展趋势(图 1-5)，雏形期发文量占总发文量的 11.1%，突破期发文量占总发文量的 29.6%，增长期发文量占总发文量的 59.3%。高频关键词由“nuclear magnetic resonance”、“magnetic susceptibility”和“sediment”等逐渐转变为“carbon”、“environmental magnetism”和“climate change”等，说明研究内容更加注重土壤侵蚀与气候变化的关系以及土壤侵蚀对地理环境的影响(表 1-6)。

表 1-6　国际土壤侵蚀磁性研究在不同发展阶段关键词出现频次　(单位：次)

雏形期关键词	词频	突破期关键词	词频	增长期关键词	词频
nuclear magnetic resonance	15	soil	42	soil	91
lake sediment	13	magnetic susceptibility	26	magnetic susceptibility	68
magnetic susceptibility	9	sediment	25	erosion	57
spectroscopy	9	nuclear magnetic resonance	22	soil erosion	54
soil erosion	8	soil erosion	21	organic matter	37
cross polarization	6	erosion	20	susceptibility	35
soil	6	carbon	18	carbon	35
soil organic matter	6	susceptibility	14	nuclear magnetic resonance	34
pollen	5	environmental magnetism	13	sediment	29
erosion	5	record	13	climate change	25

(1) 雏形期国际土壤侵蚀磁性研究进展。该阶段高频关键词以“nuclear magnetic resonance”(核磁共振)、“lake sediment”(湖泊沉积物)为主[图 1-9(a)]，研究热点可分为 3 个部分。①沉积物与古环境：主要分析湖泊沉积物的环境指标，如花粉、磁化率等，

研究人类活动导致的土壤侵蚀(Sandgren and Fredskild, 1991)以及推断全新世环境变化(Curtis et al., 1998)等。②坡面土壤再分配研究：侧重自然土壤的侵蚀定性研究，如研究区土壤再分配情况(de Jong et al., 1998)、判断耕地和未开垦山坡上的侵蚀模式(Hussain et al., 1998)等。③核磁共振技术：该时期主要研究土壤腐殖质结构特征(Conte et al., 1997)、核磁共振技术机理(Shand et al., 1999)等。

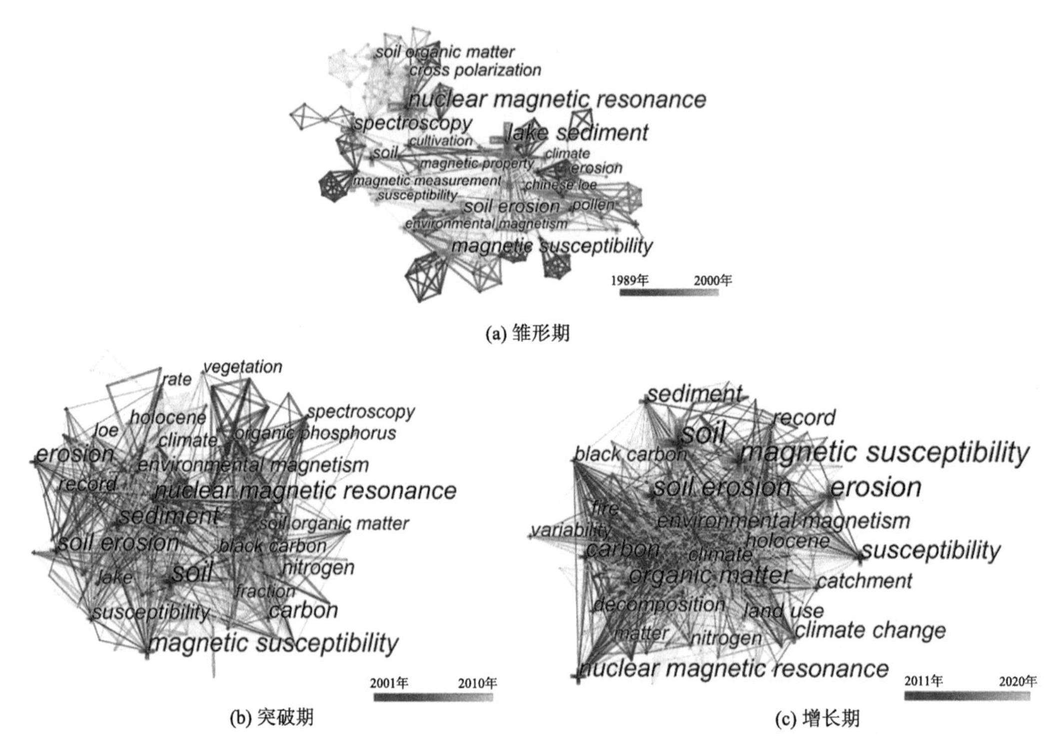

(a) 雏形期

(b) 突破期　　(c) 增长期

图 1-9　国外土壤侵蚀磁性研究关键词网络知识图谱

(2)突破期国际土壤侵蚀磁性研究进展。该阶段出现了新的高频关键词，如“carbon”(碳)、“environmental magnetism”(环境磁学)等[图 1-9(b)]，研究热点可分为 4 个部分。①沉积物环境指示作用：如利用沉积物磁化率反演土壤侵蚀记录(Wang et al., 2008)、重建冰期和全新世环境变化(Shen et al., 2008)等。②土壤侵蚀评价方法研究：该阶段土壤侵蚀磁性的研究有两大进展，第一，土壤定量化开始出现，如利用磁性示踪剂定量评价土壤侵蚀和土壤物质运移量(Gennadiev et al., 2002)；第二，人工磁性示踪剂的研发和利用(Ventura et al., 2001)。人工磁性示踪技术的出现丰富了示踪法，也为研究土壤侵蚀提供了一种新的途径。③环境磁学的应用：该时期环境磁学研究范围十分广泛，如分析大气尘埃的组成成分评估干旱景观的发展和退化(Reynolds et al., 2010)、通过湖泊沉积物磁性特征还原人类对湖泊流域的污染史(Yang et al.,2009)等。④核磁共振技术：该阶段核磁共振技术应用到更多的领域，如利用核磁共振技术研究树脂成岩过程(Lyons et al., 2009)、表征草原陆路放牧和非放牧土地上有机磷含量(Bourke et al., 2009)等。

(3)增长期国际土壤侵蚀磁性研究进展。该阶段出现两个新的高频关键词：“organic

matter”(有机质)和“climate change”(气候变化)[图 1-9(c)]，表明土壤侵蚀磁性研究逐渐重视土壤侵蚀和全球气候变化间的关系，研究的空间尺度更广。该阶段的研究热点可分为 3 个部分。①沉积物环境指示作用：主要包括利用复合指纹分析法研究泥沙来源和土壤流失率(Cheng et al., 2020)、利用磁化率进行泥沙追踪并确定沉积区泥沙来源(Rowntree et al., 2017)等。②坡面土壤再分配研究：主要研究内容为土壤再分配和土壤退化，如利用磁化率分析不同坡位土地利用变化对土壤再分配的影响，并评价磁化率技术估算土壤侵蚀量的可行性(Ayoubi et al., 2020)等。也有一部分学者重视农田土壤侵蚀的研究，如利用磁化率估算农田长期侵蚀沉积速率(Yu et al., 2019)、评价不同耕作年限对农田土壤再分配的影响(Yu et al., 2017)、建立坡耕地不同位置土壤再分配模式与磁化率变化之间的关系(Liu et al., 2015)等。③核磁共振技术：该阶段核磁共振技术注重全球气候变化，如气候变化对土壤有机质组成的影响(Li F et al., 2020)等。

2) 国家合作网络知识图谱特征

国家合作网络知识图谱共 76 个节点，326 条连线，密度为 0.114(图 1-10)，节点大小代表各国的发文量，连线粗细代表各国间的合作强度，连线越粗合作程度越高，颜色代表不同的年份。图 1-10 中，国家合作网络较密集，表明各国间学术交流与合作程度高。由表 1-7 可知，美国发文量最多，共发表 195 篇论文，中心性为 0.33，说明美国重视土壤侵蚀磁性的研究，科研能力强；中国共发表 155 篇，中心性为 0.33，表示中国在该研究领域具有一定的科研影响力；法国虽发文量较少，排名第 8，但中心性为 0.21，可见法国与其他国家学术交流与合作程度高，活跃度较高。从图 1-11 各国逐年发文量趋势来看，美国和中国发文量变幅最大，美国在 2017 年发文量达到最高值；中国对土壤侵蚀磁性的研究起步虽晚，但发文量整体呈大幅度上升趋势，尤其是 2018～2020 年发文量高于其他国家，可以看出中国逐渐重视土壤侵蚀磁性研究，科研水平和国际影响力有所提高，拥有良好的研究前景。英国在 1990 年和 1991 年各发表 1 篇论文，是总发文量前 5 位的国家中最早进行土壤侵蚀磁性研究的国家。

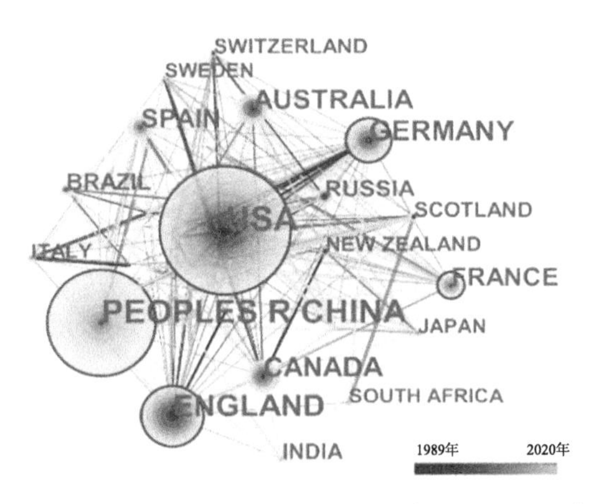

图 1-10 土壤侵蚀磁性研究国家合作网络知识图谱

表 1-7　土壤侵蚀磁性研究文献发表量前 10 位的国家

序号	国家	发文量/篇	中心性
1	美国(USA)	195	0.33
2	中国(China)	155	0.33
3	英国(England)	103	0.32
4	德国(Germany)	71	0.29
5	澳大利亚(Australia)	61	0.04
6	加拿大(Canada)	60	0.07
7	西班牙(Spain)	47	0.1
8	法国(France)	45	0.21
9	俄罗斯(Russia)	33	0.04
10	巴西(Brazil)	30	0.06

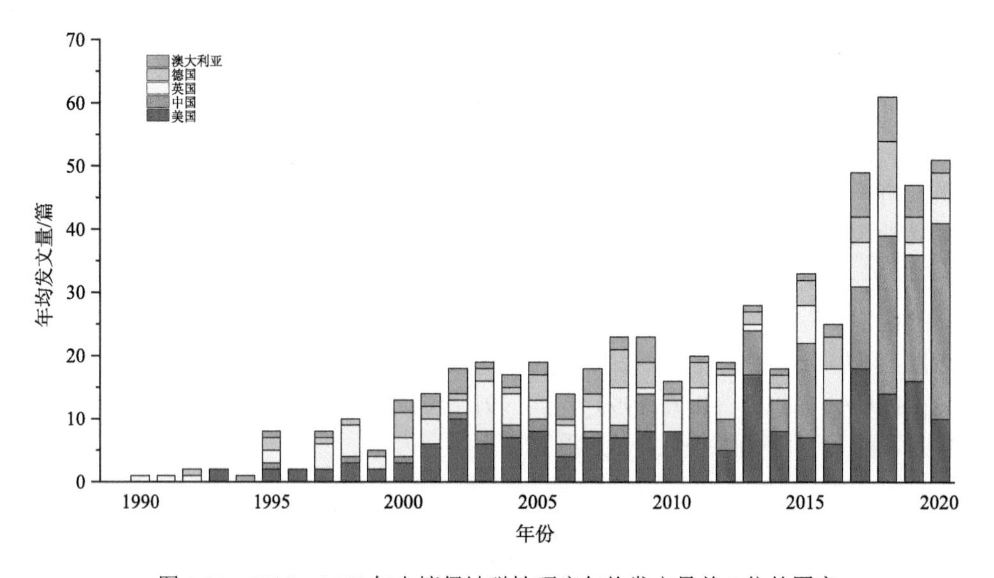

图 1-11　1989～2020 年土壤侵蚀磁性研究年均发文量前 5 位的国家

3) 机构合作网络知识图谱特征

机构合作网络知识图谱共 504 个节点，523 条连线，密度为 0.004(图 1-12)。中国科学院发文量最多(59 篇)，中心性为 0.22，表明该研究机构具有强大的科研影响力；其次是西班牙高等科研理事会(24 篇)，中心性为 0.11；随后是莫斯科罗蒙诺索夫国立大学(18 篇)，中心性为 0.03(表 1-8)。从机构合作网络知识图谱的连线数量来看，各机构学术交流与合作程度低。

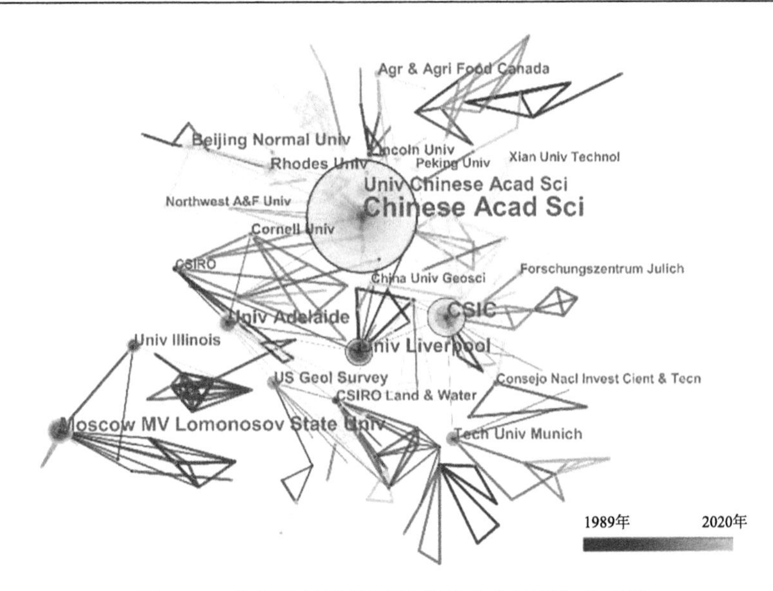

图 1-12　土壤侵蚀磁性研究机构合作网络知识图谱

表 1-8　土壤侵蚀磁性研究发文量前 10 位的机构

序号	机构名称	国家	发文量/篇	中心性
1	中国科学院(Chinese Academy of Sciences)	中国	59	0.22
2	西班牙高等科研理事会(Spanish National Research Council)	西班牙	24	0.11
3	莫斯科罗蒙诺索夫国立大学(Lomonosov Moscow State University)	俄罗斯	18	0.03
4	利物浦大学(University of Liverpool)	英国	16	0.14
5	中国科学院大学(University of Chinese Academy of Science)	中国	16	0.01
6	阿德莱德大学(University of Adelaide)	澳大利亚	15	0.06
7	北京师范大学(Beijing Normal University)	中国	12	0.00
8	罗德斯大学(Rhodes University)	南非	10	0.01
9	伊利诺伊大学(University of Illinois)	美国	10	0.04
10	慕尼黑工业大学(Technische Universität München)	德国	9	0.03

总体来说，我国土壤侵蚀磁性研究在理论上较成熟，学科体系逐渐完整，国内学者发表的英文文献逐年增多，科研成果比较丰富。但基于文献计量分析发现，作者、研究机构之间的学术交流与合作程度低，研究机构较少，还需进一步加强学术交流与合作。总体上，我国土壤侵蚀磁性的研究目前还处于探索发展阶段，研究方法与国际相一致，但研究内容和学科之间的联系不够密切，内容较单一。因此，我国还需要深入理解土壤侵蚀内在机理和侵蚀过程动力等理论，借鉴国际先进土壤侵蚀测量技术，同时结合国内土壤侵蚀实际情况，开发出适用于我国的土壤侵蚀磁性定量技术，建立土壤磁性数据库，完善土壤磁学学科体系，强化土壤侵蚀定量化研究，为今后我国土壤侵蚀防治工作提供精确的理论指导。

1.7 本章小结

土壤侵蚀研究方法的发展脚步从未停歇，新技术和新理念不断完善传统方法的短板。随着科学技术的发展，磁化率技术被应用到地学相关领域，与传统方法和核素示踪法相比，在以下方面仍需深入研究。

(1) 磁化率技术在土壤侵蚀领域的应用起步较晚，研究团队相对简单，相关成果呈点源分布，主要来自几个地区和研究团队，如美国的 Olson 团队、加拿大的 de Jong 团队、英国的 Dearing 团队、伊朗的 Ayoubi 团队、中国的董元杰团队和张科利团队等，还未在世界范围内形成成熟的研究网络。

(2) 磁化率技术在土壤侵蚀领域的应用仍处于定性研究阶段。磁化率技术的原理、剖面规律、地带性分异特征等已经明晰，并在业界达成共识，但现有研究成果多对经验性规律进行总结梳理和推断假设，需建立土壤磁化率与土壤侵蚀间的定量关系，使利用土壤磁化率指标预报土壤侵蚀成为可能，进而实现通用模型的推广。

(3) 近年来，出现了利用土壤磁化率估算土壤侵蚀量的研究，如根据土壤磁性指标估算侵蚀深度，从而间接计算坡面尺度的土壤侵蚀量，没有直接建立土壤磁化率与侵蚀量的关系。建立基于土壤磁性的土壤侵蚀评价理论与指标体系，分析和揭示土壤侵蚀规律与土壤磁性变异的内在关系是如今研究的关键。

参考文献

安正锋. 2017. 多沙粗沙区小流域侵蚀产沙来源与模拟. 咸阳: 西北农林科技大学.

安芷生, Poter S, Kukla G, 等. 1990. 最近 13 万年黄土高原季风变迁的磁化率证据. 科学通报, 35(7): 529-532.

鲍玉海, 贾松伟, 贺秀斌. 2007. 土壤侵蚀磁性示踪技术. 水土保持研究, 14(6): 5-9.

陈悦, 陈超美, 刘则渊, 等. 2015. CiteSpace 知识图谱的方法论功能. 科学学研究, 33(2): 242-253.

董艳, 张卫国, 钱鹏, 等. 2012. 南通市任港河底泥重金属污染的磁学诊断. 环境科学学报, 32(2): 696-705.

董元杰, 马玉增, 陈为峰, 等. 2007. 一种新型土壤侵蚀磁性示踪剂的研制. 水土保持学报, 21(5): 46-49.

董元杰, 马玉增, 陈为峰, 等. 2008. 坡面侵蚀土壤磁化率变化机理的研究. 土壤通报, 39(6): 1400-1403.

董元杰, 史衍玺, 孔凡美, 等. 2009. 基于磁测的坡面土壤侵蚀空间分布特征研究. 土壤学报, 46(1): 144-148.

董元杰, 史衍玺. 2004. 坡面侵蚀土壤磁化率及磁性示踪试验研究. 水土保持学报, 18(6): 21-26.

董元杰, 史衍玺. 2006. 粉煤灰作土壤侵蚀的磁示踪剂研究初报. 土壤学报, 43(1): 155-159.

方小敏, 李吉均, Banerjee S, 等. 1998. 末次间冰期 5e 亚阶段夏季风快速变化的环境岩石磁学研究. 科学通报, 43(21): 2330-2332.

顾继光, 周启星, 林秋奇, 等. 2004. 土壤-小麦生态系统的磁化效应及其生态指示. 应用生态学报, 15(11): 2045-2048.

郭军玲，张春梅，卢升高．2009．城市污染土壤中磁性物质对重金属的富集作用．土壤通报，40(6):1421-1425.
韩晓非，张卫国，陈满荣，等．2003．长江口潮滩植物对沉积物铁的地球化学循环及磁性特征的影响．沉积学报，21(3):495-499.
胡国庆，董元杰，邱现奎，等．2010．鲁中山区小流域坡面土壤侵蚀的磁性示踪法研究．水土保持学报，24(5):169-173.
胡国庆，董元杰，史衍玺，等．2009．土壤侵蚀磁性示踪剂两种布设方式下示踪效果的研究．水土保持学报，23(2):37-41.
贾松伟，韦方强．2009．利用磁性参数诊断泥石流沟道沉积物来源—以云南蒋家沟流域为例．泥沙研究，1:54-59.
姜月华，殷鸿福，王润华．2004．环境磁学理论、方法和研究进展．地球学报，25(3):357-362.
蒋竹青，彭辉．2021．基于文献计量学分析土壤氮素矿化研究进展．土壤通报，52(4):975-987.
刘宝元，杨扬，陆绍娟．2018．几个常用土壤侵蚀术语辨析及其生产实践意义．中国水土保持科学，16(1):9-16.
刘青松，邓成龙．2009．磁化率及其环境意义．地球物理学报，52(4):1041-1048.
刘孝义，周桂琴，梁宝昌．1982．我国东北地区几种主要土壤磁化率．沈阳农学院学报，1(1):7-13.
刘秀铭，刘东升，Shaw J. 1993．中国黄土磁性矿物特征及其古气候意义．第四纪研究，13(3):281-287.
卢升高，董瑞斌，俞劲炎，等．1999．中国东部红土的磁性及其环境意义．地球物理学报，42(6):764-771.
卢升高，俞劲炎，俞仁培．1987．我国几种主要碱化土壤的磁性及其在土壤发生分类上的意义．烟台：中国土壤学会盐渍土与分类分级会议:9.
卢升高．1999．红壤与红壤性水稻土中磁性矿物特性的比较研究．科技通报，15(6):409-413.
卢升高．2003．中国土壤磁性与环境．北京：高等教育出版社.
卢瑛，龚子同，张甘霖．2004．南京城市土壤重金属含量及其影响因素．应用生态学报，15(1):123-126.
吕厚远，韩家懋．1994．中国现代土壤磁化率分析及其古气候意义．中国科学(B辑)，24:1290-1297.
吕明辉，王红亚，蔡运龙．2007．基于湖泊(水库)沉积物分析的土壤侵蚀研究．水土保持通报，27(3):36-41.
马玉增，董元杰，史衍玺，等．2008．坡面侵蚀土壤化学性质对磁化率影响机理的研究．水土保持学报，22(2):51-53, 97.
鸟居雅之，福间浩司，苏黎，等．1999．黄土-古土壤磁化率述评．海洋地质与第四纪地质，19(3):86-99.
潘永信，邓成龙，刘青松，等．2004．趋磁细菌磁小体的生物矿化作用和磁学性质研究进展．科学通报，49(24):2505-2561.
史志华，王玲，刘前进，等．2018．土壤侵蚀：从综合治理到生态调控．中国科学院院刊，33(2):198-205.
仝婧婧，郭荣欣，邹德勋，等．2021．土壤污染微生物修复领域文献计量分析．土壤通报，52(3):736-746.
汪倩，林金石，黄炎和，等．2017．利用纳米磁性材料表征地表溅蚀特征的初探．土壤学报，54(5):1303-1312.
王博，夏敦胜，余晔，等．2011．环境磁学在监测城市河流沉积物污染中的应用．环境科学学报，31(9):1979-1991.
王涵，赵文武，贾立志．2021．近10年土壤水蚀研究进展与展望:基于文献计量的统计分析．中国水土保持科学(中英文), 19(1): 141-151.
王红亚, 霍豫英, 吴秀芹, 等. 2006. 贵州石板桥水库沉积物的矿物磁性特征及其土壤侵蚀意义. 地理研究, 25(5): 865-875.
王勇, 潘保田, 管清玉, 等. 2008. 西北干旱区黄土-古土壤磁化率变化特征. 海洋地质与第四纪地质, 28(1): 111-114.
吴次芳, 陆景冈. 1987. 土壤磁化率在红壤野外调查中的初步应用. 土壤通报, 3: 125-127.
夏丽华, 刘孝义, 依艳丽. 2000. 磁处理对水稻幼苗生长和产量的影响. 吉林农业大学学报, 22(1): 34-37.
杨萍果, 毛任钊, 翟正丽. 2008. 土壤磁性的应用研究进展. 土壤, 40(2): 153-158.
杨萍果. 2012. 土壤磁化率空间变异性研究. 北京: 中国农业科学技术出版社.
俞劲炎, 卢升高. 1991. 土壤磁学. 南昌: 江西科学技术出版社.
俞劲炎, 詹硕仁, 吴劳生, 等. 1986. 亚热带和热带土壤的磁化率. 土壤学报, 23(1): 50-56.
俞劲炎, 詹硕仁. 1981. 我国主要土类土壤磁化率的初步研究. 土壤通报, 1(1): 35-38.
俞立中, 张卫国. 1998. 沉积物来源组成定量分析的磁诊断模型. 科学通报, 43(19): 2034-2041.
查小春, 黄春长, 庞奖励. 2006. 运城盆地洪积平原全新世环境演变与侵蚀阶段研究. 干旱区资源与环境, 20(1): 131-135.
张风宝, 杨明义, 赵晓光, 等. 2005. 磁性示踪在土壤侵蚀研究中的应用进展. 地球科学进展, 20(7): 751-756.
郑粉莉, 王占礼, 杨勤科. 2008. 我国土壤侵蚀科学研究回顾和展望. 自然杂志, 30(1): 12-16.
钟赛香, 曲波, 苏香燕, 等. 2014. 从《地理学报》看中国地理学研究的特点与趋势——基于文献计量方法. 地理学报, 69(8): 1077-1092.
周曼. 2018. 南方红壤区强度开发小流域泥沙来源分析. 福州: 福建农林大学.
朱日祥, 石采东, Suchy V, 等. 2001. 捷克黄土的磁学性质及古气候意义. 中国科学, 31(2): 146-154.
Ayoubi S, Ahmadi M, Abdi M R, et al. 2012. Relationships of ^{137}Cs inventory with magnetic measures of calcareous soils of hilly region in Iran. Journal of Environmental Radioactivity, 112: 45-51.
Ayoubi S, Amiri S, Tajik S. 2014. Lithogenic and anthropogenic impacts on soil surface magnetic susceptibility in an arid region of Central Iran. Archives of Agronomy and Soil Science, 60(10): 1467-1483.
Ayoubi S, Dehaghani S M. 2020. Identifying impacts of land use change on soil redistribution at different slope positions using magnetic susceptibility. Arabian Journal of Geosciences, 13(11): 426.
Beach T, Dunning N, Luzzadder-Beach S, et al. 2006. Impacts of the ancient Maya on soils and soil erosion in the central Maya Lowlands. Catena, 65(2): 166-178.
Beckwith P R, Ellis J B, Revitt D M, et al. 1986. Heavy metal and magnetic relationships for urban source sediments. Physics of the Earth and Planetary Interiors, 42(1): 67-75.
Bityukova L. 1993. Heavy metals in the soils of Tallinn (Estonia) and its suburbs. Geomicrobiology Journal, 11(3-4): 285-298.
Blackmore R. 1975. Magnetotactic bacteria. Science, 190: 377-379.
Bourke D, Kurz I, Dowding P, et al. 2009. Characterisation of organic phosphorus in overland flow from grassland plots using ^{31}P nuclear magnetic resonance spectroscopy. Soil Use and Management, 25(3): 234-242.

Caitcheon G G. 1993. Sediment source tracing using environmental magnetism: A new approach with examples from Australia. Hydrological Processes, 7(4): 349-358.

Caitcheon G G. 1998. The significance of various sediment magnetic mineral fractions for tracing sediment sources in Killimicat Creek. Catena, 32(2): 131-142.

Cao Z H, Ke Q H, Zhang K L, et al. 2022. Millennial scale erosion and sedimentation investigation in karst watersheds using dating and palynology. Catena, 217: 106526.

Cao Z, Zhang Z, Zhang K, et al. 2020. Identifying and estimating soil erosion and sedimentation in small karst watersheds using a composite fingerprint technique. Agriculture Ecosystems and Environment, 29(4): 106881.

Carcaillet C, Richard P, Asnong H. 2006. Fire and soil erosion history in East Canadian boreal and temperate forests. Quaternary Science Reviews, 25(1): 1489-1500.

Cheng Q Y, Wang S J, Peng T, et al. 2020. Sediment sources, soil loss rates and sediment yields in a karst plateau catchment in Southwest China. Agriculture Ecosystems and Environment, 30(4): 107-114.

Conte P, Piccolo A, van Lagen B, et al. 1997. Quantitative aspects of solid-state ^{13}C-NMR spectra of humic substances from soils of volcanic systems. Geoderma, 80(3-4): 327-338.

Curtis J H, Brenner M, Hodell D A, et al. 1998. A multi-proxy study of holocene environmental change in the Maya Lowlands of Peten, Guatemala. Journal of Paleolimnology, 19(2): 139-159.

Dankoub Z, Ayoubi S, Khademi H, et al. 2012. Spatial distribution of magnetic properties and selected heavy metals in calcareous soils as affected by land use in the Isfahan region, Central Iran. Pedosphere, 22(1): 33-47.

de Jong E, Nestor P A, Pennock D J. 1998. The use of magnetic susceptibility to measure long-term soil redistribution. Catena, 32(1): 23-35.

de Jong E, Pennock D J, Nestor P A. 2000. Magnetic susceptibility of soils in different slope positions in Saskatchewan, Canada. Catena, 40(3): 291-305.

de Jong E. 2002. Magnetic susceptibility of gleysolic and chernozemic soils in Saskatchewan. Canadian Journal of Soil Science, 82(2): 191-199.

Dearing J A, Dann R J L, Hay K, et al. 1996. Frequency-dependent susceptibility measurements of environmental materials. Geophysical Journal International, 12(4): 228-240.

Dearing J A, Elner J K, Happey-Wood C M. 1981. Recent sediment flux and erosional processes in a Welsh upland lake-catchment based on magnetic susceptibility measurements. Quaternary Research, 16(3): 356-372.

Dearing J A, Maher B A, Oldfield F. 1985. Geomorphological Linkages between Soils and Sediments: The Role of Magnetic Measurements. London: Allen and Unwin.

Dearing J A, Morton R I, Price T W, et al. 1986. Tracing movements of topsoil by magnetic measurements: Two case studies. Physics of the Earth and Planetary Interiors, 42(1-2): 93-104.

Dearing J A. 1994. Environmental Magnetic Susceptibility-Using the Bartington MS2 System. Kenilworth: Chi Publishers.

Denting I A, Lees J A, White C. 1995. Mineral magnetic properties of acid gleyed soils under oak and Corsican Pine. Geoderma, 68: 309-319.

Ding Z, Zhang Z, Li Y, et al. 2020. Characteristics of magnetic susceptibility on cropland and pastureland slopes in an area influenced by both wind and water erosion and implications for soil redistribution patterns. Soil and Tillage Research, 199: 1-10.

Duraz O. 1999. Heavy metals contamination and magnetic susceptibility in soils around metallurgical plant. Physics and Chemistry of the Earth, 24: 541-543.

Eriksson M G, Sandgren P. 1999. Mineral magnetic analyses of sediment cores recording recent soil erosion history in central Tanzania. Palaeogeography Palaeoclimatology Palaeoecology, 152(3): 365-383.

Evans M E, Heller F. 2003. Environmental Magnetism: Principles and Applications of Enviromagnetics. San Diego: Academic Press.

Fialová H, Maier G, Petrovsky E, et al. 2006. Magnetic properties of soils from sites with different geological and environmental settings. Journal of Applied Geophysics, 59: 273-283.

Gennadiev A N, Olson K R, Chernyanskii S S, et al. 2002. Quantitative assessment of soil erosion and accumulation processes with the help of a technogenic magnetic tracer. Eurasian Soil Science, 35(1): 17-19.

Gennadiev A N, Zhidkin A P, Olson K R, et al. 2010. Soil erosion under different land uses: Assessment by the magnetic tracer method. Eurasian Soil Science, 43(9): 1047-1054.

Guzmán G, Barrón V, Gómez J A. 2010. Evaluation of magnetic iron oxides as sediment tracers in water erosion experiments. Catena, 82(2): 126-133.

Guzmán G, Quinton J N, Nearing M A, et al. 2013. Sediment tracers in water erosion studies: Current approaches and challenges. Journal of Soils and Sediments, 13(4): 816-833.

Haliuc A, Hutchinson S M, Florescu G, et al. 2016. The role of fire in landscape dynamics: An example of two sediment records from the Rodna Mountains, Northern Romanian Carpathians. Catena, 137: 432-440.

Hanesch M, Scholger R. 2002. Mapping of heavy metal loadings in soils by means of magnetic susceptibility measurements. Environmental Geology, 42: 857-870.

Hanesch M, Scholger R. 2005. The influence of soil type on the magnetic susceptibility measured throughout soil profiles. Geophysical Journal International, 161(1): 50-56.

Hay K L, Dearing J A, Baban S M J, et al. 1997. A preliminary attempt to identify atmospherically-derived pollution particles in English topsoils from magnetic susceptibility measurements. Physics and Chemistry of the Earth, 22(1): 207-210.

Heller F, Liu T S. 1982. Magnetostratigraphic dating of loess deposits in China. Nature, 300: 431-433.

Henin S, Le Borgne E. 1954. On the magnetic properties of soils and their pedological interpretation. Leopoldville: 5th International Congress of Soil Science: 13.

Hoffmann V, Knab M, Appel E. 1999. Magnetic susceptibility mapping of roadside pollution. Journal of Geochemical Exploration, 66(1-2): 313-326.

Hu G Q, Dong Y J, Wang X K, et al. 2011. Laboratory testing of magnetic tracers for soil erosion measurement. Pedosphere, 21(3): 328-338.

Hunt A, Jones J, Oldfield F. 1984. Magnetic measurements and heavy metals in atmospheric particulates of anthropogenic origin. Science of the Total Environment, 33: 129-139.

Hussain I, Olson K R, Jones R L. 1998. Erosion patterns on cultivated and uncultivated hillslopes determined by soil fly ash contents. Soil Science, 163(9): 726-738.

Hutchinson S M. 1995. Use of magnetic and radiometric measurements to investigate erosion and sedimentation in a British upland catchment. Earth Surface Processes and Landforms, 20(4): 293-314.

Jiang H T, Xu F F, Cai Y, et al. 2006. Weathering characteristics of sloping fields in the three gorges reservoir area, China. Pedosphere, 16: 50-55.

Jones R L, Olson K R. 2009. Fly ash use as a time marker in sedimentation studies. Soil Science Society of America Journal, 54(3): 855-859.

Jordanova D, Jordanova N, Atanasova A, et al. 2011. Soil tillage erosion estimated by using magnetism of soils-A case study from Bulgaria. Environmental Monitoring and Assessment, 183(1-4): 381-394.

Jordanova D, Jordanova N, Petrov P. 2014. Pattern of cumulative soil erosion and redistribution pinpointed through magnetic signature of Chernozem soils. Catena, 120(1): 46-56.

Jordanova N, Jordanova D, Tsacheva T. 2008. Application of magnetometry for delineation of anthropogenic pollution in areas covered by various soil types. Geoderma, 144(3-4): 557-571.

Jordanova N. 2017. Soil Magnetism-Applications in Pedology, Environmental Science and Agriculture. London: Elsevier Academic Press.

Kapička A, Jordanova N, Petrovský E, et al. 2001. Effect of different soil conditions on magnetic parameters of power-plant fly ashes. Journal of Applied Geophysics, 148: 93-102.

Kapička A, Petrovský E, Ustjak S, et al. 1999. Proxy mapping of fly-ash pollution of soils around a coal-burning power plant: A case study in the Czech Republic. Journal of Geochemical Exploration, 66(1-2): 291-297.

Karchegani P M, Ayoubi S, Lu S G, et al. 2011. Use of magnetic measures to assess soil redistribution following deforestation in hilly region. Journal of Applied Geophysics, 75(2): 227-236.

Karimi R, Ayoubi S, Jalalian A, et al. 2011. Relationships between magnetic susceptibility and heavy metals in urban topsoils in the arid region of Isfahan, central Iran. Journal of Applied Geophysics, 74(1): 1-7.

Kukla G, An Z S, Melice J L, et al. 1990. Magnetic susceptibility record of Chinese loess. Transactions of the Royal Society of Edinburgh: Earth Sciences, 81(6): 263-288.

Kukla G, Heller F, Liu X M, et al. 1988. Pleistocene climates in China dated by magnetic susceptibility. Geology, 16(9): 811-814.

Lal R. 2004. Soil carbon sequestration impacts on global climate change and food security. Science, 304(5677): 1623-1627.

Le Borgne E. 1955. Susceptiblité magnétique anormale du sol superficiel. Annales De Geophysique, 11: 399-419.

Lecoanet H, Lévéque F, Segura S. 1999. Magnetic susceptibility in environmental applications: Comparison of field probes. Physics of the Earth and Planetary Interiors, 115(3-4): 191-204.

Li F, Peng Y F, Chen L Y, et al. 2020. Warming alters surface soil organic matter composition despite unchanged carbon stocks in a Tibetan permafrost ecosystem. Functional Ecology, 34(4): 911-922.

Li Z, Xu X, Zhang Y, et al. 2020. Fingerprinting sediment sources in a typical karst catchment of Southwest China. International Soil and Water Conservation Research, 8: 277-285.

Liu L, Huang M, Zhang K, et al. 2018a. Preliminary experiments to assess the effectiveness of magnetite powder as an erosion tracer on the Loess Plateau. Geoderma, 310: 249-256.

Liu L, Zhang K, Fu S, et al. 2019. Rapid magnetic susceptibility measurement for obtaining superficial soil layer thickness and its erosion monitoring implications. Geoderma, 351:163-173.

Liu L, Zhang K, Zhang Z, et al. 2015. Identifying soil redistribution patterns by magnetic susceptibility on the black soil farmland in Northeast China. Catena, 129: 103-111.

Liu L, Zhang Z, Zhang K, et al. 2018b. Magnetic susceptibility characteristics of surface soils in the Xilingele grassland and their implication for soil redistribution in wind-dominated landscapes: A preliminary study. Catena, 163: 33-41.

Lyons P C, Mastalerz M, Orem W H. 2009. Organic geochemistry of resins from modern *Agathis* Australis and eocene resins from New Zealand: Diagenetic and taxonomic implications. International Journal of Coal Geology, 80(1): 51-62.

Magiera T, Strzyszcz Z, Kapicka A, et al. 2006. Discrimination of lithogenic and anthropogenic influences on topsoil magnetic susceptibility in Central Europe. Geoderma, 130: 299-311.

Maher B A, Thompson R. 1991. Mineral magnetic record of the Chinese loess and paleosols. Geology, 19(1): 3-6.

Maher B A. 1998. Magnetic properties of modern soils and quaternary loessic paleosols: Paleoclimatic implications. Palaeogeography Palaeoclimatology Palaeoecology, 137(1-2): 25-54.

Moritsuka N, Matsuoka K, Katsura K, et al. 2021. Laboratory and field measurement of magnetic susceptibility of Japanese agricultural soils for rapid soil assessment. Geoderma, 393: 115013.

Mullins C E. 1977. Magnetic susceptibility of the soil and its significance in soil science-a review. European Journal of Soil Science, 28(2): 223-246.

Nederhof A J. 2006. Bibliometric monitoring of research performance in the social sciences and the humanities: A review. Scientometrics, 66(1): 81-100.

Oldfield F, Rummery T A, Thompson R, et al. 1979. Identification of suspended sediment sources by means of magnetic measurements: Some preliminary results. Water Resources Research, 15(2): 211-218.

Oldfield F. 1991. Environmental magnetism-A personal perspective. Quaternary Science Reviews, 10(1): 73-85.

Olson K R, Gennadiyev A N, Zhidkin A P, et al. 2013. Use of magnetic tracer and radio-cesium methods to determine past cropland soil erosion amounts and rates. Catena, 104: 103-110.

Olson K R, Jones R L, Gennadiyev A N, et al. 2002. Accelerated soil erosion of a Mississippian Mound at Cahokia site in Illinois. Soil Science Society of America Journal, 66(6): 1911-1921.

Olson K R, Jones R L, Lang J M. 2004. Assessment of soil disturbance using magnetic susceptibility and fly ash contents on a Mississippian Mound in Illinois. Soil Science, 169(10): 737-744.

Parsons A J, Wainwright J, Abrahams A D. 1993. Tracing sediment movement in interrill overland flow on a semi-arid grassland hillslope using magnetic susceptibility. Earth Surface Processes and Landforms, 18(8): 721-732.

Petrovský E, Kapička A, Jordanova N, et al. 1999. Low-field magnetic susceptibility: A proxy method of estimating increased pollution of different environmental system. Environmental Geology, 39(3): 312-318.

Rahimi M R, Ayoubi S, Abdi M R. 2013. Magnetic susceptibility and Cs-137 inventory variability as influenced by land use change and slope positions in a hilly, semiarid region of west-central Iran. Journal of Applied Geophysics, 89: 68-75.

Reinhardt E G, Little M, Donato S, et al. 2005. Arcellacean (thecamoebian) evidence of land-use change and eutrophication in Frenchman's Bay, Pickering. Ontario Environmental Geology, 47: 729-739.

Reynolds R L, Goldstein H L, Miller M E. 2010. Atmospheric mineral dust in dryland ecosystems: Applications of environmental magnetism. Geochemistry Geophysics Geosystems, 11(7): 1-20.

Robinson S G, John T. 2000. Rock-magnetic characterization of early, redoxomorphic diagenesis in turbiditic sediments from the Maderira Abyssal Plain. Sedimentology, 47: 367-394.

Robinson S G. 2001. Early diagenesis in an organic-rich turbidite and pelagic clay sequence from the Cape Verde Abyssal Plain, NE Atlantic: Magnetic and geochemical signals. Sedimentary Geology, 143: 91-123.

Rowntree K M, Waal B, Pulley S. 2017. Magnetic susceptibility as a simple tracer for fluvial sediment source ascription during storm events. Journal of Environmental Management, 194: 54-62.

Royall D. 2001. Use of mineral magnetic measurements to investigate soil erosion and sediment delivery in a small agricultural catchment in limestone terrain. Catena, 46(1): 15-34.

Royall D. 2004. Particle-size and analytical considerations in the mineral-magnetic interpretation of soil loss from cultivated landscapes. Catena, 57(2): 189-207.

Sandgren P, Fredskild B. 1991. Magnetic measurements recording late holocene man-induced erosion in S. Greenland. Boreas, 20(4): 315-331.

Scoullos M J , Oldfield F. 1986. Trace metal and magnetic studies of sediments in greek estuaries and enclosed gulfs. Marine Chemistry, 18(3): 249-268.

Shackleton N J, Opdyke N D. 1973. Oxygen isotope and paleomangetic stratigraphy of equatorial Pacific core V28-238: Oxygen isotope temperatures and ice volume on a 105 and 106 year scale. Quaternary Research, 3(1): 39-55.

Shand C A, Cheshire M V, Bedrock C N, et al. 1999. Solid-phase P-31 NMR spectra of peat and mineral soils, humic acids and soil solution components: Influence of iron and manganese. Plant and Soil, 214(1-2): 153-163.

Shen Z X, Bloemendal J, Mauz B, et al. 2008. Holocene environmental reconstruction of sediment-source linkages at Crummock Water, English Lake District, based on magnetic measurements. Holocene, 18(1): 129-140.

Singer M J, Fine P. 1989. Pedogenic factors affecting magnetic susceptibility of Northern California soils. Soil Science Society of America Journal, 53(4): 1119-1127.

Strzyszcz Z. 1993. Magnetic susceptibility of soils in the areas influenced by industrial emissions//Schulin R, Desaules A, Webster R, et al. Soil Monitoring: Early Detection and Surveying of Soil Contamination and Degradation. Basel: Springer Basel AG:255-269.

Thompson R, Morton D J. 1979. Magnetic susceptibility and particle-size distribution in recent sediments of the Loch Lomond drainage basin, Scotland. Journal of Sedimentary Research, 49(3): 801-811.

Thompson R, Oldfield F. 1986. Environmental Magnetism. London: Allen and Unwin.

Ventura E, Nearing M A, Amore E, et al. 2002. The study of detachment and deposition on a hillslope using a magnetic tracer. Catena, 48(3): 149-161.

Ventura E, Nearing M A, Norton L D. 2001. Developing a magnetic tracer to study soil erosion. Catena, 43(4): 277-291.

Verosub K L, Roberts A P. 1995. Environmental magnetism: Past, present, and future. Journal of Geophysical

Research Atmospheres, 100(B2): 411-413.

Walling D E, Peart M R, Oldfield F, et al. 1979. Suspended sediment sources identified by magnetic measurements. Nature, 281(5727): 110-113.

Wang H Y, Huo Y Y, Zeng L Y, et al. 2008. A 42-yr soil erosion record inferred from mineral magnetism of reservoir sediments in a small carbonate-rock catchment, Guizhou Plateau, Southwest China. Journal of Paleolimnology, 40(3): 897-921.

Wang L, Liu D, Lu H. 2000. Magnetic susceptibility properties of polluted soils. Chinese Science Bulletin, 451: 1723-1726.

Weiss P. 1907. L'hypothèse du champ moléculaire et la propriété ferromagnétique. Journal de Physique Théorique et Appliquée, 6(1): 661-690.

Xia D S, Chen F H, Bloemendal J, et al. 2008. Magnetic properties of urban dust fall in Lanzhou, China and its environmental implications. Atmospheric Environment, 42(9): 2198-2207.

Yang T, Liu Q S, Zeng Q L, et al. 2009. Environmental magnetic responses of urbanization processes: Evidence from lake sediments in East Lake, Wuhan, China. Geophysical Journal International, 179(2): 873-886.

Yu Y, Zhang K, Liu L, et al. 2019. Estimating long-term erosion and sedimentation rate on farmland using magnetic susceptibility in Northeast China. Soil and Tillage Research, 187: 41-49.

Yu Y, Zhang K, Liu L. 2017. Evaluation of the influence of cultivation period on soil redistribution in Northeastern China using magnetic susceptibility. Soil and Tillage Research, 174: 14-23.

第2章　土壤侵蚀过程及其特征

侵蚀是地球表面基本的物理过程之一。在流水、风力或重力作用下，地表组成物质会被剥离、搬运和沉积，在此过程中，塑造了多种多样的地貌类型。其中，流水地貌包括不同类型的沟谷、不同级别的阶地、冲(洪)积扇等。风沙地貌则包括沙丘、风蚀洼地、风蚀雅丹、风蚀残丘等。重力作用导致的土壤移动距离尽管有限，但也可以形成泻溜、崩塌和滑坡等地貌类型。上述地貌形成过程都伴随着水土流失，有时甚至还会导致灾害，但只要没有人类活动介入，都属于正常的地理过程，不是现代土壤侵蚀关注的重点。现代土壤侵蚀研究关注的重点是由人类不合理的生产生活活动所引起的水土流失，如乱砍滥伐、毁林开荒、过度放牧，以及修路开矿等活动。特别是陡坡开垦，是导致土壤侵蚀加剧的最主要原因(图 2-1)。因此，现代土壤侵蚀研究首先关注的是土壤侵蚀的强度，即水土流失量大小，需要知道不同条件下的土壤侵蚀量是多少，哪里水土流失最严重。其次剖析土壤侵蚀发生过程，即水土流失以什么方式发生，以及随降水过程的变化趋势。然后探明土壤侵蚀的时空分布特征，即土壤侵蚀在不同尺度上具有怎样的分布特征。最后解析影响土壤侵蚀发生的因素，构建土壤侵蚀量与各影响因子间的定量关系，开展土壤侵蚀预报。尽管土壤侵蚀过程本质上属于自然地表过程的一种，但其发生发展过程及其影响因素十分复杂，特别是叠加人类活动以后，土壤侵蚀由自然侵蚀演变成加速侵蚀。由于土壤侵蚀问题涉及土壤学、地理学、水利学、农林科学等多个学科，属于多学科交叉领域，因此开展土壤侵蚀研究，首先需要准确把握相关概念的内涵。

图 2-1　黄土高原陡坡开垦及水土流失(2017 年摄于陕西省子洲县)

2.1　土壤侵蚀基本概念

土壤侵蚀的基本概念主要涉及侵蚀量、侵蚀形态、侵蚀过程等方面的概念和定义。每个概念和定义不仅涉及对土壤侵蚀科学的准确理解，还关系到土壤侵蚀量的监测和评价问题。

2.1.1　土壤侵蚀与水土流失

“侵蚀”的本义是剥离、移走的意思，是描述地貌形成过程的专业术语，指地表组成物质包括岩石及其风化物在流水和风等动力作用下，被剥离和搬运的过程，其核心是离开原位。作为被侵蚀的对象，侵蚀强度一方面取决于地表组成物质的性质及形态，如岩石的矿物组成及性状、岩石及其风化物的大小及形状等。影响侵蚀强度的另一方面就是动力强弱，如流水冲刷能力、风力强弱等。作为侵蚀发生的环境条件，地形条件和植被覆盖也会影响侵蚀强度，如坡度越陡、植被越差，侵蚀强度就越强。“土壤侵蚀”最早出现在19世纪后期，始于德国学者Wollny(1890)于19世纪70年代建立世界上第一批土壤侵蚀研究小区。到20世纪初，随着世界土壤侵蚀研究中心转移到美国，“土壤侵蚀”才在世界范围内被广泛使用。与“侵蚀”相比，“土壤侵蚀”主要指土壤遭降水打击、径流冲刷，以及风力吹扬等作用而被搬运移位的过程，一般指在水力和风力作用下对土壤的破坏过程。其作用对象主要限于土壤，更关注土壤变化情况。一般而言，土壤一旦持续遭受侵蚀，肥沃的腐殖质表层会变薄，土壤有机质含量减少，土壤结构恶化，最终导致土壤肥力降低。因此，土壤侵蚀就是土壤资源的退化过程。

关于土壤侵蚀的具体定义，不同学者曾经有不同的理解和诠释。根据《中国水利百科全书》第二版中的定义，土壤侵蚀为土壤或其他地面组成物质在水力、风力、冻融、重力等外营力作用下，被剥蚀、破坏、分离、搬运和沉积的过程。狭义的土壤侵蚀仅指“土壤”被外营力分离、破坏和移动。《地理学词典》编制委员会(1983)指出，土壤侵蚀是土壤或土体在外营力(水力、风力、冻融和重力)作用下，发生冲刷、剥蚀和吹蚀的现象。有美国水土保持之父之称的著名土壤学家Bennett(1939)认为，土壤侵蚀是水和风力将土壤颗粒冲起或吹起并移走。1979年美国科学教育部农业局指出，土壤侵蚀是风或流水在地表对土壤的分离和移动的过程。英国学者Kirkby和Morgan(1980)给出的定义是，土壤侵蚀是雨滴和径流移动土壤的总量。美国学者Lal(1994)在修订版美国通用方程中认为，土壤侵蚀是土壤颗粒被雨滴溅起或被径流携移的过程。我国学者陈永宗等(1988)在《黄土高原现代侵蚀与治理》一书中指出，侵蚀是指地表组成物质(岩石和土壤)在外营力作用下的分离、破坏和移动，外营力包括各种自然营力(如水、风、重力等)和人为作用。将土壤侵蚀概念分为广义土壤侵蚀和狭义土壤侵蚀，广义土壤侵蚀包括土壤和成土母质在外营力作用下的分离、破坏和移动。而狭义土壤侵蚀仅指土壤被外营力分离、破坏和移动。上述不同国家的学者在不同时期给土壤侵蚀的定义大同小异，相同点是都强调地表物质在外营力作用下发生移动的过程，不同之处在于对地表物质的界定、作用营力种类及物质搬运过程的描述。从事地学的学者认为地表物质包含岩石、土壤等一切地表物质，而土壤学出身特别是国外学者多关注土壤本身。对于侵蚀作用营力，水、风和重力都有提到，但对雨滴打击和冻融作用的理解有所不同。对于侵蚀物质的移动，不管用什么词汇，共同点是分离和搬运，即离开原来位置，不同点在于是否包括泥沙沉积过程。在《黄土高原土壤侵蚀评价》一书中，张科利等(2015)曾经定义土壤侵蚀为，地表组成物质(包括岩石、风化物和土壤等)在内外营力下被分离、搬运和沉积的过程。外营力包括自然营力(如水、风、冻融、重力等)和人为作用，内营力主要是指新构造运动。鉴于现代土壤侵蚀主要关注土壤资源及其生产力受破坏的程度，而且水土保持措施也主要针对土壤资源和耕地保护而实施，土壤侵蚀的核心应指地表土壤遭受破坏、分离和搬运的过程。因新构造运动对地表土壤的破坏作用有限，主要影响沟谷演化等地貌过程，且短期效果甚微，在进行土壤侵蚀量估算时，其影响作用可以忽略不计。鉴于地貌形成发育过程分为侵蚀、搬运和沉积过程，在定义侵蚀时如果再包含沉积过程就不合适。因此，土壤侵蚀是指土壤组成物质在雨滴打击、流水冲刷、风力吹扬和重力等外力作用下被剥离、搬运，离开原先位置的现象。土壤侵蚀可以发生在任何土地利用类型中，但以农耕地最为严重。

土壤侵蚀的定义关系到其监测估算及其制图问题。从理论上讲只要土壤离开原来位置都应算是被侵蚀，土壤侵蚀量应包括土壤所有发生移动的量。然而，这在实际监测中一般是难以实现的，土壤侵蚀量常用小区监测方法来确定，实际上监测到的是土壤流失量。相比土壤侵蚀，水土流失在社会上或水土保持实践中的应用更为广泛。在国外，尽管有对应于水土保持的英文 water and soil conservation，但没有 water and soil loss 这个说法，而是用 soil loss，即土壤流失。在国内，“水土流失”使用更为普遍，而且在很多情形下，使用时不区分“土壤侵蚀”与“水土流失”，但就定义而言，两者是有区别的。土壤侵蚀重点强调的是在外力作用下土壤组成物质的移动，土壤侵蚀量应是一场降雨过程或刮风天气中发生移动的土壤总量。严格地讲，水土流失指离开某个面积范围的水和土壤物质的量。由于我国土壤侵蚀研究起始于黄河流域中上游，属于干旱半干旱地区，农业水资源也匮乏，坡面上保水对当地农业生产也十分关键，所以就沿用了“水土保持”这个词，即既要保土又要保水，与水土保持对应，就有了水土流失。尽管“水土流失”这个词中有“水”，但对水有专用名词“径流”来描述，如产流过程、汇流过程和径流量等，而水土流失也仅指土壤流失。因此，在中国，“水土流失”和“土壤侵蚀”常常会被混用，并且“水土流失”更具社会性，而“土壤侵蚀”更具专业性，多为研究者使用。在国外，坡耕地的坡度较缓，降水过程中产流少，入渗率较高。相比于土壤的损失，水的损失构不成农业生产的限制问题。所以，在国外通常使用“soil loss”和“soil loss control”等词。

土壤侵蚀或水土流失的强弱程度常常用侵蚀强度来表示。确定土壤侵蚀强度最普遍的方法就是小区观测，在我国野外监测中使用最广泛的是长 20 m，宽 5 m 的小区。所以，一般说的土壤侵蚀强度都是小区范围的水土流失强度，而不是土壤侵蚀定义中所有移动土壤的量。因此，实际生产实践中所讲的土壤侵蚀量更接近土壤流失量，两者没有区别。

关于土壤侵蚀制图，其核心问题就是数据间的点面转换问题。小区监测数据是真实值，但基本上代表的是点，需要扩展到制图单元上。在没有预测模型之前，一般是根据土地利用类型和地形条件来实现外推。有了成熟的估算模型之后，如通用土壤流失方程

(universal soil loss equation, USLE)，及其修订方程(revised universal soil loss equation, RUSLE)，可以根据不同因子来赋值计算不同制图单元的侵蚀量。由于不论是根据土地利用类型和地形条件，还是使用估算模型，其支撑数据都是小区观测资料，因此土壤侵蚀强度图也就是水土流失强度图，而且尺度越大，两者的重合度就越高。

2.1.2　自然侵蚀与加速侵蚀

如前所述，土壤侵蚀是地表普遍存在的自然现象。只要有刮风下雨等动力条件，就会发生侵蚀，但并不是一发生侵蚀就会造成危害。现代土壤侵蚀研究关注的是会造成危害、威胁人类正常生产生活及可持续发展的土壤侵蚀。由于人类活动的介入，自然界的正常平衡被打破，靠自然成土过程形成的土壤已经远远不能弥补因侵蚀导致的土壤损失。这样，土壤侵蚀就有必要区分为自然侵蚀(也称地质侵蚀或正常侵蚀)(normal erosion or ecological erosion)和加速侵蚀(也称人为加速侵蚀)(accelerated erosion)。自然侵蚀与加速侵蚀的主要区分点为是否有人类活动介入。如果整个过程没有人类活动(如毁林开荒、修路开矿和开挖建设等)介入，就属于自然侵蚀。如果侵蚀过程中伴随有人类活动的叠加影响，就属于加速侵蚀。

自然侵蚀属于地表过程的一种，其强弱大小是地表条件综合作用的结果，降水和风力等气候因子是动力条件，但植被等地表覆盖条件又会阻碍或抑制侵蚀的发生。在降水多的湿润地区，尽管侵蚀动力强，但地表植被好，侵蚀反而不强；在降水少的干旱地区，尽管植被条件差，但因降水少侵蚀动力也弱，降水造成的侵蚀也弱。当大风天气多时，风蚀一般较强。自然侵蚀过程也就是地表形态的演化过程，结果是塑造出不同形态的地貌。但自然侵蚀一般属于地质过程，持续时间长，侵蚀强度轻微。

加速侵蚀是指由于人类改造自然过程中对不同植被的破坏作用，原有的自然平衡遭到破坏，抑制侵蚀的作用减弱，从而导致水土流失加剧的过程。与自然侵蚀相比，加速侵蚀的强度可能会数十倍到成百倍地增加，侵蚀速率远远超过成土速率。加速侵蚀持续发生的情况下，导致土壤退化、土地生产力降低，甚至出现土地石漠化和草原荒漠化的阶段生态环境问题，以及造成河湖水质恶化和河道淤塞等威胁人类生存的自然灾害。现在不论是土壤侵蚀研究还是水土保持实践，在没有特殊指定的情形下，学者、政府机构及普通大众所说的土壤侵蚀都是指加速侵蚀，不必再做专门强调。

自然侵蚀和加速侵蚀在当地水土流失所占的比例或者贡献大小因地而异。在人类活动影响小的地方，以自然侵蚀为主；在人类活动影响大的地方，则加速侵蚀的贡献大。另外，同样是人类活动影响小，干旱地区的侵蚀要大于湿润地区，如干旱沙漠的侵蚀要强于原始森林。就特定区域而言，在不同地质时期，自然侵蚀的强弱也会存在显著差异。例如，我国的黄土高原地区在整个第四纪演化过程中经历了冰期和间冰期气候。冰期为干冷气候，黄土高原植被条件差，自然侵蚀强。间冰期气候表现为水暖特征，植被条件好于冰期，自然侵蚀又变弱。如果有较为准确的自然侵蚀背景数据，就可以为黄河泥沙冲淤变化研究提供依据。

自然侵蚀是加速侵蚀发生的背景条件或者背景值，研究和反演一个地方的自然侵蚀强度，对现代加速侵蚀及其影响因子关系研究，以及水土保持措施的效益评价十分必要。

与自然侵蚀相关的还有“潜在土壤侵蚀”，指一个地区原有自然状态下的稳定平衡被打破以后，可能发生的土壤侵蚀。土壤侵蚀潜在危险关注和评价的不是现在正在发生的土壤侵蚀强度，而是关注假设某种条件改变后所发生的土壤侵蚀程度或以现在的趋势发展若干年后未来的土壤侵蚀程度。所以，土壤侵蚀潜在危险主要用于对人类某种行为或自然现象的某种变化趋势后果的评估和警示。例如，有一片无侵蚀或侵蚀很微弱的林地，如果遭受破坏并开垦，土壤侵蚀会急剧增加，这种侵蚀增加程度就是土壤侵蚀潜在危险。但此时估算和评价的潜在危险，只是一种情景假设结果的预测和评估，并不是一定要把林地破坏和开垦。如果要新修一条路或新开一个矿，都会因强烈扰动地表而诱发严重的土壤侵蚀。项目规划阶段或动工之前，环境影响评价所估算预测的土壤流失量也是土壤侵蚀潜在危险。如果土壤侵蚀潜在危险过大，就必须调整原有设计或增大保护力度，或者下马项目。土壤侵蚀潜在危险还可以指当前环境状态下土壤侵蚀持续发生，在将来可能导致的危险程度。例如，在全球气候变化的大背景下，因气候特征发生改变，如暴雨频率和极端天气概率增大，导致未来土壤侵蚀加剧，这就是当前全球气候变化的土壤侵蚀潜在危险。当前环境条件下，东北黑土区土壤侵蚀持续发生的结果是腐殖质层流失殆尽，未来 50 年、100 年不同地区或不同坡面腐殖质层的损失程度就是当前土壤侵蚀持续发生的潜在危险。不管在哪一种情景下，土壤侵蚀潜在危险都是对未来状态的预测与评价。这种状态可能发生，也可能永远不会发生。土壤侵蚀潜在危险只是对未来可能发生的情景做出预警，根据土壤侵蚀潜在危险的程度约束人类的生产行为，评判可能的后果，避免未来出现这种恶果；或者指导人类的生产行为，以便科学应对自然环境变化，减轻对环境的影响程度。

2.1.3　允许土壤流失量及其确定

土壤侵蚀是一种客观存在的自然现象，会随时随地发生，特别是人类活动介入后的加速侵蚀，而人类活动的根本目的是保证生活或生活得更好。尽管人类活动会破坏自然界原有的平衡，导致水土流失等环境问题，但适当合理的生产活动是必需的，也是必要的。因此，需要在人类正常的生产活动与对环境施加的影响之间找到一个平衡点，即人类能够接受或忍受对环境破坏的程度。允许土壤流失量(soil loss tolerances)就是指人类可以忍受的、不会影响正常生产生活的土壤流失量。如果能把土壤流失量控制在允许土壤流失量之下，那么在相当长的时间内经济和社会发展会是可持续的。允许土壤流失量的概念最早应用于美国通用土壤流失方程 USLE 中，指能长期并经济性地维持高水平作物生产力的最大流失量。允许土壤流失量定义的核心是要维持农地生产力不明显降低，而且要有持续性，长时间内不会导致土壤退化。有了允许土壤流失量就可以对耕地所处的状态进行定量评价，如果一块地在现有的耕作活动下，土壤流失量小于允许土壤流失量，那么这块地是安全的，且耕作方式是合理的；如果土壤流失量大于允许土壤流失量，但通过实施水土保持措施后，可以将流失量控制在允许土壤流失量以内，那么这种土地利用方式和种植模式也是合理可行的；如果土壤流失量大于允许土壤流失量，且即使采取水土保持措施，包括工程实施和耕作措施，仍不能将流失量控制在允许土壤流失量之下，那么此种土地利用方式或种植模式不合理。在这种情况下，首先可以考虑调整种植模式，如作物类型和种植方式等，土壤流失量降低到允许土壤流失量之下最好，如果调整后采取水土保持措施仍不能控制，则需要改变土地利用方式，如由农地变为草地或林地。在国外，允许土壤流失量与土壤侵蚀估算模型配合使用，用来规范和指导农民采用正确的土地利用方式。

允许土壤流失量是评价土地利用方式和水土流失风险程度的重要指标，但如何确定其大小却十分复杂和困难。允许土壤流失量既涉及与土壤侵蚀相关的自然因素，又关系到人类生产生活活动，既要服务于水土流失控制，又要照顾经济发展，在综合考虑资源-生产-发展的基础上，也要遵循可持续发展理念。同时，还需要从区域整体综合考虑河流泥沙和经济发展。例如，黄土高原地区允许土壤流失量的确定必须充分考虑黄河下游的泥沙淤积问题。在美国，由土壤学家、农学家、地质学家、水土保持学家，以及联邦和州有关学者组成的专家团队，经过多次研讨确定美国的允许土壤流失量变化为 2～5 t/(acre·a)①，相当于 4.94～12.35 t/(hm^2·a)。允许土壤流失量的确定主要依据土壤厚度、物理性质及影响植物根系生长的其他特征，如沟谷防治、河流泥沙、种子损失、土壤有机质减少和植物营养损失等因素。我国在 2008 年颁布的中华人民共和国水利行业标准《土壤侵蚀分类分级标准》(SL 190—2007)中，根据我国水土流失现状和农业生产发展需求提出了不同类型区的允许土壤流失量，具体是：西北黄土高原地区为 1000 t/km^2，东北黑土区和北方土石山区为 200 t/km^2，南方红壤丘陵区和西南土石山区为 500 t/km^2。我国的水土保持实践一直将不同地区的允许土壤流失量作为该区域微度侵蚀的上限，即西北黄土高原地区的侵蚀强度小于 1000 t/km^2、南方红壤丘陵区和西南土石山区小于 500 t/km^2、东北黑土区和北方土石山区小于 200 t/km^2 时都属于微度侵蚀区，不计入水土流失面积。如上所述，不管是美国还是中国，允许土壤流失量都是由水土流失相关领域的专家讨论协商确定，具有很强的人为性。不同领域的专家可能有不同的侧重，以至于得到不同大小的允许土壤流失量。能不能找到一个定量指标，既能指导和服务水土保持工作，又不至于过分限制农业生产？为此，有学者建议将成土速率作为允许土壤流失量，即只要土壤侵蚀速率不超过允许土壤流失量，土壤资源就会绝对安全，不会发生退化和生产力降低的情况。根据世界上 0.05 mm 的平均成土速率计算，允许土壤流失量约为 50 t/(km^2·a)，相当于 0.5 t/(hm^2·a)(土壤容重取 1 g/cm^3)。就我国水土流失现状及水土保持实践而言，这个取值明显偏小。如果采用这个标准，正常的农业生产会受到限制。同时，在农业生产中过度强调水土保持，也会增加生产成本。随着我国大面积实施退耕还林工程，以及生态文明建设，水土保持工作的重要性日趋突显。2008 年颁布的《土壤侵蚀分类分级标准》中提出的允许土壤流失量也应该进行修订，以满足生产实践的新需求。但如何确定，需要从生态建设、产业发展、土壤资源保护、水资源保护，以及碳循环等方面讨论，由半定量过渡到定量。

2.1.4 沟间地侵蚀与沟谷侵蚀

地形条件及其组合——地貌既是侵蚀作用的结果，又是侵蚀发生的条件，直接影响

---

① 1 acre≈0.404856 hm^2。

和决定着土壤侵蚀强度。地形条件一般可以概化成坡度、坡长和坡型，坡度、坡长和坡型的组合则构成了不同的地貌类型。不同地貌类型又可以形成不同的地貌类型区或地貌单元。对于水土流失治理和评价的最小单元——小流域而言，可以分为两个不同的地貌单元：沟间地和沟谷地。沟间地和沟谷地的分界线为沟沿线，即从分水岭到沟底线地形急剧变化处所形成的一条虚拟线。沟沿线以上为沟间地，以下为沟谷地。沟间地坡度一般较缓，大多不超过 35°，从分水岭到沟沿线坡度逐渐变大，在实施退耕还林工程之前，多为耕地。沟谷地坡度一般都较陡，大多大于 35°，有时近乎直立，很少有耕地分布。由于地形条件不同，发生在沟间地和沟谷地上的土壤侵蚀在方式、机理方面都存在差异。沟间地由坡度不等的坡面构成，土壤侵蚀发生的动力主要是雨滴打击和径流冲刷，而沟谷侵蚀除了径流冲刷外，重力侵蚀也具有重要作用，雨滴打击贡献较小。土壤侵蚀和水土保持领域所说的沟间地侵蚀就是指发生在沟间地上的侵蚀，包括雨滴打击导致的溅蚀，径流冲刷引起的面蚀、细沟侵蚀、浅沟侵蚀和小的切沟侵蚀。所谓沟谷侵蚀是指发生在沟谷地的土壤侵蚀，以沟底下切、沟壁崩塌，以及泻溜等方式进行。所以，所谓沟间地侵蚀和沟谷侵蚀，主要是根据侵蚀发生的场所来区分，不属于土壤侵蚀分类中的侵蚀类型。而沟蚀则是侵蚀类型之一，对应于面蚀。由于坡面侵蚀和沟谷侵蚀代表着不同的空间单元，对沟间地侵蚀和沟谷侵蚀的评价结果关系到水土流失防治措施的优先配置方向。由于美国通用土壤流失方程构建的基础数据来源于小区观测资料，仅包含细沟侵蚀，所以其估算结果只是坡面侵蚀部分，不包括浅沟以下的沟蚀量。

20 世纪之前，很多学者坚持认为沟谷侵蚀占黄土高原总侵蚀的 70%左右，即来自沟道的流失量要占整个流域总流失量的 70%，来自坡面的泥沙只占 30%。因此，呼吁黄土高原地区水土保持的重点应在沟谷，大力提倡在沟谷内打坝蓄水拦沙。然而，自从实施退耕还林工程以后，黄河泥沙大减，由长期官方公布的 16 亿 t，锐减到 2 亿～3 亿 t。实施退耕还林工程前后，黄土高原最大的变化是沟间地上的陡坡耕地变成草地，而沟谷地不论是形态还是密度都未曾改变，变化的只有坡面。因此，黄土高原地区水土流失面积锐减的原因就是沟间地陡坡耕地土地利用方式的改变，进而说明小流域泥沙的主要来源是沟间地，之前几十年间认为沟谷地是侵蚀泥沙主要来源的认知是错误的。

2.1.5　产流产沙和径流泥沙

对于水蚀而言，土壤侵蚀就是流水剥离和搬运土壤颗粒的过程。土壤颗粒随流水进入各级沟道，最后进入河道，或沉积或直到大洋。这个过程涉及几个名词概念：产流、产沙、径流、泥沙等。所谓产流指径流发生过程，降雨开始后，首先是湿润土壤，充填空隙，再填洼，待土壤水分达到饱和后就开始形成地表径流。从降雨开始到地表径流形成的过程就称为产流。产流过程取决于降雨特征、土壤性状、地形条件和地表覆盖等因素。降雨强度和降水量是决定是否产流的主要因素，雨强越大、雨量越多越容易产流。影响产流的土壤因子包括容重、紧实度、质地和土壤结构等，质地越粗、土壤结构越好、土壤越疏松，降雨时越容易入渗，不易产流，反之就容易产流。地形条件通过改变降雨再分配来影响产流，一般而言，坡度越陡越易产流，而坡长的影响较为复杂。植被覆盖会抑制产流，但砾石覆盖则有利于产流。根据降雨过程中径流发生过程，产流也有两种模式：蓄满产流和超渗产流。所谓蓄满产流指降雨过程中只有表层和亚表层土壤含水量达到饱和时才发生产流的模式，一般发生在降雨历时较长、降水较多、降雨强度适中的地方，我国南方地区的坡面产流模式多为蓄满产流。所谓超渗产流指降雨过程中只有表层土壤含水量达到饱和而亚表层尚未饱和就有径流发生的产流模式，一般发生在土壤前期含水量低、降雨强度大、降雨历时短的地方，我国北方干旱半干旱地区的坡面产流模式多为超渗产流。在超渗产流地区，降雨产流迅速，更容易发生山洪灾害。与产流对应的是产沙，产沙过程及强度取决于产流过程与土壤性质。产流强度越大，一般产沙强度也会越大；土壤粉粒含量越高，土壤越容易被分离和搬运，即产沙强度越大；黏粒含量高时，尽管入渗减少径流增加，但土壤不易被分离，产沙强度不高；砂粒含量高时，尽管土质疏松易于分离，但由于土壤入渗率高，产流量小，且土粒粗不易搬运，产沙强度也会低。

径流泥沙是水文学和水利学领域的专业名词。水文学中将流出流域出口断面的水流称为径流(黄锡荃, 1985)。径流是水循环的基本环节，也是水量平衡的基本要素，同时也是自然地理环境中最为活跃的因子。对于土壤侵蚀研究及水土保持实践而言，与径流相近的有坡面径流量、小流域径流量、次降雨径流量等。坡面径流量就是一场降雨过程中产生的所有水量，一般通过径流小区观测来获取。小流域径流量则利用设在流域出口的把口站来进行监测，一般在把口站建设矩形堰或三角堰来记录水位变化过程，再用经验公式和洪水过程数据计算总径流量。泥沙在水利学中的定义为，在流体中运动或受水流、风力、波浪、冰川及重力作用移动后沉积下来的固体颗粒碎屑(钱宁和万兆惠, 1983)。根据此定义，泥沙首先存在于流体中，如水流或风沙流。从侵蚀角度来看，土壤颗粒一旦被分离和搬运就是泥沙，对于土壤而言，就是侵蚀量，对于水流而言，就是产沙量。所以一场降雨过程中，通过径流小区观测到的是土壤侵蚀量，或土壤流失量，或侵蚀产沙量，都是一个意思，因为是通过同一种方法观测的，而且具有应用价值。对于小流域而言，产沙量与土壤侵蚀量之间就可能存在差异。因为小流域产沙量是通过把口站监测，而土壤侵蚀量是通过径流小区监测。坡面土壤泥沙可能在运移到小流域出口过程中发生沉积，即一部分土壤物质到不了把口站，这时小流域产沙量就会小于侵蚀量，产沙量与侵蚀量之比(产沙量/侵蚀量)称为泥沙输移比(sediment delivery ratio，SDR)。而小流域产沙量和小流域水土流失量为同一个值，因为都是指通过把口站过水断面的总泥沙量。因此，土壤侵蚀研究中提到的侵蚀量、流失量和产沙量等尽管在定义上有所区别，但在实际使用中常常不加以区分。如果前面加有修饰词，如坡面侵蚀量、坡面产沙量、小流域侵蚀量、小流域产沙量等，则需要根据资料获取方法来理解。

2.2 土壤侵蚀过程

土壤侵蚀指土壤颗粒被剥离、搬运和沉积的过程。土壤侵蚀过程关注土壤颗粒被移动的方式、特征及作用动力。不同作用动力以不同方式分离土壤，以不同强度运移土粒，并形成不同的形态。不同侵蚀过程导致的水土流失，也需要有不同的应对措施。根据引起土壤侵蚀的动力条件，土壤侵蚀过程可以区分为水力侵蚀过程、风力侵蚀过程、重力侵蚀过程和复合侵蚀过程。

2.2.1　水力侵蚀过程

水力侵蚀过程指降雨和径流分离、搬运土壤的过程，包括雨滴打击分离、降雨径流冲刷剥离、融雪径流冲刷剥蚀等过程。雨滴打击导致的溅蚀强度取决于由雨滴大小和终点速度决定的降雨动能，与降雨强度，以及坡度和土质等成正比。即坡度越大，相同降雨条件下的溅蚀量越多；同理，土质越疏松，雨滴溅蚀量越多。而雨滴溅蚀量与地表覆盖成反比。降雨径流侵蚀包括冲刷、搬运和沉积过程，降雨径流侵蚀强度也与降雨特征、土质现状和地形条件等因子密切相关。降雨径流取决于降水量、降雨强度以及降雨过程。一般而言，降水量越大、降雨强度越高，产流量越多，降雨径流的冲刷强度也就越大。降雨径流冲刷强度与土质的关系较为复杂，土质越疏松越易被冲刷，但由于入渗相应增加，径流量反而少，不利于冲刷和搬运。相反，土质紧实时，降雨难于入渗，径流量增加，有利于侵蚀，但由于土质紧实，又不利于径流冲刷。一般而言，粉质土更有利于径流冲刷。有机质含量则通过影响土壤结构来影响侵蚀强度，有机质含量越高，团粒结构越好，土壤相对越疏松，降雨过程中入渗多而产流少，不利于土壤侵蚀。但遇到特大暴雨，情况会更为复杂。地形条件对侵蚀过程的影响主要体现在坡度、坡长和坡型上。坡度越陡，相同径流量的侵蚀动能越高，流失量也就越大；反之，流失量就越小，坡度与流失强度成正比。坡长对侵蚀过程的影响较为复杂，在不同的长度范围内有不同的作用强度。坡长对侵蚀过程的影响涉及分离和搬运的平衡问题，在坡长较短时，径流含沙量低，径流动能主要用于分离土壤。随着坡长的增加，径流含沙量也会不断增加，径流动能的一部分会用于搬运泥沙，而侵蚀能力将会减弱。但当坡长再增大时，径流侵蚀能力可能增加，也可能减少，结果取决于径流流速和含沙量的变化。随着坡长的增加，含沙量可能增加，此时侵蚀能力会减弱，但径流中的泥沙也有可能发生沉积，这时径流冲刷能力又会变强。当然，坡长对侵蚀过程的影响也会因土质不同而存在差异。水力侵蚀发生过程也就是坡面形态的塑造过程，相应地在坡面上形成了细沟、浅沟和切沟等侵蚀形态。根据侵蚀形态的不同，水力侵蚀过程也可以分为细沟侵蚀过程、浅沟侵蚀过程和切沟侵蚀过程。

2.2.2　风力侵蚀过程

风力侵蚀过程指运动的空气流与地表上的颗粒在界面上相互作用的一种动力过程，包括风将地表砂粒、岩屑、土壤物质吹起及搬运的吹蚀过程，以及风沙流对地表的冲击和摩擦的磨蚀过程(唐克丽, 2004)。在吹蚀和磨蚀的作用下，地表松散颗粒的运动方式分为悬移、跃移和蠕移三种方式。悬移方式指粒径较细的颗粒被风吹起，悬浮在空中随风移动的现象，由于粒径小，被吹移的距离最远。跃移指粒径相对较大的土壤颗粒在风力作用下时而悬浮在空，时而在地滚动，迁移过程中受风力和方向变化影响很大，风力一旦变弱就会发生沉积。蠕移一般指粒径更大的土粒，很难被风吹起，只沿地表滚动。

风蚀发生过程是风力强度、土质条件、地形特征和地表覆盖等因素共同影响的结果。根据野外实测结果，发生风蚀的临界风速为距地表 2 m 处的风速必须大于 5 m/s，风速小于该值时，一般不发生风蚀。除了风速外，能否发生风蚀也取决于土质性状。根据野外观测结果，能被风吹蚀起动的主要为小于 0.84 mm 的土粒(Laflen et al., 1991)，即粒径大于该值的土粒不易被风吹起。同样，能被吹起的最小粒径为 0.08 mm，小于该粒径的土粒，其起动风速将急剧增大。根据中国学者观测，北京平原南部不可吹蚀的土壤粒径为 0.8 mm，内蒙古高原东南部风口处的土壤粒径则为 1 mm，表明土壤不被风吹扬的最大粒径值也存在地区差异性(唐克丽, 2004)。土质对风蚀过程的影响，除了粒径大小外，还有紧实度、结皮和化学成分，如钙离子含量等。土壤紧实度越高、结皮越发育，越能抑制风蚀发生；钙离子含量的高低则关系到土壤颗粒的胶结程度，土壤胶结程度越高，越不利于土壤风蚀发生。此外，地形对风蚀过程的影响可以分为大地形(地貌)和微地形的影响。大地形主要通过影响气流运动模式来影响风蚀过程，迎风坡的风蚀强度要大于背风坡，在背风坡由于风速骤减，砂粒甚至会发生堆积。另外，由于地形对气流的压缩作用，垭口处的风速会加快，风蚀强度必然也会增强。不同规模的侵蚀沟存在，也会改变风蚀强度的局部分布，一般正面风向的沟坡发生风蚀，而在背风的一侧发生堆积。微地形影响主要体现在地表糙率上，在一定糙率范围内，风蚀应与糙率成正比。如果地表糙率太小，空气流与地表摩擦力小，不易发生吹扬。如果地表糙率太大，又会阻碍空气流动，使流速减小，不利于风蚀发生。地表覆盖的影响包括植被和积雪，都会弱化风蚀强度。植被的地上部分通过降低风速来减少侵蚀，地下部分则通过增强地表抵抗能力来减弱侵蚀。沙漠或戈壁上的植物能够阻挡风沙，其背风向常见沉积沙带，风沙经过植物时流速变小、搬运能力减弱，风沙流中的流沙发生沉积。积雪对风蚀的影响表现为，积雪厚度越大，风蚀强度越弱。积雪作用首先表现在其对地表的保护，使土壤免遭吹扬；其次，积雪越厚，融雪径流越多，土壤含水量越高，越不利于风蚀发生。

人类活动对风蚀过程有重要影响。人类可以通过度放牧使草原退化，植被覆盖度减小，弱化植被对地表的保护作用；开垦导致地表疏松，促进风蚀过程；不断翻耕也会破坏土壤结构，导致团聚体破碎，增加风蚀强度。另外，人类也可以通过增加地表覆盖、营造防风林带、构筑沙障和草方格等措施来抑制风蚀发生。进入 21 世纪以来，中国通过沙漠造林绿化，以前风蚀严重地区的地表覆盖度不断增加，风蚀程度显著减弱。20 世纪，影响我国北方地区的沙尘暴和沙尘天气明显减弱，特别是东北地区，以北京及其周边地区的变化最为显著。随着我国生态文明建设的进一步推进，沙漠及其周边地区的绿化也会快速发展，与水蚀一样，风蚀过程也会逐步减弱，北方地区的土地沙化会得到抑制，空气质量也会持续变优。在我国风蚀控制措施中，“草方格”方法十分成功。所谓草方格就是将麦秸等干草沿沙丘垂直和平行于风向压入沙中，部分露出地表，纵横成线，交互成 1 m×1 m 的方格。出露地表 20 cm 的麦秸形成一道道防风障，防蚀效果显著，一旦风沙流到达草方格处，流速会骤减，砂粒发生沉积。根据风洞模拟实验和沙坡头野外试验站观测结果，草头出露 10～20 cm 时，与流沙地段相比，草方格沙障地段 2m 高度的风速相对削弱 10%，0.5 m 高度削弱 20%～40%，而 0～10 cm 高度输沙量减少到不足流沙地表输沙量的 1%(兰州沙漠研究所沙坡头沙漠科学研究站, 1991)(图 2-2)。如果在干草带中拨入草种子，沙丘在一定程度上稳定，干草分解又可以形成和补充土壤营养物质，更有利于沙地生草和风沙地区的生态环境建设。

图 2-2　“草方格”示意图

左图：董玉祥 2000 年摄于西藏日喀则；右图：董玉祥 1990 年摄于宁夏中卫

2.2.3　重力侵蚀过程

重力侵蚀过程指在重力作用下，坡面土体、岩体向临空面发生位移的现象。重力侵蚀的主要类型有滑坡、崩塌和泻溜等，此外，还有重力和水力共同作用下的崩岗和泥石流(唐克丽, 2004)。重力侵蚀的特点为发生突然、体量差异巨大、移动距离有限，重力侵蚀对河流泥沙的贡献大小因类型和规模而异。例如，滑坡可以造成巨大的块体移动，但如果块体巨大而完整，就不一定产生大量的河流泥沙。有时因滑坡堵塞沟道形成天然聚湫，往往还会拦蓄泥沙。

滑坡是在特定的地质地貌和土质条件下，受降水或地震等外力影响而发生的重力侵蚀类型。发生滑坡的地形条件是必须有一个足够高的临空面，地层坡面中存在不易透水的临时隔水层或相对松软层。降水过程中，降水下渗至隔水层后发生层向流动，形成滑动面，当降水持续发生，土壤含水量不断增加时，土体就沿滑动面移动，发生滑坡。滑坡的英文表达为 landslide 或 mass movement，严格地讲，滑坡已经不属于真正意义上的土壤侵蚀或者水土流失，应属于地质灾害的范畴。一般的土壤侵蚀理论不适用于滑坡灾害的预测评价。

崩塌指发生在沟壁或陡崖处，受流水掏蚀或人类活动影响，使土体失稳而崩落的重力侵蚀类型。崩塌发生的规模因地而异，但都会远远小于滑坡。与滑坡不同，崩塌坠落的土体可以为后续降水径流过程提供物质基础，增大降水侵蚀强度。

泻溜指在冻融循环作用或风力吹蚀等的影响下，土壤颗粒随重力坠落并堆积在坡脚的过程。与其他重力侵蚀类型相比，泻溜的体量更小，且多发生在冬春季，常常为当年第一场洪水准备物质基础。因此，在相同的降水条件下，每年第一场洪水造成的土壤流失量都较高。

2.2.4　复合侵蚀过程

复合侵蚀过程指在两种或两种以上营力作用下发生的土体或岩体的破坏和移动过程，包括风水复合侵蚀、冻融侵蚀、崩岗和泥石流等。风水复合侵蚀就是土壤在风力和水力的共同作用下被搬运的过程。早期风水复合侵蚀主要指雨季发生水蚀、冬春季发生风蚀，常见于北方干旱半干旱地区，该地区植被稀少，风力强劲，降水集中且多暴雨。然而，真正的风水复合侵蚀是指两种营力作用不仅在区域上重叠，还在机理上耦合，强度上促进。如果地表因水蚀形成侵蚀沟，冬春季局地风场会随之而变，风蚀过程和强度也会不同于无侵蚀沟的平坦地表。同时，冬春时节的大风天气导致的沉积沙也可以为雨季的水蚀过程准备物质基础。风蚀和水蚀过程相互交织、强度相互促进，构成了风水复合侵蚀的特征。土壤冻融作用指在高寒地区由于温度变化，土壤中水分发生相变、体积发生变化，以及土体膨胀和收缩，造成土壤结构破坏和性状改变的过程。冻融侵蚀指因冻融作用存在而导致土壤侵蚀过程改变和水土流失程度增加的过程。严格地讲，用冻融侵蚀表达冻融作用对土壤侵蚀的影响并不恰当，因为冻融作用并不能直接导致土壤颗粒搬运和移动，必须在雨滴打击、径流冲刷、大风吹扬或重力作用时方可体现。所以，冻融侵蚀也是复合侵蚀过程之一。

崩岗是指岩体或土体在重力和水力的综合作用下，突然向临空面崩落的现象，主要发生在我国南方红壤地区。由于红色砂岩或红壤抗蚀性强，沟谷溯源侵蚀和沟床下切可以激发崩岗侵蚀的发生。崩岗侵蚀又加剧了沟岸的扩展和沟头的前进。水力侵蚀的持续发生是形成崩岗的先决条件，而悬空的形成是崩岗发生的必要条件。崩岗侵蚀也可以理解为南方红壤区独特的沟谷发展方式，只是沟头追溯源侵蚀和沟壁扩展都受强抗蚀性物质组成影响，不易连续或持续发生，而表现出间断突发的特点。

泥石流是重力侵蚀和水力侵蚀复合的结果。我国西南地区和黄土高原西部地区，因峡谷地形和沟谷发育，形成大量临空面，加之地层结构复杂，滑坡等重力侵蚀频发，形成了大量的堆积物。降水突发的情况下形成山洪，挟带重力侵蚀形成的土石堆积物流动下泄，就形成了泥石流。另外，人类不合理的土地利用方式和工程建设，也会在很大程度上加剧或诱发泥石流的发生。由于泥石流具有突发性和强破坏性，其发生时常常会给人们带来巨大的生命财产损失。

2.3　土壤侵蚀类型

土壤侵蚀是在多种内外营力的共同作用下，复杂的地表物质迁移和形态演化的过程，其复杂性一方面表现在发生强度时空差异大，另一方面则体现在过程类型的多样性。不同的侵蚀类型具有不同的发生机理和主导因素，必然要求采取不同的防治对策和措施。分类是对自然界的认识积累到一定程度后必须面对的问题。土壤侵蚀分类就是根据侵蚀营力、过程方式和形态特征对土壤侵蚀进行的区分和归并。区分就是找差异，归并就是找共性。

2.3.1　分类目的和意义

进行土壤侵蚀分类是认识土壤侵蚀现象和过程机理的必然需要。开展土壤侵蚀研究就是为了正确地认识土壤侵蚀，解析土壤侵蚀发生机理，分析影响土壤侵蚀发生发展的因素，最后实现土壤侵蚀的定量预报。由于土壤侵蚀本身的差异性，只有进行科学的分类，才能采用不同的方法进行监测、分析，厘清机理和关系，构建科学的模型。

进行土壤侵蚀分类也是有效实施水土保持方略和实践的必然需要。开展水土保持工作，首先需要进行措施筛选、效益评价和配置模式构建。上述工作都要求做到有的放矢，需要针对不同的侵蚀类型采取不同的治理方略和措施，只有进行科学分类，才能取得最佳效益。

2.3.2　分类原则

土壤侵蚀分类是找差异和共性，对差异和共性的把握需要遵循一定的原则。进行土壤侵蚀分类需要遵循以下几个原则：科学性原则、驱动力优先原则、形态特征兼顾原则和实用性原则。所谓科学性原则，就是在分类过程中首先遵循土壤侵蚀发生的客观规律和影响因素的独立性，不能为了分类而人为地违背侵蚀规律。所谓驱动力优先原则，就是在土壤侵蚀分类中必须充分考虑导致土壤侵蚀发生的动力条件，一级类型的划分必须体现在动力差异上。所谓形态特征兼顾原则，就是在次一级类型划分时必须考虑形态上的差异，尽管侵蚀动力可能相同，但由于发生过程和流失强度的差异，需要做进一步划分。所谓实用性原则，就是不同侵蚀类型的划分要保证对土壤侵蚀研究和水土保持实践有用。侵蚀类型划分不能过于简单，也不能太烦琐。过于简单不能真正反映土壤侵蚀的本质差异和社会生产的实际需求，反之，过于烦琐既可能弱化土壤侵蚀规律，又会增加水土保持实践中的冗余工作。

2.3.3　主要侵蚀类型

根据土壤侵蚀分类原则及土壤侵蚀的本质规律，以及作用营力、作用过程和形态特征等，本书制定了三级分类系统。首先，根据作用营力，土壤侵蚀可分为水力侵蚀、风力侵蚀、重力侵蚀、冻融侵蚀、人为侵蚀、生物侵蚀、复合侵蚀等一级类型。其次，根据作用过程的不同，在一级类型下划分二级类型。最后，根据侵蚀方式或侵蚀形态的差异，在二级类型下进一步划分三级类型。水力侵蚀根据降雨和径流作用分为雨滴溅蚀、径流冲刷侵蚀和渗流潜蚀(地下侵蚀)三个二级类型。作为水力侵蚀二级类型的雨滴溅蚀主要由雨滴打击而引起，可以继续分为击溅分离和击溅扰动两个三级类型。不同大小的雨滴以终点速度打击地表，团粒破碎，破坏土壤结构，使土壤分散并溅起跃移。经过雨滴打击后，分散的土粒会堵塞孔隙，阻碍下渗，增加径流而加剧侵蚀过程。坡面开始产流以后，径流一方面冲刷土壤，另一方面搬运土壤，侵蚀能力取决于径流动能和含沙量大小，并发生面蚀和沟蚀。面蚀由薄层水流引起，由于水深小，流速慢，侵蚀能力和搬运能力都很有限，实际侵蚀量不大。随着降雨持续，径流进一步汇集成股流，水深增大，流速加快。同时，水流紊动也加强，径流冲刷强度和挟沙能力大增，分别形成细沟、浅沟和切沟，土壤侵蚀量剧增。在黄土高原和西南喀斯特地区，土壤入渗率高，在东北黑土区则由于冻融层的隔水作用等，壤中流也会导致土粒移动，发生潜蚀或地下漏失等。

风力侵蚀根据其作用方式，又可分为吹蚀、磨蚀和扫蚀。当风速大于起动流速时，可蚀性砂粒就会被吹起，并随风迁移。吹蚀强度取决于风力强度和地表物质组成。除了飘向空中的细粒外，较粗粒径的沙子则会沿地表滚动前进，与地表摩擦，裹卷土粒进入风沙流，使风蚀强度进一步增大。在风沙区，蜂窝状怪石是风力磨蚀的杰作。在干旱地区，地表小灌木或蒿属等草本植物在冬春季节的大风天会接触地面，不断扫动，刻蚀地表，扬起沙子。

重力侵蚀根据其作用模式和规模可进一步分为滑坡、滑塌和崩塌。冻融侵蚀可以分为冻胀挤压破坏和消融收缩分散。在保证一定土壤含水量的条件下，高纬度和高海拔的高寒地带，冬季土壤冻结膨胀，挤压土壤，使土壤变得紧实。在沟谷或河岸处，冻胀过程会挤压土壤形成崩塌。冻胀后的土壤体积增大，地表会微微隆起。春天气温回升，冻土融化，表层土壤回落，形成一层无结构的松散层。冻融作用直接导致的土壤侵蚀量有限，但对水蚀和风蚀的加剧作用显著。

人为侵蚀可以再分为耕作侵蚀、灌溉侵蚀和挖掘侵蚀。在坡地耕作时，耕作层土壤会向下坡移动，久而久之会在坡面上沿地块边界形成一条条平行于等高线的土坎。同时，耕作形成的垄沟会改变径流路径，从而影响后续的水蚀过程。尽管灌溉一般在平地上进行，但由于水量大、流速快，且多为清水，水流流路上的土壤会被剥蚀，垄沟加深形成细沟。人类生产生活过程中常常伴随着一些改变地表形态的活动，如开矿、修路、筑窑等，需要开挖土体，造成直接或间接的水土流失。人类活动对土壤侵蚀的影响评价，不仅要看直接导致土壤流失的生产活动，更重要的是要看人类对地表的扰动活动，如毁林开荒、长期耕种等，可能没有直接造成多少水土流失，但由于其对地表的强烈扰动，改变了原有的平衡状态，导致水热再分配，加剧水土流失。

生物侵蚀指在植物生长过程中发生的土壤侵蚀，尽管影响有限，但也是一种常见的作用方式。生物侵蚀可以分为根系穿崩和动物啃挖，根系穿崩可以劈开土壤，促进崩塌的发生。草原上鼠类数量巨大，其不但啃食草根，破坏植被，而且挖掘松土促进风蚀和水蚀。复合侵蚀可以再分为泥石流、泥流和泻溜、崩岗次一级类型。土壤侵蚀类型及特征参见表 2-1。

表 2-1　土壤侵蚀类型及特征

一级类型	二级类型	三级类型	过程特征
水力侵蚀（降雨、径流）	雨滴溅蚀	击溅分离	雨滴打击地表，将土粒分散、分离
		击溅扰动	雨滴打击扰动径流，增大径流分离搬运能力
	径流冲刷侵蚀	面蚀	薄层水流分离、搬运土壤颗粒
		细沟侵蚀	径流冲刷、分离和搬运土粒，边壁崩塌扩展
		浅沟侵蚀	径流冲刷、分离和搬运土粒，边壁崩塌扩展
		切沟侵蚀	径流冲刷、下切和搬运土粒，边壁崩塌扩展
		冲沟侵蚀	—
	渗流潜蚀	洞穴侵蚀	下渗水流挟带土粒移动，导致塌陷
		壤中流涌蚀	入渗水流侧向流动，挟带土粒移动
		地下漏失	—
风力侵蚀	吹蚀	—	大风吹扬和运移土粒
	磨蚀	—	风沙流摩擦分离土粒
	扫蚀	—	大风吹动植物扫刮地表并扬沙
重力侵蚀	滑坡	—	诸多因素诱导和在重力作用下的大块体运动
	滑塌	—	临空面或沟边壁失衡，发生的块体滑动
	崩塌	—	沟壁土体崩落堆积

续表

一级类型	二级类型	三级类型	过程特征
冻融侵蚀	冻胀挤压	—	土壤水冻结膨胀挤压，土壤紧实，入渗率降低
	消融分散	—	土壤冻结消融反复，破坏结构，分散土粒
人为侵蚀	耕作侵蚀	—	耕作翻动增大土壤可蚀性，垄沟改变径流
	灌溉侵蚀	—	灌溉水冲刷搬运土壤，在地表发生再分配
	挖掘侵蚀	—	筑路、采石、开矿等弃渣弃土
生物侵蚀	根系穿崩	—	根系生长崩裂土体
	动物啃挖	—	动物洞穴扰动土体，影响入渗
复合侵蚀	泥石流	—	重力与流水共同作用下两相体移动
	泥流	—	重力与流水共同作用下两相体移动
	泻溜	—	重力与冻融作用下土体移动
	崩岗	—	—

2.4　土壤侵蚀影响因素

土壤侵蚀是多种影响因素综合作用的结果，包括促进侵蚀发生的正向因子，也有抑制其发生的负向因子。一个地方是否发生侵蚀，既有必要的动力条件，又有动力能否发生作用的保障因素。土壤侵蚀的影响可以分为自然因素和人为因素两大类。

2.4.1　自然因素

自然因素是指不以人的意志而存在和作用的因子，包括降雨、刮风、重力、冻融等动力因素，地形、植被和土质等影响或改变动力作用程度的因素，以及其他因素。降雨因素的影响作用主要体现在其作用能力的强弱，可以用降水量、降雨强度和降雨历时等指标来衡量。一般降水量越多，侵蚀量越大，雨强越高，侵蚀量越大。降水量大小只是影响侵蚀的基本条件，降雨发生过程才直接关系到侵蚀强度大小。历时短而雨量大的降雨必然会引起强烈侵蚀，历时长雨量小的降雨造成的侵蚀弱。自 20 世纪 60 年代至今，一直将降雨侵蚀力 R 作为衡量降雨对侵蚀影响作用的定量指标。降雨侵蚀力 R 反映降雨过程中雨滴打击和径流冲刷两重作用，用动能 E 和降雨过程中最大 30 min 雨强 I_{30} 之积 EI_{30} 来计算。一场降雨引起的侵蚀量与降雨侵蚀力 R 成正比。

土质对侵蚀的影响体现在土壤质地、有机质含量、透水性和结构等方面。土壤质地既影响产流，又影响土壤被分离和搬运的难易程度。有机质含量和结构在质地影响的基础上进一步影响产流强度和分离搬运。透水性则直接决定降雨径流量的多少。现有很多土壤侵蚀模型中，用土壤可蚀性 K 来反映土壤侵蚀的难易程度。K 值越大，表示土壤更易遭受侵蚀，反之，土壤不易被侵蚀。土壤可蚀性 K 值可以用粒径组成、有机质含量、结构和渗透等级等性状指标来计算。

地形对侵蚀的影响主要体现在径流量的再分配和径流动能的改变，以及受侵蚀土粒的搬运等方面。在降水量相同的前提下，地形条件不同时，入渗量和径流量存在很大差别。地形对侵蚀的影响作用可以用坡度、坡长和坡型等指标来评价。坡度由缓变陡时，土壤入渗量减少，径流量增加，径流流速增大，径流侵蚀力增强。由于坡长涉及汇流过程，其对侵蚀的影响也就比较复杂。在一定范围内，土壤侵蚀量与坡长成正比，但当大于某个长度后又可能会发生沉积。而且不同侵蚀发生都有一个临界坡长，如细沟、浅沟和切沟。只有大于最小汇水面积时，径流动能才能达到发生细沟侵蚀、浅沟侵蚀和切沟侵蚀的最低能量。所以，临界坡长实际上反映的是达到最小动能所需要的最小汇水面积。不同坡型也会通过对径流的影响进一步改变土壤侵蚀过程。坡度、坡长与土壤侵蚀量的关系也会因土质不同而有所差异。例如，砂质土和黏质土上发生细沟侵蚀的临界坡长都会大于粉质土。

植被及覆盖因子的作用主要是抑制土壤侵蚀的发生。植被对侵蚀的作用可以分为地上和地下两部分。植被的地上部分会保护地表土壤免受雨滴打击，减缓雨滴溅蚀。植被对土壤的保护作用与植被覆盖度成正比，但当覆盖度大于60%时，侵蚀减少趋势减缓，其水土保持效益会趋于稳定。植被对侵蚀的作用也会因植被类型的不同而有所差异。对于森林而言，树冠截流作用显著，约30%的降雨会因树冠截流不能到达地面，但不同树种在不同降水量下的截留率有所不同。同时，森林枯枝落叶层还可以通过吸水截流等作用进一步减弱林下径流侵蚀。但由于森林乔木高大，茎叶会将小雨滴汇集成大雨滴，从而增大地面土壤溅蚀量。草本植物地上部分的水土保持效益明显不及乔木，特别是覆盖度较低的北方干旱地区的草地。植被地下部分主要通过根系固土增强土壤抗蚀能力来抑制土壤侵蚀，其固土抗蚀效果与根系总密度成正比。在总密度接近的前提下，植被固土抗蚀效果与根茎的大小成正比。乔木根系粗壮，主根粗壮且长，对稳定边坡至关重要。草本植物须根发达，根系密度大，对减弱地表径流冲刷作用显著。灌木的水土保持效果介于乔木和草本植物之间。

植被除了具有保护地表和固结土壤等直接作用外，其覆盖度直接关系到地表产流过程。首先，植被地上部分的截流作用减少了降水量，郁闭度越高越显著。王正秋和张利铭(1983)在黄土高原地区的观测研究发现，在雨量为0.1～5 mm的小雨时，林冠截留率达25.4%～41.9%。在雨量为40 mm以上的大雨时，林冠截留率下降为3%～22%。其次，枯枝落叶层的吸水作用又固定了一部分到达地表的降水。邹厚远等(1981)在黄土高原地区的观测研究发现，每公顷枯枝落叶层的吸水量按饱和状态计算时因树种不同而变化于80～140 m^3。最后，由于有利于土壤结构形成的有机质含量高，以及根系和枯枝落叶作用，土壤入渗量增大，地表径流减弱，土壤侵蚀必然减少。植被增强土壤入渗作用的排序为林地>灌木地>草地。

除了植被覆盖外，地表砾石覆盖也会减少侵蚀，在一定程度上也能发挥水土保持的效果。山区土壤一般多含砾石，随着水土流失的持续发生，表层土壤颗粒被侵蚀搬运。由于粒径较大，不易搬运，土壤中的砾石则不断被暴露和聚集，形成一层砾幂，起到保护土壤的作用。戈壁土壤剖面中的假黏化层，实际上也是表面砾石层抑制风蚀，保护了亚表层的土壤。

2.4.2　人为因素

与自然因素不同，人为因素对土壤侵蚀的影响具有二重性。首先，人类不合理的土地利用方式是导致现代加速侵蚀最有力的驱动因子。在人类活动介入之前，不管在地球上什么位置，地表系统都会处在一个平衡且稳定的状态，物质输入输出基本等同，植物群落稳定，土壤剖面构型完整。尽管土壤肥力水平在不同地域间存在巨大差异，但仍能保持动态平衡，不存在水土流失和土壤退化问题。人类不合理的土地利用方式表现为破坏植被和垦殖。不论是高大的乔木，还是灌木或草本，一旦遭到破坏以后，地表原有的平衡就会失稳，从系统输出的物质远大于输入的物质，土壤肥力下降并发生退化，在水力和风力等动力作用下，发生水土流失。另外，人类开矿、修路等还会直接搬运土壤，加剧区域水土流失。其次，人类活动还表现在通过实施水土保持措施而抑制水土流失。当水土流失导致土地退化、粮食减产和环境恶化以后，人类首先会采取一些措施来防治水土流失，如修筑梯田、植树造林和打坝拦蓄等，维持农业生产及社会发展。随着经济水平不断提高，人类也会有意识地主动调整不合理的土地利用方式，如实施大规模的退耕还林工程，减少陡坡耕地面积，增加林草面积比例，从根本上扭转了水土流失的局面，生态环境得到好转。特别是在国家大力提倡生态文明建设以后，人们的生态意识普遍提高，破坏生态环境的活动逐步减少。即使必须为之时，也要做到缜密规划，保护同行，将实际影响控制在可接受范围内。

2.4.3　因素间的交互作用

如前所述，土壤侵蚀是复杂的地表过程之一。其复杂性表现在动力过程多样，影响因素时空多变，以及影响因素之间存在耦合交互作用。降雨和侵蚀的关系在不同的土质上存在差异，地形和侵蚀的关系也会因土质的差异而有所不同。在不同的土壤上，细沟侵蚀发生的临界距离不同，对坡面侵蚀的贡献率大小也不同。之所以存在这么多不同或差异，是因为土壤侵蚀影响因子间存在交互作用。正是由于因子间交互作用的存在，现有的经验模型在推广使用中都会存在一定的局限性。例如，世界上最著名的土壤侵蚀预报模型——美国通用土壤流失方程(USLE)是基于美国东部地区的实测资料而构建，且因子关系的分析平台是坡度为 9%和坡长为 22.13 m 的小区。因此，理论上讲，方程中的所有关系式或相关参数都是在这种平台条件下的特定表达。在 USLE 中之所以选择坡度为 9%的小区作为标准小区，是因为美国的农耕地以缓坡为主，9%这个坡度代表大多数耕地的现状。而在中国，陡坡开垦十分普遍，坡耕地的上限可以到 35°，有些人多地少的山区，如云贵高原地区，甚至更陡。在我国水土流失的背景下，采用在 9%坡度小区上得到的经验公式来估算土壤流失量显然不适合，其本质原因就是侵蚀影响因素间交互作用的存在。因此，如果想要在中国推广使用 USLE，首先需要用中国观测数据予以订正，或者重新拟合出适合我国陡坡耕地的因子计算公式。同理，由于我国幅员辽阔，自然环境条件和土壤利用模式空间差异巨大，在模型公式修订时要充分考虑小区实测资料的代表性和长期性。

2.5　侵蚀与土壤剖面演化

土壤既是侵蚀发生的场所，又是水土流失的物质基础。侵蚀发生过程与土壤剖面发育过程是矛盾的两个方面。土壤剖面发育是由母质到成熟土壤的演化和剖面构建过程，是物质的转化和积累。而土壤侵蚀是土壤剖面的破坏和变薄过程，是土壤物质的流失。土壤侵蚀导致土壤退化，肥沃的表层土变薄乃至受损，土壤构型改变。在土壤发生层尚在的坡面和土壤发生层被全部侵蚀掉的坡面，即使降水条件相同，侵蚀过程与强度也会有很大的差异。早在 20 世纪 50 年代，朱显谟先生在讨论土壤侵蚀分类时就曾论述过剖面侵蚀和母质侵蚀区分的问题。实际上，区分剖面侵蚀和母质侵蚀对现代土壤侵蚀研究也具有指导意义。

2.5.1　土壤剖面发育

根据道库恰耶夫土壤发生学说，土壤是成土因素综合作用的结果。成土因素包括母质、气候、生物、地形和时间五大因素。母质是经母岩风化，或风、水搬运堆积而成，是土壤形成的物质基础，母质的物质组成和理化性质直接决定和影响着土壤的基本性质，以及土层厚度和剖面构型。当母岩为花岗岩时，作为主要矿物成分的石英抗风化能力强，风化残留物多，形成较厚的风化层，发育的土壤剖面也比较厚。当母岩为石灰岩类的岩石时，其具有微可溶性，风化残留物少，风化层相对较薄，发育的土壤剖面也薄。

气候因子主要通过水热条件及其差异性改造土壤母质，影响土壤发育和剖面特征。当水热条件不同时，风化速度及最终产物不同。水热条件越好，风化越彻底，土壤物质中细小的黏粒部分会增多，土壤剖面较厚。同时，由于淋溶作用强，土体中的矿物元素移动强度大，盐基饱和度低。当水热条件较差时，风化速度慢且不彻底，所形成的土壤中黏粒含量少，土壤剖面厚度较薄。同时，由于水分条件差，土体中的矿物元素移动强度小，盐基饱和度高。除了通过影响岩石风化和矿物质迁移来改变土壤形成和性状外，水热条件还会通过影响有机物的分解转化来决定土壤性质。当水热条件较好时，有利于有机质分解，土壤有机质含量低，腐殖质层薄。当热量差水分条件较好时，不利于有机质分解，而有利于有机质累积，可以形成深厚肥沃的腐殖质层。当热量和水分条件都较差时，植被条件也会很差，提供给土壤的有机质含量有限，土壤有机质含量低，腐殖质层薄。

生物因子是影响土壤形成的关键因子。土壤有机质是土壤形成的标志，而有机质含量与生物因子密切相关。生物因子包括植物、动物和微生物。植物通过落叶或枯枝向土壤提供有机残体，并在土壤中完成分解和迁移转换过程，形成土壤有机质。植物提供土壤有机质的数量和范式因植被类型而异，乔木主要以落叶形式为土壤提供有机物，形成的腐殖质层较薄，且向下锐减。而草本植物则是通过每年死亡，同时归还地上茎叶和地下根系，不但提供的生物量多，而且深度大，形成深厚的腐殖质层。土壤动物也是土壤生物循环中的一部分，动物尸体和粪便直接转化成土壤有机质。同时，动物也会通过啃食植物根系破坏植被，以及通过挖洞等扰动土壤剖面。土壤微生物是有机质转换过程的主要推动者，其数量和类型直接决定着土壤有机质的转换深度和最终产物。但土壤微生物的功能又受所处地理环境的制约。

地形因子通过改变水热再分配来影响土壤形成过程及其性状特征。地形并不为土壤形成提供物质或能量，但会通过坡向、坡度、坡长和坡型来影响土壤形成的水热条件。对于某个确定的地理位置而言，太阳辐射是一定的，多年平均降水也是基本稳定的。但对于这个位置上的某个地点而言，水热条件会因地形条件的不同而出现很大差异。阳坡热量条件好，阴坡热量条件差，迎风坡和背风坡也会改变降水分布，最终因坡向的不同导致植被分异。在同一坡面的不同部位，由于距分水岭的距离和坡度陡缓不同，岩石风化过程和程度，以及土壤物质的运移强度与速度都有差异，进而影响土壤物质组成及剖面构型。同时，海拔也通过影响水热变化而深刻地影响土壤。因此，大的山脉常常会成为土壤类型的分界线。

时间是土壤发育过程及成熟度的衡量指标。土壤从母质发育到成熟的地带性土壤需要时间，土壤发育时间越长，土壤发育程度越接近地带性土壤。对于某个位置的当前土壤而言，在其他成土因素不变的条件下，土壤由母质来决定，在地球化学过程和生物累积过程的共同作用下，土壤矿物质和有机质经过不断的风化分解以及迁移转化过程，剖面逐渐发生分异，最终形成与当地水热条件相适应的土壤剖面构型。需要说明的是，土壤形成过程可以分成两个阶段：土壤剖面形成阶段和土壤剖面发育阶段。土壤剖面形成阶段指从母质暴露开始，到土壤剖面完全形成为止。在这一时间段内，土壤母质在成土因素的作用下，发生物质转换和迁移，剖面发生分异，由均一的母质剖面发育成由不同发生层构成的土壤剖面。发生层是成土过程的产物，同时也记录了各个影响因素的作用痕迹。土壤剖面发育阶段指从完整的土壤剖面开始，到成熟的地带性土壤发育完成。经过土壤剖面形成阶段后，尽管土壤发生层都已出现，剖面构型的雏形已经完成，但土壤剖面还不够完善，并未形成成熟的地带性土壤。在土壤剖面发育阶段，受水热条件的影响，剖面厚度不会持续增加或分异下去，到一定程度后就会相对稳定。在水热继续推动下，土壤质地进一步细化，团聚体逐步增多，结构不断完善。这一阶段，土壤物质输入和输出基本平衡，只是进行周而复始的循环。

在成土因素的综合影响下，经过地球化学过程和生物累积过程的交织作用，土壤母质逐渐被改造成由 O 层、A 层、B 层和 C 层构成的土壤剖面。O 层为枯枝落叶层，由落叶和半分解的枝叶组成。O 层厚度取决于植被类型和气候条件，落叶阔叶林归还土壤的生物量大，吸水量大，半分解的成分较多；而针叶林由于其隔水和吸水能力弱，分解缓慢，O 层中半分解的成分少。A 层为腐殖质层。有机物经过分解再聚合形成土壤腐殖质，腐殖质不断累积形成腐殖质层。土壤腐殖质层厚度取决于土壤矿化过程与腐殖化过程的对比。如果矿化过程强，土壤腐殖质层就薄，如果腐殖化过程强，则腐殖质层就厚。而矿化过程和腐殖化过程的强弱都取决于水热条件，热量条件越好，越有利于矿化过程，热量条件越差，越有利于腐殖化过程。我国东部黑土区腐殖质层厚的原因就是东北地区处于年均温低，而降水条件又不差的湿凉环境。由于 A 层成土时间相对较长，土壤质地较细，黏粒含量高，所以自然土壤坡面 A 层的磁化率一般较高。B 层为淀积层。在成土过程中，A 层的离子和黏粒部分会被淋溶和搬运下移，有些物质可以被水移出剖面，但有些物质则会在剖面中聚集，形成淀积层。因所处的地理位置不同，B 层的构成也是多种多样，有红壤中的网纹层、棕壤中的黏化层、褐土和草原系列土壤中的钙积层等。一般 B 层的有机质含量明显低于 A 层，但黏粒含量高于相邻两层。C 层为母质层，即成土过程未影响到的土层，观测不到成土过程的结果和产物。

2.5.2　侵蚀与剖面变化

土壤侵蚀导致的水土流失是土壤剖面的破坏过程。在未遭侵蚀的情况下，土壤保持一种稳定状态，输入物质和输出物质平衡，土壤剖面厚度及构型保持不变，土壤生产力稳定。当人类活动介入后，地表原有的平衡被打破，发生土壤流失，剖面变薄。如果侵蚀轻微，流失的物质以细颗粒为主，尽管土壤剖面变薄，但在很长时间内，剖面构型仍保持完整。例如，我国东北黑土区，近几百年来土壤侵蚀导致腐殖质层变薄，尽管出现“破皮黄”现象，但土壤 A 层仍基本存在。当侵蚀严重时，土壤发生层不仅会变薄，甚至会被侵蚀殆尽。例如，我国黄土高原地区，由于严重的水土流失，原先发育的地带性土壤——黑垆土已经被侵蚀殆尽，土壤发生层不复存在，形成了现在的土壤类型——黄绵土。土壤是侵蚀发生的物质基础，在土壤剖面变薄乃至消失的过程中，土壤的性状特征在不断变化着。一旦侵蚀到母质层，土壤的性状特征又会保持基本稳定。对于一个流域或者一个坡面而言，不同地貌(坡面)受到的侵蚀程度不一样，导致土壤性状发生差异性变化，加剧水土流失程度的空间变异性。同时，土壤剖面遭受侵蚀后的磁化率分布规律也会改变。表层土壤磁化率增强的现象将不复存在。

2.5.3　沉积与剖面变化

在坡面的下部，地形低洼处或者背风坡都会不同程度地发生泥沙沉积。沉积沙会覆盖在原有土壤剖面之上，叠加一层与成土因素没有内在关系的土层，并可能出现有机质、粒径，以及团聚体等倒置现象。上覆沉积层的性状只受搬运动力、泥沙属性以及地貌(坡面)的影响，当水流速度或风速较大时，可以搬运更粗的沙粒，地形越缓，沉积的粗粒也会越多。与侵蚀剖面一样，原有剖面上覆一层沉积沙之后，土壤磁化率也会发生变化。若沉积沙以黏粒为主，则会使表层土壤磁化率增强。若沉积沙以沙粒等较粗粒径为主，则会导致表层土壤磁化率变小。因此，在利用土壤磁化率技术估算土壤侵蚀量时首先需要对土壤剖面进行识别，判断其所处位置属侵蚀剖面还是沉积剖面。

2.5.4　侵蚀与土壤再分配

在坡度较缓且坡长较长的丘陵漫岗地区，被降水和径流侵蚀的土壤物质不会被全部搬运出坡面而进入沟道和河流，大部分侵蚀物质都会在坡面的中下部发生沉积。土壤在流域内或坡面上被侵蚀、搬运、沉积的现象就是土壤再分配，其结果是增加了土壤性状的空间变异性。遭侵蚀搬运的物质都是肥沃的表土层，有机质和黏粒含量都很高，势必导致土壤磁化率在空间上的分布发生变化。反过来，可以用土壤磁化率在空间上的分布规律及变化特点来识别坡面或流域内的侵蚀区和沉积区。在侵蚀发生区，土壤剖面会渐渐变薄，特别是 A 层的腐殖质和黏粒部分减少，表层土壤磁化率就会相应变小。在沉积发生区，由于接受的都是坡面上部表层物质，腐殖质层会特别厚，土壤磁化率也会变大。通过在田间采样和进行磁化率测定分析，可以在坡面上识别出侵蚀区和沉积区，以弥补超长坡观测小区数据短缺的现状，从而提高缓坡丘陵区土壤侵蚀量的估算精度。

侵蚀导致的土壤再分配问题，很难用野外小区观测法来识别和估算。尽管用 ^{137}Cs 等核素示踪法可以识别，但耗时长，成本大，不宜大范围或大规模实施。凭借其高效廉价的特点，土壤磁化率技术可用于土壤再分配的调查和识别，并对发生在不同地貌(坡面)的土壤侵蚀进行定量评价。

2.6　土壤侵蚀与泥沙运移

侵蚀、搬运和沉积构成了地表物质运动的完整过程。土壤颗粒被侵蚀是泥沙的生产过程，泥沙是侵蚀结果的体现。在水力、风力等外力的作用下，土壤颗粒从土体上分离出来，随水流顺坡而下，进入沟道，继而到河流。人们习惯将进入水体的土壤颗粒称为泥沙。发生在坡面的土壤流失的主要危害是导致土壤退化，土地生产力水平下降。而进入河湖的泥沙不仅导致水体富营养化、水质恶化，还会造成河床淤积抬高，加剧洪涝灾害的威胁。历史上我国黄河下游地区河水泛滥就是因为位于中游的黄土高原地区发生严重的水土流失。

2.6.1　流域侵蚀产沙及影响因素

由于侵蚀物质进入河流湖泊都有一个汇流和搬运过程，所以一般研究产沙及其输移过程都在流域尺度上，在坡面尺度上一般称坡面侵蚀或水土流失。同时，土壤侵蚀关注的流域以小流域为主，面积一般在几到几十平方公里。一般而言，小流域由沟间地和沟谷地两个地貌单元构成。沟间地为流域内沟沿线以上部分，平均坡度较缓，侵蚀严重区的坡耕地多分布于此，侵蚀方式以面状侵蚀、细沟侵蚀、浅沟侵蚀为主，在沟沿线附近会有切沟侵蚀。沟谷地为沟沿线以下部分，平均坡度较陡，很少有耕地分布。土壤侵蚀方式中重力侵蚀的作用显著增强。所以，流域产沙包括坡面侵蚀过程、沟道侵蚀过程和泥沙运移过程。

影响侵蚀的因素包括降雨、地形、土质、植被，以及各种水土保持活动都会影响流域侵蚀产沙过程。除此之外，还有流域形态结构、植被构成及其空间分布，以及沟系组成和沟道特征。

降雨对流域侵蚀产沙的影响主要通过降水量与降雨强度的作用来体现。雨强大、历时长的暴雨能引起严重的水土流失，导致大量的泥沙进入沟道。同时，由于流量大，流速快，其水流挟沙能力也必然强于普通降雨。坡面上来的泥沙会全部被搬运至河道，沿途沉积现象很少发生。同时，在强降雨条件下，沟道内重力侵蚀的贡献也更为显著。在小降雨条件下，其侵蚀过程和泥沙运移过程正好与强降雨相反。坡面进入沟道的泥沙少，沿途泥沙沉积较为明显。在流域尺度上，降雨的影响也取决于降雨过程中的产汇流过程。在不同下垫面条件下，相同降雨也会有不同的产汇流过程，侵蚀产沙效果也有很大的差异。

地形对流域侵蚀产沙的影响主要通过平均坡度、坡长、坡型等，以及沟间地或沟谷地面积比例、流域切割度或沟谷密度、流域形状、沟道形态等流域特征指标来体现。有关坡度、坡长和坡型对侵蚀产沙的影响在 2.4 节土壤侵蚀影响因素等有关章节已有系统论述，在此不再赘述，此处只谈流域及沟道特征等对侵蚀产沙的影响。首先，沟间地和沟谷地的面积比例直接关系到两大地形单元对产沙量的贡献大小。沟间地面积较大时意味着坡面范围广，坡长较长，缓坡面积比例也大，沟谷切割程度低，沟谷密度小。细沟、浅沟等侵蚀类型对土壤流失的贡献大，而重力侵蚀的贡献相对较小。沟谷地面积较大时，正好与沟间地相反。其次，流域形状通过对汇流过程的影响而作用于侵蚀产沙。流域形状可以分为羽毛状、椭圆形和葫芦状等。羽毛状是最为常见的流域形状，主沟道较长，次一级的支卯沟数量及分布相对均衡，上、中、下游面积比例相差不大。降水过程中坡面径流先汇入支卯沟，再逐级有序地汇入主沟道，洪峰形成及泥沙输移过程都会平稳发展。当流域形状为圆形或椭圆形时，长宽相差小，意味着主干道和次一级沟道的规模差异小，降水过程中支沟径流对主沟道汇流过程影响较大，导致流域侵蚀产沙过程复杂化。当流域形状为葫芦状时，意味着主干道较短，流域在降水过程中产汇流迅速，洪峰形成快，洪水搬运和破坏能力强，相同降水条件下的水土流失程度会更加严重。沟道形态包括纵横断面形状、基岩出露高度，以及沟坡坡度等。沟道纵断面通过纵比降大小、跌水和冲刷窝密度以及土质床面或石质床面占比等来影响流域侵蚀产沙。纵比降越大，相同流量的径流流速和侵蚀搬运能力越大，越有利于沟道侵蚀和泥沙搬运。纵断面上分布的跌水和冲刷窝的数量决定了洪水过程中的动能消长。当遇到跌水时，径流流速陡增，侵蚀力加剧。当遇到冲刷窝时，径流流速剧减，导致径流挟沙能力降低，泥沙发生沉积。沟道横比降则通过影响沟坡坡度及其稳定性来影响侵蚀产沙。沟道横断面一般有三角形、倒梯形和矩形等。三角形断面有利于沟道下切及扩张，倒梯形和矩形在流水冲刷下容易失稳，有利于崩塌等重力侵蚀发生。当然，不同横断面形状会对应于不同发育阶段或处于不同部位的沟道。另外，流域形态及沟道形态也会受地质构造和土质类型等因素的影响。对于某个具体流域而言，需要具体问题具体分析。

土壤对流域侵蚀产沙的影响主要通过质地组成、紧实度及结构等理化性状来体现。土壤质地较细时，粒径小的土粒含量高，有利于泥沙输移搬运，但黏粒含量高时土壤又不易被分离。当土壤质地较粗时，粒径较粗的沙粒含量多，不利于泥沙输移搬运，但土质松散，易于被分离而进入水体。土壤紧实度直接关系到土壤被分离的难易程度，当土壤紧实度较大时，抗侵蚀能力强，相同降雨侵蚀力下的侵蚀量小，水流搬运泥沙量的大小往往受制于泥沙量。当土壤紧实度较小时，抗侵蚀能力弱，相同降雨侵蚀力下的侵蚀量大，进入水体的泥沙多，水流搬运泥沙量的大小主要受制于水流挟沙能力大小。同时，土壤紧实度大小也会影响不同级别沟谷的发育过程和形态特征。例如，广泛发育于南方红壤区的崩岗，就是受不易被侵蚀的土质影响而形成的特殊沟谷类型。土壤结构主要通过影响入渗产流来改变侵蚀和搬运，而胶结物质，如钙离子含量则通过影响土壤被分离的难易程度来改变流域侵蚀产沙过程。

植被的作用是抑制侵蚀和阻碍泥沙运移。植被对流域侵蚀产沙的影响主要体现在植被类型及其空间分布结构上。乔、灌、草具有不同的防蚀保土效果，林地高大的树冠截流作用显著，在很大程度上削弱雨滴打击地表能力。同时，枯枝落叶层一般较厚，通过吸水和增加入渗，削弱径流冲刷能力。灌木通过林冠截流保护地表的能力比乔木弱，枯枝落叶层也较薄，防蚀能力次之。草本植物主要通过致密的根系增加土壤抗侵蚀能力，从而抑制土壤侵蚀。总而言之，不论是乔木林、灌木林还是草地，其水土保持效果首先取决于郁闭度和覆盖度，只有达到一定的覆盖度才能体现其显著效果。野外观测结果表明，植被覆盖度的临界值为 60%～65%。当植被覆盖度大于这个值时，其他侵蚀影响因子的作用会显著减弱，不同坡度、不同土质下的坡面侵蚀强度就不存在显著差异，侵蚀强弱完全受植被因子控制。对于一个流域而言，侵蚀产沙除了受植被类型及其面积比例影响外，还受空间分布特征制约，即不同类型的植被在流域内分布的位置。流域内林地、草地与耕地的相对位置，决定了侵蚀泥沙输移过程中径流能量消长问题。当耕地位于林地或草地上部时，从耕地侵蚀的土壤进入林地和草地后，径流速度变小，搬运能力减弱，泥沙出现淤积。而当林地和草地位于耕地的上部时，来自林地和草地的径流因其含沙量低，泥沙搬运消耗的能力小，进入耕地后仍有足够的能量用于侵蚀，导致耕地侵蚀加剧。林地和草地的面积及其与耕地的空间组合千差万别，因此，植被对流域侵蚀产沙的影响也十分复杂。因此，以流域为单元实施和配置生物措施时，既要考虑总体面积、不同种类措施的面积比例，又要对空间位置进行科学规划，以实现水土保持效益最大化。植被对水土流失的作用除了直接减少土壤流失量外，还可以通过改良土壤，增加入渗和提高土壤的抗侵蚀能力。

土地利用类型及水土保持措施的影响主要反映人类活动对侵蚀产沙的贡献。人类活动的影响具有正向和负向两个方面，首先，人类通过破坏植被和陡坡开垦导致现代加速侵蚀，坡面开垦面积多少直接关系到流域侵蚀产沙的强度。其次，人类通过一系列的水土保持措施防止侵蚀发生，减小流域水土流失程度。修筑梯田可以缓解陡坡耕地上的土壤侵蚀强度；在沟道修筑坝系，可以拦蓄坡面来沙，减少入河泥沙量；种草造林可以减少坡面水土流失，进而达到流域水土保持效果。

总之，流域侵蚀产沙过程及强度是流域内各种影响因素综合作用的结果。在不同地区和不同流域，存在不同的主导因子。例如，在东北黑土区，较长的坡长及顺坡耕作方式对流域侵蚀产沙具有决定性影响；在黄土高原地区，集中的高强度暴雨、疏松的土质和陡峻的坡度具有决定性影响；在西南喀斯特地区，独特的二元结构和坡面普遍出露的块石决定着流域侵蚀产沙；在南方红壤区，则是黏重的土质和高降雨侵蚀力起决定作用。

2.6.2 泥沙输移比

泥沙输移比指一定面积范围内的土壤流失量与相应面积的总侵蚀量之比。按照这个定义，泥沙输移比应变化于 0～1。泥沙输移比越小，表明泥沙输移过程中沉积越严重；泥沙输移比越大，表明泥沙输移过程中沉积越少。由于泥沙输移比主要反映泥沙输移过程中泥沙量变化，一般多应用于不同尺度的流域流失量和输沙量估算等。由于坡面泥沙输移距离短，变化快，一般不涉及泥沙输移过程，所以不关心坡面泥沙输移比问题。另外，泥沙输移比反映的是该流域泥沙输移的平均状况，不能用一场暴雨的侵蚀和泥沙过程来计算泥沙输移比。一般用流域出口的输沙量作为该流域的流失量，将根据小区观测资料估算的全流域土壤侵蚀量作为总侵蚀量计算流域泥沙输移比。由于无法绝对准确地获取总侵蚀量，加之沟道内重力侵蚀贡献量的不确定性，泥沙输移比实际上也只是一个相对值。

影响泥沙输移比的因素很多，包括流域面积、流域坡度组成及其变化、地表覆盖及其分布、沟谷形态特征，以及水土保持措施等。一般而言，泥沙输移比会随流域面积的增大而减小，但减小的程度会因流域在不同的区域而有所差异。因为流域面积越大，河流或沟道纵比降越小，水流搬运泥沙的能力也随之减弱，发生泥沙沿程淤积的现象，河漫滩和阶地都是最好的证明。流域平均坡度越陡，且缓坡面积越少，泥沙输移比也相应越大。流域内植被覆盖度越高，泥沙输移过程中沉积现象越普遍，泥沙输移比越小。沟谷形态则由断面形态和基岩出露高度，以及沟床和河床构成，因为这些形态特征直接决定着洪水过程中重力侵蚀发生频率及规模。

泥沙输移比的重要性在于，可以实现河流泥沙量与流域侵蚀量之间的定量转换。对于区域尺度上的水土流失，要么根据模型计算，要么根据河流输沙量推算。由于模型计算由点推到面时都会存在误差，一般人们更相信水文站的泥沙观测资料。但由水文站泥沙观测数据反推流域侵蚀量时，需要有一个合理准确的泥沙输移比。如果流域面积较大，还需要根据流域具体特征，分级别或分河段给出泥沙输移比。如此，就可以用水系河网上分布的水文站的泥沙实测值计算土壤侵蚀量。利用泥沙资料反推的土壤侵蚀量，一方面可以用来验证模型估算结果；另一方面可以直接用于编绘大尺度土壤侵蚀图。此外，泥沙输移比也是河流泥沙变化计算，以及多种泥沙计算模型中的主要参数。

2.6.3　沉积泥沙的指纹特征

土壤侵蚀过程包括分离、搬运和沉积。土壤颗粒被分离进入水体后被搬运流向沟道，乃至河流下游。而在此过程中，受地形条件、植被分布、河道形态，以及人工水土保持措施等影响，水流流速、水深以及挟沙能力等都会沿程发生变化，相应地就会发生泥沙淤积。泥沙淤积伴随着水流特征的变化，必然在沉积物中留下某些痕迹，称为指纹。

根据泥沙沉积中的指纹特征就可以反演流域气候变化和侵蚀泥沙输移过程特征。首先，沉积物分层的厚度变化是泥沙变化最为明显的指纹特征，对于相同的沉积厚度而言，沉积层数越多，表明沉积旋回越多，气候和水文特征变化越频繁。沉积层的厚度则可以反映每一次洪水或某一年汛期水土流失的严重程度。某个沉积层越厚，表明对应时期的暴雨洪水频率越高，强度越大，引起的水土流失越严重。如果某个沉积层的厚度相对较薄，表明对应时期洪水发生频率低，流量小，造成的水土流失相对较轻。其次，沉积泥沙的粒径变化也与水土流失程度直接相关。沉积泥沙粒径相对较粗时，表明洪水流量大，水土流失严重，一般沉积层也就厚。沉积泥沙粒径较细时，表明洪水流量小，水土流失也相对较轻。然后，根据沉积泥沙的物质组成，可以追踪泥沙的来源。泥沙中黑色层表明泥沙主要来自表层腐殖质层，泥沙中碳酸钙含量的变化既可以用来进行沉积泥沙分层，又可以反演泥沙物质来源。最后，沉积泥沙磁化率在剖面上的分布特征、核素含量变化等都是泥沙指纹特征，也可以用于沉积泥沙过程及侵蚀环境变化的反演。

用泥沙指纹特征反推流域侵蚀产沙过程及强度首先需要明确指纹指标值在流域中的

原始分布状态。例如，选用土壤磁化率指标时，对流域内土壤磁化率剖面特征及其在不同土地利用类型和地貌(坡面)的变化特征做仔细调查，确定好参考值大小，这些都是开展泥沙溯源研究的必要条件；利用核素进行示踪时，首先要对流域内土壤剖面中的核素丰度变化及参考值进行调查分析。

2.7　土壤侵蚀强度

土壤侵蚀研究的最终目的就是指导水土保持工作的有效开展，告诉政府和民众，哪里水土流失严重，每年单位土地面积上会流失多少土壤；同时，指导如何开展水土保持，应采取什么模式和措施才能取得有效成果。因此，水土流失量的确定和强度评价就是土壤侵蚀研究的重点所在。

2.7.1　土壤侵蚀强度表述

土壤侵蚀强度一般用单位土地面积上流失的土壤来表达，土壤流失量的单位为 t，面积单位用 km^2 或 hm^2。在我国，习惯用 t/km^2 来表达侵蚀强度，而国外习惯用 t/hm^2 表示。有时为了表达侵蚀对土壤剖面的剥蚀强度，也用每年侵蚀掉的土层厚度表达侵蚀强度，如用 mm/a 来表达。在我国还有一个侵蚀模数用语，表达每年单位土地面积上的土壤流失量，单位为 $t/(km^2 \cdot a)$。而在国外直接用土壤流失(soil loss)表达，单位为 $t/(hm^2 \cdot a)$。

2.7.2　土壤侵蚀强度分级

水利部颁发的《土壤侵蚀分类分级标准》(SL 190—2007)，在规定了我国不同地区的允许土壤流失量后，将水土流失程度分为六级，分别是微度侵蚀、轻度侵蚀、中度侵蚀、强烈侵蚀、极强烈侵蚀和剧烈侵蚀。规定黄土高原地区的允许土壤流失量为 1000 t/km^2，南方红壤丘陵区和西南土石山区的允许土壤流失量为 500 t/km^2，东北黑土区和北方土石山区的允许土壤流失量都是 200 t/km^2。当侵蚀模数小于允许土壤流失量时都属于微度侵蚀，可以不考虑实施水土保持措施。当侵蚀模数为 1000～2500 t/km^2 时，对应的强度等级为轻度侵蚀；当侵蚀模数为 2500～5000 t/km^2 时，对应的强度等级为中度侵蚀；当侵蚀模数为 5000～8000 t/km^2 时，对应的强度等级为强烈侵蚀；当侵蚀模数为 8000～15000 t/km^2 时，对应的强度等级为极强烈侵蚀；当侵蚀模数大于 15000 t/km^2 时，对应的强度等级为剧烈侵蚀。

2.7.3　区域水土流失评价

开展区域水土流失评价是一个国家摸清水土流失家底和开展有效防控的基础，直接关系到国家生态建设战略及投资安排。首先，开展区域水土流失评价的难点是如何将小区实测结果推广到整个区域，如大中流域、行政区，乃至整个国家。因此，小区实测数据积累是开展区域水土流失评价的前提。由于我国自然环境和水土流失程度区域差异性显著，开展水土流失和水土保持研究的历程也不尽相同，实测资料存在明显的空间不平衡性。开展土壤侵蚀研究较早的黄土高原地区实测资料相对丰富，而其他侵蚀严重地区的实测资料不足。其次，开展区域水土流失评价需要土壤侵蚀研究成果的保障。区域水土流失评价不可能建立在对评价区域全覆盖观测的基础上，都必须立足实测资料，构建可行的评价方法。其中，土壤侵蚀预报模型就是最有效的工具。而科学合理的模型构建需要土壤侵蚀规律的研究成果来保障，目前世界上使用最广泛的土壤侵蚀预报模型为美国农业部提出的通用土壤流失方程(USLE)及其修订方程(RUSLE)。我国学者以 USLE 为蓝本，基于我国的实测资料，开发出适合我国国情的土壤侵蚀预测模型——中国土壤流失方程(Chinese soil loss equation，CSLE)。CSLE 模型很好地解决了 USLE/RUSLE 模型不能用于陡坡地水土流失的估算问题，并针对中国几十年来的水土保持工作实践，构建了水土保持措施因子数据库。最后，开展区域水土流失评价也需要先进技术的支撑。遥感和地理信息系统(GIS)技术在解决区域地理与生态环境问题方面具有很大优势，不但可以快速获取面数据，而且在数据处理和成果输出方面更为便捷，可以大大减少野外工作的强度，同时还可以增加不同地区资料之间的可比性。

我国全国性水土流失调查开展过三次。第一次全国水土流失调查始于中华人民共和国成立初期，利用人工逐级汇总的方法，得到水土流失总面积为 153 万 km^2，但不包括风蚀。由于资料有限，技术手段欠缺，第一次全国水土流失调查结果解决了有无问题，存在很大误差。第二次全国水土流失调查是在 20 世纪 80 年代开展并完成的，得到全国水土流失总面积为 367 万 km^2，总侵蚀量达 50 亿 t。第二次调查的最大特点是全面采用了遥感技术。通过遥感手段，对影响水土流失的地形、气候和植被等因子进行定量化，结合专家打分等方法对水土流失进行半定量评价。第二次调查的优点在于全国“一盘棋”，采用同样标准和方法，而且快速高效。但此次调查也存在很大不足，并未考虑土壤因子和水土保持措施的作用，调查结果存在明显高估。第三次全国水土流失调查，也即第一次全国水利普查，开始于 2010 年，完成于 2012 年。2013 年颁布的《第一次全国水利普查水土保持情况公报》显示，全国水土流失面积为 294.91 万 km^2，占国土面积的 30%以上。第一次全国水利普查或第三次全国水土流失调查的最大特点是采用了土壤侵蚀预报模型 CSLE。同时，通过抽样并开展野外实际调查，真实地获取了各个样点上水土流失情况，通过插值方法得到全国水土流失现状。根据普查数据，此次调查绘制了全国土壤侵蚀强度图，以省为单元构建了水土流失及影响因子数据库。由于受全国支撑数据量及精度影响，第一次水利普查结果在有些地区也存在差别，如对西南喀斯特地区的评价结果明显存在估算过高现象。其主要原因是在进行水土流失计算时，该地区的水土保持措施因子数据不足。

近年来，国内外许多学者着眼世界，开展全球尺度水土流失评价工作，编绘了全球水土流失强度图。或许全球尺度的水土流失评价结果在精度上存在误差，但对了解全球不同地区水土流失的相对强弱，以及从全球尺度认识水土流失与影响因子之间的关系具有重要价值。为了提高数据精度及结果的可靠性，未来区域水土流失评价工作需要加大模型开发及相关因子库建设。在无资料或观测点相对稀疏的地区，重点布设观测点，强化基本规律等基础研究。

2.8 本 章 小 结

中国土壤侵蚀问题十分严重，土壤侵蚀不但类型多样、分布广泛，而且成因复杂，区域差异性显著。经过几十年的观测研究，我国已经在土壤侵蚀过程、影响因素，以及分类分区方面取得重要成果，为全国水土保持工作规划与实施做出了重要贡献。特别是新中国成立以来开展的三次水土流失调查和普查工作，对摸清水土流失家底、精准分析成因，以及正确评价水土保持效果等发挥了重要作用，但在水土流失估算模型构建及水土流失定量化评价方面仍存在不足。尽管 2013 年完成的第一次全国水利普查中，对全国水土流失的评价采用了土壤流失方程来估算流失量，但由于实测资料的局限性及地区不平衡性，评价结果与实际情况不一致，甚至有严重夸大的现象。因此，需要加大全国范围内的土壤侵蚀监测和资料积累工作，快速获取一批可靠性强，并具有可比性的实测资料。但传统的小区监测方法存在费钱、耗时的缺点，需要采取更为先进且快速可靠的方法来弥补小区监测方法的缺陷。尽管近几十年来核素示踪方法在土壤侵蚀研究中发挥了重要作用，为无资料地区的土壤侵蚀研究提供了可靠的资料获取方法，但核素示踪法在样品处理和上机测定时很费时间，测试过程缓慢，常常延误研究进展。土壤磁化率技术既兼有核素示踪方法的优点，又弥补了核素示踪方法的不足，不仅采样及处理简单，上机测试速度极快，可以快速完成大批次土壤样品的测试工作。土壤磁化率技术在土壤侵蚀研究中具有广泛的应用前景。

参 考 文 献

陈永宗, 景可, 蔡强国. 1988. 黄土高原现代侵蚀与治理. 北京: 科学出版社.

《地理学词典》编制委员会. 1983. 地理学词典. 上海: 上海辞书出版社.

黄锡荃. 1985. 水文学. 北京：高等教育出版社.

兰州沙漠研究所沙坡头沙漠科学研究站. 1991. 宝兰铁路沙坡头段固沙原理与措施. 银川: 宁夏人民出版社.

李天杰, 赵烨, 张科利, 等. 2004. 土壤地理学(第 3 版). 北京: 高等教育出版社.

钱宁, 万兆惠. 1983. 泥沙运动力学. 北京: 科学出版社.

钱宁, 张仁, 周志德. 1987. 河床演变学. 北京: 科学出版社.

唐克丽. 2004. 中国水土保持. 北京: 科学出版社.

王正秋, 张利铭. 1983. 黄龙山次生林区保持水土效益分析. 中国水土保持, 29(4): 54-57.

张科利, 谢云, 魏欣. 2015. 黄土高原土壤侵蚀评价. 北京: 科学出版社.

中华人民共和国水利部. 2007. 中华人民共和国水利行业标准: 土壤侵蚀分类分级标准(SL190—2007). 北京: 中国水利水电出版社.

中美联合编审委员会. 1985. 简明不列颠百科全书. 北京: 中国水利百科全书出版社.

朱显谟. 1956. 黄土区土壤侵蚀的分类. 土壤学报, 4(2): 99-114.

邹厚远, 程积民, 张玉钧. 1981. 陕北黄龙山植被保持水土研究. 水土保持通报, 7(2): 39-41.

Bennett H H. 1939. Soil Conservation. New York: McGraw-Hill Book Company.

Kirkby M J，Morgan R P C. 1980. Soil Erosion. New York: John Wiley and Sons Press.

Laflen J M, Lane L J, Foster G R. 1991. WEPP: A new generation of erosion prediction technology. Journal of Soil and Water Conservation, 46(1): 34-38.

Lal R.1994. Soil Erosion: Research Methods. Ankeny: Soil and Water Conservation Society Press.

Wischmeier W H, Smith D D. 1965. Predicting Rainfall Erosion Losses from Cropland East of the Rocky Mountains. Agricultural Handbook No. 282. Washington, DC: USDA.

Wollny M E. 1890. Untersuchungen über das verhalten der atmosphärischen niederschläge zur pflanze und zum Boden. Forschungen Geb. Agric.- Physica, 13: 316-356.

Woodruff N P, Siddoway F H. 1965. A wind erosion equation. Soil Science Society of America Journal, 29(5): 602-608.

第3章　磁化率技术在侵蚀中的应用原理

3.1　土壤磁化率与成土环境

土壤磁化率强弱主要受制于土壤中磁性物质的含量高低。土壤磁性物质来源于母岩，母岩中磁性矿物多，风化形成的土壤磁化率也必然会高。但对于大多数或部分地区的土壤而言，其磁化率高低主要取决于土壤中黏粒含量的多少，黏粒含量越高，其磁化率也就越高。而土壤中的黏粒也称次生矿物，在成土过程中由原生矿物风化重组而成。土壤中黏粒含量及构成取决于成土环境，特别是水热条件。一般而言，水热条件越好，土壤矿物风化越彻底，其粒径越细，氧化物组分越多，土壤磁化率也就越高。土壤磁化率与成土环境的关系主要体现在母质、水热条件、成土过程等方面。

3.1.1　成土母质与土壤磁化率

土壤磁性的主导因子是成土母质，成土母质的磁性大小决定了发育土壤的磁性，温带地区的成土母质为弱磁性物质，因此土壤剖面的磁性分布特征为表层磁性大于底层，即表层增强现象。在土壤剖面上，表层土壤的磁化率最高，随着土层深度的增加，磁化率逐渐降低，至母质层时不再降低，磁化率趋于平稳。表层增强现象在自然界中普遍存在，是自然“土壤化过程”的表现，温带地区最为明显，极端低温和干旱条件下则不明显，而在热带和亚热带地区由强磁性火成岩发育的土壤剖面中，表层磁性往往小于母质层。

因此，成土母质实际上决定了土壤发育前磁化率本底值的高低，在很大程度上影响土壤磁化率剖面变化特征。母质磁化率低的土壤磁化率剖面表层增强现象会更明显，即表层土壤磁化率与亚表层，乃至更深层土壤磁化率的差值更大；反之，表层土壤磁化率增强的现象就不明显。具体而言，土壤母质中铁矿物含量越高，土壤磁化率就越高。由于水成母质中细粒成分较高，其所发育的土壤磁化率也会较原生矿物就地风化而成的土壤磁化率高。火山爆发时会喷发出大量的火山灰，其富含铁铝氧化物且多为细粒物质，磁化率普遍高于别的母质。因此，在火山灰或玄武岩风化母质上发育的土壤磁化率会偏高。现在常常用低频磁化率来识别古火山痕迹。

3.1.2　发育过程与土壤磁化率

土壤发育过程包括地球化学过程和生物累积过程。生物累积过程决定着土壤有机质含量的高低，而地球化学过程则决定着土壤质地及物质构成。土壤地球化学过程也可以理解为矿物风化过程的持续与深化。矿物风化的结果是形成了成土母质，岩石及矿物在水热作用下通过物理风化和化学风化，以及生物风化等过程，由大变小、由复杂变简单。风化过程形成的母质，再经过成土过程发育土壤。成土过程中形成次生矿物，既改变质地，又改变物质组成，而次生矿物含量直接与土壤磁化率大小密切相关。

在不考虑母质影响的前提下，土壤发育过程受水热条件、地形条件、生物因素和时间因素影响，但地球化学过程主要取决于水热条件、地形条件和时间因素。一般而言，水热条件越好，土壤发育越完善，土壤中次生矿物含量越大，土壤磁化率越高，表层土壤磁化率增强现象越显著。但水热条件影响不仅仅取决于降水和太阳辐射单项值的高低，更重要的是两者的组合状态。如果降水量大或较大，但太阳辐射量少，热量低，土壤地球化学过程也不会进行得很彻底。同样，如果太阳辐射很强，但降水量很少，土壤地球化学过程也会很弱。在上述两种情形下，土壤发育过程有限，土壤磁化率都不会高。我国东北地区和西北地区发育的土壤便是如此。而在低纬度地区，由于降水丰沛，热量充足，地球化学过程进行得比较彻底，土壤次生矿物含量高，并以铁铝氧化物为主，土壤磁化率也会较其他地方的土壤高，如我国的红壤丘陵地区。

地形条件对土壤发育的作用是通过影响水热再分配和土壤物质运动而作用于成土过程。地表坡度越陡，降水过程中下渗量越少，土壤水分条件越差，越不利于土壤形成和发育，岩石风化物也越向坡下运动，特别是较细的黏土矿物，因此土壤磁化率会低于坡度小的缓坡土壤。在自然成土环境下，时间因素反映土壤发育过程的长短，土壤发育时间越长，次生矿物含量会越多，土壤磁化率也会越高。因此，一个地方的土壤磁化率与其土壤形成及发育过程密切相关。成土因素具有地带性分布规律，决定了成土过程和土壤磁化率也具有时空变化特征。如果土壤发生演替变化，土壤磁化率的相应变化则反映土壤成土环境的更替。例如，成土环境由湿热变成干旱，土壤磁化率也必然由大变小。我国黄土高原地区黄土地层中广泛发育的红色古土壤层就是地质历史时期为水热古环境的体现，古土壤层的磁化率也必然高于上下相邻的黄土地层。

3.2　土壤侵蚀与土壤磁化率剖面特征

土壤的形成和发育与自然环境密切相关，在长时间尺度上受母质、气候、生物、地形、时间等自然因素的长期作用，土地利用方式变化是人类在短时间尺度改变土壤磁化率的最直接途径。土地利用与土地覆盖变化(land use and land cover change，LUCC)引起土壤环境质量的演变已成为国内外学者关注的热点问题之一，也是全球环境变化研究的核心内容之一。陕西渭北高原的耕地转为苹果园后，土壤表层(0～35 cm)的磁化率、有机质、元素(Si、Al、Fe、K、Mg、Ca、Na、Cu、Co、Ni、Zn、V、Cr、Pb 和 As)含量趋于增加，而 $CaCO_3$ 的含量和 pH 趋于降低；35～90cm 土壤性质的变化趋势相反，90 cm 以下的土壤性质变化不大(庞奖励等, 2010)。兰州市寺儿沟河所流经的四个功能区的磁学特征存在显著差别：绿地区和居民区的磁性矿物以磁铁矿为主，同时含有少量磁赤铁矿，强磁性矿物的浓度较低；商业区和工业区的磁性矿物以磁铁矿为主，未见磁赤铁矿的明显信号，强磁性矿物的浓度较低(杨萍果, 2012)。

3.3 土壤侵蚀与磁化率变化

3.3.1 土壤侵蚀与土壤颗粒分选

天然沉积物磁化率与粒度的关系研究在很大程度上反映了物源、沉积动力条件及次生条件变化的影响，其与粒度的关系会因具体条件不同而产生很大的差异。土壤中较大的颗粒(>0.01 mm 物理性砂粒以及>1 mm 的石砾)是由岩石矿物经物理风化而形成的，磁化率的高低取决于原生矿物，因磁铁矿较抗风化，故残留在粗粒组中；较细颗粒多由化学风化和生物化学风化作用形成的磁性矿物(黏粒组)组成，其磁性除了受原生矿物影响外，还受次生磁性矿物的影响，黏粒组的磁性变化存在着“由强变弱”“由弱变强”的现象，即原来的母质矿物磁性强时，则风化后形成的较细颗粒磁性相对较弱，而原来的母质矿物磁性弱时，在风化过程中由于产生了一定的次生黏土矿物而使较细颗粒组磁性相对增强。有关新疆维吾尔自治区伊犁昭苏黄土剖面磁化率和粒度的研究表明，伊犁黄土的磁性载体主要存在于粗颗粒组分中，与细颗粒组分相比，粗颗粒组分对磁化率的贡献较大。磁化率成因机制既具有阿拉斯加风速论模式的特点，又叠加了黄土高原成壤作用的模式，即使在同一剖面的不同时段，两种模式对磁化率增强的贡献也不同，伊犁黄土磁化率增强机制存在着时空差异性(丁仲礼和朱日祥, 1997)。

由不同成土母岩发育而来的土壤各粒级的磁化率如图 3-1 和图 3-2 所示，分别为玄武岩、变质岩、花岗岩、第四纪红土、石灰岩和泥岩 6 个母岩，对应磁化率、ARM、软剩磁(soft IRM)和 SIRM 的分布关系。磁化率和 SIRM 可认为是样品中磁性矿物数量的粗略估计。结果表明，磁化率和 SIRM 与土壤粒级大小的关系可分为三种类型：①包括在变质岩和玄武岩上发育的土壤，磁化率和 SIRM 以石砾和砂粒级最高，并随土壤颗粒变细而降低。其中，变质岩上发育的土壤这种规律极为明显。②包括在第四纪红土、石

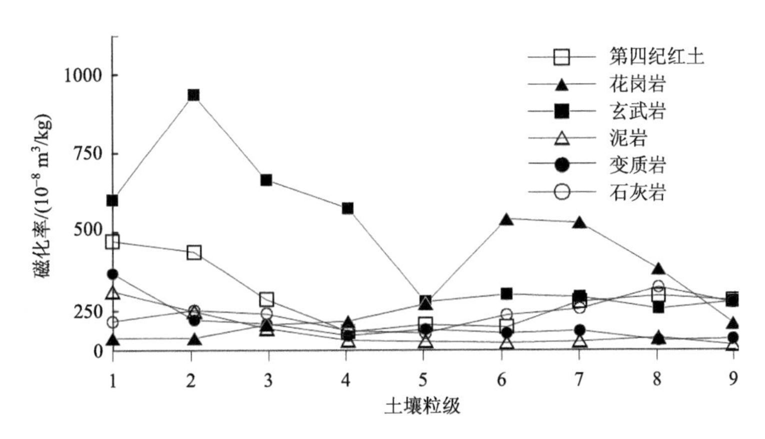

图 3-1 土壤磁化率的粒级分布(卢升高, 2003)

1 代表 1000～2000 μm 石砾；2 代表 500～1000 μm 粗砂粒；3 代表 250～500 μm 中砂粒；4 代表 50～250 μm 细砂粒；5 代表 10～50 μm 粗粉砂；6 代表 5～10 μm 中粉粒；7 代表 1～5 μm 细粉粒；8 代表 0.5～1 μm 粗黏粒；9 代表<0.5μm 细黏粒

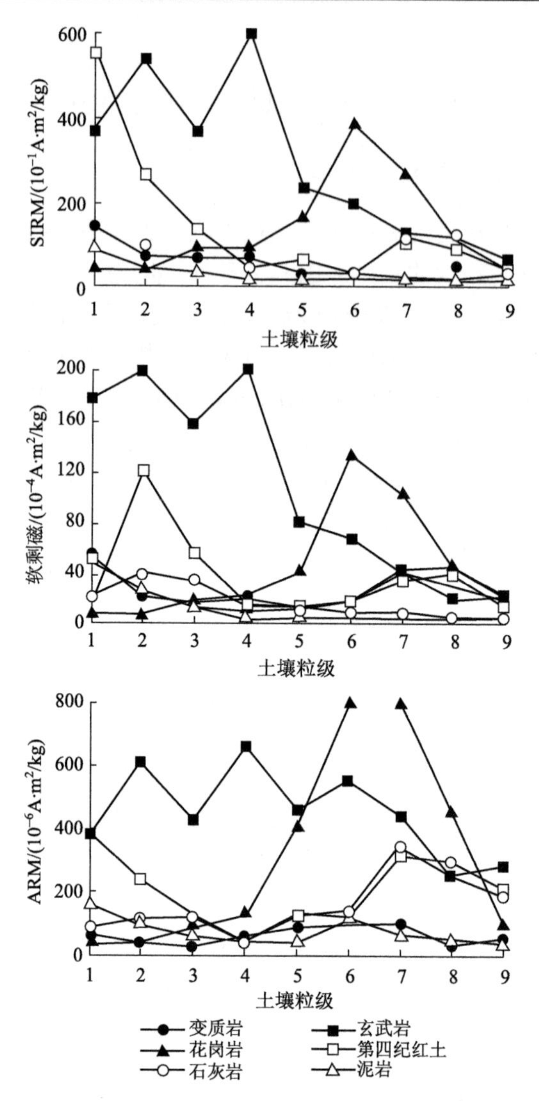

图 3-2　土壤 SIRM、软剩磁和 ARM 的粒级分布(卢升高, 2003)

粒级分级同图 3-1

灰岩和泥岩上发育的土壤，磁化率和 SIRM 的分布呈双峰型，以 500～1000 μm 和 0.5～5 μm 粒级最高，粉粒级的磁化率和 SIRM 较低。③包括在花岗岩上发育的土壤，磁化率以 5～10 μm、1～5 μm 和 0.5～1 μm 粒级最高，并随颗粒增大而降低(卢升高, 2003)。

3.3.2　侵蚀过程对磁化率的影响

土壤形成过程是指在成土因素的综合作用下，成土母质逐步发育成土壤的过程。在土壤形成与发育过程中，土壤层不断增厚，黏粒含量增加，质地细化，同时，有机质含量也会不断增多。在成土环境稳定的前提下，最终会发育成与所处位置水热条件相对应的地带性土壤类型，同时也就形成相应的土壤磁化率剖面。土壤侵蚀过程指在流水、刮风以及重力等外营力作用下，土壤遭受分离、搬运等而发生位移的过程。土壤侵蚀持续发生的结果是导致土壤粗化或土层变薄，也会改变原有地带性土壤的磁化率剖面。在自然侵蚀(也称常态侵蚀、地质侵蚀等)背景下，侵蚀速率可能小于或等于成土速率，土壤物质迁移程度有限，引起的土壤磁化率改变也较微弱。但在加速侵蚀背景下，土壤物质移动强烈，剖面遭受侵蚀破坏。加速侵蚀的发生有两种诱因，其一是地理环境要素发生改变，如气候变干、植被退化、稳定的成土环境失衡，土壤侵蚀强度增加，导致土壤退化。其二是人类活动介入，如砍伐森林、开垦坡地等活动，改变原有的下垫面条件，降水过程中入渗量减少，地表径流强度增大，土壤侵蚀强度急剧增加。由自然环境变化导致的土壤侵蚀过程属于地质事件，而不合理的人类活动引起的侵蚀为现代侵蚀，两者在时间尺度上不匹配。因此，土壤侵蚀研究中所说的加速侵蚀主要指由人类不合理的土地利用方式导致土壤侵蚀程度加剧的现象，而且现代水土流失研究和评价中也不用特别加上“加速”。

在土壤侵蚀强度较弱的地段或时期，土壤颗粒在侵蚀过程中会发生分选现象，细粒物质首先被侵蚀搬运，而土壤层变薄现象不明显。尽管土壤厚度未明显减小，但土壤黏粒部分减少，土壤磁化率也会变小。与未受侵蚀的土壤相比，受侵蚀土壤的磁化率表层增强会减弱。在土壤侵蚀强度较大的地段或时期，土壤层会整体遭受侵蚀而变薄，表层土壤磁化率也会显著变小，土壤磁化率剖面发生明显变化。土壤侵蚀过程及强度与磁化率剖面变化的对应关系，为磁化率技术在土壤侵蚀研究中的应用奠定了理论基础。与参考基点相比，根据土壤磁化率剖面变化就能计算出被侵蚀的土壤厚度。只要知道某一时间段的时间长度，就可以计算出该时间段的平均土壤侵蚀强度。同样还可以通过研究土壤磁化率剖面变化来反演一个地方的开垦过程。未曾受到扰动的林地会保持与当地水热条件相对应的磁化率剖面，林地一旦开垦，表层土壤磁化率会快速变小，表层增强现象逐渐消失。如果大量砾石出露后弃耕，恢复成草地乃至林地，那么土壤磁化率不会短期内出现表层增强现象。因此，可以根据林地、草地、耕地土壤磁化率剖面对照分析，反演喀斯特地区林地、草地和耕地的演化轮回。

土壤磁化率与侵蚀过程和强度之间的关系主要建立在土壤粒径组成的变化上。土壤侵蚀强度不同，土壤粒径组成变化的响应不同，导致土壤磁化率剖面的改变不同。因此，土壤磁化率剖面的变化与土壤侵蚀强度在理论上存在一一对应关系。

3.3.3　沉积过程对磁化率的影响

与侵蚀过程导致土壤层变薄相反，沉积过程会导致土壤层厚度和黏粒含量增加，以及腐殖质层增厚。因此，在泥沙沉积区，土壤磁化率剖面也会发生改变而不同于原来土壤。具体表现为，磁化率增强的表层厚度会显著增加，表层土壤磁化率也会增大。根据沉积点土壤磁化率剖面与参考基点土壤磁化率剖面的比较来确定沉积层厚度，再根据已知或计算得到的时间长度来计算平均沉积速率。除了计算流域或坡面平均沉积速率外，还可以通过计算沉积区的沉积总量，计算坡面或整个流域的净侵蚀量(net soil loss)。同时，还可以根据不同土地利用类型或地貌(坡面)的土壤磁化率差异来分析流域或坡面泥沙来源。

与土壤侵蚀相耦合，泥沙沉积也存在时空变化。沉积区一般会出现在坡面中下部，或者洼地、池塘水库等水体。侵蚀强度与泥沙粒径之间有很好的对应关系，可以根据沉积剖面土壤磁化率的变化，反演长时间尺度上流域或坡面水土流失旋回。就次降雨而言，低强度降雨不但造成的侵蚀弱，而且流失会以细颗粒为主，对应的沉积层磁化率偏高。而高强度暴雨常常会无分选地侵蚀土壤表层，沉积层质地相对较粗，对应的磁化率也会较低。就长时间尺度而言，在相对湿润年份，由于植被条件较好，侵蚀较弱，沉积物会以细颗粒为主，沉积层的土壤磁化率相对较高。而在相对干旱的年份，植被条件较差，加之发生高强度暴雨的概率高，水土流失严重，粗颗粒物质占比增加，沉积物磁化率会偏低。对于一个流域整体而言，侵蚀泥沙可能来自不同的产沙单元，如不同土地利用类型、不同地貌(坡面)，或者不同地层。由于这些不同产沙单元的土壤磁化率存在差异，经流域出口沉积于水体或洼地的泥沙也必然携带着各产沙单元的信息。如果来自磁化率高的泥沙占比高，则沉积泥沙的磁化率也会高；如果来自磁化率低的泥沙占比高，则沉积泥沙的磁化率也会低。在东北黑土区，侵蚀泥沙除来自坡面外，还会来自切沟的形成和发育过程。由于切沟沟壁或者沟底的土壤都已经不存在磁化率表层增强的现象，磁化率会显著小于坡面表层土壤。因此，根据沉积泥沙磁化率大小还可以估算来自坡面及切沟的产沙比例。同理，在西南喀斯特地区，洼地沉积的泥沙除了来自坡面不同土地利用类型外，还有一部分来自暴露的裂隙。由于裂隙土壤磁化率与地表土壤磁化率存在显著差异，因此可以根据沉积泥沙磁化率的高低估算来自地表土壤和来自裂隙土壤的占比，最终估算不同产沙单元的侵蚀强度。沉积泥沙磁化率能够反演流域或坡面土壤侵蚀，若结合粒度变化、有机碳变化、农药残留等其他指纹信息，反演精度将更高。

最早将磁化率应用于环境变化的研究出现在第四纪地质研究领域。研究发现，黄土沉积中古土壤层的磁化率显著高于上下相邻的黄土层，验证了黄土剖面中的红色条带是湿热环境下成土作用的结果。进一步研究土壤磁化率与水热条件的关系，就可以估算出红色古土壤层形成时的古气候条件。因此，磁化率常被用作研究环境变化的定量指标。

3.4　磁化率技术应用原理

3.4.1　基本假设

磁性与质量、颜色、密度等物理参数一样，是物质的基本属性之一(Thompson and Oldfield, 1986)。常用的磁性参数包括磁化率、饱和等温剩磁、剩余矫顽力(remanent coercivity)及其他磁性参数的比值参数。这些磁性参数可以揭示供试样品(包括自然界中岩石、土壤、大气颗粒物及沉积物)磁性矿物颗粒的含量、粒径及种类等信息。其中，磁化率是磁学研究中最常用的磁性参数之一(刘青松和邓成龙, 2009)。

土壤磁性主要来自于土壤中的磁性矿物，由于磁性颗粒大小不同，磁性特征存在较大的差异。为了区别不同磁性大小对应的磁性矿物粒度，引入磁畴的概念。一般可将亚铁磁性矿物的磁畴分为多畴(MD，直径介于 1～2 μm)、假单畴(PSD, 0.04 μm<直径<1 μm)、稳定单畴(SSD, 0.02 μm<直径<0.04 μm)和超顺磁性(SP, 直径< 0.02 μm)。

Dearing(1994)通过总结前人对磁畴与磁性矿物粒度的研究结果，绘制了磁学特征随粒径大小的变化关系图(图 3-3)。土壤黏粒级的颗粒中通常包含有许多大小不同的磁性颗粒，其形成过程和磁性大小均有差异，磁畴在解释磁性矿物的形成及其与环境的关系方面十分有用。

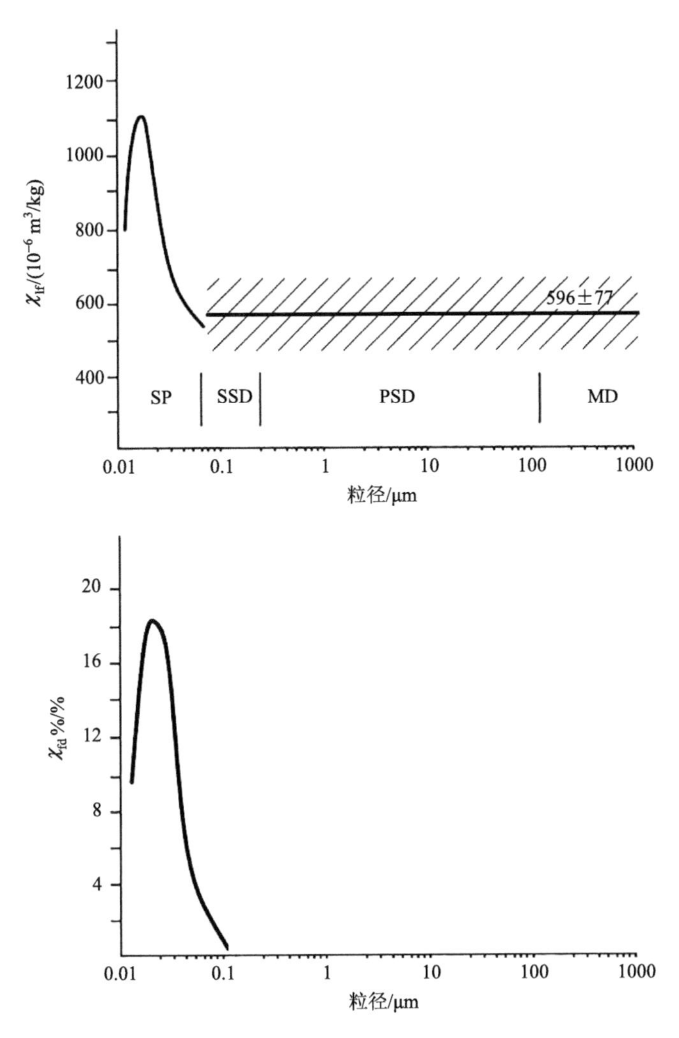

图 3-3　磁化率与磁性物质粒径的关系(Dearing, 1994)

3.4.2　土壤侵蚀与土壤磁化率剖面

对不同地区、母质和气候条件下的土壤进行磁测发现，温带地区土壤的表土磁性增强现象极为明显。我国温带地区的土壤呈现出随着降水量的减少，土壤磁性增强现象逐渐减弱的规律，此规律在我国温带地区气候带谱变化十分明显，其磁化率增强的土壤深度和幅度与土壤腐殖化过程的趋势一致(卢升高和俞劲炎, 1991)。表土磁性增强现象的表示方法一般都是从磁化率剖面分布来认识，应用指标 χ_A/χ_C(χ_A、χ_C 分别是淋溶层和母质层的磁化率)、淋溶层和淀积层的磁化率比值($\chi_{淋溶层}/\chi_{淀积层}$)或差值($\chi_{淋溶层}-\chi_{淀积层}$)来表示表土磁性增强现象（卢升高，2003）。在成土作用下，表层土壤磁化率大于底层[图 3-4(a)]。受人类耕作活动等因素影响，农地坡面水力侵蚀严重，土壤磁性矿物随土壤颗粒在坡面上移动，土壤侵蚀区表层土壤被剥离，侵蚀后表层土壤磁化率减小[图 3-4(b)]，坡上原始表层土壤被外力搬运，在坡下沉积，沉积后表层土壤磁化率增大[图 3-4(c)]。

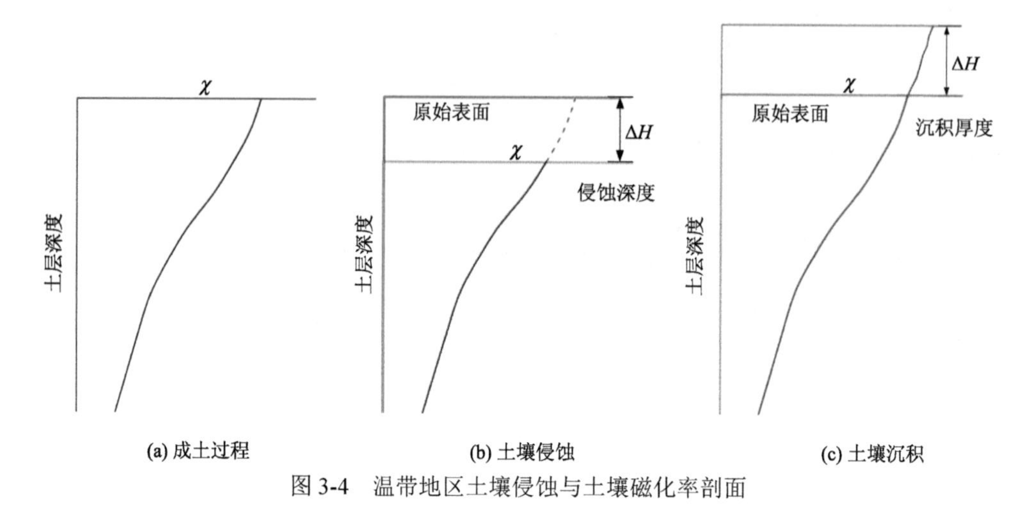

图 3-4　温带地区土壤侵蚀与土壤磁化率剖面

3.4.3　土壤侵蚀识别与评价

利用磁化率剖面曲线识别坡面侵蚀区与沉积区，如图 3-5 所示，实线表示各林地参考点磁化率，虚线表示坡面采样点磁化率。坡面采样点耕层磁化率低于参考点表层磁化率时，认为该点为侵蚀点，相反则为沉积点。

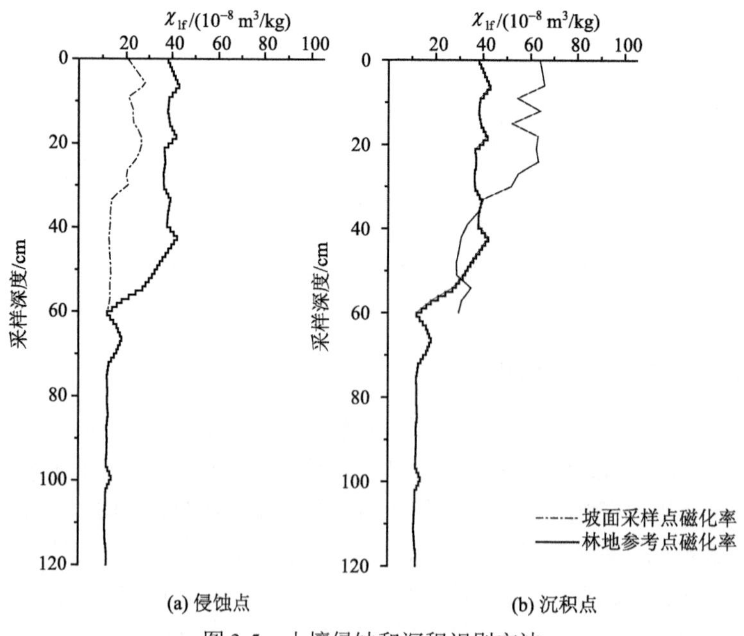

图 3-5　土壤侵蚀和沉积识别方法

3.5　参考基点及其选定

3.5.1　参考基点及选择原则

磁化率技术应用于土壤侵蚀研究的重要依据是参考基点的选定和自然土壤的磁化率剖面绘制。用磁化率研究水土流失的理论基础是原有地带性土壤的磁化率剖面在侵蚀作用下发生改变，且其变化量与水土流失之间存在良好的对应关系。计算土壤磁化率的变化，必须知道现在土壤磁化率及其剖面分布曲线，以及遭受侵蚀前当地土壤的磁化率及其剖面分布曲线。当前土壤磁化率可以通过现场采样测定，然而，遭受侵蚀前的土壤磁化率只能选定参考基点来测定。参考基点是指与需要计算水土流失的土壤具有相同的水热条件而形成的土壤所在剖面，且未曾遭受土壤侵蚀，或者没有发生明显的水土流失。参考基点没有遭受侵蚀，因此用它来替代坡面土壤的初始状态，实际上就是地理学研究中常用的空间替代时间的方法。

那么，参考基点选择应遵循哪些标准需要根据研究区土地利用变化历程以及当地地貌条件等来确定。首先，必须明确遭受侵蚀的坡面原始的土地利用类型，即现在的农耕地是由林地开垦而来，还是由草地开垦而来。如果原始土地利用类型是林地，就在现在的林地选择参考基点。如果原始土地利用类型是草地，就在现在的草地选择参考基点。其次，在地形上，参考基点应选择相对平缓的部位，坡度越缓，侵蚀越轻，黏粒损失越少，土壤磁化率剖面变化就越小。然后，选择参考基点时要避开有人类活动干扰的地方。在人类活动干扰下，原有植被保护土壤的功能下降，成土作用的结果也会缺少代表性，因为黏粒含量可能会比未受干扰地区的土壤少。最后，在选择参考基点时，土壤质地或机械组成需要与目标土壤保持一致。

对于中国大多数地区而言，人类开垦历史悠久，要研究开垦以来整个阶段的土壤侵蚀历程，时间跨度太大，即使能追踪到天然土壤剖面和理想的参考基点，确定其时间长短也具有一定困难。因此，必须借助其他定年技术，如 ^{14}C、光释光等来确定人类活动影响的时间。有时也会根据土壤或沉积泥沙中的特殊层来辅助定年，如已知时间的火灾灰烬层、火山灰层、煤粉层等。因此，应用磁化率技术研究土壤侵蚀时，不仅需要掌握研究区自然地理状况，还需要理解较为细致的社会经济数据，以及有影响的环境突发事件。

总之，参考基点选择和确定是磁化率技术能否成功应用的关键步骤，需要按照要求和目标地块条件进行选择。参考基点在成土环境上与目标地块保持一致，且长期未受人类活动干扰，土壤保持自然状态，且不发生侵蚀或沉积。参考基点的土壤磁化率剖面应呈现出明显的表面增强现象，如无，则表明筛选的参考基点不具代表性。

3.5.2　参考基点的数量

参考基点的数量应根据研究目标和尺度范围大小来确定，同时，也要考虑研究区自然条件的现状。由于土壤形成和发育受制于所处位置的水热条件，理论上讲在一定的地理位置或坡面位置上会形成与水热条件相对应的土壤剖面和土壤磁化率剖面。在大尺度上，水热由纬度和距海远近来决定，随经度(热量)和经度(水分)变化，发育了不同的土壤类型，土壤表现出地带性分异规律，从而形成各自的磁化率剖面；在中尺度上，水热变化会在纬度或经度控制的基础上叠加山脉等大地形的影响，导致土壤发生进一步分异，形成新的土类或亚类；在小尺度上，水热变化(主要是水)主要受地形条件，如坡度、坡型和坡向等影响，土壤地球化学过程和生物累积过程，以及物质迁移过程随之变化，进而导致土壤进一步分异，形成在分类上级别更低的土壤。因此，在应用土壤磁化率技术研究土壤侵蚀时，如果关注的是自然地带上的大尺度问题，在选定参考基点时，至少每一个自然带上都有参考剖面。如果关注的是中尺度上的变化，即使在同一个纬度带或经度带上，也应考虑大地形对土壤变化带来的影响。如果关注的是一个坡面或小流域，在参考基点选择时则主要考虑地貌(坡面)、土地利用类型和坡度等因素。对于一个坡面而言，即使没有人类活动的影响和干扰，在坡顶、坡中和坡脚也会形成性状有所差异的土壤，形成不同的磁化率剖面。因此，选择参考基点时，理论上至少要修订能代表坡顶、坡中和坡脚的三个参考基点。但如果在野外实际操作有困难，那么可以在误差允许的范围内只选一个与坡面整体条件接近的参考基点。所谓与坡面整体条件接近，是指坡度、坡向、坡长，以及土质等与目标坡面接近。如果在研究区难以找到未受干扰的草地，这时可以选择用天然林地作为参考基点，对不同部位上的水土流失进行计算。

在利用水体泥沙沉积剖面来追踪泥沙来源时，坡面现有土壤剖面成为参考剖面，而水体泥沙沉积剖面就是目标剖面。这时，应根据流域内产沙单元类型，如不同土地利用类型、不同地貌类型、不同物质组成和不同坡面位置等，采集土壤，构建土壤磁化率剖面，如农、林、草地，坡面上、中、下部，切沟或冲沟边壁和底部等。

在基岩大面积出露的地区，由于基岩风化物未经成土过程改造，黏粒部分含量偏低，土壤磁化率随水土流失程度的变化会被来自基岩风化物部分平滑，其敏感度可能会降低，因为磁化率在不同土壤间的差异可能会远小于土壤与岩石风化物之间的差异。另外，热带红壤区由于土壤整体黏粒含量较高，不同层次、不同土地利用类型，以及不同地貌(坡面)上的磁化率差异不显著，也给利用磁化率技术研究水土流失和泥沙沉积带来困难。

3.6 本 章 小 结

磁性是土壤的自然属性之一，不同类型成土母质发育的土壤，其磁性大小和剖面构型有所不同，由同一成土母质在相似成土环境的作用下形成的土壤，无论磁化率本底值还是磁性剖面，均表现出相似的规律。磁化率技术在土壤侵蚀研究中的应用始于近几十年，以原始土壤磁性的剖面构型为基础，探究侵蚀过程、沉积过程及二者耦合过程对表层土壤磁化率的影响。其中，重点和难点是如何确定参考基点、选取多少参考基点，这关系到预测土壤磁性变化的准确性。比较参考基点土壤磁化率和采样点磁化率，识别土壤侵蚀或沉积，进而定量评价土壤侵蚀量和土壤侵蚀速率。

参 考 文 献

丁仲礼, 朱日祥. 1997. 黄土高原红黏土成因及上新世北方干旱化问题. 第四纪研究, 2: 147-157.

刘青松, 邓成龙. 2009. 磁化率及其环境意义. 地球物理学报, 52(4): 1041-1048.

卢升高, 俞劲炎. 1991. 土壤磁学及其应用研究进展. 土壤学进展, 19(5): 1-8.

卢升高. 2003. 中国土壤磁性与环境. 北京: 高等教育出版社.

庞奖励, 张卫青, 黄春长, 等. 2010. 渭北高原土地利用变化对土壤剖面发育的影响—以洛川-长武塬区耕地转为苹果园为例. 地理学报, 65(7): 789-800.

杨萍果. 2012. 土壤磁化率空间变异性研究. 北京: 中国农业科学技术出版社.

Dearing J A. 1994. Environmental Magnetic Susceptibility-Using the Bartington MS2 System. Kenilworth: Chi Publishers.

Thompson R, Oldfield F. 1986. Environmental Magnetism. London: Allen and Unwin.

第4章　土壤磁化率采样及测定技术

采样指从样本总体中选择样本子集，然后进行测定，该子集(或样本)的测定结果将用于估计样本总体的特性(或参数)。在土壤学中，采样对于所有田间研究项目都是必需的。对于科学研究而言，对样本总体进行测定是无法实现的。例如，在 10 hm^2 的试验区域内就包含有 100000 个 1 m^2 的土坑或 1×10^7 cm 的土柱。可见采集全部样本既不合理又不实际，因此需要科学地、有目标地采样(Carter and Gregorich, 2022)。采样设计包括确定样本选择的最优方法，所选样品要能够代表样本总体的特性。明确样本总体特性是调查研究初始规划的关键(Eberhardt and Thomas, 1991; Pennock, 2004)。采样设计定义了如何从总体中选择特定的要素，而这些采样要素构成了样本总体。

虽然采样设计有许多种类型(Gilbert, 1987; Mulla and McBratney, 2000; Dane et al., 2002)，但是在土壤学和地球科学领域被广泛使用的仅有两种：随机采样和系统采样。

(1)随机采样。在简单随机采样中，所有指定大小的样本被选择的概率是相同的。在分层随机采样中，这些采样点被分配到预设的组或层中，并在每一层中运用简单随机采样。在非比例采样中，样本被选择的概率可以根据层级的尺度成比例加权，或者抽样点的比例因层级而异。如果层级间变异性较大，应采用非比例采样，通过增加高度变异层级中的样本采集数量，确保统计学估计的精确度相同。

正确使用分层随机采样得到的结果很可能比简单随机采样好，但是在选择之前必须满足以下四个条件(Williams, 1984)：①在采样前必须对样本总体进行分层；②层级必须全覆盖且不可交叉(即样本总体的所有要素必须分配到单独的层级)；③层级必须在研究的属性或性质上有所不同，否则分层随机采样的精确度并不会优于简单随机采样；④代表每个层级的样本必须是随机选取的。对于实地研究，研究区随机样点的选择可以借助于全球定位系统(GPS)完成。野外调查之前，应选定随机采样点，并将其标记到 GPS 中，这样研究者可以使用 GPS 精确定位研究区域中的采样点。

(2)系统采样。在许多实地研究中，采样设计最多的是运用横断面或者网格设计进行系统采样。系统采样设计经常受到统计学家的批评，但是该方法使用时的简易性和信息收集的高效性使其在地球科学领域广泛应用。在理想情况下，横断面或网格的初始点及采样方向应是随机选择的。采用等间距系统采样时，主要的注意事项是，采样点不能按照横断面或网格间距对应设置。

横断面或者网格的选择受诸多因素影响。特定类型的研究设计需要特定类型的系统设计。小波分析需要较长的横断面，而地统计学设计通常使用网格设计。因为网格分析较容易得到空间分布图，所以经常被用于空间分布研究。此外，试验点地貌的复杂性也是需要考虑的问题。

对于水平或近似水平的景观，既可以用横断面采样，又可以用网格设计采样(图 4-1)。斜坡地形中横断面采样的适用性取决于平面斜坡曲率。当没有明显的横坡曲率存在时，单个横断面完全可以表征坡度的变化(图 4-2)。然而，如果存在明显的平面曲率，那么单个横断面将略显不足。在这种情况下，可以运用“Z”形设计或者多个随机定向横断面，但是网格设计更为常用(图 4-3)。网格设计中关键是确保所有的曲面均被考虑到。根据经验，网格应沿着斜坡的长轴从坡顶向坡脚延伸，至少沿着斜坡上一个完整的收敛-发散序列设计。

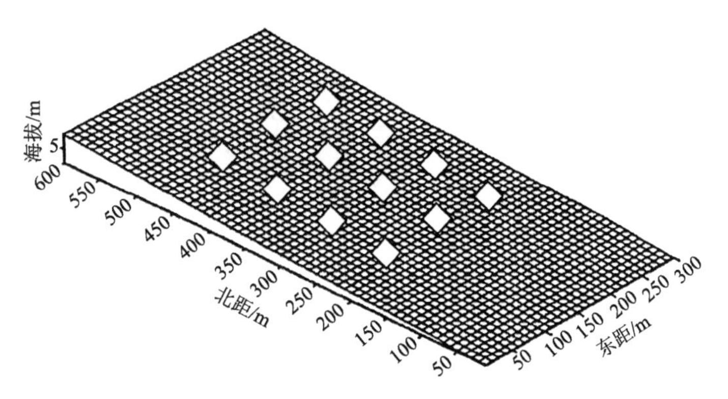

图 4-1　近似水平面上由四个平行的横断面组成的网格采样布局示意图(Carter and Gregorich, 2022)

在菱形标记点上采样

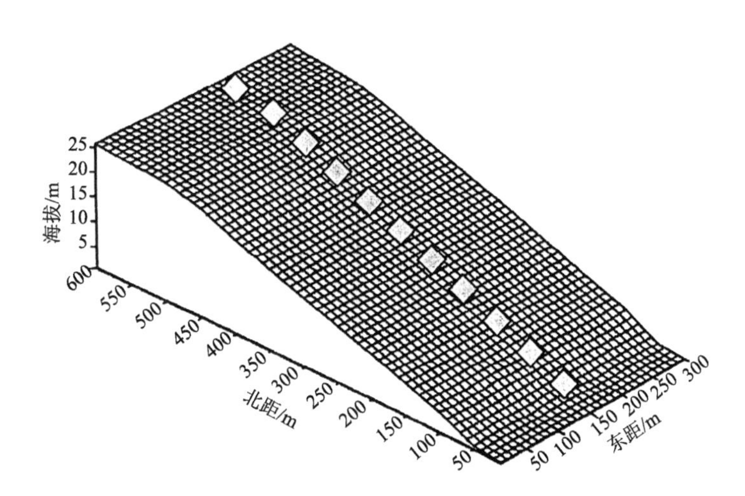

图 4-2　无明显横坡(平面)曲率的坡面布局横断面采样示意图(Carter and Gregorich, 2022)

在菱形标记点上采样

在野外的横断面或者网格设计中，采样点之间的距离应小于代表样本采样点变异性所需的距离。例如，如果研究区域地貌的顶部和底部间的距离均为 30 m，那么设定横断面的间距应远小于 30 m(如间距 5 m 或者 10 m)。当然，根据先验知识确定区域内的采样间距也是可行的。

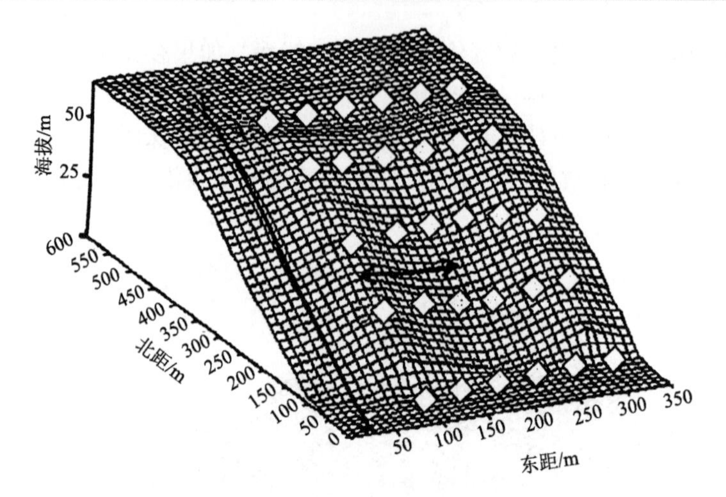

图 4-3　具有明显横坡曲率的表面上由六个平行横断面组成的网格采样布局示意图(Carter and Gregorich, 2022)

下坡上的箭头表示网格长轴的最短距离，穿过斜坡的箭头表示网格短轴的最短距离。在菱形标记点上采样

4.1　野外采样用具准备

土钻是采集土壤的重要工具，适用于采集土壤表层样品和剖面样品。土钻由三部分组成：手柄、延长杆和钻头。手柄是取土时操作者手部紧握的部分，施加压力时将钻头旋转和压入土体，有的土钻在手柄上安装打击头，可以使用尼龙锤施加更大压力将土钻打入土中。延长杆是钻头与手柄的连接部分，一般用不易变形的钢材料制成。钻头为直接接触土壤的部分，有螺旋状、管状或半圆筒状等，取土后需要用剖面刀或螺丝刀将土取出。配套使用的工具有扳手、尼龙锤、剖面刀、螺丝刀、铝盒和样品袋等(张科利等, 2014)。

4.1.1　扰动土采样用具

常用的土钻有螺旋土钻、管状土钻和桶钻，另有取湿土的荷兰泥钻和取泥炭层的泥炭取样器。但在取深层土壤和比较坚硬土壤的情况下，半圆凿钻和机械钻更适合。

1. 螺旋土钻

螺旋土钻的钻头是螺旋形的，长度一般在 15～30 cm。取土时手握住手柄垂直下压，并顺时针旋转，钻头会旋入土中，到需要的深度时停止，一次取土的深度不能超过钻头的长度。取土后可以垂直提出，使用剖面刀或螺丝刀将土样刮下，装入土样袋中。螺旋土钻操作简单，但只适用于取比较湿润的土壤，取干土有一定难度，对沙土也不适用，并且取土时容易引起土样污染。螺旋土钻取土时只能旋转压入土壤，不能用铁锤或尼龙锤击打。

2. 管状土钻

管状土钻的钻头是一个开口钢管，前端有刃。土钻管的形状略有差异，有的侧面开口较大，刃口处结合为有刃圆环；也有的侧面开口较小，刃口处不接合。管状土钻钻头长度一般为 15～20 cm，取土时既可以像螺旋土钻一样旋转取土，又可以使用铁锤或尼龙锤敲击顶部的击打头取土，但一次取土的深度不能超过钻头长度。每次土钻压到需要的土壤深度时，旋转手柄带动钻头旋转数次，将内部土柱与土体分离，旋转提出。管状土钻取土可以得到一个比较均匀、完整的土柱，而且取土速度快，土样污染轻，但不适合沙土和质地黏重坚硬的土壤，深层取样比较困难。

3. 桶钻

桶钻的钻头综合了螺旋土钻和管状土钻的一些特点，钻头为半封闭的圆形钢管，最末端是两个 3～5 cm 的旋角，旋角的距离根据需要设计。桶钻钻头长度一般在 30 cm 左右，内径 5 cm 左右。取土时，只能通过顺时针旋转下压的方法进入土壤。取土后，旋转提出。使用剖面刀或螺丝刀抠出土样。桶钻取土时不能击打，一次取样的长度不能大于钻头的长度。末端开口较小的桶钻钻头，可以用来取沙土样，但不适合取质地黏重坚硬的黏土样。桶钻取土对土样的污染较螺旋土钻小；较管状土钻压入土中省力，但不能击打。

4. 半圆凿钻

半圆凿钻是一个管壁较厚的钢制半圆管，长度一般在 50～100 cm。取土时，使用尼龙锤击打手柄上的击打头使钻头垂直进入土壤，一次取样一般不超过 50 cm，取土后，旋转提出，使用剖面刀刮掉受污染的表面，再将取土样装入土样袋中。半圆凿钻一般配有多根钢延长杆，如需取深层土样，可进行延长杆的连接。但应当注意，连接过多的延长杆会增加土钻自身的重量，使得土钻难以从地下取出。半圆凿钻可以取较坚硬的土样，但不适合取沙土样和水分含量较高的土样。

5. 机械钻

机械钻配有多个钻头，钻头形状以半圆凿钻钻头和管状土钻钻头为主，取土结束后使用剖面刀将土样取出。有的钻头内部可以安装衬袋或衬管，使得土样直接装入其中，取土结束后一次取出。机械钻钻头较长，一般为 50～20 cm，直径 2～10 cm，并可以连接多根延长杆，因此可以取深层土样。

机械钻需要通过滑动锤(slide hammer)或电动锤将钻头压入土壤。提取时，需要使用杠杆或滑轮等机械装置将钻头和延长杆从地下拔出。虽然机械钻可以取较深的土样，但由于钻头和延长杆的重量较重，提取困难，因此也不能过深地取土。并且滑动锤，尤其是电动锤的打击力度很大，土样压实情况严重，取土样比较困难。机械钻一般都比较笨重，使用电动锤还需要发电机等附属设备。因此，机械钻的使用受到较大的限制。

4.1.2 原状土采样用具

原状土又称不扰动土，指保留土壤原始物理、化学和生物性状的土壤。土壤样品采集过程中，将土壤直接采集至容器中，能够最大限度地保证土壤的基本性状不被破坏。常用的原状土采样用具有环刀及环刀土壤取样器，另外，本节介绍一种改进的原状土壤磁性样品取样器。

1. 环刀

环刀是一种内外壁光滑、前端有刃的薄壁无缝不锈钢圆筒，并配有底和盖，底上有小孔(图 4-4)。环刀的规格一般视取土目的而定，国内外常见的环刀体积为 100 cm^3，高度为 5.0～5.1 cm。

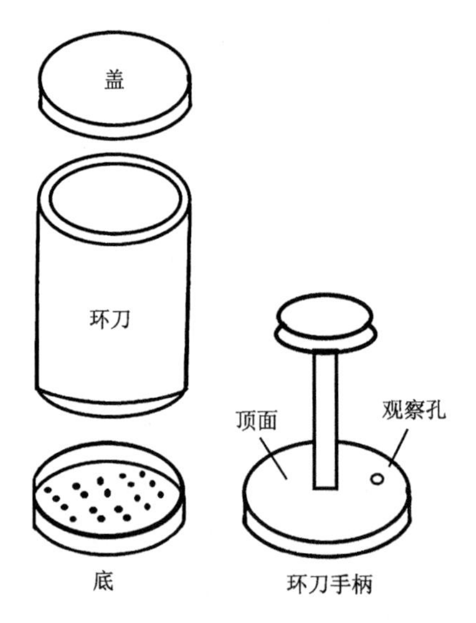

图 4-4　环刀示意图(张科利等, 2014)

环刀可以比较方便地压入土壤，取固定体积的原状土，用于测定土壤容重或土壤水分常数等。取土的原理是，切割自然状态下的土样，使其充满环刀，根据环刀体积，计算出单位体积土壤的质量。

2. 环刀钻

环刀钻是一种专门用于环刀深层取样的土钻，近几年在国内也有了一些应用。环刀钻主要由取土钻头、连接头、扩孔钻头、表土取样器及水平支架、延长杆、手柄 6 部分组成。另有剖面刀、尼龙锤、扳手和刷子等配套工具，以及配套的环刀。

取表层土样时，可以使用表土取样器。其使用方法与环刀取土方法相似，其配套支架可以保证环刀取土时垂直于土面。取深层土样时，则需要使用取样钻头。取样钻头是前端有刃的不锈钢圆筒，可以内衬环刀。钻头总长度 11.2 cm，刃长 1 cm。不锈钢圆筒部分的外径为 5.74 cm，内径与配套的环刀外径一致，为 5.30 cm；而刃口的内径与配套环刀的内径一致(4.97 cm)。钻头通过连接头与延长杆相连接。连接头上有卡槽，实现与钻头的快速连接。扩孔钻头用于扩大已取土土层的取土孔，方便取样钻头取下一层土样。

3. 土壤磁化率原状土取样器

Liu 等(2016)研发了一种用于测定土壤磁化率的原状土壤样品采集装置，其中嵌套直径 22 mm、高 25 mm 的聚氯乙烯(PVC)采样盒(图 4-5)，该设备已广泛应用于土壤磁性样品的采集工作中，其工作流程如图 4-6 中(a)—(b')—(c')—(d')所示。其中，改进方法中涉及的工具包括土柱击打头与延长杆[图 4-6(a)]、原状土采样器[图 4-6(b')]与原状土样品盒(1 个 PVC 环与 2 个配套 PVC 盖)[图 4-6(d')]。传统方法中涉及的工具包括半圆凿土壤钻[图 4-6(a)和图 4-6(b)]、尼龙筛[图 4-6(e)]和巴廷顿 MS2B 磁化率仪双频探头专用样品盒。

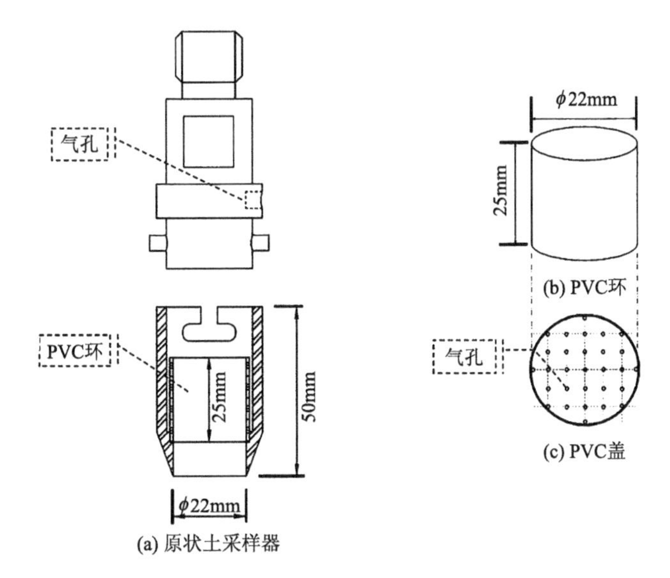

图 4-5　一种用于测定土壤磁化率的原状土壤样品采集装置

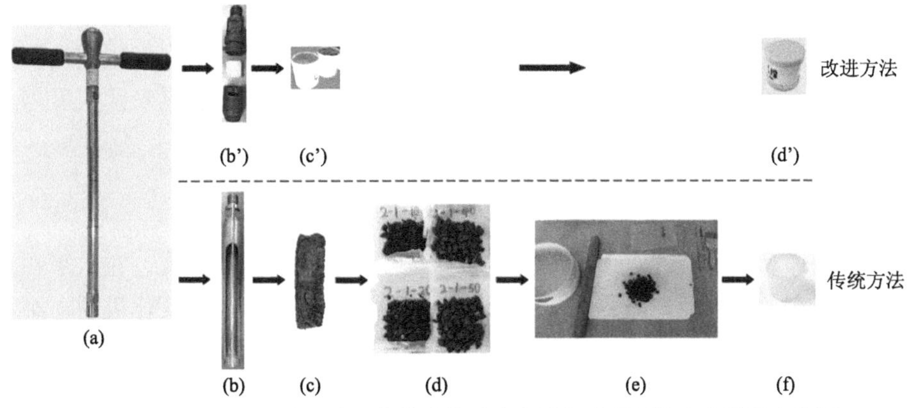

图 4-6　用于测定土壤磁化率的传统扰动土方法与改进原状土方法的实物图

4.2　野外采样方案设计

土壤是地球表面能够生长绿色植物的疏松表层，物理化学性质是其基本属性，代表其经历的成土过程和成土环境。土壤磁性是重要的土壤物理性质之一，是连续分布的面状数据。然而，研究中获取面状连续样本是不现实的，往往通过野外采集点上的土壤样本测定土壤的物理化学指标，以代表面上的土壤性质(张科利等, 2014)。

确定采样地点的方法有偶然抽样、判断抽样和概率抽样。随意地采样会让采样者做出一系列片面的决定，而且没有系统的设计方式来确保所选样本在总体中具有代表性，这样的采样方式与科学的采样设计相悖。判断抽样，也称立意抽样(Dane et al., 2002)，指根据研究者所掌握的知识选择采样点的采样方法。判断抽样虽然能够准确估计部分样本参数(如平均值和样本数)，但是不能保证这些估计值的精确度(Gilbert, 1987)，而且估计值的可靠性依赖研究者的判断力。概率抽样使用一系列的特殊样点布局随机选择采样点，并且可以计算出每个设计中采样点的抽样概率。与判断抽样不同，概率抽样可对参数估计值的精确度进行估计，并基于平均值变异性的估计值进行一系列统计分析，是目前土壤学中最常见的采样方法(Carter and Gregorich, 2022)。

4.2.1　样点代表性确定原则

采样分析就是以点代面，即用采样点土壤样品的特征代表区域土壤特征，样品的代表性直接关系到分析结果的正确与否和整体调查报告的学术价值。无论研究对象空间尺度多大和时间尺度多长，用于土壤磁性分析的土壤样品必须具有代表性，样品的各项性质应能最大限度地反映所代表的区域或地块的实际情况(张科利等, 2014)。

4.2.2　样点类型选择原则

土壤性质具有空间异质性，尤其受人为因素的影响，土壤磁性在空间尺度上的变异性很大。根据研究目的和调查目标的土壤性质，选择一种或多种采样点类型。采样点的分类有多种形式，如根据土地利用类型划分为农地采样点、林地采样点、草地采样点和建设用地采样点等，根据采样点功能划分为普通采样点和参考采样点，根据地形条件划分为陡坡采样点、缓坡采样点、平地采样点和侵蚀沟采样点等，根据空间尺度划分为区域采样点、小流域采样点和坡面采样点等。

4.2.3　样点数量确定原则

采集土壤样品时，应充分考虑研究区域土壤磁性变化的控制因素，在水平和垂直两个方向上合理布设采样点。布点的原则为尽可能地反映主导因素的变化类型，第一个层面是每个变化类型至少一个样点，第二个层面是考虑每个类型中样点的数量(张科利等, 2014)。不同类型的土壤表现出不同的土壤磁性特征，应根据研究对象所属的土壤类型设计采样方案。土壤磁性在时间尺度上的异质性受自然因素和人为因素共同影响，自然因素中只有长时间尺度的成土过程和气候变化影响土壤磁性，而人为因素则能够在短时间内改变土壤磁性。

土壤性状在时间尺度上存在多个层面的变化，如土壤温度的日变化、土壤水分的月变化、土壤有机质含量的年际变化、更长时间尺度的质地变化和人类活动影响下的土壤性质变化等。而一个土壤样品只能代表一种土壤条件下的性质，由两个差异极大的土壤混合而成的样品不能代表两种情形下的土壤性质，应分别取样分析。

重复性是观测性和控制性实验研究中需要考虑的一个重要因素。在控制性实验中，重复是某种或几种处理方式的重复实施(如施肥或施药量)。在时空分布研究或观测性研究中，重复是指在特定分类下对样本总体重复、客观地抽样。例如，在有显著凸形坡曲率的研究区域选择多个 5m×5 m 斜坡单元。重复抽样可获得实验误差的估计值，增加重复可减少均值的标准误差，从而提高精确度(Steel and Torrie, 1980)。正确判定和重复抽样对估计样本参数至关重要，同时也是使用统计学进行分析的前提。当研究者假定从有限样本中得到的结论是普适的，这时便产生了伪重复(Hurlbert, 1984)，如果在研究初期没有对目标总体进行清晰地定义，伪重复也会经常出现。

4.3　土壤样品采集及保存

4.3.1　扰动土样采集步骤

第一步：选择代表性采样点。

第二步：根据采样目的选择土钻类型。

第三步：利用土钻采集土壤剖面样品，可以采集连续的土柱，也可以分别采集不同深度土壤；若进行全剖面采样，则应自下而上采集土壤样本。

第四步：划分不同土壤深度的土壤样品，用布袋或塑料袋分层盛装。若只测定土壤磁化率一个指标，需 50 g 样品，若还要测定其他土壤性质，一般采集 2～2.5 kg 样品。

第五步：按照采样点和采样深度编号并分装，带回室内等待处理。

4.3.2　原状土样采集步骤

1. 环刀采样步骤

环刀采样步骤如下。

第一步：在环刀有孔底上垫一块直径略小于底内径的圆形滤纸，在环刀内涂抹薄层凡士林。测定并记录环刀(含盖、底及滤纸)的质量，一般要求精确到 0.1 g。

第二步：仅取表层土样时，选择地面比较平整、无砾石的地段，用剖面刀将取土地点修平。将环刀安装在环刀手柄的前端，无刃的一端(后端)与环刀手柄紧密地契合在一起。然后，将环刀刃口朝下接触土壤，使用锤子敲击环刀手柄的顶端，使环刀缓缓压入土壤中(图 4-7)。敲击时，注意用力均匀，环刀插入地下约 5.3 cm 时，停止击打，防止土壤压实。此时，从观察孔向里看，可以看到土壤面。

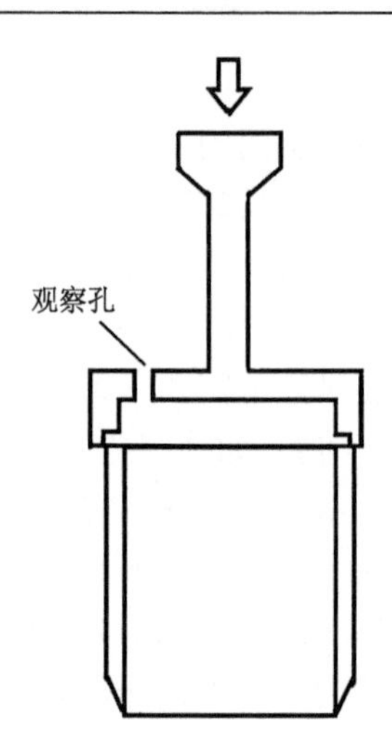

图 4-7　环刀使用示意图(张科利等, 2014)

第三步：使用铁铲挖掘环刀周围的土壤，挖掘深度要大于环刀深度，保证下部土壤是超出环刀口的，然后将环刀挖出，此过程不能将手柄拿下。取出环刀时，不能将高出环刀口的土直接掰掉，而应托住环刀手柄和环刀，将环刀有刃口一端朝上，用剖面刀慢慢修平，并盖上放了滤纸的底。翻转过来，拿掉环刀手柄，用同样的方法修平上口，并盖上盖，以防止水分蒸发。每个地点取土应不少于 3 个重复。取土的同时，使用土钻取 20～30 g 的同层土样，放入铝盒中，测定土壤含水量。如果取土壤剖面的环刀样时，则需要先挖好剖面，然后根据剖面分层情况分层取土，每层土样也不少于 3 个重复。

第四步：称量。取好的环刀应迅速称其质量，此时质量为环刀和湿土总重，一般要求精确到 0.1 g。此时质量减去环刀质量，即为此时的土壤容重。再根据铝盒法测定的土壤含水量，即可算出土壤的干容重。

需要注意的问题是，在使用环刀取样时，要尽量充满环刀，但不能压实。如果环刀内的原状土还要用于土壤水分常数实验，则不要使用剖面刀来回抹平土面，以避免堵塞土壤孔隙。在土壤剖面取环刀样时，取土应垂直地面，一般不平行于地面取土。

环刀取土样时，土壤不宜太干，也不宜太湿，且不能用于砾石较多的土壤。测定土壤干容重时，一般不直接烘干环刀，而是在称重结束后，从环刀中取出一部分土壤测定其含水量，再计算土壤干容重。如需烘干环刀及土样，则要先在电热板上蒸干至接近风干状态，然后放入烘箱中烘至恒重，烘干时间大约需 24 h。

2. *环刀钻采样步骤*

环刀钻采样步骤如下。

第一步：取一个配套环刀，预称重及处理方法同环刀采样。将钻头逆时针旋转一下，打开卡槽，从连接头上拔下钻头，将一个配套的环刀刃口朝下衬入其中。然后将连接头插入取样钻头，扣上卡槽，环刀严密嵌合在取样钻头中。

第二步：连接手柄和击打头，完成安装。然后将取样器垂直立于地表，保证环刀取土垂直于土面，使用尼龙锤击打手柄上的击打头，使取样器缓缓进入土壤，深度约 7.5 cm，过深将产生压实现象。

第三步：顺时针旋转数下，提出土钻。按“第一步”方法将钻头卸开，并尽可能保持钻头直立，然后用手指将环刀从下口推出。使用剖面刀将环刀两端刮平，方法同环刀取土。盖上底和盖，做好记录。

第四步：使用配套的扩孔钻头开扩土孔，直到需要的取土深度(如取 30～40 cm 土层的土样，开扩土孔的深度为 30 cm)，提出土钻，进行下一次采样。

环刀钻土壤采样器不适合砾石较多的土壤，也不适合土壤水分含量过低或过高的土壤。此外，取样钻头多次拆装，会比较难拔，可以在接合处薄涂凡士林，如果土壤摩擦力较大，也需要在钻头的刃内壁薄涂凡士林。

3. 土壤磁化率原状土取样器采样步骤

在土壤磁化率示踪研究中，最普遍的采样方法是传统的大量采集土样，经实验室处理后装盒测量磁化率。然而，该方法的预处理过程十分烦琐，包括风干、研磨、过筛等环节，耗费大量的时间和人力。为了节省时间和精力，Liu 等(2016)根据 Bartington MS2B 磁化率仪双频率传感器的尺寸设计了一种改进的原状土壤样本采样器和配套的 PVC 样品盒，将原状土壤样品直接采集至 PVC 样品盒中，单个样品量小，采样难度小，且只需进行风干或低温烘干，即可测定样品的磁化率指标，最大限度地简化预处理过程。其具体步骤如下。

第一步：选择代表性采样点。

第二步：确定土壤剖面采样间隔。

第三步：利用改进的原状土壤样本采样器采集土壤样品，若采样间隔大于 3cm，则需要使用半圆凿钻将中间的土壤取出，再采集下一个土样。

第四步：划分不同土壤深度的土壤样品，每个土壤样品单独取样，直接采集原状土至高 2.5 cm，直径 2.2 cm，体积为 9.5 cm^3 的圆柱形取样筒内，上下加装带孔透气的塑料盖，盖子与土样间用薄纸隔开。

第五步：按照采样点和采样深度编号并分装，带回室内等待处理。

4.3.3 土壤样品保存方法

土壤样品的保存与运输直接影响测量数据的真实性和准确度，因此，采集的土壤样品应妥善保存，不正确的保存方式易造成土壤性质改变、土壤样品间污染、土壤样品量损耗等问题。扰动土样应第一时间存放于塑料袋中，排空袋内气体，按紧密封条，避免因空气占位和运输过程中受力过大导致塑料袋破裂；原状土样应保证环刀和取样盒的固定性，避免取样盒盖在运输过程中脱落导致样品损失。此外，还需注意以下问题：①独立性。每个土壤样品均为独立的个体，要保证土壤样品袋(盒)的密闭性防止土壤颗粒散落。②固定性。将装好土壤样品的容器用纸或者棉絮固定，再逐一装入运装箱，并尽量固定，以免损坏。③环境稳定性。用于磁性测试的土壤样品要避免磁性环境、辐射环境、高温环境和渍水环境，以免影响土壤样品的磁性大小，应保存在阴凉干燥的室内。

4.3.4 注意事项

第一，选择具有代表性的采样点，剔除历史时期内长期积水的区域，渍水条件使土壤中铁氧化物发生氧化还原反应，产生磁性化合物，从而改变土壤磁性；第二，尽量避免土壤接触磁性物质，不与金属器具摩擦；第三，采集的土样应及时风干或烘干，防止发生氧化还原反应。

4.4 磁化率土样预处理过程

4.4.1 扰动土预处理方法

用于测量磁化率的土壤样品严禁高温烘干，预处理时尽量不接触金属工具。一般而言，将样品置于 35℃环境下烘干，烘干时间视样品初始含水量而定，达到风干土水平即可，以黑土为例，烘干约需 15 h，过 2 mm 尼龙土壤筛。

4.4.2 原状土预处理方法

Liu 等(2016)根据 Bartington MS2B 磁化率仪的尺寸设计了一种改进的原状土壤样本采样器和配套的 PVC 样品盒。这种采样器直接采集原状土壤样品，省去研磨和过筛等步骤，风干(或低温烘干)后直接测定磁化率。

4.5 磁化率仪及测定过程

4.5.1 巴廷顿磁化率仪介绍

1. 巴廷顿磁化率仪读数表

巴廷顿磁化率仪如图 4-8 所示。

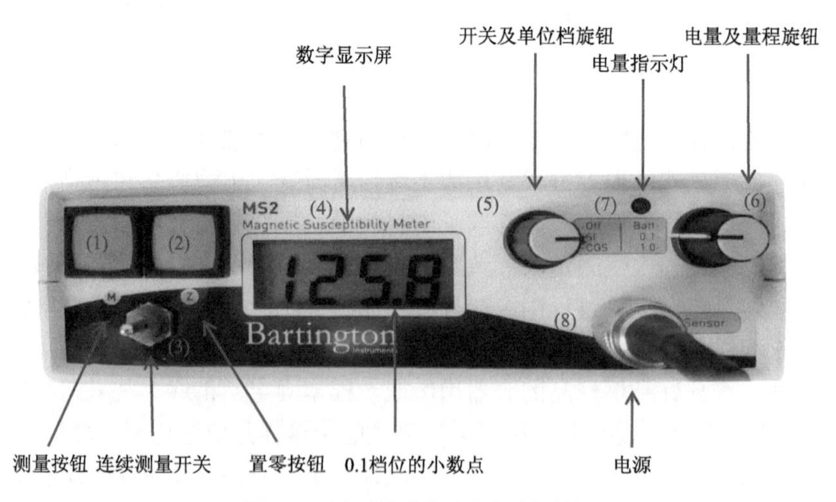

图 4-8 巴廷顿磁化率仪控制面板

(1) M 键(measure)：测量按钮。测量样品磁化率，按下后屏幕出现“:”，标志开始测量，约 10s 后，发出“嘀”声，标志测量结束，屏幕显示样品磁化率。

(2) Z 键(zero)：置零按钮。如仪器不稳定或磁化率存在偏差，建议置零后重新测量。

(3) 连续测量开关。该开关有 2 个档位：肘节位于垂直中心时为基本模式(常用)；肘节位于偏左位置时，为连续测量模式，可以快速连续地多次测量一个样品的磁化率。

(4) 数字显示屏。巴廷顿磁化率仪与 MS2B 测量探头连通时，屏幕显示数字，否则无数字。

(5) 开关及单位档旋钮。该旋钮有 3 个档位，顺时针方向依次为关机、SI 档(国际制)和 CGS 档(高斯制)。为了方便计算和国际交流，一般使用 SI 档位。

(6) 电量及量程旋钮。该旋钮有 3 个档位，顺时针方向依次为 BATT 档、0.1 档和 1.0 档。其中，0.1 档位测得的磁化率较精确(一般适用于体积磁化率小于 100 的样品)，小数点后保留一位，测量时间较长，大约 10 s；1.0 档位测得的磁化率为整数，测量时间短，为 1～2s(一般适用于体积磁化率大于 100 的样品)。

(7) 电量指示灯。电量及量程旋钮旋至 BATT 档时，绿灯为电量充足，但不能代表电池为满电状态；红/橙灯为电量不足，此时仪器不稳定，数据不准确，应停止测量。

(8) 电源。连接巴廷顿磁化率仪和 MS2B 测量探头的数据线无方向性，两个端口一样，可与巴廷顿磁化率仪和 MS2B 测量探头的任意一端连接。

2. 巴廷顿磁化率仪 MS2B 测量探头

巴廷顿磁化率仪 MS2B 测量探头如图 4-9 所示。

图 4-9　巴廷顿磁化率仪 MS2B 测量探头示意图

(1) 外加磁场旋钮。该旋钮有 2 个档位，一个为低频(low frequency, lf) (0.47 kHz)，另一个为高频(high frequency, hf) (4.7 kHz)。高频状态下仪器不易稳定，需相应地增加预热时间，建议先测量一批样品的低频磁化率，再转为高频，仪器更容易稳定。

(2) 电源连接口。同图 4-8 中的(8)。

(3) 探头抬升手柄。黑色手柄能够带动探头垂直地上下抬升，放样品时，提起手柄，放置好样品再按下手柄。

(4)测量探头。探头位于凹槽底部，随手柄抬升，将土壤样品盒水平放置其上，放下手柄，使样品盒全部置于凹槽内。探头为磁化率仪的核心部件，十分脆弱，切忌震动。

3. 巴廷顿磁化率仪 MS2D 测量探头

MS2D 为巴廷顿磁化率仪的表面扫描探头，用于快速评估地表顶部 100 mm 范围内铁磁性物质的浓度，是加强型环氧树脂材质的环形扫描线圈，平均直径 185 mm，操作频率 0.958 kHz[图 1-3(c)]。该探头与 MS2 手柄搭配使用，可与巴廷顿磁化率仪控制面板连接读取数据。

4.5.2 磁化率测定

磁化率测定步骤如下。

第一步：土壤样品预处理。

第二步：测量空样品盒质量。

第三步：风干土装填(适用分散土)。将过 2 mm 筛的土样装满标准样品盒，务必保证土样充满样品盒，这是计算土壤装填容重(ρ, g/cm^3)的重要步骤。

第四步：测量土样和样品盒的总质量。

第五步：连接仪器，并确认连续测量开关处于基本模式(非连续测量模式)，电量及量程旋钮处于 0.1 档。测量低频磁化率时外加磁场旋钮调至 lf 档，测量高频磁化率时外加磁场旋钮调至 hf 档，同一批土样，最好先测定低频磁化率，再测定高频磁化率。

第六步：预热磁化率仪。旋转开关及单位档旋钮至 SI 档开机，此时仪器不稳定，首先按置零按钮归零，再按测量按钮测量空气值，测量多个空气值以预热仪器。

第七步：测定磁化率。为了持续监测仪器是否稳定，严格控制数据质量，测量每个样品的前和后，分别测量空气值，即按照“空气—样品 1—空气—样品 2—空气……”的顺序操作。若一个样品前后两个空气值的差值过大，则认为数据不可信，将仪器归零后，重复上述操作。若土样值前后两个空气值测量出现较大差异，这种情况主要来自仪器电量不足(电源指示灯显示红色或橙色)。此时，请及时终止测量，待巴廷顿磁化率仪充足电后，再继续测量。

第八步：测量结束。旋转开关及单位档旋钮至 off 关闭仪器。

第九步：数据质量检查。首先，通常情况下，同一个土样的低频体积/质量磁化率≥高频体积/质量磁化率。如果出现高频磁化率大于低频磁化率的情况，说明存在明显测量误差或错误，请重新测定该样品的磁化率，或检查是否存在数据记录错误的情况。其次，计算低频质量磁化率、高频质量磁化率和频率磁化率，根据土壤特性和采样原则，检查数据是否符合预判，筛选异常数据，必要时重复上述步骤。

第十步：妥善放置和保管磁化率仪。

4.5.3 注意事项

(1) 巴廷顿磁化率仪的充电口在仪器后面，通电后指示灯为橙色，充电全程不会变色，无提示功能，请计算好充电时间，切忌过量充电。

(2) 电量不足状态下（旋转电量及量程旋钮至 BATT 档，电量指示灯为红色），充电 8～10 h 为宜，最多不超过 16 h。另外，使用后请及时充电，保证机器归库时不处于亏电状态。

(3) 磁化率仪对周围环境敏感，尤其是温度和磁源，应尽量确保室温稳定，保证 MS2B 测量探头周围至少半径 30 cm 的范围内，无铁、钴、镍等磁性物质。

(4) MS2B 测量探头的探头抬升手柄是磁化率仪的重要部件，使用完毕，将 MS2B 测量探头放置于整理箱中，用缓冲材料固定，避免运输时颠簸，务必轻拿轻放。

(5) 磁化率技术对样品无损伤，测量完毕，土壤样品可以完全回收，用于其他土壤理化指标的测定，杜绝样品浪费。

4.6 土壤磁化率计算

参见 1.3 节土壤磁化率表征指标。

4.7 本 章 小 结

磁化率技术是一项简单、便捷、无损的技术，支持原状土壤样品和扰动土壤样品的磁性测定。本章针对不同类型的土壤样品，详细阐述野外工作前期、中期和后期的实践方法，包括采样工具、样点布设、采样方法、样品保存、预处理、巴廷顿磁化率仪的使用方法和土壤磁化率（低频质量磁化率、高频质量磁化率和频率磁化率）的测定方法，为磁化率测定工作提供理论和实践指导。

参 考 文 献

张科利, 王志强, 高晓飞, 等. 2014. 土壤地理综合实践教程. 北京: 科学出版社.

Carter M R, Gregorich E G. 2022. 土壤采样与分析方法. 李保国, 李永涛, 任国生, 等译. 北京: 电子工业出版社.

Dane J H, Topp C G, de Gruijter J J. 2002. Methods of Soil Analysis, Part 4-Physical Methods. Madison: Soil Science Society of America.

Eberhardt L L, Thomas J M. 1991. Designing environmental field studies. Ecological Monographs, 6(1): 53-73.

Gilbert R O. 1987. Statistical Methods for Environmental Pollution Monitoring. New York: Van Nostrand Reinhold.

Hurlbert S H. 1984. Pseudoreplication and the design of ecological field experiments. Ecological Monographs, 54: 187-211.

Liu L, Zhang K, Zhang Z. 2016. An improved core sampling technique for soil magnetic susceptibility determination. Geoderma, 277: 35-40.

Mulla D J, McBratney A B. 2000. Handbook of Soil Science. Boca Raton: CRC Press.

Pennock D J. 2004. Designing field studies in soil science. Canadian Journal of Soil Science, 84: 1-10.

Steel R G D, Torrie J H. 1980. Principles and Procedures of Statistics. New York: McGraw-Hill Book Company.

Williams R B G. 1984. Introduction to Statistics for Geographers and Earth Scientists. London: Macmillan Press.

第5章　磁化率与侵蚀在空间上的关系印证

5.1　研究背景及意义

中国东北黑土区是我国主要的粮食生产基地之一。然而，因土壤侵蚀导致的土地退化问题严重威胁该区的粮食生产安全(刘宝元等, 2008; Fang et al., 2012; Zhang et al., 2007)。相比我国其他区域，该区最明显的土壤侵蚀特点表现为，侵蚀表土往往多被沿坡搬运，再沉积于坡底位置，而不是转移至河道。土壤再分配对粮食产量的影响已成为水土流失发生的重要现实问题之一，因而众多研究聚焦于此。然而，目前涉及水土流失与土壤再分配的关系研究仍然不足。Fang 等(2012)曾在中国东北地区的小流域尺度上，尝试利用 ^{137}Cs 示踪技术研究土壤再分配问题。不过，利用高成本的传统野外小区监测技术或 ^{137}Cs 示踪技术仍然很难解决具有较早开垦历史年限(大于 50 年)耕地的水土流失与土壤再分配之间的关系问题。

在过去 40 多年，磁测技术在涉及长历时大区域土壤侵蚀研究中成功应用，受到研究者们越来越多的关注(de Jong et al., 1998; Dearing et al., 1985, 1986; Olson et al., 2002)。而在众多磁性参数中，磁化率是应用广泛且最易测定的指标之一(Evans and Heller, 2003; Thompson and Oldfield, 1986)。大量研究表明，世界各地的土壤大多存在表层土壤磁化率增强现象(Le Borgne, 1955; Mullins, 1977)。利用这一现象，研究者们可以快速地区分表层土壤与亚表层土壤之间的差异，进而可能追踪到长历时的土壤侵蚀与沉积过程 (de Jong et al., 1998; Dearing et al., 1985, 1986)。

20 世纪 50 年代，Le Borgne(1955)在土壤学研究中首次运用磁学技术，并发现了表土磁化率增强现象。70 年代末，Mullins(1977)对这一现象形成机理的研究结果进行了全面总结。之后，Dearing 等(1985)首次尝试应用土壤磁学特征来确定土壤再分配过程。de Jong 等(1998) 在加拿大大草原地区开展的研究中指出，大多数位于坡面上部和中部的表层土壤磁化率高于亚表层土壤。de Jong 等(2000)同时发现在加拿大邻近拉尼根(Lanigan)地区的草原黑土坡面上，A 层土壤磁化率高于 B 层和 C 层的现象也出现在坡的上部和中部。Hussain 等(1998)在美国伊利诺伊州的研究表明，所有样点的土壤磁化率随深度增加呈逐渐减小的趋势。此外，除坡脚部位外，其他坡位的土壤磁化率均表现为非农地高于农地。Olson 等(2002)在位于俄罗斯莫斯科市郊的研究中也发现了类似的现象，即土壤磁化率在所有坡面部位上，均为林地高于农地。Sadiki 等(2009)在摩洛哥里夫地区的农地与非农地对比研究中也得到同样的研究结论。Gennadiev 等(2002)的研究指出，磁学方法可定量估算侵蚀与沉积过程的强度。Mokhtari 等(2011)、Ayoubi 等(2012)以及 Rahimi 等(2013)在伊朗西部山区先后开展的研究也说明土壤再分配造成不同坡面部位的土壤磁化率存在显著差异。Jordanova 等(2014)在保加利亚东北地区进一步利用土壤磁化率对土壤再分配的空间分布进行了定量估算。

相比环境核素示踪技术，磁化率技术具有廉价、高效、测量分辨率高的特点。此外，前人在世界多地和不同景观尺度上评估土壤再分配的研究也说明磁学技术具有应用潜力。虽然磁化率技术在土壤侵蚀研究中的应用研究已经于30年前出现，但该技术的实例研究较少，需进一步的研究来增进对该技术的理解。本研究的目的是在中国东北黑土区调查不同土地利用类型的土壤磁化率随坡面部位变化的差异，并验证磁化率技术用于示踪黑土农地坡面土壤再分配的可行性。

5.2　土样采集与分析

5.2.1　研究区概况

研究区位于中国黑龙江省嫩江市境内的黑土区(图 5-1)。该区海拔 260～360m，为丘陵漫岗地貌，坡度2%～14%，坡长500～4000m(Zhang et al., 2007)；气候为半湿润类型，其中年均温0℃，最低温–20℃出现在每年1月，最高温20℃出现在每年7月；年均降水量534mm，变幅300～750mm，超过90%的降水集中在5～9月(刘亮等, 2013)。

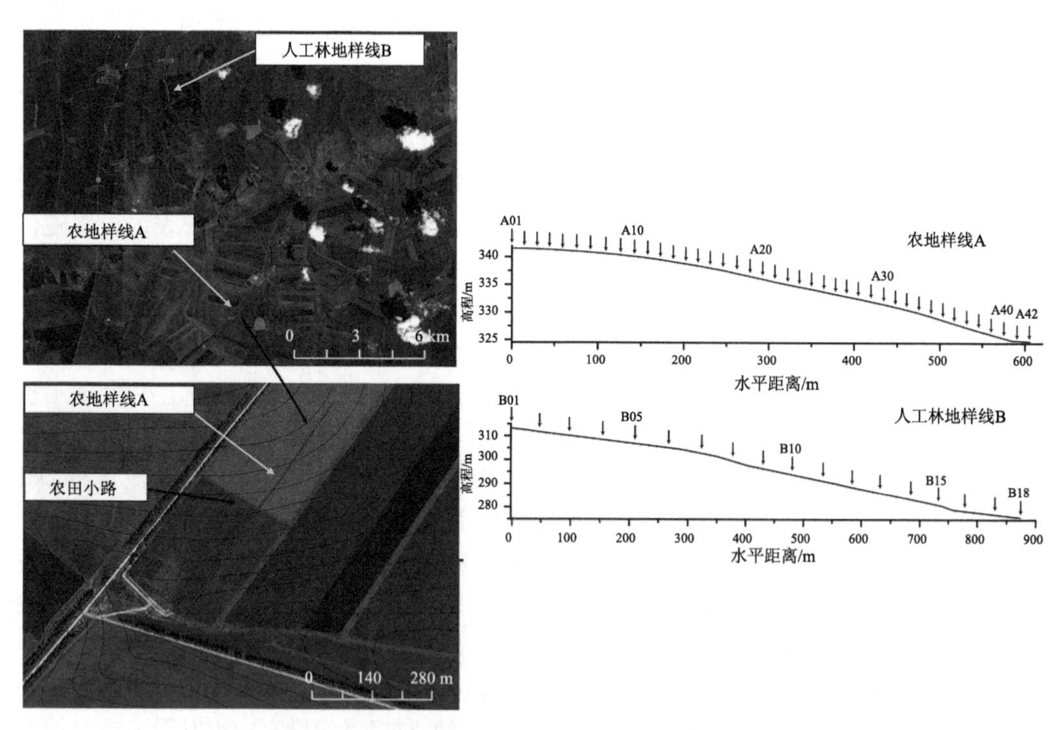

图 5-1　研究区位置及农地与人工林地顺坡采样布点图

A01～A42为农地样线A上依次编号的样点；B01～B18为人工林地样线B上依次编号的样点

研究区主要的土壤类型根据中国土壤发生学分类法属于黑土(表 5-1)，根据中国系统分类法属于湿润均腐土亚纲，根据联合国粮食及农业组织/联合国教育、科学及文化组织(FAO/UNESCO)系统分类法属于淋溶黑土(龚子同, 1999)。该区表层黑土受严重水土流失的影响，其平均厚度不足30cm；成土母质主要是形成于第四纪时期的湖积物及河流冲积物(孙继敏和刘东生, 2001)。

表 5-1　研究区代表性土壤特性描述(刘亮等, 2013)

土壤层	土层深度/cm	砾石含量/%	粒径组成/%			有机质含量/%	质地(美国制)
			0.05～2mm	0.002～0.05mm	<0.002mm		
黑土层	0～30	0.9	17.2	47.8	35.0	4.4	粉黏壤
黄土状母质层	30～100	1.1	23.3	45.4	31.3	2.2	黏壤
砾石层	100～160	5.7	88.9	6.1	5.0	0.4	砂土

研究区原始植被以森林和草地为主。自 20 世纪 50 年代起，随着国营农场大规模垦殖和人口剧烈增加，短短几年内，广布于平缓坡地的天然植被已被开垦为农地。部分农地早期因土壤贫瘠又重新造林，形成人工林地。该区以农业机械化和深耕为主的大规模持续性的耕作管理方式已经导致严重的水土流失(Fang et al., 2012; Zhang et al., 2007)。目前，该区主要的土地利用类型为农地和人工林地。本研究选择的人工林地树种为樟子松。樟子松始种于 20 世纪 60 年代；所选农地样地开垦于 20 世纪 50 年代。

5.2.2　野外采样与样品处理

在人工林地和农地坡度相似的坡面，各选择一条顺坡方向的样线进行对比研究(图 5-1，表 5-2)。从土壤侵蚀发生的特点考虑，合理选择人工林地的坡面土壤磁化率作为参考，来对比研究类似地形特征的农地的坡面土壤再分配。因为在过去的 50 多年，坡面土壤一直被人工林和林下枯落物层保护，极少发生土壤侵蚀与沉积。而所选人工林样地的坡度略大于农地坡度，这也恰好客观反映出加速土壤侵蚀对农地坡面和坡型的重新塑造作用。

表 5-2　农地与人工林地不同坡位的坡长与坡度

坡位	坡度/%		坡长/m	
	农地	人工林地	农地	人工林地
坡顶	0.6	1.7	67.5	125
坡肩	1.9	4.4	225	300
坡背	3.1	5.0	255	300
坡底	3.1	3.3	67.5	125
全坡段	2.7	4.3	615	850

野外采样时间为 2013 年 8 月。所选的两条样线覆盖了完整坡面，包括坡顶、坡肩、坡背与坡底四个主要坡位(表 5-2)。如图 5-1 所示，农地样线记为样线 A，人工林地样线记为样线 B。然后，沿着样线 A 与样线 B 分别从坡顶至坡底进行等间距采样。其中，样线 A 以 15m 为间距，共设置 42 个采样点；样线 B 以 50m 为间距，共设置 18 个采样点。为了解土壤磁化率的剖面变异特征，采用内径为 3cm、长度为 100cm 的半圆凿钻进

行剖面取样。每个样点的剖面取样深度为 100cm，取样间隔为 10cm。在取样现场，使用塑料刀将每一个土样与土壤钻金属表面直接接触的部分削除，以去除铁质取样工具对土壤磁化率的潜在影响(Dearing, 1994)。本试验共计 60 个采样点，土样数量为 589 个 (图 5-2)。

图 5-2　东北黑土区野外采样及室内样品预处理过程

5.2.3　室内实验分析

土样首先经过空气流通的烘箱，在低温 40℃条件下，烘至恒重；其次研磨，通过 1mm 尼龙筛；再将 589 个样品独立装入专用样品盒(立方体，容积 8cm^3)待测(图 5-2)。最后，利用 Bartington 磁化率仪的双频探头(MS2B)测定土样的低频体积磁化率(0.47 kHz；κ_{lf})与高频体积磁化率(4.7 kHz；κ_{hf})。

结合每个土样在专用样品盒中的已知密度(ρ)、低频体积磁化率(κ_{lf})与高频体积磁化率(κ_{hf})，根据质量磁化率计算公式(Dearing, 1994)：$\chi = \kappa / \rho$，计算得到χ_{lf}与χ_{hf}。再根据频率磁化率计算公式：$\chi_{fd}\% = [(\chi_{lf} - \chi_{hf}) / \chi_{lf}] \times 100\%$，计算得到$\chi_{fd}\%$。

5.2.4　数据分析

利用 SPSS 20.0 统计软件进行分析统计。首先，评价数据分布的中心点、离散程度和偏斜程度，对全体数据进行描述性统计，确定总数、最大值、最小值、算术平均值、标准差和相关系数。其次，利用科尔莫戈罗夫-斯米尔诺夫(Kolmogorov-Smirnov)检验评价数据是否为正态分布。最后，利用曼-惠特尼(Mann-Whitney)检验进行均值比较，评价独立样本的数据均值是否具有显著性差异。

5.3　坡面土壤磁化率统计分布特征

5.3.1　农地、人工林地坡面土壤磁化率基本统计特征

表 5-3 和图 5-3 显示了农地与人工林地在 0～100cm 土层深度上土壤磁化率参数(χ_{lf} 与 χ_{fd}%)的基本统计信息。其中，根据斜度和 Kolmogorov-Smirnov 检验可知，χ_{fd}%符合正态分布，χ_{lf} 不符合。

表 5-3　农地与人工林地样线的土壤磁化率(χ_{lf}，χ_{fd}%)基本统计

土地利用类型	参数	土层深度/cm	总数	最小值	均值	最大值	标准差	变异系数	偏态系数	峰态系数	正态性检验
农地	χ_{lf}	0～100	411	6.1	16.4	42.2	5.8	0.36	1.6	3.7	NN
	χ_{fd}%	0～100	411	0	4.4	10.6	2.5	0.55	0.2	–0.7	N
人工林地	χ_{lf}	0～100	179	9.9	16.9	30.7	4.4	0.26	1.0	0.5	NN
	χ_{fd}%	0～100	179	0	4.8	7.7	1.4	0.30	–0.1	0	N

注：χ_{lf} 的最小值、均值、最大值、标准差的单位是 $10^{-8}m^3/kg$；χ_{fd}%的最小值、均值、最大值、标准差的单位是%；N 表示在 0.05 的显著性水平上，数据样本遵循正态分布；NN 表示不遵循正态分布。

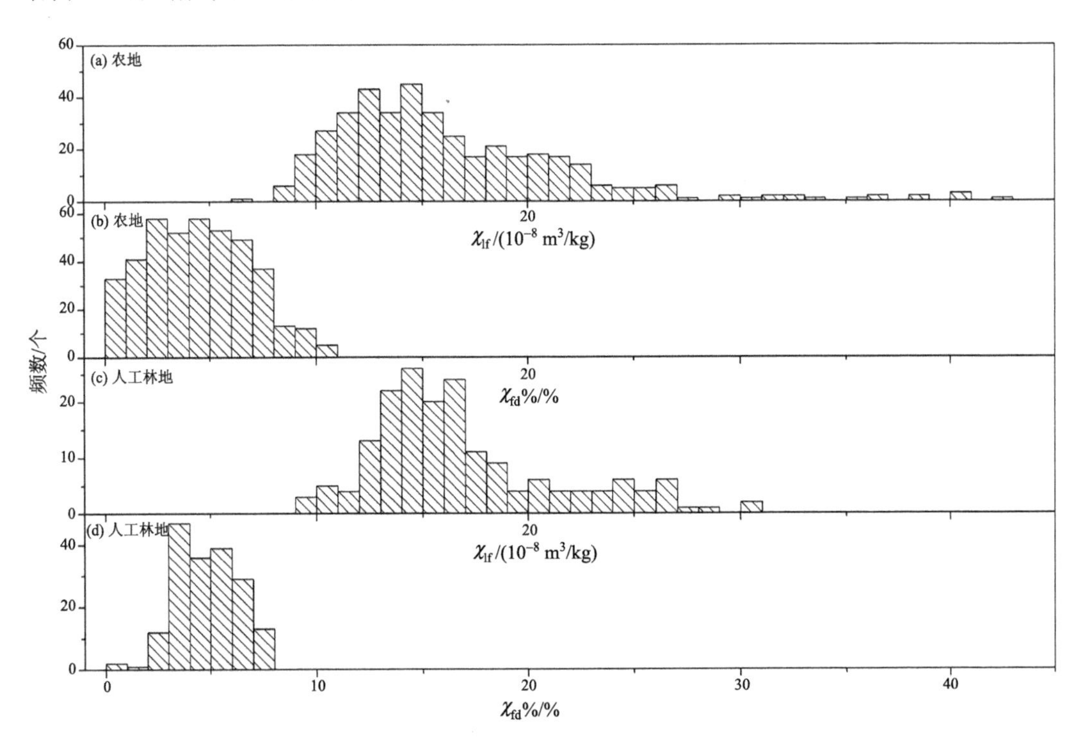

图 5-3　农地与人工林地土壤磁化率(χ_{lf}，χ_{fd}%)的频数统计

一般而言，磁化率 χ_{lf} 的数值与土壤中亚铁磁性矿物含量大致成正比(Thompson and Oldfield, 1986)。而土壤中亚铁磁性矿物的形成与土壤成土过程及地理环境关系密切。因

此，χ_{lf}可被用来追踪与土壤侵蚀有关的土壤环境变化(Ayoubi et al., 2012; de Jong et al., 1998; Dearing et al., 1986; Gennadiev et al., 2002; Rahimi et al., 2013)。总体上，所调查区域的土壤磁化率χ_{lf}的变化范围是(6.1～42.2)×$10^{-8}m^3/kg$，均值是16.4×$10^{-8}m^3/kg$(表 5-3)。这一结果与前人关于黑土磁化率的研究结果[(10～80)×$10^{-8}m^3/kg$]类似(刘孝义等, 1982)。图 5-3(a)与图 5-3(c)显示农地与人工林地土壤磁化率 χ_{lf} 的取值范围均落在(9～27)×$10^{-8}m^3/kg$，且这两种土地利用类型的χ_{lf}均值非常接近，说明这两种土地利用类型的土壤中亚铁磁性矿物含量总体上十分接近。然而，农地与人工林地土壤磁化率χ_{lf}的其他统计参数(最大值、最小值、标准差和变异系数)存在明显差异(表 5-3)。这表明研究区的黑土农田可能因长期农业耕作发生水土流失，进而出现了土壤磁性物质在坡面上的重新分配。

土壤频率磁化率χ_{fd}%是第二个常用土壤磁化率参数，用以反映土壤中超顺磁性颗粒的大致含量(Dearing, 1994)。一般而言，土壤中超顺磁性颗粒的含量与成土作用的强弱相关，超顺磁性颗粒含量越高，成土作用越强。为解释环境样品中超顺磁性颗粒含量，根据频率磁化率χ_{fd}%这一半定量指标(Dearing, 1994)，土壤样品可以分为四类，分别是：①χ_{fd}%≤2%，表示土样中超顺磁性颗粒含量＜10%，含量极低；②2%＜χ_{fd}%≤10%，表示土样中同时含有超顺磁性颗粒与粒径更粗的非超顺磁性颗粒；③10%＜χ_{fd}%≤14%，表示土样中超顺磁性颗粒含量＞75%；④χ_{fd}%＞14%，表示可能为测量错误、磁性极弱或磁性各向异性或受到污染这几种情况之一。

如表 5-3 所示，研究区的土壤频率磁化率χ_{fd}%的取值范围是 0%～10.6%，这一结果与在英格兰(Dearing et al., 1996; Maher and Taylor, 1988)和美国中西部(Grimley et al., 2004)所调查的土壤频率磁化率数值接近。在农地上，χ_{fd}%＞2%、＞6%和＞8%分别占整个样地的 82.0%、28.2%和 7.3%[图 5-3(b)]。在人工林地上，χ_{fd}%＞2%、＞6%和＞8%分别占整个样地的 98.3%、23.5%和 0%[图 5-3(d)]。这说明对于 0～100cm 深度的土壤而言，农地的成土作用要强于人工林地。两种土地利用类型的土壤频率磁化率 χ_{fd}%之间的差异可能是长期以来受农地从植被覆盖良好的土地转变为农田的持续耕作影响。

5.3.2 农地、人工林地坡面土壤磁化率剖面统计特征

土壤磁化率χ_{lf}与频率磁化率χ_{fd}%随土壤深度呈现相似的变化特征(图 5-4)。农地和人工林地的 χ_{lf} 在表土层(尤其是 0～30cm 深度)中随土层深度的减小而升高[图 5-4(a)和图 5-4(b)]。考虑到频率磁化率χ_{fd}%作为土壤该性质增强的指标(Dearing et al., 1997; Maher and Taylor, 1988)，这些结果表明土壤磁化率的分布模式受气候和地形因素的影响明显。对比两种土地利用类型的土壤磁化率，农地的χ_{lf}与χ_{fd}%随土层深度的变异性均高于人工林地。这说明 60 多年的农地耕种历史已显著改变了土壤 0～100cm 剖面深度的土壤亚铁磁性矿物的分布状态。

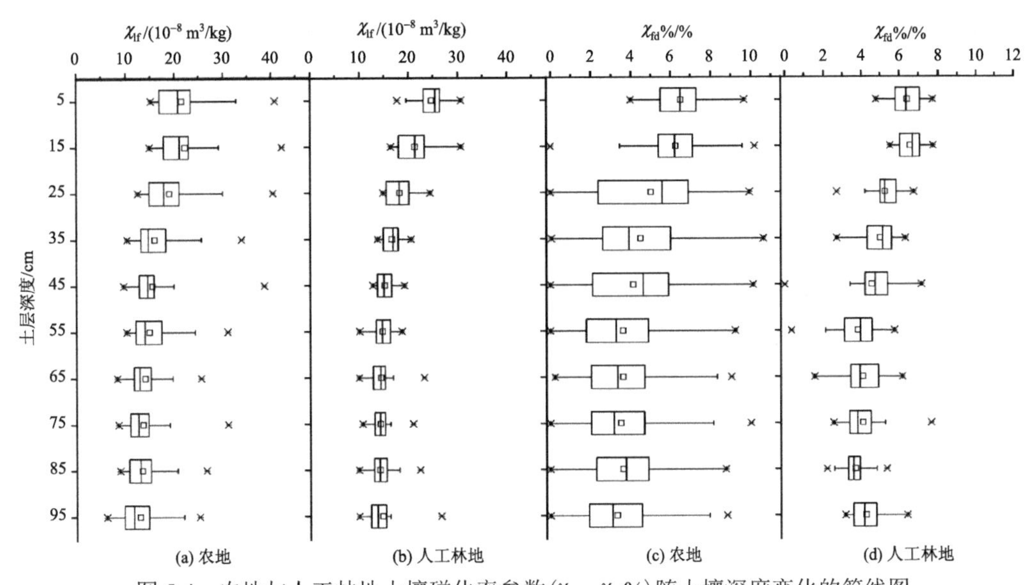

图 5-4　农地与人工林地土壤磁化率参数(χ_{lf}，χ_{fd}%)随土壤深度变化的箱线图

箱线图的中心线表示中位数，小方块表示平均值，箱子的两端涵盖了 25%～75%的数值范围，短尾线和异常值涵盖了整个取值范围

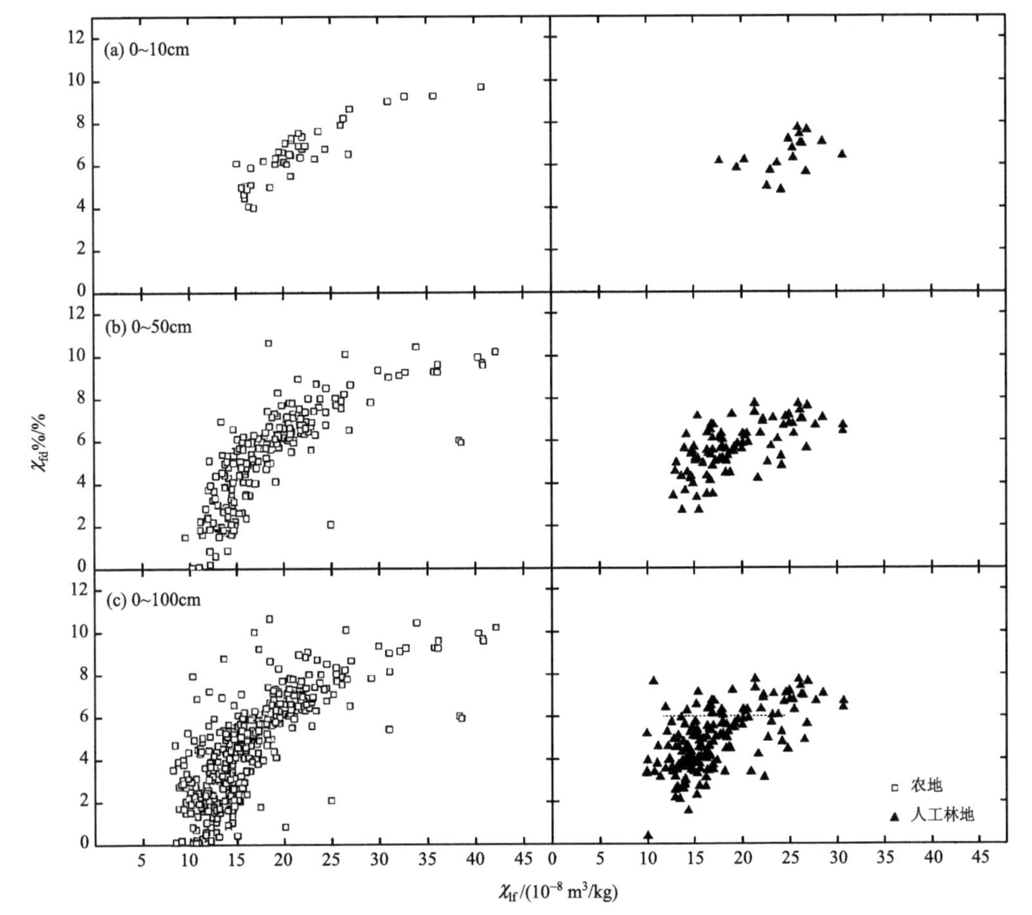

图 5-5　农地与人工林地在不同土层深度上 χ_{lf} 与 χ_{fd}%的相关关系

根据χ_{lf}与$\chi_{fd}\%$随深度增加而降低的趋势特征(图 5-4)，土壤剖面可划分为0～50cm与 50～100cm 两个土层。对于农地土壤而言，0～50cm 和 50～100cm 两个土层的$\chi_{fd}\%$均值分别在 4.1%～6.5%和 3.3%～3.6%[图 5-4(c)]；对于人工林地土壤而言，0～50cm和 50～100cm 两个土层的$\chi_{fd}\%$均值分别在 4.6%～6.6%和 3.7%～4.3%[图 5-4(d)]。根据图 5-5 中 50～100cm 土层的χ_{lf}与$\chi_{fd}\%$随深度变化的稳定状态，以土壤亚铁磁学矿物含量(用χ_{lf}数值大小表征)为标准，可将 0～100 cm 深度的土层划分为两个剖面(0～50cm 和 50～100cm)。针对采样点的土壤剖面野外调查也发现，0～50cm 土层以土壤腐殖质层和过渡层为主，而 50～100cm 土层以母质层为主。χ_{lf}与$\chi_{fd}\%$的相互联系(图 5-5)显示，$\chi_{fd}\%$数值越大，χ_{lf}的数值相应增大。这表明土壤的成土作用越强，土壤亚铁磁性矿物含量越高(Ayoubi et al., 2012; Mokhtari et al., 2011; Rahimi et al., 2013)。农地与人口林地在 0～50cm 土层深度时χ_{lf}与$\chi_{fd}\%$存在明显差异的现象，说明磁化率有可能作为追踪坡面土壤再分配的指标。

5.4　农地坡面土壤磁化率与侵蚀强度对应关系

5.4.1　不同坡位土壤磁化率顺坡分布特征

图 5-6 和图 5-7 显示的是农地与人工林地的χ_{lf}与$\chi_{fd}\%$随坡面的变异情况。总体而言，在 0～100cm 剖面方向上，农地χ_{lf}的空间变异程度高，而人工林地χ_{lf}相对变异较平稳(图 5-6)。在农地坡面上，坡顶的χ_{lf}相对较低，而坡背与坡底的χ_{lf}相对较高[图 5-6(a)]；$\chi_{fd}\%$显示了相似的坡面分布特征[图 5-7(a)]。前述结果显示，研究区的土壤中超顺磁性颗粒含量是土壤磁化率χ_{lf}的主要贡献者，控制着土壤磁化率χ_{lf}剖面分布情况。由水蚀导致的农地土壤再分配形成现有的χ_{lf}剖面分布。坡顶与坡肩部位的χ_{lf}数值越低，说明土壤流失量越小；而坡背与坡底部位的χ_{lf}数值越高，说明土壤沉积量越大。其中，χ_{lf}数值最高值出现在农地坡背上部(坡中部)，造成这一现象的原因很可能是受农田中存在用于通行农业机械的农田小路(图 5-1)影响。因为被压实的农田小路开辟于 2002 年，该道路很可能吸附了从农业机械上掉落的铁屑(具有χ_{lf}数值高的特征)。这些混在表土中的铁屑容易随地表径流沉积在顺坡向下的位置，即农地坡背上部。

由人工林地坡面磁化率χ_{lf}分布可知，χ_{lf}的整个剖面分布相对一致，仅在坡肩和坡底的一些部位有所不同[图 5-6(b)]。人工林地坡面的$\chi_{fd}\%$数值变化范围集中在 2%～6%[图 5-6(b)]。对比农地坡面，人工林地坡面几乎不存在土壤流失，整个$\chi_{fd}\%$剖面呈现高度均一性。

对比人工林地与农地土壤磁化率指标χ_{lf}与$\chi_{fd}\%$，两种土地利用类型存在明显差异。这充分说明土地利用类型的改变影响着坡面土壤亚铁磁性矿物的再分配，尤其是影响着土壤超顺磁性颗粒，也说明了东北黑土区的农业活动对土壤侵蚀与沉积过程产生强烈影响。因此，在排水良好的坡面土壤条件下，本研究可以尝试利用磁化率指标χ_{lf}与$\chi_{fd}\%$估算土壤侵蚀量与沉积量。

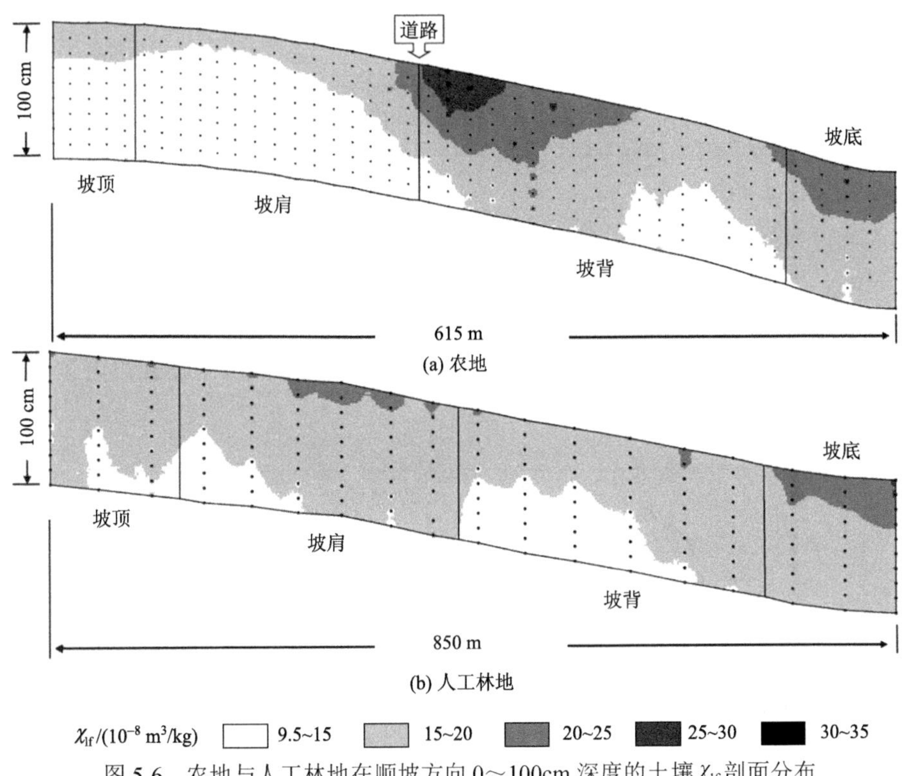

图 5-6　农地与人工林地在顺坡方向 0～100cm 深度的土壤 χ_{lf} 剖面分布

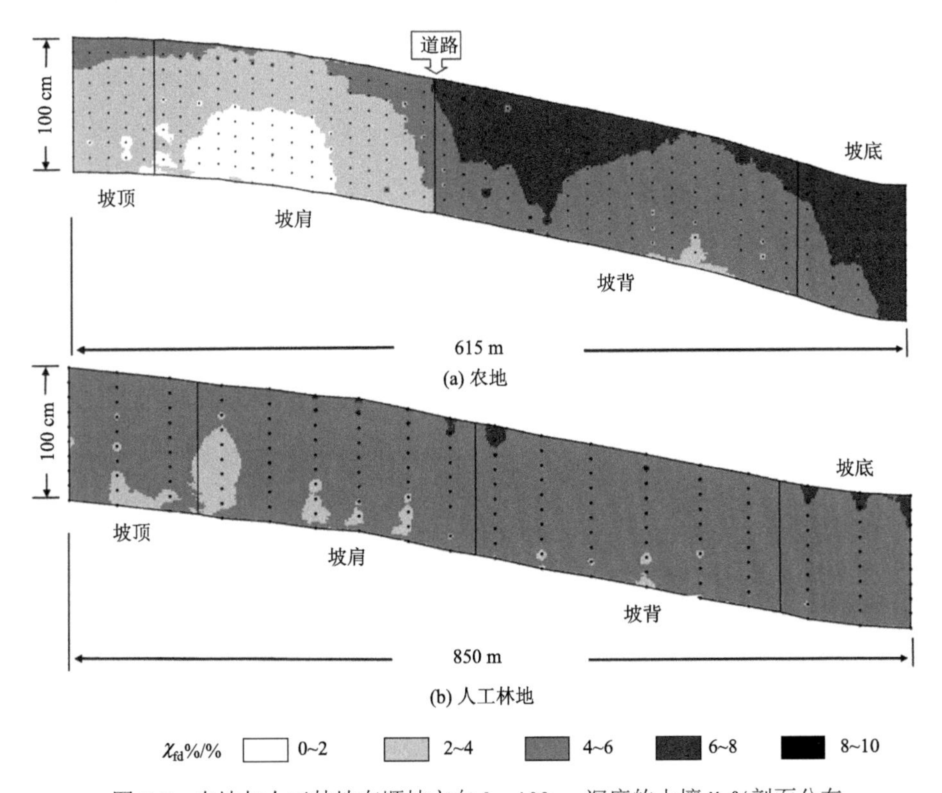

图 5-7　农地与人工林地在顺坡方向 0～100cm 深度的土壤 $\chi_{fd}\%$剖面分布

5.4.2 不同坡位土壤磁化率剖面分布特征

图 5-8 和图 5-9 显示的是农地与人工林地不同坡位的 χ_{lf} 与 χ_{fd}%的剖面分布状况。在不同坡位上，χ_{lf} 随剖面深度增加而逐渐减小，这一结果与众多研究一致(de Jong et al., 1998; Dearing et al., 1986; Mokhtari et al., 2011; Royall, 2001)。由于人工林地不同坡位的 χ_{lf} 随剖面深度变化不大[图 5-4(b)，图 5-8]，所以将人工林地磁化率剖面作为参考，用以分析农地 χ_{lf} 剖面的相对再分配特征。以人工林地坡面为参考，农地的坡顶、坡肩部位的 χ_{lf} 数值总体上低于人工林地[图 5-8(a)和图 5-8(b)]。反之，农地坡背部位的 χ_{lf} 数值总体上高于人工林地[图 5-8(c)]。而在坡底部位，农地的 χ_{lf} 数值与人工林地相似[图 5-8(d)]。

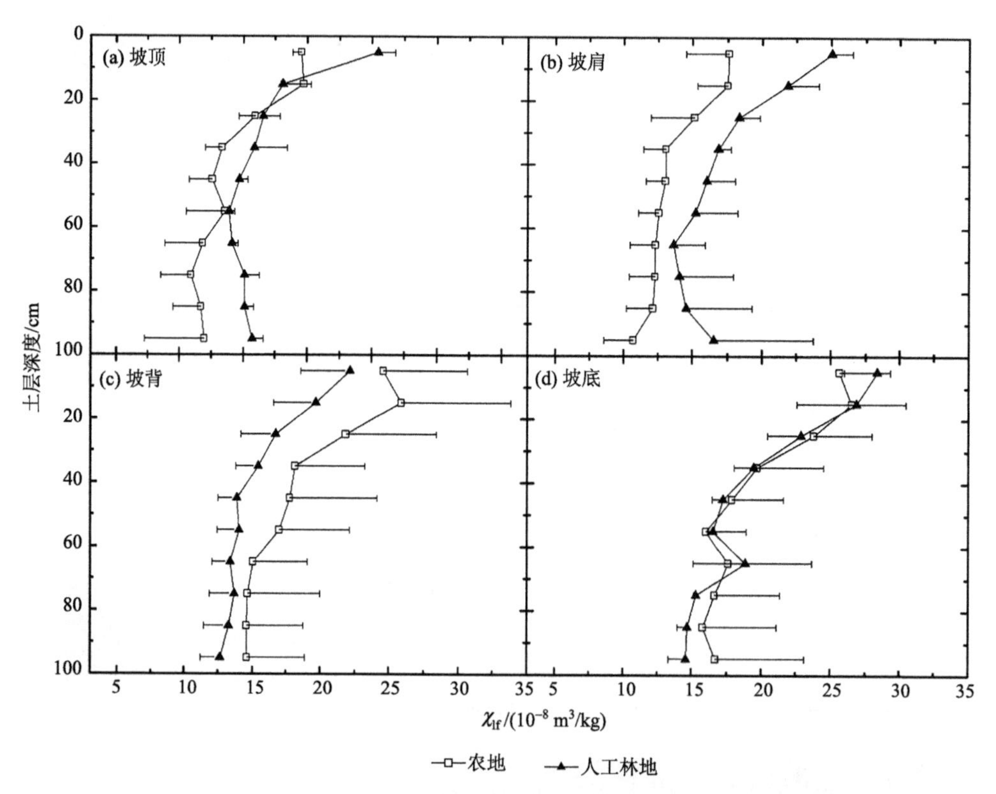

图 5-8　不同坡位上农地与人工林地的 χ_{lf} 随土层深度的变化

短尾线表示标准差

一般而言，土壤中超顺磁性颗粒含量与黏粒含量有较好的相关性(Dearing et al., 1985; Le Borgne, 1955; Mokhtari et al., 2011; Rahimi et al., 2013)。因此，表层土壤中超顺磁性颗粒含量的多与少意味着坡面土壤中细颗粒物质的再分配，进而可以反映土壤侵蚀与沉积的状况。从土壤发生学角度来看，农地坡面的坡顶与坡肩部位的土壤 χ_{fd}%数值较低[图 5-9(a)和图 5-9(b)]，说明这些坡位很可能存在土壤流失。对于农地坡面的坡顶与坡肩部位而言，0～20cm 土层深度的 χ_{fd}%数值远高于更深土层；同时，土层深度大于 30cm

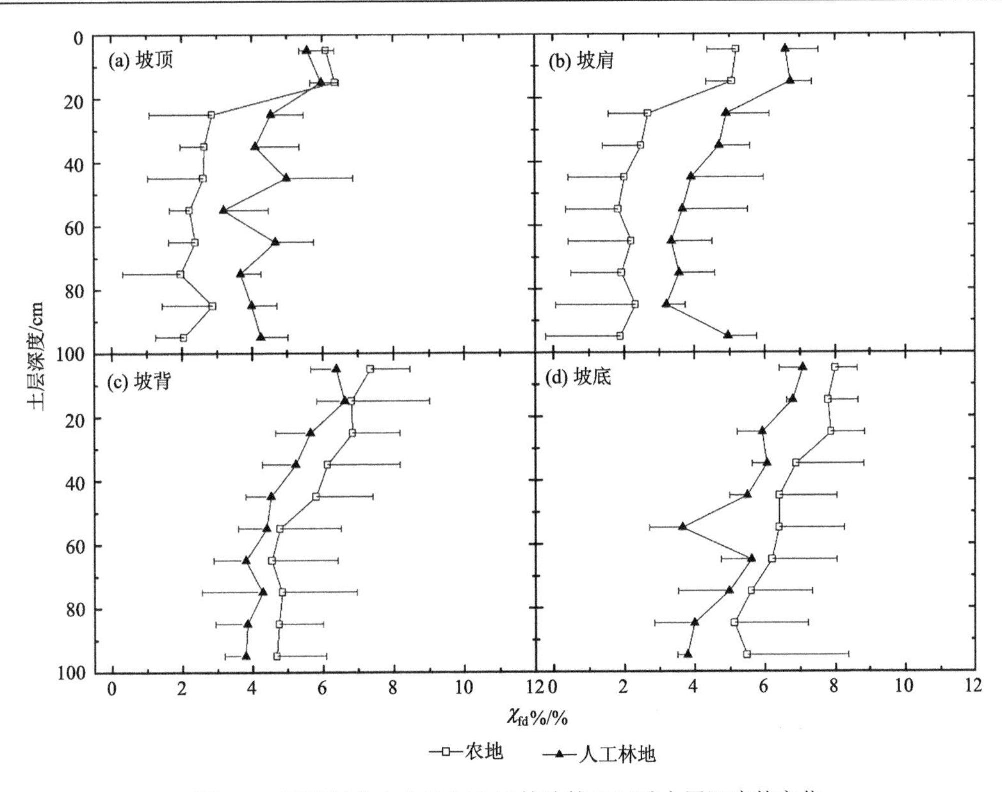

图 5-9　不同坡位上农地与人工林地的 χ_{fd}%随土层深度的变化

短尾线表示标准差

的 χ_{fd}%数值范围在 2%～3%，这意味着此土层深度以母质层为主。综合上述结果，说明研究区农地坡面的坡顶、坡肩部位确定遭受土壤侵蚀，并导致目前的土层降低至约 20cm 厚度。农地坡面的坡顶与坡肩的 χ_{lf} 数值普遍低于人工林地坡面[图 5-8(a)和图 5-8(b)]；超顺磁性颗粒在农地坡面的坡背与坡底土壤中含量更高[图 5-9(c)和图 5-9(d)]。针对农地坡面土壤，坡背、坡底部位的土壤 χ_{fd}%数值高于坡顶、坡肩部位，这说明坡顶、坡肩部位的土壤超顺磁性颗粒很可能因遭受土壤侵蚀而转移、沉积到坡背与坡底部位。

5.4.3　基于土壤磁化率的侵蚀量/沉积量估算

从地貌学观点出发，坡顶土壤一般无侵蚀或仅存在轻度侵蚀。上述图 5-4 与图 5-5 显示的关于 χ_{lf} 随土层深度变化的结果说明，0～50cm 土层深度属于土壤层，且在农地坡面存在明显的土壤再分配现象。此外，可将人工林地的坡顶部位 0～50cm 土层深度视为研究区土壤侵蚀的参考位置，因为选定的人工林地坡面与农地坡面具有相似的地形特征，包括凸形坡、相似坡长与坡度；同时人工林地由于得到良好的植被保护，在农地坡面开垦 60 年的同一时期，无明显土壤侵蚀产生。因此，为了建立 χ_{lf} 数值变化与土壤侵蚀和沉积之间的联系，人工林地坡顶部位 0～50cm 深度的土层被选定为参考坡位，用以对比、估算两种土地利用类型在不同坡位的土壤再分配格局。因此，根据参考坡位的 χ_{lf} 均值 $1.82\times10^{-8}m^3/kg$，估算出两种土地利用类型坡面在不同坡位上 0～50cm 土层深度的土壤侵蚀量与沉积量的百分比(表 5-4)。结果显示，农地坡面的坡顶、坡肩部位存在土壤侵蚀现象，坡背、坡底存在土壤沉积现象。其中，坡肩部位的土壤流失量最大(15.8%)，坡底部位的土壤沉积量最大(25.1%)。此外，与人工林地的参考坡位相比，农地坡面至少有 10.6%的表土流失。这些结果说明，在过去 60 年开垦耕种时期，黑土农地遭受严重的土壤流失。

表 5-4　农地与人工林地不同坡位的相对侵蚀量或沉积量百分比估算

坡位	χ_{lf} 均值/($10^{-8}m^3/kg$)		相对侵蚀量或沉积量百分比/%	
	农地	人工林地	农地	人工林地
坡顶	16.2	18.2	−10.6	0
坡肩	15.3	19.6	−15.8	+8.2
坡背	21.7	17.6	+19.3	−3.2
坡底	22.7	23.0	+25.1	+26.5

注：“0”表示将人工林地坡顶部位 0～50cm 土层深度的 χ_{lf} 均值视为参考值；“−”表示相对土壤侵蚀量的百分比；“+”表示相对土壤沉积量的百分比。

人工林地与农地坡面土壤的 χ_{lf} 均值随深度变化呈现相似变化趋势(图 5-8 和图 5-9)，这一现象主要归因于研究区的特定成土环境影响。而人工林地与农地坡面土壤的 χ_{lf} 均值差异主要归因于土地利用类型的改变及坡位差异。因此，χ_{lf} 均值的差异与土壤再分配可相互关联(de Jong et al., 1998; Dearing et al., 1985; Dearing et al., 1986; Mokhtari et al., 2011; Rahimi et al., 2013)。表 5-4 展示了以人工林地坡面的坡顶部位 0～50cm 土层深度的 χ_{lf} 均值为参考，对研究区主要土地利用类型的土壤侵蚀量与沉积量百分比进行估算的结果。结果说明，在野外取样时将土层深度延伸至母质层，有助于获取更全面的 χ_{lf} 剖面信息，进而有助于充分地理解坡面土壤再分配现象。本研究中，采样土层深度由前人的 20～50cm 深度(Dearing et al., 1986; Jordanova et al., 2014; Mokhtari et al., 2011; Olson et al., 2002; Rahimi et al., 2013; Royall, 2001)拓展至 100cm 深度，从而获取了更丰富的 χ_{lf} 剖面信息。土壤剖面磁化率的增强现象，不仅有利于分析土壤剖面上部(0～50cm)的土壤再分配现象，还有利于了解土壤剖面下部(50～100cm)土壤母质层与砾石层的 χ_{lf} 剖面状况。

坡面土壤侵蚀本身是一个复杂过程，受到包括坡度、坡长、坡型等多因素的影响(Pennock, 2003)。因此，建立 χ_{lf} 均值和土壤侵蚀与沉积过程之间的直接及定量联系可能相对困难。不过，本研究已建立了针对研究区的 χ_{lf} 均值与土壤再分配现象之间的半定量关系。其他一些学者也有类似的研究结果发表(Jordanova et al., 2014; Mokhtari et al., 2011; Rahimi et al., 2013)。今后的研究中，建议开展更高密度的土壤磁化率采样，并考虑结合其他成熟的土壤侵蚀示踪技术，如 ^{137}Cs，进一步定量研究 χ_{lf} 均值与土壤再分配的关系。

5.5　本 章 小 结

本研究以长时期未扰动的人工林地坡面作为参照，利用 χ_{lf} 估算了东北黑土区农地坡面的土壤侵蚀量与沉积量，主要结论如下。

(1) 在人工林地坡面上，χ_{lf}的范围是(9.9～30.7)×$10^{-8}m^3/kg$，在不同坡位的χ_{lf}剖面分布相对均一，这说明人工林地坡面的成土环境较一致，基本不存在土壤侵蚀与沉积现象。

(2) 在农地坡面上，χ_{lf}的范围是(6.1～42.2)×$10^{-8}m^3/kg$，在不同坡位的χ_{lf}剖面分布差异明显，χ_{lf}在坡肩部位最小，在坡底部位最高。这说明农地存在明显的土壤侵蚀与沉积现象。

(3) 为有效认识坡面的土壤再分配过程，利用 χ_{lf} 这一指标估算研究区农地不同坡位的土壤侵蚀与沉积强度是可行的。

(4) 建议今后在本区域开展相关研究时，将采样深度延伸至母质层，将有助于获取更多的土壤磁学矿物含量信息，以深入理解土壤再分配过程。

参 考 文 献

龚子同. 1999.中国土壤系统分类. 北京: 科学出版社.

刘宝元, 阎百兴, 沈波, 等. 2008.东北黑土区农地水土流失现状与综合治理对策. 中国水土保持科学, 6(1): 1-8.

刘亮, 路炳军, 符素华, 等. 2013.东北黑土区 TDR 测定农田土壤含水量的室内标定. 中国水土保持科学, 11(6): 15-22.

刘孝义, 周桂琴, 梁宝昌. 1982.我国东北地区几种主要土壤磁化率. 沈阳农学院学报, 1(1): 7-13.

孙继敏, 刘东生. 2001. 中国东北黑土地的荒漠化危机. 第四纪研究, 21(1): 72-78.

Ayoubi S, Ahmadi M, Abdi M R, et al. 2012. Relationships of Cs-137 inventory with magnetic measures of calcareous soils of hilly region in Iran. Journal of Environmental Radioactivity, 112: 45-51.

de Jong E, Nestor P A, Pennock D J. 1998.The use of magnetic susceptibility to measure long-term soil redistribution. Catena, 32(1): 23-35.

de Jong E, Pennock D J, Nestor P A. 2000.Magnetic susceptibility of soils in different slope positions in Saskatchewan, Canada. Catena, 40(3): 291-305.

Dearing J A, Bird P, Dann R, et al. 1997. Secondary ferrimagnetic minerals in Welsh soils: A comparison of mineral magnetic detection methods and implications for mineral formation. Geophysical Journal International, 130: 727-736.

Dearing J A, Dann R J L, Hay K, et al. 1996. Frequency-dependent susceptibility measurements of environmental materials. Geophysical Journal International, 124: 228-240.

Dearing J A, Maher B A, Oldfield F. 1985. Geomorphological linkages between soils and sediments: The role of magnetic measurements//Richards K S, Arnett R R, Ellis S. Geomorphology and Soils. London: Allen and Unwin: 245-266.

Dearing J A, Morton R I, Price T W, et al. 1986. Tracing movements of topsoil by magnetic measurements: Two case studies. Physics of the Earth and Planetary Interiors, 42(1-2): 93-104.

Dearing J A. 1994.Environmental Magnetic Susceptibility, Using the Bartington MS2 System. Kenilworth: Chi Publishers.

Evans M E, Heller F. 2003. Environmental Magnetism: Principles and Applications of Enviromagnetics. San Diego: Academic Press.

Fang H, Li Q, Sun L, et al. 2012.Using Cs-137 to study spatial patterns of soil erosion and soil organic carbon (SOC) in an agricultural catchment of the typical black soil region, Northeast China. Journal of Environmental Radioactivity, 112: 125-132.

Gennadiev A N, Olson K R, Chernyanskii S S, et al. 2002.Quantitative assessment of soil erosion and accumulation processes with the help of a technogenic magnetic tracer. Eurasian Soil Science, 35(1): 17-29.

Grimley D A, Arruda N K, Bramstedt M W. 2004.Using magnetic susceptibility to facilitate more rapid, reproducible and precise delineation of hydric soils in the midwestern USA. Catena, 58: 183-213.

Hussain I, Olson K R, Jones R L, 1998. Erosion patterns on cultivated and uncultivated hillslopes determined by soil fly ash contents. Soil Science, 163(9): 726-738.

Jordanova D, Jordanova N, Petrov P. 2014. Pattern of cumulative soil erosion and redistribution pinpointed through magnetic signature of Chernozem soils. Catena, 120(1): 46-56.

Le Borgne E. 1955. Susceptiblité magnétique anormale du sol superficiel. Annales De Geophysique, 11: 399-419.

Maher B A, Taylor R M. 1988. Formation of ultrafine-grained magnetite in soils. Nature, 336: 368-370.

Mokhtari K P, Ayoubi S, Lu S G, et al. 2011.Use of magnetic measures to assess soil redistribution following deforestation in hilly region. Journal of Applied Geophysics, 75(2): 227-236.

Mullins C E. 1977. Magnetic susceptibility of the soil and its significance in soil science-A review. European Journal of Soil Science, 28(2): 223-246.

Olson K R, Gennadiyev A N, Jones R L, et al. 2002.Erosion patterns on cultivated and reforested hillslopes in Moscow Region, Russia. Soil Science Society of America Journal, 66(1): 193-201.

Pennock D J. 2003.Terrain attributes, landform segmentation, and soil redistribution. Soil and Tillage Research, 69: 15-26.

Rahimi M R, Ayoubi S, Abdi M R. 2013. Magnetic susceptibility and Cs-137 inventory variability as influenced by land use change and slope positions in a hilly, semiarid region of west-central Iran. Journal of Applied Geophysics, 89: 68-75.

Royall D. 2001. Use of mineral magnetic measurements to investigate soil erosion and sediment delivery in a small agricultural catchment in limestone terrain. Catena, 46(1): 15-34.

Sadiki A, Faleh A, Navas A, et al. 2009. Using magnetic susceptibility to assess soil degradation in the Eastern Rif, Morocco. Earth Surface Processes and Landforms, 34(15): 2057-2069.

Thompson R, Oldfield F. 1986. Environmental Magnetism. London: Allen and Unwin.

Zhang Y, Wu Y, Liu B, et al. 2007. Characteristics and factors controlling the development of ephemeral gullies in cultivated catchments of black soil region, Northeast China. Soil and Tillage Research, 96: 28-41.

第6章　磁化率与侵蚀在时间上的关系印证

土壤侵蚀是全球性的环境问题，其使表层肥沃的土壤离开原来的位置，向下游移动，导致土地生产力下降，河流输沙量增加(Zhang et al., 2004)。如果要控制土壤侵蚀，那么需要从野外径流小区采集数据，这对于充分理解土壤侵蚀过程和建立土壤侵蚀预报模型有重要意义。然而，利用径流小区、人工模拟降雨等传统方法获取数据是一个复杂耗时的过程，不但需要日常维护小区，而且数据获取的周期长是不可逾越的现实问题。作为土壤侵蚀研究方法的里程碑，近几十年来，放射性核素示踪技术被成功应用到土壤侵蚀研究中，成为一种更加有效的数据获取途径(de Jong et al., 1986; Gharibreza et al., 2013; Ritchie and Mchenry, 1990; Zhang et al., 2009; Zhang, 2015)。然而，放射性核素示踪法在实践应用中也有一定的局限性，如样品采集细致，所需采样及测量时间较长，测量设备(高纯锗γ探测器)和测试费用昂贵，测试时间长。综上所述，找到一种高效获取数据的方法是十分必要的，特别是针对大空间尺度的研究。磁化率(MS)技术作为一种极具研究潜力的研究方法，为土壤侵蚀学者们带来了新的希望。与传统的数据获取方法相比，磁化率技术是一种可靠、经济且可以快速测定土壤磁性的方法，其所需样品少，精度相对较高(Evans and Heller, 2003; Lecoanet et al., 1999; Thompson and Oldfield, 1986)。磁化率在土壤剖面上具有表层增强性，主要来自土壤成土过程中形成的次生磁性矿物(Dearing et al., 1986; Evans and Heller, 2003; Le Borgne, 1955; Mullins, 1977)。

作者及其团队首次将磁化率技术应用到中国东北黑土区，利用磁化率技术证实坡面土壤再分配，评价东北黑土区农地土壤侵蚀(Liu et al., 2015)。结果表明，磁化率技术是一种具有发展潜力的研究技术，其能够有效地揭示土壤侵蚀规律。然而，目前只在一个坡面取样分析，磁化率技术的研究有待进一步完善，需在更大的空间尺度验证其可行性与准确性，如多个坡面、小流域或景观尺度。

本章在此基础上，选取多个农地坡面和一个参考林地坡面采集土壤剖面样品，试图阐述磁化率指示坡面土壤再分配的可行性。其主要研究内容有以下几点：①阐述不同开垦年限坡耕地土壤磁化率的分异特征；②探索开垦年限对坡耕地土壤磁化率的影响；③利用磁化率指标估算土壤侵蚀趋势；④验证土壤磁化率是土壤坡面再分配的有效评价指标。

6.1　水土流失与人类活动

在全球陆地面积中，人工地表占0.6%，耕地占12.6%，草原占13.0%，树木覆盖地区占27.7%，灌木覆盖地区占9.5%，草本植被占1.3%，红树林占0.1%，稀疏植被占7.7%，裸地占15.2%，雪和冰川占9.7%，内陆水体占2.6%。土地利用类型的改变使土壤面积减少，表层土壤受到扰动，土壤质量下降，严重时危害土地生产力，导致土壤退化。土壤侵蚀就是一种土壤退化现象，虽然无法简单地将土壤侵蚀影响因素区分为自然因素与人为因素，但人类活动具有明显的直接影响，包括人类改变土地利用类型、破坏植被、开展采矿活动和改变土地利用强度等。

6.1.1 毁林开荒与陡坡开垦

农业生产是现代社会经济、文化、政治活动有序进行的基本保证。在长期的耕作历史中，人类的开垦活动贯穿始终，但无节制的开垦已经对生态环境造成多重破坏，引发多种环境问题。过度开垦指掠夺式破坏原生植被和土地利用类型的开垦行为，包括大规模地毁林造田、毁草造田、围湖造田和填海造田等。林地多表现为乔木、灌木和草本植物相互组合的植被群落，具有较高的植被覆盖度和郁闭度，降水被枝叶茎干截流，经枝干汇流最终进入土壤，避免雨滴直接打击地面而发生溅蚀。森林土纲下的土壤类型腐殖质层厚，该发生层黏粒含量较高，具有良好的保水作用，能够合理调配土壤水的时空利用。毁林开荒不仅破坏原生林地，改变植被类型，降低植被覆盖度，还扰动土壤，破坏土壤团聚体和土壤质地，使土壤保水能力降低，大大增加土壤可蚀性。

我国是一个多山的国家，丘陵山区占国土面积的 2/3，人口数量的增长迫使人们将农田向山地扩张，新开垦的农地占据原生林地和草地，而毁林毁草开垦的农地坡度逐渐变大。陡坡开荒改变了原有的土地利用方式，破坏原生植被、土壤和生态系统的平衡，影响水在地表的再分配过程，导致地表径流量增加，发生严重的水土流失和荒漠化，破坏土壤结构、土壤性质和土壤功能，进而加剧农地土壤生态环境问题(唐克丽, 2004; Rajbanshi et al., 2023)。

6.1.2 城市与居民点扩展

自 20 世纪 90 年代起，随着中国城市化大范围、高速度的发展，城市水土流失问题已经备受瞩目。城市水土流失是伴随城市化发展进程的具有普遍性、全局性和紧迫性的环境问题，且在中国经济发达地区或者城镇化发展快速地区尤为严重(顾祝军等, 2022)。由城市建设导致的土壤侵蚀是一种由人类活动引起的典型的加速侵蚀，其特点是在城市建设和工程建设过程中引发的侵蚀问题(图 6-1)。城市水土流失的成因包括基本建设活动破坏原地貌引起的侵蚀、乱堆乱排废弃物引起的侵蚀、交通建设弃土引起的水土流失、城市垃圾引起的侵蚀、地面下沉塌陷引起的侵蚀等(曾祥坤等, 2010)。

在城镇建设的过程中，人们建房、筑路、架桥、采矿，大面积土壤被钢筋混凝土等硬化设施覆盖，土壤的自然功能被剥夺，破坏了自然生态平衡。城镇建设过程中的地基开挖、管道埋设、地面平整等，都会极大地改变已处于平衡状态的原始地貌、水系和植被，产生大量的废弃土石(建筑垃圾)，当对开挖面、尾矿、弃土和弃渣处理不当时，将引发一系列多载体、多类型的生态环境问题，如水力侵蚀、风力侵蚀、道路侵蚀、滑坡、泥石流、河道淤积和洪涝等灾害(蔡崇法等, 2000)。随着国民经济的快速发展，这类侵蚀问题越发严重，侧面反映出人-地关系的激烈矛盾。

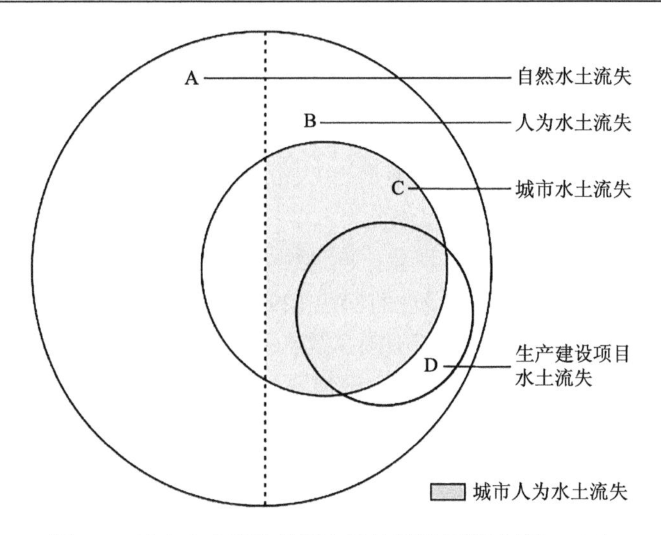

图 6-1　城市水土流失的概念结构框架(顾祝军等, 2022)

6.1.3　生产建设项目与道路建设

在工矿、交通、城镇等工程建设中，开挖山体、边坡会搅动原始地层，不合理地排放弃土、弃渣而引发新的土壤侵蚀和滑坡、泥石流灾害。自 20 世纪 80 年代以来，国民经济快速发展，带来了工矿、交通、城镇等基本建设的大发展，同时也引发了新的环境问题，并成为国民经济建设中突出的问题(唐克丽, 2004)。

道路网指在已有土地利用格局的基础上叠加一种线状或网状的利用方式，而路面的物理性质与农地或荒坡地有着明显的差异。道路破坏植被覆盖，建设开挖产生的边坡使坡度增加，地形的改变影响区域内径流泥沙的自然汇集过程，常常使径流集中下泻，致使径流挟沙力倍增，沟谷侵蚀加剧，最终导致更为剧烈的水土流失。径流沿道路集中下泻，常常引起路面沟蚀。道路切割坡面导致坡上部侵蚀泥沙在路面堆积，弃渣的不合理处置占据河道，这些问题不仅影响流域产流产沙，还会严重影响正常交通。在乡村和偏远地区，占比很大的低等级土质道路所引起的土壤侵蚀问题也不容小觑(徐倩等, 2021)。尽管在一个流域或侵蚀区内，道路面积的绝对数量有限，但其对流域侵蚀产沙的影响却十分显著(张科利等, 2008)。

6.2　东北黑土区开垦历史

中国东北黑土区包括黑龙江省、吉林省、辽宁省东北部以及内蒙古自治区东部 4 市(盟)，总面积为 109 万 km^2，约占全球黑土区总面积的 12%，其中农地面积约 26.42 万 km^2(刘宝元等, 2008; 中国科学院, 2021)。东北黑土区地域辽阔，黑土资源丰富，是我国重要的商品粮基地，承担着国家粮食安全“稳压器”的重要责任。据统计，东北地区粮食总产量占全国粮食产量的 18.87%，其中大豆和玉米的产量分别占全国总产量的 45.16%和 33.07%(中华人民共和国国家统计局, 2012)。然而，密集的农业活动和掠夺式的开垦经营使东北黑土区被长期超负荷地开发利用，土壤侵蚀日趋严重，黑土功能退化，土地生产力减弱。

大面积开垦初期，黑土厚度可达 30～100 cm(熊毅和李庆奎, 1990)，然而，经过长期的不合理耕作，黑土平均厚度已经不足 30 cm(孙继敏和刘东生, 2001)，部分地区为 20～40 cm(中国科学院, 2021)。不仅如此，土壤侵蚀使土地利用率降低，土壤肥力下降、生物化学性状遭到破坏，产生板结现象；沟道侵蚀将大块的农田分割成小而破碎的土地(崔明等, 2007)。2011 年，我国水力侵蚀面积达 129 万 km^2，约占全国国土面积的 13.5%(中华人民共和国水利部和中华人民共和国国家统计局, 2013)；2021 年，我国水力侵蚀面积减小至 111 万 km^2，其中东北黑土区水力侵蚀面积为 14 万 km^2，约占全国水力侵蚀面积的 12.6%(中华人民共和国水利部, 2022)。土壤侵蚀成为东北黑土区农业发展的主要制约因素，缓解该区土壤侵蚀问题迫在眉睫。

6.2.1 小规模局部开发阶段

公元前 16 世纪至公元 19 世纪，东北黑土区经历了渔猎游牧、原始农业、传统农业和近代垦荒长期而缓慢的开发利用历程。土地开垦呈现出小规模局部开发的特点，大部分农田集中分布在聚落周围，耕地的分布与人口的分布高度一致。

清朝末年，清政府对黑土地实行“新政”，主要内容有“开放蒙荒”“移民实边”等，黑土地开始受到人类耕作的影响。17 世纪后期开始，东北地区的耕地面积持续增加(图 6-2)。但直到 18 世纪中后期, 东北三省垦殖率较高的农耕区还主要分布在辽宁省,吉林省仅中部(相当于今吉林市所辖的区域)被开垦；17～19 世纪，东北地区耕地覆盖的空间变化不显著，1683～1780 年，东北地区的耕地面积和耕地覆盖度都保持在较低的水平，仅以年均 1.5%的速度增加了 4 倍左右，1780～1908 年，耕地总面积再次增加了 4 倍左右，耕地覆盖度从 2.8%增加到 10%，但年增长率放缓至 1.0%；19 世纪末，清政府对东北的政策由“封禁”改为“弛禁放垦”，至 20 世纪初，东北的垦殖北界已到达黑龙江省中部(叶瑜等, 2009; Ye and Fang, 2011; Ye et al., 2012; 方修琦等, 2019)。

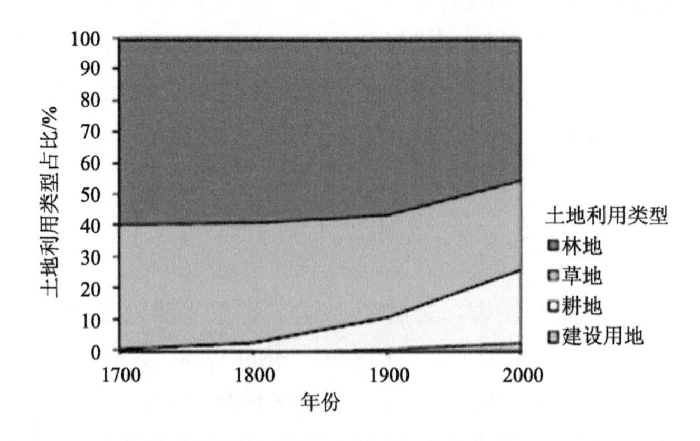

图 6-2 中国东北地区土地利用类型占比变化(Ye and Fang, 2011)

6.2.2　大范围土地开垦阶段

20 世纪初至 1948 年，东北黑土地进行了大规模掠夺式开发，东北地区耕地面积年均增长 1.4%。20 世纪 50 年代到 21 世纪，这一比例下降到 0.4%。历史记录证实，该时期耕地面积比例不断增加，甚至从 19 世纪晚期到 20 世纪早期加速增长。民国时期，移民的数量急剧增加，山东、河北等地的大量居民来到此地，在东北地区进行空前的农垦(刘猛, 2010)。新中国成立后，为解决粮食紧缺问题，国家组织了十几万军队转业官兵和 50 余万城市青年到“北大荒”开垦了 200 万 hm^2 荒地，政府对保护和利用黑土地做出一系列部署，在科技助推下，农业现代化得到快速发展。

6.2.3　现代化农业新时代

21 世纪是东北黑土区进入农业现代化、信息化时代的新起点，粮食播种面积稳步增加，粮食产量快速增长，粮食单产水平显著提高，农业机械化水平稳步提升。党的十八大以来，粮食安全保障能力稳步提升，科技创新成为农业现代化发展的主要支撑，但“用好养好”黑土地仍面临压力。

黑土区土壤侵蚀与水土保持逐步受到关注。2003 年，国家启动东北黑土区水土流失综合防治试点工程，范围涵盖 72 个小流域。2005 年开始的水土流失与生态安全综合科学考察，就黑土区自然环境与社会经济、土壤侵蚀现状与趋势、水土流失危害、水土流失成因、水土保持成效与经验等开展了系统调查、分析和总结(水利部等, 2010)，为该区土壤侵蚀研究和水土保持工作的快速发展奠定了基础。国家科学技术部、国家自然科学基金委员会、水利部等单位高度重视黑土区土壤侵蚀问题，先后启动了东北黑土区坡面水土流失综合治理技术、东北黑土区侵蚀沟生态修复关键技术研发与集成示范、黑土侵蚀防治机理与调控技术等重大项目，在土壤侵蚀过程与机理、水土流失时空变化与驱动机制、土壤侵蚀环境效应、水土保持综合治理等诸多方面取得了丰硕的成果，为黑土地保护和生态环境建设提供了强有力的科技支撑(张光辉等, 2022)。

6.3　开垦时间与土壤性质

区域土壤发展的历史是土地不断被开垦利用的历史，土壤在开垦过程中，周期性的耕作活动影响土壤环境，引起土壤性质的改变，区域土壤质量受到威胁，因此，开垦时间与土壤性质存在一定联系(胡琴等, 2020)。开垦将导致土壤理化性质发生变化，相关研究集中于土壤水分、土壤质地等物理性质变化和土壤有机碳等化学性质变化。另外，土壤的微生物环境和功能也会受到影响(董炜华等, 2022)。

6.3.1　土壤物理性质变化

农业活动如耕作、灌溉和施肥等影响土壤的物质组成和形态结构。周期性耕作扰动表层土壤，改变土壤孔隙大小和分布，使得耕作层充分混合而土壤性质相对均一，具有较好的透水性和通气性，对土壤系统水、气和热量的迁移和转化有一定影响。农地的开垦将增加表土层的土壤容重，破坏土层团聚体，降低土壤大孔隙度但增加小孔隙度，减小土壤饱和导水率(李海强, 2021)。我国东北黑土区大规模土地开垦的年限已有 60 年，常年集约型的机械化耕作使黑土总孔隙度和渗透能力急剧降低，导致土壤退化和土地生产力显著下降(韩晓增和李娜, 2018)。同时，由于严重的水土流失和不合理的土地管理，坡地黑土厚度每年减少 0.1～0.5 cm，深厚的黑土腐殖层从最初的 60～70 cm 下降到 20 cm。开垦年限越长，农地土壤砂粒含量越高，黏粒含量越低，土壤的容重增加(焦燕等, 2009)。

6.3.2 土壤化学性质变化

开垦对土壤 pH、元素种类和含量产生影响。东北黑土区开垦 85 年的耕地 0～20 cm 和 20～40 cm 土层的有机碳含量分别比荒地同等深度低 19.93%和 25.51%(迟美静等, 2018)；干旱区草地开垦为耕地导致土壤有机碳下降 15.70%(Li et al., 2007)，浅层土壤有机碳密度随耕作年限的延长而增加，深层土壤有机碳密度仅在开垦 25 年以上的农地中有所增加(曹琪琪等, 2022)；新疆绿洲未开垦地在开垦初期会增加土壤总有机碳的含量，随着种植年限的延长，其增加趋势减缓，粉砂粒和黏粒有机碳成为绿洲农田土壤的主要碳库(唐光木等, 2010)。

6.3.3 土壤剖面性质变化

开垦使土壤综合质量水平发生变化。黄河三角洲盐碱地土壤质量随开垦年限增加而升高，已开垦样地的土壤质量均高于未开垦样地，开垦 30～35 年后土壤质量趋于稳定(胡琴等, 2020)。新疆绿洲开垦 9 年以上的农田，土壤养分和有效养分含量随着开垦年限的增加呈先增加后趋于平稳的趋势，开垦 9 年后土壤质量开始退化(张晓东等, 2016)。黑土的颗粒组成受开垦历史影响的程度较小，其质地没有发生显著变化，黑土中有机质、全氮、全硫和全磷的含量随着黑土开垦时间的增加而不断降低，速效磷含量随黑土开垦时间的增加有增高的趋势(汪景宽等, 2002)。

6.4 磁化率与侵蚀强度时间耦合原理

6.4.1 磁化率与土壤侵蚀的关系

土壤剖面的磁化率具有特定的分布规律，即表层增强性。在不同成土环境下，经过漫长的成土过程，不同类型的土壤形成了各自的地带性特征，而对于弱磁性母质发育的土壤而言，表层土壤的磁化率明显高于亚表层，磁化率随土壤深度的增加而逐渐减小，母质层土壤磁化率最低。表层增强性在温带地区极为明显，而在干旱区和低温区不明显(Le Borgne, 1955; Mullins, 1977; 卢升高, 2003)。磁化率技术是一种高效且可以有效测量由耕作引起的土壤迁移的方法，从而为估算耕地土壤侵蚀速率提供技术支撑(Zhang et al., 2009)。

6.4.2 开垦时间与侵蚀强度变化

人类活动对侵蚀的加速作用有许多方式，以人为破坏植被的耕作活动影响最大，具有范围广、类型多、后果严重等特点(查小春和唐克丽, 2000)。耕作活动在时间尺度上表现出强烈的周期性和重复性，土壤耕作侵蚀随开垦年限的增加而累积，表现出开垦年限越长侵蚀越剧烈的规律(表 6-1～表 6-3)。然而，开垦时间是表征土壤侵蚀历史的不可逆的矢量指标，随着时间的流逝，历史时期的土壤样本已不可获取，只能利用土壤侵蚀的空间异质性解决时间尺度的历史问题，即获取不同开垦年限耕地的土壤样本，探究开垦时间与侵蚀强度的关系，为探索区域土壤侵蚀规律提供有力支撑。

表 6-1 黄土高原不同侵蚀年限土壤产沙情况(查小春和唐克丽, 2000)

观测年份	侵蚀年限/年	年侵蚀性降水量/mm	ΣEI_{30}* /[J/(m^2·mm·a)]	侵蚀模数 /[t/(km^2·a)]	侵蚀量** /[(t·km^{-2})/(J·m^{-2}·mm^{-1})]
1989	林地(0)	231.6	1068.3	2.20	0.002
1989	1	210.9	1062.8	2031.15	1.91
1990	2	316.4	1773.4	11064.10	6.24
1991	3	245.1	1451.9	9609.34	6.62
1992	4	170.3	301.2	7380.18	8.51
1993	5	149.1	947.0	8255.00	8.72
1994	6	182.1	2093.8	18674.09	8.92
1995	7	213.3	1642.0	16667.36	10.15
1996	8	183.9	835.7	10237.53	12.25
1997	9	40.8	119.9	2274.61	18.98
1998	10	90.8	250.9	6657.31	26.53

*ΣEI_{30}表示年降雨侵蚀力，降雨动能与最大 30 min 雨强的乘积EI_{30}是最常用的降雨侵蚀力指标。

**单位降雨侵蚀力引起的侵蚀量。

表 6-2 黄土高原地区不同开垦年限坡耕地坡面土壤侵蚀强度分异(王晓燕和田均良, 2005)

样地号	坡长/m	坡度/(°)	^{137}Cs 含量/(Bq/m^2)	耕垦年限/年	侵蚀模数/[t/(km^2·a)]	侵蚀强度级别*
7	110	19.3	316.46	60	13491	极强烈侵蚀
8	64	18.0	439.05	60	11284	极强烈侵蚀
9	52	18.2	551.43	60	9738	极强烈侵蚀
10	70	22.6	327.67	60	12346	极强烈侵蚀
11	32	25.4	470.33	60	10818	极强烈侵蚀
12	24	21.9	479.11	60	10693	极强烈侵蚀
38	21	6.4	552.57	50	9724	极强烈侵蚀
34	23	13.1	1160.50	50	5382	强烈侵蚀
18	70	17.9	162.15	44	17934	剧烈侵蚀
19	52	13.4	610.67	44	9043	极强烈侵蚀

续表

样地号	坡长/m	坡度/(°)	^{137}Cs 含量/(Bq/m^2)	耕垦年限/年	侵蚀模数/[t/(km^2·a)]	侵蚀强度级别*
1	33	23.0	168.02	40	17735	剧烈侵蚀
2	37	31.6	611.69	40	9032	极强烈侵蚀
21	8	27.3	629.90	35	8122	极强烈侵蚀
5	105	24.6	573.45	30	11097	极强烈侵蚀
6	30	21.8	641.56	30	10107	极强烈侵蚀
3	103	26.0	537.86	20	17303	剧烈侵蚀
4	15	30.0	257.92	20	26600	剧烈侵蚀
35	39	25.9	1664.13	12	8121	极强烈侵蚀
16	34	17.8	2089.61	9	2250	轻度侵蚀
33	29	12.6	2125.85	5	3679	中度侵蚀

*侵蚀强度级别按水利部颁布的《土壤侵蚀分类分级标准》(SL 190—2007)划分。

表 6-3　东北黑土区开垦时间与侵蚀强度的关系

作者及年份	研究区域	研究对象	土壤类型	开垦年限/年	面积/km^2	定量方法	侵蚀深度/(mm/a)	侵蚀速率/[t/(km^2·a)]
沈波和杨海军, 1993	松辽流域	流域	黑土	—	776400	松辽水利委员会数据	—	−2884.59
Yang et al., 2003	吉林省榆树市和德惠市	黑土 A 层	黑土	—	—	RUSLE	−4.5～−0.5	—
Fang et al., 2006a	吉林省德惠市	坡耕地	黑土	50～60	—	^{137}Cs、粉煤灰	−11.5～4.0	−6000～−2620
方华军等, 2005	吉林省德惠市	坡耕地	黑土	—	—	^{137}Cs	—	−6200～10610
Yang et al., 2011	吉林省莫家沟盆地	坡耕地	黑土	—	1.667	^{137}Cs	−1.2	−3758～−453
						^{210}Pb$_{ex}$	−1.9	−3806～−342
阎百兴和汤洁, 2005	吉林省八家庙村	坡耕地	黑土	150	—	^{137}Cs	−0.4～−0.3	−3940.3～−3033.6
范昊明等, 2005	东北黑土区	区域	黑土	—	1032000	—	−10.0～−3.0	—
Fang et al., 2006b	吉林省德惠市	坡耕地	黑土	—	—	^{137}Cs	—	−3837～3534
崔明等, 2007	鹤山农场	坡耕地	黑土	—	—	实验小区观测数据	—	−5000～−3000
刘宝元等, 2008	鹤山 8 号流域	坡耕地	黑土	—	4.643	^{137}Cs、径流小区	−2.0	−4427～−885
赵会明, 2008	克山县	县域	黑土	—	318700	—	−10.0～−5.0	−2720
王禹, 2010	克山县	坡耕地	黑土	100 54	—	^{137}Cs、^{210}Pb$_{ex}$	—	−1890 −3771

续表

作者及年份	研究区域	研究对象	土壤类型	开垦年限/年	面积/km²	定量方法	侵蚀深度/(mm/a)	侵蚀速率/[t/(km²·a)]
王禹, 2010	克山县	坡耕地	黑土	100	—	^{137}Cs、小波分析	—	–3054
王禹, 2010	克山县	坡耕地	黑土	100 50	—	^{137}Cs	—	–3054 –3548
赵振和杜宪, 2011	鹤山农场鹤北小流域	流域	黑土	—	28	RUSLE	–0.2	–4803.5～0
Fang et al., 2012	鹤山农场	流域	黑土	—	0.285	^{137}Cs	—	–5680～17140
冯志珍等, 2017	宾县宾州河流域	坡耕地	黑土	80	375	^{137}Cs	—	上游：–8088～–315；中游：–5072～–1831；下游：–3905～2823
于寒青等, 2012	黑龙江省拜泉县	坡耕地	黑土	—		^{137}Cs	—	等高耕作：–2300；顺坡耕作：–3500
Fang et al., 2013	鹤山农场	流域	黑土	—	0.285	^{137}Cs、^{210}Pb$_{ex}$	—	–10650～16690
An et al., 2014	黑龙江省东山流域	流域	黑土	—	2.34	^{137}Cs	–0.8	–3589～ 5363
Guo et al., 2015	东北黑土区	地区	黑土	—	—	径流地块	—	–9596～–33
孙禹等, 2015	克山县	古城小流域	黑土	—	328.52	CSLE	—	–414.96
赵鹏志等, 2017	克山农场	坡耕地	黑土	—	—	土壤位移模型、USLE	—	耕作: –2～702；水蚀: –10117～–596
张加子琦等, 2020	克山农场	坡耕地	黑土	50	—	^{137}Cs	—	3315.64
高青峰等, 2018	哈尔滨主城区	八大流域	黑土	—	1096.71	RUSLE	—	–1272.61～0
Yu et al., 2019	鹤山农场	坡耕地	黑土	60	0.1584	磁化率	–9.0	–4630.5
顾治家等, 2020	鹤山农场	坡耕地	黑土	—	—	径流小区监测数据	—	–2583.48～–419
何彦星等, 2021	克山农场	坡耕地	黑土	50	—	^{137}Cs	—	–3801.71
刘华征等, 2022	克山农场	坡耕地	黑土	70		^{137}Cs	—	直型坡：–3040；复合型坡：–3395；凹型坡：–4220

6.4.3　侵蚀强度随时间变化解析

土壤磁化率特征是定量研究土壤侵蚀速率及腐殖质层退化的理论依据(刘青松和邓成龙, 2009)。开垦时间能够表征土壤侵蚀历史，随着开垦年限的增加，土壤侵蚀程度发生不可逆改变。东北黑土区的开垦历史较短且可追溯，开垦年限数据相对精确，利用该指标研究历史时期农地土壤侵蚀现状，分析区域土壤侵蚀时空异质性，能够为探索区域土壤侵蚀规律提供有力支撑。Liu 等(2015)以土壤磁化率为主要指标分析东北黑土区土壤再分配模式与土地利用类型、坡面位置、开垦时间的关系；Yu 等(2017)对东北地区不同开垦年限耕地和林地剖面的土壤磁化率数据进行分析，认为磁化率可以作为土壤侵蚀评价的可行性指标。在磁化率技术的基础上，土壤侵蚀强度与时间的耦合关系的研究思路有两种：①比较研究。已有研究成果多探索单一开垦时间、多种土地利用类型的土壤磁性，部分研究结果可做横向比较，侧面反映侵蚀强度与开垦时间的耦合关系，但缺乏标准化过程，易在选地、采样、测试等多个环节出现误差。②时空交互研究。选取同一区域不同开垦年限的农地坡面，探讨不同开垦年限坡面土壤磁化率的空间分异特征，并评价不同开垦年限坡面土壤侵蚀现状，将土壤侵蚀强度和时间建立联系。

6.5　坡面土壤侵蚀规律研究

6.5.1　研究思路

东北黑土区是我国重要的商品粮基地，其土壤状态直接关系到粮食产量的高低。土壤侵蚀导致土壤结构破坏、黑土层变薄，土地肥力日益退化，因此，防止土壤侵蚀是该地区的当务之急。在气候、地形、土壤特性的共同影响下，东北黑土区坡面土壤流失现状为，大量的泥沙并未进入河道，而是在农地坡面上再分配。

本节针对坡面尺度土壤侵蚀进行定性研究，验证坡面侵蚀规律，用时空变化代替时间变化，探究不同开垦年限农地土壤磁化率特征，明晰开垦年限对农地土壤再分配的影响机理。东北黑土区开垦历史较短，现存有全面的开垦历史资料，在此基础上，结合鹤山农场志和对当地老乡的采访，确定农地开垦年限，选取下垫面特征相似、开垦年限不同的农地。在每个坡面上，沿坡向布设采样线并采集土样，测定样品磁化率，阐述农地坡面土壤磁化率分布规律，分析开垦年限、坡面位置与土壤再分配的关系。

6.5.2　技术路线

本节研究技术路线如图 6-3 所示。

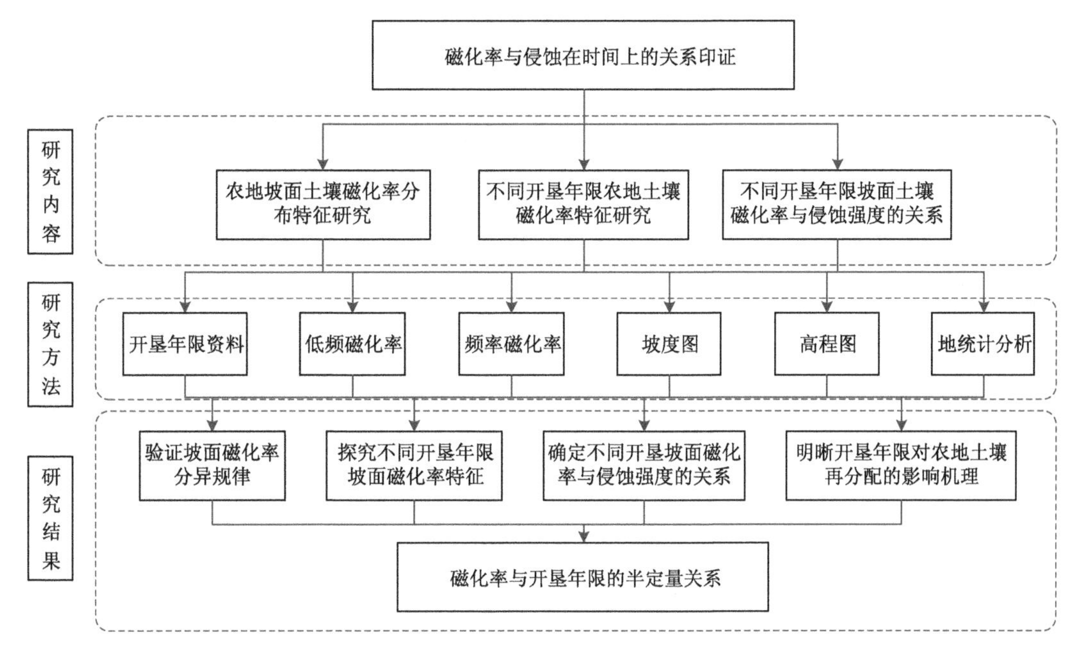

图 6-3　研究技术路线图

6.5.3　土样采集与处理

1. 研究区概况

研究区位于我国东北黑土区黑龙江省黑河市嫩江市鹤山农场，地理坐标为 125°9′E～125°21′ E，48°56′N～49°1′ N。该区海拔 260～360 m，多长坡缓坡，坡度为 2%～14%，坡长为 500～4000 m（Zhang et al., 2007）。东北黑土区属于温带大陆性季风气候，四季分明，雨热同期，夏季温热多雨，冬季寒冷干燥。鹤山农场属于半湿润气候，年均温为 0°C，年平均降水量为 534 mm，超过 90%的降水集中在 5～9 月。由于土壤侵蚀严重，研究区黑土的平均厚度不足 30 cm（孙继敏和刘东生, 2001）。黑土的面积最大，集中分布在平岗地和缓坡地带（刘宝元等, 2008）。

鹤山农场是东北商品粮基地的重要区域，生产大豆和玉米，有“大豆之都”的美誉。该地区耕作历史较短，19 世纪 60 年代以前，东北是禁止耕作的地区，只在居民点附近有零星分布的农地，原始植被为林地和草地，直至 1949 年鹤山农场成立，农业耕作才发展起来。清朝末年，清政府对黑土地实行“新政”，主要内容有“开放蒙荒”“移民实边”等，黑土地开始受到人类耕作的影响。民国时期，移民的数量急剧增加，来自山东、河北等地的大量居民来到此地，在东北地区进行空前的农垦（刘猛, 2010）。至 20 世纪初期，东北的垦殖北界已到达黑龙江省中部，即鹤山农场所在区域（叶瑜等, 2009）。

2. 野外采样与处理

鹤山农场建立于 1949 年，开垦年限较短，通过查阅众多科学研究文献、地方志和农场志，以及访问当地居民，确定农地的开垦年限。在黑龙江省农垦九三管理局鹤山农场管辖范围内选取不同开垦年限的农地。第一，翻阅农场志确定大致开垦年限及地块边界，向农场员工了解农地开垦情况、大致开垦年限和开垦范围，选取多块不同开垦年限的农地；第二，实地调查农地基本信息，包括农地地块面积、农地宽、坡长、坡度、坡向和耕作措施等，评价该农地是否适合采样；第三，访问当地年龄较大的员工及居民，确认农地开垦年限信息；第四，比较确认后的农地信息，选取开垦年限、坡度、坡长适中的地块，确定采样地块经纬度信息；第五，根据采样地块的特征，布设采样样线，确定采样间隔，布设采样点。

在土壤磁化率研究中，最普遍的采样方法是传统的大量采样，土壤样品经实验室处理后装盒测量磁化率。然而，预处理的过程十分烦琐，耗费大量的时间和人力。为了节省时间和精力，Liu 等(2016)根据 Bartington 磁化率仪 MS2B 测量探头的尺寸设计了一种改进的原状土壤样本采样器和配套的 PVC 样品盒(图 6-4)。这种采样器直接采集原状土壤样品，省去研磨和过筛等步骤，风干后直接测定磁化率，缩短了 58%(坡面尺度)、70%(小流域尺度)和 85%(区域尺度)的实验时长，低频磁化率和高频磁化率的平均误差分别是传统方法的 8.5%和 8.2%(Liu et al., 2016)。本研究土壤样品的采集均使用这种改进的原状土壤样本采样器和配套的 PVC 样品盒，采集剖面上每 10 cm 土壤中间 2.5 cm 的土样。

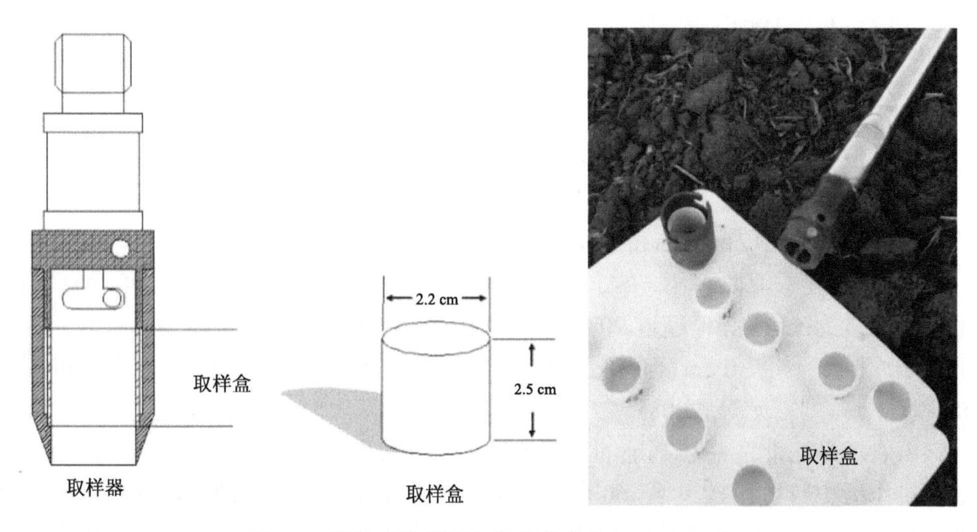

图 6-4　磁化率取样器及取样盒(Liu et al., 2016)

选取 110 年为最长开垦年限，以天然林地作为对照，即开垦年限为 0 年。根据历史事件和国家政策的时间，选定 110 年(闯关东)、60 年(九三农场建场)、30 年、20 年，共 4 个开垦年限，调查选定地块的坡度和管理方式，坡度小于 8°，无撂荒历时，选取 4 个有代表性的典型农地坡面。尽量选取坡型均一、坡度相差不多、开垦年限不同的 4 个农地坡面和 1 个林地参考坡面，开垦年限分别为 110 年、60 年、30 年、20 年、0 年(天然林地)，用 A、B、C、D、E 表示(表 6-4)。在各坡面顺垄方向设计一条样线，等间距布设若干采样点，由于不同开垦年限坡面的坡长不一致，每条样线上的样点数量为 8～16 个，样点间隔在 20～100 m。对于每个采样点而言，采集 0～50 cm 剖面样，每 10 cm 采一个样，每个采样点 3 个重复。每个土壤样品单独取样，直接采集原状土至高 2.5 cm，直径 2.2 cm，体积为 9.5 cm^3 的圆柱形取样筒内，上下加装带孔透气塑料盖，盖子与土样间用薄纸隔开，按照开垦年限、采样点和采样深度编号分装，带回室内待处理。个别采样点在 50～60 cm 深度几乎为砂质土壤，十分易散，多次采样都没有将土壤带出地表，样品滑落。因此，5 个坡面共 51 个样点，除去 5 个土样没有采集成功，共计 760 个土壤样品。各样线及采样点信息见表 6-4。

表 6-4　不同开垦年限采样点信息汇总表

样线编号	开垦年限/年	经度	纬度	坡度/(°)	坡长/m	坡向	采样点数	土地利用类型
A	110	125°12′27.7″E	48°56′54.9″N	2.2	1500	北	16	农地
B	60	125°20′20.4″E	49°00′30.0″N	2.4	900	西	10	农地
C	30	125°09′27.3″E	48°58′33.6″N	5.1	350	北	8	农地
D	20	125°09′34.3″E	48°58′17.5″N	2.2	200	南	9	农地
E	0	125°08′58.2″E	48°58′05.9″N	3.8	400	北	8	林地

3. 室内分析程序

采集土壤样品之前，需要做一些室内准备工作。首先，按照设计图纸加工“改进的原状土壤样本采样器”、配套的 PVC 样品盒和盒盖；其次，为了高效地获取数据，制作科学合理的野外采样记录表、室内试验数据表及与其对应的电子表格，供野外及室内实验时填写；最后，将土样盒按顺序编号，并测量每一个土样盒的质量，估算盒盖的质量，方便计算土壤净重量。

采集不同开垦年限、不同坡位的土壤样品共 760 个，带回实验室，将土壤样品塑料盒的上盖取下，分批次放入烘箱内，设置 35℃烘烤 15 h，取出后称重，每个土样重约 15g，再计算土样净重量。

使用英国 Bartington 公司生产的 MS2 磁化率仪测定土壤磁化率，在测定之前，先预热机器 10 min 左右，直至机器测量值稳定在 0.2 的误差内，土样测量之前和之后均需测量一个空气值，以监测仪器的稳定程度，计算时去除空气值，即为土壤样品磁化率。分别在低频(0.47 kHz)和高频(4.7 kHz)外加磁场下，测定土壤样品低频体积磁化率(κ_{lf})和高频体积磁化率(κ_{hf})，通过式(1-1)～式(1-3)计算每个土壤样品的低频质量磁化率(χ_{lf}, 以下简称低频磁化率)、高频质量磁化率(χ_{hf}, 以下简称高频磁化率)和频率磁化率(χ_{fd}%)。

4. 数据与结果分析

磁化率平均值($\overline{\chi}$)是磁化率总和与每个坡面样点数量的比值：

$$\overline{\chi}=\frac{1}{n}\sum_{i=1}^{n}\chi_i \tag{6-1}$$

磁化率标准差(SD)为方差的算术平方根：

$$SD = \sqrt{\frac{\sum_{i=1}^{n}(\chi_i - \overline{\chi})^2}{n-1}} \tag{6-2}$$

磁化率变异系数(CV)为标准差与平均值的比值：

$$CV = \frac{SD}{\overline{\chi}} \times 100 \tag{6-3}$$

磁化率的变化率(R)为天然林地土壤磁化率(χ_f)与农地土壤磁化率(χ_c)的差值和天然林地土壤磁化率的比值：

$$R = \frac{\chi_f - \chi_c}{\chi_f} \times 100 \tag{6-4}$$

本书利用 Microsoft Excel 软件计算和处理数据，利用 Origin 软件绘制统计图。除了这些统计分析方法之外，为了更加直观地表现坡面土壤磁化率及其再分配规律，利用 ArcGIS 软件工具箱(toolbox)模块中的插值(interpolation)功能，将测量和计算获得的磁化率数据插值到连续坡面上，制成面上表层土壤磁化率分布图，再进行深度分析。野外取样过程中，采集各采样点的经纬度信息，输入到 shp 矢量文件的相应字段中，并与该点的土壤磁化率对应起来。将编辑好的 shp 矢量文件添加到 ArcGIS，选择克里金(Kriging)法对磁化率进行插值，得到土壤磁化率坡面和剖面分布规律，从而分析土壤侵蚀和沉积规律。

6.6　不同开垦坡面土壤磁化率分布特征

6.6.1　不同开垦年限土壤磁化率统计分析

低频磁化率(χ_{lf})反映土壤样品总体磁性高低，土壤中大部分磁性物质来自亚铁磁性矿物(Mullins, 1977; Thompson and Oldfield, 1986)。土壤 χ_{lf} 的大小取决于成土母质、成土过程和土壤再分配，所有土壤磁化率都具有表层增强特点，这一特征在弱磁性母质发育的土壤中尤为明显(Ayoubi et al., 2012; de Jong et al., 1998; Dearing et al., 1986; Jordanova et al., 2014; Karchegani et al., 2011; Liu et al., 2015)。

野外采样测定结果表明，农地 χ_{lf} 为(2.19～97.43)×10^{-8} m^3/kg，χ_{fd}%为 1.68%～12.40%，天然林地 χ_{lf} 为(6.87～172.52)×10^{-8} m^3/kg，χ_{fd}%为 6.85%～11.83%，说明不发生侵蚀和沉积的天然林地坡面磁化率大于农地坡面(表 6-5)。虽然农地土壤磁化率的变化范围大于天然林地，但农地土壤磁化率的平均值远远小于天然林地土壤磁化率的平均值。天然林地 χ_{lf} 平均值为 68.05×10^{-8} m^3/kg，而农地仅为(23.10～43.12)×10^{-8} m^3/kg；天然林地 χ_{fd}%平均值为 9.68%，农地为 7.26%～9.90%。不仅如此，两种土地利用类型相比，天然林地的磁化率标准差更大，变异系数更小，说明 χ_{lf} 与土地利用类型关系密切。对比不同深度土壤的磁化率，发现其具有表层增强的特征，χ_{lf} 由土壤表层向下逐渐减小，变化幅度在林地坡面表现最为显著，而在农地坡面随开垦年限的增加而减小(图 6-5)，说明开垦年限大的坡面土壤再分配过程强烈。

表 6-5　不同开垦年限土壤样品描述性统计指标

样线编号	开垦年限/年	变量	采样深度/cm	样品数量	最小值	最大值	平均值	标准差	变异系数
A	110	χ_{lf}	0～50	237	6.01	91.62	23.10	15.93	0.69
		χ_{fd}%	0～50	237	1.68	11.68	7.26	2.38	0.33
B	60	χ_{lf}	0～50	150	2.47	72.63	23.91	18.06	0.76
		χ_{fd}%	0～50	150	1.73	11.95	7.49	2.65	0.35
C	30	χ_{lf}	0～50	120	2.19	97.43	43.12	28.94	0.67
		χ_{fd}%	0～50	120	5.56	12.40	9.90	1.14	0.11
D	20	χ_{lf}	0～50	133	4.00	87.17	33.87	19.99	0.59
		χ_{fd}%	0～50	133	4.07	11.80	8.90	1.56	0.18
E	0	χ_{lf}	0～50	120	6.87	172.52	68.05	39.30	0.58
		χ_{fd}%	0～50	120	6.85	11.83	9.68	0.90	0.09

注：χ_{lf}的最小值、最大值、平均值、标准差的单位为 10^{-8} m^3/kg；χ_{fd}%的最小值、最大值、平均值、标准差的单位为%。

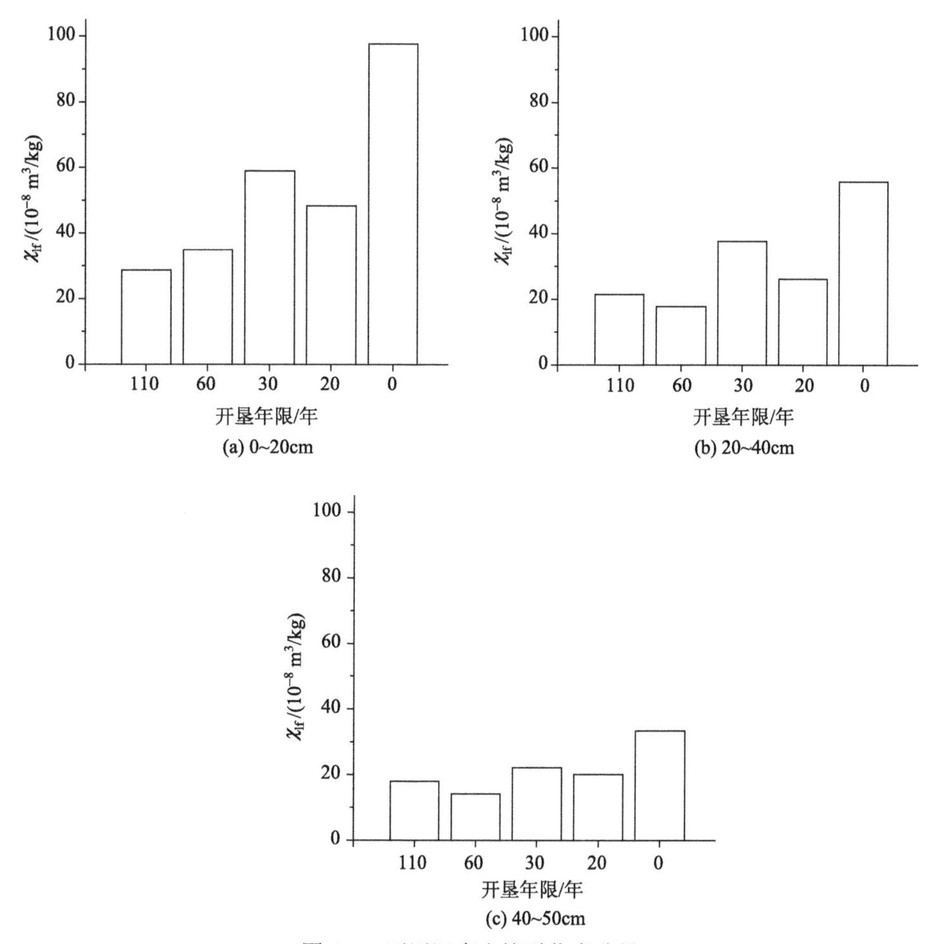

图 6-5　不同深度土壤磁化率分异

农地和天然林地土壤磁化率(χ_{lf}和$\chi_{fd}\%$)在0～50 cm深度剖面中表现出相似的趋势，表层χ_{lf}通常大于亚表层和底层，至母质层减少到最小，最后趋于稳定(表6-6和图6-6)。表层0～10 cm和10～20 cm土壤属于耕层的范围，每年耕作前经历翻耕过程，使耕层土壤均匀混合，这一层土壤质地松散，与人类耕作活动直接相关，极易被侵蚀。由于耕作活动对表层土壤有混合作用，耕层范围内的土壤磁化率往往差别不会很大，在本研究中，表现为地表两层土壤磁化率几乎不变(表6-6)。本研究采集的30～40 cm和40～50 cm底层土壤也具有相似的规律(图 6-6)。随着开垦年限的增加，表层土壤磁化率的增强性被削弱，表层和底层磁化率之差在相对狭窄的范围内浮动。

表6-6　不同开垦年限剖面土壤磁化率

深度	A		B		C		D		E	
	χ_{lf}	$\chi_{fd}\%$	χ_{lf}	$\chi_{fd}\%$	χ_{lf}	$\chi_{fd}\%$	χ_{lf}	$\chi_{fd}\%$	χ_{lf}	$\chi_{fd}\%$
0～10 cm	28.25	8.54	36.26	8.92	60.96	9.89	56.35	9.31	109.54	9.18
10～20 cm	29.06	8.50	33.11	8.85	56.96	9.90	40.31	9.37	85.76	9.42
20～30 cm	24.20	7.67	18.87	7.15	43.60	10.37	28.78	8.94	62.70	10.01
30～40 cm	18.72	6.15	13.91	5.92	31.85	9.83	23.35	8.68	48.80	10.23
40～50 cm	18.01	5.59	13.28	5.91	22.24	9.49	20.11	8.29	33.45	9.54

注：χ_{lf}的单位为10^{-8} m^3/kg；$\chi_{fd}\%$的单位为%。

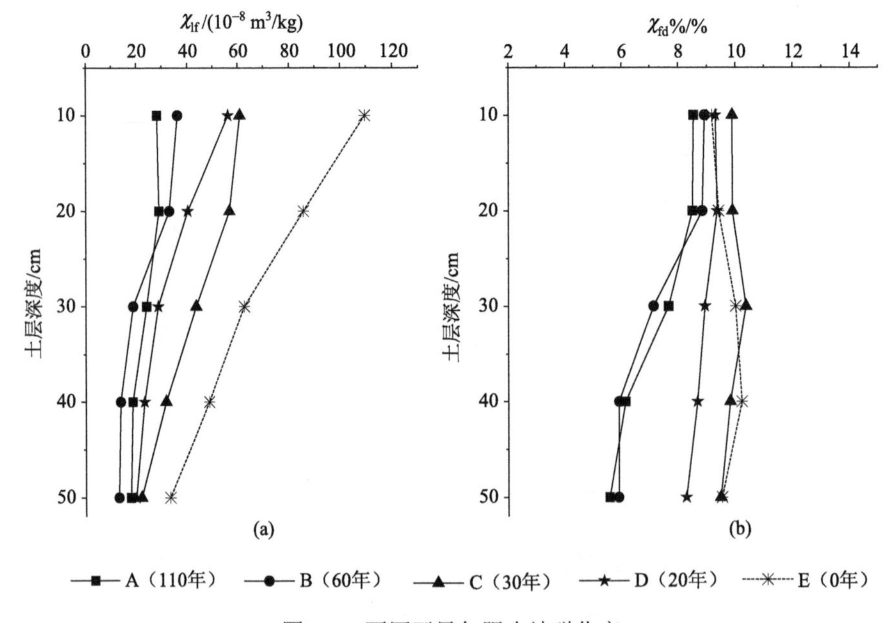

图6-6　不同开垦年限农地磁化率

农地土壤磁化率随开垦年限的增加而存在明显变化，对于开垦年限长的农地，坡面磁化率较低，亚铁磁性矿物含量较少。基于土壤磁化率大小及分布规律，将选取的4个农地坡面分为两组：第一组，包括A和B，它们都经历了相对较长时间的开垦历史，且具有相似的χ_{lf}值，集中在$(0～30)\times10^{-8}$ m^3/kg；第二组，包括C和D，它们的开垦年限较短，χ_{lf}值的变化范围相近，更接近于 E[图 6-7(a)]。值得关注的是，第一组的χ_{lf}值小于第二组，而且天然林地 E 的平均值为 $68.05\times10^{-8}m^3/kg$，是农地样线的两倍多。这说明开垦年限的长短与土壤磁化率存在一定联系，从趋势上看，开垦年限越长，样线上 χ_{lf} 值越小。与天然林地相比，各农地样线的χ_{lf}值在剖面上均远远小于天然林地样线。由此可知，χ_{lf}平均值与开垦年限呈负相关关系，即磁化率随开垦年限的增加而减小。总而言之，χ_{lf}值在某种程度上能够指示剖面的土壤侵蚀状况。

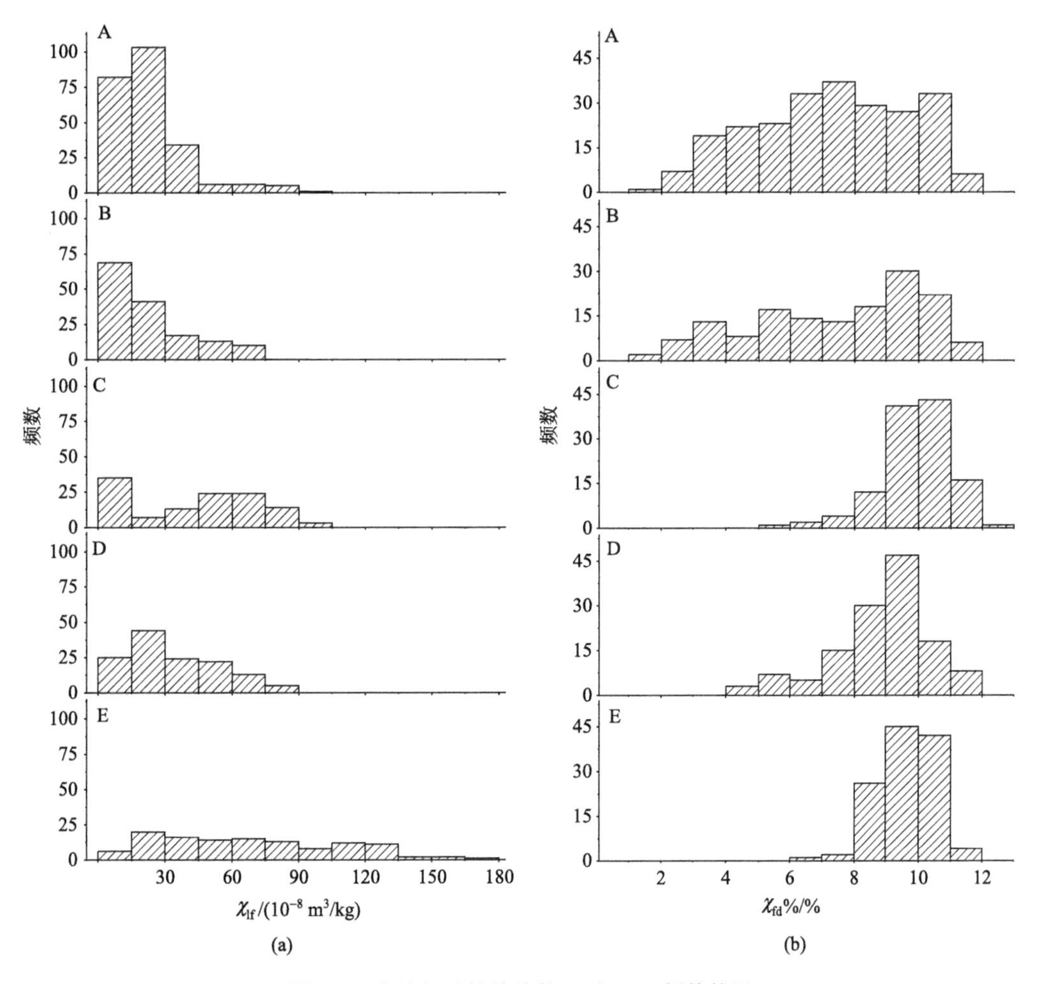

图 6-7　农地与天然林地的χ_{lf}和$\chi_{fd}\%$频数统计

在东北黑土区，大部分农地分布在坡长较长、坡度较小的坡地上，为了方便大型农业机械作业，多选择顺坡耕作，即坡向与田垄平行，这种耕作方式不利于水土保育，土壤极易被侵蚀，导致土壤随径流在坡面上发生再分配。结果表明，χ_{lf}值随开垦年限的增长而明显减小。对于开垦年限最长(110 年)的农地 A，其表层χ_{lf}值是天然林地 E 的 1/4，不同开垦年限χ_{lf}值在 0～20 cm 深度由小到大的顺序为 A<B<D<C<E，在 30～50 cm 深度由小到大的顺序为 B<A<D<C<E。

与 χ_{lf} 相似，χ_{fd}%同样对土壤中亚铁磁性物质敏感，不同的是，χ_{fd}%主要指示超顺磁性颗粒的相对含量，χ_{fd}%值越大代表超顺磁性颗粒含量越高，指示较强的成土过程(Dearing, 1994)。不同开垦年限的所有土壤样品，χ_{fd}%值在 1.68%～12.40%浮动，平均值为 8.65%。不同开垦年限样品的标准差存在明显差异，开垦年限越长标准差越小，说明开垦年限长的坡面，各样点间 χ_{fd}%差异小(表 6-5)。图 6-7(b)表示 5 个坡面 χ_{fd}%值的频数分布状况。A 和 B 的 χ_{fd}%值为 3%～10%，C 和 D 的 χ_{fd}%值为 9%～11%。然而，天然林地 E 的 χ_{fd}%值为 7%～12%，平均值为 9.68%[图 6-6(b)和 6-7(b)]。再次证明，天然林地 χ_{fd}%值大于农地，开垦年限越长 χ_{fd}%值范围越大，说明坡面再分配过程强烈。

综上所述，农地表层土壤 χ_{fd}%值高于亚表层，说明超顺磁性颗粒在农地表层富集。然而，开垦年限较长的坡面，如 A 和 B，χ_{fd}%值在不同深度具有相对明显的差异[图 6-6(b)]。因为 χ_{fd}%值自表层至底层逐渐减小，而表层与底层的差异与开垦年限有一定关联。开垦年限为 110 年的坡面，χ_{fd}%值自表层至底层减小了 52.77%；开垦年限为 60 年的坡面，χ_{fd}%值自表层至底层减小了 50.93%；开垦年限为 20 年和 30 年的坡面，χ_{fd}%值自表层至底层分别减小了 9.28%和 13.03%。由此可见，这种剖面上的差异与开垦的长短直接相关，人类耕作活动强烈地影响农地坡面的土壤再分配过程。开垦年限长的坡面上发生强烈的土壤再分配，土壤中超顺磁性颗粒随土壤移动，坡上磁化率较大的表层土壤流失，被搬运到坡下沉积区，使得坡上磁化率较低的亚表层出露，而表土持续沉积，坡下磁化率较高。因此，表层与亚表层土壤磁化率的差异能够反映开垦阶段土壤流失状况，与开垦年限呈正相关关系。

6.6.2 不同开垦年限土壤磁化率坡面分异特征

耕作活动强烈影响坡耕地坡面上的土壤侵蚀与土壤再分配。6.6.1 节应用土壤磁化率分析了坡面侵蚀沉积过程中开垦年限的影响，不仅如此，不同坡面位置的采样点的土壤磁化率也存在明显差异。如图 6-8 和 6-9 所示，利用 ArcGIS 软件将坡面土壤磁化率进行克里金插值，获得坡面土壤磁化率 χ_{lf} 和 χ_{fd}%在 0～50 cm 采样深度的分布规律。

根据土壤坡面侵蚀规律的先验知识，坡上和坡中位置通常代表土壤侵蚀区，而坡下位置为土壤沉积区(Ventura et al., 2002)。除了 D 以外的所有农地样线，不同坡位的土壤磁化率具有一定程度的差异，坡上和坡中 χ_{lf} 值较低，坡下部位 χ_{lf} 值较高，并且这种趋势随着开垦的增加而越发明显(图 6-8)。然而，天然林地 χ_{lf} 的坡面分布规律比农地复杂得多。

与开垦年限较长的 3 条样线相比，开垦年限为 20 年的农地 D 上，坡上位置土壤侵蚀区的 χ_{lf} 值较高，与先验知识和自然规律相悖。据分析，这一现象是由人类活动造成的，总结为以下两点原因：第一，坡顶有一条乡道与农地 D 相邻，这条道路是连接农场办公区与其西边农地之间的主要交通线，在农耕的重要节点，如翻地、起垄、播种、除草、收割，大型农业机械经过此路，机械产生的富铁颗粒附着在土壤黏粒上，使土壤磁化率升高(Liu et al., 2015)；第二，道路对径流的汇聚作用加速了道路两侧的土壤侵蚀，易形成沟蚀，富铁颗粒在道路两侧富集，坡面径流挟带的富铁颗粒向农地运移。因此，农地 D 坡上的 χ_{lf} 大于其他坡位。

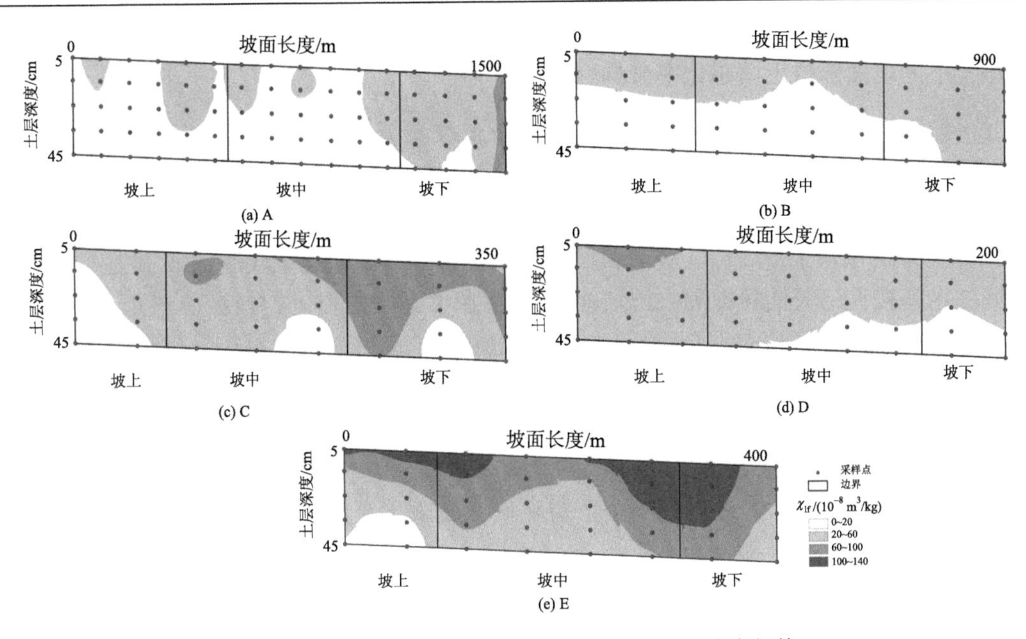

图 6-8　不同开垦年限农地剖面 χ_{lf}(0～45 cm)分布规律

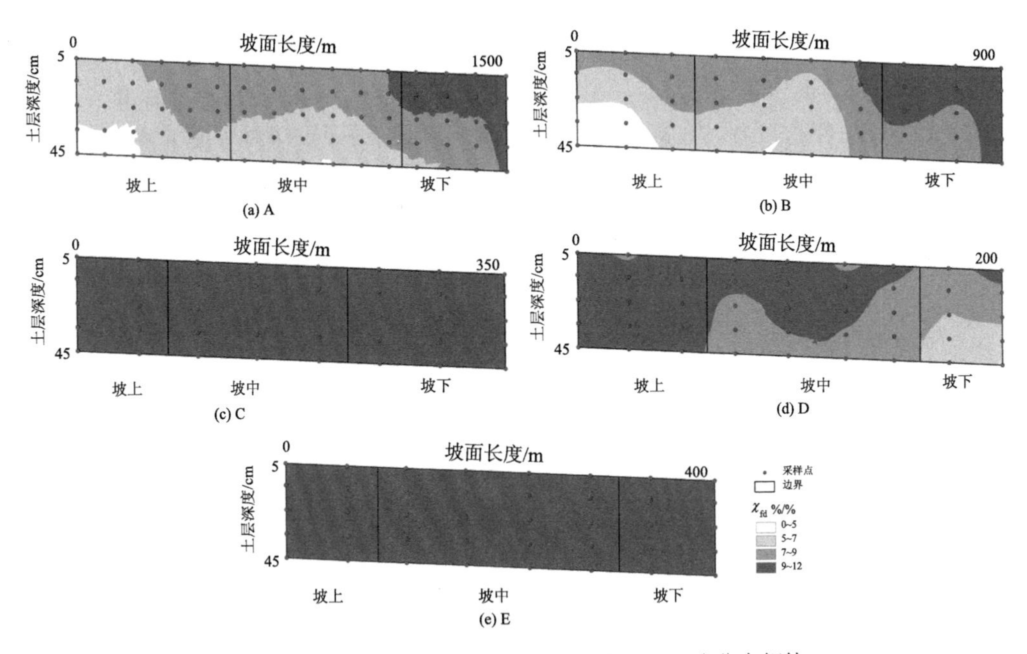

图 6-9　不同开垦年限农地剖面 χ_{fd}%(0～45 cm)分布规律

χ_{fd}%的坡面分布规律与 χ_{lf} 相似，反映坡面超顺磁性颗粒在土壤总磁性中的相对含量与分布规律。农地 A 和 B 上 χ_{fd}%值的范围较大，在 1.68%～11.95%；而其他坡面的 χ_{fd}%值则相对稳定，变化范围较小。

6.6.3 不同坡面部位土壤磁化率分异特征

一般而言，土壤剖面磁化率在一定区域内相对稳定，因为区域土壤类型及其经历的成土过程和成土环境基本一致。然而，由人类耕作活动引起的土壤侵蚀在相对短(与成土过程比)的时间内改变土壤剖面磁化率。也就是说，剖面上的土壤磁化率能够预测土壤侵蚀。将坡面划分为 3 个坡位，坡上和坡中为侵蚀区，土壤磁化率较小，坡下为沉积区，土壤磁化率较大，天然林地和农地坡面的土壤磁化率沿坡面的分异特征一致，但在开垦年限较长的农地坡面尤为明显(图 6-10～图 6-14)。结果表明，开垦年限越长，表层土壤磁化率的增强性越明显。不仅如此，坡面土壤再分配也随着开垦年限的增加而越来越强烈。坡长是建立土壤侵蚀预报模型和预测土壤侵蚀量的重要影响因子(Liu et al., 1994)。在中国东北黑土区，农地的坡度比较缓，在2%～14%，平均坡度为6%(Zhang et al., 2007)。然而，相对于坡度而言，土地利用类型对缓坡土壤磁化率及土壤再分配的影响更为重要(Sadiki et al., 2009)。

在一个完整的坡面上，不论农地还是天然林地，χ_{lf}值均遵循自坡上至坡下逐渐增加的规律(图 6-10)。坡上的 χ_{lf}值与坡中相似，坡下 χ_{lf}值高于其他两个坡位。然而，农地和天然林地的χ_{lf}值间存在明显的差异。开垦年限 20 年和 30 年的坡面与天然林地坡面χ_{lf}值的差异较小，表层(0～20 cm)土壤χ_{lf}的平均值为 72.44×10^{-8} m^3/kg。开垦年限 110 年和 60 年的坡面与天然林地坡面 χ_{lf}值的差异较大，表层(0～20 cm)土壤 χ_{lf}的平均值为 47.37×10^{-8} m^3/kg(图 6-14)。数据表明，开垦年限是影响坡面土壤再分配的主要因素。与坡上和坡中两个侵蚀坡位相比，位于沉积区的坡下χ_{lf}值在除样线 D 以外的所有农地上均较高(图 6-10)。在侵蚀区域，χ_{lf}值较小，即坡上和坡中位置；在沉积区域，χ_{lf}值较大，即坡下位置。

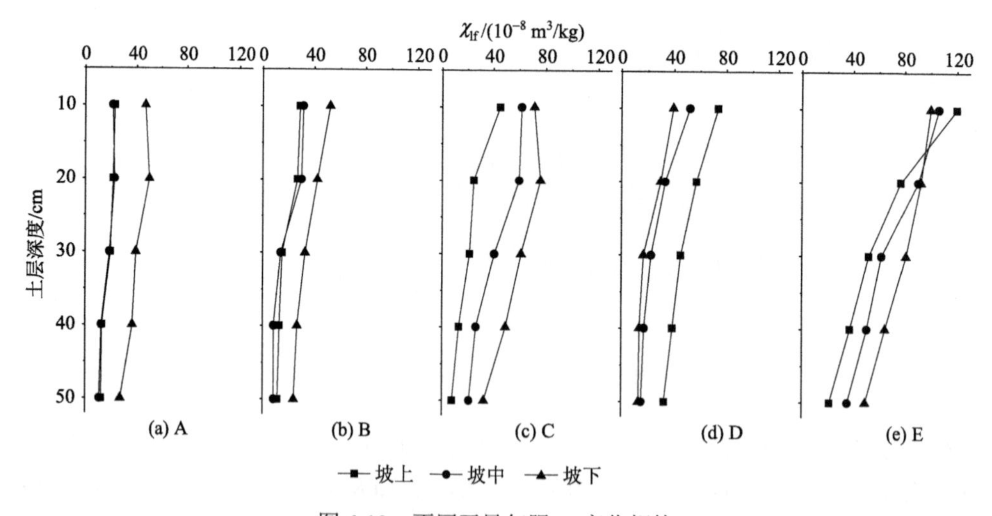

图 6-10　不同开垦年限 χ_{lf}变化规律

开垦年限较长的农地表层 χ_{lf} 值的增强性相对较弱，而且开垦年限长的农地之间(A 和 B)，χ_{lf}值变化微弱(图 6-11)。不仅如此，不同坡位 χ_{lf}值在剖面上的差异十分明显。

在坡上，A 和 B 的 χ_{lf} 值从表层至底层的变化范围较小，而其他三条样线在剖面上的变化范围较大；在坡中，受人类耕作活动影响，农地 χ_{lf} 值比天然林地小，说明土壤沿坡面方向再分配过程强烈；在坡下，农地表层 χ_{lf} 值大于其他两个坡位的表层值，因为坡下为土壤沉积区，坡上的表层土壤被径流搬运至坡下。两种土地利用类型中坡下表层土壤 χ_{lf} 值的差异远没有坡上和坡中明显。

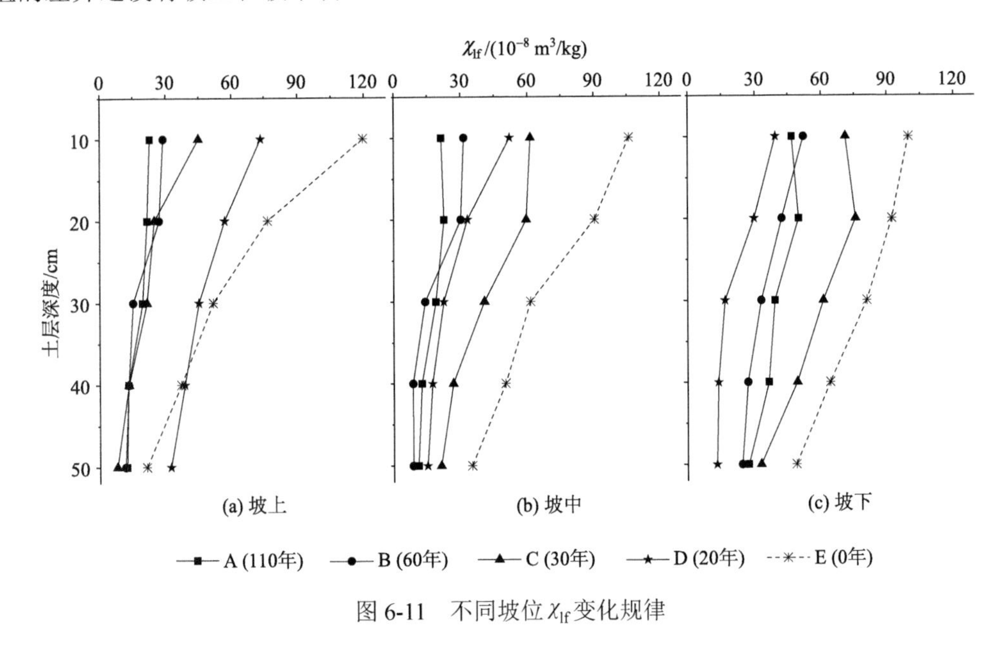

图 6-11　不同坡位 χ_{lf} 变化规律

坡面土壤磁化率的变化率(*R*)是天然林地土壤磁化率与农地土壤磁化率的差值和天然林地土壤磁化率的比值(图 6-12)。*R* 值指示农地与天然林地土壤磁化率的差异，进而评价不同开垦年限农地坡面土壤再分配的严重程度。土壤磁化率的变化率代表由耕作引起的土壤磁化率减小的程度，直接表现为各农地土壤磁化率与天然林地样线的差异。坡下的 *R* 值较小，全部小于 60%，最小的不足 20%，而坡上和坡中的 *R* 值几乎在 60%以上(图 6-12)。不仅如此，变化率自坡上至坡下持续减小。对于同一采样深度，不同开垦年限坡面样线之间的差异至少为 20%。不论开垦年限长或短，坡上属于侵蚀区域，坡下属于沉积区域，侵蚀过程发生后，侵蚀区土壤磁化率剧烈下降。而对于开垦年限较长的坡面，坡中和坡下的土壤磁化率变化率较高，这一结果揭示农地强烈的土壤再分配过程。

另外，A 和 B 的土壤磁化率在不同坡位均表现出分散的趋势，坡上与坡中的磁化率及分布规律较为相似(图 6-13)。不同坡位上土壤磁化率的差异主要由长时间的耕作引起，开垦年限不同磁化率也表现出差异性。然而，开垦年限短的坡面与天然林地的土壤磁化率几乎无差异，如 C 和 E 的 χ_{fd}%值在三个坡位均有相似趋势，这种现象表明，短时期的开垦对土壤亚铁磁性矿物中超顺磁性颗粒的分布和坡面土壤再分配的影响不足。以上结果证实了开垦年限对土壤再分配规律的重要贡献。但是，样线 D 仍然是个例外，其土壤磁化率在坡下最小而坡上最大，具体原因在 6.6.2 节已经做出分析，这里不再赘述。

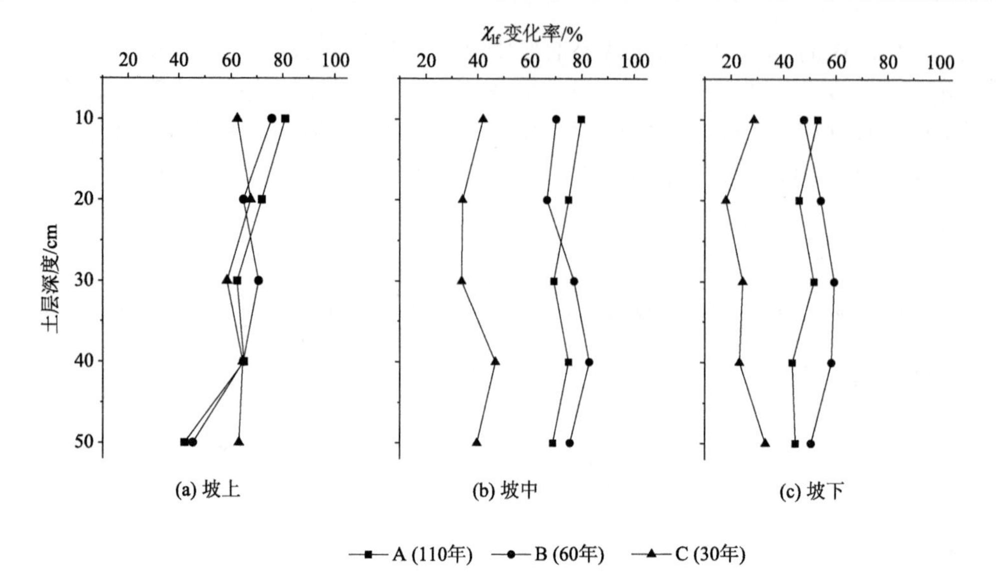

图 6-12　不同坡位 χ_{lf} 变化率的剖面分布

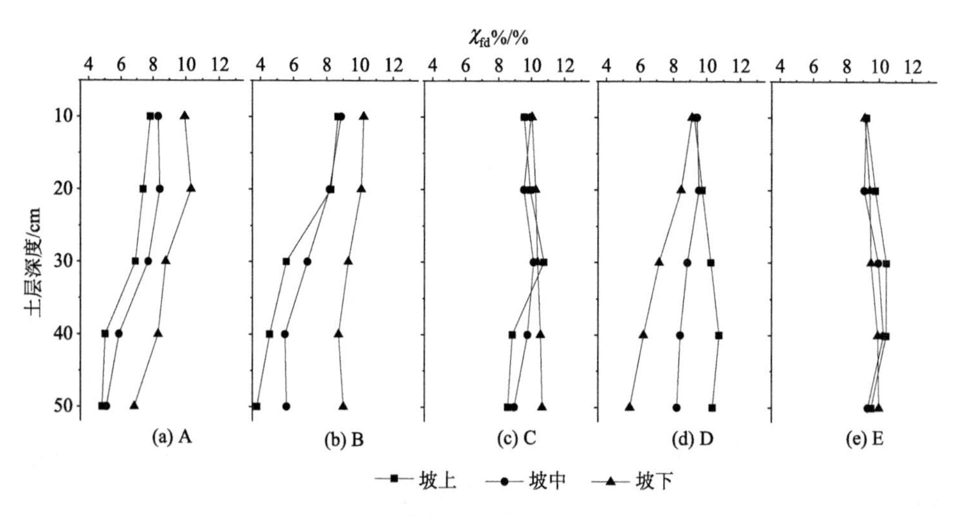

图 6-13　不同开垦年限 χ_{fd}%变化规律

表层土壤超顺磁性颗粒的异质性能够指示细颗粒物质由坡面侵蚀和沉积过程引起的土壤再分配(Liu et al., 2015)。不同坡位 χ_{fd}%变化规律如图 6-14 所示，反映坡面上土壤亚铁磁性矿物中超顺磁性颗粒的分布规律。开垦年限为 110 年和 60 年的农地 χ_{fd}%值在坡上和坡中位置小于天然林地，而开垦年限为 20 年和 30 年的农地则与天然林地相似。以上数据说明，开垦年限长的农地土壤侵蚀严重，由于超顺磁性颗粒的流失，坡上和坡中位置 χ_{fd}%值减小。各农地坡下 χ_{fd}%值表现出相似的规律(样线 D 除外)。χ_{fd}%值在坡下沉积区变高，特别是表层土壤，农地 χ_{fd}%值与天然林地相比明显升高，说明农地坡面的超顺磁性颗粒在坡下沉积。

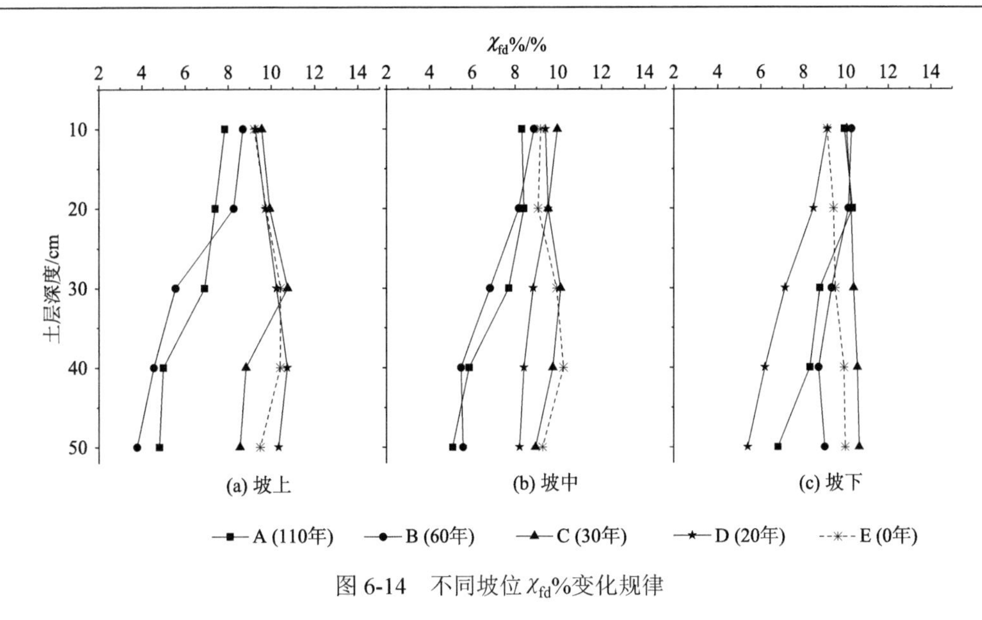

图 6-14　不同坡位 χ_{fd}%变化规律

总而言之，以上数据证实，土壤磁化率，特别是 χ_{lf}，能够有效地指示坡面土壤再分配过程。人类耕作活动改变土壤坡面再分配规律，直接表现为开垦年限对土壤侵蚀程度的影响。

6.7　不同开垦坡面磁化率与侵蚀强度的关系

6.7.1　开垦时间与平均侵蚀强度

土壤磁化率的表层增强性是自然土壤剖面的普遍特性，不同土地利用类型、开垦年限和坡面部位的表层土壤磁化率均存在表层增强，因为采样区域内土壤经历的成土过程和所处的成土环境基本一致。一般而言，坡面土壤磁化率自坡上至坡下逐渐增加，坡上表层土壤被侵蚀，搬运到坡下位置后发生沉积。Ventura 等(2002)在微型小区上进行人工降雨试验，利用磁性示踪剂探索坡面侵蚀规律，结果表明，土壤磁化率在坡面较低位置增加，即侵蚀区。本书结果与其结论一致，不同坡面的土壤磁化率不尽相同，但均表征坡面土壤再分配，与众多前辈的研究结果相似(Dearing et al., 1985, 1986; Jordanova et al., 2014; Liu et al., 2015; Yu et al., 2017)。Rahimi 等(2013)在伊朗半干旱地区一块开垦 30 年的坡耕地上采集样品，测定土壤磁化率和 ^{137}Cs 含量，他们认为全部土样 χ_{lf} 值在 $(7.32\sim57.27)\times10^{-8}$ m^3/kg 波动，平均值为 34.90×10^{-8} m^3/kg。Liu 等(2015)探究了开垦 60 年的坡耕地土壤再分配，结果表明，χ_{lf} 值在 $(6.10\sim42.20)\times10^{-8}$ m^3/kg 波动，平均值为 16.40×10^{-8} m^3/kg。本研究得到的土壤磁化率与前人研究结果相差不大。

目前为止，大部分磁化率技术的应用都是定性的，很少有成果试图探索土壤磁化率指标与土壤侵蚀量的定量关系。基于林地坡面不同坡位表层(0～20 cm)土壤磁化率平均值，将林地和农地 χ_{lf} 值相减，再与林地表层 χ_{lf} 值相除，得到不同开垦年限坡面土壤侵蚀量的相对百分比，利用土壤磁化率代替土壤侵蚀量(表 6-7)。结果表明，土壤侵蚀速率自坡顶至坡底沿坡面逐渐减小，坡上和坡中土壤侵蚀速率随开垦年限的增加而增加，而坡下土壤侵蚀速率随开垦年限的增加而减小(样线 D 除外)。在坡中和坡下，开垦 110 年农地坡面的土壤侵蚀速率约为开垦 30 年农地的 2 倍，侵蚀速率在开垦 50 年后变慢(表 6-7)。

表 6-7　不同开垦年限相对侵蚀速率

样线编号	0～20 cm χ_{lf}的平均值/(10^{-8} m^3/kg)			相对侵蚀速率/%		
	坡上	坡中	坡下	坡上	坡中	坡下
A	22.13	21.96	48.49	77.45	77.64	49.55
B	27.95	30.84	47.25	71.52	68.59	50.84
C	34.90	60.48	73.48	64.44	38.41	23.55
D	65.26	42.55	34.50	33.50	56.67	64.11
E	98.13	98.19	96.11	0	0	0

注：“0” 代表参考值。

6.7.2　开垦时间与土壤侵蚀的空间差异性

利用不同开垦年限农地平均土壤磁化率估算几个时间间隔的土壤磁化率变化速率(表 6-8 和表 6-9)，通过土壤磁化率变化速率反映土壤侵蚀速率。对于整坡而言，开垦初期年均土壤磁化率变化速率最快，前 20 年为 2.47×10^{-8} $m^3/(kg\cdot a)$，开垦 20～30 年的时间段土壤磁化率变化速率为负值，与样线 D 的异常有关。随着开垦年限的增长，年均土壤磁化率变化速率逐渐减小，由此可见，土壤侵蚀在开垦初期最剧烈，开垦 60～110 年的 50 年间，土壤侵蚀作用微弱，年均土壤磁化率变化速率仅为 1.2×10^{-9} $m^3/(kg\cdot a)$，为 0～

表 6-8　不同开垦年限年均土壤磁化率变化速率(整坡)　[单位：$10^{-8}m^3/(kg\cdot a)$]

开垦年限	0 年	20 年	30 年	60 年	110 年
0 年	—	2.47	1.29	1.05	0.63
20 年	—	—	−1.06	0.34	0.22
30 年	—	—	—	0.81	0.38
60 年	—	—	—	—	0.12

注：正值代表总体侵蚀，负值代表总体沉积。

表 6-9　不同开垦年限年均土壤磁化率变化速率(坡上)　[单位：$10^{-8}m^3/(kg\cdot a)$]

开垦年限	0 年	20 年	30 年	60 年	110 年
0 年	—	1.64	2.11	1.17	0.69
20 年	—	—	3.04	0.39	0.48
30 年	—	—	—	0.23	0.16
60 年	—	—	—	—	0.12

注：正值代表总体侵蚀，负值代表总体沉积。

20 年的 1/20，相差一个数量级。坡上典型侵蚀区也遵循以上规律，开垦初期 20～30 年土壤侵蚀最为严重，年均土壤磁化率变化速率大于 $1.5\times10^{-8}\ m^3/(kg\cdot a)$；开垦中后期逐渐减弱，年均土壤磁化率变化速率小于 $1.0\times10^{-8}\ m^3/(kg\cdot a)$。

长期开垦(开垦年限大于 50 年)导致剧烈的坡向土壤再分配，再分配速率随开垦年限的增加而逐渐减弱。但是，这只是粗略的计算，缺少误差分析等统计分析和验证，存在不确定性，后面章节将更加精确地估算坡面土壤侵蚀量及侵蚀速率。

6.8　本 章 小 结

本章以典型黑土坡面为研究对象，参照长时期未扰动的天然林地坡面，分析不同开垦年限坡面土壤磁化率分异特征及侵蚀规律，利用空间代替时间，验证了开垦年限对土壤侵蚀的影响，主要结论如下。

(1) 农地与天然林地的土壤磁化率(χ_{lf} 和 χ_{fd}%)存在明显差异，随开垦年限的增加而越来越强烈。具体来说，天然林地 χ_{lf} 为 $(6.87\sim172.52)\times10^{-8}\ m^3/kg$，$\chi_{fd}$%为 6.85%～11.83%；农地 χ_{lf} 为 $(2.19\sim97.43)\times10^{-8}\ m^3/kg$，$\chi_{fd}$%为 1.68%～12.40%。

(2) 表层土壤增强性是土壤剖面普遍存在的现象。本研究中，天然表层土壤显著增强，农地表层与底层土壤磁化率的差异随开垦年限的增加而越来越显著。

(3) 不同开垦年限坡面土壤磁化率存在差异。磁化率在农地和天然林地坡面均由坡上至坡下逐渐增加，这个规律在农地坡面更为明显，且开垦年限越长坡面异质性越明显，坡上土壤磁化率小于坡下，说明坡上土壤被侵蚀，沿坡面运移至坡下后沉积。开垦 110 年的农地坡中和坡下的土壤侵蚀速率为开垦 30 年农地的近两倍，而开垦 60～110 年表层土壤侵蚀速率缓慢，是开垦 0～20 年农地的 1/20。因此，土壤磁化率指标能够有效地指示坡面土壤再分配过程。

(4) 虽然土壤磁化率和土壤侵蚀量之间没有直接的定量联系，但本研究结果证实磁化率技术能够定性地得到坡面土壤侵蚀和土壤再分配规律。磁化率技术是一项具有科学性和学术潜力的研究方法。

参 考 文 献

蔡崇法, 丁树文, 史志华, 等. 2000. 城镇土壤侵蚀的特点与危害. 科技进步与对策, 17(12): 191-192.

曹琪琪, 肖辉杰, 刘涛, 等. 2022. 乌兰布和沙漠东北部不同耕作年限农田土壤有机碳密度及其影响因素. 应用生态学报, 33(10): 2628-2634.

迟美静, 侯玮, 孙莹, 等. 2018. 东北黑土区荒地开垦种稻后土壤养分及 pH 值的变化特征. 土壤通报, 49(3): 546-551.

崔明, 蔡强国, 范昊明. 2007. 东北黑土区土壤侵蚀研究进展. 水土保持研究, 14(5): 29-34.

董炜华, 刘青源, 李晓强, 等. 2022. 开垦年限对黑土农田土壤微生物功能多样性的影响. 地理科学, 42(7): 1316-1324.

范昊明, 蔡强国, 陈光, 等. 2005. 世界三大黑土区水土流失与防治比较分析. 自然资源学报, 20(3): 387-393.

方华军，杨学明，张晓平，等. 2005. 利用 ^{137}Cs 技术研究黑土坡耕地土壤再分布特征. 应用生态学报, 16(3): 464-468.

方修琦，叶瑜，张成鹏，等. 2019. 中国历史耕地变化及其对自然环境的影响. 古地理学报, 21(1): 160-174.

冯志珍，郑粉莉，易祎. 2017. 薄层黑土微生物生物量碳氮对土壤侵蚀—沉积的响应. 土壤学报, 54(6): 1332-1344.

高青峰，郭胜，宋思铭，等. 2018. 基于 RUSLE 模型的区域土壤侵蚀定量估算及空间特征研究. 水利水电技术, 49(6): 214-223.

龚子同. 1999. 中国土壤系统分类. 北京：科学出版社.

顾治家，谢云，李骜，等. 2020. 利用 CSLE 模型的东北漫川漫岗区土壤侵蚀评价. 农业工程学报, 36(11): 49-56.

顾祝军，陈文龙，高阳，等. 2022. 中国城市水土流失的现状、对策及研究展望——以广东省深圳市为例. 水土保持通报, 42(2): 369-376.

韩晓增，李娜. 2018. 中国东北黑土地研究进展与展望. 地理科学, 38(7): 1032-1041.

何彦星，张风宝，杨明义. 2021. ^{137}Cs 示踪分析东北黑土坡耕地土壤侵蚀对有机碳组分的影响. 农业工程学报, 37(14): 60-68.

胡琴，陈为峰，宋希亮，等. 2020. 开垦年限对黄河三角洲盐碱地土壤质量的影响. 土壤学报, 57(4): 824-833.

焦燕，赵江红，徐柱. 2009. 农牧交错带开垦年限对土壤理化特性的影响. 生态环境学报, 18(5): 1965-1970.

李海强. 2021. 东北黑土区侵蚀小流域土壤质量空间分异特征及影响因素研究. 咸阳：西北农林科技大学.

刘宝元，阎百兴，沈波，等. 2008. 东北黑土区农地水土流失现状与综合治理对策. 中国水土保持科学, 6(1): 1-8.

刘华征，贾燕锋，范昊明，等. 2022. 东北松嫩典型黑土区长缓坡耕地土壤侵蚀沿坡长变化规律及其对土壤质量的影响.自然资源学报, 37(9): 2292-2305.

刘亮. 2016. 磁化率技术在土壤侵蚀研究中的应用探索. 北京：北京师范大学.

刘猛. 2010. 东北黑土区土地开垦历史过程研究. 中国科技信息, 2: 77-78.

刘青松，邓成龙. 2009. 磁化率及其环境意义. 地球物理学报, 52(4): 1041-1048.

卢升高. 2003. 中国土壤磁性与环境. 北京：高等教育出版社.

沈波，杨海军. 1993. 松辽流域水土流失及其防治对策. 水土保持通报, 13(2): 28-32.

水利部，中国科学院，中国工程院. 2010. 中国水土流失与生态安全：东北黑土卷. 北京：科学出版社.

孙继敏，刘东生. 2001. 中国东北黑土地的荒漠化危机. 第四纪研究, 21(1): 72-78.

孙禹，哈斯额尔敦，杜会石. 2015. 基于 GIS 的东北黑土区土壤侵蚀模数计算. 中国水土保持科学, 13(1): 1-7.

唐光木，徐万里，盛建东，等. 2010. 新疆绿洲农田不同开垦年限土壤有机碳及不同粒径土壤颗粒有机碳变化. 土壤学报, 47(2): 279-285.

唐克丽. 2004. 中国水土保持. 北京：科学出版社.

汪景宽，王铁宇，张旭东，等. 2002. 黑土土壤质量演变初探 I —不同开垦年限黑土主要质量指标演变规律. 沈阳农业大学学报, 33(1): 43-47.

王晓燕, 田均良. 2005. 用 ^{137}Cs 法研究黄土区耕垦历史不同的坡面土壤侵蚀强度分异. 水土保持通报, 25(1): 1-4.

王禹. 2010. ^{137}Cs 和 $^{210}Pb_{ex}$ 复合示踪研究东北黑土区坡耕地土壤侵蚀速率. 北京: 中国科学院(教育部水土保持与生态环境研究中心).

熊毅, 李庆奎. 1990. 中国土壤. 北京: 科学出版社.

徐倩, 焦菊英, 严晰芹, 等. 2021. 道路侵蚀研究的进展与展望. 水土保持通报, 41(4): 357-367.

阎百兴, 汤洁. 2005. 黑土侵蚀速率及其对土壤质量的影响. 地理研究, 24(4): 499-506.

杨维鸽, 郑粉莉, 王占礼, 等. 2016. 地形对黑土区典型坡面侵蚀—沉积空间分布特征的影响.土壤学报, 53(3): 572-581.

叶瑜, 方修琦, 任玉玉, 等. 2009. 东北地区过去300年耕地覆盖变化. 中国科学, 39(3): 340-350.

于寒青, 李勇, Nguyen M L, 等. 2012. 基于FRN技术的我国不同地区典型土壤保持措施的有效性评价. 核农学报, 26(2): 340-347.

曾祥坤, 王仰麟, 李贵才. 2010. 中国城市水土保持研究综述. 地理科学进展, 29(5): 586-592.

查小春, 唐克丽. 2000. 黄土丘陵林区开垦地土壤侵蚀强度时间变化研究. 水土保持通报, 20(2): 5-7, 40.

张光辉, 杨扬, 刘瑛娜, 等. 2022. 东北黑土区土壤侵蚀研究进展与展望. 水土保持学报, 36(2): 1-12.

张加子琦, 贾燕锋, 王佳楠, 等. 2020. 东北黑土区长缓复合侵蚀坡面土壤可蚀性参数特征. 土壤学报, 57(3): 590-599.

张科利, 徐宪利, 罗丽芳. 2008. 国内外道路侵蚀研究回顾与展望. 地理科学, 28(1): 119-123.

张晓东, 刘志刚, 热沙来提·买买提. 2016. 不同开垦年限对新疆绿洲农田土壤理化性质的影响. 水土保持研究, 23(3): 13-18.

赵会明. 2008. 东北黑土区水土流失现状、成因及防治措施.水利科技与经济, 14(6): 477-478.

赵鹏志, 陈祥伟, 王恩姮. 2017. 黑土坡耕地有机碳及其组分累积-损耗格局对耕作侵蚀与水蚀的响应. 应用生态学报, 28(11): 3634-3642.

赵振, 杜宪. 2011. 东北黑土区鹤山农场雨季土壤侵蚀模拟研究. 水利科技与经济, 17(8): 36-37.

中国科学院. 2021. 东北黑土地白皮书 (2020). 北京: 中国科学院.

中华人民共和国国家统计局. 2012. 中国统计年鉴 2012. 北京: 中国统计出版社.

中华人民共和国水利部, 中华人民共和国国家统计局. 2013.第一次全国水利普查公报. 北京: 中国水利水电出版社. http://www.mwr.gov.cn/sj/tjgb/dycqgslpcgb/201701/t20170122_790650.html [2022-12-31].

中华人民共和国水利部. 2022.中国水土保持公报(2021 年). 北京: 中华人民共和国水利部. http://www.mwr.gov.cn/sj/tjgb/zgstbcgb/202207/t20220713_1585301.html [2022-12-31].

An J, Zheng F L, Wang B. 2014. Using ^{137}Cs technique to investigate the spatial distribution of erosion and deposition regimes for a small catchment in the black soil region, Northeast China. Catena, 123: 243-251.

Ayoubi S, Ahmadi M, Abdi M R, et al. 2012. Relationships of ^{137}Cs inventory with magnetic measures of calcareous soils of hilly region in Iran. Journal of Environmental Radioactivity, 112: 45-51.

de Jong E, Nestor P A, Pennock D J. 1998. The use of magnetic susceptibility to measure long-term soil redistribution. Catena, 32(1): 23-35.

de Jong E, Wang C, Rees H W. 1986. Soil redistribution on three cultivated New Brunswick hillslopes calculated from ^{137}Cs measurements, solum data and the USLE. Canadian Journal of Soil Science, 66(4): 721-730.

Dearing J A, Maher B A, Oldfield F. 1985. Geomorphological linkages between soils and sediments: The role of magnetic measurements. London: Allen and Unwin.

Dearing J A, Morton R I, Price T W, et al. 1986. Tracing movements of topsoil by magnetic measurements: Two case studies. Physics of the Earth and Planetary Interiors, 42(1-2): 93-104.

Dearing J A. 1994. Environmental Magnetic Susceptibility-Using the Bartington MS2 System. Kenilworth: Chi Publishers.

Evans M E, Heller F. 2003. Environmental Magnetism: Principles and Applications of Enviromagnetics. San Diego: Academic Press.

Fang H J, Cheng S L, Zhang X P, et al. 2006a. Impact of soil redistribution in a sloping landscape on carbon sequestration in Northeast China. Land Degradation and Development, 17(1): 89-96.

Fang H J, Yang X M, Zhang X P, et al. 2006b. Using ^{137}Cs tracer technique to evaluate erosion and deposition of black soil in Northeast China. Pedosphere, 16(2): 201-209.

Fang H Y, Sheng M L, Tang Z H, et al. 2013. Assessment of soil redistribution and spatial pattern for a small catchment in the black soil region, Northeastern China: Using fallout $^{210}Pb_{ex}$. Soil and Tillage Research, 133: 85-92.

Fang H Y, Sun L Y, Qi D L, et al. 2012. Using ^{137}Cs technique to quantify soil erosion and deposition rates in an agricultural catchment in the black soil region, Northeast China. Geomorphology, 169-170: 142-150.

Gharibreza M, Raj J K, Yusoff I, et al. 2013. Land use changes and soil redistribution estimation using ^{137}Cs in the tropical Bera Lake catchment, Malaysia. Soil and Tillage Research, 131: 1-10.

Guo Q, Hao Y, Liu B. 2015. Rates of soil erosion in China: A study based on runoff plot data. Catena, 124: 68-76.

Jordanova D, Jordanova N, Petrov P. 2014. Pattern of cumulative soil erosion and redistribution pinpointed through magnetic signature of chernozem soils. Catena, 120(1): 46-56.

Karchegani P M, Ayoubi S, Lu S G, et al. 2011. Use of magnetic measures to assess soil redistribution following deforestation in hilly region. Journal of Applied Geophysics, 75(2): 227-236.

Le Borgne E. 1955. Susceptiblité magnétique anormale du sol superficiel. Annales De Geophysique, 11: 399-419.

Lecoanet H, Lévêque F, Segura S. 1999. Magnetic susceptibility in environmental applications: Comparison of field probes. Physics of the Earth and Planetary Interiors, 115(3-4): 191-204.

Li X G, Wang Z F, Ma Q F, et al. 2007. Crop cultivation and intensive grazing affect organic C pools and aggregate stability in arid grassland soil. Soil and Tillage Research, 95(1-2): 172-181.

Liu B Y, Nearing M A, Shi P J, et al. 1994. Slope length effects on soil loss for steep slopes. Soil Science Society of America Journal, 64(5): 1759-1763.

Liu L, Zhang K, Zhang Z, et al. 2015. Identifying soil redistribution patterns by magnetic susceptibility on the black soil farmland in Northeast China. Catena, 129: 103-111.

Liu L, Zhang K, Zhang Z. 2016. An improved core sampling technique for soil magnetic susceptibility determination. Geoderma, 277: 35-40.

Mullins C E. 1977. Magnetic susceptibility of the soil and its significance in soil science-A review. European Journal of Soil Science, 28(2): 223-246.

Rahimi M R, Ayoubi S, Abdi M R. 2013. Magnetic susceptibility and Cs-137 inventory variability as influenced by land use change and slope positions in a hilly, semiarid region of west-central Iran. Journal of Applied Geophysics, 89: 68-75.

Rajbanshi J, Das S, Paul R. 2023. Quantification of the effects of conservation practices on surface runoff and soil erosion in croplands and their trade-off: A meta-analysis. Science of the Total Environment, 864: 161015.

Ritchie J C, Mchenry J R. 1990. Application of radioactive fallout Cesium-137 for measuring soil erosion and sediment accumulation rates and patterns: A review. Journal of Environmental Quality, 19(2): 215-233.

Sadiki A, Faleh A, Navas A, et al. 2009. Using magnetic susceptibility to assess soil degradation in the Eastern Rif, Morocco. Earth Surface Processes and Landforms, 34(15): 2057-2069.

Thompson R, Oldfield F. 1986. Environmental magnetism. London: Allen and Unwin.

Ventura E, Nearing M A, Amore E, et al. 2002. The study of detachment and deposition on a hillslope using a magnetic tracer. Catena, 48(3): 149-161.

Yang X M, Zhang X P, Deng W, et al. 2003. Black soil degradation by rainfall erosion in Jilin, China. Land Degradation and Development, 14: 409-420.

Yang Y H, Yan B X, Zhu H. 2011. Estimating soil erosion in Northeast China using ^{137}Cs and $^{210}Pb_{ex}$. Pedosphere, 21(6): 706-711.

Ye Y, Fang X Q, Khan M A. 2012. Migration and reclamation in Northeast China in response to climatic disasters in North China over the past 300 years. Regional Environmental Change, 12: 193-206.

Ye Y, Fang X. 2011. Spatial pattern of land cover changes across Northeast China over the past 300 years. Journal of Historical Geography, 37: 408-417.

Yu Y, Zhang K L, Liu L, et al. 2019. Estimating long-term erosion and sedimentation rate on farmland using magnetic susceptibility in northeast China. Soil and Tillage Research, 187: 41-49.

Yu Y, Zhang K, Liu L. 2017. Evaluation of the influence of cultivation period on soil redistribution in Northeastern China using magnetic susceptibility. Soil and Tillage Research, 174: 14-23.

Zhang J H, Su Z A, Nie X J. 2009. An investigation of soil translocation and erosion by conservation hoeing tillage on steep lands using a magnetic tracer. Soil and Tillage Research, 105(2): 177-183.

Zhang K, Li S, Peng W, et al. 2004. Erodibility of agricultural soils on the Loess Plateau of China. Soil and Tillage Research, 76(2): 157-165.

Zhang X C J. 2015. New insights on using fallout radionuclides to estimate soil redistribution rates. Soil Science Society of America Journal, 79(1): 1-8.

Zhang Y, Wu Y, Liu B, et al. 2007. Characteristics and factors controlling the development of ephemeral gullies in cultivated catchments of black soil region, Northeast China. Soil and Tillage Research, 96(1-2): 28-41.

Zhidkin A P, Gennadiev A N, Koshovskii T S, et al. 2016. Spatio-temporal parameters of the lateral migration of solid-phase soil matter (Belgorod region). Vestnik Moskovskogo Universiteta, 5: 3: 9-17.

Zhidkin A, Fomicheva D, Ivanova N, et al. 2022. A detailed reconstruction of changes in the factors and parameters of soil erosion over the past 250 years in the forest zone of European Russia (Moscow region). International Soil and Water Conservation Research, 10(1): 149-160.

第7章　基于磁化率技术的侵蚀估算方法

土壤侵蚀指在侵蚀动力作用下土壤物质被分离、搬运的过程(Ellison, 1947)。土壤侵蚀使土壤颗粒离开原来位置，土壤的原始状态遭到破坏，土壤结构被改变，土地退化加剧，导致土壤生产力降低。土壤侵蚀是中国正在面临的主要环境问题之一。中国东北黑土区作为土壤侵蚀严重的地区，不仅受制于当地坡长坡缓的独特地形特征，更重要的是受到人类毁林毁草开荒，以及密集且不合理的耕作活动的影响。东北地区是中国的商品粮基地，主要作物为大豆、玉米、马铃薯等，该地区的粮食产量很大，供应了全国45.16%的大豆和33.07%的玉米(中华人民共和国国家统计局, 2012)。因此，有效地控制和合理地预报土壤侵蚀从而保护黑土资源，是东北地区亟待解决的问题。

1954年，Henin和Le Borgne在第五届国际土壤大会上第一次介绍了土壤磁性，次年，Le Borgne(1955)将地球磁学的磁测技术引入土壤学的研究中，之后关于土壤磁性原理的成果越来越多。在坡面尺度，土壤侵蚀的研究主要针对两类研究对象展开，分别为天然土壤磁性矿物和人工磁性物质。前者通过实验室测量或野外原位测量，得到土壤磁化率，利用磁化率指标反演天然土壤磁性矿物的种类和相对含量，从而评价土壤侵蚀状况。Liu 等(2015)和Yu等(2017)利用土壤磁性特征证实了东北黑土区坡耕地在时间和空间尺度上的土壤再分配。他们认为，农地开垦年限在密集农业条件下对土壤侵蚀的影响是十分明显的。后者利用人工磁性物质(如工业粉煤灰、磁性塑料玉米和灼烧后的土壤)示踪土壤颗粒在侵蚀过程中的输移路径，反映土壤侵蚀沉积过程和侵蚀量(Gennadiev et al., 2010; Hu et al., 2011; Liu et al., 2018; Olson et al., 2013; Ventura et al., 2002)。然而，这些研究成果侧重对坡面侵蚀规律的描述，没有形成利用磁化率指标的土壤侵蚀预报模型。因此，建立土壤磁化率与土壤侵蚀量和土壤侵蚀速率之间的关系，是如今磁化率研究的重点。

本章的研究内容包括：①阐述坡耕地磁化率分布特征；②区分侵蚀区和沉积区，并总结两者的磁化率差异；③利用耕作均一化模型计算侵蚀区土壤侵蚀深度和沉积厚度；④估算东北黑土区过去40年坡耕地的年均土壤侵蚀速率。

7.1　基 本 假 设

7.1.1　土壤侵蚀与耕作

土壤的重要功能之一是能够为植被生长提供必需的固着基底和营养物质，农业是人类筛选植物类型、培育作物品种、提高作物产量的生产活动。耕作作为农业活动的重要环节，既可以疏松土壤、有效地改善土壤结构，又可以覆盖地表残留物并控制杂草，从而促进作物生长(许海超等, 2019)。然而，不合理的开垦破坏土壤性质，加剧水力侵蚀、风力侵蚀等土壤侵蚀过程，影响土壤在生态系统中的功能，对区域经济和粮食安全造成严重威胁。

耕作侵蚀是某个特定方向上的耕作位移，在该方向上的土壤位移量大于其他方向，从而造成该方向上的土壤净侵蚀(Lindstron et al., 2001; 许海超等, 2019)。耕作侵蚀随着人类对坡耕地的耕作而产生，然而由于耕作产生的侵蚀是少量且多次累积的结果，不易被发觉，直至 20 世纪 40 年代才开始受到关注(Mech and Free, 1942; 张家琼等, 2016)。耕作活动由以人畜为主要动力源的传统农业向机械动力辅助人畜的现代化农业发展，集约化的现代农业大幅提高了耕作效率，但加剧了土壤侵蚀速度，耕作对土壤侵蚀的影响越发显著，如农田中的侵蚀沟、表土流失甚至心土裸露的“破皮黄”现象(唐克丽, 1999)。

7.1.2　耕作均一化模型

美国学者 Royall 于 2001 年提出耕作均一化(T-H)模型，该模型利用耕作过程对耕层土壤的均匀混合作用，以参考点磁化率剖面为基础，假设一定的侵蚀步长，推算侵蚀后耕层土壤磁化率曲线，再与实测耕层磁化率对比，估算土壤侵蚀深度(Royall, 2001)。T-H 模型的问世标志着利用土壤磁化率指标定量评价土壤侵蚀成为可能，打破了该领域定性向定量转变的瓶颈。

T-H 模型利用磁化率数据实现定量评价土壤侵蚀量。其模拟周期性持续耕作后发生土壤侵蚀的情景，土壤表层减少的土层厚度即侵蚀深度，如 1 cm、2 cm 等，本研究的步长为 1 cm，即假设侵蚀深度为 1 cm 的整数倍，计算该情景下的土壤磁化率。表层土壤每向下侵蚀 1 cm，耕层相对下降 1 cm，但耕层深度不变，仍为 20 cm(图 7-1)。本研究中，采样农地每年春天用大型机械翻地起垄，耕层厚度约为 20 cm。土壤磁化率模拟值为耕层 20 cm 的土壤磁化率平均值，当 d=0 时

$$\chi_d = \frac{\sum_{i=1}^{20} \chi_i}{20} \tag{7-1}$$

否则

$$\chi_d = \frac{19\chi_{d-1} + \chi_{d+20}}{20} \tag{7-2}$$

式中，χ_d 为侵蚀后土壤磁化率的模拟值，10^{-8} m^3/kg；d 为侵蚀总厚度，cm；i 为土壤侵蚀步长，cm；χ_{d-1} 为下一个侵蚀表面的耕层土壤磁化率，10^{-8} m^3/kg；χ_{d+20} 为每侵蚀 1 cm 后耕层底部 1 cm 的土壤磁化率，10^{-8} m^3/kg。本研究 i 的取值为 1 cm，因此，得到每侵蚀 1cm 后的模拟土壤磁化率(图 7-1)。

以参考点 0～120 cm 深度的剖面磁化率值为原始数据，利用式(7-1)和式(7-2)模拟侵蚀后的土壤磁化率，得到图 7-1 的结果。图 7-1 的横坐标为土壤磁化率，纵坐标为土壤侵蚀深度，该图表示原始土壤表层侵蚀 i cm 后，土壤表层(耕层)磁化率模拟值的变化曲线。

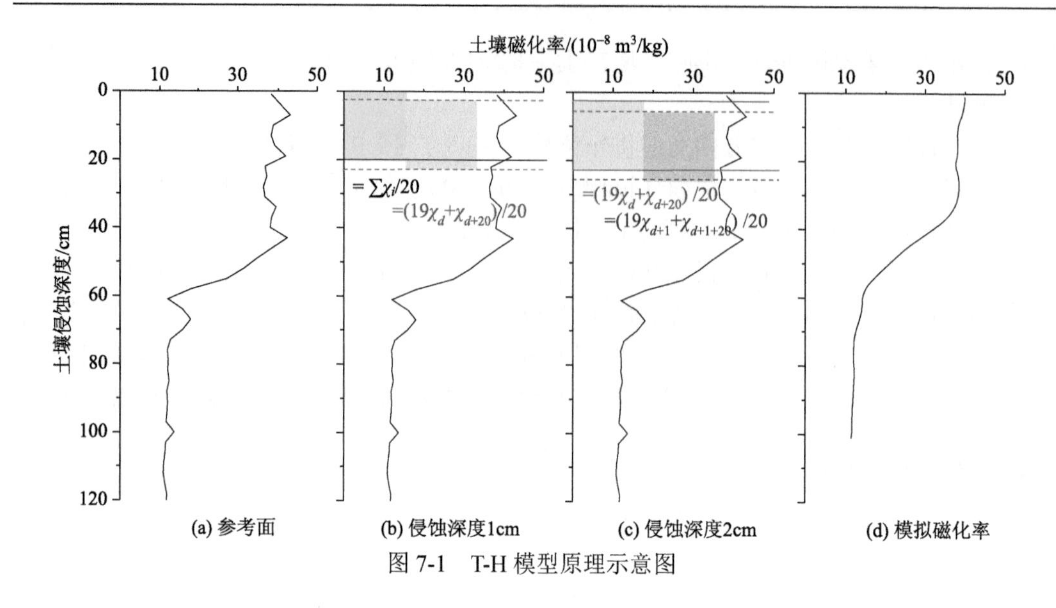

图 7-1　T-H 模型原理示意图

7.2　样品采集与处理方法研究

7.2.1　研究思路

选取 1 个农地坡面，辨识坡面侵蚀沉积并定量估算坡面土壤侵蚀速率，探索多年坡面侵蚀规律。以鹤北小流域内的典型坡耕地为研究区域，采用网格布点的采样方法，开展对坡面土壤磁化率样品的网格采样。分析不同土地利用类型、不同坡面位置土壤磁化率的分异特征。利用 T-H 模型(Royall, 2001)模拟侵蚀后的土壤表层磁化率，与实测剖面磁化率对应，估算侵蚀深度和沉积厚度，进而计算土壤侵蚀量及侵蚀模数(图 7-2)。

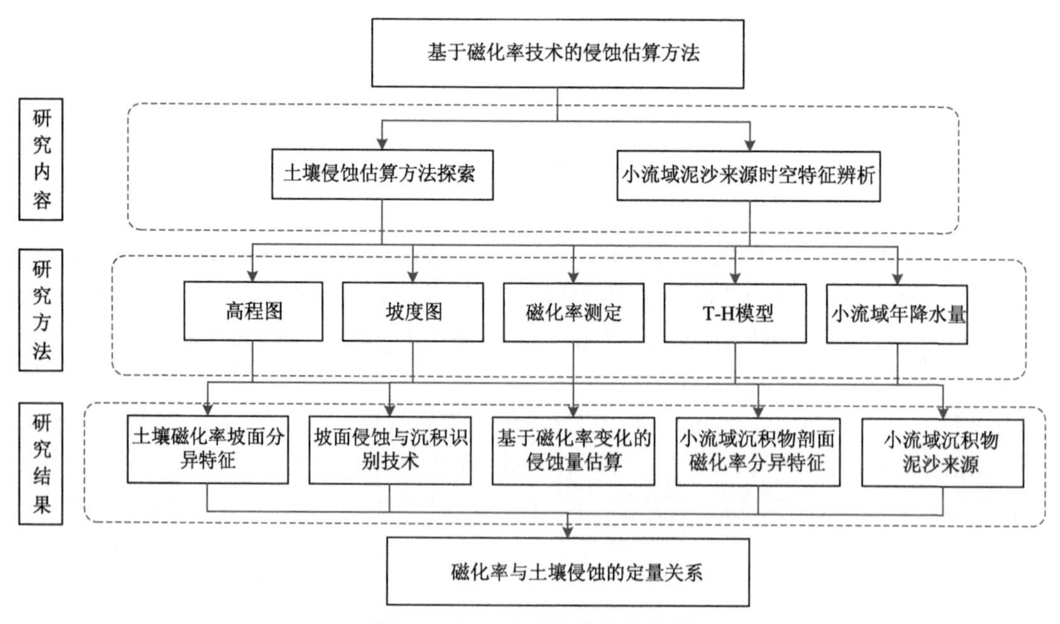

图 7-2　第 7 章研究技术路线图

以北京师范大学鹤山九三水土保持试验站为依托，选取鹤北流域的 2 个典型水库，采集沉积物剖面土壤样品，分析磁化率在剖面上的分异特征，以及不同粒径土壤颗粒磁化率的差异性，结合土壤质地和年降水量资料，阐述沉积过程中土壤磁化率的分异特征，确定不同物源的沉积物所占质量百分比。

7.2.2　土样采集与处理

1. 野外采样与处理

1)坡面土样采集与处理

本章的研究对象为 1 个典型农地坡面，即开垦年限为 60 年的坡面，开垦年限适中，从 20 世纪 50 年代开始持续耕作，位于我国黑龙江省中部的鹤山农场，地处鹤北流域 8 号小流域的上游位置，坡面呈近似于梯形的不规则形状，总面积约 15.84 hm^2，平均坡度为 2.4°，坡长在 500～850 m(图 7-3)，坡面侵蚀严重，能够代表东北黑土区典型农地坡面。8-3 号地(对应图 7-3 下图所示地块，即 8 号小流域中编号为 3 的地块)开垦年限为 60 年，交替种植玉米和大豆，2017 年采样年种植大豆，耕层深度约为 20 cm。

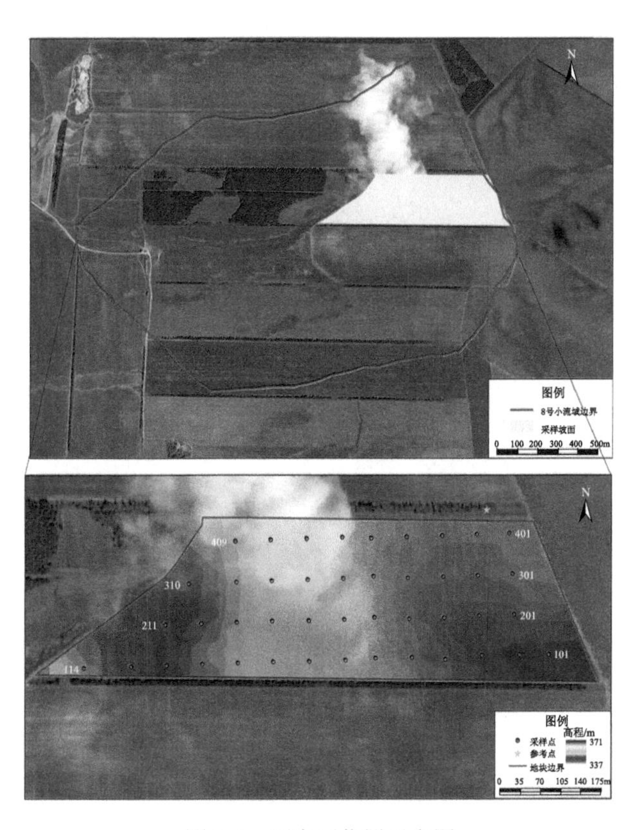

图 7-3　研究区位置示意图

下图中数字代表采样编号

实验选取坡上的 4 条样线，由南向北分别编号为 1～4，样线间隔 60 m，每条样线从坡上至坡下布设 9～14 个样点，样点间隔约 60 m(图 7-4 和表 7-1)。利用改进的原状土壤样本采样器和配套的 PVC 样品盒采集 0～60 cm 剖面土壤样品，间隔 3 cm 连续采样，每个采样点 3 个重复。土壤剖面样品单独且连续取样，直接采集原状土至高 2.5 cm，直径 2.2 cm，体积 9.5 cm^3 的圆柱形取样筒内，上下加装带孔透气塑料盖，盖子与土样间用薄纸隔开，按照样线编号、样点编号和采样深度分装，带回室内待处理。在农地边的林带中选取参考点，该点平行于农地坡上位置，无侵蚀和沉积作用，地势平坦，坡度几乎为 0，自 20 世纪 70 年代至今一直为有林地，生长高大乔木和灌木。参考点数量 1 个，采样深度为 0～120 cm，垂直采样间隔 3 cm，3 个重复，具体土钻型号和采样方法与坡面采样相同。因此，坡面 4 条样线共 44 个采样点，合计 2640 个样品；林地 1 个样点，合计 120 个样品。

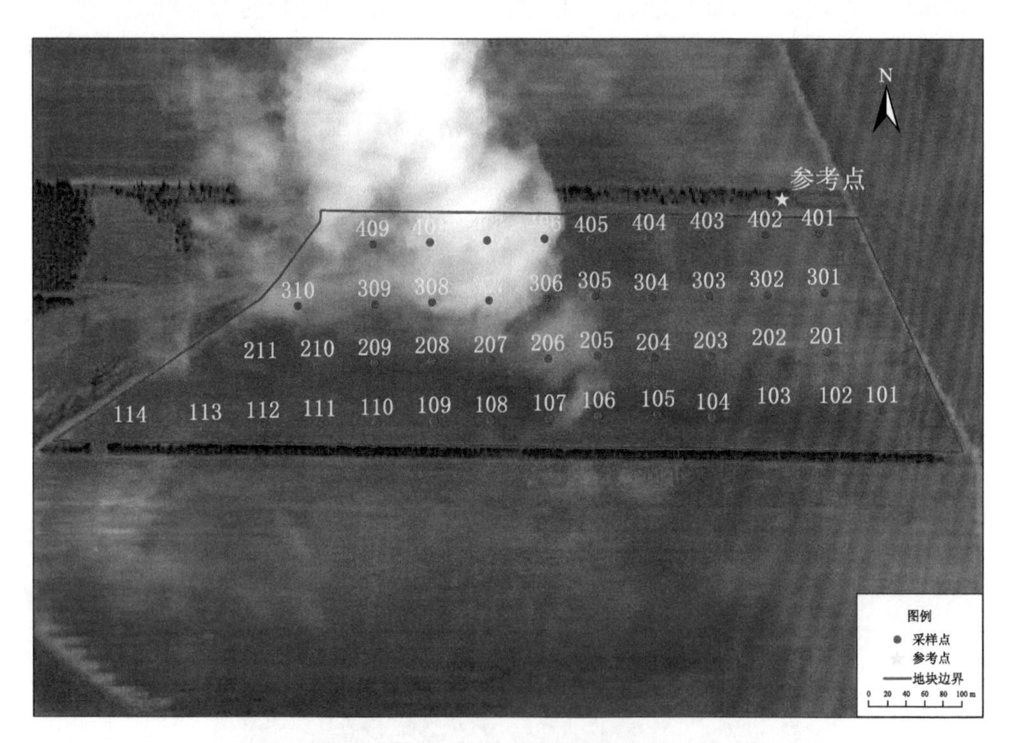

图 7-4　坡面采样点示意图

表 7-1　坡面土壤磁化率采样点信息汇总表

样线编号	开垦年限/年	坡度/(°)	坡长/m	采样点/个	土地利用类型
1	60	2.2	840	14	农地
2	60	2.2	660	11	农地
3	60	2.1	540	10	农地
4	60	2.8	540	9	农地
参考点	20	0	—	1	林地

2) 小流域土样采集与处理

六队水库位于鹤山农场鹤北流域第六生产队，属于老莱河支流，以下简称 R1 水库，地理坐标为 48°59′25″ N，125°18′26″ E。R1 水库建于 1976 年，沿用至今，水库总库容 150 万 m^3，死库容 30 万 m^3，死水位 149.3 m，设计洪水位 151.72 m，入水口位于水库北部，南部为淤地坝，坝长 610 m，宽 4 m，高 7 m。2 号流域旧水库位于鹤北流域 2 号小流域出口，以下简称 R2 水库，地理坐标为 49°0′18″ N，125°18′7″ E(图 7-5)。R2 水库建于 1976 年，占地面积 1.5～2 hm^2，水深约 1 m，2003 年废弃，同年建成 2 号小流域把口站和量水堰。

图 7-5　水库地理位置示意图

分别采集 R1 水库和 R2 水库沉积泥沙剖面样品。由于 R1 水库占地面积较大，在水库横轴(东西向)和纵轴(南北向)上等间距采集 7 个采样点，自南向北依次编号为 M1～M5，以及水库中心以东的点 E 和以西的点 W(图 7-6)。采样剖面自水库沉积表层至原始水库底，但是 R1 水库库底地形复杂，有一定坡度，因此 7 个采样点的采样深度并不相同，最深的 M1 靠近淤地坝，采样深度为 111 cm，较浅的 M3 和 M4 位于水库中央偏入水口方向，采样深度为 51～54 cm，每间隔 3 cm 采一个样，7 个采样点共采集样品 182 个(表 7-2)。R2 水库中心采集 1 个沉积物剖面，采样深度为 210 cm，每 5 cm 一个样，共采集样品 42 个(表 5-1)。

图 7-6 R1 水库采样点位置示意图

表 7-2 水库采样点信息汇总表

水库名称	位置	采样点编号	采样深度/cm	样品数/个	采样间隔/cm
R1	鹤山农场鹤北流域第六生产队	M1	111	37	3
		M2	75	25	
		M3	51	17	
		M4	54	18	
		M5	81	27	
		E	93	31	
		W	81	27	
R2	2 号小流域出口	R	210	42	5

2. 室内实验程序

1) 坡面土样室内实验

采集坡面 0～60 cm 深度土壤样品共 2640 个，参考点 0～120 cm 土壤样品 120 个，带回实验室待处理。将土壤样品塑料盒的上盖取下，分批次放入烘箱内，设置 35℃烘烤 15h，取出后称重，每个土样重约 15 g，再计算土样净重量。利用英国 Bartington 公司生产的 MS2 磁化率仪测定土壤磁化率，通过式(1-1)～式(1-3)计算土壤样品的低频质量磁化率(χ_{lf})、高频质量磁化率(χ_{hf})和频率磁化率($\chi_{fd}\%$)。利用 T-H 模型模拟侵蚀后土壤磁化率，进而估算每个采样点土壤侵蚀量和土壤侵蚀速率。

2) 小流域土样室内实验

根据实验设计，将采集的沉积物土柱分割成若干段，R1 水库分割间隔为 3 cm，R2 水库分割间隔为 5 cm。土壤样品在室内通风处自然风干，充分研磨，过 2 mm 标准土壤筛。将处理好的土壤样品装入长宽高均为 2 cm 的塑料盒内，利用巴廷顿磁化率仪搭配 MS2B 测量探头测定沉积物土壤磁化率。同时，收集鹤北小流域 1976～2017 年的年降水量数据。

在 8-3 农地(8 号小流域中编号为 3 的地块)的坡上、坡中和坡下分别采集土壤样品，采样深度为 0～30 cm，采样间隔为 10 cm。首先，将样品充分风干、研磨，利用电动振动筛搭配标准尼龙土壤筛，分别过 2 mm、0.5 mm、0.25 mm、0.1 mm、0.07 mm 土壤筛，将土壤分为 6 个粒径，使用巴廷顿磁化率仪搭配 MS2B 测量探头测定土壤磁化率。然后，用蒸馏水冲刷土壤筛上土样，除去附着在该粒级土壤上的细颗粒。但是由于张力作用，水流无法自由通过 0.07 mm 和 0.1 mm 土壤筛，因此，计算该粒级最小颗粒沉降所需时间，采用沉降法除去细颗粒物质。最后，将处理好的样品放入烘箱中，40℃低温烘烤 24 h，再一次测定各粒级样品的土壤磁化率。为了排除有机质对土壤磁化率的影响，用过氧化氢去除各粒级土壤的有机质。选取坡下表层 0～10 cm 和亚表层 10～20 cm 的土壤样品，分别加入浓度为 30%的过氧化氢，去除土壤中有机质。加入过氧化氢后，溶液产生大量气泡，静置至溶液颜色变化且没有气泡产生，认为土壤中有机质被完全去除。烘干土壤样品，将烘干后的样品装入体积为 10 cm^3 的标准塑料盒，第三次测定土壤磁化率。

采集 8 号小流域农地和林地土壤样品，林地土壤剖面采样深度为 120 cm，其底层与切沟底部物质一致，均为成土母质。用林地 60～120 cm 深度的土壤磁化率平均值代替切沟底部的土壤磁化率。由于 8 号小流域草地面积较小，现有草地均出现雨季积水现象，长期渍水使土壤氧化还原作用加剧，影响土壤磁化率，因此在邻近的 2 号小流域的草地采集原状土壤剖面样品。将土壤样品放入烘箱内，设置 35℃烘烤 15 h，利用巴廷顿磁化率仪搭配 MS2B 测量探头测定其土壤磁化率。

3. 数据与结果分析

1) 坡面土样结果分析

磁化率是最常用的磁性指标之一，其反映物质磁化的难易程度，是物质磁性强弱的指标和直接度量。质量磁化率(χ_{lf}和χ_{hf}分别代表低频质量磁化率和高频质量磁化率)是各种磁性矿物的代数和，代表样品的总体磁性，由于土壤的磁性多源于亚铁磁性颗粒，χ_{lf}也反映土壤中亚铁磁性矿物的含量(Dearing, 1994; 卢升高, 2003)。频率磁化率(χ_{fd}%)为低频质量磁化率和高频质量磁化率的相对差值，高频质量磁化率对土壤黏粒中的超顺磁性颗粒(<0.03 μm)并不敏感，因此χ_{fd}%反映样品中超顺磁性颗粒的存在和相对含量。在坡面尺度，土壤侵蚀受多种因素影响，主要为雨滴打击和坡面径流冲刷，以及人类的耕作活动。各种外营力的作用使土壤发生分离、搬运和沉积，在坡面上进行再分配，土壤

的侵蚀和沉积改变土壤磁化率的空间分布，且这种空间分布随着侵蚀程度发生变化。T-H模型适用于耕层厚度稳定的农地，假设耕层土壤性质均一，选取无侵蚀沉积的参考点，根据背景值估算侵蚀后土壤磁化率，将实测土壤磁化率与之匹配，确定土壤侵蚀深度，估算土壤侵蚀量(Royall, 2001)。

本章使用 2011 年 6 月的 QuickBird 全色影像，分辨率为 2 m。数字高程模型(DEM)数据为 ASTER GDEM，分辨率为 30 m。在高程数据的基础上，应用 ArcGIS 工具箱的坡度模块计算研究区坡度，最终，制作高程图和坡度图等辅助研究。

2) 小流域土样结果分析

小流域内的土壤侵蚀和沉积是十分复杂的过程，俞立中和张卫国(1998)提出了针对单因子指纹识别技术的磁混合模型(贾松伟和韦方强, 2009)，在不考虑其他复杂过程对土壤磁性产生影响的情况下，将土壤侵蚀和沉积过程视为黑箱，建立小流域沉积物来源与沉积物磁性物质之间的联系，估算沉积物来源的占比。将已知的物质来源按一定配比混合，模拟多种沉积物来源的沉积样品，测定混合物(即沉积物)磁性参数。设定自变量为不同物质来源的质量百分比，各物源的质量百分比之和为 100%，而因变量为与其对应的磁性参数，各物质来源对应的参数与质量百分比之积的总和为沉积物的磁性参数值。在符合以上要求的数据集中，进行多元回归分析，选择误差最小，即拟合值最接近沉积物磁测值的组合。计算公式如下：

$$y_j = \sum_{i=1}^{m} a_{ij} x_i \quad j = 1, 2, 3, \cdots, n \tag{7-3}$$

$$f = \sum_{j=1}^{n} \varepsilon_j / b_j \to \min \tag{7-4}$$

$$-\varepsilon_j + \sum_{i=1}^{m} a_{ij} x_i \leqslant b_j, \quad \varepsilon_j + \sum_{i=1}^{m} a_{ij} x_i \geqslant b_j \tag{7-5}$$

$$\sum_{i=1}^{m} x_i = 1 \quad 0 \leqslant \varepsilon_j \leqslant h_j \tag{7-6}$$

$$x_i \geqslant 0 \quad i = 1, 2, 3, \cdots, m; \ j = 1, 2, 3, \cdots, n \tag{7-7}$$

式中，y_j为混合沉积物的磁性参数；x_i为第 i 个物质来源的相对贡献，%；m 为物质来源的个数；n 为磁性参数的个数；f 为相对误差函数，要求相对误差趋于最小；b_j为沉积物第 j 个磁性参数的数值；a_{ij}为第 i 个物质来源中第 j 个磁性参数的数值；h_j为第 j 个磁性参数的拟合误差最大允许值；ε_j为第 j 个磁性参数的实际拟合误差(俞立中和张卫国, 1998; 贾松伟和韦方强, 2009)。

本研究采用 2 个磁性参数(χ_{lf}和 χ_{fd}%)和 4 个物质来源(农地、林地、草地和切沟)。R1 水库沉积物主要来自于 8 号小流域，该流域的土地利用类型为农地、林地和草地，农地坡面及道路两旁侵蚀沟纵横，沟蚀剧烈。沉积泥沙来源主要有农地、林地、草地和切沟 4 个部分，选取 7.2.2 节农地坡下 0～20 cm 的平均磁化率代表沉积物来源中的农地磁化率，参考点 0～20 cm 的平均磁化率代表林地磁化率，参考点 60～120 cm 的母质磁化率代表切沟磁化率，由于 8 号小流域草地地势较低，雨季经常渍水，对该地磁化率造成影响，因此选取 2 号小流域的草地样带 0～20 cm 的磁化率代表沉积物来源中的草地磁化率，测定土壤样品的磁化率，如表 7-3 所示。利用 Lingo 软件求解上述回归方程。

表 7-3　各沉积物来源土壤磁化率

	林地	农地	草地	切沟
$\chi_{lf}/(10^{-8}m^3/kg)$	37.94	56.28	15.9	11.16
$\chi_{fd}\%/\%$	8.82	9.91	6.1	3.30

7.3　土壤磁化率坡面分异特征

7.3.1　表土磁化率增强的普遍规律性

磁性是物质的基本属性之一。在自然界中，物质均具有不同程度的磁性，如植物、水、土壤、空气，土壤属弱磁性物质，土壤中的磁性矿物颗粒决定土壤磁性的大小。一般而言，弱磁性物质的磁性用磁化率指标表征，该指标在外加磁场下测量而得(Dearing, 1994)。χ_{lf}反映土壤样品总体磁性，其大小变化与黏粒中亚铁磁性矿物的相对含量密切相关(Mullins, 1977)。$\chi_{fd}\%$则具体表征土壤中极细颗粒物质的含量，这种极细颗粒指亚铁磁性矿物中的超顺磁性颗粒，其直径小于 0.03 μm(Evans and Heller, 2003; 卢升高, 2003)。不论χ_{lf}还是$\chi_{fd}\%$，土壤表层表现出明显较高的磁化率，称为表层增强性，其强弱由土壤中次生磁性矿物的含量决定(Dearing, 1994)。然而，不同物质的磁性存在大小之分，铁及其氧化物的磁性极强，通过磁铁就能够明显感知磁性，而土壤则属于弱磁性物质，很难直接测量其磁性大小。土壤磁性颗粒主要源于成土母质，成土环境和成土过程使不同类型的氧化铁相互转化、磁性颗粒的种类和含量发生变化，导致土壤磁化率的地带性分异；下垫面环境发生改变伴随着土壤物质迁移，从而使土壤磁化率呈区域性变化。

如表 7-4 所示，将全部数据分为 3 组进行分析，即整坡磁化率、耕层磁化率和参考点磁化率。去除极端值和异常值，共有 2635 个样本参与统计，其中耕层 945 个。整坡 χ_{lf} 的最大值与耕层几乎相同，说明整坡范围内最大值集中在土壤表层(耕层)；而耕层的χ_{lf}最小值和平均值均大于整坡，耕层χ_{lf}的最小值约为整坡的 4.5 倍，平均值约为整坡的 1.4 倍，说明研究区域有较强的表层增强性(表 7-4)。参考点χ_{lf}的最大值、标准差明显小于农地坡面，而最小值大于农地整坡，最小值和变异系数与耕层相差不大；参考点剖面表层和底层磁化率的差异小于农地，说明农地坡面土壤存在坡面再分配。

表 7-4　坡面土壤磁化率描述性统计指标

统计量	整坡 χ_{lf}	整坡 $\chi_{fd}\%$	耕层 χ_{lf}	耕层 $\chi_{fd}\%$	参考点 χ_{lf}	参考点 $\chi_{fd}\%$
样本数	2635	2635	945	945	120	120
最大值	102.98	12.37	102.98	12.22	46.23	10.65
最小值	1.87	0.91	8.40	1.97	8.42	1.83

续表

统计量	整坡 χ_{lf}	整坡 χ_{fd}%	耕层 χ_{lf}	耕层 χ_{fd}%	参考点 χ_{lf}	参考点 χ_{fd}%
平均值	27.44	7.46	37.08	8.48	22.91	5.90
标准差	20.15	2.59	21.31	1.83	12.49	2.55
变异系数	0.73	0.35	0.57	0.22	0.55	0.43
偏度系数	1.53	−0.38	1.16	−0.57	0.30	0.10
峰度系数	1.68	−0.82	0.39	−0.03	−1.67	−1.54

注：χ_{lf}的最小值、最大值、平均值、标准差的单位为 10^{-8} m³/kg；χ_{fd}%的最小值、最大值、平均值、标准差的单位为%；样本数的单位为个。

坡面采样点剖面土壤磁化率箱型图(图 7-7)表示坡面所有样品磁化率在采样剖面上的分散程度。χ_{lf}的变化范围为(1.87～102.98)×10^{-8} m³/kg，平均值为 27.44×10^{-8} m³/kg；而χ_{fd}%的变化范围为 0.91%～12.37%，平均值为 7.46%(图 7-7 和表 7-4)。某一采样深度的上四分位数和下四分位数之间的部分，代表按大小排序后中间 50%的样本，在图 7-7 中表示同一深度上χ_{lf}和χ_{fd}%在坡面尺度的差异。显而易见，表层χ_{lf}值在 40 cm 以下趋于稳定，磁化率在小范围内波动，因为 40 cm 以下的土层不属于腐殖质层或耕层，对于部分采样点而言，甚至已经到达母质层。χ_{lf}值在表层的变化范围大于亚表层和底层，说明土壤磁化率不仅在剖面上表现出差异，如表层增强性，在坡面尺度还存在由土壤再分配引起的磁化率差异。而χ_{fd}%值则在 40 cm 以下表现出较强的分散性，据分析，母质层χ_{lf}值极小，尤其是坡上位置，可能会小于 5×10^{-8} m³/kg，而巴廷顿 MS2 磁化率仪的精度为 1×10^{-6} m³/kg，因此导致底层χ_{fd}%的误差大于表层。

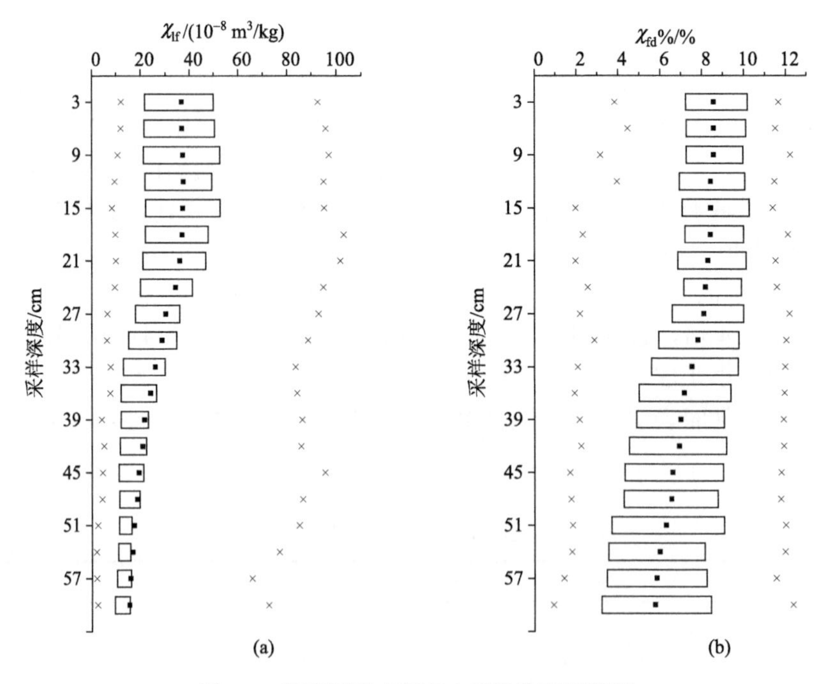

图 7-7　坡面采样点剖面土壤磁化率箱型图

7.3.2　侵蚀导致表土磁化率变化的特征

按照坡度的变化，将坡面各样线分为坡上、坡中和坡下 3 个坡位。坡上部分有 101～104、201～203、301～303 和 401～403，共 13 个点；坡中部分有 105～108、204～207、304～307 和 404～407，共 16 个点；坡下部分有 109～114、208～211、308～310 和 408～409，共 15 个点。计算各坡位在剖面上的土壤磁化率平均值，如图 7-8 所示，黑色曲线代表整坡磁化率平均值，绿色、红色和蓝色曲线分别代表坡上、坡中和坡下的磁化率平均值，虚线代表参考点磁化率平均值。由此能够得出以下几点结果：①整坡土壤磁化率与参考点相似，农地与林地土壤剖面均存在表层增强性；②表层 20 cm 的耕层土壤磁化率基本不变，证明了耕作活动对耕层土壤的混合作用，耕层土壤性质均一化；③坡上和坡中的土壤磁化率低于坡下；④坡上和坡中的土壤磁化率小于整坡的土壤磁化率，坡下的土壤磁化率大于整坡的土壤磁化率，坡下表层 χ_{lf} 大约为坡上(或坡中)的 2 倍；⑤各坡位表层土壤磁化率差异较大，随着采样深度的增加，不同坡位的磁化率差异逐渐减小。不同坡面位置、不同深度的土壤磁化率均具有一定差异性和规律性，其变化规律与本书第 6 章和刘亮(2016)的研究结果基本一致。

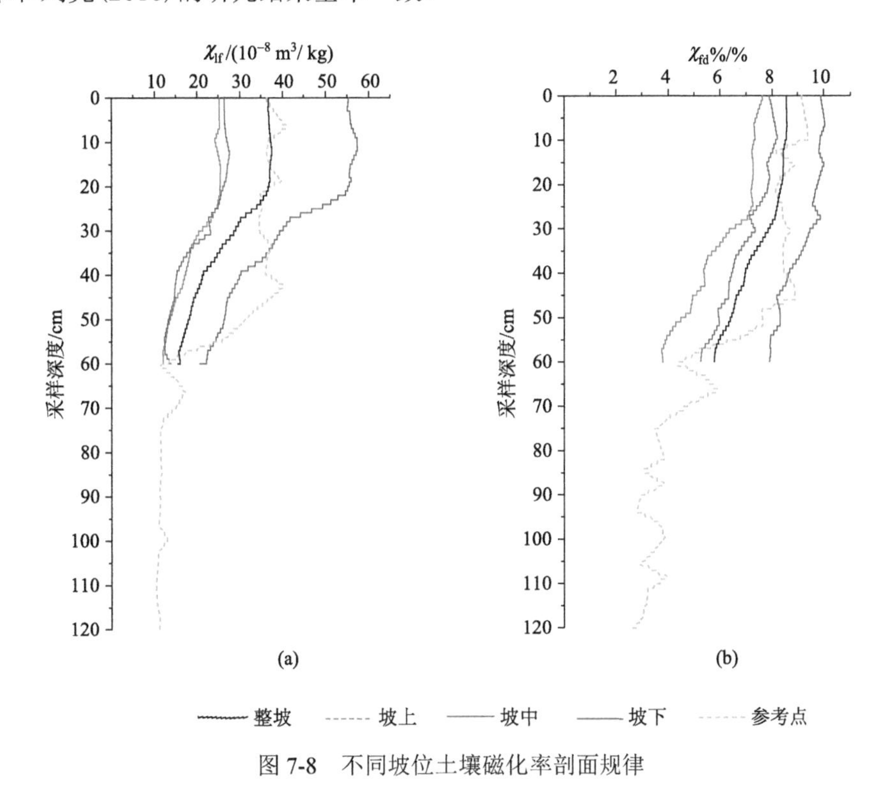

图 7-8　不同坡位土壤磁化率剖面规律

7.3.3　沉积导致表土磁化率变化的特征

耕层(0～20cm)的土壤磁化率揭示坡面土壤再分配特征(表 7-5)。每条样线上，采样点自坡上至坡下依次编号，即 1 号采样点为坡上第一个点。坡上 χ_{lf} 平均值为 20.02×10^{-8}

m^3/kg，χ_{fd}%平均值为 6.07%；坡中 χ_{lf} 平均值为 20.50×10^{-8}m^3/kg，χ_{fd}%平均值为 7.00%；坡下 χ_{lf} 平均值为 41.00×10^{-8}m^3/kg，χ_{fd}%平均值为 9.17%。耕层土壤磁化率从坡上至坡下依次增加，磁化率最大值出现在坡下位置，最小值在坡中位置，以 1 号样线为例，113 号和 114 号点磁化率最大，而 106 号点磁化率最小(表 7-5)。结果表明，坡上和坡中的磁化率小于坡下，对应的侵蚀区耕层磁化率小于沉积区。利用土壤磁化率指标反映坡面再分配规律的结果与众多研究者的结论一致(Jordanova et al., 2014; Liu et al., 2015; Rahimi et al., 2013; Yu et al., 2017)。

表 7-5 坡面采样点耕层(0～20 cm)土壤磁化率

采样点编号	1 号样线		2 号样线		3 号样线		4 号样线	
	χ_{lf} /(10^{-8}m^3/kg)	χ_{fd}%/%	χ_{lf} /(10^{-8}m^3/kg)	χ_{fd}%/%	χ_{lf} /(10^{-8}m^3/kg)	χ_{fd}%/%	χ_{lf} /(10^{-8}m^3/kg)	χ_{fd}%/%
1	23.1	6.4	25.1	7.4	26.9	7.2	22.0	6.7
2	24.8	6.5	23.4	7.5	23.7	7.1	28.5	7.9
3	20.8	6.6	32.0	8.9	35.5	9.2	18.9	7.2
4	22.4	6.8	30.1	9.0	41.4	10.0	21.8	8.2
5	19.7	6.7	28.9	8.8	22.6	8.4	20.8	7.2
6	14.5	4.6	22.5	8.4	16.3	7.7	17.8	6.4
7	15.3	4.9	21.1	8.4	56.7	9.8	49.4	10.6
8	60.0	10.5	32.3	9.2	38.5	10.3	63.4	10.4
9	58.1	10.1	28.2	8.2	42.7	10.2	56.8	10.2
10	80.0	10.5	26.2	8.3	53.1	10.1	—	—
11	64.8	10.8	45.5	9.7	—	—	—	—
12	77.6	10.5	—	—	—	—	—	—
13	91.4	10.3	—	—	—	—	—	—
14	84.1	10.3	—	—	—	—	—	—

7.4 坡面侵蚀与沉积识别技术

7.4.1 参考点土壤剖面磁化率

本研究选取 1 个参考点，位于与农地相邻的人工林带中，几乎与坡上部分平行。人工林带栽种于 20 世纪 70 年代，坡度几乎为零，认为由农地变为林地开始该点没有侵蚀和沉积作用。参考点剖面磁化率与坡耕地磁化率具有相似的分布规律，但磁化率变化的转折点不尽相同，参考点剖面磁化率变化的转折点主要在 45 cm 和 70 cm 深度(图 7-9)。0～45 cm 深度土壤具有表层增强性，其磁化率大于底层土壤；从 45 cm 深度开始，土壤磁化率逐渐减小，直到 70 cm 深度；70 cm 深度以下土壤磁化率基本不变，采样过程中发现这一层的土壤已经为母质层，颜色呈黄色，质地较黏，没有松散感。由此可见，参考点剖面的土壤保持在开垦之前的状态，其磁化率能够代表没有耕作和耕作引起的侵蚀沉积，即原始状态下的土壤剖面。

7.4.2 坡面侵蚀区识别

土壤磁化率能够直接指示坡面、小流域和区域尺度的土壤侵蚀和沉积过程(Liu et al., 2015; Olson et al., 2002; Ventura et al., 2002)。侵蚀区耕层土壤不断被剥蚀，次年耕作产生新的耕层，而翻耕深度不变，导致新的耕层向下移动。因此，侵蚀区土壤磁化率持续下降，若腐殖质层全部被侵蚀，耕层磁化率可与母质层相同。侵蚀区耕层磁化率小于参考剖面表层磁化率(图 7-10～图 7-17)。

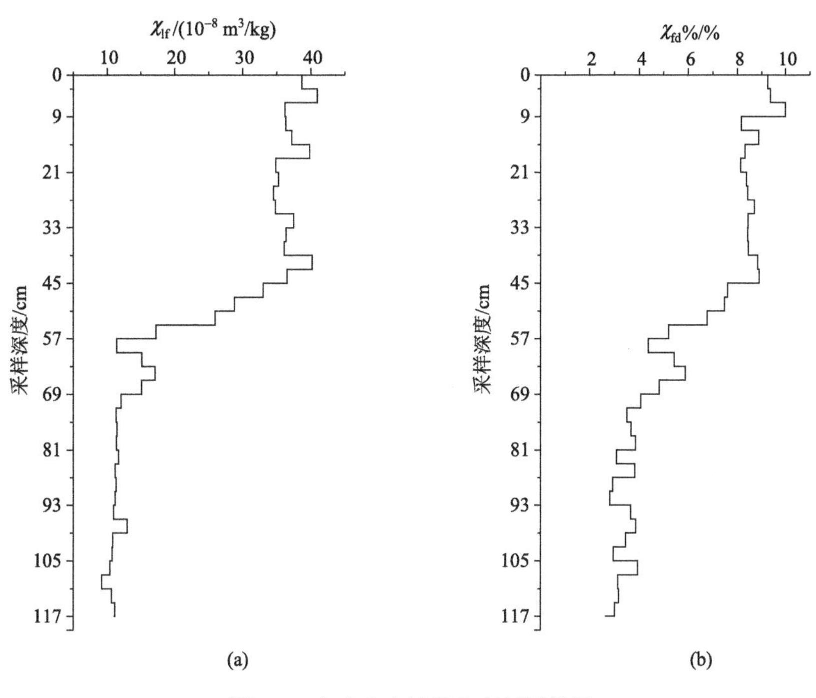

图 7-9　参考点土壤磁化率剖面特征

本章土壤剖面样品的采样间隔为 3 cm，因为采样器钻头的高度约为 2.5 cm。为了获得更加精确的剖面土壤磁化率，将 3 cm 间隔的磁化率数据线性内插至 1 cm 间隔，利用 Microsoft Excel 软件进行计算。坡面采样点每个剖面得到 60 条数据，参考点剖面得到 120 条数据。以 1 号样线为例，各采样点的剖面分布规律如图 7-10 和图 7-11 所示。采样点 101～107 处于侵蚀区，因为其 0～60 cm 深度土壤磁化率均小于参考点表层土壤磁化率，两者之间的面积用蓝色斜线填充，χ_{lf}和 χ_{fd}%均符合这一规律，说明它们的表层土壤被侵蚀，原始的底层土壤变为如今的表层土壤。由 χ_{lf} 预测结果可知，有 28 个点为侵蚀点，分别为 101～107、201～210、301～303、305～306 和 401～406，每个采样点代表的区域面积为 3600 m^2，即 0.0036 km^2，则坡面上侵蚀区面积为 0.108 km^2，占总面积的 63.64%。

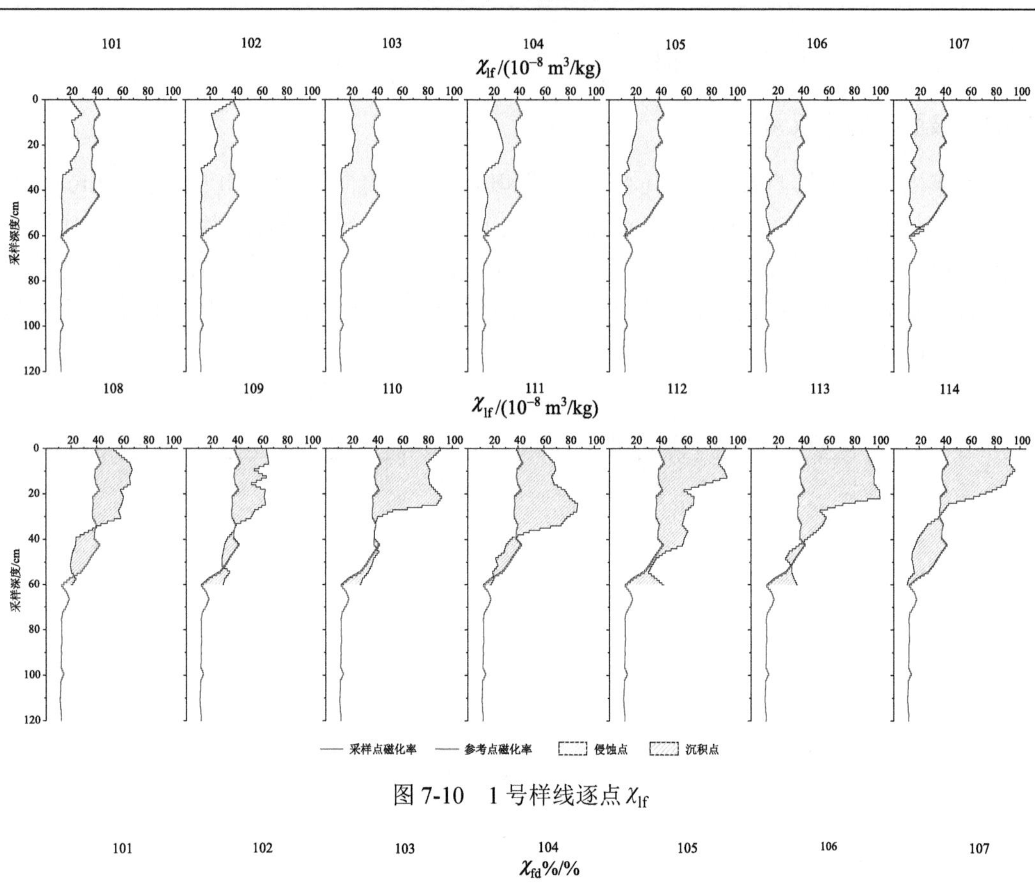

图 7-10　1 号样线逐点 χ_{lf}

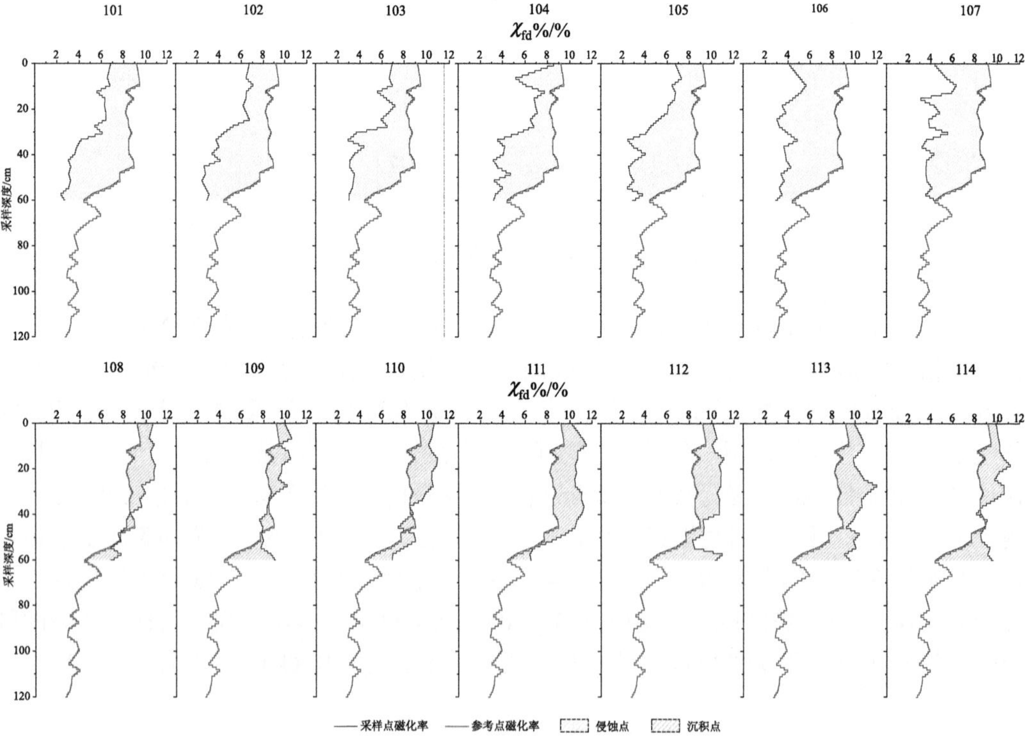

图 7-11　1 号样线逐点 χ_{fd}%

7.4.3 坡面沉积区识别

土壤侵蚀和沉积导致坡面土壤再分配，土壤颗粒离开原来位置，随坡面径流沿坡向移动，在坡下位置沉积，因此，坡上表层土壤覆盖在坡下表层土壤之上，侵蚀后坡上土壤磁化率降低，坡下土壤磁化率增强。沉积区耕层磁化率大于参考剖面表层磁化率。

沉积区土壤磁化率明显高于侵蚀区，沉积物主要来自坡上和坡中的表层土壤，表层增强性决定沉积物磁化率相对较高(de Jong et al., 1998)。采样点 108～114 处于沉积区，不仅耕层磁化率大于参考点表层磁化率，两条线交点对应的深度均低于 20 cm，交点之上的面积用橙色斜线填充。同理，将 2 号、3 号和 4 号样线上的采样点分类，蓝色斜线填充为侵蚀点，橙色斜线填充为沉积点(图 7-12～图 7-17)。由 χ_{lf} 预测结果可知，有 16 个点为沉积点，分别为 108～114、211、304、307～310 和 407～409，占总面积的 36.36%。

通常来讲，在一条完整的样线上，坡上和坡中的采样点位于侵蚀区，而坡下位于沉积区。但是，3 号样线的两个点(303 和 304)却呈现不同的规律，这两个点在侵蚀区表现出沉积区的特征(图 7-14 和图 7-15)。究其根本，是因为在地形相对平坦、均一的坡上位置，1 号样线的海拔略高于其他样线，形成一个微型坡面，该微型坡面在 303～304 点处结束，因此样点 303 和 304 会出现沉积现象，磁化率高于周边其他侵蚀点。χ_{fd}%对微地形的响应更加显著，尤其是 304 点，剖面不同深度上的磁化率均大于参考点。

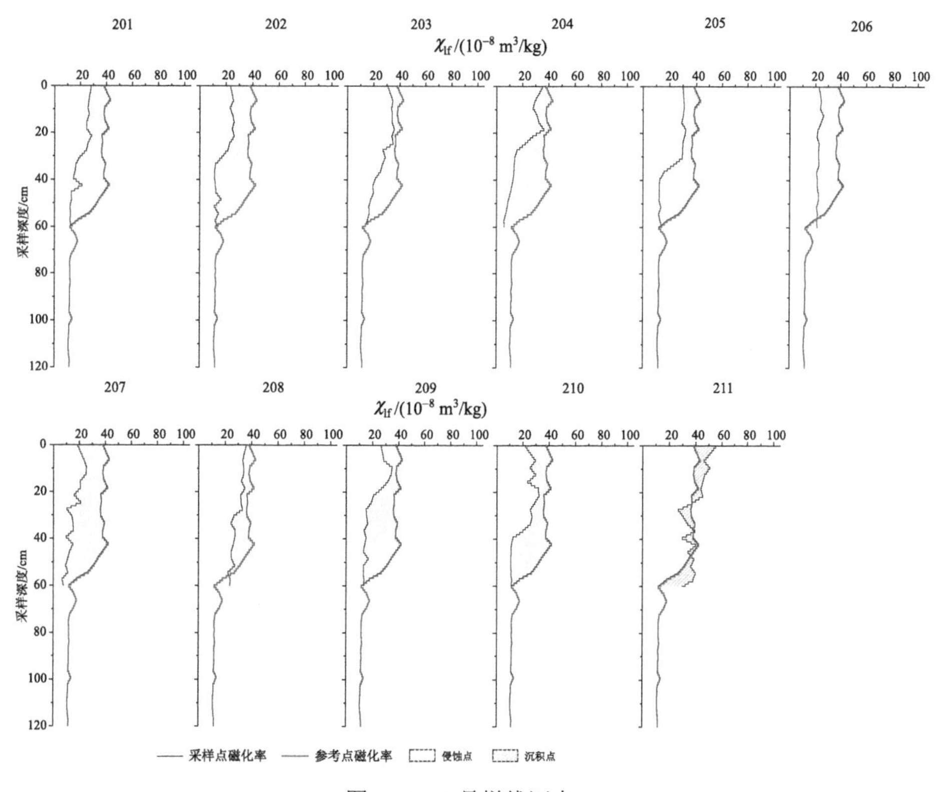

图 7-12　2 号样线逐点 χ_{lf}

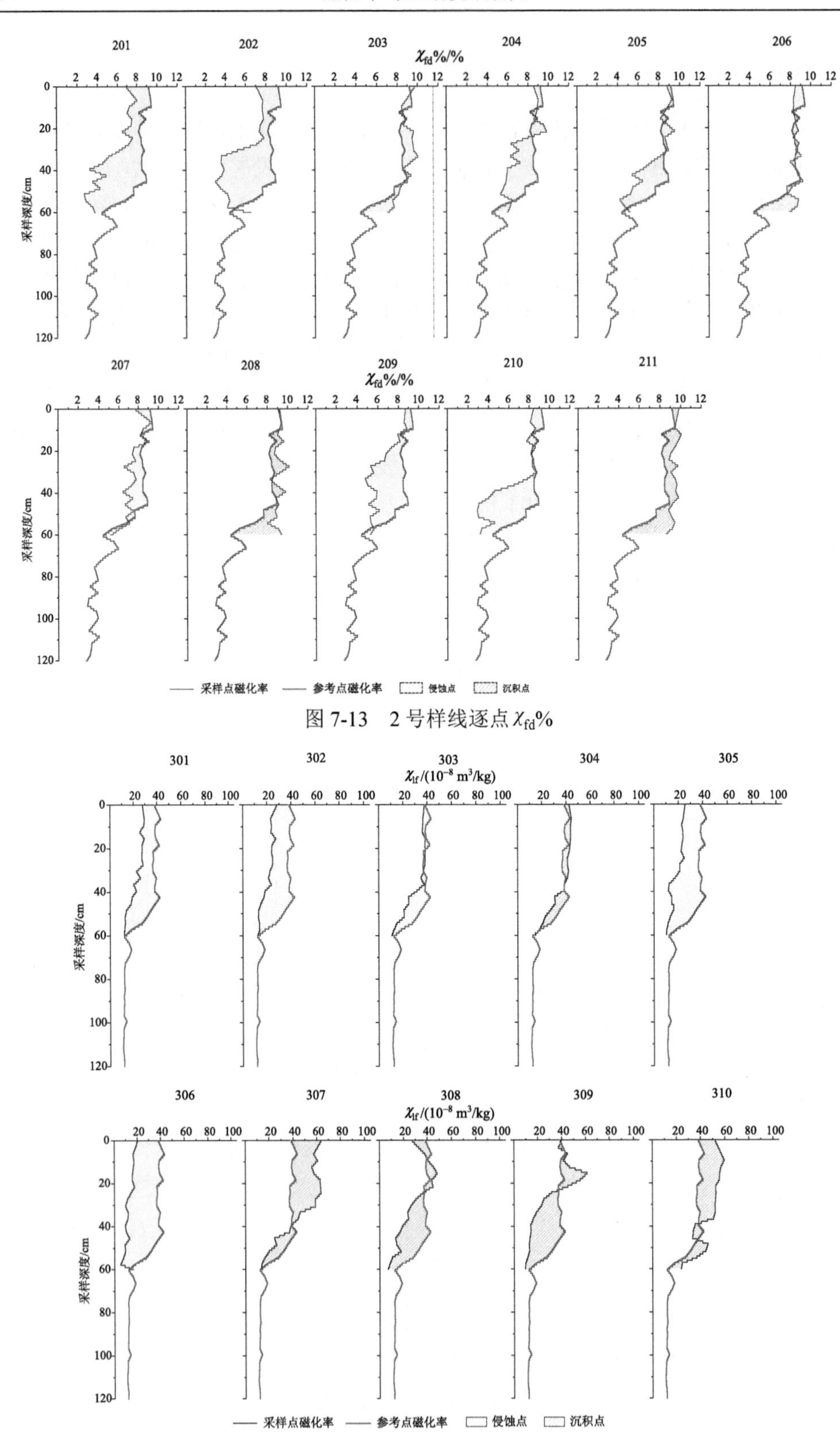

图 7-13　2 号样线逐点 $\chi_{fd}\%$

图 7-14　3 号样线逐点 χ_{lf}

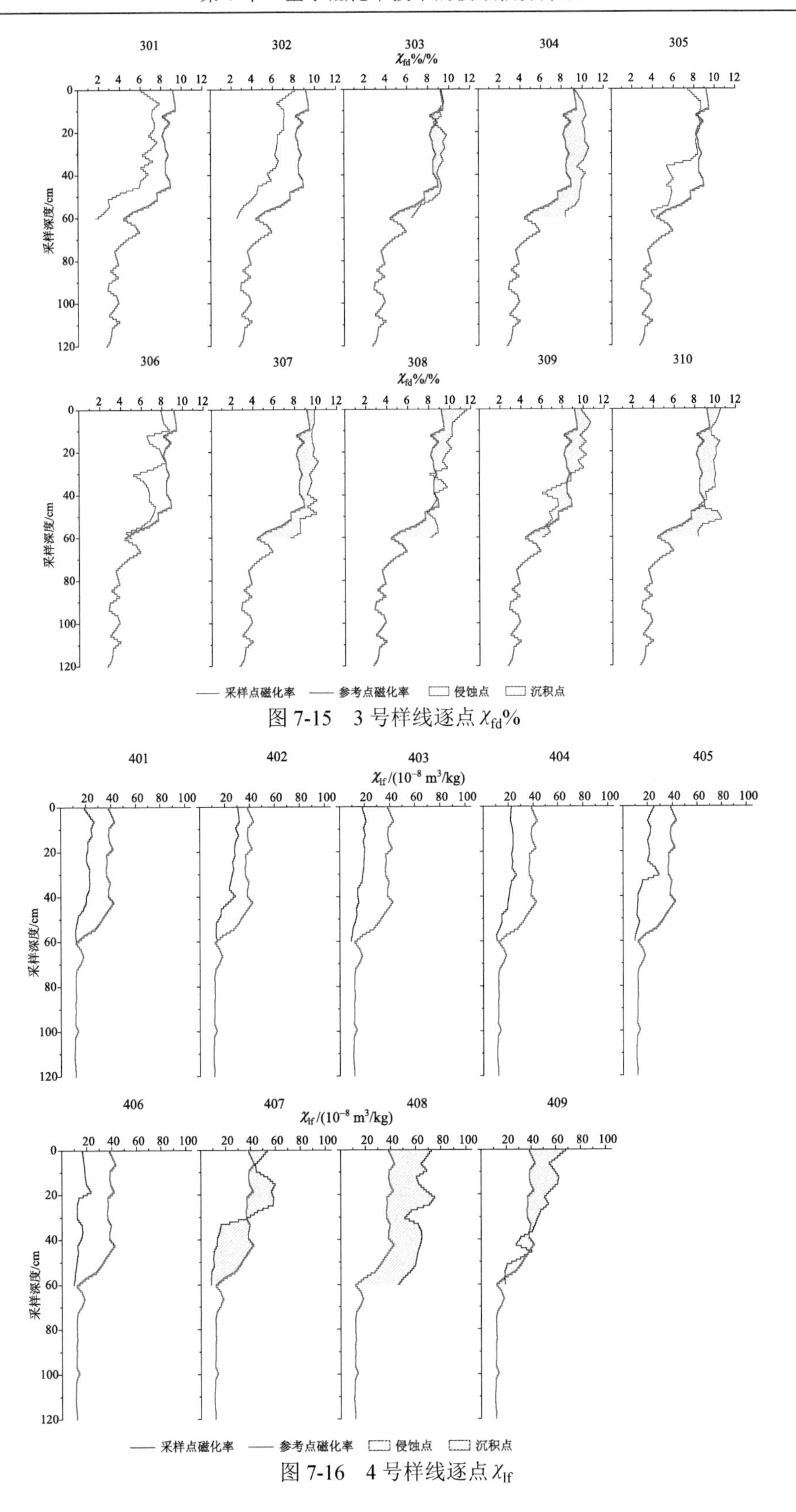

图 7-15　3 号样线逐点 $\chi_{fd}\%$

图 7-16　4 号样线逐点 χ_{lf}

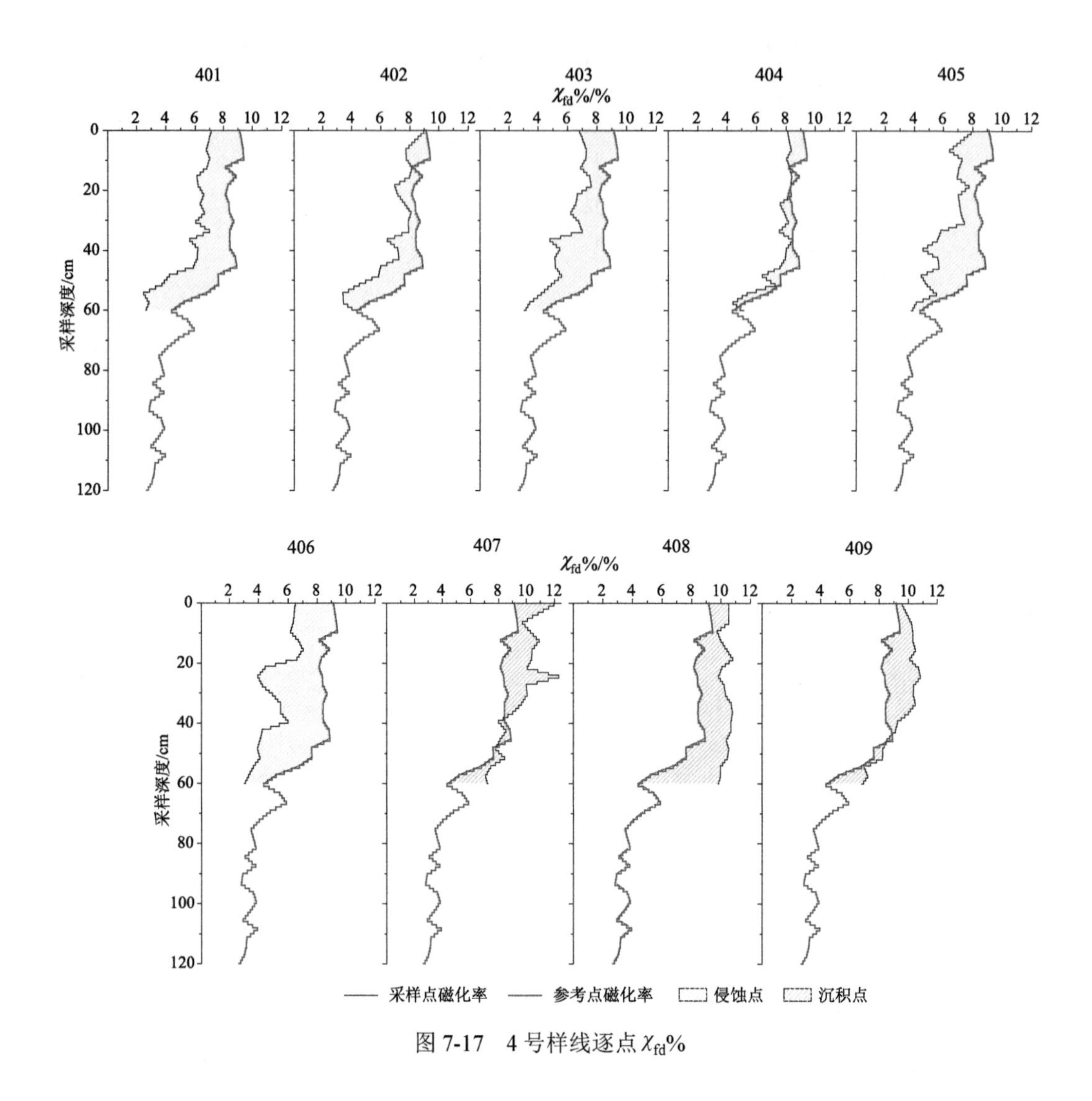

图 7-17　4 号样线逐点 $\chi_{fd}\%$

7.5　基于磁化率变化的侵蚀量估算

模拟的土壤磁化率曲线也具有表层增强性，称为浅层增强性。受土壤剖面表层增强性的影响，土壤侵蚀深度较浅时，耕层土壤磁化率较高，因此在侵蚀 0～30 cm 时仍表现出增强性。随着侵蚀深度的增加，土壤磁化率模拟值逐渐减小，因为土壤母质层磁化率为剖面最低值，且波动很小，至 60～70 cm 模拟值趋于稳定，60～70 cm 的 χ_{lf} 在(10～12)×$10^{-8}m^3/kg$，$\chi_{fd}\%$值在 3%～5%(图 7-18)。

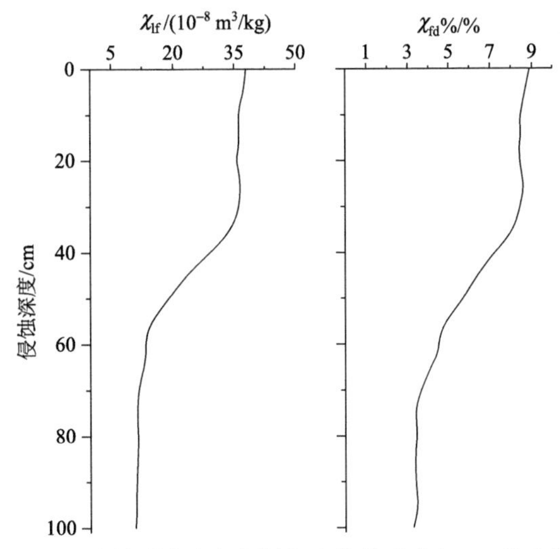

图 7-18　土壤磁化率与侵蚀深度的关系(以 1cm 为步长)

7.5.1　土壤侵蚀深度估算

T-H 模型的核心理论是，坡耕地表层磁化率与坡面土壤再分配关系密切，因此，坡面磁化率能够揭示土壤再分配规律，估算坡面侵蚀深度(Landgraf, 2002)。以 1 号样线为例，如图 7-19 所示，红色曲线表示剖面上各采样点的 χ_{lf} 值随土壤深度的变化，黑色虚线表示坡面耕层的平均 χ_{lf} 值，点 101～107 趋势相同，属于侵蚀点，用蓝色斜线表示，坡面表层 χ_{lf} 值小于参考点，随着土壤深度的增加，坡面土壤底层磁化率逐渐降低，两条

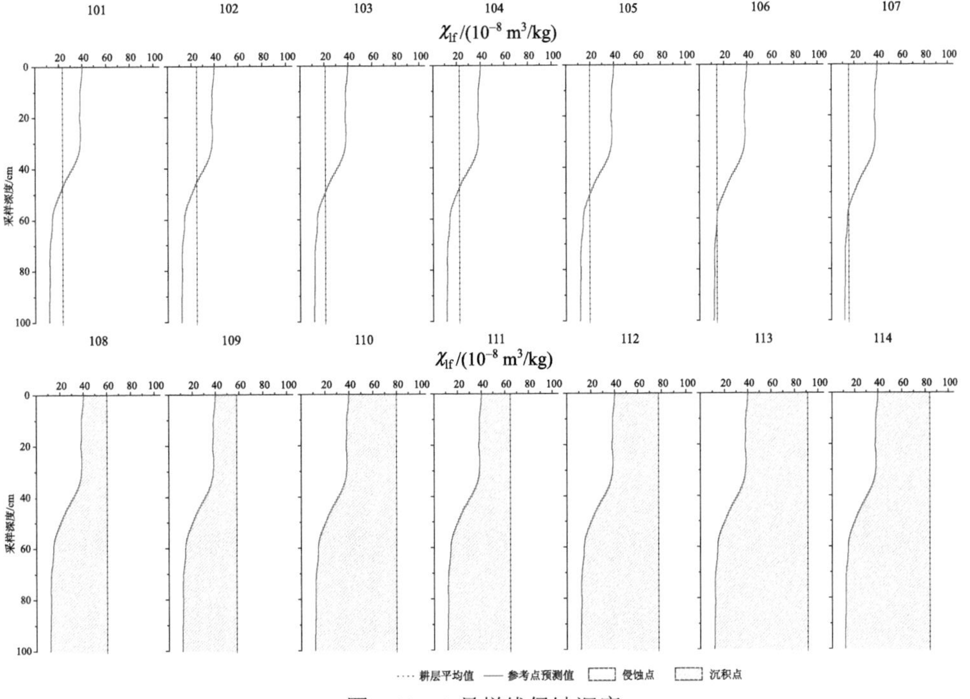

图 7-19　1 号样线侵蚀深度

线存在交点，交点对应的土壤深度即该点的侵蚀深度。同理，其他 3 条样线的侵蚀深度如图 7-20～图 7-22 和表 7-6 所示。

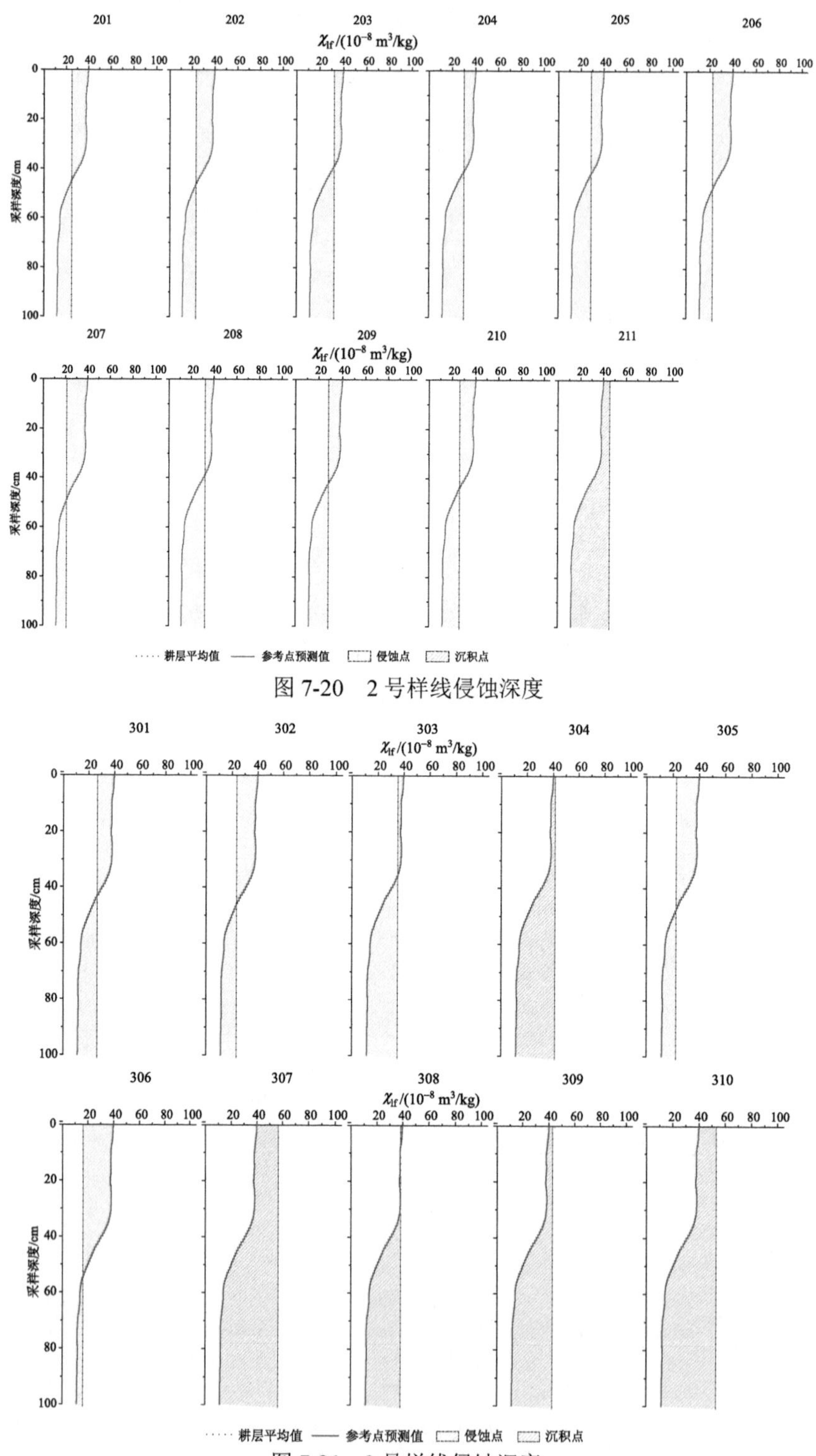

图 7-20　2 号样线侵蚀深度

图 7-21　3 号样线侵蚀深度

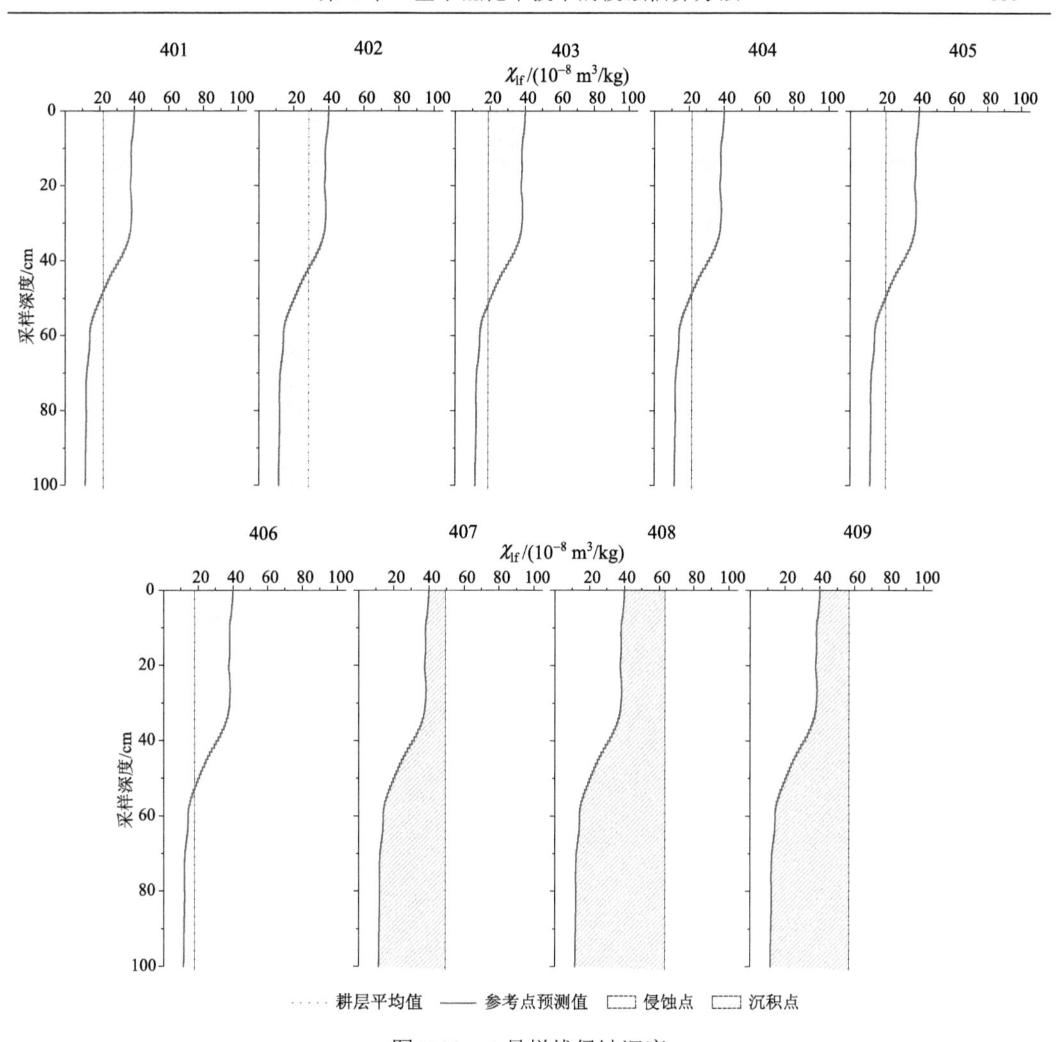

图 7-22　4 号样线侵蚀深度

表 7-6　耕层 χ_{lf} 平均值与土壤侵蚀深度/沉积厚度汇总表

采样点编号	1 号样线		2 号样线		3 号样线		4 号样线	
	χ_{lf}/(10^{-8}m^3/kg)	d/cm	χ_{lf}/(10^{-8}m^3/kg)	d/cm	χ_{lf}/(10^{-8}m^3/kg)	d/cm	χ_{lf}/(10^{-8}m^3/kg)	d/cm
1	23.1	−43.3	25.1	−43.3	26.9	−41.8	22.0	−46.4
2	24.8	−45.0	23.4	−45.0	23.7	−44.6	28.5	−40.4
3	20.8	−37.2	32.0	−37.2	35.5	−19. 5	18.9	−50.0
4	22.4	−39.0	30.1	−39.0	41.4	23.5	21.8	−46.7
5	19.7	−40.1	28.9	−40.1	22.6	−45. 8	20.8	−47.8
6	14.5	−45.9	22.5	−45.9	16.3	−53.2	17.8	−51.3
7	15.3	−47.4	21.1	−47.4	56.7	34.5	49.4	24.1
8	60.0	33.2	32.3	−36.9	38.5	29.1	63.4	70.4
9	58.1	37.9	28.2	−40.8	42.7	18.5	56.8	34.0
10	80.0	42.1	26.2	−42.4	53.1	29.1	—	—

续表

采样点编号	1 号样线		2 号样线		3 号样线		4 号样线	
	$\chi_{lf}/(10^{-8}m^3/kg)$	d/cm	$\chi_{lf}/(10^{-8}m^3/kg)$	d/cm	$\chi_{lf}/(10^{-8}m^3/kg)$	d/cm	$\chi_{lf}/(10^{-8}m^3/kg)$	d/cm
11	64.8	37.1	45.5	29.1	—	—	—	—
12	77.5	48.9	—	—	—	—	—	—
13	91.4	43.6	—	—	—	—	—	—
14	84.1	33.1	—	—	—	—	—	—

注：d 代表深度；正值代表沉积厚度，负值代表侵蚀深度。

7.5.2　土壤沉积厚度估算

以 1 号样线为例，如图 7-23 所示，红色曲线代表坡面采样点土壤磁化率，黑色虚线代表参考点表层 0～20 cm χ_{lf} 平均值，点 108～114 趋势相同，属于沉积点，用橙色斜线表示，坡面表层 χ_{lf} 值大于参考剖面，随着土壤深度的增加，坡面 χ_{lf} 值逐渐减小，两条线存在交点，交点对应的土壤深度即该点的沉积厚度。同理，其他 3 条样线的沉积厚度如图 7-24～图 7-26 和表 7-6 所示。

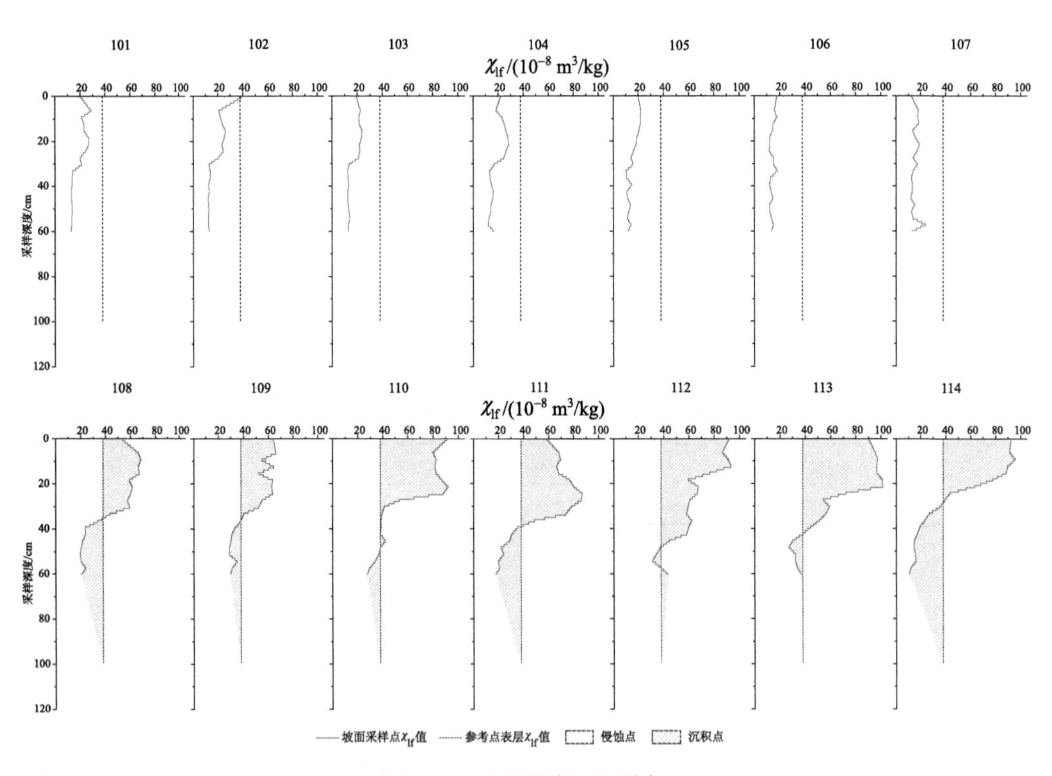

图 7-23　1 号样线沉积厚度

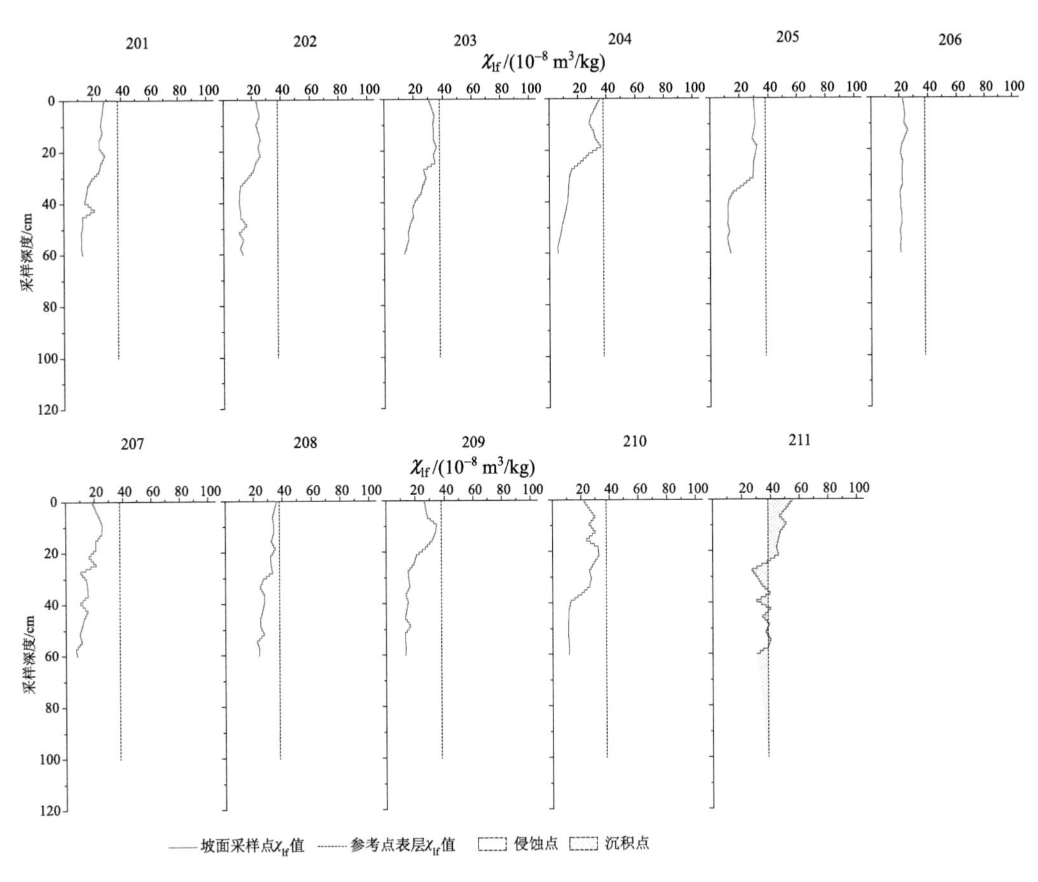

图 7-24　2 号样线沉积厚度

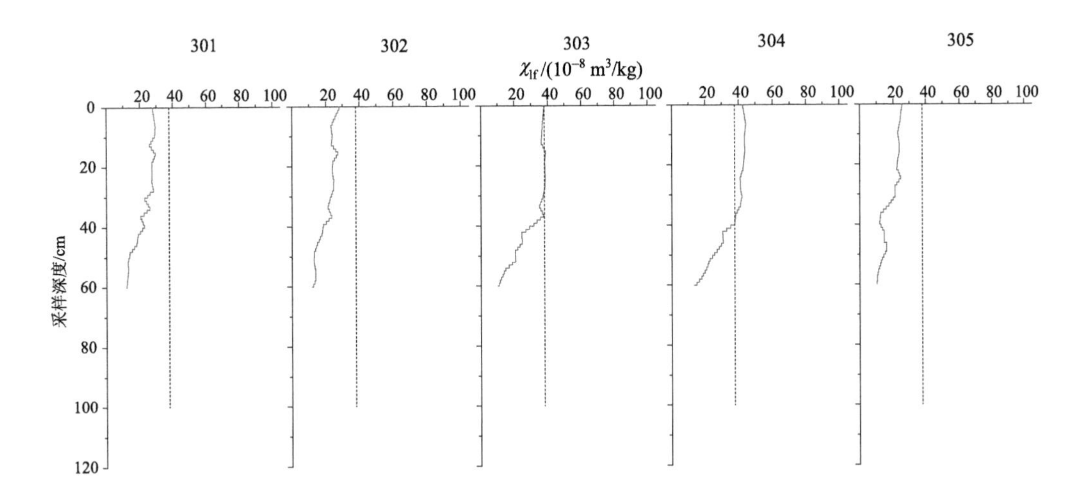

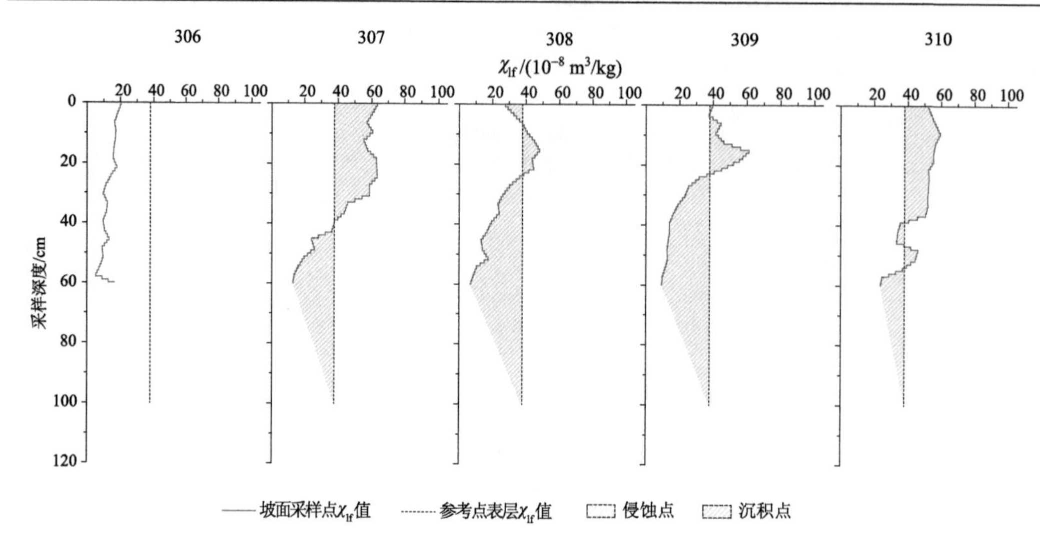

图 7-25　3 号样线沉积厚度

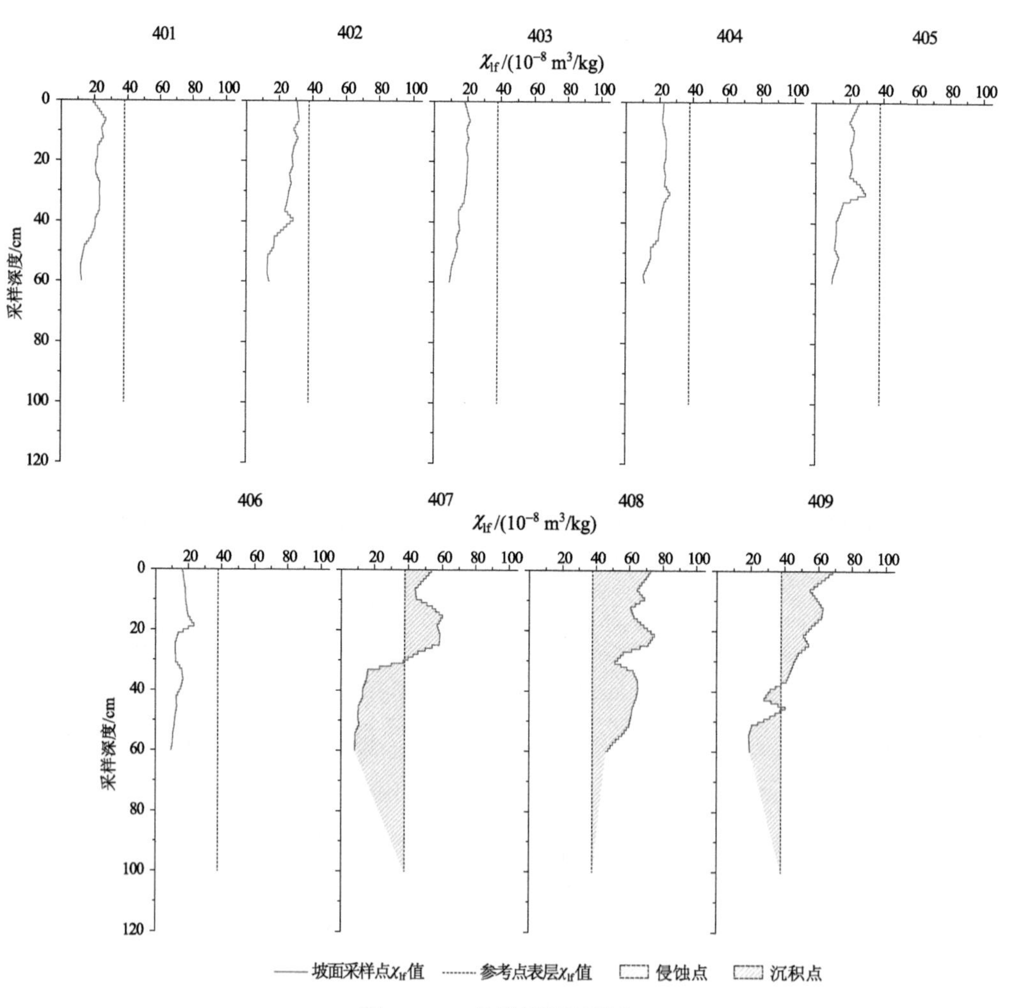

图 7-26　4 号样线沉积厚度

7.5.3 土壤净侵蚀量估算

全部采样点的侵蚀深度和沉积厚度如表 7-6 所示。坡面合计 44 个点，其中侵蚀点 28 个，耕层磁化率较小的点侵蚀深度较深，1 号样线上有 7 个点，2 号样线上有 10 个点，3 号样线上有 5 个点，4 号样线上有 6 个点。侵蚀深度最大值为 53.2cm，位于 3 号样线的坡中位置；排除点 303 和 304 受微地形的影响，侵蚀深度最小值为 36.9 cm，位于 2 号样线的坡中位置；侵蚀区的采样点平均侵蚀深度为 44.54 cm，即 1.1 cm/a。坡面合计沉积点 16 个，表层磁化率值较大的点沉积较厚，其中，1 号样线上有 7 个点，2 号样线上有 1 个点，3 号样线上有 5 个点，4 号样线上有 3 个点。沉积厚度最大值为 70.4cm，位于 4 号样线的坡下位置；沉积区采样点平均沉积厚度为 35.51 cm，即 0.9 cm/a。

将表 7-6 的侵蚀深度/沉积厚度数据关联到 shp 文件中，生成侵蚀深度/沉积厚度 d 的字段信息，利用 ArcGIS 软件工具箱中的插值模块，选择反距离权重法(inverse distance weighted，IDW)对侵蚀深度和沉积厚度进行插值(图 7-27)。将坡面分为侵蚀区和沉积区，侵蚀区为彩色填充并拉伸显示，沉积区颜色稍亮，与侵蚀区色阶不同。然而，304 在侵蚀区中显示出不一样的侵蚀深度，303 和 304 的侵蚀深度与相邻样点相比明显较小(图 7-27)。304 的表层 χ_{lf} 为 41.41×10^{-8} m^3/kg，比参考点表层磁化率 37.94×10^{-8} m^3/kg 高 3.47×10^{-8} m^3/kg；而且，304 的表层 χ_{fd}%为 10.01%，也比参考点的 8.16%高近 2%(表 7-5 和表 7-6)。由此可见，在 304 的表层土壤中，亚铁磁性矿物和超顺磁性颗粒的含量富集，其主要原因是微地形对坡面侵蚀的影响，见 7.4.3 节的详细分析。坡面侵蚀深度插值图显示，坡面侵蚀深度在 33.16～55.88 cm，侵蚀最严重的区域位于坡中，呈蓝色(图 7-27 和图 7-28)。

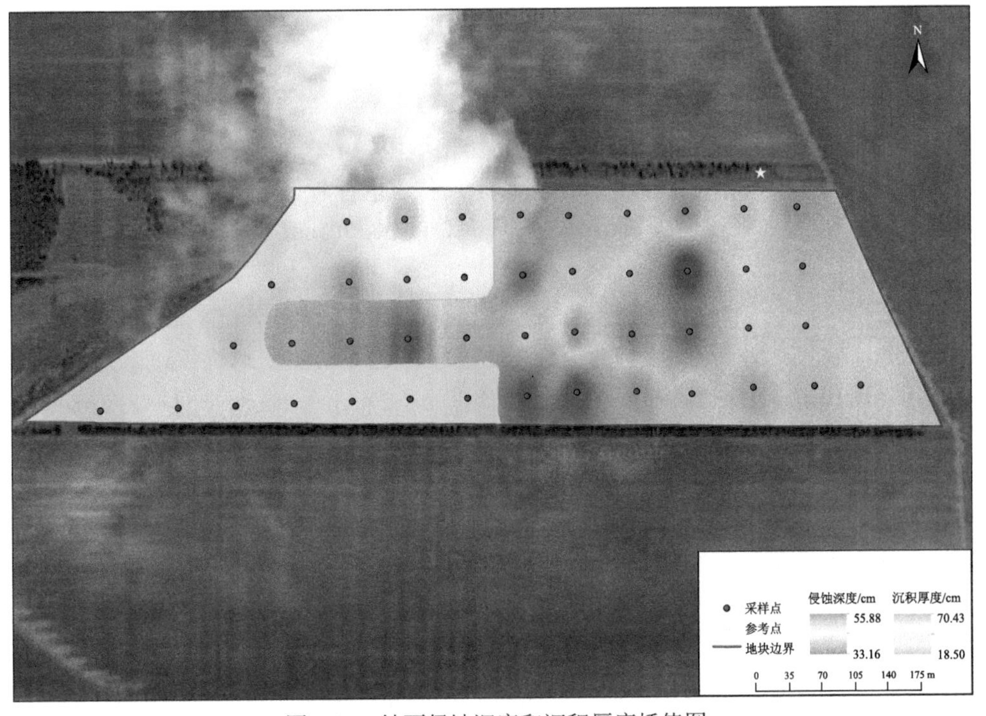

图 7-27　坡面侵蚀深度和沉积厚度插值图

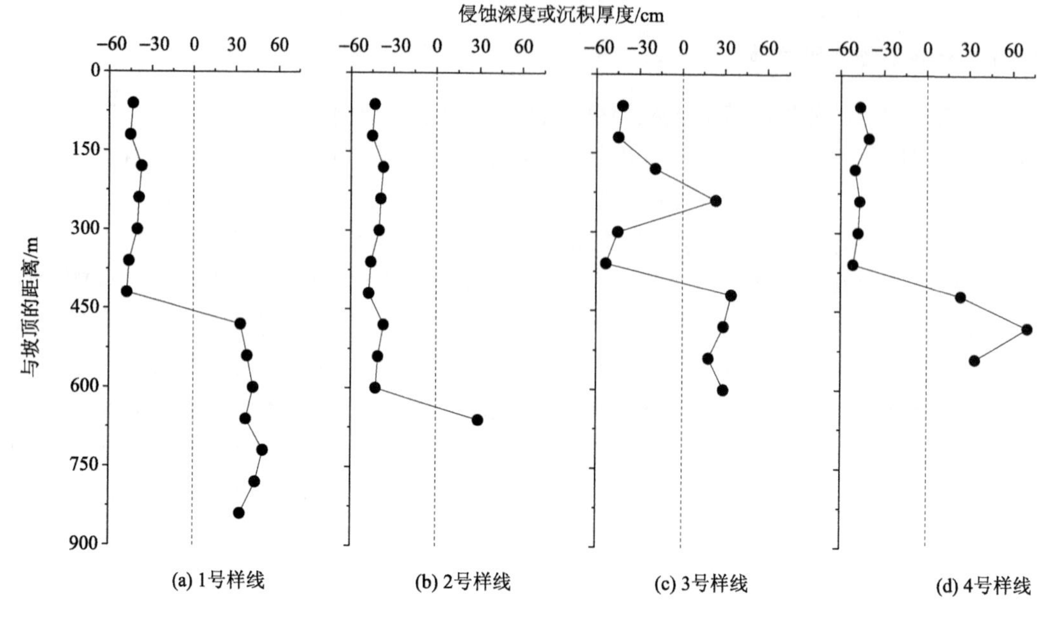

图 7-28　各样线的侵蚀深度/沉积厚度示意图

在坡面侵蚀深度和沉积厚度的基础上，估算坡面侵蚀量、沉积量和侵蚀速率，具体计算公式如式(7-8)和式(7-9)所示：

$$M = \frac{\sum_{i=1}^{28} s_i d_i \rho_i}{100} \tag{7-8}$$

$$A = 10^6 \frac{M_{\text{ero}} + M_{\text{depo}}}{S \cdot T} \tag{7-9}$$

式中，M 为多年净土壤侵蚀量，t；M_{ero} 为多年土壤侵蚀量，t；M_{depo} 为多年土壤沉积量，t；A 为侵蚀速率，t/(km²·a)；s 为一个采样点所代表的面积，m²；d 为土壤侵蚀深度/沉积厚度，cm；ρ 为土壤容重，g/cm³；S 为坡面总面积，m²；T 为坡面与参考点的相对开垦年限，年。

结果表明，整个坡面上共有 28 个侵蚀点，平均侵蚀深度为 44.54 cm，年平均侵蚀速率为 1.1 cm/a;共有 16 个沉积点,平均沉积厚度为 35.51 cm,年平均沉积速率为 0. 9 cm/a。一个采样点所代表的面积为 3600 m²，土壤容重为 1.2 g/cm³，坡面总面积为 158400 m²，坡面与参考点的相对开垦年限为 40 年，利用式(7-8)和式(7-9)计算土壤侵蚀量。经计算，坡面侵蚀量为 53880.2 t，若不考虑坡面沉积，侵蚀速率为 13363.2 t/(km²·a)，坡面沉积量为 24541.3 t，净侵蚀量为 29338.4 t，坡面与参考点的相对开垦年限为 40 年，因此，坡面侵蚀速率为 4630.5 t/(km²·a)，相当于每年侵蚀表土 3～4 mm。

对于整坡而言，坡面侵蚀模数略小于监测数据。《2003～2010 年松花江流域九三水保持试验站径流小区和小流域监测资料》显示，径流小区 2004～2010 年共有六年数据可用，其中 2 年或 3 年数据极小，剔除异常值后，计算年均侵蚀速率，5°标准径流小区的平均侵蚀速率为 5928 t/(km^2·a)，8°裸地径流小区的平均侵蚀速率为 9400 t/(km^2·a)(表 7-7)。与实测径流小区资料相比，本研究的估算结果小于 5°标准径流小区的土壤流失量，原因有以下两点：首先，在空间尺度上，径流小区的坡长为 20 m，与自然坡面的坡长相差甚远，部分在自然坡面沉积到坡下的土壤物质在径流小区尺度直接流失，使得实测侵蚀速率大于估算值；其次，在时间尺度上，径流小区的土壤侵蚀速率为近 8 年的平均值，而本研究结果为近 40 年的平均侵蚀速率，经验表明，侵蚀初期的侵蚀速率大于后期。此外，熊毅和李庆逵(1990)在《中国土壤》一书中提到，东北黑土区的土壤侵蚀深度平均为 0.6～1.0 cm/a，平均侵蚀速率为 6000～9750 t/(km^2·a)；范昊明等(2005)比较了全球三大黑土区的土壤侵蚀，指出中国东北的黑土以每年 0.3～1.0 cm 的速度变薄，部分地区的黑土层已不足 30 cm。

表 7-7　径流小区实测侵蚀速率汇总表

年份	侵蚀速率 A/[t/(km^2·a)]	
	5°标准径流小区	8°裸地径流小区
2003	5467	1887
2004	3630	7585
2005	—	—
2006	7380	1603
2007	1431	1108
2008	8316	9957
2009	5320	10507
2010	5456	9549
平均值	5928	9400

注：下划线标注的数字为异常值，即低于平均值 3 倍或以上。

若仅考虑侵蚀区，而不考虑坡面沉积，本研究的坡面侵蚀量为 53880.2 t，坡面侵蚀速率为 13363.15 t/(km^2·a)。利用 ^{137}Cs 示踪法估算土壤侵蚀只能得到侵蚀区的侵蚀速率，与本研究侵蚀区的侵蚀速率相比，本章的计算结果与已有研究在一个数量级上，但数值上略有差异。Yang 等(2011)利用 ^{137}Cs 估算东北黑土区的侵蚀速率，他们的计算结果为 1.7 mm/a，即 20800 t/(km^2·a)(土壤容重为 1.2 g/cm^3，下同)，与 Fang 等(2006)用同种方法计算的结果 1.7 mm/a 相近，即 20160 t/(km^2·a)；方华军等(2005)选择东北黑土区与本研究坡度相似的农地坡面，估算的土壤侵蚀速率为 1.0 mm/a，即 12120 t/(km^2·a)。用 ^{137}Cs 和 T-H 模型估算侵蚀量都涉及参考点的选取，由于参考点的选取会影响侵蚀深度的估算，因此侵蚀量存在差异属于正常现象。今后的研究应更加慎重地选择参考剖面，尽量选择不受侵蚀和沉积过程影响的林地或草地剖面，剖面数量适当增加，这样能够降低系统误差，提高估算值精度(Zhang, 2015)。

因此，土壤磁化率技术是一种可行的估算坡面土壤侵蚀量的方法，其估算误差可控制在一定范围内，误差主要由所选参考面的差异性导致。

7.6　磁化率技术在小流域泥沙来源时空特征辨析中的应用

7.6.1　小流域沉积物磁化率与泥沙级配的关系

土壤是弱磁性物质，其磁性主要来自成土母质和次生磁性矿物，黑土的成土母质磁性较弱，土壤磁性主要来自次生磁性矿物(Dearing, 1994; 卢升高, 2003; 俞劲炎和卢升高, 1991)。研究表明，磁化率的大小与土壤质地关系密切，χ_{lf}能够指示土壤中次生磁性矿物，尤其是黏粒的相对含量，而χ_{fd}%则反映黏粒范围内超顺磁性颗粒的含量(卢升高, 2003)。

1. 干筛法测定结果

选取东北黑土区典型农地坡面，分别采集坡上和坡中侵蚀区，以及坡下沉积区 0～30 cm 的土壤样品，筛分为 6 个不同粒级，分别为>2 mm、0.5～2 mm、0.25～0.5 mm、0.1～0.25 mm、0.07～0.1 mm 和<0.07 mm，测定各粒级的土壤磁化率。干筛法结果显示，χ_{lf}随粒径减小而增大，砾石(>2 mm)的χ_{lf}极小，不足 10×10^{-8} m^3/kg［图 7-29(a)］。χ_{fd}%总体趋势不明显，在 7%～8%［图 7-29(b)］。

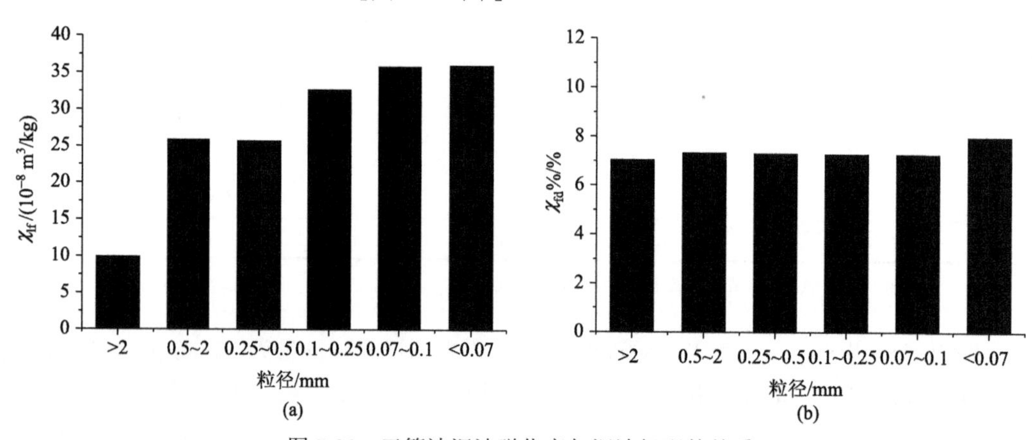

图 7-29　干筛法泥沙磁化率与泥沙级配的关系

干筛法得到的χ_{lf}在坡上规律不明显，除砾石的χ_{lf}极小外，其余 5 个等级没有明显变化趋势。然而，坡中和坡下位置的 χ_{lf} 均随土壤粒径的减小而增加，其中坡中变化幅度不大，而坡下 χ_{lf} 的增长趋势明显，坡下表层 χ_{lf} 大于亚表层和底层，砾石的 χ_{lf} 最小，在(15～20)$\times10^{-8}$ m^3/kg，<0.1 mm 粒径的土壤 χ_{lf} 较大，表层甚至接近 100×10^{-8} m^3/kg(图 7-30)。

干筛法得到的χ_{fd}%在不同坡面位置上的规律均不明显，不同粒级的土壤磁化率变化率很小。其中，坡中位置χ_{fd}%最小，坡下χ_{fd}%最大，坡上χ_{fd}%居中。表层 0～10 cm 的 χ_{fd}%大于亚表层，尤其是坡下的表层土壤，其χ_{fd}%可达 10%以上(图 7-31)。

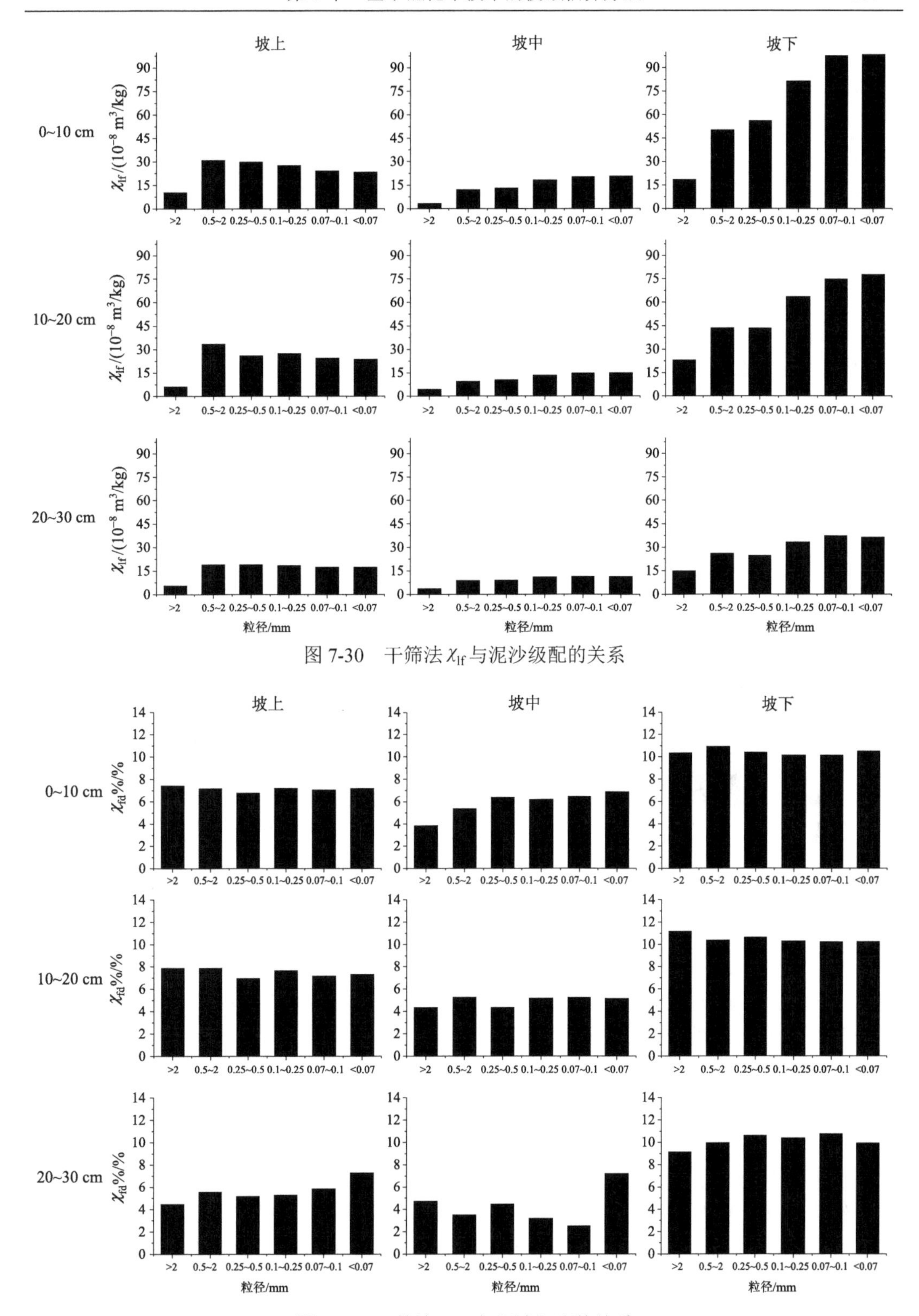

图 7-30　干筛法 χ_{lf} 与泥沙级配的关系

图 7-31　干筛法 χ_{fd}%与泥沙级配的关系

综上所述，由干筛法处理的土壤样品，χ_{lf}在坡下表层土壤中规律明显，即χ_{lf}随土壤粒径的减小而增大，而χ_{fd}%则不论坡位和深度均无明显规律。超顺磁性颗粒的相对含量影响χ_{fd}%的大小，在干筛过程中，可能存在极细颗粒附着在相对粗的颗粒表面的现象，从而使χ_{fd}%在各粒级间无差异。因此，用蒸馏水冲刷土壤筛上的土样，以去除附着在该粒级土壤上的细颗粒，即用湿筛法处理土壤，再测定其土壤磁化率。

2. 湿筛法测定结果

湿筛法结果显示，土壤磁化率(χ_{lf}和χ_{fd}%)均随粒径减小而增大，且χ_{lf}表现得更为显著，砾石(>2 mm)的χ_{lf}极小，不足 1×10^{-8} m^3/kg，砾石的磁化率主要来自其中的矿物(图 7-32)。χ_{fd}%总体趋势与χ_{lf}一致，但在<0.25 mm 的 3 个粒级上没有表现出显著的增强。在用蒸馏水冲刷土壤筛上土样的过程中，0.25 mm 和 0.1 mm 尼龙筛孔径较小，由于张力作用水流无法通过，改用沉降法去除更细土粒，但由于 0.1 mm 和 0.07 mm 的土粒沉降时间较短，仅为 20 余秒，时间很难精确控制，因此，部分小于该粒级的土粒没有去除，导致<0.25 mm 的χ_{fd}%趋势不明显。

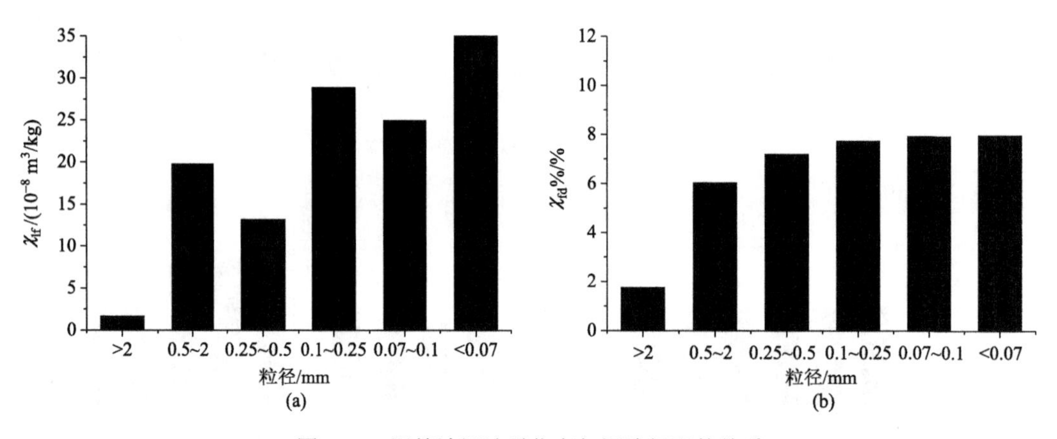

图 7-32　湿筛法泥沙磁化率与泥沙级配的关系

坡中χ_{lf}均<$20\times10^{-8}m^3/kg$，砾石(粒径>2mm)χ_{lf}最小，表层 0～20 cm 的χ_{lf}为 0；<0.25 mm 的χ_{lf}较大，在$(15\sim20)\times10^{-8}m^3/kg$。坡下$\chi_{lf}$变化范围较大，0.25 mm 孔径明显区分为两个级别，>0.25 mm 的土壤χ_{lf}极小，除表层 0～10 cm 的 0.25～0.5 mm 的泥沙外，均不足 10×10^{-8} m^3/kg，砾石(粒径>2 mm)的χ_{lf}最小，<0.25 mm 的χ_{lf}急速增加，最大值接近 100×10^{-8} m^3/kg(图 7-33)。总体而言，粗颗粒的χ_{lf}小于细颗粒，侵蚀区的χ_{lf}小于沉积区，底层 20～30 cm 的χ_{lf}小于表层 0～20 cm。

坡中χ_{fd}%均小于 8%，但>2 mm 的砾石χ_{fd}%均为 0%，说明砾石中不含超顺磁性颗粒，这一结果与实际岩石属性一致，表层 0～20 cm 土壤中<2 mm 泥沙的χ_{fd}%变化较小，而 20～30 cm 的χ_{fd}%在一定程度上随粒级的减小而增大，0.07～0.1 mm 和<0.07 mm 明显大于其他粒级，而这两者之间差异很小(图 7-34)。坡下χ_{fd}%随粒级减小而增大的趋势比较明显，但表层 0～20 cm 的砾石(>2 mm)χ_{fd}%值偏大，可能与沉积物有机质含量有关。

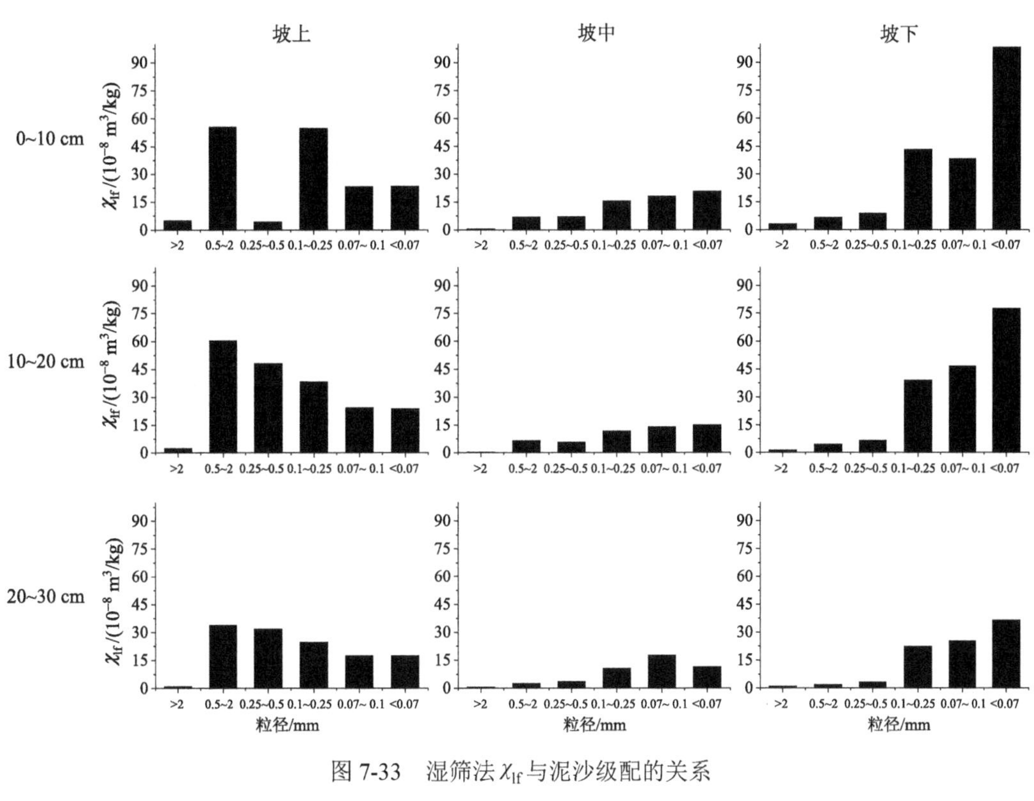

图 7-33　湿筛法 χ_{lf} 与泥沙级配的关系

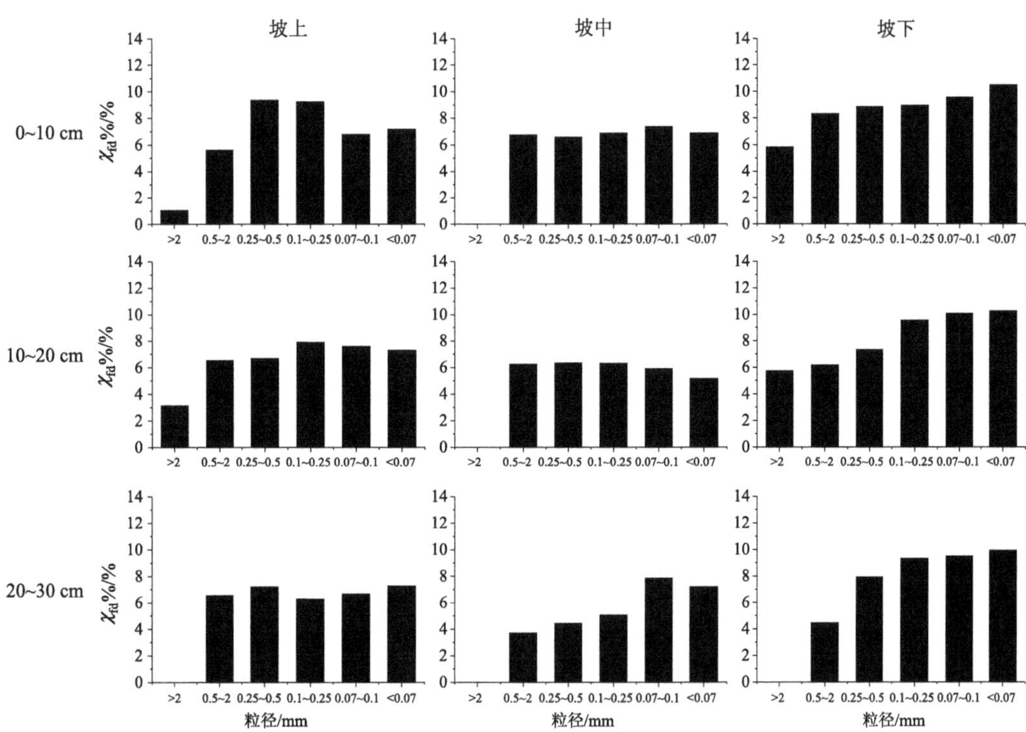

图 7-34　湿筛法 χ_{fd}%与泥沙级配的关系

χ_{fd}%的趋势范围较小，自然土壤的 χ_{fd}%不超过 14%，极少数样品大于 12%，而理论上，不含超顺磁性颗粒的物质，其 χ_{fd}%应该为 0%或<2%（卢升高, 2003）。然而，本研究测定仪器巴廷顿磁化率仪的测量精度为 0.1×10^{-8} m³/kg，对于几乎不含超顺磁性颗粒的砾石(>2 mm)，微小的测量误差也会引起 χ_{fd}%的较大误差，因此，>2 mm 的砾石表现出 0%～6%的差异。

3. 去有机质后测定结果

土壤有机质含量与磁化率之间存在一定联系。研究表明，棕壤腐殖质层的磁化率明显高于其他土层，土壤磁化率与有机质含量呈正相关（俞劲炎和卢升高, 1991）。究其原因，有以下两种推测：第一，在成土过程中，土壤中磁性矿物的形成与有机质（特别是胡敏酸）关系密切，胡敏酸是该过程发生的接触剂；第二，有机质的分解过程中消耗氧气，制造出缺氧的还原环境，限制了铁的氧化（俞劲炎和卢升高, 1991）。然而，以上推测均认为，有机质与土壤磁性的相关性来自成土过程的相似环境，而非有机质含量的高低直接影响土壤磁性。另外，还有学者认为土壤有机质中的胡敏酸与土壤磁性物质的形成条件相似，从而导致两者呈正相关，实际上两者无直接关系。

实验结果表明，去有机质前后，土壤 χ_{lf} 几乎没有变化，χ_{lf} 随土壤粒径的减小而增大，最小粒级(<0.07 mm)的 χ_{lf} 明显大于其他粒级（图 7-35）。去有机质后表层土壤 χ_{lf} 无规律，较去有机质前有微小变化，因为在去有机质的过程中，为了使过氧化氢和蒸馏水挥发，样品在 200℃电热板中高温蒸煮，高温对土壤磁化率有一定影响（卢升高, 2003）。去有机质前，土壤 χ_{fd}%表现出一定规律，即随粒级的增加而增加，去有机质后 χ_{fd}%无规律（图 7-36）。

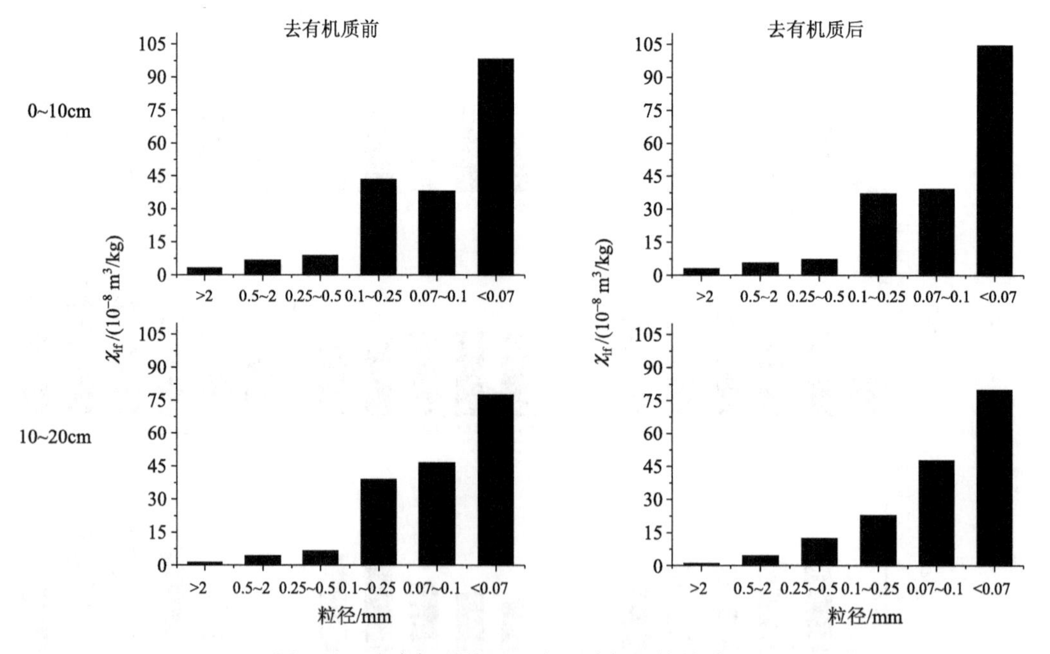

图 7-35　去有机质前后 χ_{lf} 与泥沙级配的关系对比

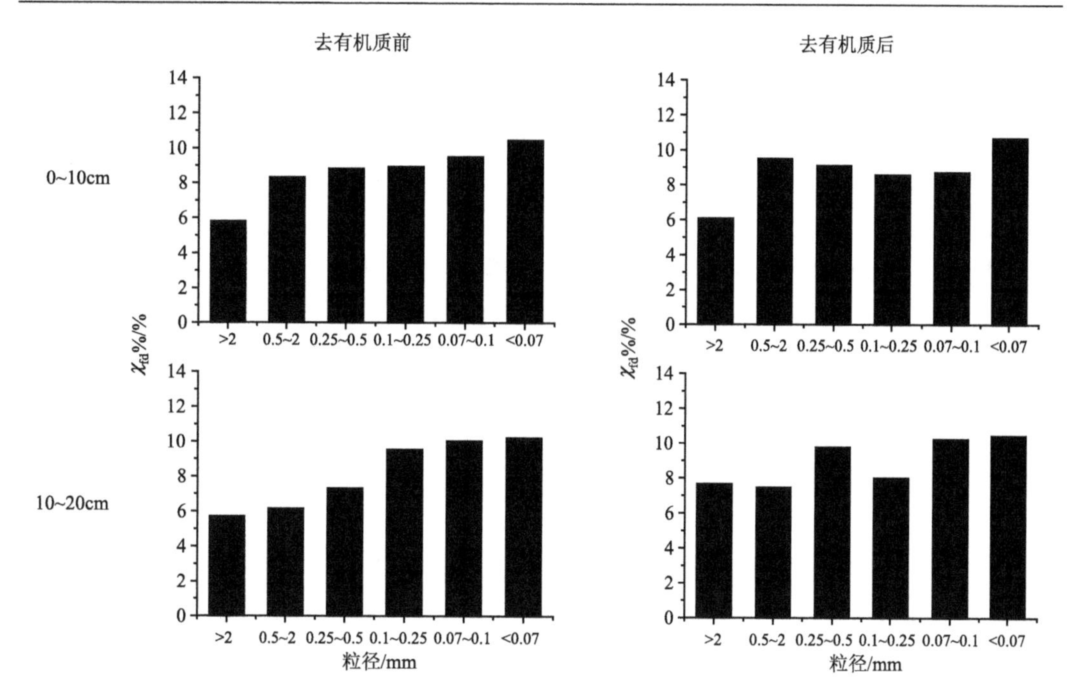

图 7-36　去有机质前后 χ_{fd}%与泥沙级配的关系对比

7.6.2　小流域沉积物剖面磁化率分异特征

测定并计算两个水库沉积物样品和一个参考点样品的磁化率，共 8 个采样剖面。R1 水库沉积物的磁化率随采样深度变化的曲线如图 7-37 所示。7 个沉积物剖面的磁化率表

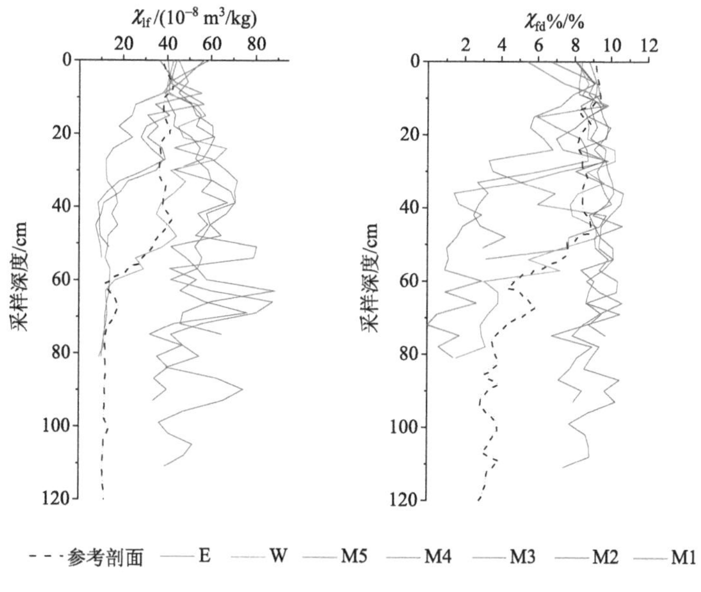

图 7-37　R1 水库沉积物的磁化率随采样深度变化的曲线

现的分布规律不同，从趋势上分为 3 组：第一组 3 个点，分别为 M1、M2 和 E，用红色线表示；第二组 3 个点，分别为 M3、M4 和 M5，用蓝色线表示；第三组为点 W，用绿色线表示。另外，黑色虚线为林地参考点的土壤剖面磁化率。

首先，第一组 M1、M2 和 E 为采样深度最深的 3 个点，分别为 111 cm、75 cm 和 93 cm，剖面磁化率均大于参考剖面，在剖面中间部分存在剧烈波动。第一组 3 个点位于水库南部，近淤地坝而远入水口。水流进入水库后，细颗粒不易沉积而随水流向淤地坝方向输移，可达水库深处，随时间推移慢慢沉积，因此，近淤地坝的采样点磁化率较大。其次，第二组 M3、M4 和 M5 为采样深度最浅的 3 个点，分别为 51 cm、54 cm 和 81 cm，除表层 20 cm 的 χ_{lf} 值略大于参考点外，底层沉积物磁化率均小于参考剖面，沉积物底层磁化率与参考剖面底层的母质磁化率基本一致。不仅如此，底层沉积物颜色很深，但密度很小，有大量细碎的植物根系，据推测为水库建设之前的表层植物枯落物。第二组采样点位于水库北部，近入水口而远淤地坝。径流汇入水库后，粗颗粒物先在入水口附近沉积，而细颗粒物沉积则需要更长时间，因此，这 3 个点的砂粒含量较大，磁化率较小。最后，第三组 W 的磁化率与参考剖面不论数值还是变化趋势均表现出一致性。

将 R1 水库的 7 个点划分为 3 组，第一组的采样深度与参考剖面相近，而且从沉积机理上更符合典型水库沉积物特征，因此，计算 M1、M2 和 E 剖面在不同采样深度的平均磁化率。绘制 R1 水库和 R2 水库沉积物磁化率与采样深度的关系图。R1 水库剖面上，χ_{lf} 最小值为 $29.6\times10^{-8}m^3/kg$，出现在 75～78cm 深度，最大值为 $74.9\times10^{-8}m^3/kg$，出现在 87～90 cm 深度，平均值为 $49.7\times10^{-8}m^3/kg$；χ_{fd}%最小值为 6.3%，出现在 75～78 cm 深度，最大值为 10.5%，出现在 84～87cm 深度，平均值为 8.7%(图 7-38)。R2 水库剖面上，χ_{lf} 的最小值为 $12.6\times10^{-8}m^3/kg$，出现在 205～210cm 深度，最大值为 $29.8\times10^{-8}m^3/kg$，出现在 115～120 cm 深度，平均值为 $19.7\times10^{-8}m^3/kg$；χ_{fd}%的最小值为 2.3%，出现在 155～160 cm 深度，最大值为 9.0%，出现在 85～90 cm 深度，平均值为 6.6%(图 7-39)。

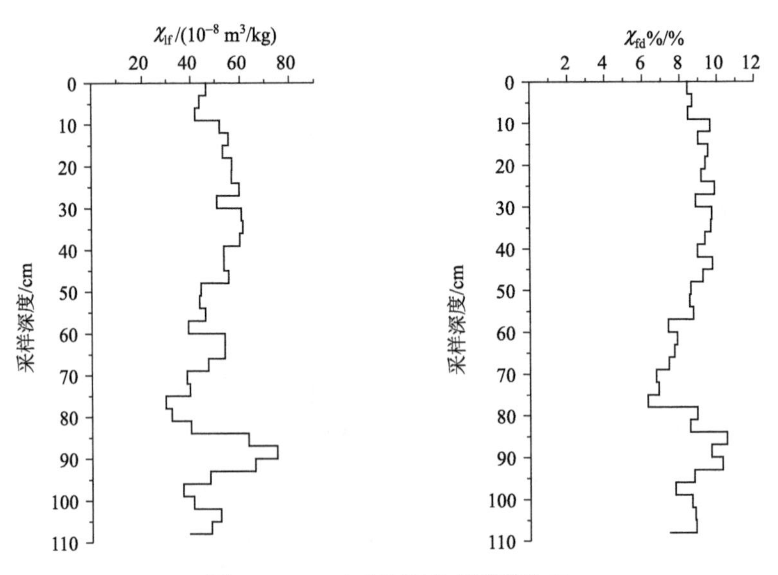

图 7-38 R1 水库沉积物剖面磁化率

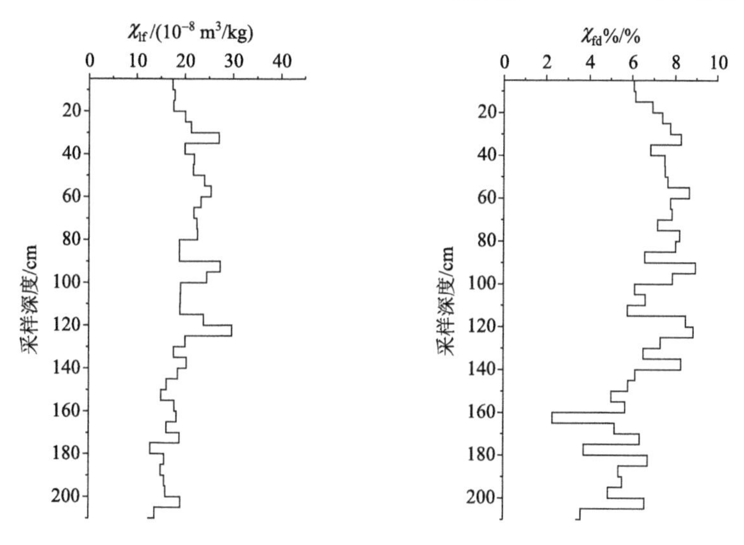

图 7-39　R2 水库沉积物剖面磁化率

7.6.3　小流域沉积物磁化率与年降水量的关系

收集鹤北小流域自 1976～2016 年的年降水量数据，绘制年降水量与年份之间的折线图，如图 7-40 所示。结果显示，不同年份的年降水量存在一定差异，近 40 年来，平均年降水量为 530.6 mm，其中有 9 年降水量明显增加，分别为 1978 年、1980 年、1981 年、1984 年、1993 年、1998 年、2003 年、2009 年和 2013 年。

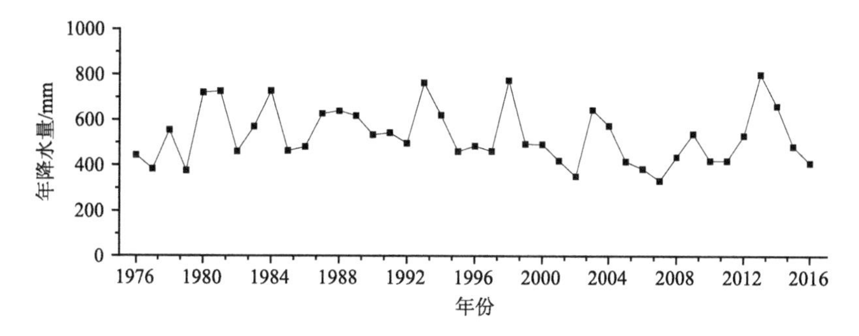

图 7-40　鹤北小流域 1976～2016 年降水量折线图

将水库磁化率与采样深度的关系图与年降水量曲线进行比较，得到以下结果：第一，由于水库沉积物的厚度随汇流流量的增大而增大，每年沉积厚度不一致，因此沉积物磁化率与年降水量无法对等地匹配；然而，磁化率和年降水量在趋势上有几个峰值能够对应，如图 7-41 和图 7-42 所示，阴影代表趋势相似的磁化率和降水量所在年份区间。

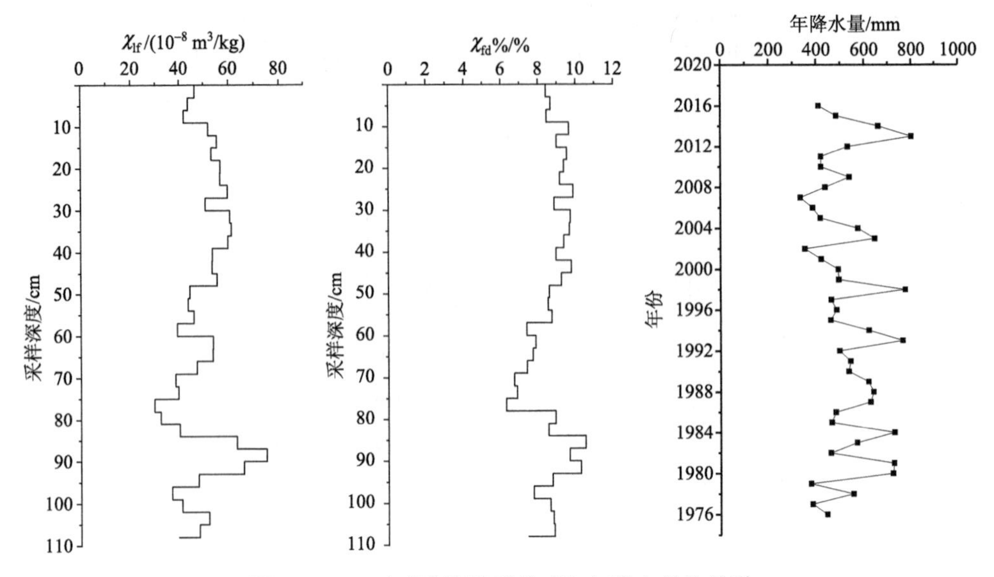

图 7-41　R1 水库沉积物磁化率与年降水量的关系

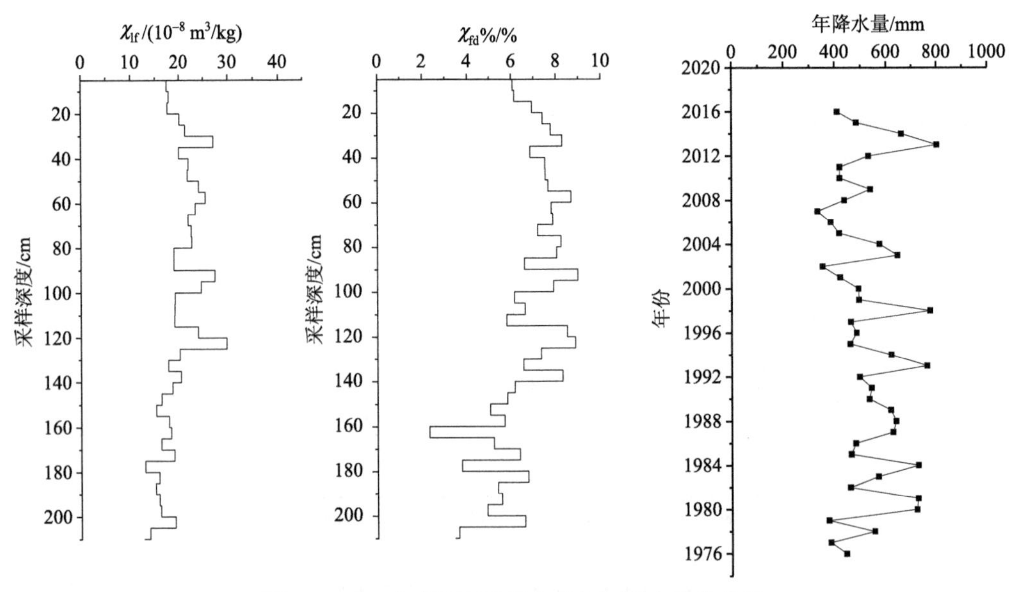

图 7-42　R2 水库沉积物磁化率与年降水量的关系

7.6.4　小流域沉积物的物质来源

土壤侵蚀导致土地生产力急剧下降，影响粮食产量，被侵蚀的土壤进入河道、湖泊和水库后，不仅对其所在生态系统造成威胁，还使原有生态平衡遭到破坏(Clark, 1985; Pimentel et al., 1995)。为了探寻流域侵蚀产沙来源的构成，明确泥沙运动输移过程，有必要对产沙的具体来源进行判别(陈方鑫等, 2016; 唐强等, 2013)。R2 水库的沉积物主要来自 2 号小流域，该水库位于流域出口，面积较小，1976 年建成，2003 年废弃，近 30 年间，曾将储存的水全部放掉，对沉积物的连续性造成一定影响。因此，本研究以 R1 水库为例，利用磁混合模型，估算 R1 水库沉积物的主要物质来源及其质量百分比。

根据对沉积物磁化率和年降水量的关系进行分析，共找出 9 个典型特征点，比较每一层沉积物的磁化率与平均值，将 1976～2016 年分为 4 个时间段，对应着 4 段磁化率平均值(χ_{lf}和 χ_{fd}%)(图 7-43)。分别利用沉积物和 4 个沉积物来源(林地、农地、草地和切沟)的 χ_{lf}和 χ_{fd}%，借助 Lingo 11 软件求解多元一次回归方程，根据式(7-3)～式(7-7)，估算每个来源的泥沙贡献率，结果如表 7-8 所示。

结果显示，R1 水库的泥沙沉积物主要来自于农地和草地，林地和切沟对沉积物几乎没有贡献，沉积物泥沙贡献率自小至大依次为切沟=林地<草地<农地(表 7-8)。在纵向的时间尺度上，虽然农地和草地的贡献占主导，但不同阶段的贡献率均不相同。第二段的农地泥沙贡献率高达 94.10%，几乎所有沉积物均来自农地；第一段和第三段的草地泥沙贡献率较高，可达 30%以上；第四段农地和草地泥沙贡献率均处于平均水平(表 7-8)。

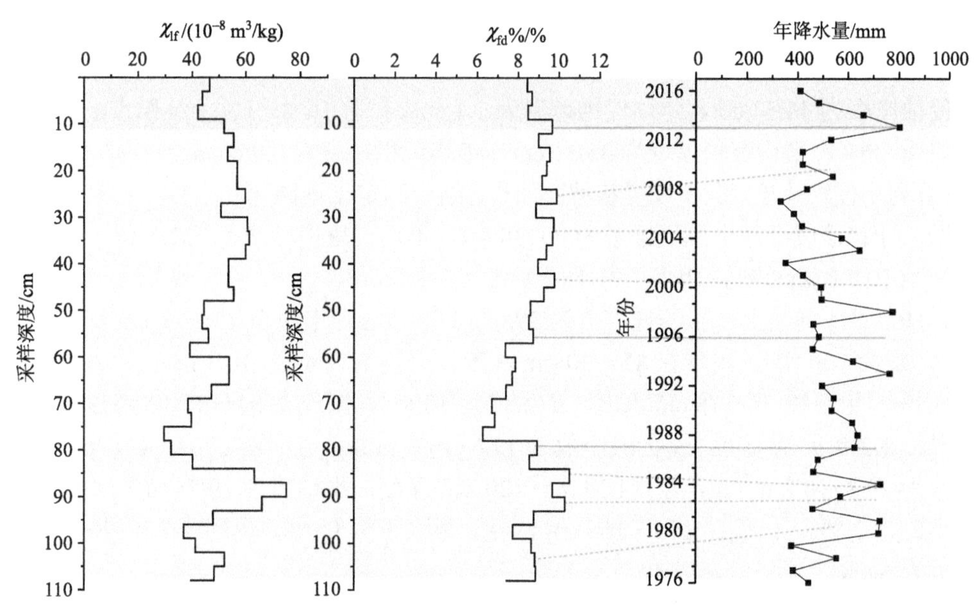

图 7-43　R1 水库沉积物磁化率与年降水量对比图

表 7-8　R1 水库沉积物的泥沙贡献率

	起始年份	结束年份	林地泥沙贡献率/%	农地泥沙贡献率/%	草地泥沙贡献率/%	切沟泥沙贡献率/%
第一段	2013	2016	0.01	69.83	30.16	0.01
第二段	1993	2013	0.01	94.10	5.89	0.01
第三段	1984	1993	0.01	67.10	32.89	0.01
第四段	1976	1984	0.01	82.46	17.53	0.01

注：每段不同来源泥沙贡献率之和为 100%，部分存在数据修约所致的进舍误差。

7.7 本章小结

第 6 章的研究证明了土壤磁化率能够定量地反映坡面土壤再分配。本章试图在此基础上，在坡面尺度上利用土壤磁化率技术深入地量化土壤磁性与土壤侵蚀量的关系，进而估算坡面土壤侵蚀深度、沉积厚度和侵蚀速率，在小流域尺度阐述沉积物磁化率剖面特征，分析磁化率与年降水量的关系，确定沉积物的物质来源及泥沙贡献率，阐述流域泥沙来源的时空分异特征，主要结论如下。

(1) 土壤磁化率能够反映坡面土壤再分配和土壤侵蚀规律。农地坡面 χ_{lf} 为 $(1.98\sim102.98)\times10^{-8}$ m^3/kg，χ_{fd}%为 0.91%～12.37%，林地（参考点）χ_{lf} 为 $(8.42\sim46.23)\times10^{-8}$ m^3/kg，χ_{fd}%为 1.83%～10.65%。坡上和坡中为侵蚀区，土壤磁化率小于平均值，坡下为沉积区，土壤磁化率明显大于平均值。

(2) 比较坡面各点与参考剖面的土壤磁化率，确定采样点的侵蚀或沉积状态。以 1 号样线为例，101～107 号点耕层土壤磁化率在 0～40 cm 段小于模拟值，这些点位于土壤侵蚀区；108～114 号点耕层土壤磁化率在大于模拟值，这些点位于土壤沉积区。

(3) 计算侵蚀深度和沉积厚度。整坡有 28 个点位于侵蚀点，占坡面总面积的 63.64%，平均侵蚀厚度为 44.54 cm，年均侵蚀速率为 1.1 cm/a；有 16 个点位于沉积点，占坡面总面积的 36.36%，平均沉积厚度为 35.51 cm，年均沉积速率为 0.9 cm/a。

(4) 利用侵蚀深度、沉积厚度和坡面面积，结合测定土壤磁化率过程中得到的土壤容重数据，计算该坡面净土壤侵蚀量为 29338.4 t，年均土壤侵蚀量为 733.5 t/a，坡面侵蚀速率为 4630.5 $t/(km^2\cdot a)$，相当于每年侵蚀表土 3～4 mm。

(5) R1 水库剖面上，χ_{lf} 的最小值为 29.6×10^{-8} m^3/kg，出现在 75～78 cm 深度，最大值为 74.9×10^{-8} m^3/kg，出现在 87～90 cm 深度，平均值为 49.7×10^{-8} m^3/kg；χ_{fd}%的最小值为 6.3%，出现在 75～78 cm 深度，最大值为 10.5%，出现在 84～87 cm 深度，平均值为 8.7%。R2 水库剖面上，χ_{lf} 的最小值为 12.6×10^{-8} m^3/kg，出现在 205～210 cm 深度，最大值为 29.8×10^{-8} m^3/kg，出现在 115～120 cm 深度，平均值为 19.7×10^{-8} m^3/kg；χ_{fd}%的最小值为 2.3%，出现在 155～160 cm 深度，最大值为 9.0%，出现在 85～90 cm 深度，平均值为 6.6%。

(6) 粗颗粒的 χ_{lf} 小于细颗粒，侵蚀区的 χ_{lf} 小于沉积区，底层 10 cm 的 χ_{lf} 小于表层 20 cm。沉积区 χ_{fd}%随粒级减小而增大，但表层 20 cm 的砾石 (>2 mm) χ_{fd}%值偏大。

(7) R1 水库的泥沙沉积物主要来自农地和草地，林地和切沟对沉积物几乎没有贡献，沉积物泥沙贡献率自小至大依次为切沟=林地<草地<农地。1993～2013 年的农地泥沙贡献率极高，几乎所有沉积物均来自农地；虽然 2013～2016 年和 1984～1993 年农地贡献率占主导，但草地泥沙贡献率相对较高，可达 30%以上。

参考文献

陈方鑫，张含玉，方怒放，等. 2016. 利用两种指纹因子判别小流域泥沙来源. 水科学进展，27(6)：867-875.

范昊明, 蔡强国, 陈光, 等. 2005. 世界三大黑土区水土流失与防治比较分析. 自然资源学报, 20(3): 387-393.

方华军, 杨学明, 张晓平, 等. 2005. ^{137}Cs示踪技术研究坡耕地黑土侵蚀和沉积特征. 生态学报, 25(6): 1376-1382.

贾松伟, 韦方强. 2009. 利用磁性参数诊断泥石流沟道沉积物来源—以云南蒋家沟流域为例. 泥沙研究, 1: 54-59.

刘亮. 2016. 磁化率技术在土壤侵蚀研究中的应用探索. 北京: 北京师范大学.

卢升高. 2003. 中国土壤磁性与环境. 北京: 高等教育出版社.

唐克丽. 1999. 中国土壤侵蚀与水土保持学的特点及展望. 水土保持研究, 6(2): 3-8.

唐强, 贺秀斌, 鲍玉海, 等. 2013. 泥沙来源"指纹"示踪技术研究综述. 中国水土保持科学, 11(3): 109-117.

熊毅，李庆逵. 1990. 中国土壤. 北京: 科学出版社.

许海超, 张建辉, 戴佳栋. 2019. 耕作侵蚀研究回顾和展望. 地球科学进展, 34(12): 1288-1300.

俞劲炎, 卢升高. 1991. 土壤磁学. 南昌: 江西科学技术出版社.

俞立中, 张卫国. 1998. 沉积物来源组成定量分析的磁诊断模. 科学通报, 43(19): 2034-2041.

张加琼, 杨明义, 刘章, 等. 2016. 耕作侵蚀研究评述. 中国水土保持科学, 14(1): 144-150.

中华人民共和国国家统计局. 2012. 中国统计年鉴2012. 北京: 中国统计出版社.

Clark E H. 1985. The off-site costs of soil erosion. Journal of Soil and Water Conservation, 40(1): 19-22.

de Jong E, Nestor P A, Pennock D J. 1998. The use of magnetic susceptibility to measure long-term soil redistribution. Catena, 32(1): 23-35.

Dearing J A. 1994. Environmental Magnetic Susceptibility-Using the Bartington MS2 System. Kenilworth: Chi Publishers.

Ellison W D. 1947. Soil Erosion Studies—Part I. Agricultural Engineering, 28: 145-146.

Evans M E, Heller F. 2003. Environmental Magnetism: Principles and Applications of Enviromagnetics. San Diego: Academic Press.

Fang H J, Yang X M, Zhang X P, et al. 2006. Using ^{137}Cs tracer technique to evaluate erosion and deposition of black soil in Northeast China. Pedosphere, 16(2): 201-209.

Gennadiev A N, Zhidkin A P, Olson K R, et al. 2010. Soil erosion under different land uses: Assessment by the magnetic tracer method. Eurasian Soil Science, 43(9): 1047-1054.

Henin S, Le Borgne E. 1954. On the magnetic properties of soils and their pedological interpretation. Leopoldville: 5th International Congress of Soil Science: 13.

Hu G Q, Dong Y J, Wang X K, et al. 2011. Laboratory testing of magnetic tracers for soil erosion measurement. Pedosphere, 21(3): 328-338.

Jordanova D, Jordanova N, Petrov P. 2014. Pattern of cumulative soil erosion and redistribution pinpointed through magnetic signature of chernozem soils. Catena, 120(1): 46-56.

Landgraf C E. 2002. Hillslope magnetism and soil redistribution across an agricultural field in the Tennessee Valley of Alabama. Tuscaloosa: The University of Alabama.

Le Borgne E. 1955. Susceptiblité magnétique anormale du sol superficiel. Annales De Geophysique, 11: 399-419.

Lindstron M J, Lobb D A, Schumacher T E. 2001. Tillage erosion: An overview. Annals Arid Zone, 40(3): 337-349.

Liu L, Huang M, Zhang K, et al. 2018. Preliminary experiments to assess the effectiveness of magnetite powder as an erosion tracer on the Loess Plateau. Geoderma, 310: 249-256.

Liu L, Zhang K, Zhang Z, et al. 2015. Identifying soil redistribution patterns by magnetic susceptibility on the black soil farmland in Northeast China. Catena, 129: 103-111.

Mech S J, Free G R. 1942. Movement of soil during tillage operations. Agricultural Engineering, 23: 379.

Mullins C E. 1977. Magnetic susceptibility of the soil and its significance in soil science-A review. European Journal of Soil Science, 28(2): 223-246.

Olson K R, Gennadiyev A N, Zhidkin A P, et al. 2013. Use of magnetic tracer and radio-cesium methods to determine past cropland soil erosion amounts and rates. Catena, 104: 103-110.

Olson K R, Jones R L, Gennadiyev A N, et al. 2002. Accelerated soil erosion of a Mississippian mound at Cahokia site in Illinois. Soil Science Society of America Journal, 66(6): 1911-1921.

Pimentel D, Harvey C, Resosudarmo P, et al. 1995. Environmental and economic costs of soil erosion and conservation benefits. Science, 267(5201): 11-23.

Rahimi M R, Ayoubi S, Abdi M R. 2013. Magnetic susceptibility and Cs-137 inventory variability as influenced by land use change and slope positions in a hilly, semiarid region of west-central Iran. Journal of Applied Geophysics, 89: 68-75.

Royall D. 2001. Use of mineral magnetic measurements to investigate soil erosion and sediment delivery in a small agricultural catchment in limestone terrain. Catena, 46(1): 15-34.

Ventura E, Nearing M A, Amore E, et al. 2002. The study of detachment and deposition on a hillslope using a magnetic tracer. Catena, 48(3): 149-161.

Yang Y H, Yan B X, Zhu H. 2011. Estimating soil erosion in Northeast China using ^{137}Cs and $^{210}Pb_{ex}$. Pedosphere, 21(6): 706-711.

Yu Y, Zhang K, Liu L. 2017. Evaluation of the influence of cultivation period on soil redistribution in Northeastern China using magnetic susceptibility. Soil and Tillage Research, 174: 14-23.

Zhang X C J. 2015. New insights on using fallout radionuclides to estimate soil redistribution rates. Soil Science Society of America Journal, 79(1): 1-8.

第 8 章　土壤磁化率与风蚀因子的关系初探

8.1　研究背景及意义

8.1.1　北方草原地区风蚀研究意义

自然界中，风力侵蚀(以下简称风蚀)是指土壤颗粒的分离、搬运与沉积的动态过程(Skidmore, 1986)。对风蚀的研究主要集中在草地与沙漠区域。过去 20 多年，在中纬度大陆性气候控制下的温带草原拥有比沙漠地区更好的植被覆盖状况(Archibold, 1995)。由于气候变化和人类活动(如过度放牧)驱动下的风蚀极为敏感和脆弱，该区域正成为研究热点区域(Shinoda et al., 2011)。

8.1.2　风蚀监测研究方法简述

锡林郭勒草原位于中国内蒙古自治区，属于典型的温带草原，目前正经历风蚀。其是中国北方地区由曾经保护最好的草原向遭受最严重风蚀的区域转变的草原之一(李博等, 1988; 韩小红等, 2008)。风蚀已经对该地区的土壤理化性质产生了广泛的影响(Kölbl et al., 2011)。众多学者已在该区域开展了长期而持续的风蚀研究工作。土地利用与地形是产生风蚀问题的主要影响因素(Hoffmann et al., 2008c; Yan et al., 2013)。干旱区耕地是土壤风蚀的重要物质来源(Hoffmann et al., 2011)。而传统的基于田块尺度的监测技术很难获得区域尺度的空间分布信息。为了有助于开展草原保护与可持续开发，除这些田块尺度的研究之外，需要区域尺度的研究工作来更好理解风蚀空间分布情况。例如，有研究利用遥感技术确定了区域风蚀危险程度(Reiche et al., 2012)。也有研究运用流体力学建模技术解析了在锡林郭勒草原地区易受风蚀影响的土壤空间分布情况(Zhang et al., 2012)。然而，对区域内不同地块的土壤侵蚀量进行定性与定量评估的工作存在不足。对一些包含土壤再分配信息的土壤性质进行调查分析，有可能对区域风蚀评价工作是一个可行的补充方法，示踪技术就是这样一种方法。在土壤侵蚀研究中，作为一个十分有用的环境核素之一，^{137}Cs 被运用在这一区域的风蚀调查中，并获得了侵蚀速率与沉积速率(Funk et al., 2012)。然而，^{137}Cs 样品高昂的测试成本与测量周期长的特点限制了选择理想的采样密度。所以，如果可以利用其他测试成本低、测量高效的示踪剂，将对该项研究工作十分有意义。土壤磁化率就是满足此条件的、用于研究草地风蚀问题的示踪技术。

8.1.3　磁化率的风蚀监测潜力

磁化率是最常用的土壤磁学属性之一，其被运用在诸多与环境相关的研究领域(Evans and Heller, 2003; Thompson and Oldfield, 1986)。磁化率测定技术具有操作简便、使用安全、测定快速、对样品无损伤和仪器相对廉价的优势。最重要的是磁化率仪器的灵敏度极高，可以探测到极低含量的氧化铁物质的存在。磁化率一般表示土壤与沉积物中含铁矿物的物质含量与类型，最常用的两种表达形式是低频质量磁化率 χ_{lf} 和频率磁化率 χ_{fd}%（Dearing, 1994）。

大量的相关环境研究中已经重视利用磁化率与土壤、沉积物、灰尘等物质载体之间的联系研究环境问题（Evans and Heller, 2003; Liu et al., 2012; Mullins, 1977; Thompson and Oldfield, 1986）。利用磁化率可以有效区分表层土壤与亚表层土壤，磁化率技术已经成功地用于追踪土壤侵蚀与沉积过程（de Jong et al., 1998; Dearing et al., 1986; Jordanova et al., 2014; Liu et al., 2015; Olson et al., 2002; Rahimi et al., 2013; Royall, 2001）。这些研究说明利用磁化率追踪土壤再分配是完全可行的。不过，这些研究基本上都集中在水蚀领域，针对风蚀的磁化率研究鲜有报道。

8.2 样品采集与处理方法

8.2.1 研究思路

基于以上分析，作为土壤的一个基本属性，磁化率应当也能够像研究水蚀问题一样去探究风蚀问题。这一想法有待于验证及应用。因此，本研究的主要目标是：①利用磁化率技术，系统地调查景观尺度上的表层土壤磁化率的空间分布与变异；②深入了解磁化率与风蚀导致的土壤再分配之间的联系；③深入评价磁化率技术用于研究风蚀的可行性，以期对现有风蚀调查技术与知识进行补充。

8.2.2 土样采集与处理

1. 研究区概况

研究区为长 12.8km、宽 1.6km 的矩形样带，位于中国北方内蒙古自治区境内的锡林浩特市东南方向 70km 处。该区海拔为 1150～1350m，属于中纬度大陆性半干旱草原气候，冬季干冷，夏季温暖，多年平均气温 0.7℃，多年平均降水量 343mm（1982～2003年）。其中，78%的降水集中在 6～9 月；多年平均风速 8.6 km/h，在全年中，4 月的平均风速最大，为 11.5 km/h。

根据 FAO 和 UNESCO 的土壤分类系统，研究区的主要土壤类型为栗钙土。超过80%的土壤颗粒属于砂砾与粉粒范围，说明在该区域的土壤形成过程中沙尘起重要作用（Funk et al., 2012; Hoffmann et al., 2008b）。研究样区具体的土壤质地信息列于表 8-1 中。

表 8-1 研究样区 0～1cm 与 1～6cm 两个土层的土壤质地信息

	颗粒组成（标准差）/%	
	0～1 cm 土层（n=160）	1～6 cm 土层（n=159）
砂粒（0.05～2.0 mm）	56.9 (11.2)	62.0 (8.9)
粉粒（0.002～0.05 mm）	26.9 (8.3)	21.7 (6.2)
黏粒（<0.002 mm）	16.0 (3.7)	15.6 (3.7)

由于该区域冬季与初春季节的气候干燥、多风，原生土壤容易遭受风蚀危害。近年来，随着当地经济快速发展与人口持续增加带来的压力，草原表层土壤遭受到不同程度的退化，更加容易遭受风蚀，导致土地荒漠化的发生。

研究样带的主要植被类型为羊草(*Leymus chinensis*)和大针茅(*Stipa grandis*)。其中，羊草分布于东部波状起伏的地形区域，大针茅分布于西部平坦低地区域。样带选择时考虑了多种风蚀因子，包括气候、地形、土壤类型、植被、土地利用类型或放牧强度。地形因子包含平地与坡地。土地利用类型包括耕地、牧草地、禁牧地和裸岩。放牧强度涵盖了从覆盖度极高的禁牧地到几乎完全裸露的耕地。研究区的盛行风向是西北—东南。

2. 野外采样与处理

野外采样按网格布点，间距 400m，在样带内总共有 160 个采样点(图 8-1)。采样时间是 2014 年 5 月初(图 8-1)。首先，利用野外量测植被高度与野外估算结合相片解译的方法确定覆盖度。其次，根据 Hoffmann 等(2008a)的放牧强度划分标准，结合植被高度与覆盖度确定每个样点的放牧强度。经过野外实测，共确定 5 级放牧强度，分别是严重放牧(耕地)、重度放牧、中度放牧、轻度放牧与禁牧(禁牧时间始于 1979 年或 1999 年)。采样时，利用不锈钢铲子和铁锹分别获取表层 0～1cm 与 1～6cm 的土样(图 8-1)。最后，在 160 个样点处，共获得土壤样品 320 份。

图 8-1　锡林郭勒草原野外采样过程

3. 室内实验程序

全部土样依次经过室内风干、研磨、过 2 mm 土壤筛，然后用于测定土壤磁化率和土壤粒径组成。接着，在 2 mm 土样中重取样，研磨并过 0.149 mm 土壤筛用于测定土壤有机碳含量。利用巴廷顿磁化率仪读数表及 MS2B 双频(0.47 kHz 与 4.7 kHz)测量探头测定土壤磁化率(低频质量磁化率 χ_{lf} 和频率磁化率 χ_{fd}%)。详尽的磁化率样品预处理及测定方法，参见 Dearing(1994)及第 4 章“土壤磁化率采样及测定技术”。土壤粒径组成实验采用经典吸管法完成，此方法首先利用湿筛法分离出＞50 μm 的砂粒，其次根据斯托克斯(Stokes)定律用吸管分离出粉粒(2～50 μm)和黏粒(＜2 μm)(Dane and Topp, 2002)。土样的土壤有机碳含量采用干烧法测定，测定仪器为 Vario TOC 总有机碳分析仪[德国元素分析系统公司(Elementar Analysensysteme GmbH)](图 8-2)。

图 8-2　土壤理化性质实验

4. 数据分析

针对全体磁化率数据(χ_{lf}, χ_{fd}%)集合和去除异常值后的全体磁化率数据集合，分别进行基本统计(表 8-2)。异常值的特征是 χ_{lf} 值极高而 χ_{fd}%值极低，它代表的土样位于火山口附近和石质陡坡，不同于其他位置样点的磁化率数据。若无特殊说明，书中所有分析结果均不含异常值。首先，采用反距离权重插值方法，对 0～1cm 与 1～6cm 两个土层的全体磁化率数据(χ_{lf} 和 χ_{fd}%)集合进行空间制图。其次，计算 0～1cm 与 1～6cm 两个土层的全体磁化率数据(χ_{lf} 和 χ_{fd}%)集合的加权平均值，形成 0～6cm 土层的磁化率数据(χ_{lf} 和 χ_{fd}%)集合；然后，将 0～6cm 土层的磁化率数据(χ_{lf} 和 χ_{fd}%)集合插值生成空间分布图；最后，利用 Funk 等(2012)在本研究样带的 ^{137}Cs 样点的坐标及侵蚀、沉积速率数据(图 8-3)，分别与 0～6cm 土层的平均磁化率(χ_{lf} 和 χ_{fd}%)空间分布图进行数据匹配，分析磁化率与侵蚀、沉积速率之间的联系。

表 8-2　研究样区 0～1cm 土层与 1～6cm 土层的土壤磁化率(χ_{lf}, χ_{fd}%)数据的基本统计

土层深度	磁化率	总数	均值	中值	几何均值	标准差	变异系数	最小值	最大值	范围	峰度	偏度
0～1 cm	χ_{lf}	160	68.6	65.2	66	24.6	0.36	31	293.1	262	44.6	5.5
	χ_{fd}%	160	4.9	4.9	4.8	0.8	0.17	2.4	8	5.6	1.5	0.3
1～6 cm	χ_{lf}	159	65.4	63.7	63.4	18.1	0.28	30	172.4	142.5	10.6	2.3
	χ_{fd}%	159	5.1	5.1	5	0.9	0.18	3.1	7.4	4.3	–0.5	0.1
0～1 cm	χ_{lf}^*	155	65.3	65	64.1	12	0.18	31	97.8	66.7	0.4	–0.3
	$\chi_{fd}\%^*$	155	4.9	4.9	4.8	0.8	0.16	3.3	8	4.7	1.5	0.5
1～6 cm	χ_{lf}^*	154	63.1	63.6	61.8	12.3	0.19	30	96.1	66.1	0.2	–0.1
	$\chi_{fd}\%^*$	154	5.1	5.2	5.1	0.9	0.17	3.2	7.4	4.1	–0.5	0.1

注：χ_{lf}的均值、中值、几何均值、标准差、最小值、最大值、范围的单位是 $10^{-8}m^3/kg$；χ_{fd}%的均值、中值、几何均值、标准差、最小值、最大值、范围的单位是%；范围指数值范围，即从最小值到最大值的浮动范围。

*所统计的数据集去除了来自酸性火山岩上发育的瘠薄土壤的样点异常值，其磁化率特征是χ_{lf}值极高χ_{fd}%值也极高。

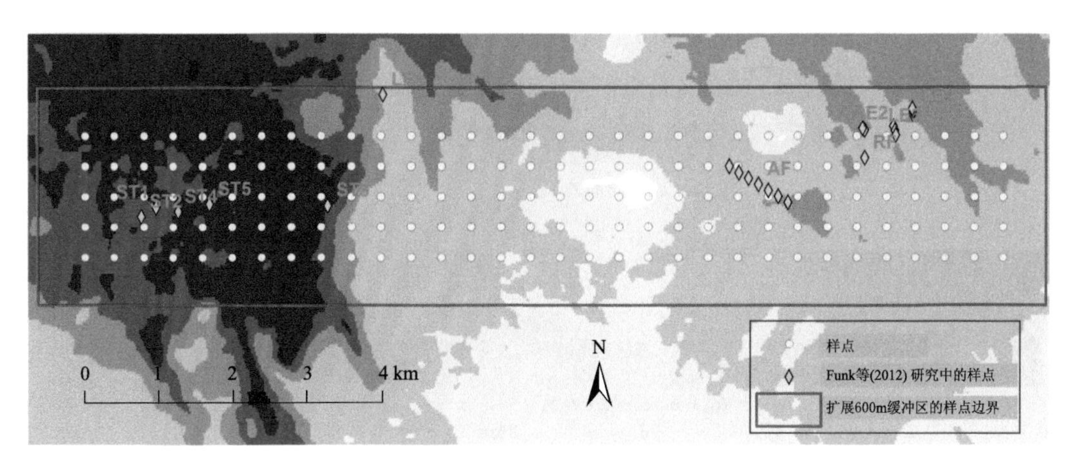

图 8-3　研究样区土壤磁化率样点与 Funk 等(2012)研究中 ^{137}Cs 样点的空间分布

ST1、ST2、ST3、ST4、ST5 分别代表大针茅样地 1、样地 2、样地 3、样地 4、样地 5；LE1、LE2、LE3、LE4 分别代表羊草样地 1、样地 2、样地 3、样地 4；RF 代表羊草参考样地；AF 代表耕地

8.3　风蚀土壤磁化率基本特征

表 8-2 显示的是涵盖整个研究样带的全体磁化率数据的统计结果，包括 0～1cm 及 1～6cm 两个土壤层。0～1cm 与 1～6cm 土壤层 χ_{lf}的数值范围分别为(31.0～97.8)×10^{-8} m^3/kg 和(30.0～96.1)×$10^{-8}m^3/kg$(表 8-2)。从整体上看，两个表层土壤层的 χ_{lf} 均值十分接近，且变异趋势也十分相似(图 8-4)。不过，本研究更加关注这两个最易遭受风蚀的土壤层的磁化率差异。0～1cm 土壤层的 χ_{lf} 均值[(64.1±12.0)×$10^{-8}m^3/kg$]比 1～6cm 土壤层稍高。在这个剖面上 χ_{lf} 值的增加趋势[图 8-5(a)]说明研究区的表层土壤很可能处在成土过程中。此结论与前人证实的温带地区的大多数类型的土壤普遍存在 χ_{lf} 表层增强现

象(Mullins, 1977; Thompson and Oldfield, 1986)一致。

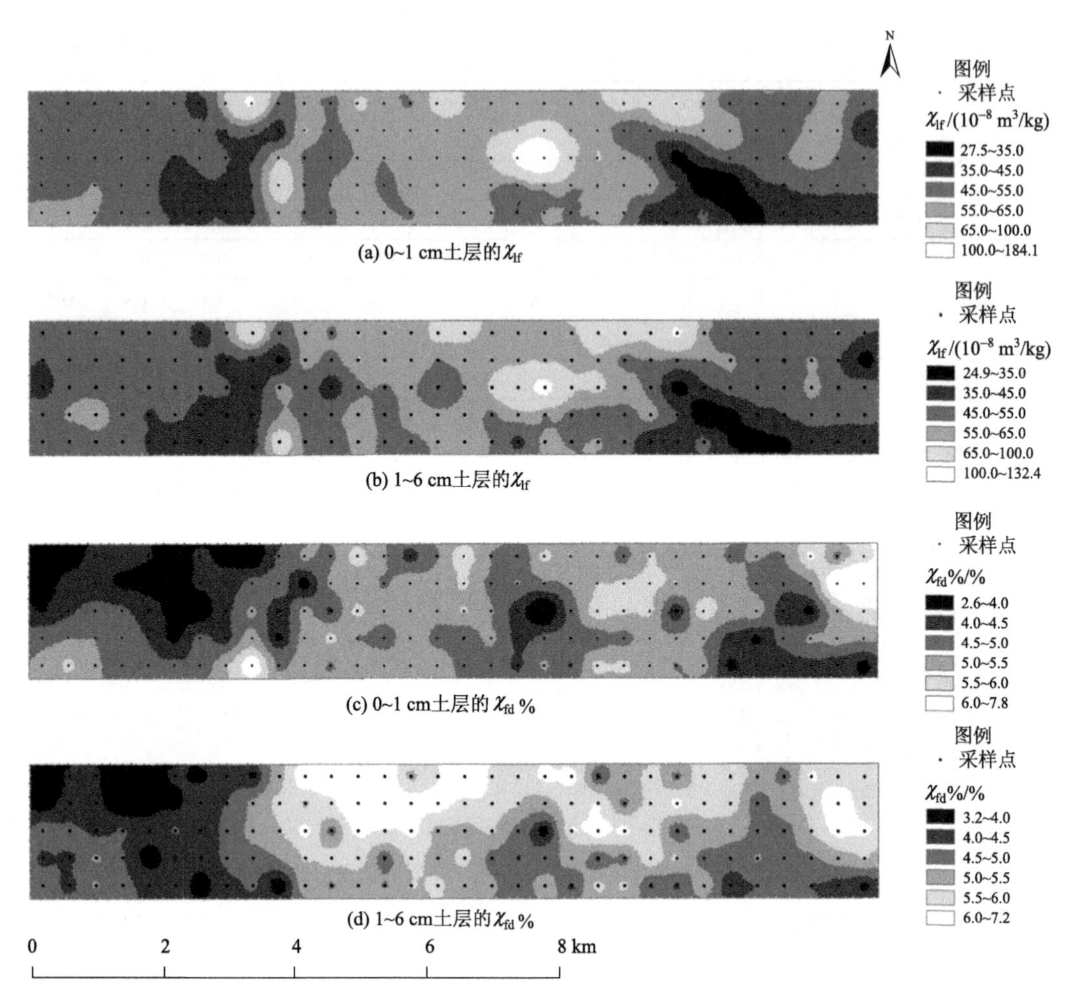

图 8-4　研究样带 0～1cm 与 1～6cm 两个土层的土壤磁化率(χ_{lf}, $\chi_{fd}\%$)空间分布

$\chi_{fd}\%$可粗略反映土壤中纳米粒度(<0.03 μm)超顺磁性颗粒的含量(Dearing, 1994)。0～1cm 与 1～6cm 土壤层 $\chi_{fd}\%$的数值范围分别为 3.3%～8.0%和 3.2%～7.4%(表 8-2)。依据 Dearing(1994)提出的 $\chi_{fd}\%$与土壤中超细粒度矿物含量的半定量关系可知，研究区土壤中同时包含纳米粒度的磁性矿物颗粒与更粗粒级的矿物颗粒。一般认为，土壤中的超细粒度磁性矿物的 $\chi_{fd}\%$显著高于更粗粒度颗粒，同时这些超细颗粒属于黏粒级，对风蚀敏感。如图 8-5(b)所示，0～1cm 土壤层的 $\chi_{fd}\%$平均值稍小于 1～6cm 土壤层。这说明就整体而言，研究区正普遍遭受风蚀。此外，由公式 $\Delta\chi_{fd}\%=\chi_{fd}\%_{\_0\sim1cm\ layer}-\chi_{fd}\%_{\_1\sim6cm\ layer}$ 计算得到表 8-3 的各个样点 $\Delta\chi_{fd}\%$的统计结果。表 8-3 显示在禁牧地上 $\Delta\chi_{fd}$ 均为正数，而其他不同放牧强度下，$\Delta\chi_{fd}\%$值以负数为主。这说明草原研究区域以土壤侵蚀为主，并伴随放牧强度或土地利用类型的不同而存在空间变异；以土壤沉积为辅，并伴随放牧强度或地形差异而存在变异。此结果与前人定量评价本区域的土壤侵蚀速率或土壤侵蚀量的研

究结果一致(Funk et al., 2012; Hoffmann et al., 2011)。

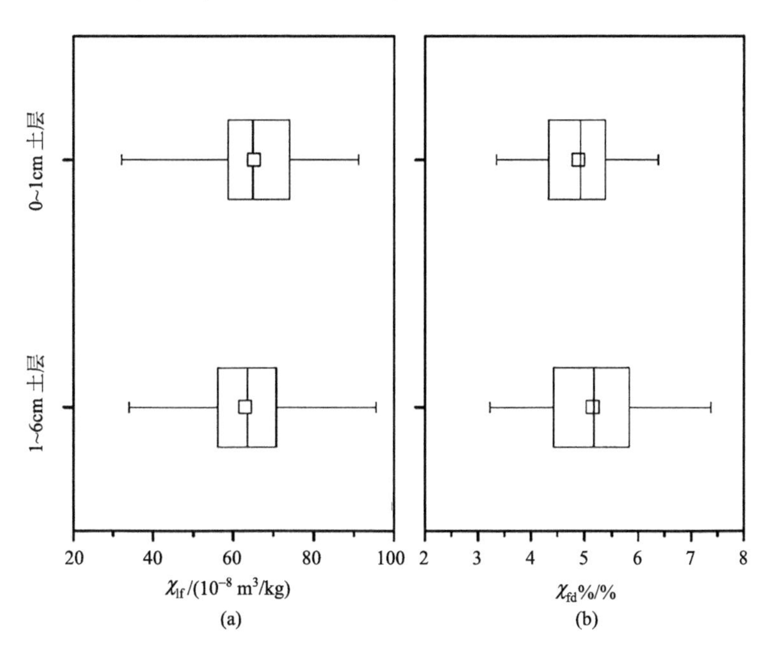

图 8-5　研究样带 0～1cm 与 1～6cm 两个土层的土壤磁化率(χ_{lf}, χ_{fd}%)数据箱线图

箱子中心线表示中位数，小正方形表示平均值，箱子两端分别代表数据的 25%分位数和 75%分位数。两侧短尾线分别表示数据的 1%分位数和 99%分位数

表 8-3　0～1cm 与 1～6cm 两个土层的土壤频率磁化率差值($\Delta\chi_{fd}$%)的正负数值统计

放牧强度	总样点数	+ $\Delta\chi_{fd}$%		−$\Delta\chi_{fd}$%	
		分组样点数	分组百分比/%	分组样点数	分组百分比/%
禁牧	4	4	100	0	0
轻度放牧	16	5	31	11	69
中度放牧	82	23	28	59	72
重度放牧	42	18	43	24	57
严重放牧(耕地)	16	4	25	12	75

注：假定 $\Delta\chi_{fd}\% = \chi_{fd}\%_{\_0\sim1cm\ layer} - \chi_{fd}\%_{\_1\sim6cm\ layer}$。

8.4　放牧强度与土壤磁化率

植被覆盖度是最重要的风蚀影响因子之一。锡林郭勒草原地区的植被覆盖度与风蚀受放牧强度的直接影响(Hoffmann et al., 2008a)。因此，探索土壤磁化率与放牧强度的关联及其对风蚀过程的影响十分重要。

如图 8-6(a)所示，表土 χ_{lf} 随放牧强度的增大而下降(禁牧地除外)。这说明增大的放牧强度导致植被覆盖度下降，进而造成了表土中土壤磁性矿物的流失。这是一种典型的风力侵蚀过程。然而，图 8-6(b)显示的表土 χ_{fd}%并未随放牧强度的增大呈现出明显的趋势性。这意味着极细土壤颗粒含量与土壤侵蚀过程并没有很好的匹配关系。原因可能是表土 χ_{fd}%所包含的环境信息既包括土壤侵蚀过程又包括风力沉积过程。而后者是一个更为复杂的动态土壤或大气颗粒物的沉积过程。因此，建立表土 χ_{fd}%与放牧强度或土壤流失量之间的关联较为困难。另外，禁牧地表土 χ_{lf} 与 χ_{fd}%普遍小于其他方面强度，应归因于小样本量的代表性偏差。

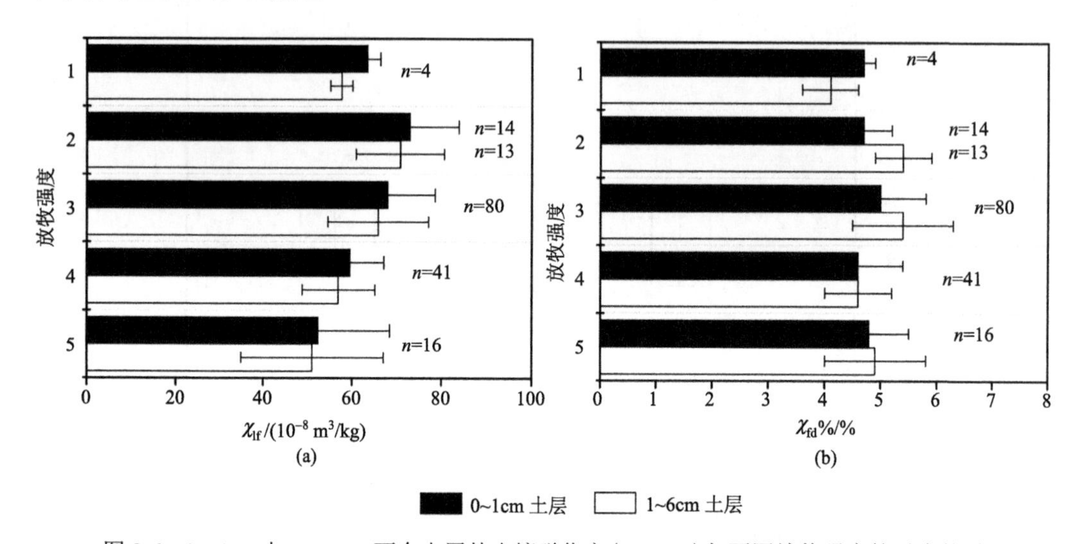

图 8-6　0～1cm 与 1～6cm 两个土层的土壤磁化率(χ_{lf}, χ_{fd}%)与不同放牧强度的对应关系

放牧强度中的数值 1、2、3、4、5 分别代表禁牧、轻度放牧、中度放牧、重度放牧与严重放牧(耕地)，下同；误差线表示标准差，下同；*n* 为样本数

就禁牧地表土而言(图 8-6)，随着土壤深度的增加，土壤中总亚铁磁性物质含量与超顺磁性颗粒含量均呈现下降趋势，这是未扰动土壤的基本磁性剖面特征(Mullins, 1977)。相比禁牧样点，其他放牧强度样点的 χ_{fd}%随深度的变化趋势正好相反。这说明在缺少有效植被保护的情况下，包括超顺磁性颗粒在内的表土中细粒径土壤颗粒容易因风蚀而流失，尤其是耕地(等同于严重放牧地)和重度放牧地的表层土壤磁性物质流失量最大。这主要归因于耕作和高强度的放牧对表土的剧烈扰动。

8.5　土壤性质(粒度、有机质)与磁化率

图 8-7 显示的是不同放牧强度下，土壤粒度与 χ_{lf} 的关系。黏粒与粉粒含量越高，χ_{lf} 越大。相应地，砂粒含量越高，χ_{lf} 越小。这说明表土中的亚铁磁性物质含量与细粒度(黏粒与粉粒)组分关系紧密。而这一结论与大多数自然土壤的磁性特征调查结果一致(Maher and Taylor, 1988; Mullins, 1977)。此外，图 8-8 描述了土壤粒度与放牧强度之间明显的趋势性关系。在风蚀作用下，越高的放牧强度导致表土(0～6cm 土层)的细粒度土壤颗粒(黏粒与粉粒)含量越低。总的说来，随着放牧强度增大，研究区表土中细颗粒的亚铁磁性物质含量下降，这一结果确认了锡林郭勒草原地区由过度放牧导致表土流失的事实(韩小红等, 2008)。

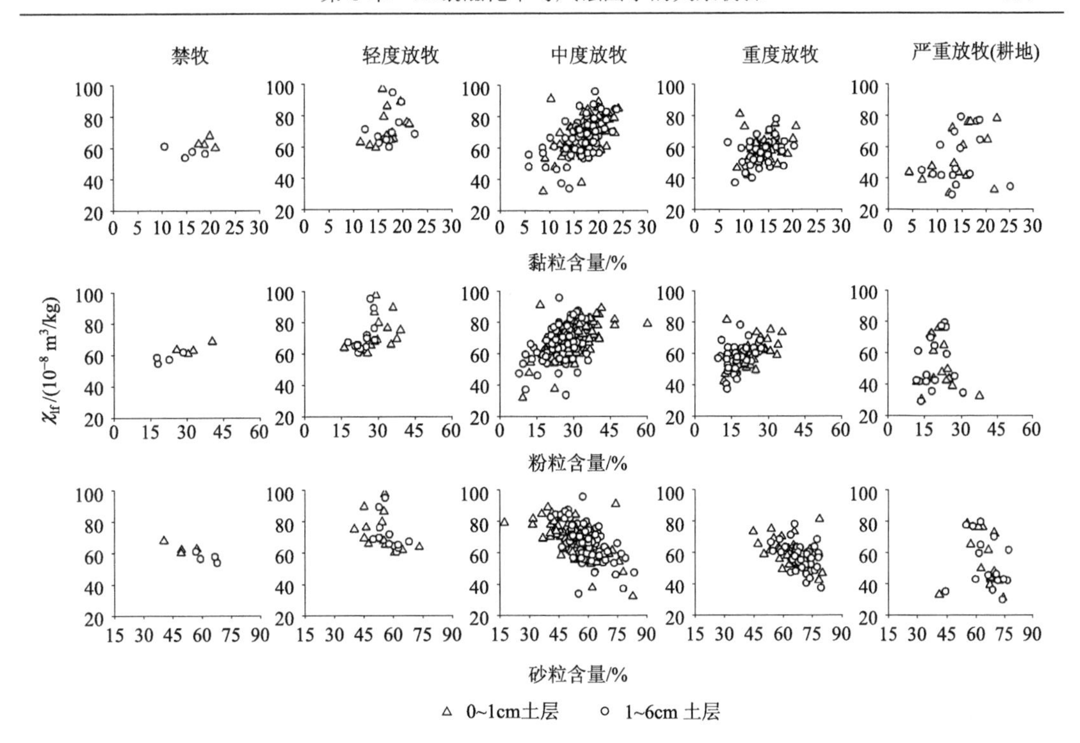

图 8-7　不同放牧强度下 0～1cm 与 1～6cm 两个土层的土壤粒度与磁化率(χ_{lf})的散点图

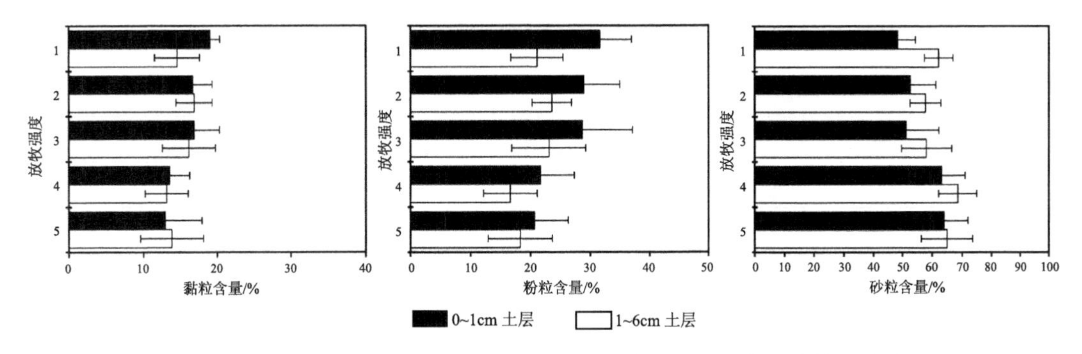

图 8-8　0～1cm 与 1～6cm 两个土层的土壤粒度与不同放牧强度的对应关系

有机碳是土壤的重要组分之一。土壤有机碳的多少通常代表土壤的发育程度。同时，有机碳可以促进自然土壤中土壤磁化率的主要贡献者——次生亚铁磁性矿物的形成(Maher and Taylor, 1988)。

如图 8-9 所示，土壤磁化率(χ_{lf}与 χ_{fd}%)与土壤有机碳含量呈正相关关系。而且放牧强度越低，土壤有机碳含量越高(图 8-10)。这些结果再一次说明放牧强度与土壤中亚铁磁性物质含量存在非常紧密的联系。基于此，土壤磁化率(χ_{lf}与 χ_{fd}%)应当可以被用作评估风蚀的十分有效的指标。

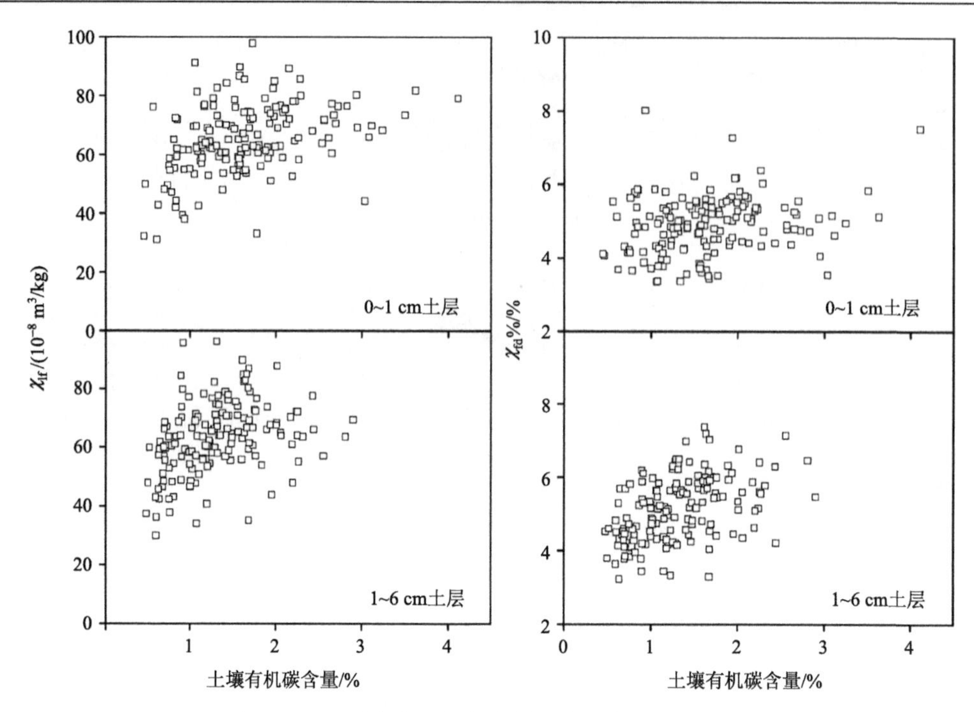

图 8-9　0～1cm 与 1～6cm 两个土层的土壤有机碳含量与磁化率(χ_{lf}, χ_{fd}%)的散点图

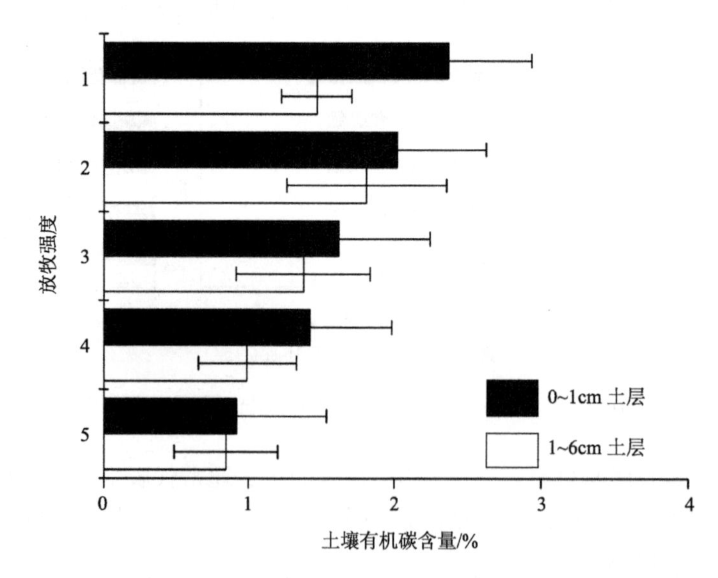

图 8-10　0～1cm 与 1～6cm 两个土层的有机碳含量与不同放牧强度的对应关系

8.6　基于土壤磁化率的风蚀研究意义

为评估土壤磁化率与基于 ^{137}Cs 含量的土壤再分配速率(Funk et al., 2012)的直接关联，在磁化率数据(χ_{lf} 与 χ_{fd}%)空间分布图上与土壤侵蚀速率和沉积速率数据进行配对

(图 8-11 和表 8-4)。结果显示，χ_{lf}与χ_{fd}%均随着土壤侵蚀速率的减小而增大(参见图 8-11 中“侵蚀段”)，随着土壤沉积速率的增大而减小(参见图 8-11 中“沉积段”)。尤其是χ_{lf}对土壤侵蚀速率敏感，而χ_{fd}%对土壤沉积速率敏感。

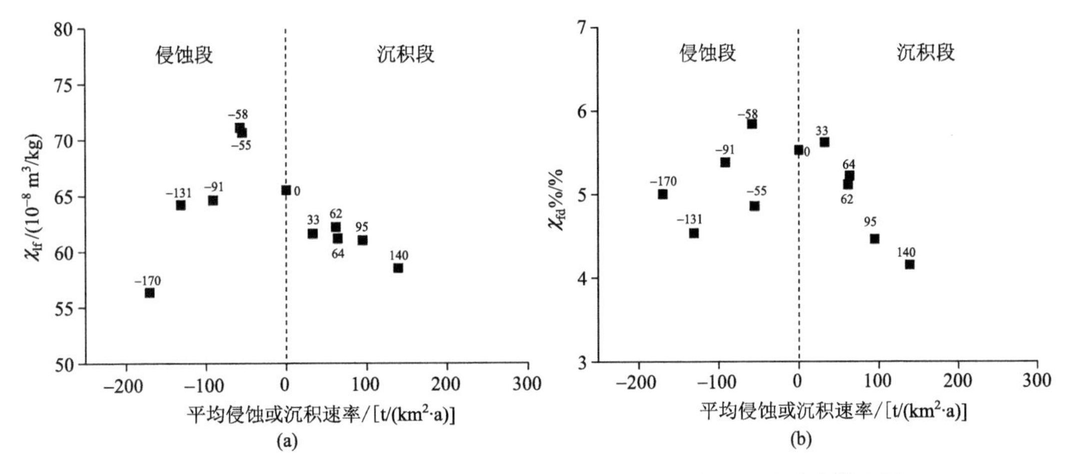

图 8-11　研究区表土磁化率(χ_{lf}, χ_{fd}%)与土壤侵蚀速率及沉积速率散点图

表 8-4　基于 ^{137}Cs 含量的土壤侵蚀速率或沉积速率及与之配对的磁化率(χ_{lf}, χ_{fd}%)数据汇总

样地	^{137}Cs*				磁化率			
	样点编号	放牧强度	^{137}Cs含量/(Bq/m²)	侵蚀速率(–)或沉积速率(+)均值/[t/(km²·a)]	土层深度/cm	样点数	χ_{lf}均值/($10^{-8}m^3/kg$)	χ_{fd}%均值/%
大针茅	ST1	重度	1330	–131	0～6	1	64.2	4.5
	ST2	中度(1)	1667	–55	0～6	1	70.6	4.9
	ST3	中度(2)	1185	–170	0～6	1	56.3	5.0
	ST4	轻度	2524	95	0～6	1	61.0	4.5
	ST5	禁牧(1979 年)	2787	140	0～6	1	58.5	4.2
羊草	RF	中度	1967	0	0～6	1	65.5	5.5
	LE1	中度(1)	1652	–58	0～6	1	71.1	5.8
	LE2	中度(2)	2158	33	0～6	3	61.6	5.6
	LE3	禁牧(1999 年)	2339	64	0～6	3	61.1	5.2
	LE4	禁牧(1979 年)	2332	62	0～6	3	62.2	5.1
耕地	AF	严重	1500	–91	0～6	7	64.6	5.4

* ^{137}Cs 含量及侵蚀速率与沉积速率数据来源于 Funk 等(2012)。

前人研究表明，磁化率技术可以用于水力侵蚀过程的示踪(de Jong et al., 1998; Dearing et al., 1986; Jordanova et al., 2014; Liu et al., 2015; Olson et al., 2002; Rahimi et al., 2013; Royall, 2001)。水力侵蚀与风力侵蚀的机理相似，即均是在外营力作用下优先侵蚀细颗粒物质。因此，对于风蚀过程，包括亚铁磁性矿物(χ_{lf})的土壤细颗粒物质易被侵蚀，在风向作用下向远方输送(钱宁和万兆惠, 2003)，进而原地表土的颗粒组成将随时间而逐渐粗化。众所周知，χ_{lf}可粗略地反映土壤中亚铁磁性物质含量(Dearing, 1994; Liu et al., 2012)，因此，χ_{lf}用来指示土壤侵蚀过程是合理的。

与参考样点相比，^{137}Cs 含量随着表土中接收的风成沉积物质的增加而增大(Funk et al., 2012)。这一结果似乎可以推出χ_{fd}%与土壤沉积速率应有正相关关系。然而，图 8-12显示的关于灰尘沉积速率越小而χ_{fd}%越大的事实，并不支持这一推论。风蚀引起的灰尘沉积过程应是一个比水蚀引起的沉积过程更为复杂的过程。

一般认为，土壤中超顺磁性颗粒含量或者 ^{137}Cs 含量与土壤中的黏粒紧密相关。作为自然成土过程中土壤磁化率的主要贡献者，超顺磁性颗粒的粒径<0.03 μm(Dearing, 1994)。^{137}Cs 一般主要吸附在土壤细粉粒和黏粒部分(<36 μm)(Bihari and Dezsö, 2008; He and Walling, 1996)。很显然，由于磁化率(χ_{fd}%)和 ^{137}Cs 对土壤粒度不同的响应机理，土壤粒度在 0.03 μm 与 36 μm 存在一个未知区间。基于此，假设在研究区的沉积区表土接收的灰尘粒径一般>0.03 μm。而灰尘颗粒(<0.03 μm)通常会在空气中悬浮停留数年之久，尤其是在干旱与半干旱区域(钱宁和万兆惠, 2003; Hoffmann et al., 2008b)。所以，当风蚀土壤颗粒(>0.03 μm)沉积很长时间后，可以显著地改变表土的粒度组成。本研究中的土壤粒度数据可以支撑这一结论。举例来说，与严重遭受风蚀的农地相比，禁牧地在 0～1cm 土层中平均黏粒含量增加 46.9%，平均粉粒含量增加 52.7%，而砂砾含量降低24.2%。而且来自蒙古国戈壁沙漠的风蚀颗粒物的主要成分是石英(Maher et al., 2009)，这是一种磁化率极弱的矿物。所以，随着风蚀颗粒物(>0.03 μm)的不断累积，会出现 ^{137}Cs 物质的不断累积，而本地表土中的磁性物质含量被不断稀释。因此，基于对上述磁化率与土壤侵蚀速率、磁化率与灰尘沉积速率的相对关系，磁化率有能力用于区分风力侵蚀的侵蚀过程与沉积过程。

相比经典的核素示踪技术(^{137}Cs)，磁化率技术在示踪土壤再分配速率方面与其存在明显差异。第一，这两种方法基于不同的物质来源。磁化率主要反映了未扰动土壤中磁性矿物的含量信息，其中部分反映了在盛行下风向的风蚀沉积物的贡献。而这些风蚀沉积物很可能是由本地自然土壤中的磁性颗粒组成，或者由本地土壤颗粒与来自戈壁的砂砾物质的混合物组成(Maher et al., 2009)。相比之下，作为人工环境核素，自然土壤中的 ^{137}Cs 常常由外部输入。第二，这两种技术对土壤粒度的响应机制不同。一般来说，χ_{lf}反映了从砂砾到黏粒所有粒度的土壤磁性物质的总体信息。χ_{fd}%主要反映了自然土壤中超顺磁性颗粒(<0.03 μm)的含量(Dearing, 1994)。而外源性的 ^{137}Cs 容易被吸附于土壤中的细颗粒，尤其是黏粒(Bihari and Dezsö, 2008; He and Walling, 1996)。

磁化率技术不但具有技术应用方面的优越性(Dearing, 1994)，而且可以提供一个用于定量理解水蚀导致的土壤再分配的新角度(de Jong et al., 1998; Dearing et al., 1986; Jordanova et al., 2014; Liu et al., 2015)。本研究证明在中国北方地区半干旱草原地区，运用磁化率技术有助于开展基于风蚀的侵蚀与沉积空间分布定量研究工作。然而，本研究的结果仍需更深入的研究加以验证。如果开展磁化率与 ^{137}Cs 对土壤细颗粒部分的响应机理的差异研究，有可能为研究这两种示踪技术用于土壤侵蚀的差异带来新的发现。此外，开展不同土地利用下的土壤剖面磁化率背景调查，可能为研究该区域在人类开垦时期或更长地质时期的成土作用或历史风蚀事件提供更丰富的环境信息。

8.7 本 章 小 结

本章通过在景观尺度上对锡林郭勒草原开展系统的野外取样，调查了表土磁化率特征，探究了磁化率与主要风蚀因子的关联，包括不同放牧强度、粒度、有机碳，进一步分析磁化率与土壤侵蚀速率及沉积速率之间的关系，主要结论如下。

(1) 北方干旱锡林郭勒草原样带 0～1cm 表土 χ_{lf} 取值范围为 $(31.0\sim97.8)\times10^{-8}m^3/kg$，平均值为 $(64.1\pm12.0)\times10^{-8}m^3/kg$；$\chi_{fd}\%$ 取值范围为 3.3%～8.0%，平均值为 4.8%。

(2) 表土磁化率与放牧强度、粒度和有机碳呈现紧密的联系，说明土壤磁性对土壤风蚀过程极为敏感。

(3) 更重要的是，磁化率与土壤侵蚀速率存在显著的负相关关系，同时与土壤沉积速率存在显著的负相关关系。这一结果说明磁化率参数 (χ_{lf} 和 $\chi_{fd}\%$) 可能是一个很有效地用于定性或定量评价温带草原地区风蚀的指标。

作者相信磁化率技术在未来多空间尺度（地方、景观和区域尺度）的风蚀研究中有很好的应用前景，因为这项技术成本低廉、测试高效、数据精度高。此外，该技术为研究中国北方温带草原地区风蚀的空间分布、发展趋势和形成机理提供了一个新的视角。

参 考 文 献

韩小红, 杨联安, 周欢水, 等. 2008.我国北方强风蚀区空间分布格局及特征分析. 干旱区资源与环境, 22(3): 113-116.

李博, 雍世鹏, 李忠厚. 1988.锡林河流域植被及其利用//内蒙古草地生态系统研究野外站. 草地生态系统研究第三册. 北京: 科学出版社: 84-143.

钱宁, 万兆惠. 2003.泥沙运动力学. 北京: 科学出版社.

Archibold O. 1995.Ecology of World Vegetation. London: Chapman and Hall.

Bihari Á, Dezsö Z. 2008. Examination of the effect of particle size on the radionuclide content of soils. Journal of Environmental Radioactivity, 99(7): 1083-1089.

Dane J H, Topp G C. 2002.Methods of Soil Analysis, Part 4-Physical Methods. Madison: Soil Science Society of America.

de Jong E, Nestor P A, Pennock D J. 1998. The use of magnetic susceptibility to measure long-term soil redistribution. Catena, 32(1): 23-35.

Dearing J A, Morton R I, Price T W, et al. 1986. Tracing movements of topsoil by magnetic measurements: Two case studies. Physics of the Earth and Planetary Interiors, 42(1-2): 93-104.

Dearing J A. 1994. Environmental Magnetic Susceptibility, Using the Bartington MS2 System. Kenilworth: Chi Publishers.

Evans M, Heller F. 2003.Environmental Magnetism: Principles and Applications of Enviromagnetics. San Diego: Academic Press.

Funk R, Li Y, Hoffmann C, et al. 2012. Using Cs-137 to estimate wind erosion and dust deposition on grassland in Inner Mongolia-selection of a reference site and description of the temporal variability. Plant and Soil, 351 (1-2) :293-307.

He Q, Walling D E. 1996.Interpreting particle size effects in the adsorption of ^{137}Cs and unsupported ^{210}Pb by mineral soils and sediments. Journal of Environmental Radioactivity, 30 (2) : 117-137.

Hoffmann C, Funk R, Li Y, et al. 2008a. Effect of grazing on wind driven carbon and nitrogen ratios in the grasslands of Inner Mongolia. Catena, 75 (2) : 182-190.

Hoffmann C, Funk R, Reiche M, et al. 2011. Assessment of extreme wind erosion and its impacts in Inner Mongolia, China. Aeolian Research, 3 (3) : 343-351.

Hoffmann C, Funk R, Sommer M, et al. 2008b. Temporal variations in PM 10 and particle size distribution during Asian dust storms in Inner Mongolia. Atmospheric Environment, 42 (36) : 8422-8431.

Hoffmann C, Funk R, Wieland R, et al. 2008c. Effects of grazing and topography on dust flux and deposition in the Xilingele grassland, Inner Mongolia. Journal of Arid Environments, 72 (5) : 792-807.

Jordanova D, Jordanova N, Petrov P. 2014. Pattern of cumulative soil erosion and redistribution pinpointed through magnetic signature of Chernozem soils. Catena, 120 (1) : 46-56.

Kölbl A, Steffens M, Wiesmeier M, et al. 2011. Grazing changes topography-controlled topsoil properties and their interaction on different spatial scales in a semi-arid grassland of Inner Mongolia, P.R. China. Plant and Soil, 340 (1-2) : 35-58.

Liu L, Zhang K, Zhang Z, et al. 2015. Identifying soil redistribution patterns by magnetic susceptibility on the black soil farmland in Northeast China. Catena, 129: 103-111.

Liu Q, Roberts A P, Larrasoaña J C, et al. 2012. Environmental magnetism: Principles and applications. Reviews of Geophysics, 50 (4) : 197-215.

Maher B A, Mutch T J, Cunningham D. 2009. Magnetic and geochemical characteristics of Gobi Desert surface sediments: Implications for provenance of the Chinese Loess Plateau. Geology, 37 (3) : 279-282.

Maher B A, Taylor R M. 1988. Formation of ultrafine-grained magnetite in soils. Nature, 336: 368-370.

Mullins C E. 1977.Magnetic susceptibility of the soil and its significance in soil science–A review. Journal of Soil Science, 28 (2) : 223-246.

Olson K R, Gennadiyev A N, Jones R L, et al. 2002. Erosion patterns on cultivated and reforested hillslopes in Moscow Region, Russia. Soil Science Society of America Journal, 66 (1) : 193-201.

Rahimi M R, Ayoubi S, Abdi M R. 2013. Magnetic susceptibility and Cs-137 inventory variability as influenced by land use change and slope positions in a hilly, semiarid region of west-central Iran. Journal of Applied Geophysics, 89: 68-75.

Reiche M, Funk R, Zhang Z, et al. 2012. Application of satellite remote sensing for mapping wind erosion risk and dust emission-deposition in Inner Mongolia grassland, China. Grassland Science, 58 (1) : 8-19.

Royall D. 2001.Use of mineral magnetic measurements to investigate soil erosion and sediment delivery in a small agricultural catchment in limestone terrain. Catena, 46 (1) : 15-34.

Shinoda M, Gillies J A, Mikami M, et al. 2011.Temperate grasslands as a dust source: Knowledge, uncertainties, and challenges. Aeolian Research, 3 (3) : 271-293.

Skidmore E L. 1986. Soil Erosion by Wind: An Overview//El-Baz F, Hassan M H A. Physics of Desertification. Dordrecht: Martinus Nijhoff Publishers: 263-271.

Thompson R, Oldfield F. 1986. Environmental Magnetism. London: Allen and Unwin.

Yan Y, Xin X, Xu X, et al. 2013.Quantitative effects of wind erosion on the soil texture and soil nutrients under different vegetation coverage in a semiarid steppe of northern China. Plant and Soil, 369(1-2): 585-598.

Zhang Z, Wieland R, Reiche M, et al. 2012.Identifying sensitive areas to wind erosion in the Xilingele grassland by computational fluid dynamics modelling. Ecological Informatics, 8(2): 37-47.

第 9 章　土壤磁化率与风水复合侵蚀的关系初探

9.1　研究背景及意义

9.1.1　风水复合侵蚀研究意义

土壤侵蚀是土壤退化最普遍的形式，严重制约着全球社会经济可持续发展(Lal, 2003)。我国是世界上土壤侵蚀最为严重的国家之一，其中，北方农牧交错带的土壤侵蚀带来的土地退化等问题严重，土壤对风、水、热等环境因素反应敏感。20 世纪 70 年代以来，一系列生态恢复措施如“三北”防护林、京津风沙源治理、退耕还林还草等工程开展，河北坝上地区的土地利用方式也随之呈现出多元结构(尹自先, 1984)。土地利用能够通过改变植被覆盖、土壤性质、地表径流等影响土壤侵蚀过程(赵文武等, 2006)，充分认识不同土地利用方式下的土壤侵蚀与土壤再分配格局特征，能够客观理解土壤侵蚀过程，是有效开展水土保持工作、改善生态环境的重要前提。

目前对土壤侵蚀的研究大多依赖于传统方法，如径流小区、水槽和风洞试验等，也结合使用土壤侵蚀模型、同位素追踪以及遥感技术。然而，这些方法对土壤侵蚀的观测有着时间和空间范围的局限性，并且对时间和经济成本要求较高。磁化率方法的出现为土壤侵蚀研究提供了一种新的思路。作为土壤的一种固有磁学性质，磁化率测定的方法兼具反映土壤侵蚀空间分异特征与操作经济便捷的双重优势，因此在近年来被广泛地用于追踪坡面尺度下的长期土壤侵蚀和沉积过程。目前，国内外基于磁化率测定方法研究土壤侵蚀与再分配格局的案例有限，且集中在以水蚀为主导的地区，鲜有对风蚀的报道，对风蚀和水蚀共同作用区域的研究更是尚未开展，因此对风水复合侵蚀区的研究具有必要性。

河北坝上地区位于我国北方农牧交错带，是典型的风蚀和水蚀共同作用的地区(邹亚荣等, 2003)。耕作、放牧等人类活动加剧了此地土壤侵蚀造成的土地退化，土壤侵蚀成为一项亟待解决的问题。同时，坝上地区紧邻首都外围，环首都生态圈的建设已经引起北京及其周边地区的关注，良好的生态环境是京津冀协同发展的重要保障(王献溥等, 2015)，因此对坝上地区土壤侵蚀的研究具有重要意义。

9.1.2　风水复合侵蚀研究方法简述

风蚀和水蚀是两种主要的土壤侵蚀类型，由于两种侵蚀类型有各自的典型作用区域和对应研究方法，因而通常被设定为独立的过程进行研究。但事实上，风蚀和水蚀共同作用于同一地区的情况普遍存在，尤其是在干旱、半干旱区，据统计，全球近 17.5%的陆地面积会受到风水复合侵蚀的影响(Bullarda and Mctainshb, 2003)。风水复合侵蚀问题的研究已经开展，受到风蚀和水蚀过程的复杂性和时空尺度差异的限制，目前已有的研究主要集中于风蚀与水蚀在总侵蚀量中的贡献比率(Breshears et al., 2003; Ta et al., 2014; Zhang et al., 2011)，以及风蚀与水蚀的耦合效应(宋阳等, 2007; 张庆印等, 2012; Tuo et al., 2012)两个方面，仍缺乏针对风水复合侵蚀过程和下垫面对风水复合侵蚀过程响应机制的研究(杨会民等, 2016)。

目前对风水复合侵蚀的研究大多运用风蚀和水蚀各自的方法，也结合使用土壤侵蚀模型和“3S”①技术(马玉凤等, 2013; 杨根生等, 1988)。然而，这些方法受到时空观测范围和空间平均侵蚀计算结果的限制。为了探究土壤侵蚀与土壤再分配的空间格局，^{137}Cs、$^{210}Pb_{ex}$、^{7}Be 等核素示踪剂已成功应用于土壤侵蚀示踪，但这些方法花费高、测量时间长，在研究中难以大范围开展使用(Li et al., 2017)。近年来，环境磁学方法应用于土壤侵蚀的研究引起了人们的重视，用磁化率的方法研究土壤侵蚀成为一个经济便捷且有效的方法。

9.1.3　基于磁化率的侵蚀研究概况

磁化率是一种最常使用且易测量的土壤磁学性质，在 20 世纪 70 年代开始被应用于探究土壤性质的空间分布情况(Mullins, 1977)。利用土壤磁化率能够追踪泥沙来源、指示环境变迁、量化土壤侵蚀量。这种方法操作简单、测量迅速、成本较低，且不会对土壤进行破坏(Jordanova, 2016)。低频质量磁化率(χ_{lf})和频率磁化率($\chi_{fd}\%$)是两个常用的天然土壤磁化率参数。χ_{lf} 与成土过程密切相关，其值通常与土壤中的亚铁磁性矿物含量呈正相关(Thompson and Oldfield, 1986)。$\chi_{fd}\%$是用于确定土壤中超顺磁性(SP，直径 0.001～0.1μm)颗粒含量的磁化率参数，其数值范围可分为四类，其中，$\chi_{fd}\%$在 2%～10%的样品反映土壤中存在 SP 颗粒和较粗的非 SP 颗粒的混合物(Dearing, 1994)。一般来说，土壤磁化率来源于成土作用，磁化率能够区分表层土、深层土和母质，并且在坡面不同部位及土壤剖面上具有空间异质性，因而能够被用于追踪长期过程的土壤侵蚀与土壤再分配格局(Boardman et al., 1990; Dearing et al., 1986)。

Dearing 等(1985)首先将土壤磁化率运用到土壤再分配格局的研究。自此，大量的研究证实了磁化率在土壤侵蚀与土壤再分配格局研究中的可行性和科学性。目前，土壤磁化率的研究集中在以下几方面。

(1)土壤磁化率广泛应用于不同土地利用类型土壤侵蚀与土壤再分配格局的比较，探究土地利用方式对土壤侵蚀的影响。Olson 和 Gennadiyev(2002)利用磁化率计算了俄罗斯莫斯科山区的耕地和退耕还林地的坡面土壤侵蚀量，得到耕地相较于退耕的林地加速侵蚀的结论；Sadiki 等(2009)在摩洛哥里夫山使用磁化率探究了裸地、草地、灌木和耕地四种土地利用类型的土壤再分配格局差异；Rahimi 等(2013)也基于磁化率测定的方法，比较了伊朗中西部山区草地和耕地不同坡位的土壤侵蚀空间特征。

(2)研究区多集中在山区，学者们关注坡面尺度下的土壤侵蚀过程与土壤再分配格局，特别是坡度、坡位和坡形对侵蚀过程的影响。Hussain 等(1998)以灰尘中的磁化率为

---

① “3S”指遥感(remote sensing, RS)、全球定位系统(global position system, GPS)和地理信息系统(geographic information system, GIS)。

指示剂，在伊利诺伊州山区量化了由耕作产生的坡面土壤侵蚀量；Ventura 等(2002)使用磁性示踪剂，模拟水蚀导致的土壤分离和沉积过程，定性描述了山区缓坡土壤再分配格局；Ayoubi 等(2012)结合磁化率计算了伊朗山区坡面的年均土壤侵蚀量；Santos 等(2013)在巴西日尔布埃斯山区对测定土壤磁化率进行了相似的研究。

(3)磁化率与其他土壤侵蚀的研究方法紧密结合，多角度、定量地对土壤侵蚀过程和土壤流失量进行探究。de Jong 等(1998)将 ^{137}Cs 与磁化率方法结合，定量得到加拿大萨斯喀彻温省的一处农地的土壤侵蚀量和侵蚀与沉积的空间分布；Royall(2007)将 RUSLE 模型与基于土壤磁化率得到的结果进行比较，讨论了磁化率方法应用于获取高分辨率土壤流失空间数据的可行性；Royall(2001)还基于磁化率构建经验模型，并被 Jordanova 等(2014)在保加利亚黑钙土区验证和使用。

磁化率在土壤侵蚀中的研究已在世界多地开展，包括湿润地区，如加拿大萨斯喀彻温省(de Jong et al., 1998)、捷克共和国(Jakšík et al., 2016)、中国东北黑土区(Liu L et al., 2015; Yu et al., 2017)；半干旱地区，如美国亚利桑那州(Parsons et al., 1993)；干旱地区，如摩洛哥里夫山区(Sadiki et al., 2009)、伊朗中西部地区(Rahimi et al., 2013)。但是，几乎所有的研究都集中在水蚀问题，最近有学者探讨了将磁化率应用于风蚀的可行性(Gheysari et al., 2016; Liu et al., 2018)，研究表明磁化率也可以识别由风蚀引起的侵蚀和沉积模式。迄今为止，磁化率方法尚未针对风水复合侵蚀开展研究，因此在这种情况下，磁化率解释土壤侵蚀和空间再分配格局的可行性与科学性有待证实。

9.1.4 研究思路

本研究对现场采集的土样进行实验分析，探究了坝上地区两种典型土地利用类型——耕地和草地的土壤磁化率空间分布特征，目的是确定不同土地利用条件下的磁化率分布模式，探究其对风蚀和水蚀的响应，以期为风水复合侵蚀研究提供一种新的视角。

本研究由五部分组成，第一部分介绍磁化率应用于土壤侵蚀的国内外研究现状；第二部分描述河北坝上地区概况以及本研究采用的方法；第三部分阐述研究和分析结果；第四部分对研究结果进行了更为深入的讨论；第五部分总结本研究得到的结论，并反思研究中存在的问题。

9.2 样品采集与处理方法

9.2.1 研究区概况

研究区位于河北省丰宁满族自治县(以下简称丰宁县)大滩镇坝上草原地区(图 9-1)，地处内蒙古高原东南缘，燕山山脉北部，海拔在 1500～1800 m，平坦的陆面与起伏的丘陵地带交替。此区的气候为大陆性气候，冬季寒冷干燥，夏季温暖湿润，年平均气温 0.6℃，年平均降水量 450 mm，降水主要集中分布在 6～8 月。该地年平均风速为 3.4～4.9 m/s，3～5 月大风(瞬时风速大于 17 m/s)频繁发生，最大速度可达 28 m/s，通常会导致沙尘暴的形成(Zhao et al., 2005)。研究区属中国北方温带典型的农牧林交错区，土地利用类型以草地和耕地为主，主要的土壤类型为栗钙土。数十年前，坝上草原发生了严重的退化现象，土壤贫瘠，蒿类繁盛，风灾增多，侵蚀严重(李志祥等, 2005)。2000 年丰宁县被确定为退耕还林的试点县，2002 年河北省开始全面执行退耕政策，至 2003 年退出耕地共计 10 万余亩，退耕后部分还草，部分还林。

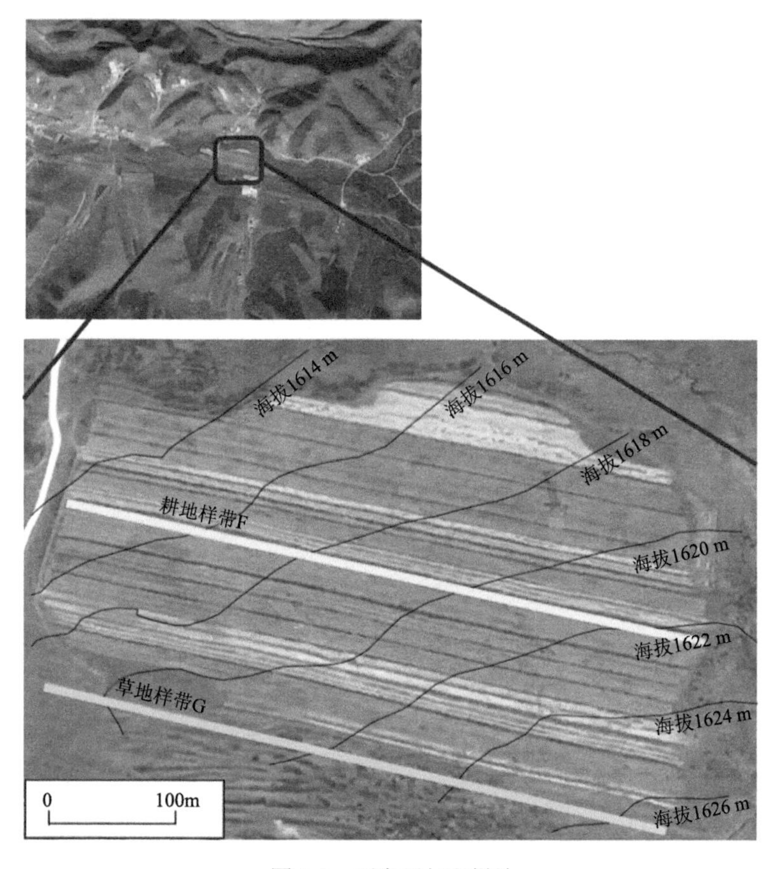

图 9-1　研究区与取样地

9.2.2　野外采集与处理

本研究采样地为丰宁县大滩镇二道河子村东一个朝西的山坡(图 9-1)，位置为 41°31′19″N，116°09′57″E。同一坡上有耕地与草地两种土地利用类型，耕地种植莜麦，草地主要植被类型有中华隐子草、散穗早熟禾等典型温带草甸植被。坡上的土地利用自 20 世纪 30 年代以来保持稳定。耕地被标记为样带 F，草地被标记为样带 G。两条样带间的距离较小，保证了它们具有相似的母质和地形条件。样带 F 的长度为 510m，样带 G 的长度为 475m，坡度在 1%～3%，平均坡度为 2%。为进行后续分析，将样带分为坡上、坡中和坡下三部分(表 9-1，图 9-2)。

表 9-1　耕地和草地的坡位信息

土地利用类型	坡段	起始采样点	终止采样点	坡度/%	长度/m
耕地	坡上	F 0.5	F 7	1.4	195
	坡中	F 7	F 13	2.3	180
	坡下	F 13	F 17.5	2.6	135
草地	坡上	G 1	G 7	1.2	150
	坡中	G 7	G 15	2.3	200
	坡下	G 15	G 20	1.8	125

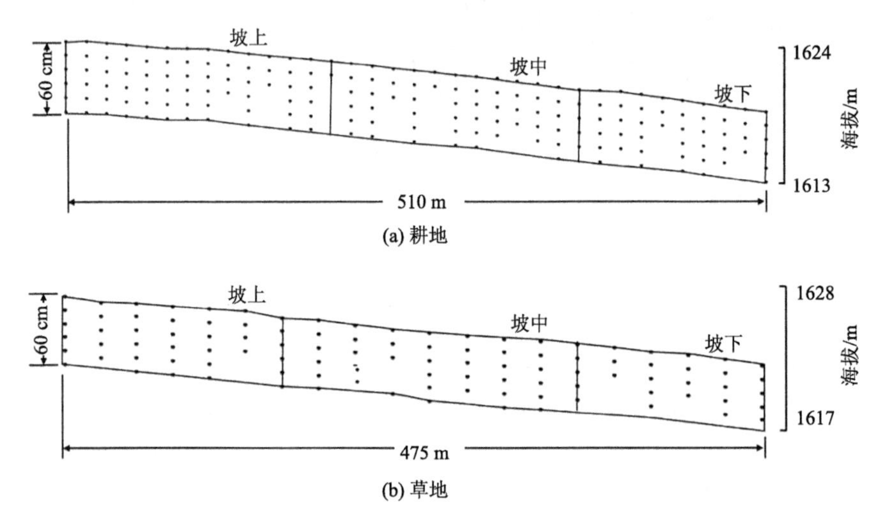

图 9-2　坡面土壤样品分布位置示意图

使用直径 3 cm、长度 100 cm 的 Eijkelkamp 螺旋钻在各个采样点每 10 cm 深度采一个土样，取至 60 cm 竖直深度。由于受到砾石的影响，部分采样点未能取到 60 cm 深度。考虑到耕地受到耕作的干扰，其变异性可能较大，所以为了保证土壤样品的代表性，在耕地样带中收集了三条重复样带，三条样带间的平行距离为 50 cm。本研究共选取了 135 个采样点，收集土壤样品 624 个。

9.2.3　室内实验程序

采集的土壤样品在干燥、避光、空气循环良好的室内自然风干三天，经去根、去石块、研磨、过 2 mm 尼龙筛的操作后，分别被装入体积为 10 cm^3 的专制塑料测量瓶内，使用巴廷顿磁化率仪(MS2)和双频率传感器(MS2B)，分别在高频(4.7 kHz；k_{hf})和低频(0.47 kHz；k_{lf})下测量各个土样的磁化率。将土样质量除以土样体积得到每个土样的容积密度(ρ)。

然后通过式(9-1)算出低频质量磁化率(χ_{lf})：

$$\chi_{lf} = \frac{k_{lf}}{\rho} \tag{9-1}$$

频率磁化率(χ_{fd}%)通过低频质量磁化率和高频质量磁化率用式(9-2)求得：

$$\chi_{fd}\% = \frac{\chi_{lf} - \chi_{hf}}{\chi_{lf}} \times 100\% \tag{9-2}$$

测定土样的机械组成时，在耕地选取 5 个坡位，草地选取 4 个坡位，将平行样混合，同时混合 0～20 cm、20～40 cm、40～60 cm 的土壤样品，以保证土壤质量足够进行实验。混合后的土样共计 27 个。使用吸管法测定土壤机械组成，依据美国制将土壤粒级划分为 7 级：1～2 mm、0.5～1 mm、0.25～0.5 mm、0.1～0.25 mm、0.05～0.1 mm、0.002～0.05 mm 和<0.002 mm。

测定不同大小的团聚体磁化率时，用孔径分别为 1 mm、0.5 mm、0.25 mm 和 0.1 mm 的尼龙筛将样品分成五级。使用与上述相同的方法测量每一级的土壤磁化率。

9.2.4　数据与结果分析

使用 SPSS 20.0 和 Origin 9.0 软件对实验得到的结果进行数值统计和相关性分析；使用 ArcGIS 10.2 软件对样带的磁化率实验数据进行克里金插值，对样带水平和竖直方向的再分配模式进行分析；利用三角坐标图比较不同土地利用类型下的土壤质地，建立粒级与磁化率的关系。

9.3　耕地与草地的磁化率统计特征

耕地和草地 0～60 cm 深的土壤磁化率(χ_{lf}，χ_{fd}%)统计特征如表 9-2 和图 9-3 所示。统计结果反映，耕地和草地的 χ_{lf} 平均值相差较大，耕地是草地的两倍，这表明耕地土壤中含有更多亚铁磁性矿物。草地 χ_{lf} 的变异系数相较于耕地数值更大，图 9-3 中也反映出其数值分散程度高。对于 χ_{fd}%，两种土地利用类型的数值均主要分布在 3%～8%，平均值都为 6%左右，两坡土壤中都存在 SP 颗粒和较粗的非 SP 颗粒的混合物(Dearing, 1994)。耕地 χ_{fd}%的变异系数同样小于草地，并且草地 χ_{fd}%的变异系数分布范围也更广，反映出耕地的 χ_{fd}%分布比草地更均匀，这个结果与 χ_{lf} 一致。

表 9-2　耕地和草地土样磁化率统计性特征

土地利用类型	变量	深度/cm	样本数量	最小值	最大值	平均值	标准差	变异系数/%
耕地	χ_{lf}	0～60	184	32.0	162.2	80.3	20.1	25
	χ_{fd}%	0～60	184	1.0	8.1	6.4	0.9	14
草地	χ_{lf}	0～60	108	5.3	108.0	44.1	24.3	55
	χ_{fd}%	0～60	108	0.0	9.9	6.1	2.0	36

注：χ_{lf} 的最小值、最大值、平均值、标准差的单位为 $10^{-8}m^3/kg$；χ_{fd}%的最小值、最大值、平均值、标准差的单位为%。

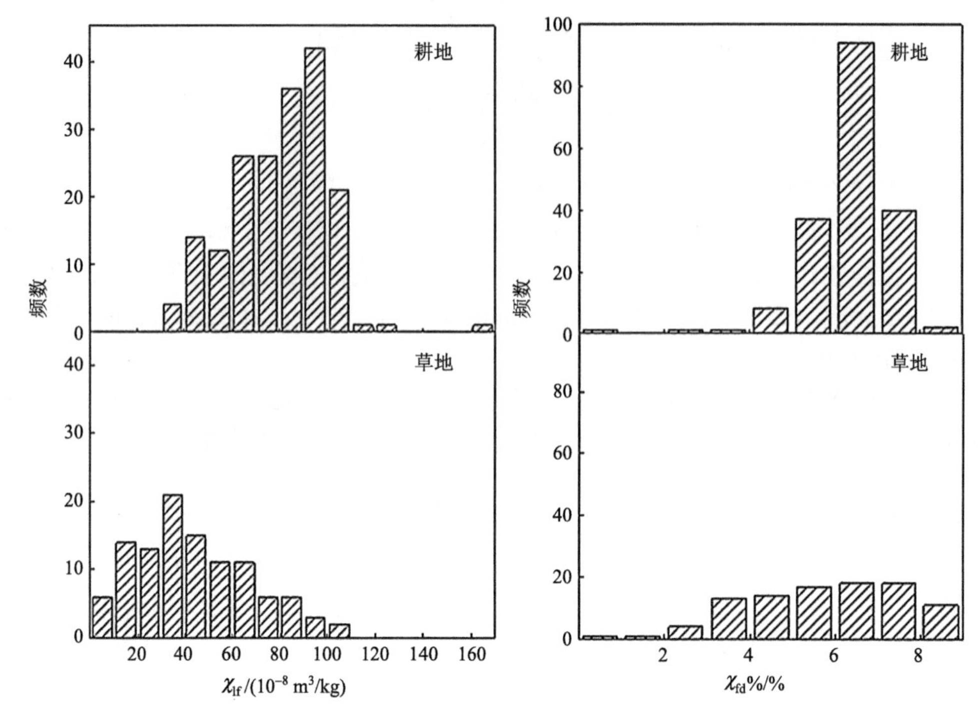

图 9-3　坝上地区坡耕地和草地 χ_{lf}、χ_{fd}%分布直方图

9.4　耕地与草地磁化率空间分布特征

9.4.1　χ_{lf} 与 χ_{fd}%的坡向分布特征

图 9-4 和图 9-5 是基于测量值，利用克里金插值法得到的耕地和草地的完整坡剖面土壤的 χ_{lf} 和 χ_{fd}%分布图。整体而言，草地的空间变异性高于耕地。两种土地利用类型均具有磁化率数值较高的区域，但出现在坡上的不同部位。在耕地，从坡上至坡下 χ_{lf} 先升高，在坡中 240 m 处出现最大值并且高值集聚在坡中，再向坡下 χ_{lf} 又开始降低；而草地的 χ_{lf} 变化较为单一，整体呈现沿坡自上而下数值降低的趋势。无论耕地还是草地，整个坡面的表层 χ_{fd}%都高于深层，耕地在坡剖面的 χ_{fd}%极为均匀，插值后的变幅为 4%，仅为草地的 1/2，坡下的数值较低；而草地沿坡的 χ_{fd}%表现出明显的高低值分化，最大值出现在坡中，向坡上和坡下 χ_{fd}%都减小。沿坡向的 χ_{lf} 和 χ_{fd}%空间分布格局差异反映出土地利用类型的差别，指示出不同的土壤侵蚀与沉积过程。

9.4.2　χ_{lf} 与 χ_{fd}%的垂向分布特征

图 9-6 是耕地和草地不同深度的 χ_{lf} 和 χ_{fd}%平均值分布的箱线图，显示了两个磁性参数的垂直分布变化。由图 9-6 可知，耕地和草地的 χ_{lf} 平均值随深度没有明显变化，整体上不同深度土壤的磁化率相近；而 χ_{fd}%平均值在两坡有随深度减小的趋势。对于耕地而

言，χ_{lf}和χ_{fd}%的上、下四分位点之间的跨度明显小于草地，土壤磁化率整体分布也更为集中。但对于草地而言，深层的上、下四分位点之间的跨度明显高于表层，并且不同深度的上、下四分位点之间跨度的变化幅度不大，反映出草地在垂直方向上，表层的磁化率数值比深层的分布更加集中。

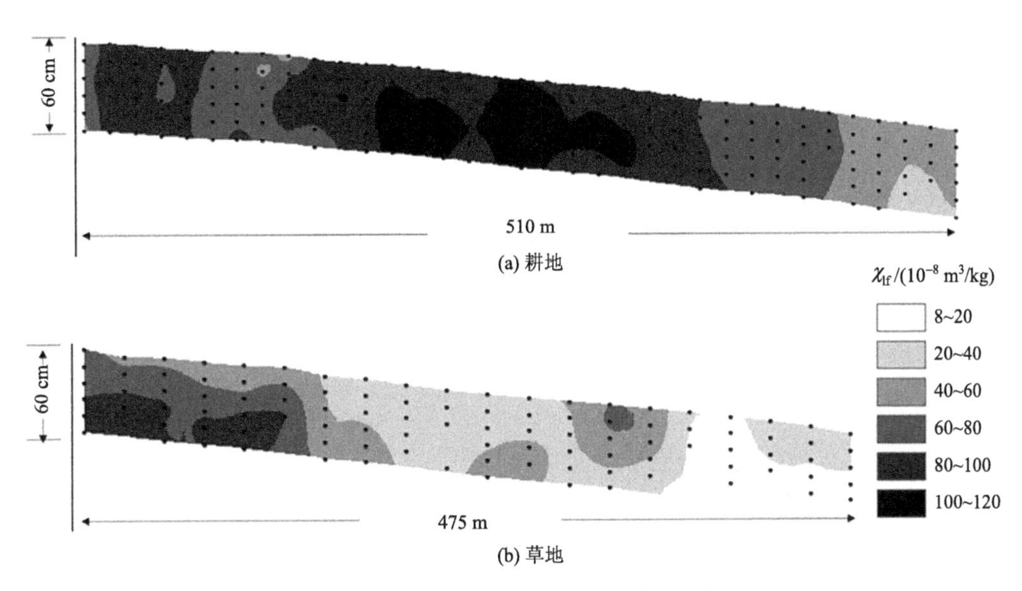

图 9-4　坡耕地与草地χ_{lf}在坡剖面的分布格局

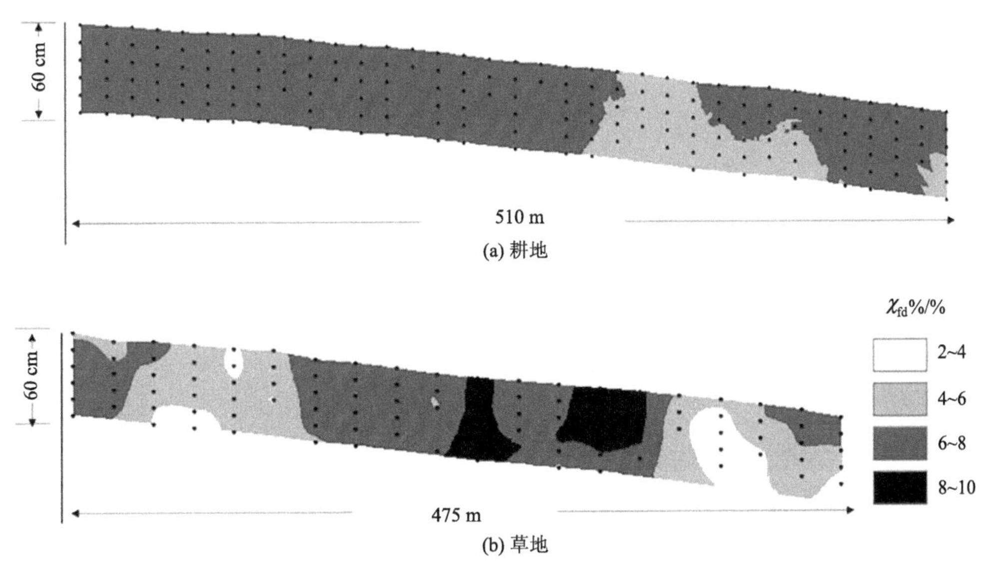

图 9-5　坡耕地与草地χ_{fd}%在坡剖面的分布格局

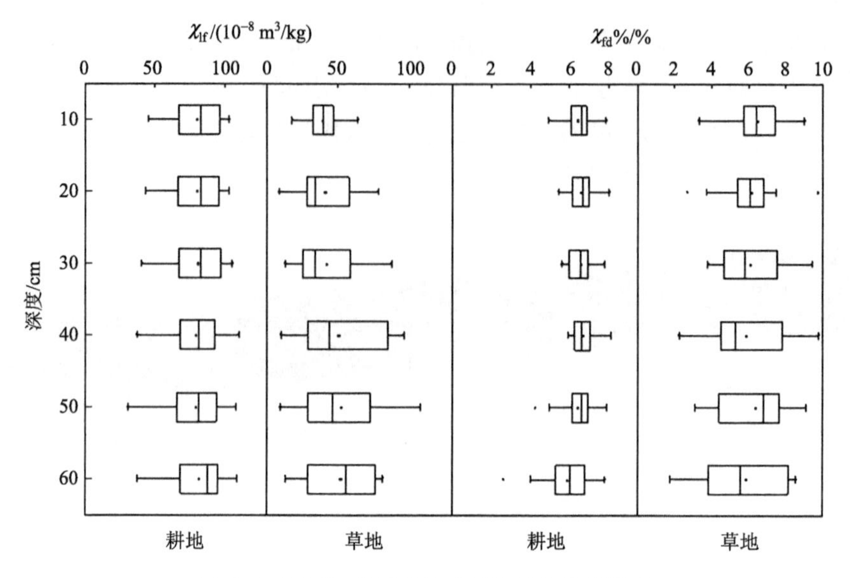

图 9-6　不同深度坡耕地和草地磁化率箱线图

为了比较不同坡位的土壤磁化率垂向分布特征的差异，耕地和草地的坡上、坡中和坡下的平均 χ_{lf} 与 χ_{fd}%随深度变化的情况在图 9-7 展示。对于耕地而言，三个坡位的磁化率参数变化是相似的，随深度变化不大，垂直分布与草地相比更均匀。然而，草地三个

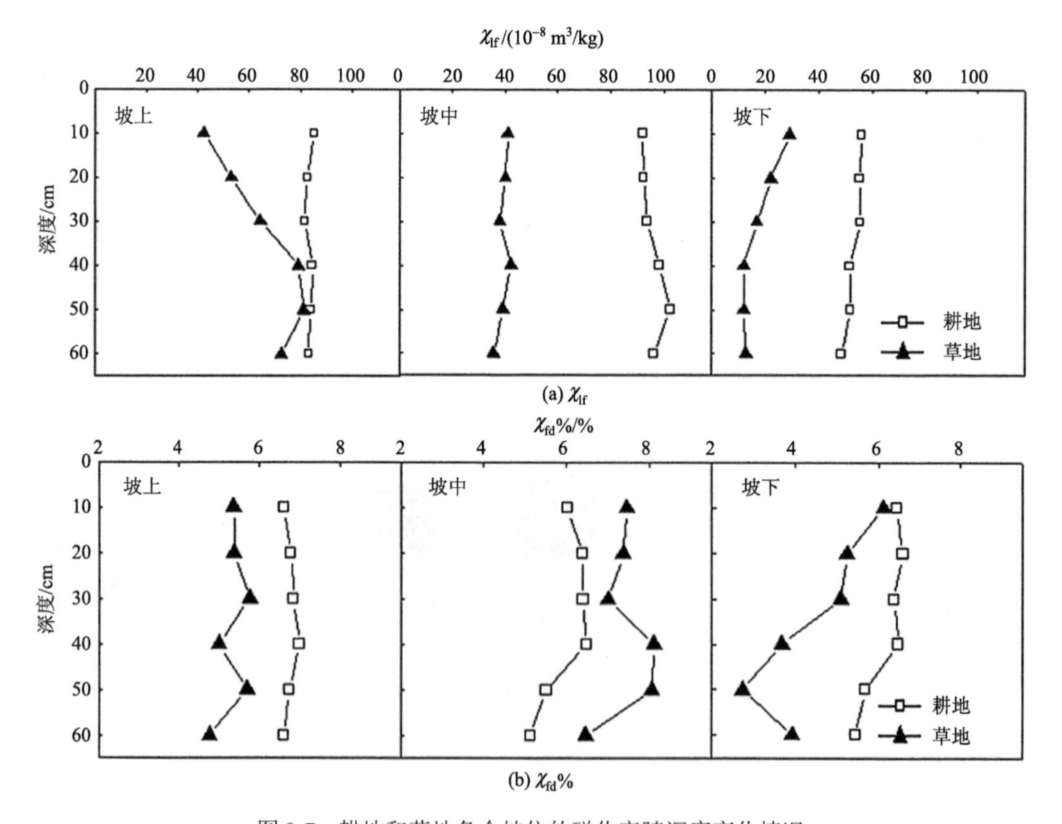

图 9-7　耕地和草地各个坡位的磁化率随深度变化情况

坡位的磁化率在表层和深层土壤之间呈现出不同的变化模式。在坡下位置，草地表层土壤的 χ_{lf} 数值明显高于深层，与坡上和坡中的结果相反。草地在三个坡位 0～10 cm 深度的 χ_{lf} 都接近 40×10^{-8} m^3/kg，说明表层的 χ_{lf} 数值是趋于一致的；而草地最深层的 χ_{lf} 沿坡自上向下逐渐减小，明显表现出底层的强分异性。草地深层土壤的这种强分异性也体现在 χ_{fd}%上，草地表层的数值比深层变化幅度小，更加稳定均匀。另外值得注意的是，耕地虽然每个坡位自身的 χ_{lf} 随深度的变化不明显，但三个坡位之间的数值差异大，χ_{lf} 在坡位间的变化超过 10×10^{-8} m^3/kg。这表明，与沿坡方向相比，耕地在垂直方向的均一性更加突出。

9.5　磁化率与土壤粒级的关系

9.5.1　土壤机械组成特征

两种土地利用类型土壤各粒级分布结果显示(图 9-8)，砂粒在耕地和草地中均占最大比例，粉粒其次，黏粒含量最低。耕地土壤质地主要为壤土，草地含沙量(74.49%)远高于耕地，草地质地更为粗糙，主要为砂质壤土和壤质砂土(图 9-9)。

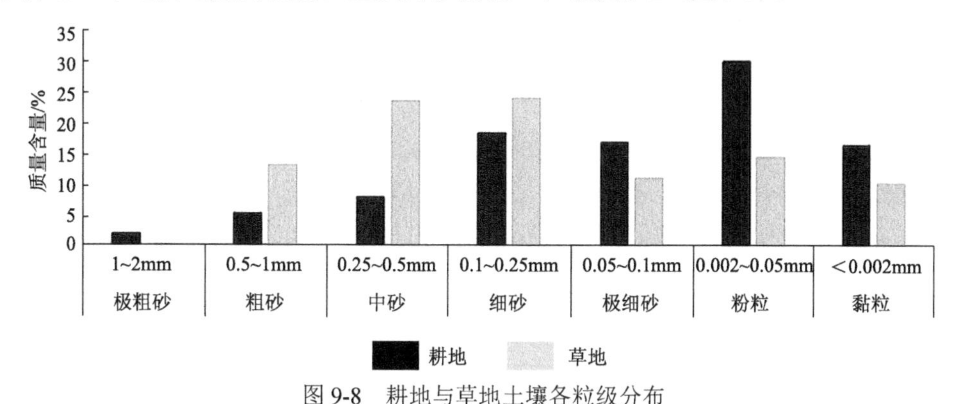

图 9-8　耕地与草地土壤各粒级分布

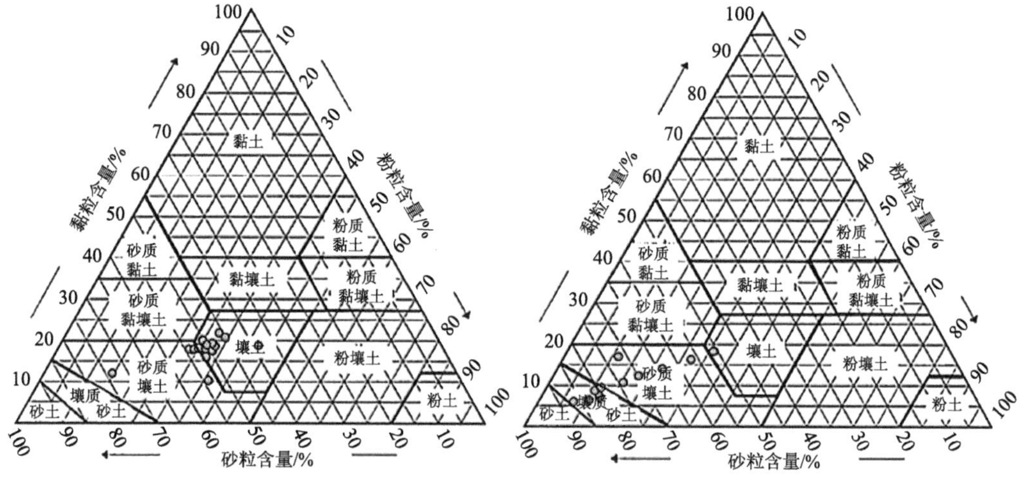

图 9-9　耕地(左图)与草地(右图)土壤质地三角图(美国制)

表 9-3 展示了耕地和草地在不同深度下砂粒、粉粒和黏粒的含量。无论是耕地还是草地，黏粒在 0～20 cm 的土层中比例高于其他深度，粉粒在 20～40 cm 的深度比例最高，砂粒在 40～60 cm 的土层中比例最高。这反映了随着深度的增加，质地变得更加粗糙，并且黏粒、粉粒和砂粒含量的变异系数也在增加，而越接近表层，整个坡面的土壤粒径分布越相近，表层越均质。耕地和草地粒度分布的这种现象与 χ_{lf} 的表现一致。

表 9-3　耕地与草地土壤粒级空间分布统计

土地利用类型	深度/cm	砂粒 (0.05～2 mm)		粉粒 (0.002～0.05 mm)		黏粒 (< 0.002 mm)	
		平均值/%	变异系数/%	平均值/%	变异系数/%	平均值/%	变异系数/%
耕地	0～20	50.51	5.01	31.43	3.79	18.06	11.81
	20～40	48.97	11.84	34.63	12.73	16.40	24.13
	40～60	56.95	17.76	26.68	27.52	16.36	18.45
草地	0～20	72.78	9.33	15.00	35.51	12.22	29.25
	20～40	74.90	15.98	15.30	50.94	9.81	42.95
	40～60	75.80	21.32	14.83	71.26	9.36	60.05

9.5.2　土壤磁化率与粒级含量的相关性

计算磁化率与各粒度含量之间的相关性(表 9-4)表明，χ_{lf} 与草地的砂粒含量呈极显著负相关(P<0.01)，与粉粒含量极显著正相关(P<0.01)，与黏粒含量呈显著正相关(P<0.05)。χ_{fd}%与耕地的砂粒含量呈极显著负相关(P <0.01)，与粉粒含量呈显著正相关(P<0.05)。其他粒径含量与两个磁化率指标之间不存在显著的相关性。

表 9-4　耕地和草地土壤磁化率与各粒级含量的相关性

土地利用类型	变量	砂粒	粉粒	黏粒
耕地	χ_{lf}	0.437	−0.497	−0.116
	χ_{fd}%	−0.662**	0.662*	0.425
草地	χ_{lf}	−0.887**	0.923**	0.689*
	χ_{fd}%	0.264	−0.207	−0.323

*P<0.05; **P<0.01。

相关分析结果显示出两点：一是与磁化率显著性相关的粒级在耕地和草地不同；二是同种粒级含量与磁化率的相关系数，在耕地与草地中正负相反。这表明，两种土地利用类型的土壤磁化率贡献机制是不同的，需要进一步测定不同大小颗粒的磁化率以解释这种组合特征上的差异。

9.5.3　土壤磁化率贡献机制

探究耕地和草地土壤磁化率的贡献机制需要明确两点：一是两个磁化率指标(χ_{lf} 和 χ_{fd}%)之间的关系；二是不同土地利用类型下不同大小颗粒的磁化率数值分布情况。首先，土壤样品的χ_{lf}和χ_{fd}%之间无线性关系(图 9-10)，反映出土壤中的亚铁磁性矿物可能以粗颗粒为主，这种现象与土壤本身成土作用发育不强烈或者土壤来源非自身成土有关。

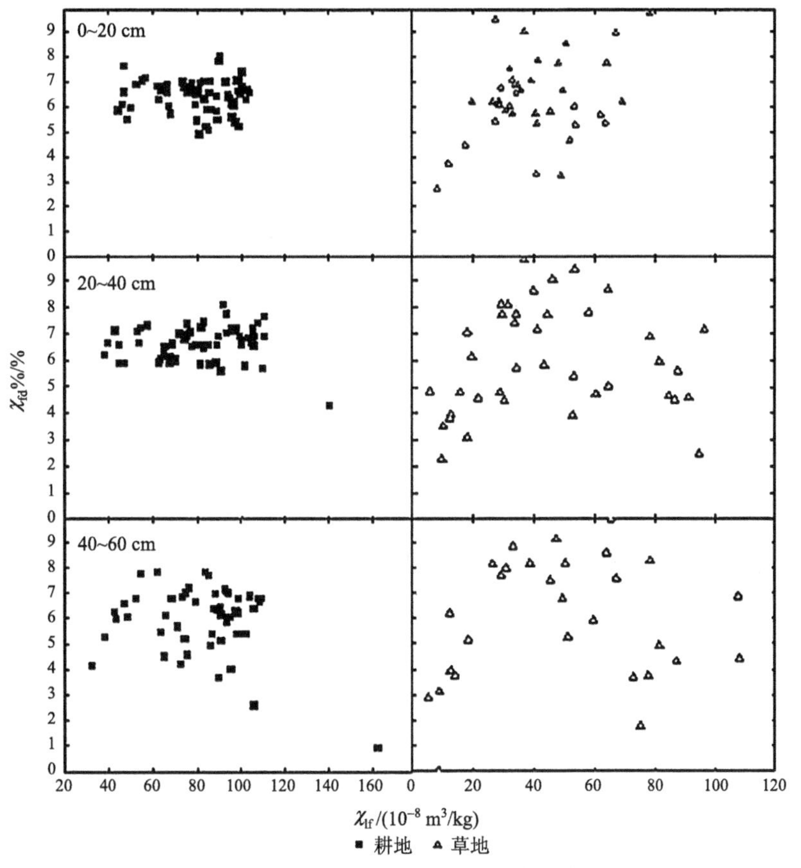

图 9-10　耕地与草地χ_{lf}和χ_{fd}%的分布散点图

对不同等级团聚体的磁化率测定结果进行统计(表 9-5，图 9-11)可以看出，在耕地中，较大团聚体的χ_{lf}高于较小团聚体的数值，在草地情况则相反，小团聚体的χ_{lf}更高。这说明耕地的χ_{lf}贡献主要来自大的聚集体，而草地由小团聚体贡献。但耕地和草地土壤分级团聚体的χ_{fd}%未表现出差异性，两种土地利用类型都是粒径小的团聚体χ_{fd}%较高，而大团聚体数值较低。这说明耕地和草地中都是小土壤颗粒中含有更多的 SP 颗粒。

表 9-5　不同等级团聚体土壤磁化率统计结果

土地利用类型	变量	1～2 mm	0.5～1 mm	0.25～0.5 mm	0.1～0.25 mm	<0.1 mm
耕地	土样数	15	15	15	15	14
	χ_{lf} 均值/(10^{-8}m^3/kg)	82.48	64.82	56.91	54.33	59.66
	χ_{fd}%均值/%	3.75	5.11	4.37	4.79	6.95
草地	土样数	2	11	11	11	8
	χ_{lf}均值/(10^{-8}m^3/kg)	—	28.78	28.62	35.90	72.67
	χ_{fd}%均值/%	—	3.89	3.45	4.55	6.52

“—”表示样品数少，这里不做统计。

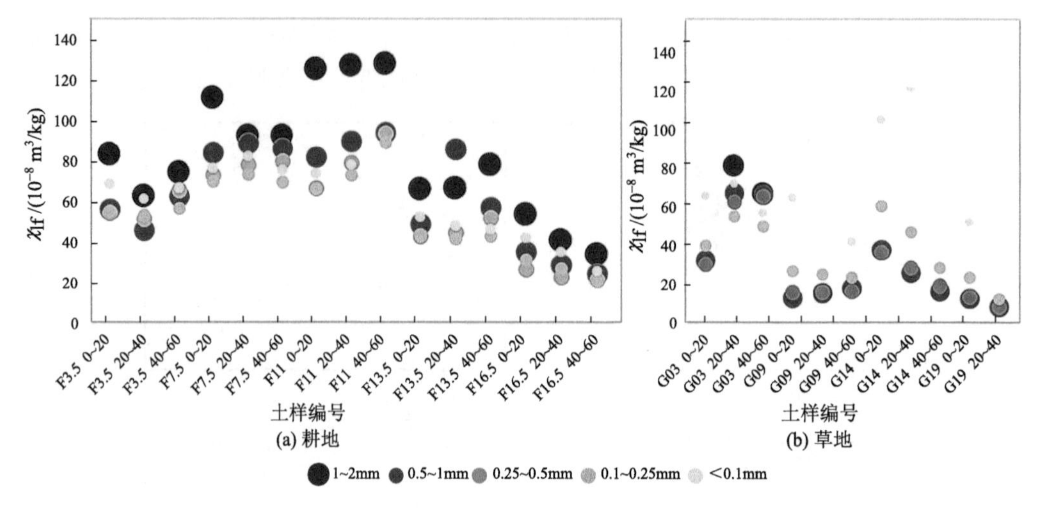

图 9-11　耕地土样不同等级团聚体的 χ_{lf} 分布情况

9.6　讨　　论

9.6.1　耕地与草地对水蚀的响应

土壤磁化率的空间分布表征了耕地在水蚀作用下的土壤侵蚀和再分配格局，水沿着斜坡将土壤颗粒从高处搬运到低处，使得磁化率在更低的位置高值集聚。在本研究中，耕地坡中的表层磁化率数值高于其坡上和坡下的数值(图 9-7)，亚铁磁性矿物在耕地的坡中有明显积累(图 9-4)。在许多已有研究中，这种积累出现在坡下或坡底的位置(Liu L et al., 2015; Sadiki et al., 2009; Yu et al., 2017)，与本研究的结果不同。土壤颗粒在斜坡上的沉积位置受降水和坡面特征的影响，本研究区地处半干旱气候区，降水量有限，因而坡面上产生的径流量也较小。本研究中的耕地坡度缓和，这种情形有助于坡面的径流入渗，径流量减小使得流水搬运土壤颗粒的能力受到限制，不足以将土壤从斜坡顶部搬运至底部。除此之外，研究区的坡长相对较长，尽管从研究结果看，土壤发生沉积的地点在坡中，但这相对于更短的坡面来说，可能已经到达了坡底的位置，这种情形也在 Li 等(2001)和杨维鸽等(2016)的研究中出现。

在草地中，坡面上并没有表现出亚铁磁性矿物的积累(图 9-4)，坡中、坡下两段以及整个斜坡表层的亚铁磁性矿物含量都较低。植被的存在极大地阻碍了水沿着斜坡流动。与耕地相比，草地的土壤流失量非常少(白红英等, 1993)，与之对应的草地表层土壤磁化率分布也应是均匀的。然而，草地的 SP 颗粒分布(图 9-5)却明显展现出空间分布的异质性，说明植被在水蚀的过程中对径流产生了一定影响。根据现场调查，草地的坡上和坡中生长着较多疏散灌木，草本植物的高度也高于坡下。良好的植被条件使得坡上和坡中的土壤发育过程更强烈，因此 χ_{fd}%在坡中出现高值。Liu J B 等(2015)也在研究中发现了类似的现象，生长灌木的土壤相较于仅生长草本植物的土壤黏粒含量更高，土壤发育程度相对更强。

磁化率能够通过土壤空间再分配解释耕地对水蚀的响应，然而草地磁化率，尤其是 χ_{lf} 在草地的分布格局很难用水蚀来解释，这需要从风蚀的角度进一步分析。

9.6.2　耕地与草地对风蚀的响应

草地的平均 χ_{lf} 约为耕地的一半，表明草地的亚铁磁性矿物比耕地少得多，这种现象与很多已有的研究不同。Liu L 等(2015)发现，中国东北黑土区的耕地和退耕还林地的土壤亚铁磁性矿物含量非常接近。在俄罗斯莫斯科(Olson and Gennadiyev, 2002)、摩洛哥里夫山(Sadiki et al., 2009)等地开展的研究反映出天然植被覆盖的土壤 χ_{lf} 高于耕地。值得注意的是，这些研究区都是以水力侵蚀为主，而本研究区同时受到强烈的风蚀影响，因此，风的影响与草地的响应也要考虑其中。

与耕地相比，草地的土壤质地更粗，砂粒含量更高(图 9-8 和图 9-9)。胡海华等(2006)在坝上的研究发现风蚀物中粒径在 0. 075～0.1 mm 的颗粒占输沙总量的 50%以上，近地表层砂粒的运动以跃移为主，输沙量与下垫面特性密切相关，植被覆盖度越大，输沙量越小。由于草地上覆盖着长势旺盛的植被，其表面的粗糙度高，能够截留大量由风输送的尘土和砂粒，因此，草地的磁化率数值会受外源砂粒或风尘的影响。有研究表明，包括坝上地区在内的华北半干旱地区的沙尘来自中国西北部，如塔克拉玛干沙漠和内蒙古高原等地(Hoffmann et al., 2008; 孙建华等, 2004)。查阅这些沙尘潜在来源地的土壤磁化率数值，发现其数值较低。例如，Xia 等(2012)在阿拉善高原测得草地 χ_{lf} 平均值为 26×10^{-8} m^3/kg，远低于本研究区的耕地和草地数值。Sun 和 Liu(2000)在黄土高原北部沙地的测定值、Zan 等(2011)在塔里木盆地的研究中对 χ_{lf} 的测定值也都远低于坝上地区的耕地。这些潜在的外源低磁化率沙尘能够削减坝上地区的磁化率整体数值，而实验结果也表明，草地中的大粒径团聚体的 χ_{lf} 很低(表 9-5)，草地表层的 χ_{lf} 明显低于深层值(图 9-6)。所以这也证实草地获取外源的颗粒，这些颗粒的 χ_{lf} 较低，降低了整个草地坡面的 χ_{lf}。耕地与草地对风蚀响应的差异并不能够从 χ_{fd}%反映出来，因为两坡 SP 颗粒的含量是相近的，许多已有研究中不同土地利用类型的 χ_{fd}%也表现出相似性(Liu L et al., 2015; Sadiki et al., 2009)。

草地的磁化率空间分布反映出风蚀的作用。与耕地相比，草地土壤的粗颗粒含量较高，表面亚铁磁性矿物受外源沉积物的影响。而在耕地中，磁化率并未直观反映出风蚀的影响。

9.6.3　人类活动对土壤侵蚀的影响

人类活动能够改变土壤的空间再分配格局。首先，人类在坡面开展耕作活动时，会对土壤进行剥离、运移从而引起土壤侵蚀，这种耕作侵蚀是在农地上发生的重要土壤侵蚀类型(Oost et al., 2006)。农业器械或务农工具的使用使这种效应更加明显(Lindstrom et al., 1992)。实地调查反映，研究区的耕地每年会进行两次机械翻耕，沿坡向进行，耕层深度可达 30 cm。土壤颗粒在这期间被拖曳、分离，形成松散的状态，然后滑动和滚动，由于土壤受到重力的作用，斜坡上的土壤会发生净向下的位移，使得土壤在沿坡方向产生空间非均质性(Govers et al., 1999; Muysen and Govers, 2002)。与此同时，降水、灌溉而产生的地表径流能够沿着耕作产生的沟渠流动，为水蚀创造了条件，潜在加剧了水蚀(Takken et al., 2001)。本研究中，耕地的土壤明显沿斜坡向下运输并在坡中累积，耕作本身带来了耕作侵蚀，并且还潜在地促进了水力侵蚀，使得土壤发生明显的空间再分配。

其次，土壤磁化率的空间分布能够随着耕作在土壤中的位置改变而发生改变。耕地整体的磁化率分布比草地更均匀，异质性更小。并且就耕地本身而言，磁化率在垂直方向上的分布较坡向更均匀(图 9-7)。许多已有研究中出现的磁化率表土显著增强现象在本研究中并未出现，耕地表层土壤没有表现出更强的成土作用，这与耕作改变了土壤在自然状态下的分布模式，即土壤在耕作的过程中在垂向被扰动混合，而导致土壤特征的垂直分布更均匀密切相关。

人类的耕作活动同时也改变着土壤的性质。耕地的土壤质地较细，土壤机械组成测定过程中的土壤烧失量结果也表明耕地含有更多的有机质。有研究显示，尽管有机质与黏粒之间的相互作用方式和机理仍在探究中，但两者普遍存在正相关关系(Muller and Hoper, 2004)。据调查，采样耕地每年多次施用有机肥，极大地改变了土壤的原始组分，加之草地表面易拦截固定沙尘等粗颗粒，两坡的土壤质地差异加剧。

9.6.4　磁化率在风水复合侵蚀研究中的应用

在本研究中，耕地和草地对风蚀和水蚀有着不同的响应机制，导致不同土地利用类型下磁化率所指示的土壤再分配的空间格局不同：水蚀的作用主要表现为耕地中的亚铁磁性矿物沿坡向下运移，并在坡中积累；风蚀的作用主要表现在草地表层拦截固着沙尘。人类活动同时也改变着土壤再分配格局，多种因素共同作用，使得采样地呈现出差异显著的磁化率空间格局(图 9-12)。

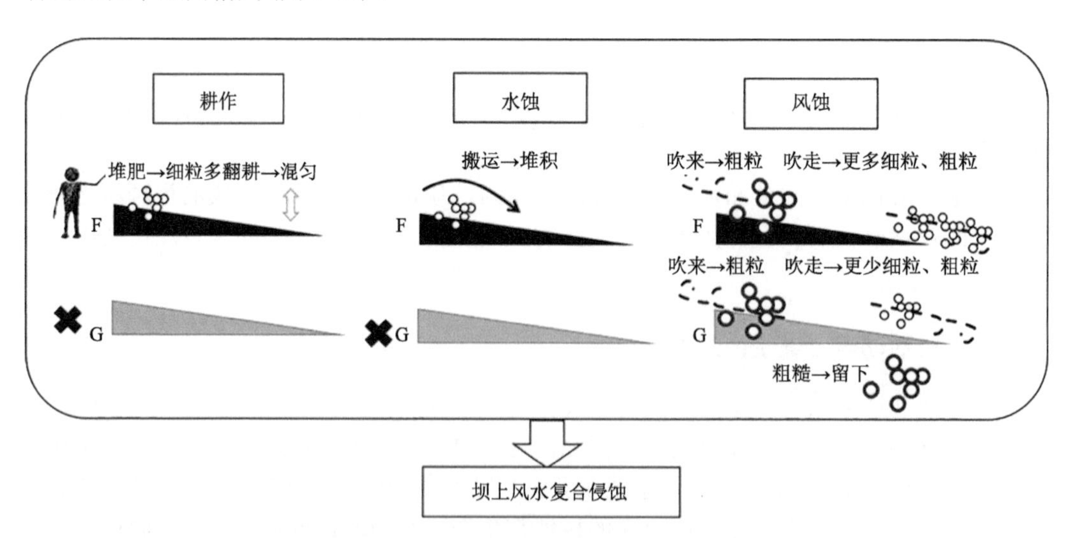

图 9-12　耕地与草地对风水复合侵蚀响应过程示意图

F 表示耕地，G 表示草地

不同土地利用类型对风蚀和水蚀的响应差异还反映在磁化率的贡献机制中。本研究中两个磁指标(χ_{lf}和χ_{fd}%)之间没有相关性(图 9-10)。这意味着亚铁磁性矿物不集中在 SP 颗粒中。这与以水蚀为主的研究区结果相反，在以风蚀为主的研究区却有同样结论(Sun and Liu, 2000; Xia et al., 2012)。因此，在使用磁化率方法分析土壤侵蚀与再分配问题时，需要考虑研究区的环境背景。此外，在耕地中，大的团聚体的亚铁磁性矿物含量高，而草地与之相反(表 9-5，图 9-11)。土壤团聚体的粒径分布与土壤机械组成的关系一直没有定论，有机质对土壤单粒尤其是黏粒的作用也会影响磁化率的表现，因此本研究通过土壤团聚体的磁化率反映耕地与草地的贡献机制差异。草地被自然植被覆盖，土壤成土作用与耕地相比会更强，这使得亚铁磁性矿物更多存在于 SP 颗粒中(Ayoubi et al., 2012; Rahimi et al., 2013)。在耕地中，小的土壤团聚体的亚铁磁性矿物含量低，这是受到施肥的影响而非自然土壤形成的结果。耕作能够促进风化的矿物质中形成游离铁，有机肥料的大量使用可防止氧化铁的老化，并提高非晶态铁的含量，从而降低磁化率(孟思明, 2014)。一些学者还认为，大量有机物的混合可以减少磁性矿物的相对含量(Anderson et al., 2001)。

影响风蚀和水蚀的因素复杂，而不同土地利用类型对土壤侵蚀过程响应的差异加大了研究风水复合侵蚀的难度。本研究反映出只借助已有研究中发现的磁化率机理不能充分解释其他研究区相似现象的原因。例如，全土χ_{lf}与砂粒、粉粒、黏粒组分含量的关系在不同研究区的结论差别较大，一些研究结果显示全土χ_{lf}与砂粒含量呈正相关(de Jong et al., 2000; Xia et al., 2012)，也有研究结论与之相反(Liu L et al., 2015；张俊娜和夏正楷, 2012)。又如，在不同的研究区中，SP 颗粒的来源也有所不同，是母质自身所有、沉积带来的还是成土过程中产生的问题仍需要被研究和回答(Han and Jiang, 1999; Zan et al., 2015)。因此，使用磁化率分析土壤侵蚀和再分配格局的问题时，应考虑侵蚀类型和其他环境因素的影响。

本研究是利用磁化率探究风水复合侵蚀条件下不同土地利用类型的土壤侵蚀与土壤再分配格局的有效尝试。研究表明，磁化率方法能够应用于受风蚀和水蚀共同影响的地区，区分不同土地利用类型的土壤侵蚀空间分布特征，并反映不同土地利用类型下对风蚀和水蚀的响应。在未来的研究中，这种方法还需要在更多的研究区开展，以验证其普适性。同时，磁化率方法也需要与其他可以定量测定土壤侵蚀量的研究方法(如 ^{137}Cs、^{7}Be、^{210}Pb)进一步结合，验证的同时构建定量模型，以对土壤风水复合侵蚀的过程和格局进行更加精准的描述、研究与评价。

9.7 本章小结

土壤磁化率可以作为研究风水复合侵蚀区域中土壤侵蚀与土壤再分配格局的方法。在磁化率的指示下，水蚀表现为亚铁磁性矿物沿坡向的运移和沉积，风蚀主要表现为草地表层拦截固着沙尘。耕地的平均χ_{lf}是草地的两倍，而两坡χ_{fd}%近似。在耕地中，流水搬运土壤颗粒沿坡运移，在坡中呈现高χ_{lf}值；在草地中，粗糙的植被覆盖表面拦截并固定了被风运移的低χ_{lf}的沙尘，并降低了整体草地的亚铁磁性矿物含量。使用农业机械、施加有机肥料等人类活动在耕地土壤重新分配过程中发挥重要作用，这些活动使得耕地的亚铁磁性矿物在空间分布中更加均匀，并使土壤质地变得更细。

耕地和草地的磁化率贡献机制不同，耕地的χ_{lf}主要由大粒径的团聚体贡献，草地由小粒径团聚体贡献，这与土壤来源密切相关。在未来的研究中，磁化率方法有望应用于更多受风水复合侵蚀影响的区域，但在研究中应考虑到侵蚀类型和其他环境因素的影响，以更加准确地解释磁化率对土壤侵蚀与土壤再分配格局的指示意义。本研究在测定两个坡剖面的磁化率空间分布特征的基础上，测定土壤机械组成和不同团聚体等级的土壤磁化率，深入探究两坡磁化率贡献机制的差异。但是由于研究区土壤样品本身的性质限制，更小的团聚体等级未能在干筛法中得到，对应的磁化率也未能测得。土壤团聚体的粒径分布与土壤机械组成的关系一直没有定论，有机质对土壤单粒尤其是黏粒的作用也会影响磁化率的表现，加之考虑到团聚体实验复现性弱、变异性强，因此本研究通过土壤团聚体的磁化率反映耕地与草地的贡献机制差异。由于土壤样品量的限制，无法量化每个等级团聚体对全土磁化率的贡献，未来可进一步补充采样进行系统探究，更深刻地揭示土壤磁化率与土壤侵蚀过程的关系。

参考文献

白红英, 唐克丽, 张科利, 等. 1993.草地开垦人为加速侵蚀的人工降雨试验研究. 水土保持研究, (1): 87-93.

胡海华, 吉祖稳, 曹文洪,等. 2006. 风蚀水蚀交错区小流域的风沙输移特性及其影响因素. 水土保持学报, 20(5): 20-23.

李志祥, 田明中, 武法东, 等. 2005.河北坝上地区生态环境评价. 地理与地理信息科学, 21(2): 91-93.

马玉凤, 严平, 李双权. 2013.内蒙古孔兑区叭尔洞沟中游河谷段的风水交互侵蚀动力过程. 中国沙漠, 33(4): 990-999.

孟思明. 2014.长期施肥对土壤粘粒矿物组成及其演变特征的影响. 武汉：华中农业大学.

宋阳, 严平, 刘连友, 等. 2007.威连滩冲沟砂黄土的风蚀与降雨侵蚀模拟实验. 中国沙漠, 27(5): 814-819.

孙建华, 赵琳娜, 赵思雄. 2004.华北强沙尘暴的数值模拟及沙源分析. 气候与环境研究, 9(1): 139-154.

王献溥, 于顺利, 李单凤, 等. 2015.京津冀蒙共建环北京首都生态圈的若干基本措施. 北京农业, (12): 286-287.

杨根生, 刘阳宣, 史培军. 1988. 黄河沿岸风成沙入黄沙量估算. 科学通报, 33(13): 1017-1021.

杨会民, 王静爱, 邹学勇, 等. 2016.风水复合侵蚀研究进展与展望. 中国沙漠, 36(4): 962-971.

杨维鸽, 郑粉莉, 王占礼, 等. 2016.地形对黑土区典型坡面侵蚀—沉积空间分布特征的影响. 土壤学报, 53(3): 572-581.

尹自先. 1984. 坝上的历史沿革. 河北学刊, (1): 64-66.

张俊娜, 夏正楷. 2012. 洛阳二里头遗址南沉积剖面的粒度和磁化率分析. 北京大学学报(自然科学版), 48(5): 737-743.

张庆印, 樊军, 张晓萍. 2012.水蚀对风蚀影响的室内模拟试验. 水土保持学报, 26(2): 75-79.

赵文武, 傅伯杰, 吕一河, 等. 2006.多尺度土地利用与土壤侵蚀. 地理科学进展, 25(1): 24-33.

邹亚荣, 张增祥, 王长有, 等. 2003.中国风水侵蚀交错区分布特征分析. 干旱区研究, 20(1): 67-71.

Anderson L, Abbott M B, Finney B P. 2001.Holocene climate inferred from oxygen isotope ratios in lake sediments, Central Brooks Range, Alaska. Quaternary Research, 55(3): 313-321.

Ayoubi S, Ahmadi M, Abdi M R, et al. 2012.Relationships of ^{137}Cs inventory with magnetic measures of calcareous soils of hilly region in Iran. Journal of Environment Radioactivity, 112: 45-51.

Boardman J, Dearing J A, Foster I D L. 1990. Soil erosion studies some assessments//Boardman J, Dearing J A. Soil Erosion on Agricultural Land. Chichester: John Wiley & Sons, Inc: 659-672.

Breshears D D, Whicker J J, Johansen M P, et al. 2003.Wind and water erosion and transport in semi-Arid shrubland, grassland and forest ecosystems: Quantifying dominance of horizontal wind-driven transport. Earth Surface Processes and Landforms, 28(11): 1189-1209.

Bullarda J E, Mctainshb G H. 2003. Aeolian-fluvial interactions in dryland environments: Examples, concepts and Australia case study. Progress in Physical Geography, 27(4): 471-501.

de Jong E, Nestor P A, Pennock D J. 1998. The use of magnetic susceptibility to measure long-term soil redistribution. Catena, 32(1): 23-35.

de Jong E, Pennock D J, Nestor P A. 2000.Magnetic susceptibility of soils in different slope positions in Saskatchewan, Canada. Catena, 40(3): 291-305.

Dearing J A, Maher B A, Oldfield F. 1985.Geomorphological linkages between soils and sediments: The role of magnetic measurements//Richards K. Geomorphology and Soils. London: Allen and Unwin: 245-266.

Dearing J A, Morton R I, Price T W, et al. 1986.Tracing movements of topsoil by magnetic measurements: Two case studies. Physics of the Earth and Planetary Interiors, 42(1): 93-104.

Dearing J A. 1994.Environmental Magnetic Susceptibility, Using the Bartington MS2 System. Kenilworth: Chi Publishers.

Gheysari F, Ayoubi S, Abdi M R. 2016.Using Cesium-137 to estimate soil particle redistribution by wind in an arid region of central Iran. Eurasian Journal of Soil Science, 5(4): 285-293.

Govers G, Lobb D A, Quine T A. 1999.Tillage erosion and translocation: Emergence of a new paradigm in soil erosion research. Soil and Tillage Research, 51(3-4): 167-174.

Han J, Jiang W. 1999.Particle size contributions to bulk magnetic susceptibility in Chinese loess and paleosol. Quaternary International, 62(1): 103-110.

Hoffmann C, Funk R, Wieland R, et al. 2008.Effects of grazing and topography on dust flux and deposition in the Xilingele grassland, Inner Mongolia. Journal of Arid Environments, 72(5): 792-807.

Hussain, Olson K R, Jones L R. 1998.Erosion patterns on cultivated and uncultivated hillslopes determined by soil fly contents. Soil Science, 163(9): 726-738.

Jakšík O, Kodešov R, Kapička A, et al. 2016.Using magnetic susceptibility mapping for assessing soil degradation due to water erosion. Soil and Water Research, 11(2): 105-113.

Jordanova D, Jordanova N, Petrov P. 2014.Pattern of cumulative soil erosion and redistribution pinpointed through magnetic signature of chernozem soils. Catena, 120(1): 46-56.

Jordanova N. 2016. Soil Magnetism: Applications in Pedology, Environmental Science and Agriculture (1st Edition). San Diego: Academic Press (Elsevier).

Lal R. 2003.Soil erosion and the global carbon budget. Environment International, 29(4): 437-450.

Li Y, Bai X, Tian Y, et al. 2017.Review and future research directions about major monitoring method of soil erosion. IOP Conference Series: Earth and Environment Science, 63(1): 012042.

Li Y, Landstom M J, Frielinghaus M, et al. 2001. Quantifying spatial pattern of soil redistribution and soil quality on two contrasting hill slopes//Stott D E, Mohtar R H, Steinhardt G C. Sustaining the global farm. West Lafayette: The 10th International Soil Conservation Organization Meeting: 556-563.

Lindstrom M J, Nelson W W, Schumacher T E. 1992. Quantifying tillage erosion rates due to moldboard plowing. Soil and Tillage Research, 24(3): 243-255.

Liu J B, Zhang Y Q, Wu B, et al. 2015.Effect of vegetation rehabilitation on soil carbon and its fractions in Mu Us Desert, Northwest China. International Journal of Phytoremediation, 17(6): 529-537.

Liu L, Zhang K, Zhang Z, et al. 2015.Identifying soil redistribution patterns by magnetic susceptibility on the black soil farmland in Northeast China. Catena, 129: 103-111.

Liu L, Zhang Z, Zhang K, et al. 2018.Magnetic susceptibility characteristics of surface soils in the Xilingele grassland and their implication for soil redistribution in wind-dominated landscapes: A preliminary study. Catena, 163: 33-41.

Muller T, Hoper H. 2004.Soil organic matter turnover as a function of the soil clay content: Consequences for model applications. Soil Biology and Biochemistry, 36(6): 877-888.

Mullins C E. 1977. Magnetic susceptibility of the soil and its significance in soil science: A review. European Journal of Soil Science, 28(2): 223-246.

Muysen W V, Govers G. 2002.Soil displacement and tillage erosion during secondary tillage operations: The case of rotary harrow and seeding equipment. Soil and Tillage Research, 65(2): 185-191.

Olson K R, Gennadiyev A N. 2002.Erosion patterns on cultivated and reforested hillslopes in Moscow region, Russia. Soil Science Society of America Journal, 66(1): 193-201.

Oost K V, Govers G, Alba S D, et al. 2006.Tillage erosion: A review of controlling factors and implications for soil quality. Progress in Physical Geography, 30(4): 443-466.

Parsons A J, Wainwright J, Abrahams A D. 1993.Tracing sediment movement in interrill overland flow on a semi-arid grassland hillslope using magnetic susceptibility. Earth Surface Processes and Landforms, 18: 721-732.

Rahimi M R, Ayoubi S, Abdi M R. 2013.Magnetic susceptibility and Cs-137 inventory variability as influenced by land use change and slope positions in a hilly, semiarid region of west-central Iran. Journal of Applied Geophysics, 89: 68-75.

Royall D. 2001.Use of mineral magnetic measurements to investigate soil erosion and sediment delivery in a small agricultural catchment in limestone terrain. Catena, 46(1): 15-34.

Royall D. 2007.A comparison of mineral-magnetic and distributed RUSLE modeling in the assessment of soil loss on a southeastern U.S. cropland. Catena, 69(2): 170-180.

Sadiki A, Faleh A, Navas A, et al. 2009.Using magnetic susceptibility to assess soil degradation in the Eastern Rif, Morocco. Earth Surface Processes and Landforms, 34(15): 2057-2069.

Santos H L, Nior J M, Matias S S R, et al. 2013.Erosion factors and magnetic susceptibility in differet compartments of a slope in Gilbués-PI, Brazil Fatores de eros o e suscetibilidade magnética em diferentes compartimentos de uma vertente do município de Gilbués-PI. Engenharia Agrícola, 33(1): 64-74.

Sun J, Liu T. 2000. Multiple origins and interpretations of the magnetic susceptibility signal in Chinese wind-blown sediments. Earth and Planetary Science Letters, 180(3-4): 287-296.

Ta W, Wang H, Jia X. 2014.Aeolian process-induced hyper-concentrated flow in a desert watershed. Journal of

Hydrology, 511(220-228): 220-228.

Takken I, Jetten V, Govers G, et al. 2001.The effect of tillage-induced roughness on runoff and erosion patterns. Geomorphology, 37(1-2): 1-14.

Thompson R, Oldfield F. 1986.Environmental Magnetism. London: Allen and Unwin.

Tuo D F, Xu M X, Zheng S Q, et al. 2012.Sediment-yielding process and its mechanisms of slope erosion in wind-water erosion crisscross region of Loess Plateau, Northwest China. Chinese Journal of Applied Ecology, 23(12): 3281-3287.

Ventura E, Nearing M A, Amore E, et al. 2002.The study of detachment and deposition on a hillslope using a magnetic tracer. Catena, 48(3): 149-161.

Xia D S, Jia J, Wei H T, et al. 2012.Magnetic properties of surface soils in the Chinese Loess Plateau and the adjacent Gobi areas, and their implication for climatic studies. Journal of Arid Environments, 78(3): 73-79.

Yu Y, Zhang K, Liu L. 2017.Evaluation of the influence of cultivation period on soil redistribution in Northeastern China using magnetic susceptibility. Soil and Tillage Research, 174: 14-23.

Zan J, Fang X, Nie J, et al. 2011.Magnetic properties of surface soils across the southern Tarim Basin and their relationship with climate and source materials. Science Bulletin, 56(3): 290-296.

Zan J, Fang X, Yang S, et al. 2015.Bulk particle size distribution and magnetic properties of particle-sized fractions from loess and paleosol samples in Central Asia. Geochemistry Geophysics Geosystems, 16(1): 101-111.

Zhang Y G, Nearing M A, Liu B Y, et al. 2011.Comparative rates of wind versus water erosion from a small semiarid watershed in Southern Arizona, USA. Aeolian Research, 3(2): 197-204.

Zhao W Z, Xiao H L, Liu Z M, et al. 2005.Soil degradation and restoration as affected by land use change in the semiarid Bashang area, Northern China. Catena, 59(2): 173-186.

第 10 章　基于磁化率技术的土壤厚度识别

土壤侵蚀过程复杂且不易定量化。可靠且高效的侵蚀测量技术对于监测土壤侵蚀速率和空间分布状况，以及了解土壤侵蚀机理和发展侵蚀预报模型都十分重要。以侵蚀针、3D 激光扫描仪和侵蚀示踪剂为代表的常见侵蚀测量技术在实践中存在各自的局限性。

本章的研究目的是在作者对土壤侵蚀测量原理、侵蚀过程和土壤磁化率特征的深入理解的基础上，提出一种新的快速测量土壤侵蚀的方法，称为磁层探测法(以下简称磁探法)，具体研究目标是：①描述磁探法的工作机理；②分析该方法对侵蚀土层厚度的测量精度。

10.1　MS2D 型磁化率探头工作原理

10.1.1　MS2D 型磁化率探头简介

本研究采用英国 Bartington 公司生产的 MS2D 型磁化率探头(以下简称 MS2D 探头)及相关配件用于测定原位土壤磁化率(Bartington Instruments, 2023)。该仪器因其结构紧凑、便携、易维护、高精度、测量快速且仪器费用相对合理，而广泛应用于与环境磁性相关的研究领域(Evans and Heller, 2003)。

MS2D 探头通常与探头手柄、MS2 读数表联合使用。MS2 读数表可为 MS2D 探头提供电源和数据读取功能，并获取体积磁化率(κ，一个无量纲参数)。MS2D 探头是一个外径为 18.5 cm 的线圈，其磁场频率为 0.958 kHz(Dearing, 1994)。

10.1.2　MS2D 型磁化率探头工作原理

前人关于 MS2D 探头探测能力的研究发现，该探头包含了关于物质磁化强度与对应探测距离的关系(Bartington Instruments, 2023; Lecoanet et al., 1999)。这个关系是快速测量土壤侵蚀的磁探法的基础。具体而言，从 MS2D 探头发射的磁信号的探测深度极限约 20cm，且探测到 90%和 95%磁信号的深度分别能达到 6.0cm 和 8.0cm。该探头的水平探测范围是一个直径约为 27cm 的圆形区域(Lecoanet et al., 1999)。MS2D 探头的其他详细参数可在仪器说明书(Bartington Instruments, 2023)中查询到。

10.2　研究方法概述

10.2.1　供试土壤和磁性材料的基本性质

本研究采集了来自黄土高原(长武土壤、安塞土壤)的农田表层土壤中的两类土壤(表 10-1)。同时，收集了砂砾级的砾石与沙漠沙用于磁探法实验。磁铁矿粉是土壤剖面中人工磁层的主要磁性物质。磁铁矿(Fe_3O_4)是一种具有强磁性的常见天然矿物(Dearing,

1994)，其低频质量磁化率(χ_{lf})比普通土壤高出三个数量级(表 10-1)。

表 10-1　用于研究的土壤、沙漠沙、砾石与磁铁矿粉的基本性质

介质类型	土壤颗粒组成/%			质地(美国制)	有机质含量/%	容重/(g/cm^3)	χ_{lf}/(10^{-8}m^3/kg)	χ_{fd}%/%
	黏粒(<0.002 mm)	粉粒(0.002～0.05 mm)	砂砾(0.05～2 mm)					
长武土壤	19.4	66.2	14.4	粉壤	1.09	1.2	81.8	7.4
安塞土壤	9.2	54.3	36.5	粉壤	0.53	1.2	31.6	1.2
神木土壤	5.7	34.8	59.5	砂壤	0.44	1.4	29.2	0.9
沙漠沙	0	3	97	—	—	1.5	21.3	2.4
砾石	0	0	100	—	0	1.3	2.4	0
磁铁矿粉	1.5	86.5	12	—	0	2.3	38519	0

10.2.2　模拟土壤剖面实验——探索磁探法的工作机理

1. 模拟土壤剖面的实验装置

模拟土柱用来确定磁探法中的体积磁化率(κ)与磁层到 MS2D 探头的距离(H)之间的定量关系。根据 MS2D 探头的探测垂直深度和水平宽度的限制，模拟土柱包括三个部分：MS2D 探头、聚丙烯圆筒(内径 280 mm、厚度 200 mm)和基座。聚丙烯圆筒由 200 个较薄的聚丙烯环组成，每个环的厚度为 1 mm。厚的聚丙烯环的厚度为 15 mm，主要用于做一个填充土壤与磁铁矿粉混合物的磁层。200 个较薄的聚丙烯环，可填充土壤、砾石或空气(无填充物)作为模拟土柱的填充介质。模拟土壤剖面装置的结构示意图见图 10-1。

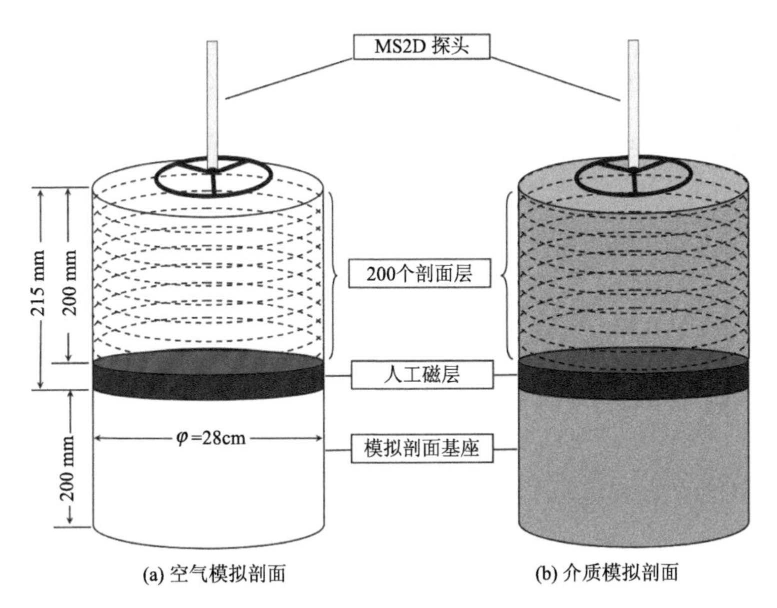

图 10-1　模拟土壤剖面装置的结构示意图

2. 磁层制备

在这种新的磁层探测法中，磁层的理想结构是均匀的层状结构。其构成材料一般由磁铁矿粉、土壤、细砂、水泥等构成。在模拟土柱中使用长武土壤(表 10-1)和磁铁矿粉的混合物来制作人工磁层。具体地，首先将土壤风干并通过 2mm 筛。其次分别按照土壤与磁铁矿粉质量比为 2∶1、3∶1、5∶1 用黄土均匀稀释磁铁矿粉。最后，形成具有三种磁性强度等级的磁铁矿粉-土壤混合物。

同样地，在模拟降雨试验和风洞试验中，利用与长武土壤类似的预处理方式，将土壤与磁铁矿粉按照质量比 5∶1 的比例混合，在侵蚀小区中形成人工磁层。

3. 实验程序

当 200 mm 厚的圆柱体没有填充土壤或砾石时，空心圆柱体是空气剖面，并且圆柱体中每个 1mm 厚的环被认为是空气层。空气剖面由 200 个 1 mm 厚的空气层和一个 15 mm 厚的空气层组成[图 10-1(a)]。磁层设置在 200 层空气剖面的底部。在测量过程中，MS2D 探头首先从空气剖面顶层的中心位置($H = 200$ mm)开始测量体积磁化率(κ)，重复测定三次。其次除去空气剖面中的一个 1 mm 厚的空气层，继续利用 MS2D 探头测定对应厚度的 κ 值。此测量过程直至空气剖面厚度为零时停止，共计重复 201 次。对于空气剖面，总共获取 201 对 κ-H 数据。

对于介质剖面(安塞土壤、长武土壤、砾石)[图 10-1(b)]，土壤和砾石剖面的装填密度分别为 1.2 g/cm 和 1.3 g/cm。将土壤和砾石分层均匀地填充进空气剖面，以获得均匀的装填密度。接下来，首先测定 200 mm 厚的介质基座(土壤或砾石)的背景磁化率 κ 值(不含人工磁层)；其次使用与空气剖面相同的测量步骤，确定介质剖面的 κ 值；最后模拟土柱实验共计收集到 12 个 κ-H 数据集。它们代表了 4 种介质类型和 3 种磁层磁性强度的 12 种组合(表 10-2)。 每个 κ-H 数据集均包括 201 对 κ-H 数据。

表 10-2　人工模拟土壤剖面实验中由介质类型和磁层磁性强度组成的 12 种模拟剖面

模拟剖面编号	介质类型	介质 κ	磁层磁性强度	磁层 κ**
1	空气	0	2∶1*	12221
2	空气	0	3∶1	8699
3	空气	0	5∶1	4934
4	砾石	12.7	2∶1	12518
5	砾石	12.7	3∶1	9110
6	砾石	12.7	5∶1	5256
7	长武土壤	33.0	2∶1	13480
8	长武土壤	33.0	3∶1	9781
9	长武土壤	33.0	5∶1	5831
10	安塞土壤	78.0	2∶1	13404
11	安塞土壤	78.0	3∶1	9620
12	安塞土壤	78.0	5∶1	5438

*磁层的土壤与磁铁矿粉的混合比例为 2∶1，以此类推；**模拟土壤剖面实验中每一个磁层实测体积磁化率。

10.2.3　数据分析

1. 数据集的标准化和曲线拟合

当在模拟土柱实验时，为了建立磁探法统一的 κ-H 定量关系，将不同介质类型和磁层磁性强度的 12 组 κ-H 数据集标准化。首先，通过从 κ-H 数据集的所有 κ 值中减去剖面介质的背景 κ 值去除介质影响因子；其次，通过将所有 κ 值除以 κ-H 数据集中的最大 κ 值(当 $H=0$ 时)排除不同磁层的磁性强度，并实现对 κ-H 数据集中所有 κ 值的标准化。

进一步地，为了探索单一介质中的 κ-H 定量关系，将相同介质的三种磁层磁性强度的所有 κ-H 数据整合起来。此外，将四种介质类型的 κ-H 数据集再合并为一个更大的 κ-H 数据集，以探求磁探法的通用 κ-H 方程。通过拟合方程的比较，最终选择指数方程[式(10-1)]进行曲线拟合，利用决定系数 R^2 来评估曲线拟合的优度。所选定的具体拟合指数方程是

$$H = H_0 + A_1 e^{\frac{\kappa}{t_1}} + A_2 e^{\frac{\kappa}{t_2}} + A_3 e^{\frac{\kappa}{t_3}} \tag{10-1}$$

式中，H 为从磁层到 MS2D 探头的距离，相当于磁层和 MS2D 探头之间的土层厚度；κ 为磁探法中磁层的体积磁化率；H_0、A_1、t_1、A_2、t_2、A_3 和 t_3 均为拟合方程的常数。

2. 测量精度评估

磁探法的精度和准确度用来评估该方法对侵蚀土层厚度的测量能力。磁探法的精度(可重复性)取决于 MS2D 探头的精度，因为 MS2D 探头用于快速测定 κ 值。磁探法测量准确度反映了侵蚀土层厚度的真实值与基于磁探法的预测值之间的接近程度。其取决于 MS2D 探头、磁层磁性强度、介质类型和对操作步骤的熟悉与规范程度。因此，在基于 3 种磁层磁性强度和 4 种介质类型的不同组合情况下，进行侵蚀土层厚度测量，以评估磁探法的准确性。H 值[式(10-2)]之差(ΔH)用于评估磁层磁性强度因子和介质类型因子对磁探法测量准确度的影响。ΔH 的相关等式是

$$\Delta H = H_{\text{predicted}} - H_{\text{reference}} \tag{10-2}$$

式中，ΔH 为预测 H 值和实际参考 H 值之差；$H_{\text{predicted}}$ 为基于磁层磁性强度或介质类型的 κ-H 等式预测的 H 值；$H_{\text{reference}}$ 为基于单一介质中所有 3 种磁层磁性强度的数据集或基于 4 种介质类型的总数据集的 κ-H 方程所预测的 H 值。

10.3　磁化率与土层厚度之间的转换公式

10.3.1　磁探法中的 κ-H 关系

为确定磁探法如何在土层厚度和磁化率之间建立定量关系，需要在磁探法中考虑磁层磁性强度和介质类型，这是影响 κ-H 关系的两个主要因素。通过对拟合方程类型进行筛选，磁探法 κ-H 关系通过指数曲线拟合[式(10-1)](图 10-2，表 10-3)最合适。

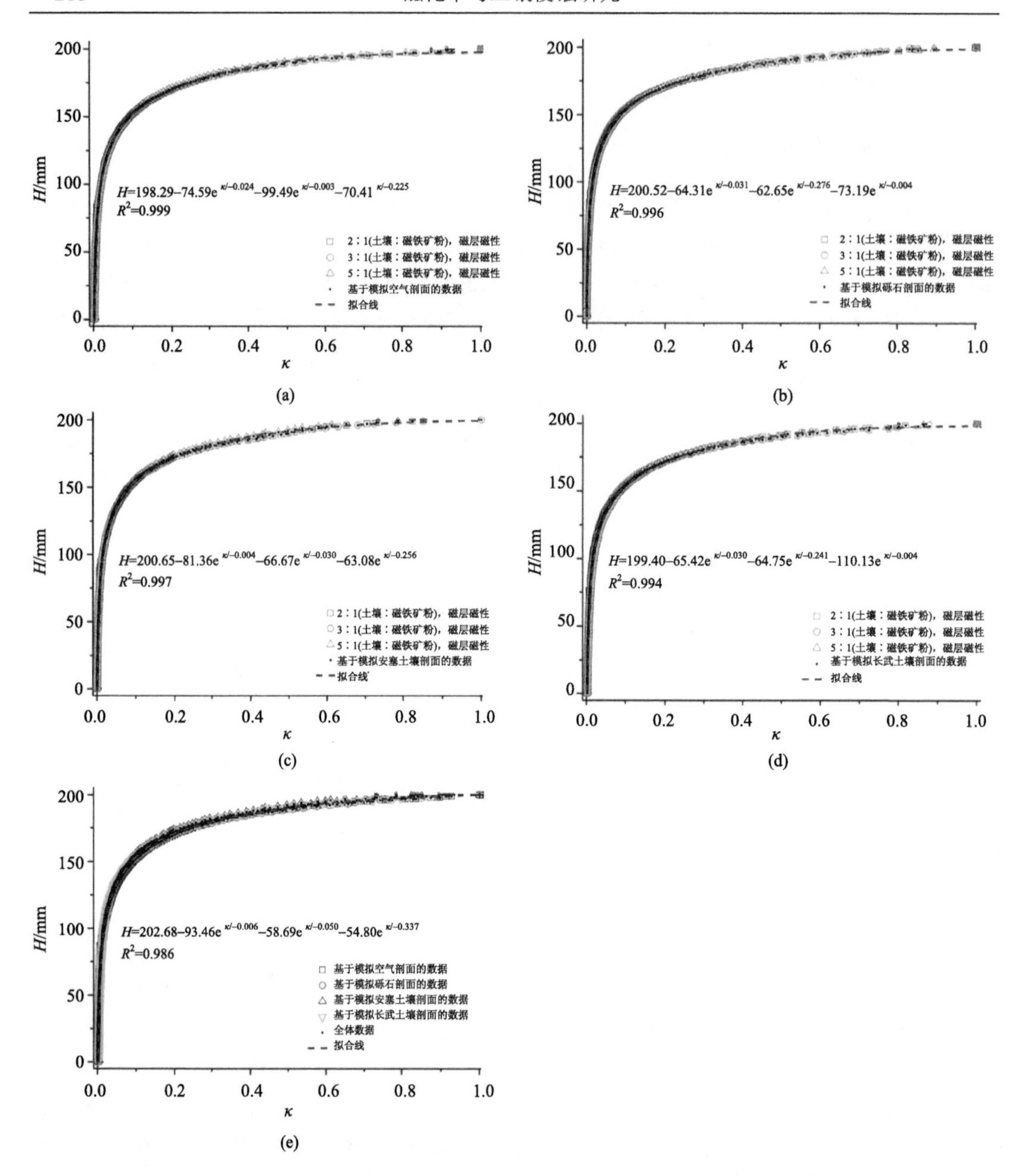

图 10-2　基于空气(a)、砾石(b)、安塞土壤(c)和长武土壤(d)四种介质类型与全体剖面数据集(e)的三个磁性大小磁层(ML)的体积磁化率($κ$)与磁层到 MS2D 探头间距(H)的关系组图

图 10-2(a)～图 10-2(d)描述了在空气、砾石、安塞土壤和长武土壤介质条件下三种磁层磁性强度的定量 $κ$-H 关系。对于空气介质，在三种不同的磁层磁性强度条件下，$κ$ 值与 H 值具有非常一致的关系。相应的 $κ$-H 拟合方程的 R^2 高达 0.9998、0.9997 和 0.9994(表 10-3)。考虑到模拟空气剖面实验过程中可能存在的操作偏差，可以认为磁层磁性强度不影响磁探法中的 $κ$-H 定量关系。此外，对于其他三种介质(砾石、安塞土壤、长武土壤)，可以得到类似的结果[图 10-2(b)～图 10-2(d)，表 10-3]。因此，上述实验

表 10-3 基于磁探法的归一化体积磁化率(κ)与 MS2D 探头到磁层间距(H)之间的拟合线结果

介质	数据来源	方程编号	拟合方程的参数[‡]							R^2
			H_0	A_1	t_1	A_2	t_2	A_3	t_3	
空气	2∶1(土壤∶磁铁矿粉)[†]	E-1	197.9588	−75.9497	−0.0222	−92.8702	−0.0030	−71.8537	−0.2206	0.9998
	3∶1(土壤∶磁铁矿粉)	E-2	197.6011	−79.1884	−0.0207	−73.2823	−0.2105	−106.4976	−0.0026	0.9997
	5∶1(土壤∶磁铁矿粉)	E-3	198.2660	−75.2473	−0.0237	−70.3059	−0.2192	−107.6536	−0.0032	0.9994
	空气介质子数据集	E-4	198.2942	−74.5877	−0.0239	−99.4898	−0.0032	−70.4083	−0.2246	0.9991
砾石	2∶1(土壤∶磁铁矿粉)	E-5	197.7733	−72.9665	−0.0023	−73.8996	−0.0180	−71.2336	−0.2115	0.9995
	3∶1(土壤∶磁铁矿粉)	E-6	198.8811	−69.7993	−0.2262	−69.5782	−0.0235	−69.7239	−0.0029	0.9997
	5∶1(土壤∶磁铁矿粉)	E-7	198.2440	−54.7370	−0.0029	−69.5969	−0.0240	−66.4672	−0.2377	0.9988
	砾石介质子数据集	E-8	200.5170	−64.3146	−0.0319	−62.6484	−0.2763	−73.1920	−0.0041	0.9963
安塞土壤	2∶1(土壤∶磁铁矿粉)	E-9	199.0046	−67.3016	−0.2277	−72.4760	−0.0238	−87.0896	−0.0028	0.9995
	3∶1(土壤∶磁铁矿粉)	E-10	198.4681	−82.0875	−0.0028	−73.6071	−0.0218	−69.6349	−0.2137	0.9995
	5∶1(土壤∶磁铁矿粉)	E-11	198.9566	−70.3873	−0.0213	−69.1310	−0.2056	−65.3150	−0.0029	0.9994
	安塞土壤子数据集	E-12	200.6472	−81.3621	−0.0039	−66.6734	−0.0304	−63.0751	−0.2557	0.9966
长武土壤	2∶1(土壤∶磁铁矿粉)	E-13	196.3729	−149.6355	−0.0014	−90.0906	−0.0132	−77.4523	−0.1704	0.9992
	3∶1(土壤∶磁铁矿粉)	E-14	196.7843	−80.7740	−0.0175	−134.2436	−0.0023	−73.9695	−0.1916	0.9995
	5∶1(土壤∶磁铁矿粉)	E-15	198.8843	−71.8795	−0.0266	−136.0068	−0.0038	−66.4286	−0.2297	0.9995
	长武土壤子数据集	E-16	199.4041	−65.4231	−0.0295	−64.7499	−0.2406	−110.1279	−0.0044	0.9937
全体介质总数据集		E-17	202.6816	−93.4634	−0.0067	−58.6859	−0.0503	−54.7996	−0.3371	0.9864

†土壤与磁铁矿粉的质量比为 2∶1，这代表嵌入模拟土壤剖面的磁铁矿粉与土壤混合物质层在 2∶1 的土壤与磁铁矿粉质量比条件下所获得的特定的 κ 和 H 数据。

‡参数来自指数方程式 $H = H_0 + A_1 e^{\frac{\kappa}{t_1}} + A_2 e^{\frac{\kappa}{t_2}} + A_3 e^{\frac{\kappa}{t_3}}$ 的拟合结果。

结果表明，使用磁探法测定的土层厚度在不同磁层磁性强度条件下是一致的，不受介质类型的影响。

使用基于全体介质类型和磁层磁性强度的 12 种 κ-H 数据集，获得磁探法的最优 κ-H 方程[式(10-3)][图 10-2(e)，表 10-3]：

$$H = 202.68 - 93.46\,e^{\frac{\kappa}{-0.0067}} - 58.69e^{\frac{\kappa}{-0.0503}} - 54.80e^{\frac{\kappa}{-0.3371}} \tag{10-3}$$

式中，H 为从磁层到 MS2D 探头的距离；κ 为人工磁层及其正上方土壤剖面的体积磁化率。该等式的 R^2 为 0.986[图 10-2(e)]，表明磁探法包含 κ 值随 H 值变化的精确指数关系。

10.3.2 磁探法的测量精度

根据 Dearing(1994)的研究，磁化率 MS2D 探头的测量精度<1%，准确度为 100%。由于 MS2D 探头是磁探法的唯一测量仪器，因此，对应磁探法的测量精度<1%。

在单一介质(如空气介质)内，将根据方程 E-1、方程 E-2、方程 E-3 分别计算的 H 值作为测量值 $H_{predicted}$，将根据方程 E-4 计算的 H 值作为参考值 $H_{reference}$(表 10-3)。图 10-3 显示的是 ΔH 随归一化 κ 值的变化趋势。结果表明，当归一化 κ 值在 0.004～1.000 时，$\Delta H<\pm2$ mm[图 10-3(a)]，相当于 H 值为 37～200 mm[图 10-2(a)]。类似地，当其他介质(砾石、安塞土壤和长武土壤)条件下的 ΔH 均<±2 mm[图 10-3(b)～图 10-3(d)]时，砾石介质中的 H 值为 75～200 mm[图 10-2(b)]，安塞土壤介质中为 82～200mm[图 10-2(c)]，长武土壤介质中为 105～200mm[图 10-2(d)]。

另外，在全体介质类型的总数据集合条件下，将方程 E-4、方程 E-8、方程 E-12 和方程 E-16(表 10-3)计算的 H 值作为测量值 $H_{predicted}$，将方程 E-17(表 10-3)计算的 H 值作为参考值 $H_{reference}$。根据[图 10-3(e)]可知，当归一化 κ 值在 0.040～1.000 时，$\Delta H<\pm2$ mm[图 10-3(e)]，即相当于 H 值为 127～200 mm[图 10-2(e)]。总体而言，当磁层的剖面深度为 0～80 mm 时，用于磁探法的测量精度<±2 mm；当磁层的剖面深度超过 80 mm 时，磁探法的测量准确度将呈指数趋势降低。

10.4 应 用 案 例

磁探法通过使用 MS2D 探头测量地下的人造磁层深度来确定表土层厚度。该方法通过人工磁层上部的土层厚度和体积磁化率之间遵循的一个精确的指数变化关系来实现从快速的磁化率测量到快速的土壤侵蚀或沉积定量化的转变。由于具有测量快速、成本低、准确度高、对土壤侵蚀过程干扰小，以及监测点无须维护等优势，磁探法将有希望未来在土壤侵蚀监测中得到进一步应用。然而，该方法仍需通过在侵蚀环境中的实际验证才能证明其有效性。因此，本章将分别测定磁探法在室内模拟水蚀与风蚀环境中的测量精度来评估该方法的有效性。

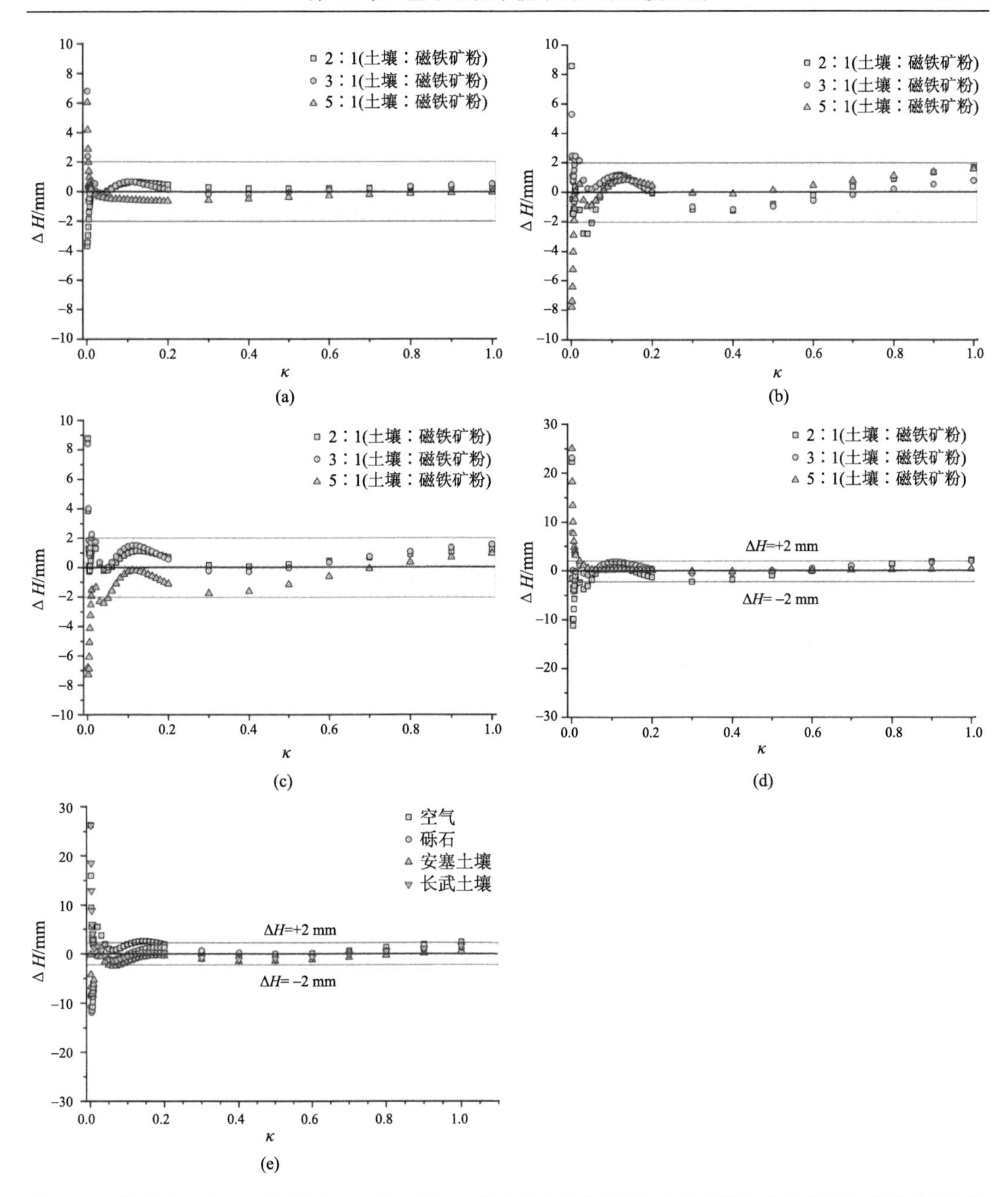

图10-3 基于空气(a)、砾石(b)、安塞土壤(c)和长武土壤(d)四种介质类型与全体剖面数据集(e)的磁层探测法所得土层厚度变化量(ΔH)随体积磁化率(κ)的变化情况

10.4.1 材料与方法

1. 土壤和磁性材料的基本性质

本研究采集了来自黄土高原长武、安塞的农田表层土壤用于模拟降雨实验；采集了来自黄土高原神木的农田表层土壤与陕北毛乌素沙地的沙土用于风洞模拟实验

(表 10-1)。同时，收集了来自陕北毛乌素沙地的沙漠沙子与人工粉碎大理石形成的砾石，用于测试磁探法。磁铁矿的低频质量磁化率(χ_{lf})比普通土壤高出三个数量级(表 10-1)。

2. 模拟降雨实验

该实验在陕西省杨凌示范区西北农林科技大学水土保持科学与工程学院的人工模拟降雨大厅进行，使用了带有两个侧喷喷嘴、一个水箱和控制阀的便携式降雨机系统[图 10-4(a)]。木质微地块(0.80 m×0.40 m×0.15 m)配备 0.10m 高的用于收集溅散开的侵蚀泥沙的防溅蚀挡板[图 10-4(a)]和小区底部排水孔。采用安塞土壤和长武土壤(表 10-1)，土样均过 2mm 筛。为了在微型小区中应用磁探法，每个小区的土壤均被装填至 12cm 的厚度，其中包括 4.5cm 厚的底部土层、1.5 cm 厚的中间磁层和 6 cm 厚的顶部土层，装填密度控制在 1.3 g/cm^3。微型小区采用与介质剖面土柱相同的土壤装填方法。其他有关制备磁层混合物的详细信息，请参阅 10.2.2 节模拟土壤剖面实验——探索磁探法的工作机理中的“2.磁层制备”。

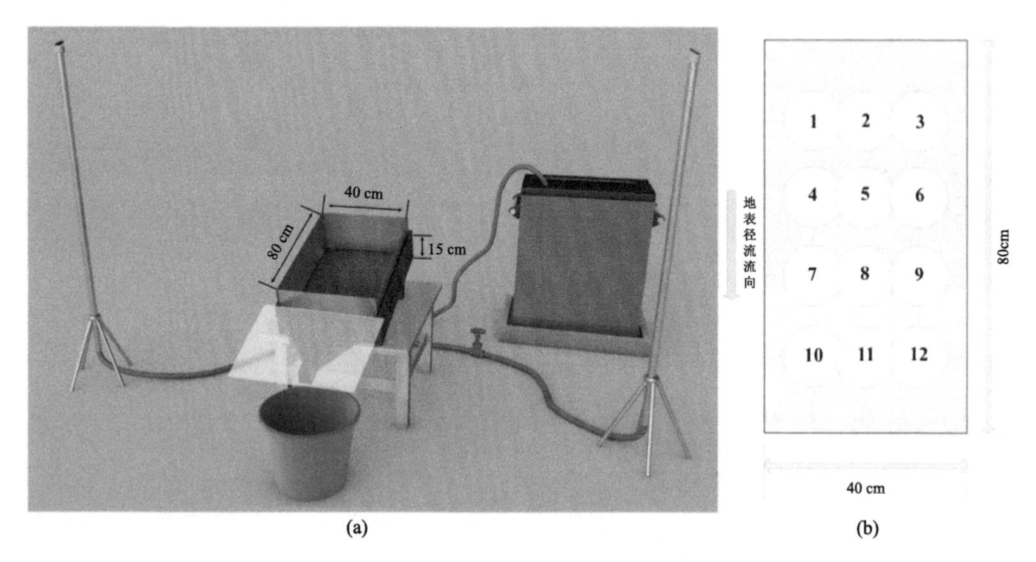

图 10-4　模拟降雨实验装置示意图(a)及 MS2D 探头在微型小区上的探测样点空间分布示意图(b)

模拟降雨强度设置为 100 mm/h。每种土壤的三个相同的微型小区，先后进行五次模拟降雨，每次降雨持续 60min。为能够观察明显的土壤侵蚀现象，每个小区的坡度统一设定为 56%。根据磁探法的操作步骤(图 10-5)，在小区土壤准备过程中，分别将底部土层和中间磁层的 κ 值作为背景值(κ_b)和最大值(κ_m)进行记录。在每次模拟降雨运行后，小区放置约 12h 后，再进行每个小区上的 κ 值测定。在木质小区的表土层上，按照 12 个均匀网格点的分布[图 10-4(b)]，测量 κ 值，然后再通过最优 κ-H 方程将 κ 值转换为侵蚀土层厚度值(H)。降雨事件前后的两个平均 H 值之差，代表了利用磁探法估算的平均侵蚀土层厚度。此外，降雨模拟过程中收集泥沙沉积物，用于计算微型小区实际的平均侵蚀土层厚度。

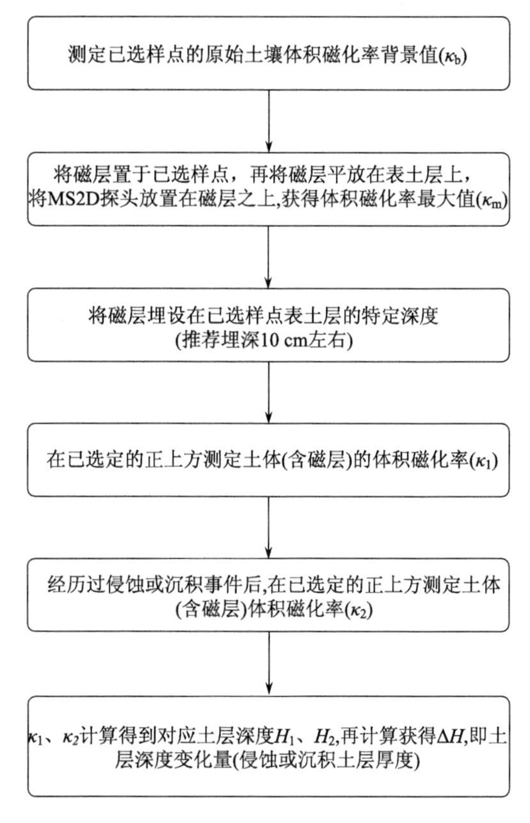

图 10-5 磁探法实施的一般流程图

3. 风洞实验

该实验在陕西省杨凌示范区西北农林科技大学水土保持科学与工程学院的室内风洞大厅进行。风洞总长度为 24 m，样本测试区为 1 m×1.2 m[图 10-6(a)]，其风速可在 2～15 m/s 连续调节。风洞的详细参数请参阅 Yang 等(2013)的研究。

根据风洞装置样品测试段的尺寸要求，本研究设计了木质薄型小区(1 m×0.5 m×0.06 m)[图 10-6(b)]。神木土壤和沙漠沙(表 10-1)，过 2 mm 筛，实验待用。在每个小区中填充 5 cm 厚的神木土层，其下部填充 1 cm 厚的磁层，装填密度为 1.3g/cm^3。磁层物质与模拟降雨实验中的磁层混合物相同。薄型小区装填的方法与模拟土柱的介质剖面装填方法一致。神木土壤或沙漠沙的四个微型小区，先后经历四次模拟风蚀。其风速设定为 8 m/s、10 m/s、12 m/s、14 m/s，相应的试验时间分别为 10 min、8 min、3 min、2 min。每次模拟风蚀后，微型小区都重新填土至 5 cm 的土层厚度。

接下来，采用类似于模拟降雨实验中磁探法的操作步骤，在每个微型小区的准备过程中，先后测量小区土壤的背景值(κ_b)和最大值(κ_m)。在每次模拟风蚀实验后，按照 12 个均匀网格点的分布[图 10-6(b)]，测量 κ 值。然后通过最优 κ-H 方程将 κ 值转换为侵蚀土层厚度(H)。使用风蚀前后的磁探法预测的平均侵蚀土层厚度之差，计算得到因风蚀产生的单次侵蚀或沉积的土层厚度。同时，利用风蚀实验前后微型小区中残余土壤重量之差，计算得到小区实际的平均侵蚀土层厚度。

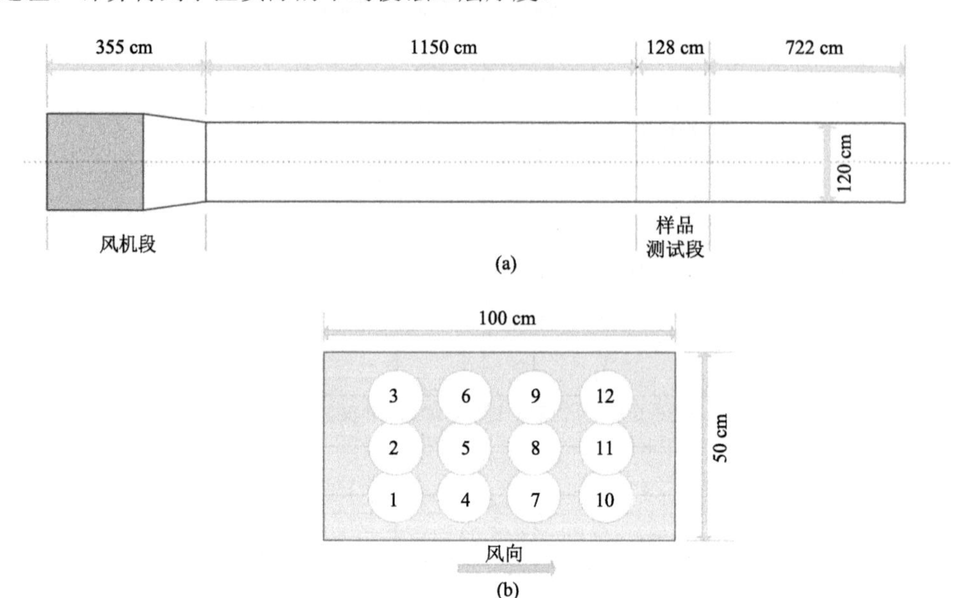

图 10-6　风洞实验装置示意图(a)及 MS2D 探头在微型小区上的探测样点空间分布示意图(b)

4. 数据分析

为了评估磁探法在实践中的测量有效性，本研究收集了模拟降雨实验中基于泥沙沉积物的侵蚀数据和风洞实验中基于重量的侵蚀数据，并将其转换为平均的侵蚀土层厚度值。最后将这些数据与使用磁探法确定的平均侵蚀土层厚度值进行比较。利用纳什系数(NSE)(Nash and Sutcliffe, 1970)和均方根误差(RMSE)来评估磁探法的土壤侵蚀估算精度。

10.4.2　结果与讨论

图 10-7(a)描述了基于磁探法的侵蚀土层厚度的预测值与室内模拟降雨条件下微型小区实验中根据侵蚀泥沙计算的侵蚀土层厚度的测量值的对比情况。针对安塞土壤和长武土壤，利用微型小区测定的侵蚀土层厚度值分别是 3.7～7.2 mm 和 1.1～2.4 mm。相对应地，基于磁探法测定的侵蚀土层厚度值分别是 0.1～1.9mm 和 0.1～1.4 mm。就安塞土壤和长武土壤的全体数据而言，微型小区与磁探法所获取的侵蚀土层厚度值具有良好的线性关系(R^2=0.911，n = 29)，相应的 NSE 为 76.2%，相应的 RMSE 为 0.9 mm，在磁探法的测量准确度范围(< 2 mm)。此结果说明磁探法能够较准确地测定模拟降雨实验条件下的侵蚀土层厚度。

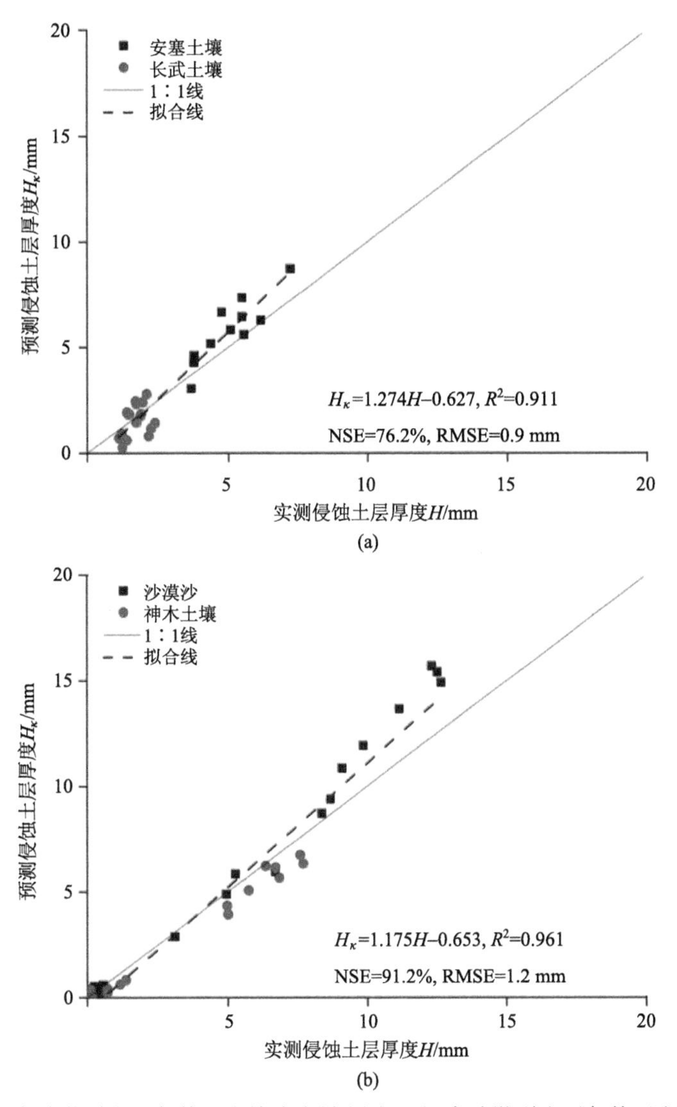

图 10-7　模拟降雨实验微型小区条件下土壤流失量(a)与风洞实验微型小区条件下土壤流失量(b)的侵蚀土层厚度平均值(H)分别与基于磁探法的侵蚀土层厚度平均值(H_κ)的比较

图 10-7(b)显示了在风洞实验中基于微型小区的实测 H 值和基于磁探法的预测 H 值的相关性。当风速为 8m/s 时，实测 H 值为 0.2～0.6 mm，相应磁探法的预测 H 值的误差为 0～0.3 mm。当风速大于 12m/s 时，实测 H 值大于 9.8 mm，使用磁探法预测的 H 值误差大于 2.1 mm。因此，在风蚀环境中，随着风速增加，实际侵蚀量逐渐增加，基于磁探法的预测侵蚀土层厚度的误差将缓慢增加。通常情况下，在风洞实验中，基于沙漠沙和神木土壤的实测 H 值与磁探法预测的 H_κ 值呈良好的线性关系(R^2=0.961，n=32)。二者对应的 NSE 和 RMSE 分别为 91.2%和 1.2 mm。这些结果表明，磁探法能够满足风蚀监测中测量侵蚀土层厚度的精度要求。

随着模拟水蚀和风蚀条件下实测侵蚀土层厚度的增加，磁探法的预测土层厚度的误差表现出略微上升的趋势(图 10-7)。总的来说，当测量的土层厚度在 0～10 mm 时，预测土层厚度的误差为 0.1～2.1 mm。当测量的土层厚度大于 10 mm 时，预测土层厚度的误差为 2.3～3.4 mm。这些误差主要来自磁探法的侵蚀土层厚度值与实测的基于微型小区侵蚀平均值之间的差异。

在野外条件下，土层厚度的快速变化通常由水蚀或风蚀产生。本研究中室内的模拟侵蚀实验分别提供了由水蚀和风蚀引发的两组磁探法的侵蚀土层厚度数据。相比于基于微型小区测量的侵蚀土层厚度，磁探法测量水蚀、风蚀的侵蚀土层厚度的 RMSE 分别为 0.9 mm 和 1.2 mm(图 10-7)。这些结果与磁探法测量准确度(<±2 mm)一致(图 10-3)。一般而言，如果 2 mm 厚的土层被侵蚀，则相当于每平方米的侵蚀量为 2.6kg(假设土壤容重为 1.3g/cm^3)。因此，该方法特别适合于在较长时间内相对严重的侵蚀过程、对产生大于 2.6kg/m^2 的土壤侵蚀量的测量。

磁探法在单次测量 10 mm 的侵蚀土层厚度时，表现出良好的测量准确度(图 10-7)。当该方法单次测量侵蚀土层厚度超过 10 mm 时，其测量误差开始略微增加(图 10-7)。磁探法中的 MS2D 探头是平面环状结构(图 10-1)，其外径为 18.5cm，由 MS2D 探头测量的 H 值代表的是在探头外径内由侵蚀引起的平均土层厚度的变化，因此由于探头结构的限制，MS2D 探头无法测量其半径内较小区域的土层厚度变化或表土的粗糙度。如果在 MS2D 探头外径的内部区域，由侵蚀引起的表面粗糙度增加，磁探法测量的土层厚度误差可能会继续增加。因此，该方法更适合用于由水蚀或风蚀引起的面状侵蚀的测量，这类侵蚀也广泛存在于半干旱和干旱地区遭受水蚀和退化的草地上。

10.5　磁探法本质与应用条件

10.5.1　磁探法的本质

在磁探法开发之初，我们提出三个假设：①MS2D 探头自身所探测的土壤磁化率随着深度的增加，呈指数趋势衰减(Lecoanet et al., 1999)；②由于土壤剖面中含有微弱且相对均匀的亚铁磁性矿物(Dearing, 1994)，MS2D 探头通过直接测量原始土壤的磁化率，无法在磁化率和土层厚度之间建立定量关系；③通过探测土壤剖面中具有强磁性的物质，配合使用廉价、高效的磁化率测量技术，可以在磁化率和土层厚度之间找到精确数量关系。

在不同介质类型和磁层磁性强度条件下开展模拟土壤剖面实验[图 10-2(a)～图 10-2(d)，表 10-3]。结果表明，磁探法具有特定的 κ-H 转换方程[图 10-2(e)，式(10-3)]，其可以实现从快速测量磁化率到快速测量表土厚度的转换。此外，其 κ-H 转换方程不受人工磁层所在介质类型和磁层磁性强度的影响。因此，磁探法能够利用 MS2D 探头，快速获取土壤剖面中人造磁层的深度信息，即磁层正上方的表土层厚度。该方法适用于在原位监测不同土壤类型表土层的厚度变化。

磁探法的测量误差分析结果表明，在 0～200mm 的土层厚度范围内，其测量误差随探测厚度呈指数增长(图 10-2)。当测量土层的厚度 <80 mm 时，其测量误差在<±2 mm 的范围内波动(图 10-3)；当其超过 80mm 时，其测量误差迅速增大(图 10-3)。磁探法的上述测量特性主要受 MS2D 探头自身工作性能的影响(Bartington Instruments, 2023; Dearing, 1994)。

10.5.2　磁探法的应用条件

由于 MS2D 探头具有平面环状结构，磁探法适用于由水蚀或风蚀引起的面状侵蚀。此外，人工磁层的组成和结构及其在土壤剖面中的布设深度都是磁探法在应用时需要考虑的条件。

磁层中的强磁性物质——磁铁矿粉的磁化率远超出 MS2D 探头的测量范围 0～9.999×10^{-2}（无量纲）(Batington Instruments, 2023)。因此，第一，将一些弱磁性材料与磁铁矿粉混合制成人工磁层，其磁性强度将被稀释至 MS2D 探头的测量范围内。其中，几种常见材料可用于制造人工磁层。例如，磁铁矿粉末、细砂和水泥相结合形成预制的人工磁层。第二，人工磁层的关键结构设计是平板多孔结构。平板磁层可使磁层上部土层产生相同的磁化率，而多孔结构增加了磁层的透水性，以尽可能减少对土壤剖面中水分运动的影响。而且人工磁层需要在监测野外土壤侵蚀之前进行结构、硬度、平整度等方面的验证。第三，可采用扰动和非干扰两种方式，将磁层植入土壤剖面中。前者是通过挖掘和填充表土将磁层置于土壤剖面中。后者是首先在选定监测点旁边挖掘小坑，然后将磁层水平嵌入特定深度的监测点土壤剖面中。第四，目前磁层在土壤剖面中的最佳布设深度应小于 80 mm。

10.5.3　磁探法的不足与展望

从实用化角度考虑，该方法不仅对半年、一年或多年时间尺度的土壤侵蚀监测具有重要意义，还可作为标准化测量技术支持，用于收集长时间（多年）或大空间尺度（小流域尺度或景观尺度）的土壤侵蚀数据，或者用于大范围的土壤侵蚀调查和监测。此外，磁探法有望适用于坡面的免耕农田、退化草地或传统侵蚀小区的侵蚀土层厚度的测量，因为其具有对较薄表土层厚度（80 mm）进行测量的能力。最后，磁探法可以在经济不发达或偏远地区长期测量土壤侵蚀数据，因为这些地区要么缺乏经费修建侵蚀小区，要么缺乏专业工作人员进行小区设施的维护。

今后的研究工作将集中在提高 MS2D 探头的探测深度方面，力争使磁探法的有效探测深度扩展至少 30cm（耕层深度），使磁探法能够在几乎不受土壤层扰动的影响下，用于测量大多数农田的土壤流失量，以及更多的土壤侵蚀研究区域。

10.5.4　磁探法与其他方面的比较

Stroosnijder (2005) 将直接侵蚀测量方法分为四个基本类别，即由地表高程变化测定土壤流失量、重量变化测定土壤流失量、河道断面形态变化测定土壤流失量，以及由侵蚀小区或流域出口的泥沙收集确定土壤流失量。常用的侵蚀针法和 ^{137}Cs 法，以及磁探法都属于测量地表高程变化的方法。因此，表 10-4 给出了磁探法与两种同类型方法的详细对比，以展示磁探法的特性。

表 10-4　三种基于测定地表高程变化的直接侵蚀测量方法比较

项目	磁探法	侵蚀针法	^{137}Cs 法(Zapata, 2002)
工作原理	使用 MS2D 探头快速测定表土层厚度(H)对应的体积磁化率(κ)，然后通过转换方程 $H=f(\kappa)$ 计算 H，两次 H 值的差值表示侵蚀或沉积的表土层厚度	在侵蚀期前后分别使用普通测量尺确定土壤表层到测针顶部的距离(H)，两次 H 值的差值表示侵蚀或沉积的表土层厚度	首先确定研究区的参考点表土样的 ^{137}Cs 浓度(C_0)，在实验室使用伽马能谱法测定特定侵蚀表层土样的 ^{137}Cs 浓度(C)，然后通过转换方程 $H=f(C)$ 获得此土样所在采样点侵蚀土层厚度值(H)。C_0 与 C 的差值即侵蚀或沉积的表土层厚度
方法实施步骤	首先，在目标测量点的土壤剖面中嵌入磁层，再定期测量目标点的磁层正上方的体积磁化率(κ)；最后根据两次 κ 值换算得到的表土层厚度(H)之差即为侵蚀或沉积土层厚度(ΔH)	首先，在目标测量点设置侵蚀针，然后定期测量从侵蚀针顶端到地表参考盘之间的长度(L)。两次长度之差(ΔL)即为侵蚀或沉积土层厚度	首先，定期多次到目标现场采样；然后，开展室内土样的 ^{137}Cs 浓度分析。通过换算公式，由两次土壤 ^{137}Cs 浓度测量值计算得到一定时段的土壤侵蚀或沉积量或速率
测量深度范围	0～20 cm，取决于 MS2D 探头的探测能力	0～30 cm，取决于操作者的经验	0～100 cm，结果取决于实际研究区的土样中 ^{137}Cs 浓度
测量精度	在土层厚度为 80 mm 范围内，精度$<\pm2$ mm	根据操作者实际经验，精度在±1 mm 土层厚度	测量精度存在诸多约束条件，结果取决于参考点的选择和转换公式的选择(Parsons and Foster, 2011; Zhang, 2015)
测量用时	单次耗时约 1 s	单次耗时约 1 s	单个样品测量耗时 8～24 h
监测时间周期	时间跨度从一次降雨事件到十多年的降雨	时间跨度从一次降雨事件到十多年的降雨	从 20 世纪 50 年代和 60 年代密集的核武器试验到现在的时间跨度(随着 ^{137}Cs 元素衰变，^{137}Cs 在土壤中的浓度越来越低，此元素用于土壤侵蚀研究的潜力正在下降)
应用领域	水蚀、风蚀监测中皆可用	水蚀、风蚀监测中广泛应用(Stroosnijder, 2005)	水蚀应用多，风蚀中较少(Stroosnijder, 2005)
设备价值	每套仪器约 1 万美元(Bartington MS2 读数表和 MS2D 探头)	每套装置大约 1 美元	每套设备大于 10 万美元(伽马能谱仪)
单次测量费用(人工成本除外)	由于此仪器紧凑、稳定且易于使用的质量，购买仪器后几乎无费用	几乎无费用	在中国，每一个样品大约 30 美元
样点监测材料费用	磁铁矿粉(磁层的主要材料)价格便宜，在国内每公斤价格不到 0.1 美元	钢材(侵蚀针的主要材料)价格便宜，在国内每公斤不到 1.0 美元	没有成本。土样中的放射性物质 ^{137}Cs 来源于 60～70 年前的人类核试验沉积
运行维护费用	首先，人工磁层几乎不需要维护，因为地下埋设的磁层能避免动物或人类扰动；其次，MS2D 探头性能稳定，几乎无须维护	长期布设在野外环境时，侵蚀针有受到动物或人类干扰而损坏的可能性	伽马能谱仪系统需要在专用实验室使用，并需要定期对其进行专业维护

侵蚀针是一种简单易用的侵蚀测量方法，已被广泛用于水蚀和风蚀研究(Haigh, 1977)，其测量分辨率达到 1 mm。但由于测量参考平面的不稳定性，其测量误差是不确定的。更重要的是，侵蚀针位于地表之上，会对地表径流或气流造成剧烈干扰，这反过来又导致更大的测量误差产生(Toy et al., 2002)。因此，侵蚀针在土壤侵蚀研究中往往不是获得准确侵蚀数据的首选。过去几十年，^{137}Cs 方法在土壤侵蚀的定量估算中发挥了重要作用(Zapata, 2002)，但其自身的局限性也很明显。仪器和样品测试的高成本限制了该方法在常规土壤侵蚀监测中的广泛应用。此外，在世界范围内，从人工核试验集中产生 ^{137}Cs 到大约 60 年后的今天，土壤中现存的 ^{137}Cs 浓度已经衰减到初始值的 1/4 左右，使得该方法的可行性随着时间的继续推移而变得更小。同时，对于 γ 光谱仪，放射性物质浓度越低，仪器测量误差越大，因此土壤中现存的较低浓度的 ^{137}Cs 物质在 γ 光谱仪中测试会引起更大的测量误差。

相比之下，磁探法具有成本低廉且使用效率高的特点。首先，该仪器(MS2D 探头和 MS2 读数表)的价格约为 10000 美元(表 10-4)，且体积小，性能稳定，易于操作，只需要很少的额外维护(Bartington Instruments, 2023)。而且一般这个价格对于研究机构或由政府资助的土壤侵蚀监测站点可轻松接受。因此，一旦购买该仪器，磁探法在原位进行常规侵蚀监测几乎没有额外成本。其次，一旦人工磁层在侵蚀监测点布设完成，就不再需要维护，且在较长时间内不会出现类似侵蚀针对表土侵蚀过程产生干扰的情况。这对缺乏侵蚀测量基础设施的偏远地区且需要长期监测土壤流失的区域而言是一个很有吸引力的技术优势。

10.6 本章小结

本研究主要从工作机理和测量精度两个方面，对磁探法(一种基于磁化率技术的快速测量土壤侵蚀的新方法)进行了可行性评价。首先，该方法将快速测量磁化率(κ 值)转化为快速测量表土层厚度(H)，并精确地遵循一个通用指数方程 $H=f(\kappa)$。该转化方程对介质类型和磁层磁性强度不敏感。其次，该方法在土层厚度约 80 mm 厚的测量范围内可实现高测量精度($<\pm 2$ mm)。与微型小区法相比，磁探法在室内水蚀模拟环境下测量土层厚度的 NSE 和 RMSE 分别为 76.2%和 0.9 mm；该方法在室内风蚀模拟环境下测量土层厚度的 NSE 和 RMSE 分别为 91.2%和 1.2 mm。这些结果表明该方法能够应用在侵蚀环境中进行原位侵蚀土层厚度的测定工作中。

与其他侵蚀测量方法相比，磁探法具备快速、廉价、相对精确、对土层厚度干扰极低以及监测点无须维护等特点。因此，该方法有望在长期监测由水蚀和风蚀引起的土层厚度变化方面得到应用。

参考文献

Bartington Instruments. 2023. MS2/MS3 magnetic susceptibility system. https://www.bartington.com.cn/pd.jsp?id=36[2024-4-14].

Dearing J A. 1994.Environmental Magnetic Susceptibility, Using the Bartington MS2 System. Kenilworth: Chi Publishers.

Evans M, Heller F. 2003.Environmental Magnetism: Principles and Applications of Enviromagnetics. San Diego: Academic Press.

Haigh M. 1977.The use of erosion pins in the study of slope evolution, in shorter technical methods (II), technical Bulletin 18. Norwich: British Geomorphological Research Group.

Lecoanet H, Lévêque F, Segura S. 1999.Magnetic susceptibility in environmental applications: Comparison of field probes. Physics of the Earth and Planetary Interiors, 115(3-4):191-204.

Nash J E, Sutcliffe J V. 1970. River flow forecasting through conceptual models part I — A discussion of principles. Journal of Hydrology, 10(3): 282-290.

Parsons A J, Foster I D L. 2011.What can we learn about soil erosion from the use of Cs-137? Earth Science Reviews, 108 (1): 101-113.

Parsons A J, Wainwright J, Abrahams A D. 1993. Tracing sediment movement in interrill overland flow on a semi-arid grassland hillslope using magnetic susceptibility. Earth Surface Processes and Landforms, 18(8): 721-732.

Stroosnijder L. 2005. Measurement of erosion: Is it possible? Catena, 64 (2): 162-173.

Toy T J, Foster G R, Renard K G. 2002. Soil Erosion: Processes, Prediction, Measurement, and Control. Hoboken: John Wiley & Sons Ltd.

Yang M, Walling D E, Sun X, et al. 2013.A wind tunnel experiment to explore the feasibility of using beryllium-7 measurements to estimate soil loss by wind erosion. Geochimica et Cosmochimica Acta, 114:81-93.

Zapata F. 2002. Handbook for the Assessment of Soil Erosion and Sedimentation Using Environmental Radionuclides. Dordrecht: Kluwer Academic Publishers.

Zhang X C. 2015. New insights on using fallout radionuclides to estimate soil redistribution rates. Science Society of America Journal, 79: 1-8.

第11章　基于磁化率技术的侵蚀过程反演

作为独立的地理单元，一个流域内的物质和能量都会遵循守恒规律。在降雨径流及其他动力作用下，流域内侵蚀搬运的泥沙一定等于流域出口的输沙量和流域内沉积的泥沙量之和。在现代土壤侵蚀或泥沙研究中，对于坡面侵蚀评价常采用径流小区观测法，对于小流域土壤侵蚀或水土流失评价常采用流域把口站径流泥沙监测法来实现。理论上讲，小区观测值和把口站观测值之差就是发生在流域中的沉积量。即如果知道其中的两项，就可以估算另外一项。在岩石风化作用驱动下，喀斯特地区形成了独特的峰丛洼地等地貌类型。峰丛洼地地貌类型区形成了面积大小不等的封闭小流域，没有出口，坡面侵蚀产生的泥沙直接进入洼地并沉积。因此，可以根据洼地的沉积泥沙来反演历史时期小流域侵蚀过程及强度。

11.1　流域侵蚀与沉积

在一个流域内，坡面土壤在外营力及人类活动作用下被剥离、搬运而离开原有位置，并在流域内进行重新分配，大部分泥沙会在随径流运移过程中沿途发生沉积，只有部分能到达流域出口，通过出口处的泥沙称为流域输沙量。而遭剥离、搬运离开原来位置的土壤称为流域侵蚀量。一般而言，流域侵蚀量都会大于流域输沙量。流域总侵蚀量与流域出口处输沙量之间的关系可以用泥沙输移比(SDR)来表示。SDR为流域出口输沙量与流域总侵蚀量之比。由于流域在地貌形态、物质组成及土地利用方式等方面存在很大差异，在不同地区或不同流域之间，SDR会存在显著差异。已有研究表明，东北地区松花江流域平均SDR在0.3左右(高燕等, 2016)，黄土高原地区不同级别流域系统的SDR都较高，变化于0.7～1(张鸾等, 2009)，而西南喀斯特地区小流域SDR变化范围较大，在0.3～0.8(文安邦等, 2003a)。流域侵蚀产生的泥沙在输送过程中会在坡面、坡脚、田间、低洼地、河漫滩和河床等部位发生不同程度的淤积，并呈临时性或永久性的沉积，导致流域产沙及泥沙来源的定量研究复杂化。因此，研究流域泥沙来源、侵蚀搬运和沉积过程对认识流域水土流失特征和选择与配置治理措施具有重要意义。同时，建立沉积泥沙与流域侵蚀之间的定量关系，也可以为不同研究结果精度矫正及小流域土壤侵蚀预报提供技术支撑。

11.1.1　流域源-汇区域侵蚀沉积特征

在景观生态学研究中，“源”通常反映的是某个过程的源头，“汇”则反映这个过程消失的地方。“源”景观和“汇”景观的判别通常需要依据具体情况来具体分析。区分“源”“汇”景观类型(Basnyat et al., 1999)的重点在于判断该景观类型在生态演变过程中是起正向推动作用还是负向阻碍作用(陈利顶等, 2006)。依据源汇景观理论，在土壤侵蚀过程中，能够推动土壤侵蚀发生、有利于产沙的植被覆盖度较低和坡度大、人类活动强烈的地区大多被认为是“源”景观，而阻止或延缓土壤侵蚀、抑制产沙的高植被覆盖度和缓坡、人类活动弱的地区被认为是“汇”景观(陈利顶等, 2003, 2006)。流域土壤侵蚀和沉积特征研究中，多以土地利用类型作为景观单元。其中，“源”景观有耕地和居住地等，“汇”景观有林地、灌丛、草地和水域等。实际上，在土壤侵蚀产生及泥沙入河过程中，除了景观单元的空间异质性外，地形和土壤也存在空间异质性，会影响到景观单元的土壤侵蚀和沉积过程(李晶和周自翔, 2014)。鉴于流域不同景观单元和地表环境的土壤侵蚀风险属性不同，“源”景观和“汇”景观的分布格局影响着流域侵蚀过程及土壤再分配状况。

流域中“源”景观内土壤遭受侵蚀的风险较大。伴随着侵蚀的产生，“源”景观内的土壤从表层开始逐渐被破坏、剥离和搬运。随着侵蚀强度和搬运能力的变化，侵蚀物质会呈现出不同的分选结果。长期遭受侵蚀之后，侵蚀区域的土壤会发生变化，与之相对应的泥沙特征也会随之变化。侵蚀针和侵蚀划线法表明，侵蚀区域的土层会变薄；土壤剖面观察法显示，侵蚀区域的土层结构会发生改变，凋落物层(O)、泥炭层(H)和腐殖质层(A)弱化(李天杰等, 2004)，甚至某些发生层会消失；理化性质检测结果表明，侵蚀区域的土壤颗粒组成差异增大，表现出明显粗化现象，土壤养分含量及肥力也会降低。总体而言，侵蚀区域土壤的变化主要体现在物质组成、性质及其综合属性上。

相比而言，流域中“汇”景观内土壤遭受侵蚀的风险较小。伴随着侵蚀过程，“汇”景观内会不断接收“源”景观侵蚀产生的泥沙，逐渐沉积，形成临时性或永久性的沉积，特别是在地形低洼处。由于流域内侵蚀动力或下垫面条件发生变化，侵蚀强度和搬运能力随之变化，侵蚀物质的沉积表现出不同的层次。泥沙长期沉积之后形成的沉积剖面蕴含着流域侵蚀变化的历史信息。即随着流域侵蚀搬运历史的延长，洼地沉积的土层会不断变厚，所蕴含的侵蚀信息也会更加丰富。因此，沉积区土壤剖面在原始成土过程的基础上会增加侵蚀沉积旋回的变化，这使得土壤剖面分异过程复杂化；相应地，土壤理化性质检测结果也会表现出更为复杂的变化。

11.1.2　流域源-汇区域侵蚀物质关系

流域中并非所有的降雨都能够导致土壤侵蚀，即使在能诱发侵蚀的降雨中，绝大多数都是小侵蚀事件。有研究表明，流域绝大部分的侵蚀泥沙是由几次大暴雨造成的(李占斌, 1996; 李占斌等, 1997, 2001; 魏霞等, 2007)。流域中各种潜在泥沙源区的土壤遭受侵蚀，被降雨径流挟带至汇区，而后逐渐在那里沉积。由于大暴雨事件的降雨特征和发生时间等方面存在差异，流域内每次发生的侵蚀产沙事件都形成一个沉积旋回层，沉积泥沙中蕴含了关于流域侵蚀的很多信息。例如，大量研究证明，磁性矿物颗粒、放射性核素 ^{137}Cs 和土壤养分等物质等都会在侵蚀泥沙中出现富集现象，即汇区域泥沙中这些物质的含量要高于源区域土壤中的含量(Knoblauch et al., 1942; Rogers, 1946; Young et al., 1986; Neal, 1994; 张兴昌和邵明安, 2001; 黄满湘等, 2003)，其原因是土壤侵蚀是一个选择性的过程，土壤表层的有机质、细颗粒等由于细而轻，最易受侵蚀进入泥沙。而这些物质由于比表面积大，吸附性强，因此侵蚀泥沙中的磁性矿物颗粒、放射性核素 ^{137}Cs 和土壤养分等物质相对于土壤中的含量增大并产生富集。为了表征侵蚀物质在泥沙中的富集程度，Massey 和 Jackson(1952)提出了富集率(enrichment ratio，ER)的概念，即某种养分的富集率等于其在泥沙中的含量和在源地土壤中的含量之比。富集率不仅适用于反映养分元素(氮、磷、钾等)的富集情况，同时也可作为衡量黏粒、有机质和其他易吸附在土壤颗粒上的物质的指标，如磁性矿物颗粒、放射性核素和农药等。

在土壤侵蚀过程中，沉积泥沙中磁性矿物颗粒、放射性核素、土壤养分以及农药等的富集程度与挟带其沉积的泥沙量密切相关。因此，可以用富集率来反演土壤流失量。根据沉积区域的泥沙，可以反演小流域的次降雨侵蚀产沙事件，为无实测数据的流域建立产沙资料序列，为定量研究流域土壤侵蚀和揭示流域侵蚀环境的变化提供支撑。此外，根据沉积区域的泥沙，借助复合指纹技术还可以进一步研究流域侵蚀泥沙的来源，分析各侵蚀产沙源区的泥沙贡献百分比，进而计算各泥沙源区的侵蚀产沙量，帮助我们合理评价和实施流域内的水土保持措施。

11.1.3　利用沉积泥沙研究流域土壤侵蚀

在土壤流失严重的黄土高原地区，侵蚀性降雨都会导致水土流失。降雨过程中，径流挟带泥沙以高含沙水流经各级沟道，最后汇入河道。在径流泥沙汇集和下泄过程中，由于地形、沟道形态或水土保持工程措施等要素的变化，部分泥沙发生沿程沉积。例如，构筑在大小沟道中的坝系，就会捕获大量泥沙形成沉积层。在西南以峰丛洼地为主要景观的喀斯特地区，侵蚀性降雨产生的径流泥沙汇入洼地沉积。因此，不论是黄土高原地区的淤地坝或喀斯特地区的沉积洼地，都相当于小流域的沉砂池。一般而言，流域内每发生一场侵蚀事件，淤地坝或洼地内就会形成一个明显的沉积旋回层，其厚度与降雨特性和侵蚀产沙量等因素密切相关。根据以往众多调查和研究发现，沉积旋回层在泥沙颗粒组成和颜色方面具有明显的界线，易于辨识。因此，沉积剖面中明显的沉积旋回界线为区分每一次侵蚀事件奠定了基础。在东北和青藏高原地区，由于存在土壤周期性冻融循环作用，有些研究发现，由于沉积旋回层顶部为细颗粒，具有良好的保水作用，层间含水量较大，每年末次暴雨或洪水形成的沉积层顶部暴露在地面，春冬冻融过程扰动了原来的致密结构，形成了多孔的类似“冻豆腐”层的冻融结构，据此特征可以对沉积层进行年际划分。综上所述，沉积区域泥沙所形成的易于辨识的沉积旋回层为利用沉积物研究小流域土壤侵蚀提供了可能。

沉积区域形成的沉积旋回层记录了流域的每一次侵蚀产沙事件。因此，如何建立沉积泥沙的时间序列是利用沉积物研究小流域土壤侵蚀的关键所在。目前已有的技术主要是利用放射性核素 ^{137}Cs 断代或沉积物定年、沉积泥沙量与侵蚀性降雨的响应，或通过沉积泥沙中的粗颗粒和一些特有标识物(如粉煤灰、除草剂、农药等)来识别特定年份，进而建立沉积剖面的时间序列。就放射性核素而言，土壤中的 ^{137}Cs 主要来源于 20 世纪 50～70 年代大气核试验产生的放射性尘埃。土壤剖面中 ^{137}Cs 沉积最深的部位能够指示 1954 年大气核试验产生的 ^{137}Cs，伴随着核试验高峰，1963 年出现了一个 ^{137}Cs 峰值。此外，由于切尔诺贝利核电站泄漏事故对我国部分地区产生一定的影响，在沉积剖面中也会形成另一个较小的峰值指示 1986 年。在过去几十年间，张信宝、文安邦等一些学者利用 ^{137}Cs 断代技术，对多个地区的流域泥沙淤积进行了断代分析，验证了 ^{137}Cs 断代这一方法的可行性。然而，受沉积环境的影响，流域中并非所有的沉积剖面都可以利用放射性核素 ^{137}Cs 标定特殊年份。考虑到沉积区域内每一个沉积旋回层都对应着一次侵蚀性降雨事件，因此，可以根据降雨时间序列和淤积层时间序列的匹配关系以及大雨对粗颗粒的产沙原则，将沉积旋回层与相应的降雨资料对应，建立沉积泥沙的时间序列。对于淤积量较大的沉积层，魏霞等(2006)按照淤积层的个数，将其中所有场次的降雨按照所选定降雨指标(包括最大 30 min 降雨强度、次降水量、次平均降雨强度、降雨侵蚀力等)，筛选出相应降雨场数，将筛选出来的侵蚀性降雨和沉积旋回层一一对应，建立沉积泥沙与侵蚀性降雨具体的对应关系。由于降雨资料缺乏及降雨分布不均匀等问题，上述方法主观性较大，对研究结果有一定的影响(张玮，2015)。但这种尝试挖掘小流域侵蚀产沙与沉积泥沙之间对应关系的探索，为确定泥沙沉积过程、建立沉积泥沙时间序列和利用沉积物研究小流域土壤侵蚀机理提供了科学参考。

1. *沉积泥沙反演流域侵蚀强度*

土壤侵蚀强度是反映土壤流失的重要指标。由于在监测和建模方面存在难度，目前流域尺度上有关土壤侵蚀强度动态变化方面的研究仍然较少。对于流域土壤侵蚀强度评价，常见的方法主要有以下几种：①根据流域实际的泥沙监测结果，辅助土壤侵蚀预报模型等进行计算；②根据流域数字高程模型(DEM)数据和遥感影像数据，对比前后期主要变量之间的差值，分析计算流域的土壤侵蚀量(崔灵周等, 2006)；③利用地貌学、土壤发生学和侵蚀因子比较的方法进行土壤侵蚀强度的估算(李钜等, 1999; 张玮, 2015)。研究结果显示，这些传统方法各有利弊，所计算出的流域侵蚀产沙量精度尚需提高。

有着众多淤地坝建设的黄土高原地区，有着峰丛洼地特殊沉积地形的西南喀斯特地区，以及有着湖泊、水库等水利工程建设的小流域地区，可以将流域沉积区域淤积的泥沙量近似地看作流域的侵蚀产沙量或土壤流失量。根据已建立的沉积泥沙时间序列，估算出流域侵蚀产沙随时间的变化特征。目前，已有许多研究根据建立的沉积剖面时间序列并结合沉积泥沙量，重建了小流域侵蚀产沙的历史过程，定量计算了侵蚀产沙强度随时间的变化特征(焦菊英等, 2003; 李勉等, 2008; 薛凯等, 2011)。总的来说，研究小流域侵蚀产沙的变化规律、估算小流域侵蚀产沙量随时间的变化特征，不仅可以弥补流域在侵蚀产沙资料方面的空白，还为小流域土壤侵蚀研究提供新的途径，对于深入了解小流域侵蚀环境的演变过程、评价小流域水土流失治理成果，以及制定水土保持规划与科学配置水土保持措施也都具有十分重要的意义。

2. *沉积泥沙识别流域泥沙来源*

小流域水土流失特征研究中，除了结合时间序列估算流域的侵蚀产沙量，研究流域侵蚀强度随时间的变化特征外，还应探明侵蚀泥沙的来源。因为确定流域侵蚀泥沙的来源是防治流域水土流失的一个重要前提，只有“因源制易”，才能够对流域内各种水土保持措施的综合效果做出合理科学的评价(肖元清和王钊, 2005)。

传统的测定泥沙来源的方法主要有径流小区观测法、普查法、水文分析法等(Hayakawa and Nakano, 1912; Adams, 1944)。这些方法虽然已被广泛应用，且可以在一定程度上获得泥沙来源，但是其自身都存在一定的局限性。由于沉积区域泥沙淤积是由流域不同部位的侵蚀物质组成的，其保存了流域大量侵蚀泥沙原样及源区信息。因此，直接从沉积泥沙着手研究流域侵蚀泥沙来源，较传统方法更具优势，且能够克服传统方法的不足。具体来说，采集各潜在侵蚀源区的土壤样品和沉积区域的泥沙样品，分别测试其土壤中各种指标的含量，筛选出不同侵蚀源区间差异显著的指标，将其作为辨别泥沙来源的识别因子。随后，通过分析比较所选出来的识别因子在各潜在侵蚀源区土壤样品和沉积区域泥沙样品之间的差异，得出不同泥沙源区的侵蚀泥沙贡献比。

国内外一些学者的研究表明，可用于识别泥沙来源的指示性指标很多，包括土壤磁性矿物(Walling et al., 1979; Caitcheon, 1993)、土壤颗粒组成(王晓, 2002)、放射性核素^{137}Cs(文安邦等, 1998, 2008)、^{226}Ra(李少龙等, 1995)、地球化学物质(Minella et al., 2008)等。一般情况下，流域内的侵蚀泥沙可能有多个来源地，加之侵蚀泥沙从源地被搬运到沉积区的过程复杂多变，仅仅依靠单个因子去判别泥沙来源存在很大的不确定性，结果也不一定准确。因此，20世纪90年代开始，国内外学者开始利用多因子相结合的方式识别流域泥沙来源，该方式不仅能够弥补单因子研究泥沙来源的缺陷，还可以提高识别技术的可信度和计算精度。目前，常用的识别因子组合有土壤磁性、土壤化学特性和放射性核素3种。例如，Walling等(1999)将N、P、Sr、Ni、Zn、^{226}Ra、^{137}Cs、Fe、Al、$^{210}Pb_{ex}$等作为识别因子，研究了河流悬浮泥沙的来源；Carter等(2003)将K、Cu、As、Mn、Na、P等作为识别因子，研究了河流流经城市前后悬浮泥沙来源及其变化情况。

尽管采用多种识别因子相结合来定量化研究流域泥沙来源是一种新方法，但其也存在一些缺点。例如，在不同流域进行泥沙来源研究时，采用的识别因子组合不同，土壤样品中各种可能成为识别因子的理化性质指标均需要分析测定，工作量较大，研究成本较高。这在一定程度上增加了该技术的应用难度，限制了其广泛应用。因此，如何寻找一种便捷可靠的方法，使研究者在分析前能够大致确定识别因子的可能范围，是目前需要解决的新问题。此外，如果能够建立标准的分析泥沙来源的识别因子组合，不仅能够减少人力物力方面的浪费，还可以使该技术具有更广阔的应用前景。

3. 沉积泥沙反演流域侵蚀环境

流域泥沙沉积主要受到降雨特征、侵蚀方式、土地利用类型及人类活动等多种因素的影响。因此，沉积泥沙厚度及层序变化能够综合反映小流域的侵蚀环境，泥沙特性及其变化就是流域侵蚀环境信息的赋存载体。通过分析剖面沉积旋回土壤层的理化性质变化规律，可以挖掘赋存在沉积泥沙中有关小流域侵蚀环境的演变信息。

沉积泥沙物理特性对小流域侵蚀环境具有指示作用。颗粒组成是土壤的主要物理性质，沉积旋回的颗粒组成受到降雨强度、流域土壤、沉积过程等因素的影响。在侵蚀过程中，地表径流对坡面土壤的冲刷具有一定的分选性(李勋贵等, 2007)。较小的土壤颗粒，其黏滞性相对较大而不易分离，而较大的土壤颗粒不易起动，这两种土壤组分在径流较小时都不易被侵蚀搬运，粗颗粒和黏粒在搬运或沉积过程中的分选性较差。因此。在沉积剖面上，泥沙粒径的变化，尤其是粗颗粒含量的变化，能够在一定程度上反映地表径流的作用强度，从而指示流域降雨条件及下垫面特征的变化。相关研究在湖泊沉积过程反演中应用较多(陈敬安等, 2003; 何华春等, 2005)，如在降水量大的年份，地表径流强度大，径流剥蚀和搬运能力较强，湖泊沉积物中粗颗粒含量会相对较高；相反，在降水量小的年份，地表径流搬运能力较弱，湖泊沉积物中细颗粒含量较高。这一沉积旋回土壤层的变化规律，在小流域沉积物研究中也得到证实。刘鹏等(2014)统计了黄土洼小流域 1954 年以来的暴雨资料及沉积剖面中粗颗粒泥沙含量，得出粗颗粒泥沙与暴雨场次在时间上存在较好的对应关系的结论。

沉积泥沙化学特性对小流域侵蚀环境也具有指示作用。土壤中各种元素含量是其固有化学性质的具体体现，土壤元素含量会因土地利用类型的不同而有一定差异(王治国等, 1999; 包耀贤等, 2005)。沉积泥沙化学性质的研究多数是通过分析土壤剖面化学特性的变化规律，探讨其在耕种、养分富集等方面的效益。然而，通过对比分析流域不同地块上土壤与沉积泥沙元素含量的差异，来反演流域侵蚀环境演变特征的研究相对较少。张风宝等(2012)研究发现，在黄土高原地区，沉积旋回土壤层中的养分含量与沟壑土壤相接近，有机质和全氮也有明显的阶梯状变化。因此，可以推测小流域泥沙主要来源于沟壑坍塌和沟道扩展；沉积泥沙养分含量的阶梯状变化反映了农村政策变化对小流域土地利用和水土流失的影响。此外，一些研究发现，来自大气沉降的物质，如 ^{137}Cs、$^{210}Pb_{ex}$ 和孢粉等，也具有指示流域环境变化的作用。流域沉积泥沙中的孢粉源于流域或流域周边的植被，孢粉通过大气干湿沉降被土壤颗粒吸附，随后又经侵蚀搬运在泥沙中汇集，沉积剖面按年代顺序保留了这些物质。分析沉积剖面孢粉浓度的变化，可以反演流域植被的演变规律，这些规律对流域内降雨侵蚀、人类活动和植被变化状况都具有较好的指示意义(何永彬等, 2013)。

11.2 复合指纹技术与原理

泥沙复合指纹技术是综合研究流域土壤侵蚀和泥沙来源的一种重要方法。其理论基础是泥沙潜在源地类型可以根据土壤物质特性来进行区分，从而筛选出具有源地识别能力的“指纹”因子，以建立流域出口泥沙与潜在源地的直接对应关系(Collins et al., 1997a; 周慧平等, 2018)。复合指纹技术的应用基于以下 3 个前提：①“指纹”因子浓度在流域内部各种潜在物源间存在显著差异，具备诊断能力；②“指纹”因子性质在侵蚀泥沙中具有保存性和稳定性，即不随泥沙输移、运动、沉积过程和环境变化而变异；③基于流域侵蚀产沙物理过程的定量模型具备估算流域内部各种潜在物源对流域产沙相对贡献的能力(唐强等, 2013)。近 20 年来，复合指纹技术发展迅速，国内外学者在各种不同类型流域，针对河流悬浮泥沙(Collins and Walling, 2002; Walling, 2005)以及河床(Pulley et al., 2015a)、冲积平原(Collins et al., 1997b)、拦沙坝(Chen et al., 2016)、湖泊水库(Pulley et al., 2015b)的沉积泥沙进行了大量的应用研究，并且针对指纹技术应用的诸多问题和局限性展开了一系列讨论。

11.2.1 复合指纹技术理论基础

复合指纹技术基于流域土壤侵蚀和泥沙输移过程。其中，土壤侵蚀过程包括雨滴溅蚀、面蚀、坡面细沟侵蚀、沟道侵蚀、河岸侵蚀等；泥沙输移过程包括坡面泥沙输移、沟道泥沙输移和河道泥沙输移等。流域内自然因素(地貌、地质、气候、土壤、植被等)和人类活动(土地利用、农作物管理、开发建设等)及其不同组合，构成了流域内土壤侵蚀和泥沙输移的驱动力，两者综合作用决定了流域内部泥沙物源的时空分布格局和泥沙指纹特性的分布水平(唐强等, 2013)。凭借自然因素和人为因素的纽带，根据土壤指纹性质划分出潜在侵蚀物源区。同一物源区内泥沙指纹性质会表现出浓度的相对一致性，不同物源区间泥沙的指纹性质会表现出浓度的显著差异性。有效的降水事件导致土壤侵蚀，泥沙随径流运移并沉积，形成特有的指纹剖面。土壤生物地球化学性质的保存特性，使得侵蚀泥沙继承和保存了土壤物源原有的生物地球化学属性，构成指纹因子。物源指纹因子的诊断特性，使泥沙来源指纹示踪成为可能。借助指纹因子的继承性和诊断特性，选取特定指纹因子来识别流域侵蚀产沙的潜在物源，运用转换模型定量计算各潜在物源对流域侵蚀产沙的相对贡献，实现泥沙来源指纹示踪(Walling, 2005)。

泥沙来源指纹示踪技术实施框架如图 11-1 所示。指纹示踪技术的应用主要基于两方面的物质基础(唐强等, 2013)：①基于湖泊、水库、河漫滩沉积泥沙变化的来源示踪。根据沉积泥沙断代，估算泥沙沉积时间和泥沙沉积量，反推流域内部各种潜在物源对侵蚀产沙模数的贡献；②基于次降雨事件的河流悬移质泥沙通量监测及物源指纹判别，定量描述次降雨事件中各种潜在物源对河流悬移质泥沙产出的贡献。鉴于细颗粒为河流输送的主体物质，且其比表面积大，易于吸附污染物，对河流水质影响深远，常常被用作指纹识别因子。表 11-1 概括了当前泥沙来源指纹示踪技术的研究。

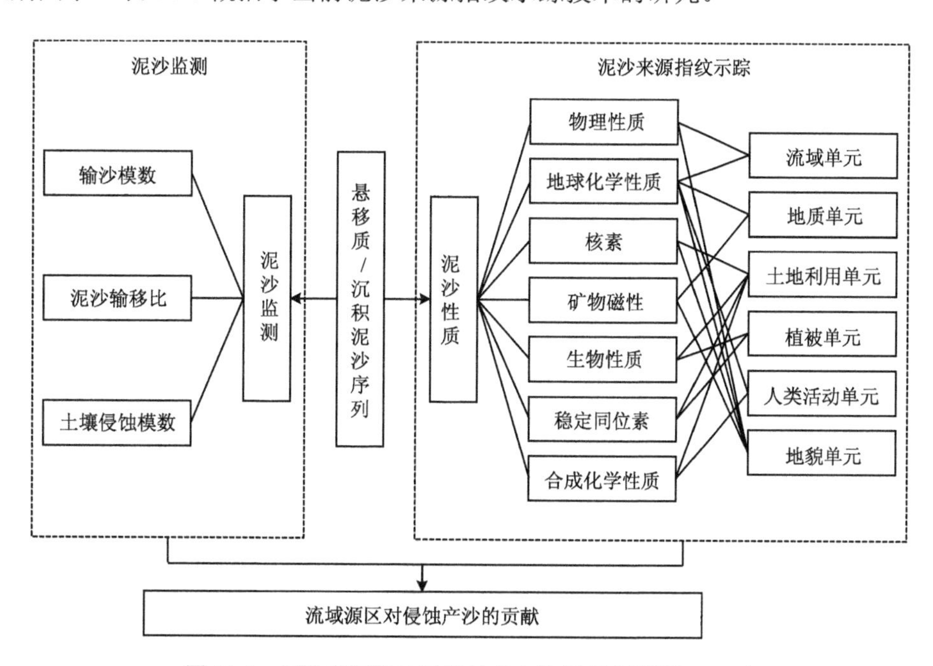

图 11-1 泥沙来源指纹示踪技术实施框架(唐强等, 2013)

表 11-1　泥沙来源指纹示踪技术的研究(唐强等, 2013)

地区	流域	泥沙潜在物源	指纹因子	文献来源
黄土高原	赵家沟	沟谷地(陡坡耕地、草地、裸坡)	^{137}Cs	文安邦等, 1998
	赵家沟	沟间地、沟谷地(谷坡耕地、谷坡草地、谷坡裸坡)	^{137}Cs	冯明义等, 2003
	麦地沟	沟间地、沟谷地	^{137}Cs	杨明义等, 1999
	黄甫川	表层堆积区、原始基岩区	^{226}Ra	李少龙等, 1995
	黑毛兔沟；饭铺沟；五分地沟	沟间地、沟谷地	粒度	王晓, 2001
长江上游	武家沟	陡坡林地、缓坡农地、裸坡地	^{137}Cs、$^{210}Pb_{ex}$	张信宝等, 2004
	蒋家沟	坡耕地、低覆盖草地、林地、滑坡堆积物	磁性矿物	贾松伟和韦方强, 2009
	蒋家沟	林地、荒草地、坡耕地	^{137}Cs	张信宝等, 1992
	小江流域	坡耕地、草地、冲沟沟壁	^{137}Cs	文安邦等, 2003b
澳大利亚	奥德河(Ord River)	支流小单元	磁性矿物	Caitcheon, 1993
	威廉姆斯河(Williams River)	牧场表土、沟壁、土质道路	Mn、Fe、Cu、K、Pb、Zn、K、^{137}Cs	Krause et al., 2003
英国	亚耳河(River Aire)；卡尔德河(River Calder)	林地、荒地、耕地、河岸	C、N、Pb、Zn、K、Ca、Mg、Na、Cu、Al、^{137}Cs、^{226}Ra、$^{210}Pb_{ex}$	Carter et al., 2003
	新福里斯特(New Forest)	侵蚀河床、河岸、坡面	孢粉	Brown, 1985
	埃斯克河(River Esk)；里布尔河(River Ribble)；迪河(River Dee)；泰威河(River Tywi)；威河(River Wye)；塔夫河(River Taff)；肯尼特河(River Kennet)；泰晤士河(River Thames)；特斯特河(River Test)；塔马河(River Tamar)	沼泽地、牧地、林地、耕地	^{137}Cs、$^{210}Pb_{ex}$、^{7}Be	Walling et al., 2003a
法国	阿尔本奇河(River Albenche)	坡耕地、牧地、河岸、河床	红外光谱	Poulenard et al., 2009
德国	奥勒维格巴赫(Olewiger Bach)	坡面来源、河流内部来源	粒度、颜色	Krein et al., 2003

1. 指纹技术应用的尺度问题

目前，利用指纹技术识别泥沙来源的研究包含多种时空尺度。在空间尺度上，研究区范围可以小到不足 10 km^2，也有大到超过 10000 km^2，但多数集中在几十至数百平方公里。一方面，这个尺度的流域下垫面(地质、土壤、土地利用等)存在相对明显的空间异质性，泥沙指纹特征在各种潜在源地间的差异较为显著；另一方面，这个面积尺度与实际流域管理中的实践范围也比较吻合(周慧平等, 2018)。对于较大的空间尺度(＞500 km^2)，潜在源地的空间异质性增大，使得样点的空间代表性不足或泥沙指纹的空间变异性增大，且源地土壤的“指纹”信息随泥沙迁移距离增加而发生变化的不确定性增加，从而导致对源地的识别难度增大。针对这一问题，Gellis 和 Walling(2011)建议将研究区域的大小控制在 250 km^2 以内。对于较小的空间尺度，地表物质的同质化特征明显，泥沙源地可能需要更加细致或特殊的分类。因此，面积太小时，指纹识别的复杂性和难度同样也会增加。

在时间尺度上，多数研究主要采用流域出口沉积泥沙或悬浮泥沙分析流域年际或年内泥沙来源的变化(Walling et al., 2008; Collins et al., 2012)。但有些研究则关注流域内次降雨过程中泥沙来源的变化(Martinez-Carreras et al., 2010; 杨明义和徐龙江, 2010)。这一类研究的特点是多采用河流悬浮泥沙，且在几平方公里甚至更小的汇水区内进行。因为只有在较小的尺度下才能确保潜在源地产生的大部分泥沙能够在次降雨过程中到达流域出口被获取，且流动的悬浮泥沙在次降雨过程中具有较好的代表性。此外，也有研究采用代表不同时期的沉积泥沙来分析流域历史时期(几十年到百年)甚至地质年代尺度上土壤侵蚀或泥沙来源的变化，并进行流域历史情景重建(Walling et al., 2003b)。

2. 潜在物源类型

指纹技术假设泥沙的潜在来源是已知的，且泥沙只属于这些源地，对于潜在物源类型可依据先验知识或实地调查事先确定，因此该方法对于源地的识别及分类具有一定的主观性(周慧平等, 2018)。对于流域侵蚀产沙而言，流域侵蚀产沙过程决定了泥沙潜在来源的种类和数量(唐强等, 2013)。流域侵蚀产沙潜在物源主要分为空间物源和类型物源两类。空间物源主要以子流域单元和地层单元进行分类；或以土壤侵蚀空间分布为依据，将流域范围划分为坡面物源、沟道物源和河道物源；或以侵蚀发生的剖面为依据，将物源类型分为表层物源、底层物源和母岩物源。例如，以面蚀和细沟侵蚀为主的坡面侵蚀，由于侵蚀速率相对较小，侵蚀物源以表层物源为主，有机质含量会明显高于其他物源的泥沙。而沟道侵蚀和河岸侵蚀受径流冲刷明显，侵蚀量大，侵蚀物源以底层物源为主，分选性差。类型物源主要以土地利用类型进行分类，通常分为林地、牧草地、农地、建设用地等。此外，在包含城市的流域内，弃渣、堆料和尘埃也构成城市河流悬移质泥沙的潜在物源。一些研究对潜在物源进行分类时，综合了以上 2 种来源或进行了分组叠加，也有研究在讨论城市流域泥沙来源时，将城区道路及污水处理设施排放等来源类型与上述其他类型的相对贡献进行对比。

流域下垫面类型及其空间异质性受空间尺度变化的影响。因此，潜在物源的分类一方面随研究尺度的变化有所侧重，另一方面也会因管理需求而有所差异(周慧平等, 2018)。当空间尺度较小时，物源分布简单，影响因素少，大多数研究以物源类型划分，同时在结合不同管理目标时，也可以合并部分特征相似的类型或者将某些类型进一步细分。例如，Blake 等(2012)采用植物脂肪酸的特定化合物稳定同位素作为指纹因子，在一个约 1 km^2 的小流域中识别出不同植物类型来源对泥沙输出的贡献，这可能是目前泥沙来源识别中最小的一种分类。当空间尺度较大时，物源类型多，空间分布复杂，且影响因素多，这时就存在采样质和量的矛盾，即当流域面积增大而采样数量较少时，每个采样点的空间代表性降低，但增加采样数量后，数据分析精确度又会降低。因此，在较大流域应用时，适宜采用空间物源划分以简化流域潜在物源数量，减少采样数量，降低复杂度，规避不确定性。总体而言，在大尺度下讨论泥沙来源的空间类型更具有现实性和可操作性。如果以子流域为空间类型，对于研究不同特征子流域的输沙贡献以及以子流域为单元的治理措施具有重要意义(Vale et al., 2016)。尽管地质单元的空间异质性相对显著，但由于地质单元分布与土地利用及管理范围不对应，从管理角度来看，采用地质单元分类对泥沙进行治理并不具有指导作用，不过地质单元特征可以为一些特殊源地的分类提供重要的指纹信息，与其他类型结合时就具有较好的应用效果(Sadeghi et al., 2017; Pulley et al., 2017; 周慧平等, 2018)。

11.2.2 常用指纹因子及其诊断能力

泥沙中多种土壤物质成分或性质特征常被作为“指纹”来区分不同的源地，包括物理性质(如泥沙颜色、粒径、矿物形态)、地球化学元素(如微量元素、稀土元素)、放射性核素(如 ^{137}Cs、^{210}Pb、^{7}Be)、磁性矿物、有机组分(如植物脂肪酸、C、N、孢粉)、稳定同位素(如 δ^{13}C、δ^{15}N)、人工化学试剂[如六氯环已烷(以下简称六六六)、滴滴涕(DDT)]等，其中地球化学元素、放射性核素和磁性矿物的使用最为普遍(周慧平等, 2018)。泥沙指纹技术中指纹因子的选择通常与研究目标和沙源分类有关。例如，当讨论流域泥沙的表层与亚表层土壤侵蚀或者耕作与非耕作用地土壤侵蚀时，^{137}Cs 和 ^{210}Pb 等放射性核素常被作为主要的指纹因子(Nosrati, 2017; 文安邦等, 2000)；当潜在物源以地质单元分类或具有特殊的地貌类型时，颜色、粒径等物理性质以及地球化学元素、磁性矿物等指标具有明显的识别优势，常被选作指纹因子(Hatfield and Maher, 2009; 王晓, 2001)；C 和 N 的同位素、植物脂肪酸以及孢粉等生物标记物可以作为土地利用分类，特别是对植物类型细分时的重要指纹因子(Mabit et al., 2018)。如上所述，一些研究采用单个指纹因子已经能够区分泥沙来源，但 Collins 等(1998)提出将多个能够有效区分泥沙来源的指纹因子组合，即复合指纹，采用复合指纹势必能够有效提高泥沙源地的识别能力。复合指纹可以是同类型多个指纹因子的组合，也可以是上述不同类型指纹因子的组合。下面就各类型指纹因子及其诊断能力做进一步详述。

1. 物理性质

不同种类的土壤具有不同的颜色、粒径和矿物形态等物理性质。Grimshaw 和 Lewin(1980)根据泥沙颜色随河流水文条件的变化，示踪了小流域河流悬移质的初级物源和次级物源构成。王晓(2001)将泥沙粒径分组，建立了黄土高原砒砂岩区侵蚀物源和淤地坝泥沙粒径的质量平衡模型，计算了不同物源区的产沙贡献，表明了黄土高原沟谷地是主要的侵蚀物源区。尽管一些研究将泥沙物理性质作为指纹因子成功示踪了流域泥沙来源，计算了侵蚀贡献比例，但值得注意的是，土壤物理“指纹”因子保存性和继承性较差，在泥沙运移和沉积过程中容易产生变化。例如，泥沙颜色易受泥沙含水量和化学反应的影响，极不稳定；泥沙颗粒在运移过程中具有分选作用，且泥沙也存在团聚和分散作用，都会影响承载信息的可信度。

2. 地球化学元素

土壤中几乎包含了地壳中所有的化学元素，有些含量丰富，被称为常量元素。有些则含量很少，被称为微量元素。土壤中常见的元素有 K、Ca、Na、Mg、P、Fe、Al、Cu、Zn、Mn、Sr、Cr、Cd、Pb、Co、Ni、Si 等，但其含量受区域地质构造、成土母岩和土壤发育过程的影响(唐强等, 2013)。由于土壤地球化学组成比较稳定，泥沙化学元素较好地继承了物源属性，其显性高低就取决于物源配比。流域侵蚀产沙的地球化学元素特征反映了不同空间分布的支流单元、地质亚区或地形地貌区的物源搭配，记录了流域各自然环境亚区和人类活动单元的侵蚀产沙状况。土壤地球化学元素含量受母岩影响最为直接，可用于各种母岩发育土壤类型区泥沙物源的判别。成土过程中特定气候环境下的风化、淋溶、侵蚀、生物活动、土地利用和植被覆盖又会导致相同母岩区的土壤地球化学元素组成出现差异，泥沙元素特征能反映出特定过程(温度、水分、氧化还原等)的影响。因此，地球化学元素可作为特定气候环境下，不同地表活动、地形地貌、土地利用、植被覆盖物源的有效示踪剂。人为作用会导致土壤中某些元素增加或减少，这些元素能够成为反映人类活动物源单元的示踪剂。稀土元素(REE)(如 La、Ce、Pr、Nd、Sm、Eu、Gd、Tb、Dy、Ho、Er、Tm、Yb、Lu)可通过与土壤均匀混合后人工释放到研究区域某一位置，随后测定不同部位土壤中稀土元素的含量来示踪土壤颗粒迁移过程，估算土壤侵蚀量。在实际应用过程中，指纹构成要视流域具体特征及土壤侵蚀特点来选定。

3. 放射性核素

放射性核素在流域侵蚀产沙估算以及泥沙物源判别中被广泛应用。常用的示踪核素有核爆炸产物(^{137}Cs 等)和天然放射性核素($^{210}Pb_{ex}$、^{7}Be、^{226}Ra、^{232}Th 等)。其中，^{137}Cs、$^{210}Pb_{ex}$、^{7}Be 等放射性核素进入高空后参与大气环流运动，部分随降水和尘埃沉降到地表，被土壤颗粒强烈吸附后稳定存在。这些核素在土壤中具有固定的分布深度和剖面特征，与区域地质条件和土壤类型无关，是判别不同分布深度物源的理想物质。在农地中，耕作活动使大气沉降核素在土壤犁耕层中均匀分布，与非耕作土地有明显差异，这一差别成为鉴别耕地、林地、草地等不同土地利用类型/植被覆盖物源的理想手段。土壤天然放射性核素 ^{226}Ra 和 ^{232}Th 取决于母质和土壤发育过程，其在不同土壤剖面和不同地质区土壤中的含量不同，可作为不同土壤剖面产沙、地质亚区和不同土壤发育区物源的诊断因子。核素示踪技术在我国黄土高原和长江上游地区广泛运用，并取得大量成果，为流域水土流失治理提供了理论和数据支撑。例如，杨明义等(1999)利用 ^{137}Cs 计算了黄土高原小流域沟间地表层物源和沟谷地底层物源的产沙贡献比，得出沟谷地是流域侵蚀产沙的主要源地。李少龙等(1995)利用 ^{226}Ra 研究了黄土高原堆积黄土和基岩侵蚀对流域产沙的相对贡献，得出基岩侵蚀是流域产沙的主要来源。张信宝等(2004)利用 ^{137}Cs 和 $^{210}Pb_{ek}$ 分析了川中丘陵区小流域陡坡林地、缓坡农台地和裸露坡面 3 种物源对流域库塘沉积泥沙的贡献，计算得出农台地和裸坡是主要侵蚀产沙区。

4. *磁性矿物*

土壤中含有的铁元素及其化合物在一定自然环境条件和人类活动的影响下会生成氧化物或络合物，即磁性矿物，其化学性质稳定，在土壤中保存性能强(唐强等, 2013)。土壤磁性矿物的特征在较大空间尺度上受由地质构造、成岩过程和区域气候、植被、水文、生物等条件决定的成土过程的影响(张风宝等, 2005)。在较小空间尺度上受土壤类型、植被、土地利用和微地形差异的影响(韩晓非等, 2001)。磁性矿物在土壤各粒级中的分配也存在差异，其中原生磁性矿物主要富集在粗颗粒中，次生磁性矿物主要富集在细颗粒中。土壤在侵蚀、搬运、沉积过程中，由于泥沙颗粒的分异作用，形成土壤磁性矿物与侵蚀强度对应的分布特征，可以反映出坡面侵蚀的空间分布特征(董元杰和史衍玺, 2004)。磁性矿物在土壤剖面中具有显著的分布差异。由于表土易受区域环境和人类活动的影响，表层土壤成土时间最久，土壤形成过程中次生亚铁磁性矿物形成和累积最多，因此，自然土壤剖面中表土磁性矿物的特征较强。与之相比，底层土壤磁性矿物的特征较小但更稳定(濮励杰等, 1999)。Thompson 和 Oldfield(1986)首次利用磁性参数对河流悬移质物源进行判别，随后 Caitcheon(1993)提出了适用于两种物源判别的磁性矿物诊断模型。贾松伟和韦方强(2009)利用磁性参数诊断了泥石流物源区不同空间分布物源和土地利用物源对流域侵蚀产沙的贡献，同时表明滑坡体松散堆积物是泥石流产生的主要物源。

5. *有机组分和稳定同位素*

土壤有机组分是元素(C、N)在土壤、植物、水和大气间循环往复的重要形态，是全球 C、N 生物地球化学循环的重要组成物质(唐强等, 2013)。地球土壤有机组分同时存在植物枝叶腐烂输入和微生物分解输出的过程，因此，影响这两个过程的因素，如土壤性质(质地、湿度和水分)和土地管理措施(施农家肥、植物收割、耕作)等都将直接或间接地影响有机组分在土壤中的含量(Homann et al., 2004)。土壤有机组分[土壤有机碳(SOC)、总有机碳(TOC)、总有机氮(TON)、总有机磷(TOP)、碳氮比(C/N)、孢粉]和稳定同位素(δ^{13}C、δ^{15}N)能反映物源区所具有的植被类型、土地利用和土地管理措施。有机组分主要分布在土壤表层，且在各土地利用物源(农地、林地、草地)中差异显著，如草地和林地表层土壤有机组分浓度较高，农地表层土壤有机组分浓度较低。耕作活动破坏了农地的土壤团聚体，增大了易分解有机组分的暴露程度而促使其分解，导致表层土壤有机组分浓度降低，稳定同位素 δ^{13}C 和 δ^{15}N 转化(Fox and Papanicolaou, 2007)。张信宝等(2005)借助植被孢粉对黄土高原土壤和淤地坝沉积泥沙进行了分析，发现草地土壤中的孢粉数量和种类都高于坡耕地；用孢粉浓度辨别每一次洪水沉积旋回，还原流域侵蚀历史，发现古代洪水沉积旋回中孢粉的平均浓度高于现代，表明黄土高原古代的植被环境和植被覆盖要好于现代。

6. *人工化学试剂*

在耕地和林地同时分布的流域，结合人类活动历史，持久性化学试剂(六六六、DDT 等)的使用为流域沉积区淤积泥沙断代提供了途径。六六六、DDT 等有机氯农药具有半挥发性，能够从水体或土壤中以蒸气的形式进入大气或者吸附在大气颗粒物上，在大气环境中远距离迁移，随干湿沉降又重新回到地表。持久性化学试剂性质稳定，残留期长，一旦排放到环境中很难被分解，可在各种环境介质(大气、江河、海洋、底泥、土壤等)中存留数十年甚至更长时间。由于对环境和人类的危害极大，持久性化学试剂在 20 世纪末被禁止使用，如美国、日本、欧洲国家和地区从 1972 年开始全面禁止生产和使用六六六、DDT 等有机氯农药；我国从 20 世纪 50 年代开始使用，到 1983 年全面禁止生产和使用。结合农林活动中使用持久性化学试剂的时间节点，分析残存在流域沉积区域泥沙层中的持久性化学试剂含量，可以识别流域泥沙沉积序列，估算流域侵蚀产沙及泥沙输移状况。

11.2.3　泥沙来源复合“指纹”示踪技术

泥沙来源“指纹”示踪技术的关键是用定量模型将“指纹”浓度转换为潜在物源产沙比例。单“指纹”技术，即建立一种“指纹”因子在泥沙和两种物源间的质量平衡模型，附加一个限定条件求得两种物源对流域产沙的相对贡献(唐强等, 2013)。单因子示踪技术在国内应用较多，但具有较大的不确定性。“指纹”因子的浓度分布受流域环境因素，如地貌、土壤、植被、气候、土地利用、土地管理措施等影响存在明显的地域差异。因此，单“指纹”示踪技术具有明显的时空局限性。物源数量增多使“指纹”因子浓度不能在物源间表现出显著分异性，即单“指纹”因子不具备对多种物源进行诊断的能力。土壤侵蚀、泥沙输移路径和方式的不确定性降低了单“指纹”示踪能力。“指纹”因子在泥沙中保存性能的差异以及判别能力的差异使得不同元素示踪的结果差异较大，可比性较差。同时，研究时间尺度的缩短、采样的不确定性和实验室分析误差等因素会降低单因子判别结果的准确性和可信度。

泥沙来源复合“指纹”示踪技术选择由多“指纹”因子组合代替单“指纹”因子(Collins et al., 1997c)。统计分析方法为检验“指纹”因子的示踪能力、减少数据冗余度和建立最优“指纹”因子组合提供了方法保证(Collins et al., 1996; Motha et al., 2003)。Collins 和 Walling(2002)为检验单“指纹”因子示踪和复合“指纹”因子示踪水平的差异，分别用单“指纹”因子和经统计分析建立的复合“指纹”体系在英国和非洲的 8 个流域进行了沙源分析。为减小地域性影响，所选流域分别代表了不同的岩性、土壤类型、地貌等环境变量和不同的空间尺度，结果表明，由同类“指纹”因子构成的组合对沙源的识别能力优于单个“指纹”因子，但稳定性较差，而来自不同类别“指纹”因子的组合具有较强的沙源识别能力。张信宝等(2004)用 ^{137}Cs 和 $^{210}Pb_{ex}$ 示踪川中丘陵区小流域库塘淤积泥沙不同来源的相对产沙量，结果表明，农台地是流域产沙的主要来源。杨明义和徐龙江(2010)用全氮、低频磁化率、Cu、^{137}Cs 和 ^{226}Ra 构成的因子组合示踪黄土高原次降雨过程中不同物源的产沙贡献，结果表明，坡地果园是侵蚀产沙的主要来源。

泥沙来源复合“指纹”示踪技术虽较单因子示踪技术有一定的改进，但也有一定的局限性。首先，泥沙物源划分时假定研究主体能详尽地分析流域潜在侵蚀产沙分区，并将流域划分为主观认定的几类物源区，但实际上这种主观判断和实际情况间的差异具有不确定性。其次，采样具有不确定性。通过采集有限数量的样品计算得到的“指纹”浓度平均值是否能够代表流域真实“指纹”浓度空间分布仍需要进一步验证。最后，泥沙输移过程影响“指纹”浓度。泥沙输移过程中存在颗粒分选作用，“指纹”因子浓度在不同粒级泥沙中存在分配比例，泥沙和物源颗粒组成的差异造成“指纹”浓度的差异。此外，对于泥沙输移过程复杂的流域，其他因素也会影响“指纹”浓度在泥沙中的保存特性，如不充分考虑这些因素的影响作用，就会导致研究结果出现不同程度的偏差。复合“指纹”示踪技术假设“指纹”在物源内部分布均匀且具有同等判别能力，而实际上各判别因子的示踪水平并不一致，各种“指纹”因子的识别水平有待检验，在混合模型中也应考虑对示踪水平差异进行校正。

针对当前泥沙来源复合“指纹”示踪技术的局限性，相关学者在技术的改进和优化方面提出了一些建议，如：①建立与研究时空尺度相适应的流域潜在物源判别准则。目前流域潜在物源都是根据研究主体的主观判断结合流域现状确定的，为促进技术运用的标准化和建立相似研究的可比性，有必要建立一套潜在物源判别准则。②诊断因子筛选方法的改进。“指纹”因子在大尺度流域可能存在显著差异，而在小流域的诊断特性需要研究验证。深入开展流域潜在侵蚀物源和“指纹”因子之间联系的研究可为科学确定流域沙源的数量、种类和合理选取诊断因子提供指导。数理统计是当前筛选“指纹”因子的主要方法，最优“指纹”因子及其组合形成的前提是通过大量实验分析，建立一个数量远多于最优因子数量的“指纹”集。“指纹”示踪技术应与相关基础学科结合，泥沙“指纹”因子与流域环境因子之间的联系可为“指纹”因子的筛选提供直接、快速的途径。③流域侵蚀产沙过程和“指纹”示踪受各种因素影响，校正方法的研究成为真实表达结果的重要方面。选用小于 63 μm 的细颗粒作为分析对象相对降低了颗粒分异误差，采用比表面积比、颗粒组成与“指纹”浓度的关系模型也能避免误差。

11.3　沉积物磁化率特征

土壤是地表重要的物质组分。土壤磁化率是土壤各组分的磁性反映，是对物质磁化性能的量度。土壤磁性受环境控制，可以评价地质、气候、植被、地形、有机质和时间等主要成土因子，能够反映全球环境变化、气候变迁和人类活动等综合信息(李鑫和魏东岚, 2012)。自从环境磁学的概念和方法建立以来，各种磁性参数得到了广泛关注和应用，其中，磁化率被广泛用于黄土、湖泊、海洋等环境建造形成的沉积物研究。土壤沉积物的磁性特征极为复杂，其组成矿物来源于众多不同类型的物源和地区，包括风尘、海洋、河流、火山喷发、滨岸沉积物的再侵蚀、浮冰和冰山及大洋水体本身，沉积物内的化学和生物过程又可以生成一系列新的矿物。为详细了解土壤沉积物磁性特征及其与环境的关系，近年来开展了大量沉积物磁化率或磁性特征的研究工作。

11.3.1　黄土沉积物

1. 黄土沉积物磁性矿物及其来源

中国北方黄土高原风成沉积物序列具有粒度细、沉积速率高、连续性好等特征，是蕴含古地磁场信息最为丰富的晚新生代陆相沉积物(邓成龙等, 2007)。中国黄土沉积物中的磁性矿物主要有亚铁磁性矿物，包括磁铁矿(Fe_3O_4)、磁赤铁矿(γFe_2O_3)以及反铁磁性矿物，即赤铁矿(αFe_2O_3)和针铁矿[$\alpha FeO(OH)$]4 种。磁铁矿和磁赤铁矿是黄土沉积物中最主要的磁性载体，对磁化率贡献最大。从成因来看，黄土沉积物中的亚铁磁性矿物既包含原生风成成因的粗颗粒磁铁矿，又包含次生成土成因的细颗粒磁赤铁矿。此外，磁赤铁矿也可在粉尘挟带的粗颗粒磁铁矿沉积后经低温氧化后形成(刘青松等, 2003; 邓成龙等, 2007)。相对于前者，后者对样品中磁赤铁矿总量的贡献小得多，但是低温氧化作用可以显著改变粗颗粒磁铁矿的磁学性质。磁赤铁矿对土壤磁学研究尤为重要，其为了解土壤形成时的环境提供了重要信息。中国黄土处于氧化条件好、排水良好、pH 接近中性的沉积环境中，在温暖湿润的间冰期的成土过程中十分有利于生成新的磁赤铁矿，因此其含量可以作为指示黄土沉积物土壤磁化作用强弱的重要指标(Deng et al., 2000)。

磁铁矿和磁赤铁矿都具有反尖晶石结构，许多性质非常相似，如磁性强。另外，成土过程中新生成的磁赤铁矿颗粒细，主要为超顺磁性(SP)、单畴(SD)以及较小的假单畴(PSD)颗粒(Deng et al., 2005)。磁赤铁矿是一种非稳定矿物，加热会转变为弱磁性的赤铁矿($\gamma Fe_2O_3 \rightarrow \alpha Fe_2O_3$)。在中国黄土沉积物的热磁曲线上，通常在 300～450℃可以观察到一个明显的磁化率或饱和磁化强度降低，这就是由磁赤铁矿受热转化为赤铁矿造成的。这一特征在年轻黄土沉积物的热磁曲线上尤为显著(Deng et al., 2004, 2006)，可以作为年轻黄土沉积物成土作用强弱的一个指标。当成土作用可以忽略时，黄土中的磁赤铁矿主要来源于低温氧化作用，这种情况下磁赤铁矿的含量可能会反映古温度信息。

黄土沉积物中的赤铁矿，一部分来自粉尘源区化学风化作用，另一部分来自沉积区成土过程。赤铁矿挟带了粉尘源区或沉积区化学风化过程以及沉积时的地磁场信息。但是由于其磁性弱，致使定量化提取它的磁信号十分困难，从而通常在以往的黄土沉积物环境磁学和古地磁学研究中忽略赤铁矿的贡献。在热磁分析中，赤铁矿的贡献往往被强磁性的磁铁矿和磁赤铁矿掩盖，从而难以有效分离出赤铁矿的磁信息。通过磁选方法分离出富集的样品进行低温分析的效果也不甚理想(邓成龙等, 2007)。

针铁矿也是黄土沉积物中一种常见的反铁磁性矿物，其受热后不稳定，加热到 300～400℃时脱水转化成赤铁矿[$\alpha FeO(OH) \rightarrow \alpha Fe_2O_3$]。黄土中一些强磁性矿物可能是针铁矿改造后的产物。目前对黄土沉积物中针铁矿的磁学性质仍然知之甚少。究其原因，一方面可能是针铁矿磁性太弱，以至于常规磁学检测手段效果不理想。例如，同赤铁矿相似，针铁矿的磁化率也很低，在黄土沉积物的热磁曲线上不能有效识别出其脱水转化成赤铁矿的信息。另一方面可能是因为黄土沉积物中的针铁矿在形成过程中，矿物晶格中的 Fe^{3+} 被 Al^{3+} 替代而发生同晶替代现象，大大降低其尼尔温度，从而在常温下挟带剩磁的能力大大减弱甚至不能挟带剩磁。最近对人工合成样品的低温磁性测量显示，被 Al^{3+} 替代了 Fe^{3+} 的针铁矿在低温下可以挟带剩磁。因此，低温磁学手段目前已成为有效鉴别样品中针铁矿存在的一种方法(Liu et al., 2004)。

2. 黄土沉积物磁化率增强机制

在中国黄土沉积物研究中，磁化率被认为是指示夏季风强弱的良好替代性指标。自

20世纪80年代开始，我国学者广泛开展了黄土-古土壤磁性增强机制的研究，并取得了一些成果。在沉积环境中，磁性矿物的形成、搬运、沉积和沉积后的改造都会受到环境和气候的影响，因此，研究工作也主要集中于这几个对磁性矿物产生影响的方面(徐新文等, 2011)。由于地理位置和气候条件的不同，学者对于增强机制的解释也存在差异。目前，主要有以下几种说法：成土过程中细颗粒强磁性矿物的生成(Zhou et al., 1990; Heller et al., 1991)、沉积物压实和碳酸盐淋滤作用(Heller and Liu, 1984)、黄土-古土壤原始物质的源区差异(Rolph et al., 1993)、来自源区粉尘的稀释作用(Porter, 2001)、自然燃烧(Kletetschka and Banerjee, 1995)、植物残体分解以及微生物生化过程中形成的超顺磁性颗粒等(贾蓉芬等, 1996)。随着岩石磁学研究的深入和大量新方法的使用，越来越多的学者倾向于成土作用的强度是导致黄土与古土壤磁化率产生差异的主要原因，是磁性增强的主导机制。例如，Zhou 等(1990)认为，成土过程中细颗粒磁性矿物(磁铁矿和磁赤铁矿)的形成是造成古土壤中磁化率增强的主要因素；Maher 和 Thompson(1992)指出，成土过程中形成的细颗粒磁铁矿是磁化率的主要贡献者；而 Liu 等(1993)则认为该过程中细颗粒磁性矿物除磁铁矿和赤铁矿外，磁赤铁矿也具有较大的贡献。大量岩石磁学证据表明，成土过程中形成的细颗粒磁赤铁矿是构成黄土-古土壤磁性增强的主导机制，并非先前认为的磁铁矿。

我国黄土沉积物分布广泛，在地理位置和气候条件等方面存在着明显差异，对于磁性增强机制是否适用于所有地区还不甚清晰。就目前研究而言，黄土高原地区磁性增强机制是普遍存在的，但也存在特殊情况，如在黄土高原中部宝鸡地区的剖面中，成土作用最强的古土壤不是磁化率最高的层位，这不同于高原内部的洛川和西峰剖面(徐新文等, 2011)。对于这一情况，刘秀铭等(2007)认为磁化率与降水并非是单一的正相关关系，当有效降水超出临界值后，磁化率与其呈负相关。类似地，国外一些黄土沉积物的磁化率和成土作用的强度也显示呈负相关，甚至不相关。这说明不同地区的成土作用对磁化率变化的影响可能存在差异。

黄土-古土壤与其下伏红黏土都属于风成沉积物，相关研究表明两者具有相似的磁性增强机制，即磁化率高低主要由细颗粒磁性矿物的含量决定，其含量越高，磁化率越高。岩石磁学研究表明，黄土-古土壤与红黏土具有共同的磁性矿物，即磁铁矿、磁赤铁矿和赤铁矿；红黏土磁化率与成土过程中形成的超顺磁性颗粒含量呈正相关(刘秀铭等, 2001; Liu et al., 1992)。朝那剖面研究结果显示，一方面，与黄土相似，红黏土中的频率磁化率、磁化率和非磁滞剩磁均有较好的线性关系；另一方面，红黏土中频率磁化率与磁化率线性拟合后的斜率大于黄土，表明红黏土中细颗粒磁性矿物的含量更高(Nie et al., 2007)。但 Hu 等(2009)在距离朝那较近的灵台却得到了相互矛盾的结论。灵台剖面研究结果显示，尽管红黏土与上覆黄土-古土壤有相似的风成沉积特征，但红黏土风化程度更高，颗粒更细；与黄土相比，红黏土的磁化率和磁性矿物含量较低，赤铁矿和针铁矿含量较高；红黏土中游离铁含量高，活性铁含量低，且活性铁和活性铁/游离铁与磁化率具有很高的相关性。磁化率随深度递减，受埋藏后潜育化作用改造明显，磁性明显减弱，不能反映成土作用的强度。由此可见，除区域气候条件外，埋藏条件和埋藏后的潜育化作用对风成沉积物磁性增强机制也有较大影响。

3. 黄土沉积物磁学性质和环境意义

中国黄土高原由多层黄土和古土壤叠加覆盖而成。黄土-古土壤是一种记录第四纪气候变化理想的信息载体，黄土磁化率被广泛应用于对古降水、古环境的恢复研究，成为古环境演变的有效代用指标。此外，黄土磁化率对未来气候环境变化趋势的预测也具有重要意义。邓成龙等(2007)在《中国黄土环境磁学》一文中总结了相关内容，涉及以下几个方面。

1)第四纪亚洲内陆干旱化过程的磁学记录

靖边(37.4°N，108.8°E)剖面位于黄土高原北部的沙漠、黄土过渡带，对气候变化较为敏感。Deng 等(2006)利用靖边黄土-古土壤序列的岩石磁学性质研究了第四纪以来亚洲内陆干旱化的发展过程。结果显示，与其他剖面相似，该黄土-古土壤序列中的磁性矿物主要是磁铁矿、磁赤铁矿和赤铁矿，但这里的磁铁矿颗粒明显要比黄土高原中部和南部黄土沉积物中的磁铁矿颗粒粗得多。由于沉积物中的赤铁矿一般是化学风化作用的产物，因此有效区分并提取黄土和古土壤层中赤铁矿的磁学信息，就可以分别获得粉尘源区和沉积区的气候信息。

靖边剖面所处地区气候干旱，年平均降水量约 395 mm，年平均气温约 9℃，冰期粉尘沉积后所遭受的化学风化非常微弱，因此，可以认为黄土层中的赤铁矿主要由粉尘源区风成成因的赤铁矿遭侵蚀搬运而来。但是，间冰期粉尘沉积后经历了程度不同的化学风化作用。古土壤层中的赤铁矿是风成成因和成土成因赤铁矿的混合物，但以后者为主，其含量与成土作用呈正相关。综上，由于黄土沉积物中的赤铁矿是粉尘源区以及粉尘沉积后化学风化作用的产物，对于靖边剖面，黄土或古土壤层中赤铁矿相对含量的高低就指示了粉尘源区或沉积区化学风化作用的相对强弱，进而指示黄土层或古土壤层形成时亚洲内陆地区干旱化程度的相对强弱。该研究发现，靖边剖面上不论是黄土层还是古土壤层，$SIRM_{100mT}/SIRM$、$SIRM_{100mT}/SIRM_{30mT}$ 和 $SIRM_{100mT}/SIRM_{60mT}$ 参数都呈长尺度逐渐降低的特征(图 11-2)，说明 2.6 Ma 以来，靖边剖面冰期黄土层和间冰期古土壤层中赤铁矿的相对含量都是逐渐减少的。也就是说，第四纪期间不论是冰期还是间冰期的古风化强度都是逐渐降低的。这一结果说明，第四纪以来不论是黄土沉积区(即中国黄土高原地区)还是粉尘源区(即亚洲内陆沙漠、戈壁)，其干旱化发展趋势总体上都是增强的。

2)第四纪东亚古季风演化的磁学记录

交道(35.8°N，109.4°E)剖面位于黄土高原中部，距经典的洛川剖面以北约 50 km。通过研究交道黄土沉积物的磁学性质，有效分离反映粉尘源区气候的风成成因磁信号和反映黄土沉积区气候的成土成因磁信号，进而获得高分辨率、多参数的跨越整个第四纪黄土-古土壤序列的磁气候记录(Deng et al., 2005)。研究涉及的磁性参数包括热磁曲线、磁滞回线、磁化率、饱和等温剩磁(SIRM)、非磁滞剩磁(ARM)以及由这些参数派生出的其他参数，如频率磁化率(χ_{fd}%)、非磁滞磁化率(χ_{ARM})、χ/χ_{ARM}、$SIRM/\chi$、$\chi_{ARM}/SIRM$ 等。研究发现，交道剖面黄土-古土壤序列中的磁性矿物主要是磁铁矿、磁赤铁矿和赤铁矿。从剖面底部到顶部，交道剖面的 χ_{fd}%和 $\chi_{ARM}/SIRM$ 总体上呈现长尺度逐渐降低的趋势，而 χ/χ_{ARM} 呈现长尺度逐渐升高的趋势(图 11-3)。由于 χ_{fd}%反映的是超顺磁性(SP)颗粒信号，χ_{ARM} 对单畴(SD)至小的假单畴(PSD)磁铁矿/磁赤铁矿颗粒反应灵敏，而黄土沉积物中这些较细的亚铁磁性颗粒主要是在粉尘沉积后的成土过程中生成，与东亚夏季风强度密切相关。因此，研究结果说明第四纪以来东亚夏季风强度总体上呈现长尺度逐渐减弱的特征。

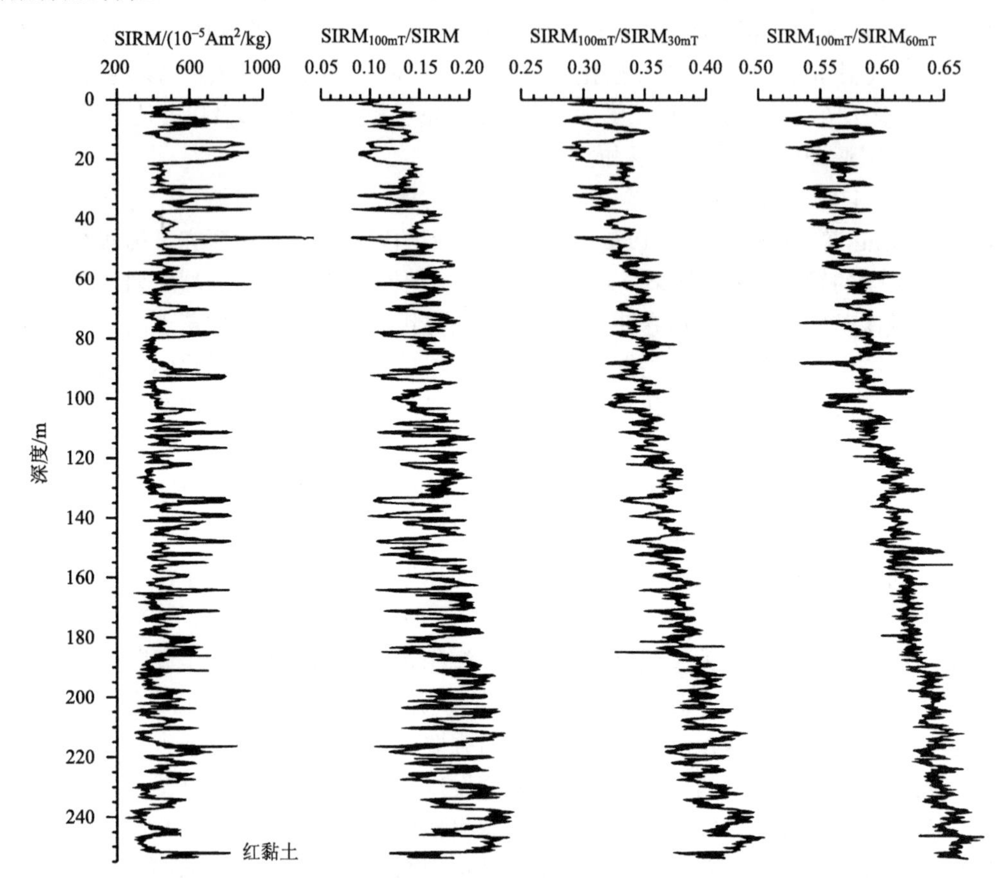

图 11-2　靖边黄土-古土壤序列的 SIRM，以及 $SIRM_{100mT}/SIRM$、$SIRM_{100mT}/SIRM_{30mT}$ 和 $SIRM_{100mT}/SIRM_{60mT}$ 比值参数的对比(Deng et al., 2006)

地层划分根据 Ding 等(2005)的方案，$SIRM_{30mT}$、$SIRM_{60mT}$ 和 $SIRM_{100mT}$ 分别为样品的 SIRM 经过 30mT、60mT 和 100mT 交变磁场退磁后的残余剩磁

采用特定的实验条件和实验步骤，利用柠檬酸盐-碳酸氢盐-连二亚硫酸钠(citrate-bicarbonate-dithionite，CBD)提取法，可以有效溶解磁赤铁矿、赤铁矿、针铁矿和土壤成因的细颗粒磁铁矿，从而有效分离出与粉尘源区及沉积区的气候相关的磁信号。经 CBD 提取后，交道剖面黄土沉积物的岩石磁学性质发生了显著变化，岩石磁性参数显示了有规律的长尺度变化特征。例如，χ、ARM、SIRM、χ/χ_{ARM} 等磁性参数总体上呈现了长尺度逐渐升高的趋势，而 χ_{ARM}/SIRM 呈现了长尺度逐渐降低的趋势(图 11-4)。由于 CBD 提取后的黄土沉积物中磁性矿物是单一的磁铁矿，并且粒度较粗。粗颗粒磁铁矿的含量为上述磁性参数的主要控制因素，而这种粗颗粒磁铁矿主要来自粉尘源区，与东亚冬季风强度密切相关。因此，研究结果也说明了第四纪以来东亚冬季风强度总体上呈现了长尺度逐渐减弱的特征(Deng et al., 2005)。

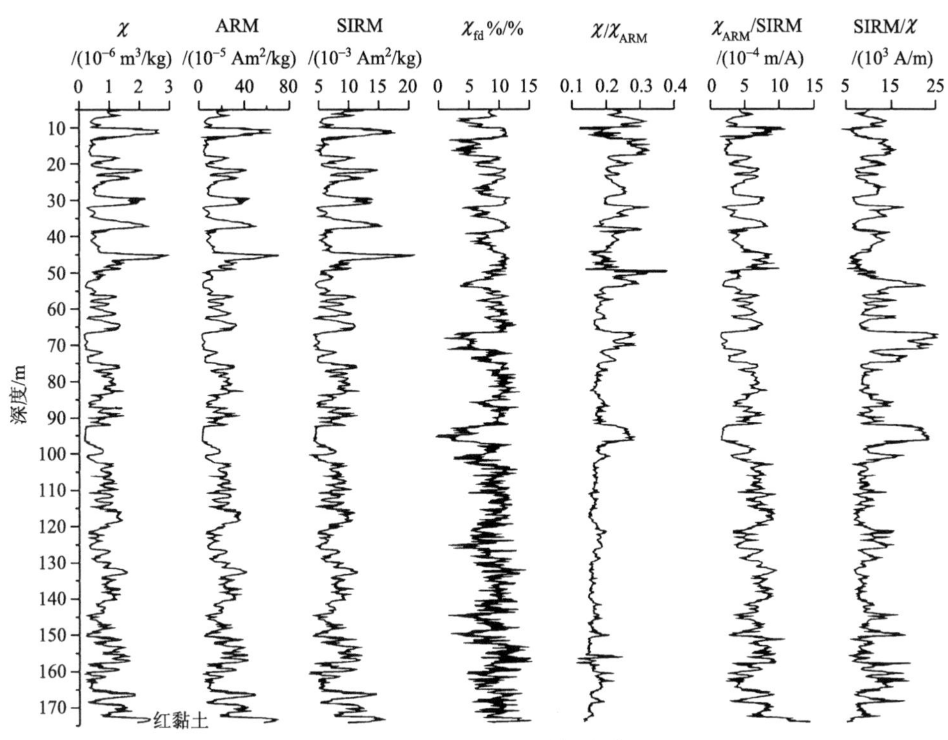

图 11-3　交道黄土-古土壤序列的岩石磁性参数(Deng et al., 2005)

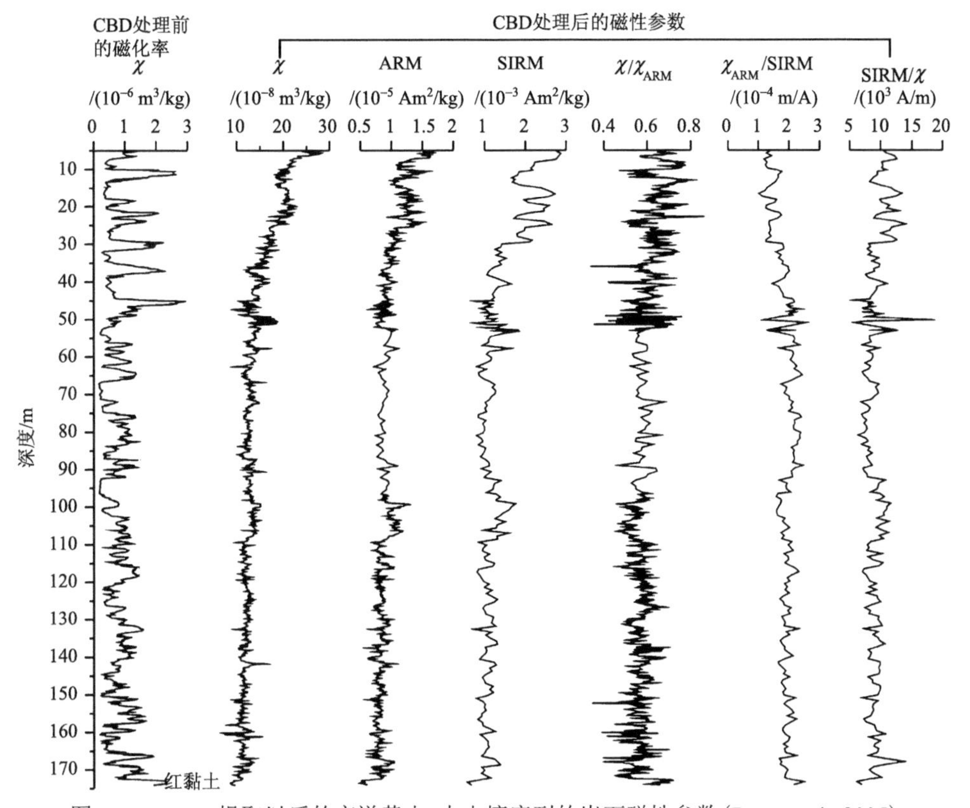

图 11-4　CBD 提取以后的交道黄土-古土壤序列的岩石磁性参数(Deng et al., 2005)

3) 末次冰期-间冰期旋回气候不稳定性的磁学记录

塬堡(35.4°N，103.1°E)剖面位于黄土高原西部，甘肃省临夏市西北 15 km 处，地处六盘山以西，具有沉积厚度大、分辨率高等特点。中国黄土高原的末次冰期黄土(L_1)和末次间冰期土壤(S_1)的岩石磁学性质记录了北半球气候变化的不稳定性(Chen et al., 1997; Liu et al., 2005)。Chen 等(1997)通过研究塬堡剖面过去 75 ka 高分辨率的磁化率、$CaCO_3$ 含量和粒度特征，发现了该剖面 L_1 中成土作用加强的层位(以高磁化率和低 $CaCO_3$ 含量为标志)可与格陵兰冰芯氧同位素记录的间冰段对比，一些低磁化率层位可对应于北大西洋沉积物记录的海因里希(Heinrich)事件和格陵兰冰芯记录的冷事件。此外，该剖面磁化率和粒度的锯齿状变化特征还记录了主要的邦德(Bond)气候旋回(Bond et al., 1993)。随后，Liu 等(2005b)通过研究塬堡剖面和九州台(36.0°N，103.5°E)剖面的岩石磁学性质，提出 S_1 的 $SIRM_{60mT}$(饱和等温剩磁经过 60 mT 的交变磁场退磁后的残余剩磁)的变化与亚热带北大西洋地区氧同位素阶段 5 的海水表面温度变化一致。这些环境磁学结果说明，中国黄土可以记录高分辨率气候变化，并进一步证明了末次间冰期以来东亚季风演变与北大西洋气候变化之间的耦合关系。

11.3.2　海洋沉积物

1. *海洋沉积物磁性矿物及其来源*

海洋沉积物是进行环境磁学研究的理想场所之一，在当前环境磁学研究的 3 个主要领域(黄土、湖泊沉积物、海洋沉积物)中占有重要的地位。磁化率等磁性参数的测量已成为海洋沉积物研究的一种基础性数据(Walden, 2004)。从磁性矿物方面来说，各种环境系统中海洋的情况最为复杂。进入海洋沉积物中的磁性矿物，主要以水和大气为载体。大气带来微小磁性颗粒，包括大气层外的陨石或显微熔融石以及宇宙小球粒。陆上火山喷发生成的火山灰以及喷发碎屑、工业革命以后矿物燃料燃烧生成的工业污染微粒、一部分表土颗粒、岩石风化后的微粒等也都通过大气进入海洋沉积物中。大多数研究者认为，受风蚀作用的陆地表面对大气中尘土的贡献要比火山喷发大得多(孟庆勇和李安春, 2008)。

海洋沉积物中来自陆地的磁性矿物的主要源区有三种，即火山喷发物、土壤和基岩风化物。深海沉积物中来自火山喷发的磁性矿物是研究天然剩磁的一种重要组分。土壤和基岩风化物所含的磁性矿物通过风力、河流、冰川以及海岸侵蚀等作用沉积到海底。其中，大陆侵蚀所输入的磁性矿物是海洋沉积物中磁性矿物的主要来源，甚至对许多深海环境也是一样。

海洋内部的生物作用和还原成岩作用会影响沉积物中磁性矿物的生成和转化。①生物(有机质)积极参与了磁性矿物的生成和转化。通过生物，特别是磁细菌，合成的磁铁矿和磁黄铁矿等是磁性矿物的来源之一(张卫国等, 1995)。Blakemore(1975)在研究海泥中的螺旋体时首先发现并描述了磁细菌，磁细菌能够合成胞内磁铁颗粒。Kirschvink 和 Chang(1984)在研究深海沉积物稳定剩磁形成机理时发现，深海沉积物中存在单磁畴生物成因的磁铁矿晶体，磁铁矿还有可能是由海藻形成。Vali 和 Forster(1987)在研究海洋沉积物中的磁小体时发现，相对稳定环境中的磁小体总以某一种形态为主，如太平洋和南大西洋沉积物中的磁小体主要为八面体，而南极沉积物中的磁小体以棱柱为主。细菌合成的磁铁矿大多呈立方体或八面体，排列成链，属于超顺磁性颗粒。②在海洋和湖泊环境中沉积的磁性矿物，普遍受到沉积后还原成岩作用的影响，从而导致沉积物原始磁学特性改变(刘健, 2000)。早期成岩过程是指沉积物埋藏初期，在沉积物表层固液界面附近所产生的各种化学反应和迁移过程。在固液界面附近，沉积物的磁性受游离氧、有机质、微生物活动、环境物质组成和沉积速率等因素的影响。早期成岩作用对沉积物磁性记录的改造，在深海沉积、近海陆架沉积、潮滩沉积等研究中均有所发现(刘健等, 2003)。沉积物在还原条件下发生的早期成岩作用会导致磁性矿物溶解和相变。在厌氧及缺氧沉积环境中，有机物早期成岩过程中微生物的活动致使氧化物不稳定，在硫酸盐还原以及随后同硫化氢反应后，它们最终转化为顺磁性的黄铁矿。但是硫与铁成岩作用的中期产物，如亚铁磁性的磁黄铁矿和胶黄铁矿可能被保存下来。Karlin 和 Levi(1985)研究了现代大陆边缘、半深海以及深海等海洋环境中的沉积物，指出成岩作用会影响古地磁记录的可靠性，但同时也具有一定的环境意义。通过对海洋沉积物进行古地磁和岩石磁学方面的研究发现，遭受还原成岩作用的沉积物具有标志性的磁学特征。沉积物的天然剩磁(NRM)、磁化率(χ)、非磁滞剩磁(ARM)、饱和等温剩磁(SIRM)以及饱和磁化强度从顶部(一般 5～20 cm)向下快速降低，在一定深度(如 30～60 cm)上基本达到稳定，反映磁性矿物的含量从一定深度向下因还原溶解作用而显著减少。但在同一沉积物内，这些参数在各自开始向下变小的位置(深度)有可能不一样，且下降的幅度亦会有所差别，这归因于磁性矿物的选择性溶解作用和不同粒径磁颗粒对不同磁性参数的贡献程度有别。

2. *海洋沉积物磁学性质和环境意义*

在海洋地质学研究领域，磁化率等磁性参数的测量是大洋钻探计划(ODP)初始报告中的一种基础性数据。早期的磁化率测量主要在发现事件层方面发挥了突出作用，如火山物质和冰水沉积等，如今其已经能广泛用于描述正常沉积的趋势性变化(孟庆勇和李安春, 2008)。沉积物中的事件沉积，如火山灰层、浊积层等，能够在沉积物磁化率的变化上表现出来，这种变化可以作为区域对比的重要证据。例如，在末次冰期后期，北大西洋沉积的冰滞层就可以通过磁化率的表现进行全区追踪。Robinson 和 Oldfield(2000)在北大西洋岩心上开展的工作提供了一种用磁手段来观察冰筏碎屑的重要示例。冰筏碎屑的一个主要来源是从北美火成岩中派生出来的含丰富铁磁性颗粒的物质，反映了独特的冰筏时段。这种由磁化率测量结果识别出来的富含冰筏碎屑的周期性深海沉积，是晚更新世北大西洋沉积的典型特征。

磁化率各向异性(AMS)是沉积物的普遍特征之一，通常反映沉积物中铁磁性矿物的择优取向，即磁组构。业已证明，影响沉积物磁组构的因素包括地球重力场、水动力条件(水流方向和速度)和地球磁场，海洋沉积物中铁磁性矿物颗粒的定向主要受控于水动力条件(侯红明等, 1996; 吴能友等, 1998)。利用沉积物或沉积岩磁组构测量可以帮助认识现代环境体系特征。为了定量地测量大洋底层水流的强度，许多学者提出了不少 AMS 参数，但 AMS 和水流强度之间的定量关系还远未建立起来。深海沉积物的 AMS 研究基本上只限于定性判断古水流方向和研究沉积过程。而 Kissel 等(1998)发现北大西洋深海沉积物的 AMS 和末次间冰期以来的极端气候事件(如海因里希事件)之间存在定性关系，因此，AMS 与气候变化之间的关系还有待继续研究。需要指出的是，表征磁组构的参数众多，不同的研究对象会有不同的代表意义，而且 AMS 易受局部因素的影响，有必要对 AMS 数据进行统计和可靠性检验(张拴宏和周显强, 1999)。

自从黄土的磁化率被作为第四纪古气候变化的有效指标以来，对海洋沉积物磁化率的研究一直受到广大学者的重视。同黄土磁性研究结果一样，深海沉积物的磁化率及其他磁性特征与氧同位素和化石指示的气候记录也存在着联系(李鑫和魏东岚, 2012)。自 20 世纪 70 年代以来，探索海洋沉积物的磁学性质并利用磁性参数作为古气候变化的替代性指标的研究一直是重要课题。我国对海洋沉积物系统的环境磁学研究起步较晚，在最近几十年取得了一些研究成果。例如，汤贤赞等(1993)根据南沙海区沉积物剩余磁化强度的变化曲线与氧同位素变化曲线进行平行对比，发现剩余磁化强度与氧同位素揭示的古气候变化的波峰、波谷相对应。研究结果表明，南沙海区沉积物的剩余磁化强度记录了暖—冷—暖的古气候旋回变化，反映了全球气候变化的波动周期。相应结果也得到了微体古生物分析结果的证实。这预示海洋沉积物的磁性特征不仅可作为探索古气候变化的重要标志，还可能成为第四纪磁性地层对比划分的依据。侯红明等(1995)将南海南部和北部沉积物的磁性参数作为古气候替代性指标做了初步研究，结果表明，晚更新世以来该区沉积物的古地磁参数较好地反映了古气候、古环境的变化。研究还表明，古地磁参数存在着明显的对古气候变化的非线性响应，明显不同于开阔大洋；同时，不同的沉积单元，其沉积物古地磁参数对古气候变化响应的灵敏度各不相同。此外，侯红明等(1995)还利用磁组构对南极普里兹湾海洋沉积物所记录的古环境信息做了研究，结果表明，普里兹湾海洋沉积物具有较大的 AMS，较好地指示了沉积过程中水动力过程的变化，依据表征磁组构的参数及古水流方向的变化，可将 12700 年以来南极地区的古气候分成 5 个变化带。葛淑兰等(2001)通过测量黄海和东海海域表层沉积物样品的体积磁化率，讨论了磁化率的分布情况。初步分析表明，表层沉积物磁化率分布能够反映陆架海不同的现代沉积物组合，指示沉积物不同的物源区。研究根据黄海和东海海域沉积物磁化率的大小，分为高值区和低值区。高值区大多为沿岸流区，物质来自毗邻的陆地地区，主要物源来自长江和黄河；低值区主要为黄海和东海的冷涡沉积区，该区终年为黄海冷水团所盘踞。研究还表明，磁化率的分布能够反映陆架海中沉积动力的强弱，其与研究区内的环流系统分布密切相关，如在水动力较弱的南黄海环流区和东海北部环流区，磁化率表现为低值，而在水动力较强的各沿岸流分布区，磁化率表现为高值。

海洋沉积物具有独特的优点，其中的磁记录保存了全球环境变化的可靠信息，通过研究可以从沉积物中提取与古环境、古气候变化有关的磁性参数，重建其演化规律，是对未来全球气候变化进行预测的重要依据。但作为一个新的研究领域，其基本理论和研究方法还尚未成熟，需要今后做更多的研究工作。

11.3.3　湖泊沉积物

1. 湖泊沉积物磁性矿物及其来源

沉积物磁化率高低取决于沉积物中的含铁磁性矿物多寡。沉积物磁性矿物的来源主要包括自生磁性矿物和外源磁性矿物。湖泊沉积物磁性矿物主要来源于流域碎屑输入，可以认为湖泊沉积物中外源磁性矿物占绝对优势(Thompson and Oldfield, 1986)。湖泊沉积物的磁性矿物特征一般都与特定的源区及其作用过程有关。气候变化影响湖泊流域的植被类型及其发育状况、地表侵蚀和风化程度，从而引起沉积物中磁性矿物组分含量发生变化。因此，湖泊沉积物的磁性特征能够指示湖泊流域气候和环境变化。

2. 湖泊沉积物磁学性质和环境意义

湖泊沉积物磁化率的变化特征，常常与相应的生物学、化学、矿物学及沉积学特征相一致，说明磁化率可以作为一个环境代用指标，但是对磁化率变化的环境磁学机制的认识比较困难。目前，湖泊沉积物研究中磁性测量方法的应用已经越来越普遍，涉及不同类型和尺度的湖泊环境(吉云平和夏正楷, 2007)。对于国内外湖泊，如贝加尔湖(Peck et al., 1994)、呼伦湖(胡守云等, 1998)、岱海(吴瑞金, 1993; 张振克等, 1998a; 曹建廷等, 1999)、居延海(张振克等, 1998b)、洪湖(曹希强等, 2004)、巢湖(张卫国等, 2007)、泸沽湖(林琪等, 2017)、玛珥湖(罗攀等, 2006)、西藏洞错盐湖(魏乐军等, 2002)、柴达木盆地昆特依盐湖(曾方明和向树元, 2017)、点苍山冰川湖(杨健强等, 2004)以及卡拉库里冰川湖(Liu et al., 2014)的研究都显示出湖泊沉积物所记录的磁化率变化可以反映气候的变化，指出磁化率是揭示历史时期环境变化的重要指标。但是由于湖泊沉积物磁化率的影响因素较为复杂，湖泊流域物质的磁性特征及沉积环境对湖泊中磁性矿物的富集、保存或自生生成等均有影响，使得不同类型和尺度的湖泊沉积物的磁化率形成机制不同，进而所反映的环境信息也存在差别(吉云平和夏正楷, 2007)。

(1) 昆特依盐湖沉积物 χ_{lf} 记录的是成盐期(曾方明和向树元, 2017)。如图 11-5 所示，湖泊 ZK1402 钻孔 χ_{lf} 的变化范围为(–0.80～78.30)×10^{-8} m^3/kg，χ_{hf} 的变化范围为(–0.86～77.40)×10^{-8} m^3/kg。χ_{lf} 和 χ_{hf} 变化极为相似。盐层中的 χ_{lf} 和 χ_{hf} 均比碎屑层低。由于盐层以盐类矿物为主，缺少磁铁矿、赤铁矿、磁赤铁矿等铁氧化物，因而盐层的 χ_{lf} 和 χ_{hf} 较低，甚至出现负值。相反，以碎屑沉积为主的沉积物中含有磁铁矿、赤铁矿、磁赤铁矿等磁性矿物，故具有相对较高的磁化率。ZK1402 钻孔的 χ_{lf} 变化清晰地记录了昆特依盐湖经历了 4 次显著的成盐期，分别出现在 3.9～6.9 m、10.3～11.5 m、18.3～22.1 m 和 25.3～26.9 m 处(图 11-5)。气候干湿的周期性变化是导致盐层和碎屑含盐层交替出现的重要原因。由于 ZK1402 钻孔的年代学标尺尚需进一步研究，目前还不能从时间尺度上去讨论古气候变化的具体过程和规律。准确厘定成盐期的具体年代依然有待年代学的进一步研究。

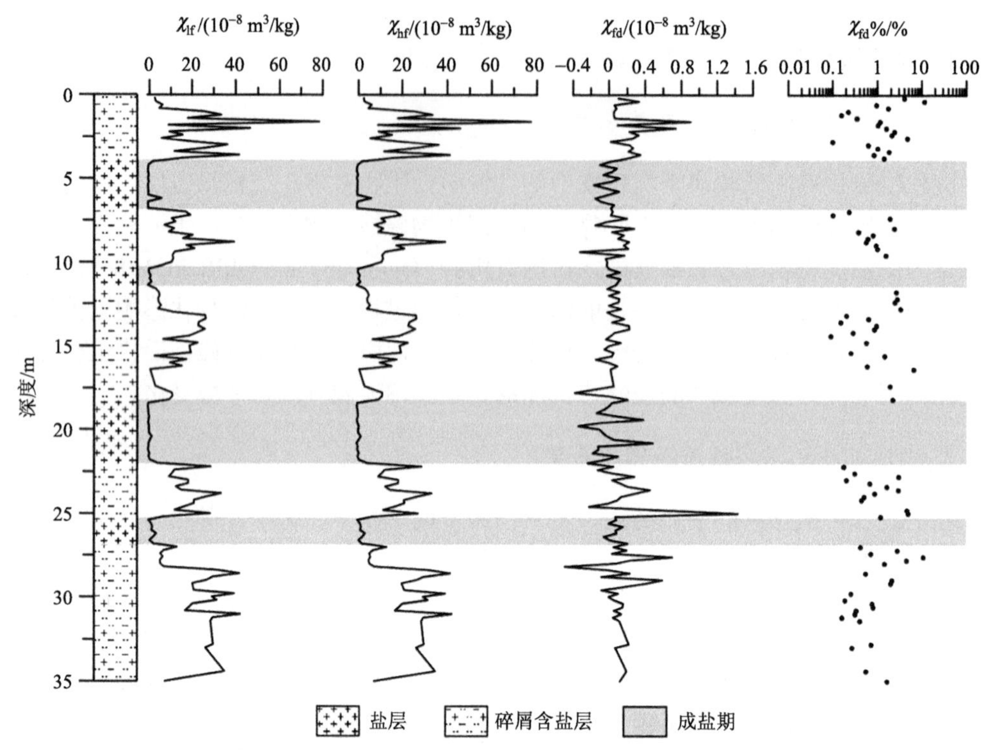

图 11-5　昆特依盐湖 ZK1402 钻孔岩性与磁化率变化（曾方明和向树元, 2017）

(2) 卡拉库里冰川湖磁化率高（低）值指示冰川前进（退缩）(Liu et al., 2014)。如图 11-6 所示，湖泊钻孔沉积物体积磁化率的变化范围在 2.290×10^{-5}～3.870×10^{-5}。对照沉积剖面 ^{14}C 定年结果，磁化率最初减小，在 2100 cal a B.P.[①]达到最小；磁化率最大值出现在 1500 cal a B.P.，随后在 1500～0 cal a B.P.磁化率又呈现波动减小趋势。沉积剖面磁化率与粉粒含量变化特征基本一致，即磁化率较高的时期，粉粒含量也较高。根据卡拉库里湖泊沉积物的粒度、磁化率、Zr 含量、Zr/Rb 以及 Rb/Sr 在时间尺度上的变化，可以重建晚全新世冰川进退变化。在 4200～3700 cal a B.P.、2950～2300 cal a B.P.、1700～1070 cal a B.P.、570～50 cal a B.P. 4 个时期，沉积物黏土含量和 Rb/Sr 值较低，而粉粒含量、磁化率以及 Zr/Rb 值较高，这一沉积物特征表明，此时期冰川在向前推进。在 3700～2950 cal a B.P.、2300～1700 cal a B.P.、1070～570 cal a B.P.、50～0 cal a B.P. 4 个时期，沉积物黏土含量和 Rb/Sr 值较高，而粉粒含量、Zr 含量以及 Zr/Rb 值较低，这一沉积物特征表明此时期冰川在向后退缩。

(3) 巢湖磁化率高（低）值指示降水较少的干旱（湿润）环境（张卫国等, 2007）。利用巢湖沉积物钻孔，通过多参数磁性测量、粒度和 AMS ^{14}C 测年分析，探讨了近 7000 年以来巢湖沉积物磁性特征变化及其控制因素，并探讨了其对亚洲季风变化的指示意义。研究结果表明，湖泊沉积物磁性特征由磁铁矿主导，其变化主要受沉积动力环境控制，间接反映了流域降水的变化。总体上，黏土含量高的沉积物中磁性矿物含量较低、颗粒较

① cal a 指校正后的年结果，cal a B.P.表示距今时间。

细，形成于高湖泊水位环境，对应了降水量高的时期；而＞32 μm 组分含量高的沉积物磁性较强、颗粒较粗，形成于低湖泊水位环境，对应了降水量低的时期。巢湖钻孔磁性记录揭示了近 7000 年以来巢湖流域降水具有减少的趋势，导致湖泊收缩和沉积物中磁性矿物颗粒变粗。

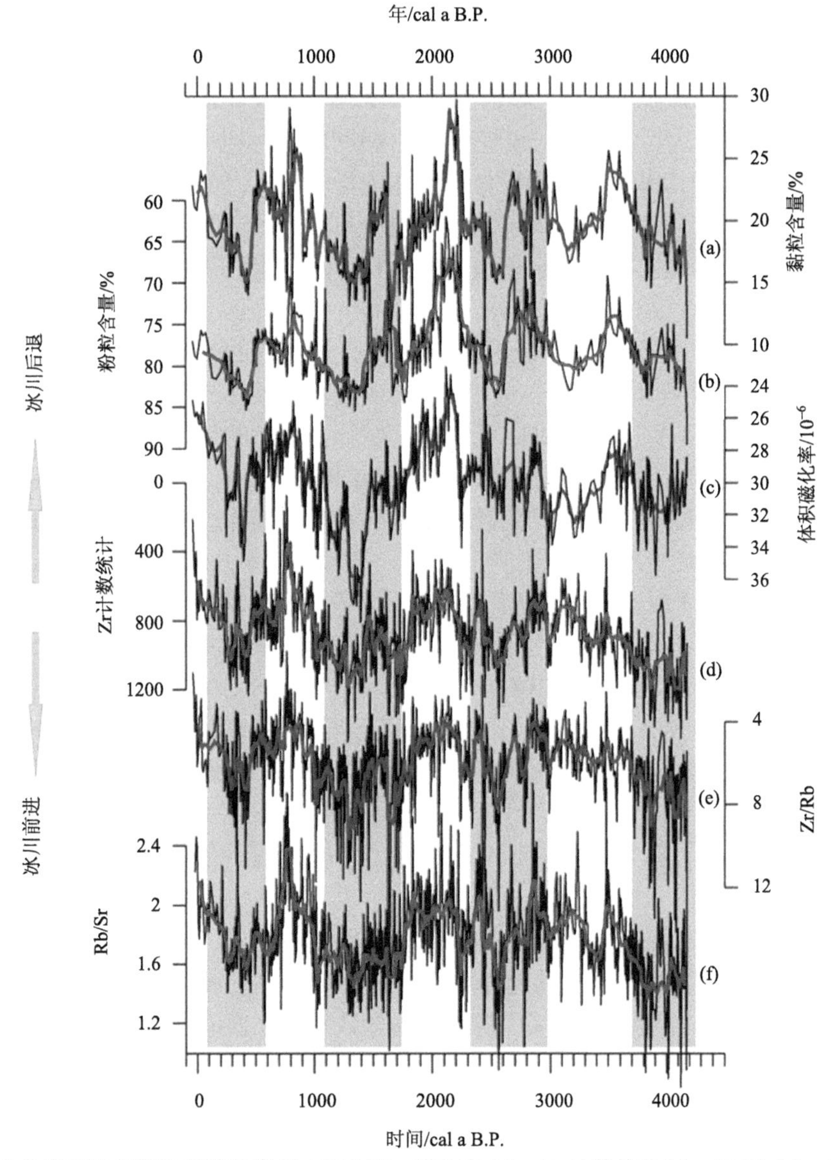

图 11-6　卡拉库里冰川湖沉积物粒度[(a)和(b)]、磁化率(c)、Zr 计数统计(d)、Zr/Rb(e)、Rb/Sr(f)指标指示的冰川进退变化(Liu et al., 2014)

(4)磁化率也受人类活动的影响。例如，泸沽湖表层沉积物磁化率升高是由流域内森林植被乱砍滥伐引起的(林琪等, 2017)。通过对泸沽湖沉积岩芯粒度、磁化率、化学蚀变指数(CIA)等沉积指标进行分析，结合沉积物定年结果、区域降水和人类活动资料，林琪等(2017)研究了近 150 年来泸沽湖沉积环境的时空变化特征与主要影响因素，结果表明，泸沽湖沉积物粒度组成以黏土与细粉砂为主，细颗粒组分(如黏土)含量与磁化率、CIA之间具有显著相关性。各岩芯沉积指标垂向变化规律相似，20世纪初期沉积指标较为稳定，为人类活动影响较弱的准自然沉积阶段；20年代以来，磁化率、CIA与黏土含量逐渐升高，反映了风化与成壤作用较强的细颗粒表土物质侵蚀开始加强，可能与流域农业发展和森林砍伐等人类活动有关；70年代以后，磁化率、CIA与黏土含量进一步升高，指示了流域内表土侵蚀与上述人类活动影响的进一步增强，这一结果与文献记录的70～80年代两次大规模的森林砍伐吻合；大约2000年以后，磁化率、CIA与黏土含量降低，反映了表土侵蚀减弱，这与近年来流域植被逐渐恢复及降水减少有关。

在古环境研究中，湖泊沉积物磁化率的环境指示意义通常被解释为流域侵蚀和径流搬运能力的强弱，即磁化率升高表示流域内侵蚀和径流搬运能力较强，进一步反映降水较多的湿润环境；磁化率降低表示流域内侵蚀和径流搬运能力较弱，进一步反映降水较少的干旱环境。例如，胡守云等(1998)在呼伦湖沉积物磁化率变化的环境磁化机制研究中就指出，当湖泊水深较大时(对应于湿润气候)，所沉积的泥质沉积物的磁化率较高；反之，当湖泊水深较小时(对应于干旱气候)，所沉积的砂性沉积物的磁化率较低。相似地，张振克等(1998a)根据岱海DH_{32}孔湖泊沉积物磁化率的测量结果，得出历史时期内陆封闭湖泊沉积物频率磁化率高值段指示气候偏湿阶段，低值段指示气候偏干阶段。而郁科科等(2020)对六盘山朝那湫湖泊沉积物磁化率的环境指示意义进行综合判别时发现，该湖泊沉积物磁化率对环境指示意义不同于以往研究，即磁化率升高表示流域内侵蚀和径流搬运能力减弱，反映降水较多，气候湿润；磁化率降低表示流域内侵蚀和径流搬运能力增强，反映降水较少，气候干旱，推断这可能与流域基岩成分、植被覆盖和雨型有关。

通过上述不同研究的结果可以看出，由于湖泊环境和沉积过程具有复杂性，沉积物磁化率的环境指示意义具有多解性。因此，不同湖泊沉积研究中，应充分考虑影响磁化率的各种因素，并结合其他多种代用指标进行综合辨识，以求得出可靠结论。

11.4　磁化率技术在喀斯特坡面土壤侵蚀中的应用案例

迄今为止，许多学者通过测量土壤磁化率识别了坡面侵蚀或沉积格局，并得出相应结论，证明利用土壤磁化率来反映地表环境变化是可行的(Olson et al., 2002; Jordanova et al., 2014)。基于此，作者及其团队围绕这一先验认知，在西南喀斯特地区具有石漠化特征的坡面上开展了土壤侵蚀研究工作。由于喀斯特地区地表崎岖、土层浅薄、基岩广泛出露，人们的生产生活受到很大限制(Sweeting, 1995)。目前，还无法判断林地和草地中存在的大面积石漠化与农业活动导致的农田石漠化在成因上是否相同，即林草地石漠化是早就存在还是由后期人类活动引起仍需要进一步证实。一些研究通过揭示不同砾石覆盖或不同石漠化程度地区土壤流失特征，研究了石漠化与水土流失的关系(Bou Kheir et al., 2008; 刘发勇等, 2015)。但由于缺乏相应的研究方法，大多研究都只停留在面积的变化上，缺乏研究土壤剖面变化的数据支持与验证。因此，本研究尝试通过磁化率技术开展不同土地利用环境石漠化与侵蚀内在关系的研究，主要内容有以下几点：①阐述喀斯特坡面土壤磁化率空间统计特征；②揭示坡面土壤磁化率剖面变化及其特征；③根据磁化率剖面变化识别坡面侵蚀或沉积格局；④根据土壤磁化率与地表特征(岩石分布、土壤厚度)的响应关系，揭示坡面尺度上土地石漠化与水土流失的空间对应关系。

11.4.1　材料与方法

1. 土壤样品采集

土壤样品采集于贵州省遵义市播州区的一处喀斯特坡面，地理坐标为 27°35′45″N，106°38′11″E。坡面除山顶和山脚较为平坦外，大多区域坡度均大于 15°。坡面出露基岩主要以斑块状或片状形式分布于地表，基岩出露高度普遍较小，坡面平均土壤厚度在 50～80 cm。该坡面从山顶到山脚由农地、草地、林地和建筑用地组成(图 11-7)。考虑坡下土地受人类生产生活的强烈干扰，地表景观和土壤剖面可能发生较大变化。因此，本研究选取坡顶农田、坡上草地和坡中林地作为采样区域。通过实地调查和访问当地居民，我们获取了采样区域土地的基本信息(表 11-2)。

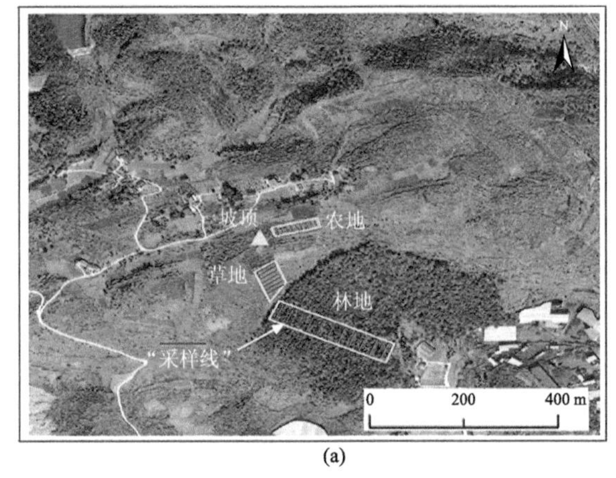

(a)

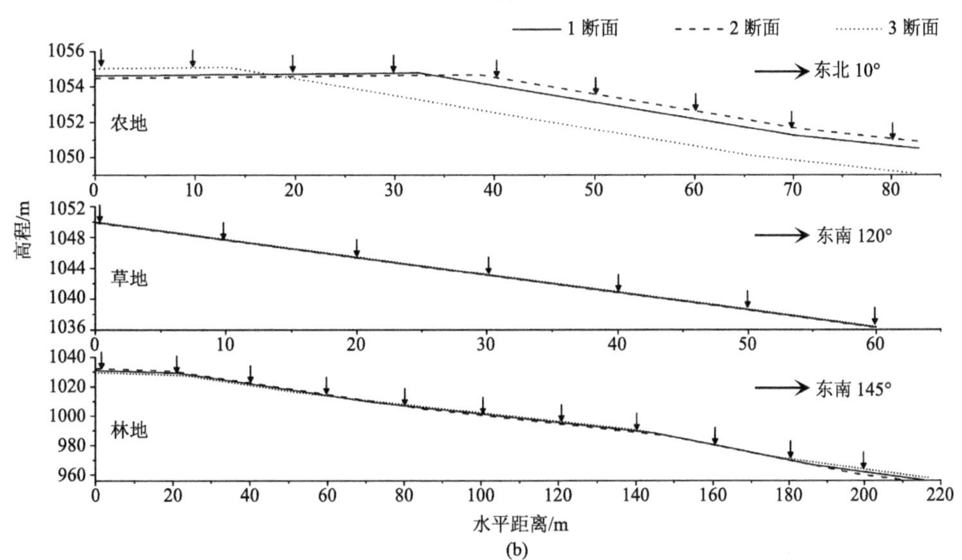

(b)

图 11-7　采样坡面地理位置及坡面形态

“↓”表示采样线在坡面上的位置

表 11-2　坡面土地利用年限信息和采样信息

土地利用类型	土地年限/年	采样区域长度/m	采样区域宽度/m	平均坡度/(°)	坡向	样线数	样点数
农地	50～60	80	18	10	东北	9	36
草地	5～8	60	42	20	东南	7	56
林地	＞70	200	42	35	东南	11	55

土壤样品具体采集方案如下：在农地坡面，从坡上至坡下设置 9 条近似平行于等高线的样线，每条样线间距 10 m，在每条样线上，以 6 m 为间隔布设采样点 4 个。在草地坡面上设置 7 条样线，每条样线上布设采样点 8 个。在林地坡面，以 20 m 为间距布设 11 条样线，每条样线以 10.5 m 为间隔布设采样点 5 个。基于上述样线布设格局，农地、草地和林地坡面分别布设了 36 个、56 个和 55 个采样点。在采样过程中，使用便携式手持 GPS(GARMIN GPS map 629sc)记录采样点坐标信息。在每一个采样点，利用团队设计的原状土壤样品采集器以 5 cm 为间隔连续采集 0～100 cm 深度土壤剖面分层样品(Liu et al., 2016)。在土壤样品采集前，将配套的高 2.5 cm，直径 2.2 cm，体积 9.5 cm^3 的圆柱形 PVC 取样管置于采样器内，然后敲击采样器使其垂直插入土壤。每个深度的样品采集完成后，取出 PVC 取样管，削去两端多余土壤样品，然后在管子两端加装带孔的透气塑料盖，盖子与土样间用薄纸隔开，避免土壤散露。依此方法，完成每个样点的样品采集。由于喀斯特坡面土壤资源分布不均，即每个采样点土层厚度不同，在采样过程中，记录每个样点的采样深度或土壤厚度。

2. 坡面地形测量和出露岩石调查

采用实时动态差分全球定位系统(RTK DGPS)测量采样区域地形，并记录区域内出露岩石坐标信息。该系统由一个基准站和一个移动站组成，其垂直测量精度为 5 mm±2 ppmm[①]，水平测量精度为 2.5 mm±2 ppmm。在坡面上，选取地势较高、地形平坦且视野开阔的区域架设基准站，使用内置电台模式，之后组装移动站，使其与基准站连接。手持移动站以一步一点的方式对采样区域进行测量。在坡面地理信息获取过程中，对出露岩石进行定点，并做好相应点位编号的记录，以便后期数据处理时区分坡面地理信息与岩石位置信息。农地和草地视野开阔，测量过程中 RTK DGPS 可以平稳运行。林地环境较为封闭，高大的树木、茂密的植被会间歇性影响基站与移动站信号传输，这导致局部区域地理信息无法正常获取。为了保证测量数据的完整性，在森林环境中我们将便携式手持 GPS 与 RTK DGPS 相结合。在坡面地理信息测量时，如遇地表起伏较大、地表形态突变区域，增加测量点以提高测量精度。

3. 土壤样品测定

在农地、草地和林地坡面布设的 147 个采样点上共采集原状土壤样品 1991 个。样品

① ppm 是精度的一种表示，2 ppmm=2×10^{-6} m。

带回实验室后，分批次取下取样管两端的塑料盖，然后将样品按编号依次置于烘箱内部隔板上。烘箱温度设置 40℃，烘干土样 48h 以上，然后称量并记录样品重量。称量结果显示所有样品重量基本在 15～18 g。基于烘干样品重量和采样前称量的每个取样管和塑料盖的重量，计算样品净重。之后使用英国巴廷顿公司生产的巴廷顿磁化率仪搭配 MS2B 探头测定土壤磁化率。

4. 数据分析

在本研究中，土壤容重(ρ，g/cm^3)是依据采集的原状土烘干后的质量(M，g)与采样管的体积(V，cm^3)确定的：

$$\rho=\frac{M}{V} \tag{11-1}$$

体积磁化率(κ，无量纲)是在外加磁场作用下(H，A/m)，物质受到感应而产生的磁化强度(J，T)：

$$\kappa=\frac{J}{H} \tag{11-2}$$

质量磁化率(χ，10^{-8} m^3/kg)是依据体积磁化率与物质密度或容重的比值确定的：

$$\chi=\frac{\kappa}{\rho} \tag{11-3}$$

鉴于体积磁化率分别在低频(0.47 kHz)和高频(4.7 kHz)外加磁场下测试，质量磁化率的计算相应分为低频质量磁化率(χ_{lf}，10^{-8} m^3/kg)和高频质量磁化率(χ_{hf}，10^{-8} m^3/kg)，以下简称低频磁化率和高频磁化率：

$$\chi_{\mathrm{lf}}=\frac{\kappa_{\mathrm{lf}}}{\rho} \tag{11-4}$$

$$\chi_{\mathrm{hf}}=\frac{\kappa_{\mathrm{hf}}}{\rho} \tag{11-5}$$

频率磁化率($\chi_{\mathrm{fd}}\%$)是依据低频磁化率和高频磁化率的相对差值确定的：

$$\chi_{\mathrm{fd}}\%=\frac{\chi_{\mathrm{lf}}-\chi_{\mathrm{hf}}}{\chi_{\mathrm{lf}}}\times 100\% \tag{11-6}$$

磁化率平均值($\overline{\chi}$)是依据各采样区磁化率总和以及相应的样本数(n)确定的：

$$\overline{\chi}=\frac{\sum_{i=1}^{n}\chi_i}{n} \tag{11-7}$$

各采样区磁化率的标准差(SD)是依据方差的算术平方根确定的：

$$\mathrm{SD}=\sqrt{\frac{\sum_{i=1}^{n}(\chi_i-\overline{\chi})^2}{n-1}} \tag{11-8}$$

各采样区磁化率的变异系数(CV)是依据采样区磁化率的标准差(SD)与平均值确定的：

$$CV=\frac{SD}{\bar{\chi}}\times 100 \tag{11-9}$$

本研究所有数据利用 Microsoft Excel 软件计算和处理，用 Origin 软件制图分析。在统计分析的基础上，利用 ArcGIS 10.3 空间分析模块中的插值分析——克里金法对 3 个采样区域 0～40 cm 深度的磁化率平均值进行空间插值，以此获取 3 个采样区域磁化率空间分布。同样，将各采样区的采样深度(土壤厚度)按此方法进行空间分析，以获取 3 个采样区域采样深度的空间变化。随后，将出露岩石坐标点与采样深度(土壤厚度)进行叠加，以获取出露岩石与采样深度(土壤厚度)的空间分布。此外，利用便携式手持 GPS 与 RTK DGPS 获取采样区域的 DEM 信息。

11.4.2　喀斯特坡面土壤磁化率空间特征统计分析

土壤磁化率(χ_{lf}和χ_{fd}%)是反映土壤磁性矿物含量的指标。土壤中大部分磁性物质主要来自亚铁磁性矿物(Mullins, 1977; Thompson and Oldfield, 1986)。χ_{lf}揭示了土壤中亚铁磁性矿物的总体含量，反映了土壤总体磁性强度，其大小主要受成土母质、成土过程和土壤再分配的影响(de Jong et al., 1998; Karchegani et al., 2011)。χ_{fd}%也揭示了土壤中亚铁磁性矿物的含量，特别是以非常细小颗粒形式存在的超顺磁性颗粒(Dearing, 1994)。χ_{fd}%的大小主要受超顺磁性颗粒含量的影响，其值越高说明细颗粒含量越多，成土过程较强。通常所有的磁性指标在土壤剖面上都具有表层增强的特征，即土壤表层磁化率最高，亚表层次之，母质层最低。表层土壤磁化率的增强主要受土壤黏粒含量的影响(Yu et al., 2019)。

将测定的所有样品的磁化率数据进行汇总，以说明研究区坡面土壤磁化率特征。如表 11-3 和图 11-8 所示，农地、草地和林地所在坡面的χ_{lf}在$(3.7\sim179.3)\times10^{-8}$ m^3/kg，平均为24.2×10^{-8} m^3/kg。尽管χ_{lf}变化范围较大，但多集中在$(5\sim20)\times10^{-8}$ m^3/kg。坡面χ_{fd}%范围在 0.5%～11.6%，平均值为 6.9%，也多集中在 5%～10%。相比而言，该地区土壤磁化率的分布特征与中国东北地区土壤磁化率研究结果有明显差别(Liu et al., 2015; Yu et al., 2017)。这一结果说明，不同区域土壤磁化率因地理环境不同而存在差异。

表 11-3　坡面不同土地利用类型土壤磁化率描述与统计

土地利用类型	变量	采样深度/cm	采样间隔/cm	样品数量	最小值	最大值	平均值	标准差	变异系数
农地	χ_{lf}	0～100	5	520	3.7	98.2	21.1	19.0	0.9
	χ_{fd}%	0～100	5	520	0.5	10.5	5.8	2.2	0.4
草地	χ_{lf}	0～100	5	790	8.1	132.9	26.5	17.4	0.7
	χ_{fd}%	0～100	5	790	2.3	11.4	7.9	1.5	0.2
林地	χ_{lf}	0～100	5	681	6.8	179.3	24.9	20.2	0.8
	χ_{fd}%	0～100	5	681	1.9	11.6	7.1	1.6	0.2

注：χ_{lf}的最小值、最大值、平均值、标准差的单位均为10^{-8} m^3/kg，χ_{fd}%的最小值、最大值、平均值、标准差的单位均为%。

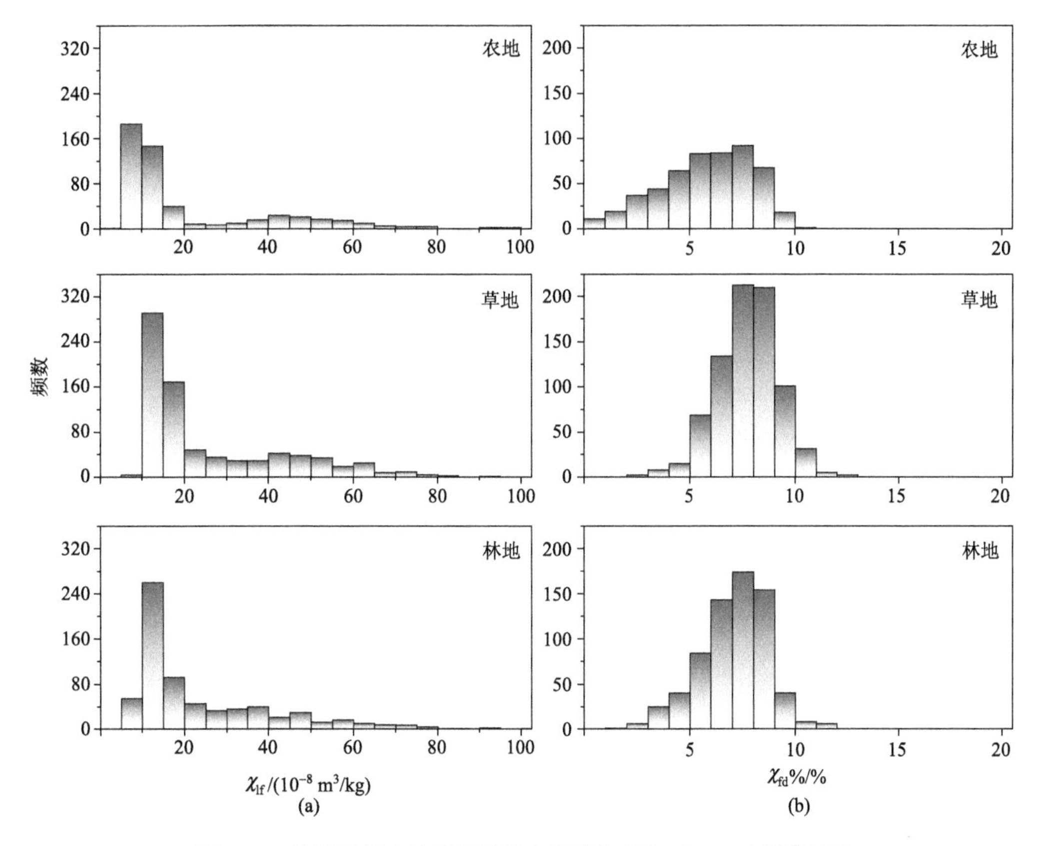

图 11-8　坡面不同土地利用类型土壤磁化率(χ_{lf}和χ_{fd}%)频数统计

野外采样测定结果显示，不同土地利用类型的土壤磁化率存在明显差异(表 11-3)。农地坡面χ_{lf}在(3.7～98.2)×10^{-8} m^3/kg，χ_{fd}%在 0.5%～10.5%。不同于农地坡面，草地和林地坡面土壤磁化率呈现出更大的变化范围。其中，草地坡面χ_{lf}在(8.1～132.9)×10^{-8} m^3/kg，χ_{fd}%在 2.3%～11.4%；林地坡面χ_{lf}在(6.8～179.3)×10^{-8} m^3/kg，χ_{fd}%在 1.9%～11.6%。尽管农地坡面χ_{lf}和χ_{fd}%变化范围较小，但其变异系数较大。平均而言，坡面土壤磁化率的均值呈现出草地＞林地＞农地的特征。这一结果与 Sadiki 等(2009)发现的自然植被覆盖区的土壤磁性矿物含量高于农业区的结果相一致。

11.4.3　喀斯特坡面土壤磁化率剖面特征与解析

喀斯特坡面不同土地利用类型土壤磁化率随深度的变化如图 11-9 所示。由图 11-9 可见，农地、草地和林地坡面χ_{lf}在表层土壤中都较高，随着深度的增加，χ_{lf}逐渐减小(0～40 cm 深度)，然后趋于平稳(40～100 cm 深度)。鉴于χ_{lf}主要受成土母质、成土过程和土壤再分配的影响，本研究中相似的χ_{lf}剖面说明农地、草地和林地坡面在过去应有相似的土壤发育环境和经历相同的成土过程。尽管χ_{fd}%在农地、草地和林地坡面上都呈现出随深度增加逐渐减少的趋势，但草地和林地坡面χ_{fd}%变化趋势不同于农地，并没有呈现出明显的表层增强现象。由于χ_{fd}%是反映成土过程强弱以及土壤黏粒含量的一个指标，本研究中χ_{fd}%剖面特征说明草地和林地坡面细颗粒流失较为严重，这一现象验证了林地和草地由耕地退耕演化而来的事实，或者说研究区曾经经历了林地—草地—耕地—草地—林地的演变过程。

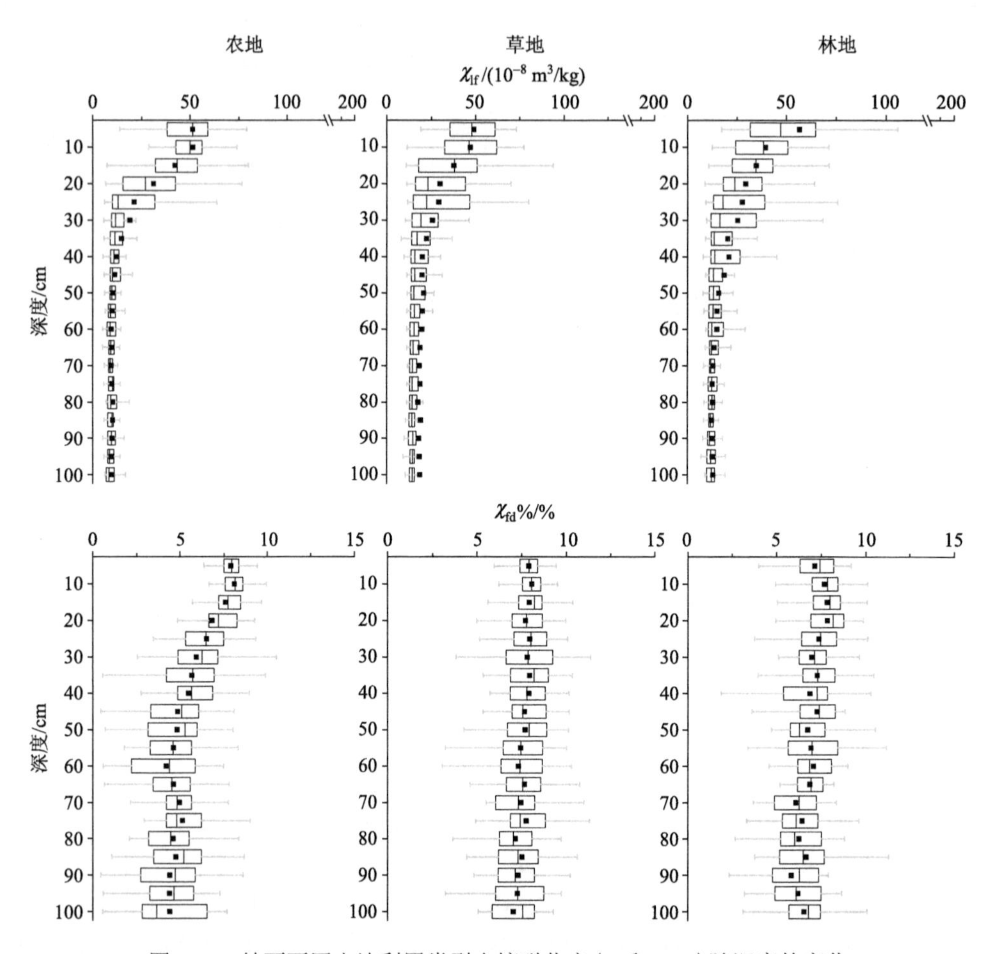

图 11-9　坡面不同土地利用类型土壤磁化率(χ_{lf}和χ_{fd}%)随深度的变化

一般来说，自然条件下土壤磁化率都会呈现表层高值现象，在底土或靠近母质层相对较低，即从表土层到母质层磁化率会逐渐减小(Hussain et al., 1998; Olson et al., 2002)。但受区域环境变化的影响，土壤原始磁化率剖面会发生变化。例如，在侵蚀区，表层土壤遭受侵蚀，表土磁化率会减小；在沉积区，表层土壤接受磁性矿物含量较高的异地土壤，表土磁化率又会增大(图 11-10)。在本节中，草地和林地的χ_{lf}和χ_{fd}%剖面极其相似，但明显不同于农地(图 11-9)。通过走访当地居民，了解到农地已经耕种了至少 50～60 年。农地χ_{lf}和χ_{fd}%剖面的同步变化以及表层增强说明了该坡面环境相对稳定，或者扰动的时间较短，还不足以导致土壤磁化率剖面发生明显改变。与农地相比，草地和林地的磁化率剖面揭示出坡面环境可能发生过变化。其中，χ_{fd}%剖面表明曾经发生过大量细颗粒物质流失，可以印证坡面发生过较为严重的土壤侵蚀。显然，这与正常的侵蚀认知相悖，因此，可以推测现在林地和草地坡面曾经都是农地，都经历过严重的土壤侵蚀和水土流失。后经废弃而植被逐渐恢复，即研究区的林地、草地坡面都经历了自然坡面开垦种植—严重侵蚀而导致退化—基岩出露无法耕种—撂荒后植被演替过程。

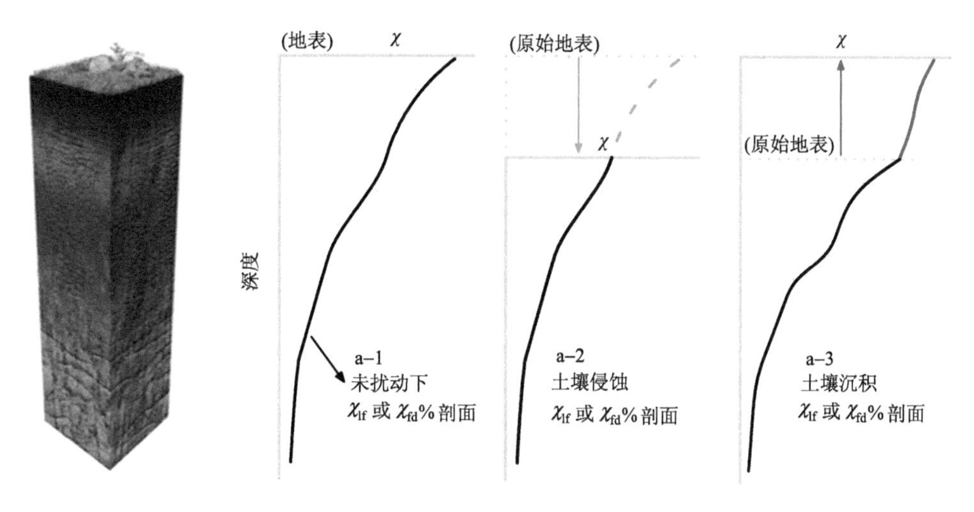

图 11-10　不同环境土壤磁化率剖面示意图

11.4.4　喀斯特坡面土壤侵蚀/沉积识别与分析

为了利用磁化率技术识别坡面土壤迁移和再分配规律，本研究将坡顶地形平坦地区(即基本无侵蚀也无沉积)的第一条采样线(C-line1)设置为侵蚀参考线[图 11-7(b)]。从坡上至坡下，参考线(灰线)和各采样线(黑线)磁化率剖面如图 11-11～图 11-13 所示。可以明显看出，各采样线磁化率剖面与参考线存在差异，尤其在 0～40 cm 深度。基于参考线和采样线磁化率剖面差异，将样点分成两组。第一组为采样线剖面 χ_{lf} 小于同一深度参考线剖面 χ_{lf}；第二组为采样线剖面 χ_{lf} 大于同一深度参考线剖面 χ_{lf}。根据土壤侵蚀或沉积对应的磁化率剖面变化，可以认为第一组采样线所在区域为土壤侵蚀区，第二组采样线所在区域为土壤沉积区。结果表明，坡面 0～40 cm 深度的土壤磁化率变化可以有效反映土壤侵蚀和沉积。这一结果也在中国东北基于磁化率剖面识别坡面土壤侵蚀和沉积的类似研究中得到证实(Yu et al., 2017)。总体而言，喀斯特坡面 0～40 cm 深度的土壤磁化率特征揭示了坡面土壤迁移和再分配规律。对于农地坡面，土壤从坡上到坡下运移过程伴随着土壤沉积，尤其是在坡面中部(农地采样线 4～6 的区域)；对于草地和林地坡面，尽管土壤从坡上到坡下运移过程也伴随着土壤沉积，但在坡面中部存在严重侵蚀(草地采样线 4～5 的区域，林地采样线 3～7 的区域)。

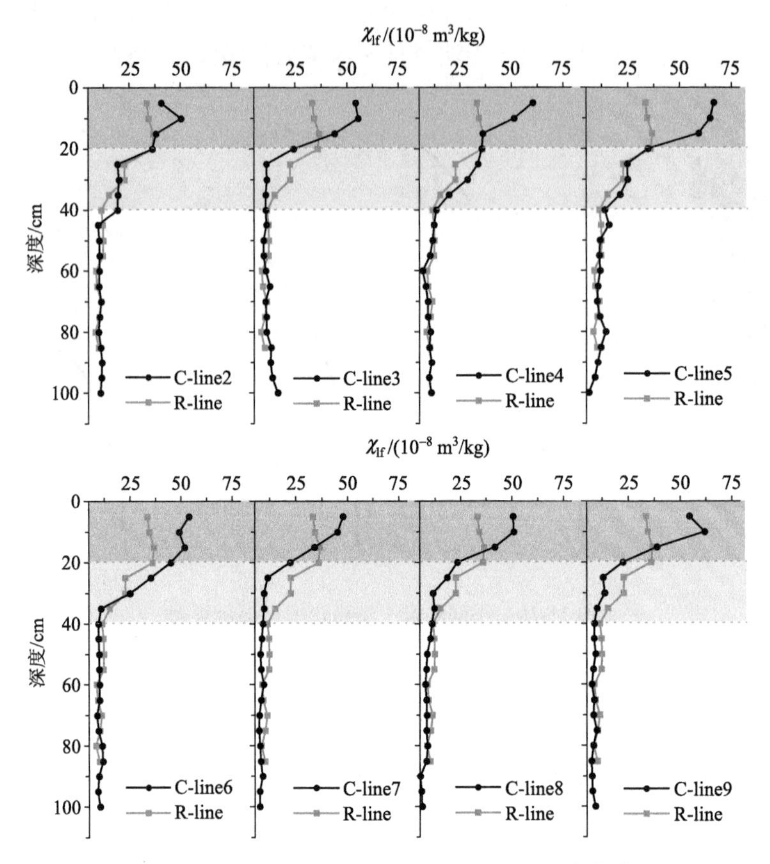

图 11-11　农地坡面不同位置土壤磁化率(χ_{lf})变化特征

C-line 表示农地采样线，R-line 表示参考线，C-line 2～9 指农地坡面从上至下 8 条采样线

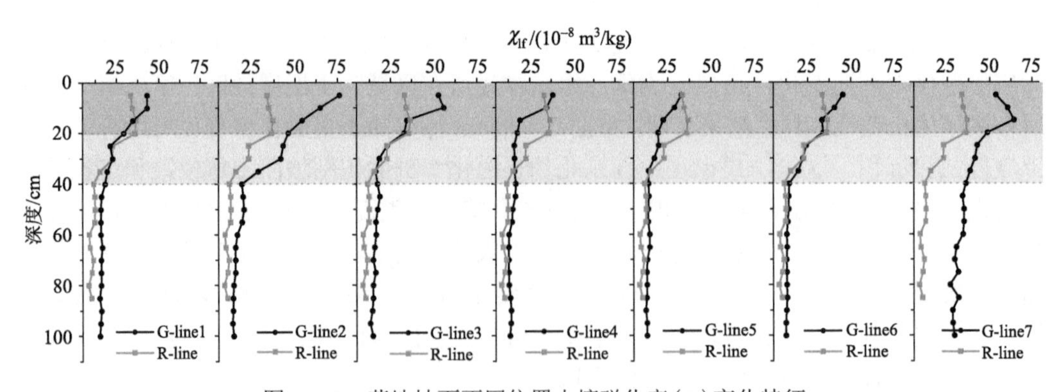

图 11-12　草地坡面不同位置土壤磁化率(χ_{lf})变化特征

R-line 表示参考线，G-line 表示草地采样线，G-line 1～7 指草地坡面从上至下 7 条采样线

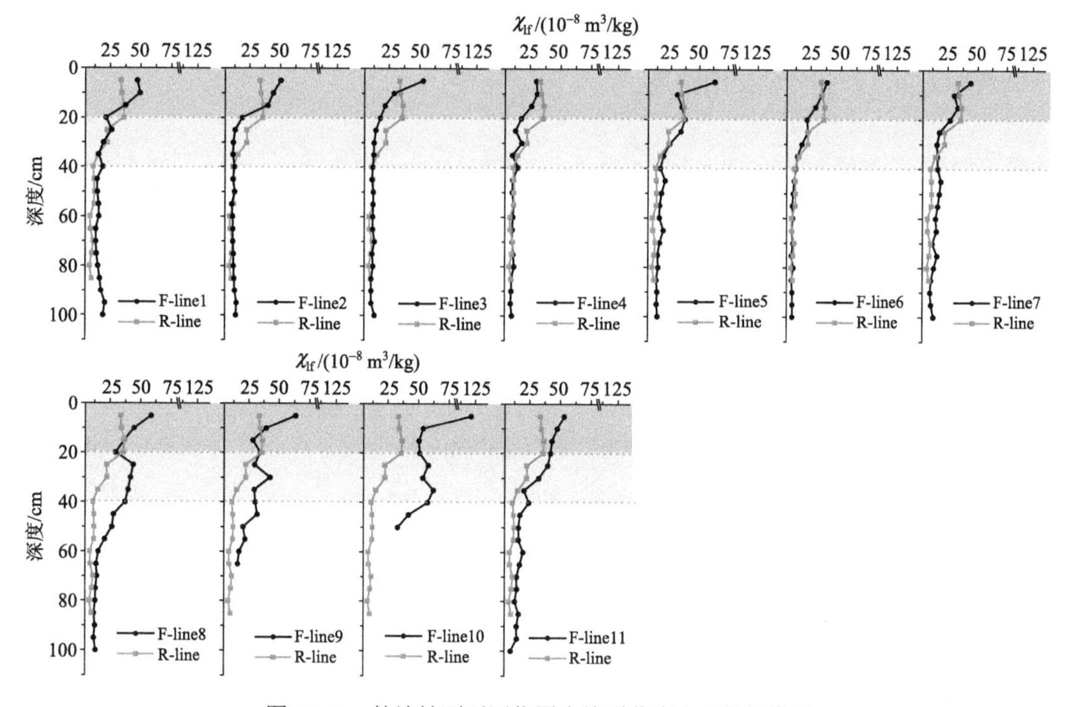

图 11-13 林地坡面不同位置土壤磁化率(χ_{lf})变化特征

R-line 表示参考线，F-line 表示林地采样线，F-line 1～11 指林地坡面从上至下 11 条采样线

11.4.5 基于磁化率(χ_{lf})变化识别坡面石漠化与水土流失关系

图 11-14 为基于 ArcGIS 数据绘制的农地、草地和林地坡面坡度、土壤厚度、出露基岩和 χ_{lf} 的分布格局。总体来看，草地和林地坡面的地表特征(坡度、土壤厚度、出露基岩)和 χ_{lf} 存在较高的空间差异性，农地坡面的地表特征和 χ_{lf} 空间差异性相对较小。

尽管坡面土壤迁移和再分配具有明显的异质性(图 11-11～图 11-13)，但土壤磁化率与地表特征之间仍然表现出密切的关联性。在农地坡面，地形较为平坦，坡度大多小于 13°，且地表仅有少量岩石出露。但在岩石出露的区域，地表坡度较大，土层相对较薄，χ_{lf} 相对较小[图 11-14(c)]。这一结果表明，农地坡面 χ_{lf} 与地表特征密切相关，即侵蚀严重的区域，地表岩石出露，土层较薄，磁化率(χ_{lf})也较小。尽管耕作活动可能会对坡面特征产生影响，但仍然可以识别出磁化率(χ_{lf})对地表特征的响应。在草地坡面，χ_{lf} 对地表特征的响应更为明显。在基岩广泛出露、土层较薄的区域，χ_{lf} 明显较小；在基岩尚未出露或出露较少的区域，土层较厚，χ_{lf} 也明显较大[图 11-14(f)]。坡面土壤再分配会在一定程度上影响 χ_{lf} 对地表特征的响应。例如，在草地坡面上部，χ_{lf} 与地表特征的关系就有所不同。在基岩出露、土层较薄的区域，χ_{lf} 明显较大。我们推测该区域较高的 χ_{lf} 可能与来自坡上农地亚铁磁性矿物有关，因为出露的基岩会拦截坡上来的侵蚀物质。与农地和草地坡面相比，林地坡面 χ_{lf} 对地表特征的响应有所不同。在 χ_{lf} 较大的区域，土层明显较薄，在 χ_{lf} 较小的区域，土层明显较厚[图 11-14(i)]。鉴于林地地形较为陡峭，平均坡度基本在 20°以上，出露岩石广泛分布于整个坡面，且坡面底部区域 χ_{lf} 明显较大，综合这些可以推测林地坡面过去可能有过严重的土壤流失，目前坡面土壤厚度的异质性应该是前期土壤迁移和再分配的结果。

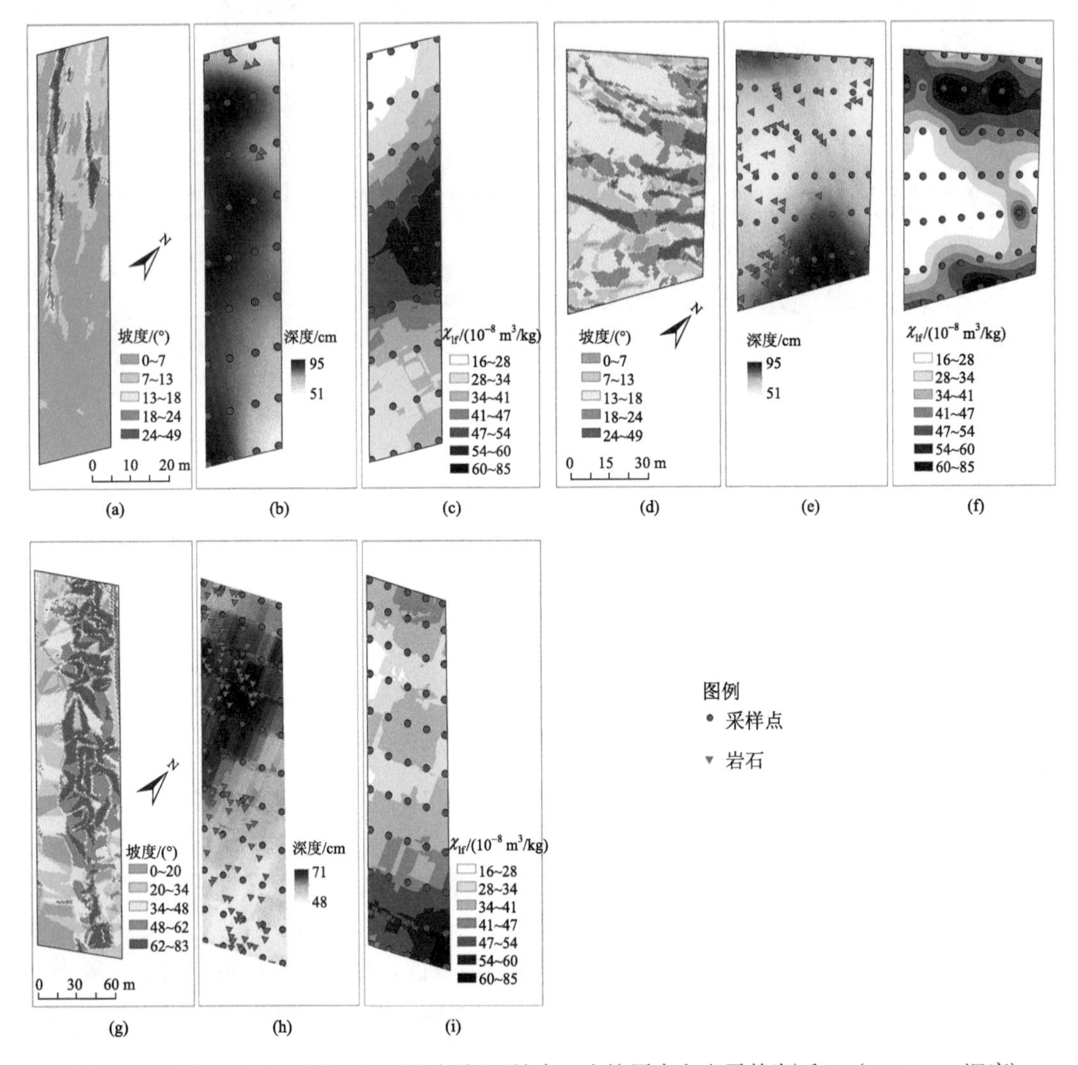

图 11-14　不同土地利用类型坡面地表特征(坡度、土壤厚度和出露基岩)和 χ_{lf}(0～40 cm 深度)的分布格局

(a)～(c)表示农地；(d)～(f)表示草地；(g)～(i)表示林地

一般而言，土壤流失严重的地段表土磁化率会明显较低。基于这一特征，从本研究磁化率(χ_{lf})对地表特征的响应可以得知，喀斯特坡面广泛出露的岩石和较薄的土层应该是由土壤侵蚀或土壤再分配造成的。

11.4.6　本节结论

土壤磁化率技术已被证明是反映土壤保持状况和提供有关土壤表面地球动力学信息的一种潜在方法。本研究利用磁化率技术，分析喀斯特坡面土壤磁化率特征及其与地表环境的关系，揭示了坡面尺度上土地石漠化与土壤流失的空间对应关系，主要结果如下。

(1) 喀斯特坡面不同土地利用条件下，土壤磁化率(χ_{lf} 和 χ_{fd}%)存在空间变化差异。随着人为干扰强度的减小，土壤磁化率空间差异性会明显增大。具体而言，农地坡面 χ_{lf} 在(3.7～98.2)×10^{-8} m^3/kg，χ_{fd}%在 0.5%～10.5%；草地和林地 χ_{lf} 分别在(8.1～132.9)×10^{-8} m^3/kg 和(6.8～179.3)×10^{-8} m^3/kg，χ_{fd}%分别在 2.3%～11.4%和 1.9%～11.6%。

(2) 土壤磁化率剖面可以揭示土地环境信息的变化。在本研究中，农地磁化率剖面表现出明显的表层增强现象，而林地和草地的土壤磁化率剖面都不存在明显的表层增强现象，表明现在的林地和草地都先于现在的农地遭受过严重的土壤侵蚀，已经将剖面中因成土过程形成的磁化率较高的表层土壤侵蚀殆尽，即揭示了现在的草地和林地坡面曾都有过严重的开垦或破坏历史。

(3) 喀斯特坡面土壤磁化率的异质性与土壤迁移和再分配的异质性在空间上具有对应关系。在岩石广泛出露、土层较薄的部位，χ_{lf} 明显较小；相反，在岩石未出露或出露较少、土层较厚的部位，χ_{lf} 明显较大。

11.5　复合指纹技术在喀斯特流域土壤侵蚀中的应用案例

复合指纹技术在过去 10 多年来已被成功应用于流域土壤侵蚀和沉积过程研究。与传统的水土流失监测方法相比，指纹识别是一种相对可靠、极为经济和快速的土壤流失研究方法，其中土壤是被广泛应用的有效示踪剂之一。土壤磁性物质和有机物作为示踪剂，可以依据其表土增强的特性，识别和分析土壤再分配规律(de Jong et al., 1998; Wang et al., 2017; Yu et al., 2019)。放射性核素、光释光和 ^{14}C 可以用来确定土壤沉积年龄，反演侵蚀速率(Li et al., 2003, 2019; Zhang and Walling, 2005)。总之，指纹因子为解决流域侵蚀输沙关系以及侵蚀产沙时空变化等问题提供了新思路。近些年，指纹因子已被广泛应用于西南喀斯特峰丛洼地流域的土壤侵蚀研究，对认识喀斯特地区水土流失做出了巨大贡献。然而，以往研究使用的指纹因子相对较少，不同峰丛洼地流域估算的土壤流失结果差异较大，研究结果缺乏因子之间的相互支持与验证。鉴于以上情况，我们开展了基于复合指纹技术的喀斯特小流域土壤侵蚀研究，主要研究内容包括：①借助磁化率、有机碳、粒度、^{137}Cs 指标，揭示峰丛洼地流域侵蚀/沉积特征；②根据 ^{137}Cs、光释光和 ^{14}C 断代定年技术，识别沉积序列，建立沉积剖面年代，反演流域千百年来土壤流失变化。

11.5.1　材料与方法

1. 土壤样品采集

贵州喀斯特地区峰丛洼地广泛分布，形成了封闭的洼地小流域，为流域泥沙运移研究提供了客观条件。通过野外调查，本研究选取了两种石漠化水平的峰丛洼地小流域作为研究对象。为了便于区分，根据峰丛洼地所在地区地名将其分别命名为廖家窝凼和大锯塘(图 11-15)。廖家窝凼峰丛洼地小流域位于黔西南布依族苗族自治州(105°37′47″E，25°39′10″N)，大锯塘峰丛洼地小流域位于毕节市(105°6′32″E，27°15′57″N)。通过走访当地农民，得知廖家窝凼峰丛洼地由于雨季频繁积水，近 50 年来无耕种活动，地表长期杂草丛生，植被覆盖度高；而大锯塘峰丛洼地先前是农地，自 2000 年退耕还林工程实施后，农地逐渐退耕演变为草地。两个峰丛洼地小流域的基本信息如表 11-4 所示。

图 11-15　峰丛洼地和采样剖面

表 11-4　峰丛洼地小流域基本信息

峰丛洼地流域名称	流域面积/hm²	坡面坡度/(°)	坡面石漠化水平	洼地面积/hm²	洼地土地利用类型	洼地人类活动
大锯塘	7.08	>25	中度	0.39	草地	退耕还草
廖家窝凼	133.30	>25	重度	0.55	草地	无耕作活动

考虑到样品的代表性，分别在廖家窝凼峰丛洼地和大锯塘峰丛洼地中心部位挖掘宽 100 cm，长 200 cm，深 220 cm 的土坑，将土坑内壁较为垂直一侧修整为采样剖面，从下至上依次采集沉积物样品。磁化率、有机碳和粒度样品以 10 cm 为间隔进行采样；^{137}Cs 样品在 0～100 cm 深度以 5 cm 为间隔进行采样，在 100～200 cm 深度以 10 cm 为间隔进行采样；光释光样品在 100～200 cm 深度以 20 cm 为间隔进行采样；^{14}C 样品在 120 cm、140 cm、180 cm 和 200 cm 深度采集。每个洼地剖面采集磁化率、有机碳和粒度样品各 23 份，^{137}Cs 样品 30 份，光释光样品 6 份，^{14}C 样品 4 份。

2. 土壤样品测定

1) 磁化率测定

在土壤物理实验室对土壤磁化率样品进行测定，选用体积 8 cm^3(长 2 cm×宽 2 cm×高 2 cm)样品盒制备样品。为保证测试样品的代表性，用四分法选取土壤样品装入测量盒。装样前对样品盒编号和称量；装样后将样品盒擦拭干净，称量样品总重量。称量结果显示每个样品净重在 12 g 以上。之后使用英国巴廷顿公司生产的巴廷顿磁化率仪搭配 MS2B 探头测定土壤磁化率。

2) 有机碳测定

在同位素分析实验室对土壤有机碳样品进行测定。为保证测试样品的代表性，用四分法选取土壤样品 10 g，将其研磨全部过 0.15 mm 筛。从处理好的 10 g 样品中再用四分法称取 0.05 g 样品放入银箔制成的银舟(sliver boat, 6 mm×6 mm×12 mm)中；随后将装有样品的银舟按编号依次放入托盘，以少量多次方式向银舟中加入 10%浓度的盐酸去除样品中的碳酸盐。待其反应完全后，将托盘放入烘箱，105℃烘烤样品 4h，之后包裹，制备样品。样品的尺寸以能顺利进入机器测试孔为准。所有样品制备完成后，用德国 Elementar 公司生产的 TOC 分析仪测定土壤有机碳含量。

3) 粒度测定

在粒度分析实验室对土壤粒度样品进行测定。为保证测试样品的代表性，用四分法称取土壤样品 1 g 置于烧杯中，随后分批次加入 30%浓度的过氧化氢和 10%浓度的盐酸去除样品中有机质和碳酸盐。待样品反应完全后，加入蒸馏水，静置 12h 后将上清液倒掉，此过程重复多次，直至 pH 试纸检测溶液呈中性。样品测定前，再加入 4%～5%浓度的六偏磷酸钠分散剂，反应半小时后，用英国 Malvern 公司生产的 Mastersizer 3000 激光粒度仪测定土壤粒度。

4) ^{137}Cs 测定

在放射性核素实验室对土壤 ^{137}Cs 样品进行测定分析。选用内径 7 cm，高 6.5 cm 的圆形测量盒封装样品。装样前对样品盒进行编号和称量，装样后将样品盒擦拭干净，称量总重，称量结果显示每个样品净重在 320 g 以上。之后使用高分辨率、低本底、低能量的超纯 n 型同轴锗探测器(GMX 50P4)、ORTEC 放大器和多通道分析伽马能谱仪测量样品。每个样品检测时间大于 43200s(约 12h)，在 90%的置信水平下，测量误差小于±5%。最后根据 661.6 keV 谱峰面积计算 ^{137}Cs 质量活度。

5) 光释光定年

在释光测年实验室对土壤光释光样品进行处理和测定。首先，对样品进行湿筛处理，选取 38～63 μm 样品依次进行去碳酸盐、去有机质、去长石、去氟化物和去磁性矿物处理；随后制备样片，进行测定。光释光样品的测定使用丹麦 Risφ 公司生产的 Risφ TL/OSL-DA-20 型热释光光释光全自动测量系统，该系统可用不同光源测量矿物颗粒的光释光年龄。长石信号的激发用 830 nm 的红外光，石英信号的激发用蓝光[(470±20) nm]在 130℃下激发 40s，采用蓝光二极管最大功率的 90%辐射石英样品，辐照光源为 90Sr/90Y beta 放射源。用 7.5 mm 厚的 Hoya U-340 滤光片检测光释光信号。测量流程主要包括长石和石英检测、等效剂量(De)值估计、单片再生法(SAR)测定等效剂量(De)、标准生长曲线法(CGC)获取 De。除上述除等效剂量测量外，对样品土壤含水量和铀、钍、钾含量进行测定，以获取环境剂量。

6) ^{14}C 定年

测年样品委托美国 Beta 实验室使用标准加速器质谱仪对土壤 ^{14}C 样品进行测定与分析，故在此不再具体详述样品的处理过程。以 5568 年为半衰期直接测定沉积物年龄，同

时测量样品 $\delta^{14}C$ 值，通过分馏效应进行校正，以得到惯用年龄。使用 Calib 7.0.4 程序结合北半球校准曲线 IntCal 13 将获得的 ^{14}C 年龄结果校准为日历年。

3. 侵蚀速率估算

根据剖面沉积物 ^{137}Cs 断代以及光释光和 ^{14}C 定年，可将剖面划分为不同阶段，每个阶段的平均沉积速率和侵蚀速率可根据式(11-10)和式(11-11)计算：

$$D=\frac{\Delta H}{\Delta T} \tag{11-10}$$

$$E=\frac{\rho \cdot s \cdot D \cdot 100}{A} \tag{11-11}$$

式中，D 为洼地平均沉积速率，cm/a；E 为该流域平均侵蚀速率，t/(hm^2·a)；ΔH 为某一时期沉积物的厚度；ΔT 为某一时期的时间跨度；ρ 为土壤容重，g/cm^3；s 为洼地面积，hm^2；A 为不含洼地的流域面积，hm^2。

11.5.2　洼地沉积物特征

沉积物 ^{137}Cs 样品测量结果显示(表 11-5)，廖家窝凼峰丛洼地和大锯塘峰丛洼地表层 ^{137}Cs 质量活度接近，分别为 3.9 Bq/kg 和 4.0 Bq/kg。但在剖面上存在明显差异，其中廖家窝凼峰丛洼地剖面 ^{137}Cs 变化范围较大，质量活度在 0.6～8.5 Bq/kg，平均值为 5.2 Bq/kg；大锯塘峰丛洼地剖面 ^{137}Cs 变化范围相对较小，质量活度在 0.3～5.9 Bq/kg，平均值为 4.1 Bq/kg(图 11-16 和图 11-17)。为了对比沉积剖面 ^{137}Cs 含量，反映洼地泥沙沉积状况，将 ^{137}Cs 质量活度转化成面积活度。可以看出，廖家窝凼峰丛洼地剖面的 ^{137}Cs 总面积活度明显大于大锯塘峰丛洼地剖面，这一结果说明，廖家窝凼小流域泥沙沉积量大，流域总体侵蚀可能较为严重。

表 11-5　沉积物 ^{137}Cs 描述与统计

峰丛洼地流域名称	^{137}Cs 质量活度/(Bq/kg)				变异系数/%	^{137}Cs 总面积活度/(Bq/m^2)
	表层	最小值	最大值	平均值		
廖家窝凼	3.9	0.6	8.5	5.2	35.5	7513.9
大锯塘	4.0	0.3	5.9	4.1	38.3	3145.1

沉积物磁化率、有机碳描述与统计结果显示(表 11-6)，廖家窝凼峰丛洼地剖面磁化率和有机碳含量较高，其中 χ_{lf} 在(158.6～218.5)×10^{-8} m^3/kg，平均值为 181.1×10^{-8} m^3/kg；χ_{fd}%在 11.2%～12.3%，平均值为 11.9%；有机碳含量在 1.9%～5.4%，平均值为 2.9%。而大锯塘峰丛洼地剖面的结果相对较小，χ_{lf} 在(40.7～86.9)×10^{-8} m^3/kg，平均值为 56.3×10^{-8} m^3/kg；χ_{fd}%在 7.8%～9.2%，平均值为 8.5%；有机碳含量在 1.6%～3.7%，平均值为 2.0%。根据沉积区侵蚀物质累计量与流域侵蚀的耦合关系，可以推断廖家窝凼流域近些年土壤流失较为严重。

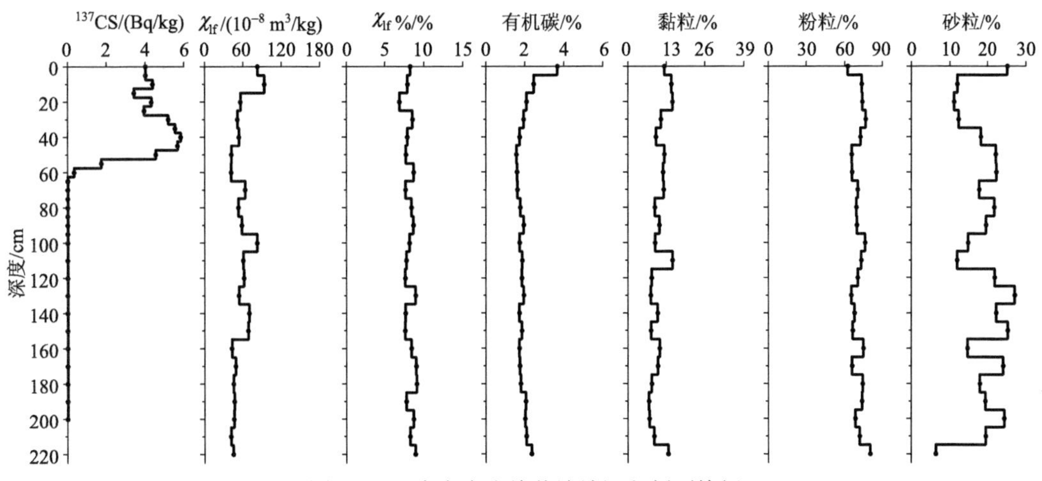

图 11-16　廖家窝凼峰丛洼地沉积剖面特征

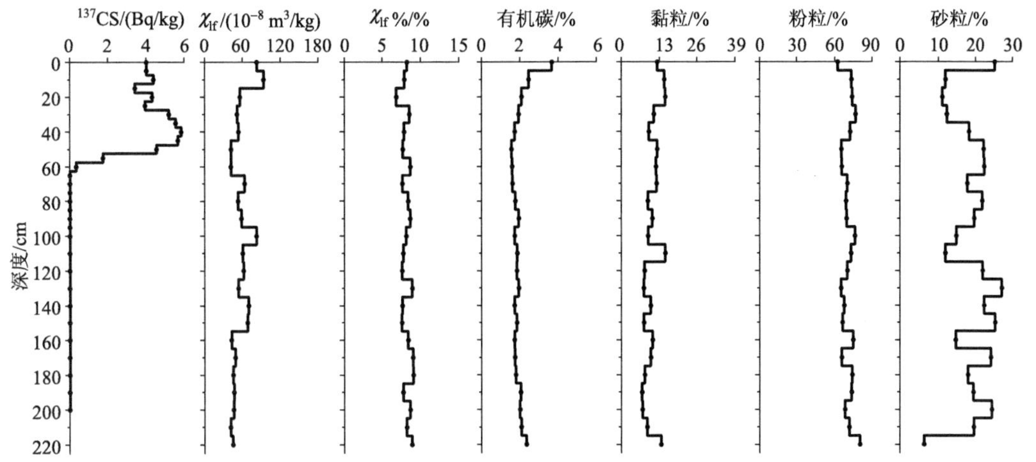

图 11-17　大锯塘峰丛洼地沉积剖面特征

表 11-6　沉积物磁化率、有机碳和粒度描述与统计

峰丛洼地流域名称	沉积物指标	最小值	最大值	平均值	标准差	变异系数/%
廖家窝凼	χ_{lf}	158.6	218.5	181.1	18.1	10.0
	χ_{fd}%	11.2	12.3	11.9	0.3	2.2
	有机碳	1.9	5.4	2.9	0.8	27.0
廖家窝凼	黏粒	2.0	7.6	4.8	1.4	29.3
	粉粒	67.5	85.6	79.8	4.3	5.4
	砂粒	7.8	29.3	15.4	4.8	30.9
大锯塘	χ_{lf}	40.7	86.9	56.3	11.8	21.0
	χ_{fd}%	7.8	9.2	8.5	0.4	4.3
	有机碳	1.6	3.7	2.0	0.4	21.9
	黏粒	7.0	15.0	10.5	2.5	23.5
	粉粒	62.5	80.2	70.7	4.3	6.1
	砂粒	6.3	27.2	18.8	5.4	28.6

注：χ_{lf}的最小值、最大值、平均值、标准差的单位是 $10^{-8}m^3/kg$；χ_{fd}%、有机碳、黏粒、粉粒、砂粒的最小值、最大值、平均值、标准差的单位是%。

沉积物粒度描述与统计结果显示(表 11-6)，廖家窝凼峰丛洼地剖面粉粒、黏粒和砂粒含量平均分别为 79.8%、4.8%和 15.4%，大锯塘峰丛洼地剖面粉粒、黏粒和砂粒含量平均分别为 70.7%、10.5%和 18.8%。可以看出，两个峰丛洼地剖面均以粉粒＞砂粒＞黏粒为特征。另外，砂粒和黏粒在两个剖面上均有峰值，且具有较大的波动性(图 11-16 和图 11-17)。基于侵蚀泥沙运移机制特征，沉积剖面上砂粒和黏粒较大的波动以及变异系数表明流域泥沙颗粒在运移和沉积过程中分选性较差，这在一定程度上反映了流域降水量或降雨强度的变化。

11.5.3　沉积剖面断代/定年

根据 1963 年 ^{137}Cs 沉降量最高，即当年侵蚀泥沙中 ^{137}Cs 含量较高这一特征，确定本研究廖家窝凼小流域和大锯塘小流域自 1963 年以来泥沙沉积厚度分别为 95 cm 和 40 cm(图 11-16 和图 11-17)。除 1963 年 ^{137}Cs 年代标记外，剖面有机碳含量的增加可能是流域土地利用变化的年代标记。2000 年实施西部退耕还林工程，将大部分坡耕地转化为草地和林地。有研究表明，喀斯特地区林地有机碳含量较高，其次是草地和农地(黄先飞等, 2017; 孙沙沙等, 2018)。这意味着退耕还林工程的实施会增加流域的土壤碳储量。由此，我们推测两个洼地表层有机碳含量的明显增加可能与退耕还林工程有关。因此，本研究将廖家窝凼峰丛洼地和大锯塘峰丛洼地 0～10 cm 深度有机碳含量显著增加的沉积物定义为 2000 年以后沉积或发育。

廖家窝凼峰丛洼地和大锯塘峰丛洼地 100～200 cm 深度沉积物光释光与 ^{14}C 定年结果如图 11-18 所示。可以看出，与计算的光释光年龄相比，^{14}C 年龄明显偏老。推测 ^{14}C 年龄的偏大可能是由于侵蚀/沉积过程中汇入了一些较老的有机物。因此，本研究 ^{14}C 定

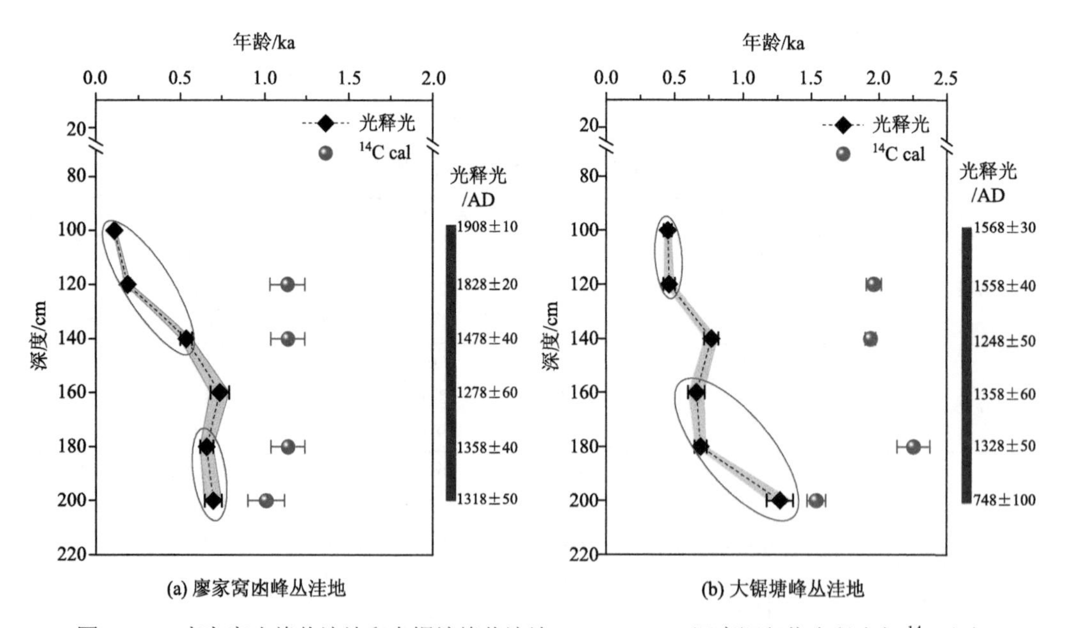

图 11-18　廖家窝凼峰丛洼地和大锯塘峰丛洼地 100～200 cm 深度沉积物光释光与 ^{14}C 定年

ka 表示千年，AD 表示公元年，cal 表示校正后的年结果

年结果不能代表真正的沉积年龄(Lang and Hönscheidt, 1999; Fuchs et al., 2010)。光释光年龄在误差范围内具有较好的地层顺序，体现了沉积的层序性和合理性，同时剂量恢复实验也证明了光释光测量的有效性。因此，我们认为光释光定年结果是有效的。总体而言，廖家窝凼峰丛洼地 100～200 cm 深度沉积物光释光年龄在(0.11±0.01)～(0.70±0.05)ka，大锯塘峰丛洼地在该深度范围沉积物光释光年龄在(0.45±0.01)～(1.27±0.05)ka。

11.5.4　流域侵蚀反演

根据廖家窝凼峰丛洼地和大锯塘峰丛洼地沉积物剖面 ^{137}Cs 和有机碳断代，以及沉积物光释光定年(图 11-18 中已圈出符合沉积序列的光释光定年结果)，将流域侵蚀/沉积划分为 7 个阶段(表 11-7)。其中，廖家窝凼流域的 7 个阶段分别为 1318～1358 年、1358～1478 年、1478～1828 年、1828～1908 年、1908～1963 年、1963～2000 年、2000～2018 年；大锯塘流域的 7 个阶段分别为 748～1328 年、1328～1358 年、1358～1558 年、1558～1568 年、1568～1963 年、1963～2000 年、2000～2018 年。为了清楚地反映流域侵蚀状况，根据洼地泥沙沉积厚度和沉积持续时间，计算各时期沉积速率(cm/a)，然后将沉积速率转化为侵蚀速率[t/(hm²·a)]。

表 11-7　廖家窝凼流域和大锯塘流域不同时期的沉积厚度和侵蚀速率估算

峰丛洼地流域名称	流域不同时期的沉积厚度和侵蚀速率		
	年份	沉积厚度/cm	侵蚀速率/[t/(hm²·a)]
廖家窝凼	2000～2018	10	0.25
	1963～2000	85	1.05
	1908～1963	5	0.04
	1828～1908	20	0.11
	1478～1828	20	0.03
	1358～1478	40	0.15
	1318～1358	20	0.23
大锯塘	2000～2018	10	4.44
	1963～2000	30	6.48
	1568～1963	60	1.21
	1558～1568	20	15.97
	1358～1558	40	1.60
	1328～1358	20	5.32
	748～1328	20	0.28

从估算结果可以看出，两个流域近千年来土壤侵蚀特征明显不同。廖家窝凼流域侵蚀速率除了在 1828～1908 年略有增加，在 1318～1963 年整体呈下降趋势。在 1963～2000 年，侵蚀速率明显增加，2000 年后又急剧降低。总的来说，廖家窝凼流域土壤侵蚀总体呈先减少后增加再减少的趋势，其中，减少主要发生在 1963 年以前和 2000 年以后，增

加主要发生在 1963～2000 年。与廖家窝凼流域相比，大锯塘流域土壤侵蚀变化更为复杂，侵蚀速率在 1328～1358 年、1558～1568 年、1963～2000 年 3 个阶段较大，在 748～1328 年、1358～1558 年、1568～1963 年、2000～2018 年 4 个阶段相对较小。平均而言，廖家窝凼流域和大锯塘流域近千年侵蚀速率分别为 0.13 t/(hm^2·a) 和 1.28 t/(hm^2·a)。对比西南喀斯特地区土壤容许流失范围[0.30～0.68 t/(hm^2·a)]，廖家窝凼流域近千年平均侵蚀速率小于该范围，而大锯塘流域大于该范围。在本研究中，廖家窝凼流域和大锯塘流域分别代表石漠化相对严重地区和石漠化程度较轻地区。通过以上估算结果可以看出，石漠化严重地区要比石漠化较轻地区的土壤侵蚀强度小。

11.5.5　本节结论

本节运用指纹因子 ^{137}Cs、磁化率、有机碳和粒度，揭示了流域侵蚀/沉积特征；通过沉积物断代定年技术，建立了沉积剖面年代，反演了流域近千年土壤侵蚀变化，主要结果如下。

(1) 洼地沉积物 ^{137}Cs、磁化率、有机碳和粒度样品测量结果表明，廖家窝凼流域近些年土壤流失较为严重。

(2) 沉积剖面断代/定年结果显示，两个流域的土壤侵蚀研究可分为 7 个阶段。其中，廖家窝凼流域的 7 个阶段分别为 1318～1358 年、1358～1478 年、1478～1828 年、1828～1908 年、1908～1963 年、1963～2000 年、2000～2018 年；大锯塘流域的 7 个阶段分别为 748～1328 年、1328～1358 年、1358～1558 年、1558～1568 年、1568～1963 年、1963～2000 年、2000～2018 年。

(3) 流域土壤侵蚀估算结果表明，近千年来，石漠化相对严重的小流域(廖家窝凼)的平均侵蚀速率为 0.13 t/(hm^2·a)，侵蚀速率在 1318～1963 年以及 2000～2018 年较小，在 1963～2000 年较大，而石漠化程度较轻的小流域(大锯塘)的平均侵蚀速率为 1.28 t/(hm^2·a)，侵蚀速率在 748～1328 年、1358～1558 年、1568～1963 年、2000～2018 年 4 个时段较小，在 1328～1358 年、1558～1568 年、1963～2000 年 3 个时段较大。

11.6　本章小结

本章首先围绕流域侵蚀与沉积展开，分别介绍了流域泥沙源-汇区域的侵蚀沉积特征、流域源-汇区域侵蚀物质对应关系，以及如何利用沉积泥沙来研究流域土壤侵蚀，如流域侵蚀强度的反演、流域泥沙来源的识别、流域侵蚀环境的演变等。本章重点介绍了复合指纹技术，阐述了其理论基础及应用的空间和时间尺度；分析了流域潜在物源类型，及区分不同物源类型各指纹因子的诊断能力和特征；总结了泥沙来源复合指纹示踪技术的优缺点，以及一些学者针对其局限性提出的技术改进和优化方面的建议。对指纹因子中磁化率指标选取、土壤沉积物磁性特征及其与环境的关系进行了详述，并举例说明了磁化率技术在黄土沉积物、海洋沉积物和湖泊沉积物这三大领域中的应用，分析了不同沉积环境中的磁性矿物及其来源、沉积物的磁学性质和环境意义。最后，基于土壤磁化率可以反映地表环境变化这一研究结果，举例说明了磁化率技术在喀斯特坡面尺度和流域尺度土壤侵蚀中的应用。从理论到具体实践，系统论证了磁化率技术在喀斯特地区土壤侵蚀及泥沙运移过程中的成功应用。

参考文献

包耀贤, 吴发启, 谭红朝. 2005. 坝地土壤养分分布特征研究. 水土保持通报, 25(2):12-15.

曹建廷, 沈吉, 王苏民. 1999. 内蒙古岱海气候环境演变的沉积纪录. 地理学与国土研究, 15(3): 82-86.

曹希强, 郑祥民, 周立旻, 等. 2004. 洪湖沉积物的磁性特征及其环境意义. 湖泊科学,16(3): 227-232.

陈敬安, 万国江, 张峰, 等. 2003. 时间尺度下的湖泊沉积物环境记录——以沉积物粒度为例. 中国科学, 33(6):563-567.

陈利顶, 傅伯杰, 徐建英, 等. 2003. 基于"源-汇"生态过程的景观格局识别方法——景观空间负荷对比指数. 生态学报, 23(11): 2406-2413.

陈利顶, 傅伯杰, 赵文武. 2006. "源""汇"景观理论及其生态学意义. 生态学报, 26(5): 1444-1449.

崔灵周, 李占斌, 朱永清. 2006. 流域侵蚀强度空间分异及动态变化模拟研究. 农业工程学报, 22(12):17-22.

邓成龙, 刘青松, 潘永信, 等. 2007. 中国黄土环境磁学. 第四纪研究, 27(2): 193-209.

董元杰, 史衍玺. 2004. 坡面侵蚀的土壤磁化率及磁性示踪试验研究. 水土保持学报, 18(6): 21-26.

冯明义, Walling D E, 张信宝, 等. 2003. 黄土丘陵区小流域侵蚀产沙对坡耕地退耕响应的 ^{137}Cs 法. 科学通报, 48(13): 1452-1457.

高燕, 张延玲, 焦剑, 等. 2016. 松花江流域不同空间尺度典型流域泥沙输移比及其影响因素. 中国水土保持科学, 14(1): 21-27.

葛淑兰, 石学法, 韩贻兵. 2001. 南黄海海底沉积物的磁化率特征. 科学通报, 46: 34-38.

韩晓非, 柳云龙, 陈永强, 等. 2001. 低丘侵蚀红壤垦种熟化过程中土壤磁性特征演变规律. 水土保持学报, 15(2): 60-63.

何华春, 丁海燕, 张振克, 等. 2005. 河中下游洪泽湖湖泊沉积物粒度特征及其沉积环境意义. 地理科学, 23(5): 590-595.

何永彬, 张信宝, 贺秀斌. 2013. 用 ^{137}Cs 示踪和孢粉分析法对喀斯特峰丛草地洼地泥沙沉积及侵蚀环境的研究. 水土保持通报, 33(1): 246-250.

侯红明, 王保贵, 汤贤赞. 1995. 南沙海区海洋沉积物古地磁学参数对米兰科维奇周期的响应. 热带海洋, 14(3): 1-7.

侯红明, 王保贵, 汤贤赞. 1996. 南极普里兹湾 NP93-2 柱样磁组构特征及其古气候意义.地球物理学报, 39(6): 747-752.

胡守云, 王苏民, Appel E, 等. 1998. 呼伦湖湖泊沉积物磁化率变化的环境磁学机制. 中国科学: 地球科学, 28(4): 334-339.

黄满湘, 章申, 张国梁, 等. 2003. 北京地区农田氮素养分随地表径流流失机理. 地理学报, 58(1): 147-154.

黄先飞, 周运超, 张珍明. 2017. 喀斯特石漠化区不同土地利用方式下土壤有机碳分布特征. 水土保持学报, 31(5): 215-221.

吉云平, 夏正楷. 2007. 不同类型沉积物磁化率的比较研究和初步解释. 地球学报, 28(6): 541-549.

贾蓉芬, 颜备战, 李荣森, 等. 1996. 陕西段家坡黄土剖面中趋磁细菌特征与环境意义. 中国科学(D 辑:

地球科学), 26(5): 411-416.
贾松伟, 韦方强. 2009. 利用磁性参数诊断泥石流沟道沉积物来源:以云南蒋家沟流域为例. 泥沙研究, (1): 54-59.
焦菊英, 王万忠, 李靖, 等. 2003. 黄土高原丘陵沟壑区淤地坝的淤地拦沙效益分析. 农业工程学报, 19(6): 302-306.
李晶, 周自翔. 2014. 延河流域景观格局与生态水文过程分析. 地理学报, 69(7): 933-944.
李钜, 章景可, 李凤新. 1999. 黄土高原多沙粗沙区侵蚀模型探讨. 地理科学进展, 18(1): 1-9.
李勉, 杨剑锋, 侯建才, 等. 2008. 黄土丘陵区小流域淤地坝记录的泥沙沉积过程研究. 农业工程学报, 24(2): 64-69.
李少龙, 苏春江, 白立新, 等. 1995. 小流域泥沙来源的 ^{226}Ra 分析法. 山地研究, 13(3): 199-202.
李天杰, 赵烨, 张科利, 等. 2004. 土壤地理学(第 3 版). 北京: 高等教育出版社.
李鑫, 魏东岚. 2012. 浅述土壤磁化率的研究领域及其进展. 云南地理环境研究, 24(6): 97-101.
李勋贵, 李占斌, 魏霞. 2007. 黄土高原淤地坝坝地淤积物两个重要物理特性指标研究. 水土保持研究, 14(2): 218-223.
李占斌, 符素华, 靳顶. 1997. 流域降雨侵蚀产沙过程水沙传递关系研究. 土壤侵蚀与水土保持学报, 3(4): 44-49.
李占斌, 符素华, 鲁克新. 2001. 秃尾河流域暴雨洪水产沙特性的研究. 水土保持学报, 15(2): 88-91.
李占斌. 1996. 黄土地区小流域次暴雨侵蚀产沙研究. 西安理工大学学报, 12(3): 177-183.
林琪, 刘恩峰, 张恩楼, 等. 2017. 泸沽湖近代沉积环境时空变化特征及原因分析. 湖泊科学, 9(1): 246-256.
刘发勇, 熊康宁, 兰安军, 等. 2015. 贵州省喀斯特石漠化与水土流失空间相关分析. 水土保持研究, 22(6): 65-69,76.
刘健, 朱日祥, 李绍全, 等. 2003. 南黄海东南部冰后期泥质沉积物中磁性矿物的成岩变化及其对环境变化的响应. 中国科学(D 辑: 地球科学), 33(6): 583-592.
刘健. 2000. 磁性矿物还原成岩作用述评. 海洋地质与第四纪地质, 20(4): 103-107.
刘鹏, 岳大鹏, 李奎. 2014. 陕北黄土洼淤地坝粗颗粒沉积与暴雨关系探究. 水土保持学报, 28(1): 79-83.
刘青松, Banerjee S K, Jackson M J, 等. 2003. 低温氧化作用对中国黄土记录剩磁的影响. 科学通报, 48(2): 193-198.
刘秀铭, 安芷生, 强小科, 等. 2001. 甘肃第三系红粘土磁学性质初步研究及古气候意义. 中国科学(D 辑: 地球科学), 31(3): 192-205.
刘秀铭, 夏敦胜, 刘东生, 等. 2007. 中国黄土和阿拉斯加黄土磁化率气候记录的两种模式探讨.第四纪研究, 27(2): 210-220.
罗攀, 郑卓, 杨晓强. 2006. 海南岛双池玛珥湖全新世磁化率及其环境意义. 热带地理, 26(3): 211-217.
孟庆勇, 李安春. 2008. 海洋沉积物的环境磁学研究简述. 海洋环境科学, 27(1): 86-90.
濮励杰, 包浩生, Higgit D L. 1999. 土壤退化方法应用初步研究: 以闽西沙县东溪流域为例. 自然资源学报, 14(1): 55-61.
孙沙沙, 段建军, 王小利, 等. 2018. 喀斯特小流域不同土地利用方式下土壤有机碳的组分特征. 山地农业生物学报, 37(3): 49-55.
汤贤赞, 王保贵, 袁友仁, 等. 1993. 南沙海区沉积物剩余磁化强度与古气候旋回. 热带海洋, 12(3):

32-37.
唐强, 贺秀斌, 鲍玉海, 等. 2013. 泥沙来源“指纹”示踪技术研究综述. 中国水土保持科学, 11(3): 109-117.
王晓. 2001. 用粒度分析法计算础砂岩区小流域泥沙来源的探讨. 中国水土保持, (1): 22-24.
王晓. 2002. 粒度分析法在小流域泥沙来源研究中的应用. 水土保持研究, 9(3): 42-43.
王治国, 胡振华, 段喜明. 1999. 黄土残垣区沟坝地淤积土壤特征比较研究. 土壤侵蚀与水土保持学报, (12): 22-27.
魏乐军, 郑绵平, 蔡克勤, 等. 2002. 西藏洞错全新世早期盐湖沉积的古气候记录. 地学前缘, 9(1): 129-135.
魏霞, 李占斌, 李勋贵, 等. 2007. 基于灰色关联的坝地分层淤积量与侵蚀性降雨响应研究. 自然资源学报, 22(5): 842-849.
魏霞, 李占斌, 沈冰, 等. 2006. 陕北子洲县典型淤地坝淤积过程和降雨关系的研究. 西北农林科技大学学报(自然科学版), 34(10): 192-195.
文安邦, 张信宝, Walling D E. 1998. 黄土丘陵区小流域泥沙来源及其动态变化的 ^{137}Cs 法研究. 地理学报, 53: 124-133.
文安邦, 张信宝, 李豪, 等. 2008. 云南楚雄九龙甸水库沉积剖面 ^{137}Cs、$^{210}Pb_{ex}$ 和细粒泥沙含量的变化及其解释. 泥沙研究, (6): 17-22.
文安邦, 张信宝, 王玉宽, 等. 2000. 长江上游云贵高原区泥沙来源的 ^{137}Cs 法研究. 水土保持学报, 14(2): 25-27.
文安邦, 张信宝, 王玉宽, 等. 2003a. 云贵高原区龙川江上游泥沙输移比研究. 水土保持学报, (4): 139-141.
文安邦, 张信宝, 张一云, 等. 2003b. 云南东川泥石流沟与非泥石流沟 ^{137}Cs 示踪法物源研究. 泥沙研究, (4): 52-56.
吴能友, 段威武, 刘坚. 1998. 南极布兰斯菲尔德海峡晚第四纪沉积物磁组构特征及其古环境学意义. 海洋地质与第四纪地质, 18(1): 77-88.
吴瑞金. 1993. 湖泊沉积物的磁化率、频率磁化率及其古气候意义—以青海湖、岱海近代沉积为例. 湖泊科学, 5(2): 128-135.
肖元清, 王钊. 2005. 磁性示踪技术在土壤侵蚀中的应用. 西部探矿工程, 11: 123-126.
徐新文, 强小科, 符超峰, 等. 2011. 中国黄土沉积物的磁性增强机制进展. 东华理工大学学报(自然科学版), 34(4): 359-365.
薛凯, 杨明义, 张风宝. 2011. 利用淤地坝泥沙沉积旋廻反演小流域侵蚀历史. 核农学报, 25(1): 115-120.
杨健强, 崔之久, 易朝露, 等. 2004. 云南点苍山冰川湖泊沉积物磁化率的影响因素及其环境意义. 第四纪研究. 24(5): 591-597.
杨明义, 田均良, 刘普灵. 1999. 应用 ^{137}Cs 研究小流域泥沙来源. 土壤侵蚀与水土保持学报, 5(3): 49-53.
杨明义, 徐龙江. 2010. 黄土高原小流域泥沙来源的复合指纹识别法分析. 水土保持学报, 24(2): 30-34.
郁科科, 王乐, 盛恩国, 等. 2020. 六盘山朝那湫湖泊沉积物磁化率的环境指示意义. 生态学杂志, 39(8): 2501-2508.
曾方明, 向树元. 2017. 柴达木盆地昆特依盐湖磁化率特征及古气候意义. 盐湖研究, 25(1): 1-7.

张风宝, 薛凯, 杨明义, 等. 2012. 坝地沉积旋回泥沙养分变化及其对小流域泥沙来源的解释. 农业工程学报, 28(20): 143-149.

张风宝, 杨明义, 赵晓光, 等. 2005. 磁性示踪在土壤侵蚀研究中的应用进展. 地球科学进展, 20(7): 751-756.

张鸾, 师长兴, 杜俊, 等. 2009. 黄土丘陵沟壑区沟道小流域泥沙存贮—释放初探. 水土保持研究, 16(4): 39-44.

张拴宏, 周显强. 1999. 磁化率各向异性地学应用综述. 地质论评, 45(6): 613-620.

张玮. 2015. 利用近 40 年来坝地沉积旋回研究黄土丘陵区小流域侵蚀变化特征. 杨凌: 西北农林科技大学.

张卫国, 戴雪荣,张福瑞, 等. 2007. 近 7000 年巢湖沉积物环境磁学特征及其指示的亚洲季风变化.第四纪研究, 27(6): 1053-1062.

张卫国, 俞立中, 许羽. 1995. 环境磁学研究的简介. 地球物理学进展, 10(3): 95-105.

张信宝, Walling D E, 贺秀斌, 等. 2005. 黄土高原小流域植被变化和侵蚀产沙的孢粉示踪研究初探. 第四纪研究, 25(6): 722-728.

张信宝, 贺秀斌, 文安邦, 等. 2004. 川中丘陵区小流域泥沙来源的 ^{137}Cs 和 ^{210}Pb 双同位素法研究. 科学通报, 49(15): 1537-1541.

张信宝, 汪阳春, 李少龙, 等. 1992. 蒋家沟流域土壤侵蚀及泥石流细粒物质来源的 ^{137}Cs 法初步研究. 中国水土保持, (2): 28-31.

张兴昌, 邵明安. 2001. 侵蚀泥沙、有机质和全氮富集规律研究. 应用生态学报, 12(4): 541-544.

张振克, 吴瑞金, 王苏民. 1998a. 岱海湖泊沉积物频率磁化率对历史时期环境变化的反映. 地理研究, 17(3): 297-300.

张振克, 吴瑞金, 王苏民. 1998b. 近 2600 年来内蒙古居延海湖泊沉积纪录的环境变化. 湖泊科学, 10(2): 44-51.

周慧平, 陈玉东, 常维娜. 2018. 指纹技术识别泥沙来源: 进展与展望. 水土保持学报, 32(5): 1-7.

Adams C. 1944. Mine waste as a source of Galena River bed sedimen. Journal of Geology, 4: 275-282.

Basnyat P, Teeter L D, Flynn K M, et al. 1999. Relationships between landscape characteristics and non-point source pollution inputs to coastal estuary. Environmental Management, 23(4): 539-549.

Blake W H, Ficken K J, Taylor P, et al. 2012. Tracing crop-specific sediment sources in agricultural catchments. Geomorphology, 139(4): 322-329.

Blakemore R P. 1975. Magnetotactic bacteria. Science, 190: 377-379.

Bond G, Broecker W, Johnsen S, et al. 1993. Correlations between climate records from North-Atlantic sediments and Greenland ice. Nature, 365:143-147.

Bou Kheir R, Abdallah C, Khawlie M. 2008. Assessing soil erosion in Mediterranean karst landscapes of Lebanon using remote sensing and GIS. Engineering Geology, 99(3-4): 239-254.

Brown A G. 1985. The potential use of pollen in the identification of suspended sediment sources. Earth Surface Processes and Landforms, 10(1): 27-32.

Caitcheon G G. 1993. Sediment source tracing using environmental magnetism:A new approach with examples from Australia. Hydrological Process, (4): 349-358.

Carter J, Owens P N, Walling D E, et al. 2003. Fingerprinting suspended sediment sources in a large urban river system. Science of the Total Environment, (314-316): 513-534.

Chen F H, Bloemendal J, Wang J M, et al. 1997. High-resolution multiproxy climate records from Chinese loess: Evidence for rapid climatic changes over the last 75 kyr. Palaeogeography, Palaeoclimatology, Palaeoecology, 130(1-4): 323-335.

Chen F X, Zhang F B, Fang N F, et al. 2016. Sediment source analysis using the fingerprinting method in a small catchment of the Loess Plateau, China. Journal of Soils and Sediments, (5): 1655-1669.

Collins A L, Walling D E, Leeks G J L. 1996. Composite fingerprinting of the spatial source of fluvial suspended sediment: A case study of the Exe and Severn river basins, UK. Geomorphologie: Relief, Processes, Environment, 2: 41-54.

Collins A L, Walling D E, Leeks G J L. 1997a. Sediments ources in the upper severn catchment: A fingerprinting approach. Hydrology Earth System Sciences, 1(3): 509-521.

Collins A L, Walling D E, Leeks G J L. 1997b. Use of the geochemical record preserved in flood plain deposits to reconstruct recent changes in river basin sediment sources. Geomorphology, 19(1/2): 151-167.

Collins A L, Walling D E, Leeks G J L. 1997c. Source sediment ascription for fluvial suspended sediment based on a quantitative composite fingerprinting technique. Catena, 29(1): 1-27.

Collins A L, Walling D E, Leeks G J L. 1998. Use of composite fingerprints to determine the provenance of the contemporary suspended sediment load transported by rivers. Earth Surface Processes and Landforms, 23(1): 31-52.

Collins A L, Walling D E. 2002. Selecting fingerprint properties for discriminating potential suspended sediment sources in river basins. Journalof Hydrology, 261(1): 218-244.

Collins A L, Zhang Y, Mc Chesney D, et al. 2012. Sediment source tracing in a lowland agricultural catchment in Southern England using a modified procedure combining statistical analysis and numerical modelling. Science of the Total Environment, 414(1): 301-317.

de Jong E, Nestor P A, Pennock D J. 1998. The use of magnetic susceptibility to measure long-term soil redistribution. Catena, 32(1): 23-35.

Dearing J A. 1994. Environmental Magnetic Susceptibility, Using the Bartington MS2 System. Kenilworth: Chi Publishers.

Deng C L, Shaw J, Liu Q S, et al. 2006. Mineral magnetic variation of the Jingbian loess/paleosol sequence in the Northern Loess Plateau of China: Implications for quaternary development of Asian aridification and cooling. Earth and Planetary Science Letters, 241(1-2): 248-259.

Deng C L, Vidic N J, Verosub K L, et al. 2005. Mineral magnetic variation of the Jiaodao Chinese loess/paleosol sequence and its bearing on long-term climatic variability. Journal of Geophysical Research, 110(B3): 1-17.

Deng C L, Zhu R X, Verosub K L, et al. 2000. Paleoclimatic significance of the temperature dependent susceptibility of Holocene loess along a NW-SE transect in the Chinese Loess Plateau. Geophysical Research Letters, 27(22): 3715-3718.

Deng C L, Zhu R X, Verosub K L, et al. 2004. Mineral magnetic properties of loess/paleosol couplets of the central Loess Plateau of China over the last 1.2 Myr. Journal of Geophysical Research, 109(B1): 1-13.

Ding Z L, Derbyshire E, Yang S L, et al. 2005. Stepwise epansion of desert environment across Northern China in the past 3.5 Ma and implications formonsoon evolution. Earth and Planetary Science Letters,

237(1-2): 45-55.

Fox J F, Papanicolaou A N. 2007. The use of carbon and nitrogen isotopes to study watershed erosion process. Journal of American Water and Resources Society, 43(4): 1047-1064.

Fuchs M, Fischer M, Reverman R. 2010. Colluvial and alluvial sediment archives temporally resolved by OSL dating: Implications for reconstructing soil erosion. Quaternary Geochronology, (2-3): 269-273.

Gellis A C, Walling D E. 2011. Sediment source fingerprinting (tracing) and sediment budgets as tools in targeting river and watershed restoration programs. Journal of Endovascular Therapy An Official Journal of the International Society of Endovascular Specialists, 194(3): 263-291.

Grimshaw D L, Lewin J. 1980. Source identification for suspended sediments. Journal of Hydrology, 47(1/2): 151-162.

Hatfield R G, Maher B A. 2009. Fingerprinting upland sediment sources: Particle sizes specific magnetic linkages between soils, lake sediments and suspended sediments. Earth Surface Processes and Landforms, 34(10): 1359-1373.

Hayakawa M, Nakano T. 1912. The radioactive elements of the source sediment of the mae from Hokuto, Taiwan. Zeitshrift Fur Anorganische and Allgemeine Chemi, (2): 183-190.

Heller F, Liu T S. 1984. Magnetism of Chinese loess deposits. Geophysical Journal of the Royal Astronomical Societ, (77): 125-141.

Heller F, Liu X M, Liu T S, et al. 1991. Magnetic susceptibility of loess in China. Earth and Planetary Science Letters, 103: 301-310.

Homann P S, Remillard S M, Harmon M E, et al. 2004. Carbon storage in coarse and fine fractions of Pacific Northwest old-growth forest soils. Soil Science Society American Journal, 68: 2023-2030.

Hu X F, Xu L F, Pan Y, et al. 2009. Influence of the aging of Fe oxides on the decline of magnetic susceptibility of the tertiary red clay in the Chinese Loess Plateau. Quaternary International, 209(1-2): 22-30.

Hussain I, Olson K R, Jones R L. 1998. Erosion patterns on cultivated and uncultivated hillslopes determined by soil fly ash contents. Soil Science, 163: 726-738.

Jordanova D, Jordanova N, Petrov P. 2014. Pattern of cumulative soil erosion and redistribution pinpointed through magnetic signature of chernozem soils. Catena, 120(1): 46-56.

Karchegani P M, Ayoubi S, Lu S G, et al. 2011. Use of magnetic measures to assess soil redistribution following deforestation in hilly region. Journal of Applied Geophysics, 75(2): 227-236.

Karlin R, Levi S. 1985. Geochemical and sedimentological control of the magnetic properties of hemipelagic sediments. Journal of Geophysical Research, 90(B12): 10373-10392.

Kirschvink J L, Chang S R. 1984. Ultrafinegrained magnetite in deep-sea sediments: Possible bacterial magneto fossils.Geology, 12: 559-562.

Kissel C, Laj C, Mazaud A, et al. 1998. Magnetic anisotropy and environmental changes in two sedimentary cores from the Norwegian Sea and the NorthAtlantic. Earth and Planetary Science Letters, 164: 617-626.

Kletetschka G, Banerjee S. 1995. Magnetic stratigraphy of Chinese loess as a record of natural fires. Geophysical Research Letters, 22(11): 1341-1343.

Knoblauch H C, Koloday L, Brill G D. 1942. Erosion losses of major plant nutrients and organic matter from Collington sandy loam. Soil Science, 53: 369-378.

Krause A K, Franks S W, Kalma J D, et al. 2003. Multi-parameter fingerprinting of sediment deposition in a small gullied catchment in SE Australia. Catena, 53(4): 327-348.

Krein A, Petticrew E, Udelhoven T. 2003. The use of fine sediment fractal dimensions and color to determine sediment sources in a small watershed. Catena, 53(2): 165-179.

Lang A, Hönscheidt S. 1999. Age and source of soil erosion derived colluvial sediments at Vaihingen-Enz, Germany. Catena, 38: 89-107.

Li Y, Poesen J, Yang J C, et al. 2003. Evaluating gully erosion using ^{137}Cs and ^{210}Pb/^{137}Cs ratio in a reservoir catchment. Soil and Tillage Research, 69: 107-115.

Li Z W, Xu X L, Zhang Y H, et al. 2019. Reconstructing recent changes in sediment yields from a typical karst watershed in Southwest China. Agriculture, Ecosystems and Environment, 269: 62-70.

Liu L, Zhang K L, Zhang Z D, et al. 2015. Identifying soil redistribution patterns by magnetic susceptibility on the black soil farmland in Northeast China. Catena, 129: 103-111.

Liu L, Zhang K L, Zhang Z D. 2016. An improved core sampling technique for soil magnetic susceptibility determination. Geoderma, 277: 35-40.

Liu Q S, Banerjee S K, Jackson M J, et al. 2005. Intel-profile correlation of the Chinese loess/paleosol sequences during marine oxygen isotope stage 5 and indications of pedogenesis. Quaternary Science Reviews, 24(1-2): 195-210.

Liu Q S, Torrent J, Yu Y J, et al. 2004. The mechanism of the parasitic remanence of aluminous goethite [α-(Fe,Al)OOH]. Journal of Geophysical Research, 109(B12): 1-8.

Liu X M, Shaw J, Liu T S, et al. 1992. Magnetic mineralogy of Chinese loess and its significance. Geophysical Journal International, 108(1): 301-308.

Liu X M, Shaw J, Liu T S, et al. 1993. Rock magnetic properties and palaeoclimate of Chinese loess. Journal of Geomagnetism and Geoelectricity, 45(2): 117-124.

Liu X Q, Herzschuh U, Wang Y B, et al. 2014. Glacier fluctuations of Muztagh Ata and temperature changes during thelate Holocene in Westernmost Tibetan Plateau, based on glaciolacustrine sediment records. Geophysical Research Letters, 41: 6265-6273.

Mabit L, Gibbs M, Mbaye M, et al. 2018. Novel application of compound specific stable isotope (CSSI) techniques to investigate on-site sediment origins across arable fields. Geoderma, 316: 19-26.

Maher B, Thompson R. 1992. Paleoclimatic significance of the mineral magnetic record of the Chinese loess and paleosols. Quaternary Research, 37(2): 155-170.

Martinez-Carreras N, Krein A, Udelhoven T, et al. 2010. A rapid spectral-reflectance-based fingerprinting approach for documenting suspended sediment sources during storm runoff events. Journal of Soils and Sediments, 10(3): 400-413.

Massey H F, Jackson M L. 1952. Selective erosion of soil fertility constituents. Soil Science Society of America Journal, 16: 353-356.

Minella J P, Walling D E, Merten G H. 2008. Combining sediment source tracing techniques with traditional monitoring to assess the impact of improved land management on catchment sediment yields. Journal of Hydrology, 348: 546-563.

Motha J A, Wallbrink P J, Hairsine P B, et al. 2003. Determining the sources of suspended sediment in a forested catchment in southeastern Australia. Water Resources Research, 39(3): 1-14.

Mullins C E. 1977. Magnetic susceptibility of the soil and its significance in soil science a review. European Journal of Soil Science, 28(2): 223-246.

Neal O R. 1994. Removal of nutrients from the soil by crops and erosion. Journal of the American Society of Agronomy, 36: 601-607.

Nie J S, King J, Fang X M. 2007. Enhancement mechanisms of magnetic susceptibility in the Chinese red-clay sequence. Geophysical Research Letters, 34(19): 1-5.

Nosrati K. 2017. Ascribing soil erosion of hillslope components to river sediment yield. Journal of Environmental Management, 194: 63-72.

Olson K R, Gennadiyev A N, Jones R L, et al. 2002. Erosion patterns on cultivated and reforested hillslopes in Moscow Region, Russia. Soil Science Society of America Journal, 66(1): 193-201.

Peck J A, King J W, Colman S M, et al. 1994. A rock magnetic record from Lake Barkal Siberia: Evidence of late quaternary climate change. Earth and Planetary Science Letters, 122: 221-238.

Porter S. 2001. Chinese loess record of monsoon climate during the last glacial-interglacial cycle. Earth Science Reviews, 54(1-3): 115-128.

Poulenard J, Perrete Y, Fanget B, et al. 2009. Infrared spectroscopy tracing of sediment sources in a small rural watershed (French Alps). Science of the Total Environment, 407(8): 2808-2819.

Pulley S, Foster I, Antunes P. 2015a. The uncertainties asso ciated with sediment fingerprinting suspended and recently deposited fluvial sediment in the Neneriver basin. Geomorphology, 22: 303-319.

Pulley S, Foster I, Antunes P. 2015b. The application of sediment fingerprinting to flood plain and lake sediment cores: Assumptions and uncertainties evaluated through case studies in the Nene Basin, UK. Journal of Soils and Sediments, (10): 2132-2154.

Pulley S, Foster I, Collins A. 2017. The impact of catchment source group classification on the accuracy of sediment fingerprinting outputs. Journal of Environmental Management, 194:16-26.

Robinson S G, Oldfield F. 2000. Early diagenesis in North Atlantic abyssal plain sediments characterized by rock-magnetic and geochemical indices. Marine Geology, 163: 77-107.

Rogers M T. 1946. Plant nutrient losses by erosion from a corn, wheat, clover rotation on Dunmore silt loam. Soil Science Society of America Journal, 6: 263-271.

Rolph T C, Shaw J, Derbyshire E, et al. 1993. The magnetic mineralogy of a loess section near Lanzhou, China. Geological Society London Special Publications, 72(1): 311-323.

Sadeghi S H, Najafi S, Bakhtiari A R. 2017. Sediment contribution from different geologic formations and landuses in an Iranian small watershed, case study. The International Journal of Sediment Research, 32(2): 210-220.

Sadiki A, Faleh A, Navas A, et al. 2009. Using magnetic susceptibility to assess soil degradation in the Eastern Rif, Morocco. Earth Surface Processes and Landforms, 34(15): 2057-2069.

Sweeting M. 1995. Karst in China. Berlin: Springer.

Thompson R, Oldfield F. 1986. Environmental Magnetism. London: Allen and Unwin.

Vale S S, Fuller I C, Procter J N, et al. 2016. Characterization and quantification of suspended sediment sources to the Manawatu River, New Zealand. Science of the Total Environment, 543: 171-186.

Vali H, Forster O. 1987. Magnetotactic bacteria and their magneto fossils in sidments. Earth and Planetary Science Letters, 86: 389-400.

Walden J. 2004. Environmental magnetism: Principles and applications of enviromagnetics. Quaternary Science Reviews, 23: 1867-1870.

Walling D E, Collins A L, McMellin G K. 2003a. A reconnaissance survey of the source of interstitial fine sediment recovered from salmonid spawning gravels in England and Wales. Hydrobiologia, 497: 91-108.

Walling D E, Collins A L, Stroud R W. 2008. Tracing suspended sediment and particulate phosphorus sources in catchments. Journal of Hydrology, 350(3): 274-289.

Walling D E, Owens P N, Foster I D L, et al. 2003b. Changes in the fine sediment dynamics of the Ouse and Tweed basins in the UK over the last 100-150 gears. Hydrological Processes, 17(16): 3245-3269.

Walling D E, Owens P N, Leeks G L. 1999. Fingerprinting suspended sediment sources in the catchment of the River Ouse, Yorkshire, UK. Hydrological Processes, 13: 955-975.

Walling D E, Peart M R, Oldfield F, et al. 1979. Suspended sediment sources identified by magnetic measurements. Nature, (5727): 110-113.

Walling D E. 2005. Tracing suspended sediment sources in catchments and river systems. Science of the Total Environment, 344(1/3): 159-184.

Wang Y X, Fang N F, Tong L S, et al. 2017. Source identification and budget evaluation of eroded organic carbon in an intensive agricultural catchment. Agriculture, Ecosystems and Environment, 247: 290-297.

Young R A, Olness A E, Mutchler C K, et al. 1986. Chemical and physical enrichment of sediment from cropland. Transactions of the Asae, 29(1): 165-169.

Yu Y, Zhang K L, Liu L, et al. 2019. Estimating long-term erosion and sedimentation rate on farmland using magnetic susceptibility in Northeast China. Soil and Tillage Research, 187: 41-49.

Yu Y, Zhang K L, Liu L. 2017. Evaluation of the influence of cultivation period on soil redistribution in Northeastern China using magnetic susceptibility. Soil Tillage and Research, 174: 14-23.

Zhang X B, Walling D E. 2005. Characterizing land surface erosion from Cesium-137 profiles in lake and reservoir sediments. Journal of Environmental Quality, 34(2): 514-523.

Zhou L P, Oldfield F A, Wintle A G, et al. 1990. Partly pedogenic origin of magnetic variations in Chinese loess. Nature, 346: 737-739.

第 12 章　磁铁矿粉作为黄土高原侵蚀示踪剂有效性的初步试验

12.1　研究背景及意义

黄土高原是我国西北地区重要的粮食和化石能源生产区。数百年来，由于农业集约化种植和自然植被的破坏，黄土高原遭受了严重的水土流失(唐克丽, 2004)。土壤侵蚀使该地区的景观从平地迅速改变为沟壑系统，并成为阻碍经济可持续发展和降低当地居民生活质量的最严重的环境问题之一(Zhao et al., 2013)。

土壤水蚀监测与预报是黄土高原长期水土保持和生态恢复的基础。在过去 50 年里，该地区的坡面、流域和区域尺度的水蚀研究持续增进(唐克丽, 2004)，这为开发和修正土壤侵蚀模型提供了宝贵的基础数据。这些研究多数采用类似径流小区和流域量水堰(Lal, 1994)的传统土壤侵蚀监测方法来获取土壤侵蚀空间平均数据，限制了在坡面和流域尺度上对土壤再分配过程时空变化的准确理解。然而，土壤侵蚀空间分布数据对于更好地理解侵蚀动力学、评价当地农业生产力和植被恢复对土壤侵蚀与沉积过程的影响具有更重要的意义。此外，土壤侵蚀空间分布数据有助于验证基于过程的侵蚀模型[如基于过程的水蚀预测(WEPP)模型](Li et al., 2017)、土壤侵蚀动态监测、水土保持措施效果评估和政府土地利用政策评估。

侵蚀示踪剂是获得土壤侵蚀空间分布数据的有用工具(Zhang et al., 2001; Zapata, 2002)。各种类型的示踪剂，包括放射性核素示踪剂(如 ^{137}Cs、^{210}Pb 或 ^{7}Be) (Zapata, 2002)、稀土元素示踪剂(Liu et al., 2004; Zhang et al., 2003, 2017)、贵重元素(如 Au 或 Ag)标记的自然土壤(Wheatcroft et al., 1994)和外加的磁性材料(如磁性塑料珠)(Ventura et al., 2001, 2002)均已被证明可有效获得空间分布的土壤侵蚀数据。然而，上述每种类型示踪剂均有其自身局限性(Zhang et al., 2001, 2003; Guzmán et al., 2010, 2013; Armstrong et al., 2012)。

根据刘普灵等(2001)和 Zhang 等(2001)的研究，理想侵蚀示踪剂应难溶于水，不易被植物吸收，对生态环境无害，土壤背景值低，与土壤颗粒或团聚体结合力强。此外，示踪剂的检测分析精度需要足够高且成本需要足够低。从世界范围来看，以往的研究主要集中在土壤侵蚀研究中理想示踪剂的选择，这是侵蚀示踪技术应用的前提。就磁性示踪剂而言，已有研究工作测试了各种类型的磁性示踪剂，如钢螺母(Lindstrom et al., 1992)、磁性塑料珠(Ventura et al., 2001, 2002)，以及细土、磁铁矿粉、粉煤灰与水泥的混合物(Hu et al., 2011)。然而，密度、大小和形状不同导致上述示踪剂的选择性输移方式与土壤侵蚀过程中土壤的输移方式有很大不同，这就限制了它们的侵蚀示踪能力。尽管通过向天然土壤中添加强磁性加热的沉积物或土壤解决了示踪剂与土壤团聚体的有效结合和同步运动问题(Parsons et al., 1993; Armstrong et al., 2012)，但是加热土壤的技术相对较高的成本和有限可选的被加热土壤类型均限制了该技术在更广泛领域的使用。

据我们所知，磁铁矿粉是目前较为理想的侵蚀示踪剂。磁铁矿粉为纯黑色粉末，常用作煤矿开采过程中的辅助材料或颜料。这种粉末属于低成本矿物，通常加工成淤泥大小的颗粒。其商业零售价格非常便宜(大约 0.08 美元/kg)。此外，磁铁矿粉末几乎是纯亚铁磁性矿物，其极高的磁性比大多数天然土壤高 3～4 个数量级(Mullins, 1977; Thompson and Oldfield, 1986; 俞劲炎和卢升高, 1991; Dearing, 1994)，更重要的是，磁化率的测定过程快速(＜15s)且测定结果准确性高(测量误差约 1%)(Dearing, 1994)。然而，将粉粒级磁铁矿粉作为土壤侵蚀示踪剂的研究报道还不多，将其作为水侵蚀示踪剂的探索研究已由 Guzmán 等(2010, 2013)完成。他们成功地在西班牙南部的橄榄果园地块进行了农业土壤模拟实验和田间实验。他们的试点研究表明，磁铁矿粉示踪剂是一种高效的示踪剂，并有助于为缺少径流小区和小流域测量堰的偏远地区提供有关土壤侵蚀速率及其空间分布的精确评估结果。作为一种新兴的侵蚀示踪剂，还需要评估该示踪剂是否在更多地区具有可行性。

在黄土高原地区，已有包括环境放射性核素，如 ^{137}Cs(张信宝等, 1991; 杨明义等, 1999)、^{7}Be(刘刚等, 2009; 刘章等, 2016)和稀土氧化物(田均良等, 1992; Liu et al., 2004)在内的侵蚀示踪剂的研究报道。而目前还未见利用磁性示踪剂研究水蚀规律的报道。因此，作者认为，如果粉粒级磁铁矿粉能标记与该示踪剂质地相似的侵蚀性黄土(张科利等, 2015)，那么通过廉价、高效的磁测手段就有可能获得土壤侵蚀量及其空间格局数据，对黄土高原地区土壤侵蚀空间分布数据的补充具有重要作用。

12.2　研 究 目 标

对于侵蚀示踪剂而言，示踪剂与目标土壤良好的结合能力和同步迁移性是侵蚀示踪技术实用化的必要条件。因此，本章提供了基于黄土高原地区黄土性土壤的磁铁矿粉侵蚀示踪剂的初步实验研究结果。其具体研究目标为：①通过磁铁矿粉示踪剂在不同粒级土壤团聚体上的颗粒分布来评价示踪剂与黄土的结合能力；②评价磁铁矿粉示踪剂在长期土壤渗透垂直移动性和表层土壤冲刷过程中的分离能力；③总结磁铁矿粉示踪剂的特点和应用条件。

12.3　材料与方法

12.3.1　供试土壤与磁性示踪剂的基本性质

在西北黄土高原地区，从北到南，在农田表土中收集了 4 种典型的黄土性土壤。这四种土壤分别是神木(SM)土、安塞(AS)土、长武(CW)土和杨凌(YL)土。这些原始土壤的基本性质详见表 12-1。所使用的磁性示踪剂是磁铁矿粉(磁铁矿的分子式为 Fe_3O_4)。磁铁矿粉示踪剂的基本特征与 Guzmán 等(2010)的研究一致。磁铁矿粉示踪剂详细的基本性质如表 12-2 所示。

表 12-1　本研究中神木、安塞、长武和杨凌土壤的基本性质

土壤代码	土壤粒径组成/%			质地（美国制）	有机质含量 /%	容重 /(g/cm^3)	χ_{lf} /($10^{-8}m^3/kg$)	χ_{fd}% /%
	黏粒 (<0.002 mm)	粉粒 (0.002~0.05 mm)	砂粒 (0.05~2 mm)					
神木(SM)土壤	5.7	34.8	59.5	砂壤	0.44	1.4	29.2	0.9
安塞(AS)土壤	9.2	54.3	36.5	粉壤	0.53	1.2	31.6	1.2
长武(CW)土壤	19.4	66.2	14.4	粉壤	1.09	1.2	81.8	7.4
杨凌(YL)土壤	33.6	55.2	11.2	粉黏壤	2.30	1.3	144.6	9.5

表 12-2　磁铁矿粉示踪剂的基本性质

指标	详情
分子式	Fe_3O_4
颜色	纯黑色
容重/(g/cm^3)	2.3
实测 χ_{lf} /($10^{-8}m^3/kg$)	38519
实测 χ_{fd}% /%	0
零售价*/(美元/kg)	约 0.08
粒径组成/%	1.5(<0.002mm) 86.5(0.002～0.05mm) 12(0.05～2mm)

*近几年在中国市场上磁铁矿粉的商品价格。

12.3.2　土壤与示踪剂的混合

首先，将原始土壤进行风干、去除植物根和其他非土壤物质(砾石)等的处理；其次，将土壤通过 2 mm 塑料筛，再与磁铁矿粉进行充分混合；然后，通过逐步添加去离子水，将处于干燥状态的土壤-示踪剂的混合物搅拌至泥浆状；最后，将土壤-示踪剂混合物风干，再轻轻研磨后，过 5 mm 塑料筛，待用。该示踪剂与土壤的混合程序，简称为“湿土-示踪剂混合法”。

12.3.3　磁化率测量

将每种土壤样品(包括原始土壤和标记土壤)风干、捣碎，并通过 2 mm 尼龙筛。使用巴廷顿公司的 MS2B 双频探头(Dearing, 1994)，分别测定低频(0.47kHz)和高频(4.7kHz)磁化率，以计算 χ_{lf}。

12.3.4　土壤团聚体分析

针对原始土壤和标记土壤，使用 8841 型电动振动筛进行土壤团聚体干筛分析，该振动筛配备一组具有 5 种不同尺寸的尼龙筛(即 5000μm、2000μm、500μm、200μm、50μm)。振动筛单次工作时间为 20min。所有土样干筛重复三次。

12.3.5　土壤渗透实验

为测试长期渗透条件下磁铁矿物示踪剂在土壤剖面中的移动性，本实验采用定制的塑料土柱(内径 8 cm，高 25 cm)以模拟田间 20 cm 深度的土壤剖面。首先，将所有原始土壤和标记土壤样品，通过 5 mm 尼龙筛，土柱底部覆盖无纺织物(网眼为 0.5 mm)；其次，将土柱均匀地分 9 层(高度 2 cm)填充原始土壤；最后，在原始土壤层上方设置一层标记土壤，利用无纺织布织物分开。

参考前人研究(Zhang et al., 2001; Guzmán et al., 2010)中的实验程序，开展针对四种标记土壤的室内模拟长期渗透研究。“长期”相当于黄土高原地区累计约 10 年的降水量(Zhao et al., 2013)。具体来说，在渗透模拟试验中，将 20L 去离子水通过横截面面积为 50cm^2、深度为 20 cm 的模拟土壤剖面，形成等效 400 cm 的累积厚度渗滤液(以 50 cm^2 横截面面积计算)。其具体步骤如下。

首先，将 2.5L 去离子水通过模拟土柱。在土柱整体自然风干 3 天后，再利用 2.5L 去离子水，重新开始土壤渗透试验。以上试验过程重复 8 次。根据各种土壤渗透能力的差异，总实验时间持续 2～3 个月。在完成模拟试验后，用塑料刀将含有一定土壤湿度的土柱切割成 2 cm 厚的土层，经过自然风干，再通过 2 mm 的塑料筛，确定其磁化率。所有实验重复三次。

12.3.6　土壤冲刷实验

使用塑料水槽进行土壤冲刷实验。在坡面水流作用下，测定标记土壤中磁铁矿粉示踪剂的分离同步特征。图 12-1 为水槽和样品盒的结构示意图。在每次试验中，冲刷水槽

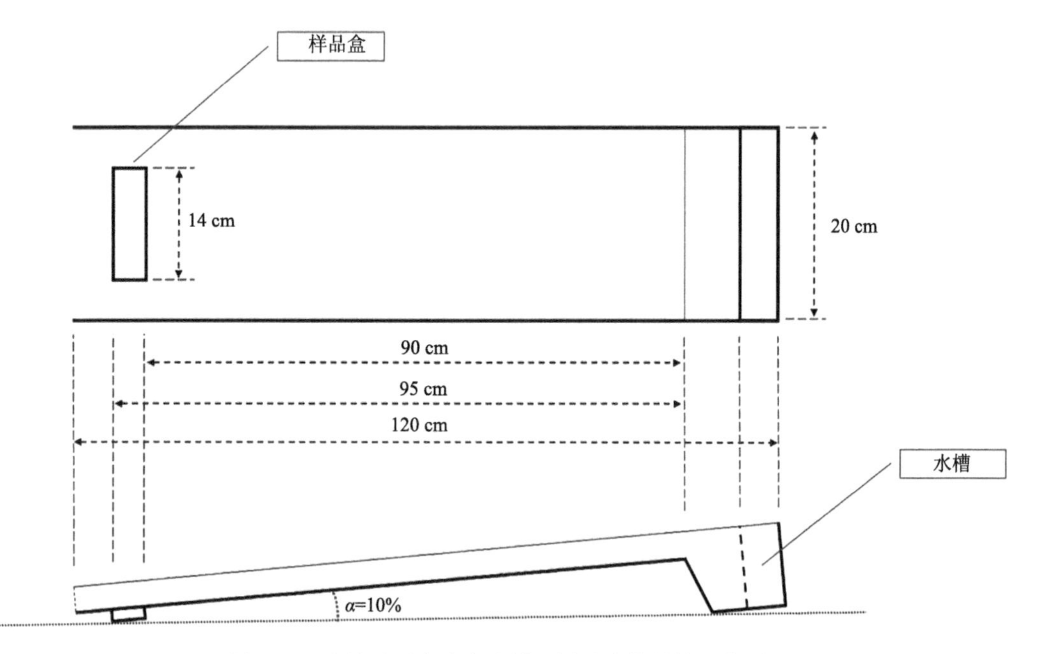

图 12-1　土壤冲刷实验中水槽和样品盒的结构示意图

设定坡度为 10%，自来水供应的流量调节至 $5\times10^{-4}m^3/s$，运行时间设定为 120s。其具体实验步骤为：首先，将原始土壤和标记土壤风干，通过 5 mm 的土壤筛，并装入样品盒中；其次，在试验前，将装填满特定土样的样品盒用去离子水预润湿至土壤水分饱和；在试验后，将样品盒中剩余的原始土样和标记土样风干，再次筛分（<2 mm），并测定土壤磁化率。以上试验均重复 10 次。

12.3.7　显微镜观察

为了直观地确认标记土壤的均匀程度，我们使用专业光学显微镜（Olympus-BX51）来观察标记土壤团聚体的分布（图 12-2）。首先，将一滴透明指甲油滴到载玻片的中心，再使用盖玻片将液滴轻轻压成扁平状态。取下盖玻片后，将一小部分已标记的土壤粉末撒到平坦的液滴上。其次，在指甲油液滴上，轻轻按压载玻片上的土壤粉末形成云雾状的待观察土壤样品。最后，将新盖玻片放在载玻片上，进行显微镜观察和照片拍摄。

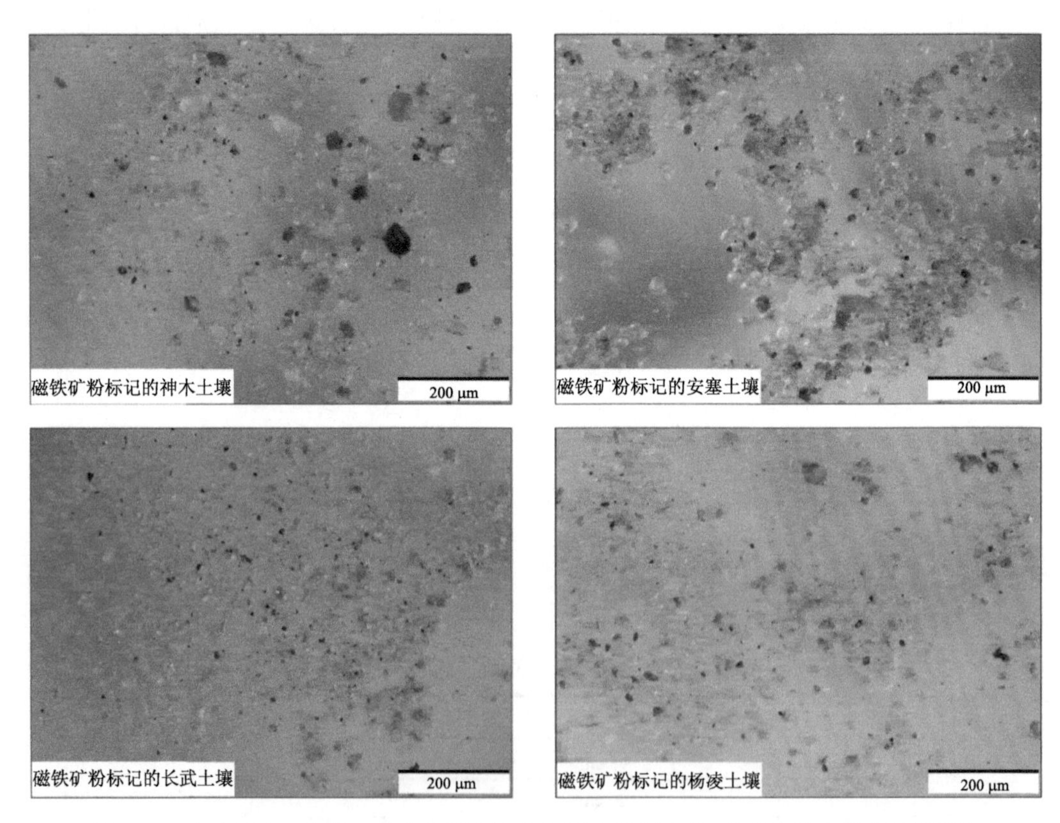

图 12-2　来自神木、安塞、长武和杨凌的磁铁矿粉示踪剂标记的黄土性土壤的显微照片

12.3.8　数据分析

涉及原始土壤数据采用描述性统计，包括样本总数、平均值、标准差和变异系数。利用 T 检验确定土壤渗透实验后原始土壤层和标记土壤层之间 χ_{lf} 的统计差异，以及土壤冲刷实验前后土壤中 χ_{lf} 和土壤流失量的统计差异。使用方差分析（ANOVA）方法分析不

同土壤团聚体尺寸下 χ_{lf} 和土壤重量的统计差异。使用 SPSS 17.0 软件(SPSS Inc, 2008)完成上述统计学分析。

12.4　结果与讨论

12.4.1　土壤与磁铁矿粉示踪剂的特征

1. 原始土壤特征

表 12-1 列出了 SM、AS、CW 和 YL 四种原始土壤的基本性质。土壤粒径组成、有机质含量和磁化率(χ_{lf} 和 χ_{fd}%)(表 12-1)等指标表明，四种黄土高原原始土壤具有从高纬度到低纬度过渡的渐变特征，因此这些土壤是黄土高原地区具有代表性的黄土性土壤。SM 到 AS、CW、YL 原始土壤的磁化率(χ_{lf})从 29.2×10^{-8} m^3/kg 到 144.6×10^{-8} m^3/kg 逐渐增加。这一 χ_{lf} 取值范围与世界各地大多数自然界土壤一致(Dearing, 1994)。

2. 磁铁矿粉示踪剂特征

表 12-2 提供了磁铁矿粉示踪剂的基本性质。该示踪剂具有很高的质量磁化率(χ_{lf} = 38519×10^{-8} m^3/kg)，超过四种原始土壤的 χ_{lf} 两个或三个数量级(表 12-1)。该结果与 Guzmán 等(2010)、Mullins(1977)和 Dearing(1994)所报道的磁铁矿 χ_{lf} 取值的数量级相同。磁铁矿粉的质地主要为粉粒，与 Guzmán 等(2010)的研究中使用的磁铁矿粉示踪剂的粒度分布一致。该示踪剂与原始黄土性土壤的 AS 土壤、CW 土壤和 YL 土壤的质地接近(表 12-1)。

相比使用广泛的 ^{137}Cs 示踪剂，磁铁矿粉作为侵蚀示踪剂在分析效率、测量精度、测试费用、维护成本和设备占地面积等方面具有明显的技术优势(表 12-3)。另外，与目前备受瞩目的稀土元素示踪剂(Liu et al., 2004; Zhang et al., 2001, 2003, 2017)相比，磁铁矿粉示踪剂成本低廉且易于获得。例如，磁铁矿粉是广泛应用于煤矿生产过程中的矿物产品。其在中国的商业价格约为 0.08 美元/kg。相比之下，中国稀土氧化物的价格在 30～1000 美元/kg。总之，磁铁矿粉示踪剂的成本低廉，并且分析快速，其 χ_{lf} 比大多数自然土壤中的背景值高出 2～3 个数量级。上述磁铁矿粉示踪剂的特点使其具有潜在的应用优势。

表 12-3　基于 ^{137}Cs 和磁铁矿粉示踪剂的技术特点比较

类别	环境核素技术(以 ^{137}Cs 技术为例)	土壤磁化率技术(以磁铁矿粉示踪剂为例)
测量误差	＜±10%(Zapata, 2002)	＜±1%(Dearing, 1994)
单次测样耗时	＞30000s(Zapata, 2002)	＜15s(Dearing, 1994)
单次样品质量	约 200g(Zapata, 2002)	约 10g(Dearing, 1994)
仪器设备价格	＞50000 美元	约 5000 美元
设备占地面积	约一整间专业实验室空间	约 1m²的实验桌空间
维护成本	相对较高	极为低廉

12.4.2　磁性示踪剂在不同粒级土壤团聚体中的分布

1. 原始土壤中不同粒级团聚体的磁性特征

图 12-4 显示了不同粒级团聚体下原始土壤的磁化率和土壤重量分布。四种原始土壤中磁化率的变化在不同粒级团聚体下几乎一致，除了<0.05 mm 的团聚体[图 12-3(a)]。这表明 CW 土壤和 YL 土壤中的磁性矿物是均匀存在的，SM 土壤和 AS 土壤中的磁性在<0.05 mm 的团聚体中，仅有轻微积累[图 12-3(b)]。这是由于它们的黏粒含量和有机质含量非常低(表 12-1)，减弱了 SM 土壤和 AS 土壤中团聚体的形成。这个现象与 Guzmán 等(2010)的研究结果一致。此外，SM 土壤、AS 土壤、CW 土壤和 YL 土壤中团聚体的质量在不同粒度上分布不均[图 12-3(b)]，说明四种黄土性土壤几乎不受团聚体粒级的影响，呈现出磁性在各个团聚体粒级上均匀分布。

2. 标记土壤中不同粒级团聚体的磁性特征

图 12-5 描述了四种标记土壤在不同粒级团聚体下的磁化率和土壤重量分布。标记土壤的重量变化很大[图 12-4(b)]，但标记土壤的磁化率(χ_{lf})表现出不同土壤团聚体大小的一致性，除去<0.05 mm 的团聚体[图 12-4(a)]。此结果表明，使用“湿土-示踪剂混合法”能够将磁铁矿粉均匀地添加到原始土壤中。由于土壤总重量中<0.05 mm 的团聚体的比例非常低，因此，<0.05 mm 的团聚体对土壤整体磁性的影响可忽略不计[图 12-4(b)]。此外，光学显微镜拍摄的标记土壤团聚体的照片也提供了黑色磁铁矿粉末均匀分布在四种黄土性土壤的直接证据(图 12-2)。这些结果与 Guzmán 等(2010)报道的相关磁性示踪剂和稀土氧化物侵蚀示踪剂的研究结果(Zhang et al., 2001; Kimoto et al., 2006)一致。

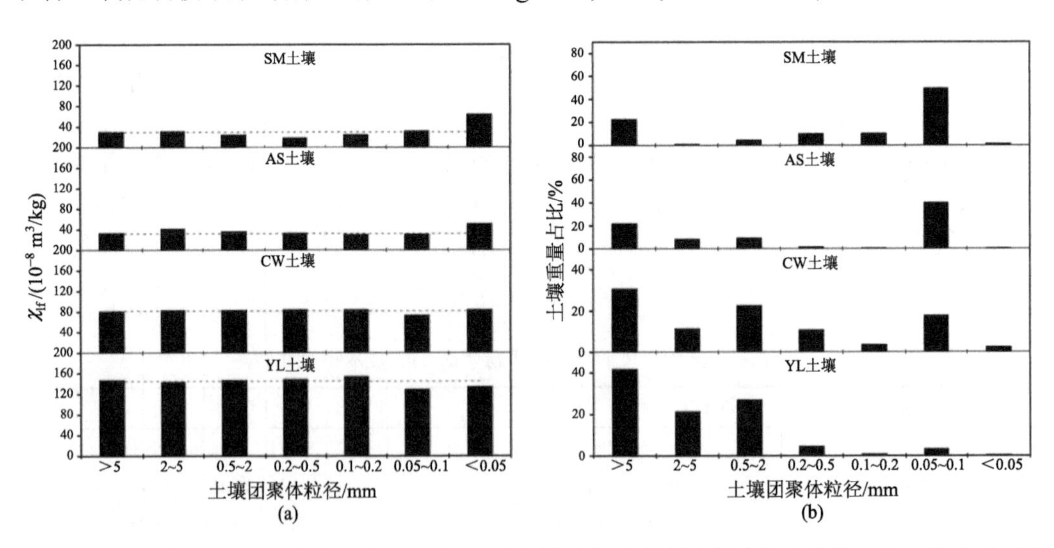

图 12-3　基于神木(SM)、安塞(AS)、长武(CW)和杨凌(YL)的原始黄土性土壤的 χ_{lf} 与土壤重量在不同土壤团聚体中的占比

红色虚线表示原始土壤的 χ_{lf} 平均值

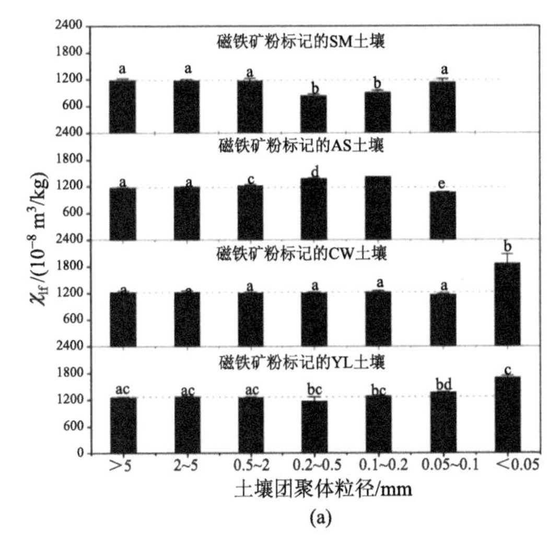

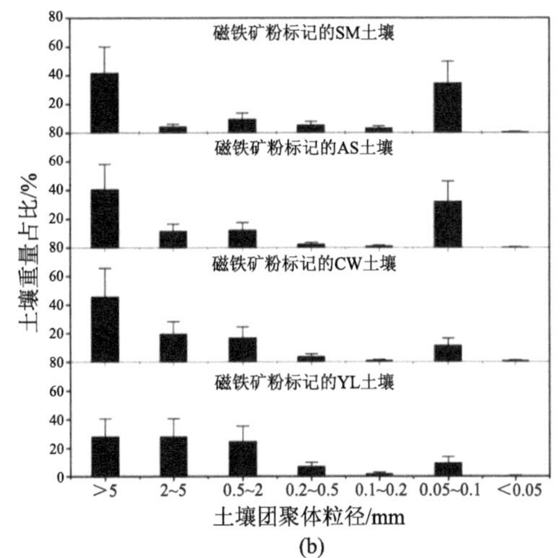

图 12-4 基于神木(SM)、安塞(AS)、长武(CW)和杨凌(YL)的示踪剂标记黄土性土壤的 χ_{lf} 与土壤重量在不同土壤团聚体中的占比

误差线表示的是标准差(n=3)；特定粒级团聚体柱状图上的不同字母表示该粒级团聚体的 χ_{lf} 与其他粒级团聚体在 0.05 水平上具有显著性差异。红色虚线表示示踪剂标记土壤的 χ_{lf} 平均值

12.4.3 磁性示踪剂在土壤剖面中的迁移特征

土壤淋溶实验用于检验侵蚀示踪剂是否在土壤剖面中发生垂直迁移现象(Zhang et al., 2001; Guzmán et al., 2010)。图 12-5 描绘了四种土壤类型的土柱中 0～2cm 表层土壤中磁铁矿粉示踪剂的长期淋溶迁移结果。在 SM、AS、CW 和 YL 土壤的土柱中，以磁铁矿粉示踪剂标记的 0～2 cm 土层的 χ_{lf} 分别与 2～20 cm 原始土层存在显著差异(P <0.05)。在 SM、AS 和 CW 土壤的土柱中，2～4 cm 土层的 χ_{lf} 分别与 4～20 cm 土层有显著差异(P <0.05)，同时，2～4 cm 土层的 χ_{lf} 仅略大于这三种土柱的下层土壤(图 12-6)。此外，在土壤淋溶实验中收集的所有渗滤液的 χ_{lf} 值为$(-0.9\pm0.1)\times10^{-8}$m^3/kg，这与纯水的磁化率相同(Dearing, 1994)。

上述结果表明，在大量去离子水输入的情况下，8 次集中的土壤渗透过程后，四种土柱中磁铁矿粉没有明显的垂向运动。这可能与粉粒级的磁铁矿粉和黄土性土壤的粒径组成相似有关。作为侵蚀示踪剂的粉粒级稀土氧化物，在使用相同的土壤渗透实验程序条件下，土壤剖面中也显示出类似的无垂向迁移的特征(Zhang et al., 2001)。同时，考虑到基于该磁铁矿粉的示踪剂与位于西班牙南部的多种土壤质地的短期土壤渗透实验的研究结果相似(Guzmán et al., 2010)，我们认为磁铁矿粉示踪剂与黄土性土壤具有良好的结合能力。

12.4.4 坡面土壤中磁性示踪剂的分离特征

在水槽冲刷条件下，我们通过坡面薄层水流条件下的土壤冲刷测试，测试了四种原始土壤和标记土壤，以进一步验证磁铁矿粉示踪剂与标记土壤的结合能力。表 12-4 显示了经过土壤冲刷实验之后，四种原始土壤和标记土壤的磁化率差异与土壤流失量结果。

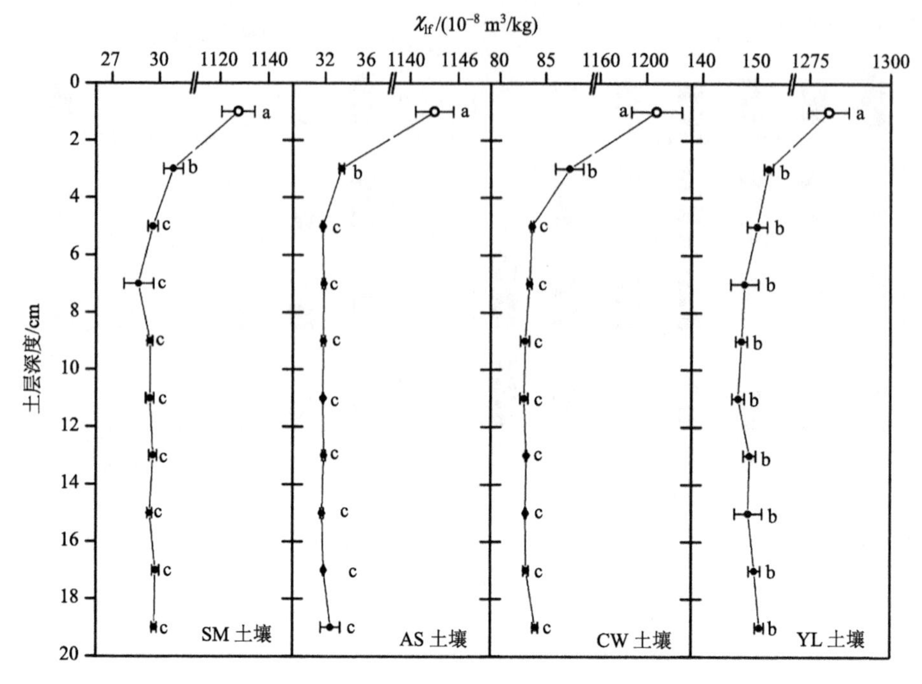

图 12-5　土壤渗透实验后，神木(SM)、安塞(AS)、长武(CW)和杨凌(YL)的黄土性土壤的 χ_{lf} 随深度的分布情况

0～2cm 土层的空心圆表示示踪剂标记土层；2～18cm 土层的实心圆表示原始土层；误差线表示的是标准差(n=3)；不同土层深度的不同字母表示土壤渗透实验后不同土层的 χ_{lf} 在 0.05 水平上具有显著性差异

表 12-4　土壤冲刷试验前后的原始土壤与标记土壤的 χ_{lf} 与土壤质量的差异统计

土壤类型		试验前 χ_{lf}			试验后 χ_{lf}			χ_{lf} 差值		土壤重量差值	
		均值(n=3) /(10^{-8}m^3/kg)	SD /(10^{-8}m^3/kg)	CV/%	均值(n=10) /(10^{-8}m^3/kg)	SD /(10^{-8}m^3/kg)	CV/%	差值 /(10^{-8}m^3/kg)	占比 /%	差值 /g	占比 /%
原始土壤	SM	29.3	0.2	0.6	29.7	0.3	0.9	–0.4*	1.3	67*	36
	AS	32.0	0.2	0.7	32.1	0.3	1.0	–0.1	0.3	48*	29
	CW	83.8	1.1	1.3	81.6	2.3	2.8	2.2	2.6	60*	36
	YL	147.5	3.6	2.4	144.6	1.0	0.7	2.9	2.0	26*	17
标记土壤	SM	1139.6	8.3	0.7	1140.3	21.7	1.9	–0.7	0.1	71*	35
	AS	1138.5	5.8	0.5	1156.9	11.8	1.0	–18.4*	1.6	73*	40
	CW	1208.4	3.2	0.3	1193.7	18.6	1.6	14.7*	1.2	76*	43
	YL	1258.9	5.9	0.5	1261.6	15.4	1.2	–2.7	0.2	16*	9

注：SM、AS、CW 与 YL 分别代表神木土壤、安塞土壤、长武土壤和杨凌土壤；SD 表示标准差；CV 表示变异系数。
*在 0.05 的概率水平上，土壤冲刷试验前后的原始土壤或标记土壤磁化率（χ_{lf}）差异显著。

在冲刷实验前后，尽管四种土壤的原始土样的质量损失变化率很大，但土壤 χ_{lf} 的变化率(n = 10)仅为 0.3%～2.6%。原始土样和冲刷后残留土样的 χ_{lf} 几乎没有显著差异(表 12-4)。同时，原始土壤自身 χ_{lf}(n = 3)的变异系数为 0.6%～2.4%，与 χ_{lf} 变化率处于相同的变化区间。因此，上述结果充分表明，在土壤径流冲刷实验中，四种原始黄土性土壤几乎没有发生选择性的磁性分离。标记土壤 χ_{lf} 的变异系数在测试前为 0.3%～0.7%(n = 3)，在测试后为 1.0%～1.9%(n = 10)。χ_{lf} 变化率略有增加，与此同时，表层土壤分离过程中土壤流失量发生显著变化。就磁测角度而言，上述结果表明，标记土壤的磁铁矿粉对薄层水流的扰动不敏感，且几乎能够与土壤团聚体同步发生分离。Guzmán 等(2010)观察到使用磁铁矿粉示踪剂在微观尺度上进行模拟降雨后，标记土壤和泥沙沉积物之间的 χ_{lf} 没有显著性差异，该结果也是对本实验结果的印证。

综合考虑标记土壤中磁铁矿粉示踪剂与土壤团聚体的结合能力，磁铁矿粉示踪剂在垂向淋溶移动和沿坡面的分离同步能力的初步试验结果，以及刘普灵等(2001)和 Zhang 等(2001)提出的理想水蚀示踪的标准，我们认为，磁铁矿粉示踪剂是一种适用于黄土高原地区黄土性土壤的理想的侵蚀示踪剂。加之，这种侵蚀示踪剂已成功应用在西班牙南部橄榄果园土壤流失的空间变异性研究中(Guzmán et al., 2013)，这也为该磁性示踪剂在今后从研究走向实践应用提供了良好的范例。

12.5　本章小结

本章的研究结果总结如下：①团聚体分析表明，采用“湿土-示踪剂混合法”标记的黄土性土壤的磁铁矿粉示踪剂在不同粒级的团聚体中几乎均匀分布；②磁铁矿粉示踪剂的长期渗透淋溶实验表明，磁铁矿粉在四种黄土性土壤剖面中没有明显的垂向迁移；③土壤冲刷试验表明，标记土壤中的磁铁矿粉示踪剂伴随着土壤团聚体一起同步分离。

以上实验结果表明，磁铁矿粉用作水蚀研究中的侵蚀示踪剂具有巨大的潜力。考虑到低成本和方便、可靠的测量技术，该示踪剂在缺乏侵蚀小区基础设施和长历时土壤侵蚀数据的地区用于获取区域土壤侵蚀速率和空间分布信息的潜力很大。

参考文献

刘刚, 杨明义, 刘普灵, 等. 2009. ^{7}Be 示踪坡耕地次降雨细沟与细沟间侵蚀. 农业工程学报, 25(5):47-53.
刘普灵, 田均良, 周佩华, 等.2001. 土壤侵蚀稀土元素示踪法实验研究. 稀土, 22(2):37-40.
刘章, 杨明义, 张加琼. 2016.黄土高原水蚀风蚀交错带坡耕地土壤风蚀速率空间分布. 科学通报, 61(4):511-517.
唐克丽. 2004.中国水土保持. 北京: 科学出版社.
田均良, 周佩华, 刘普灵, 等. 1992. 土壤侵蚀 REE 示踪法研究初报. 水土保持学报, (4):23-27.
杨明义, 田均良, 刘普灵. 1999. ^{137}Cs 测定法研究不同坡面土壤侵蚀空间的分布特征. 核农学报, 13(6):368-372.
俞劲炎, 卢升高. 1991. 土壤磁学. 南昌: 江西科学技术出版社.
张科利, 谢云, 魏欣. 2015.黄土高原土壤侵蚀评价. 北京: 科学出版社.
张信宝, D. L.赫吉特, D. E. 沃林. 1991. ^{137}Cs 法测算黄土高原土壤侵蚀速率的初步研究. 地球化学, (3): 212-218.
Armstrong A, Quinton J N, Maher B A. 2012. Thermal enhancement of natural magnetism as a tool for tracing eroded soil. Earth Surface Processes and Landforms, 37(14): 1567-1572.
Dearing J A. 1994. Environmental Magnetic Susceptibility, Using the Bartington MS2 System. Kenilworth:

Chi Publishers.

Guzmán G, Barrón V, Gómez J A. 2010. Evaluation of magnetic iron oxides as sediment tracers in water erosion experiments. Catena, 82(2): 126-133.

Guzmán G, Vanderlinden K, Giráldez J V, et al. 2013. Assessment of spatial variability in water erosion rates in an olive orchard at plot scale using a magnetic iron oxide tracer. Soil Science Society of America Journal, 77(2): 350-361.

Hu G, Dong Y, Wang H, et al. 2011. Laboratory testing of magnetic tracers for soil erosion measurement. Pedosphere, 21(3): 328-338.

Kimoto A, Nearing M A, Zhang X C, et al. 2006. Applicability of rare earth element oxides as sediment tracers for coarse-textured soils. Catena, 65:214-221.

Lal R. 1994. Soil Erosion Research Methods (2nd Edition). New York: Soil and Water Conservation Society.

Li P, Mu X, Holden J, et al. 2017.Comparison of soil erosion models used to study the Chinese Loess Plateau. Earth Science Reviews, 170:17-30.

Lindstrom M J, Nelson W W, Schumacher T E. 1992. Quantifying tillage erosion rates due to moldboard plowing. Soil and Tillage Research, 24:243-255.

Liu P, Tian J, Zhou P, et al. 2004. Stable rare earth element tracers to evaluate soil erosion. Soil and Tillage Research, 76(2): 147-155.

Mullins C E. 1977. Magnetic susceptibility of the soil and its significance in soil science–A review. Journal of Soil Science, 28(2): 223-246.

Parsons A J, Wainwright J, Abrahams A D. 1993.Tracing sediment movement in interrill overland flow on a semi-arid grassland hillslope using magnetic susceptibility. Earth Surface Processes and Landforms, 18(8): 721-732.

SPSS Inc. 2008.Released, SPSS Statistics for Windows, Version 17.0. Chicago: SPSS Inc.

Thompson R, Oldfield F. 1986. Environmental Magnetism. London: Allen and Unwin.

Ventura E, Nearing M A, Amore E, et al. 2002. The study of detachment and deposition on a hillslope using a magnetic tracer. Catena, 48(3): 149-161.

Ventura E, Nearing M A, Norton L D. 2001. Developing a magnetic tracer to study soil erosion. Catena, 43(4): 277-291.

Wheatcroft R A, Olmez I, Pink F X. 1994. Particle bioturbation in Massachusetts Bay: Preliminary results using a new deliberate tracer technique. Journal of Marine Research, 52: 1129-1150.

Zapata F. 2002.Handbook for the Assessment of Soil Erosion and Sedimentation Using Environmental Radionuclides. Dordrecht: Kluwer Academic Publishers.

Zhang X C, Friedrich J M, Nearing M A, et al. 2001.Potential use of rare earth oxides as traces for soil erosion and aggregation studies. Soil Science Society of America Journal, 65:1508-1515.

Zhang X C, Nearing M A, Garbrecht J D. 2017. Gaining insights into interrill erosion processes using rare earth element tracers. Geoderma, 99:63-72.

Zhang X C, Nearing M A, Polyakov V O, et al. 2003.Using rare-earth oxide tracers for studying soil erosion dynamics. Science Society of America Journal, 67(1): 279-288.

Zhao G, Mu X, Wen Z, et al. 2013. Soil erosion, conservation, and eco-environment changes in the Loess Plateau of China. Land Degradation and Development, 24:499-510.

第13章　磁铁矿粉作为我国主要土壤侵蚀示踪剂的可行性研究

13.1　研究背景及意义

土壤侵蚀是一个严重的全球性问题(Lal, 2005; Montanarella, 2015)，引发了一系列生态和环境问题(Hudson, 1995; Nearing et al., 2017; Toy et al., 2002)。准确测定土壤侵蚀速率、侵蚀强度和侵蚀程度对评估侵蚀风险、了解侵蚀机理和开发侵蚀控制技术十分必要(Hudson, 1993; Lal, 1994; Stroosnijder, 2005)。

在现有的土壤侵蚀测量技术中(Stroosnijder, 2005)，侵蚀示踪剂能够实现快速和廉价测定，提供土壤侵蚀速率和空间分布数据(Ritchie J and Ritchie C, 2007; Yang et al., 2006; Zapata, 2002; Zhang et al., 2015; Zhu et al., 2019)，还有助于收集侵蚀历史的信息(Olson et al., 2002, 2008)，以及提供深入研究侵蚀发生发展机制的技术手段(Walling et al., 2003; Zhang et al., 2001, 2003)。

侵蚀示踪剂实际应用的前提是选择具有理想特性的示踪剂(刘普灵等, 2001; Liu et al., 2004; Zhang et al., 2001)。理想型示踪剂具有高度可检测性和低成本特点(Guzmán et al., 2010; Liu et al., 2018)。其他考虑因素包括示踪剂分析技术(仪器测量精度高、重复性好、分析成本低)以及示踪剂与土壤或沉积物结合的能力，示踪剂应与土壤紧密结合，不造成示踪剂与受侵蚀土壤在顺坡搬运过程中的分离，也不应使示踪剂长期淋溶后在土体中发生垂向迁移。此外，土壤中示踪剂的背景浓度应足够低，且示踪剂应对环境友好(即无毒)，并且不具有自衰减或生物吸收特点。

现有侵蚀示踪剂主要是放射性核素(如 ^{137}Cs、^{210}Pb 和 ^{7}Be) (Zapata, 2002)、稀土元素(Liu et al., 2004; Zhang et al., 2017)和贵重金属(如 Au 或 Ag) (Wheatcroft et al., 1994)。虽然这些示踪剂已被证明有效，但它们都有各自的局限性。与理想型示踪剂标准相比，这些示踪剂相对昂贵(如稀土元素和贵金属)或分析测试费用较高，这就限制了它们更广泛的应用。在以往研究中，广泛使用的用于侵蚀评估的放射性核素 ^{137}Cs 也存在争议(Parsons and Foster, 2011)。上述示踪剂的综合比较详见 Guzmán 等(2013)和 Zhang 等(2001)的研究报道。

磁化率是环境磁学研究中常用的参数(Dearing, 1994)。磁性示踪剂很容易通过磁化率仪定量检测(Evans and Heller, 2003; Jordanova, 2016; Thompson and Oldfield, 1986)。磁性塑料珠(Ventura et al., 2002, 2001)、由加热土壤和煤混合烧制的砖块残余物(Zhang et al., 2009)与由细土、粉煤灰和磁粉混合而成的水泥(Hu et al., 2011)，以及具有高磁性的加热土壤(Armstrong et al., 2012)，均已应用于侵蚀研究。上述磁性示踪剂能够解决具体研究中的问题。然而，它们却各自存在不同程度的限制而不能作为理想示踪剂使用，包括示踪剂的粒度偏粗(如磁性塑料珠和类水泥的磁性混合物)和示踪剂的制作生产成本高(如加热形成的磁性土壤)。

磁铁矿是一种常见的氧化铁矿物，通常制成粉粒大小的粉末用于工业用途。磁铁矿粉末容易获得且价格低廉(在中国约为 0.08 美元/kg)。粉碎的砂大小的磁铁矿是粗粉砂大小的磁粉，最初用在细沟间侵蚀实验室跟踪坡面泥沙运动。其令人满意的性能表明磁铁矿粉是可行的示踪剂(Parsons et al., 1993)。然而，将砂粒级磁铁矿作为侵蚀示踪剂是否具有有效性的研究却很少。使用多次实验室模拟测试，在西班牙西南部四种不同质地的土壤中，首次证明了粉粒级磁铁矿粉末是一种有效的侵蚀示踪剂(Guzmán et al., 2010)。该示踪剂在同一地区橄榄园土壤流失量的定量估计中也表现出良好的性能(Guzmán et al., 2013)。而针对黄土高原地区的代表性黄土性土壤，磁铁矿粉被初步证明是有效的侵蚀示踪剂(Liu et al., 2018)。粉粒大小的磁铁矿粉已被证明具有与理想型示踪剂一样的效果(Liu et al., 2018)。该示踪剂经济实惠，具有理想示踪剂的许多优良特性。这些特性包括土壤中的低物质存量水平、与土壤的强结合能力、在土壤剖面中的极低流动性以及低毒性。示踪剂可以通过低廉的检测技术以高灵敏度快速定量检测。

基于以上分析，作者认为有必要在更广泛的易侵蚀土壤中评估磁性示踪剂的有效性，以确定其适用性。中国幅员辽阔、气候与地形类型丰富，并形成了具有各种侵蚀特征的代表性土壤(唐克丽, 2004)。东北黑土区、东北黄土高原区、北方水蚀风蚀交错区、西南紫色土区和南方红壤区均是土壤易蚀性较强的地区。因此，在先前研究(Liu et al., 2018)的基础上，本研究将利用中国各地具有不同成土过程和侵蚀环境的易侵蚀的代表性土壤(黑土、栗钙土、紫色土和红壤)来评估磁铁矿粉示踪剂的侵蚀有效性。

13.2　研 究 目 标

本研究的目的是测试示踪剂在不同粒度范围的土壤团聚体中的结合能力，评估示踪剂在土壤剖面长期淋溶条件下的垂向迁移特征，并确定用示踪剂标记的土壤团聚体抵抗地表径流分离的能力。此外，还讨论了该示踪剂在四种选定可侵蚀土壤和其他八种前人研究论证过的土壤中的有效性，其结果有望为今后磁铁矿粉示踪剂的示踪技术优化和侵蚀研究提供指导。

13.3　材料与方法

13.3.1　土壤和磁性示踪剂

九三(JS)黑土采自东北黑土区，锡林郭勒(XL)栗钙土采自北方水蚀风蚀交错区，西南万州(WZ)紫色土采自西南紫色土区，江西新建(XJ)红壤采自南方红壤区。上述土壤的基本理化性质见表 13-1。

磁铁矿(Fe_3O_4)粉末用作本研究中的磁性侵蚀示踪剂。示踪剂的基本性质参见先前研究工作(Liu et al., 2018)。示踪剂主要由粉粒大小的颗粒构成，砂粒占 12.0%，粉粒占

86.5%，黏粒占 1.5%。示踪剂的磁化率约为 3.85×10^{-4} m^3/kg，高出大多数天然土壤的磁化率 300～500 倍(Dearing, 1994; Mullins, 1977)。示踪剂容重为 2.3 g/cm，约为天然土壤容重的两倍。

表 13-1　中国四种常见侵蚀土壤的基本理化性质

土壤代码	纬度 /(°)	经度 /(°)	土壤粒径组成/%			质地 (美国制)	χ_{lf} /($10^{-8}m^3/kg$)	χ_{fd}% /%	有机质含量/%
			黏粒 (<0.002 mm)	粉粒 (0.002～0.05 mm)	砂粒 (0.05～2 mm)				
九三黑土	48.9788	125.2203	41.3	53.4	5.3	粉黏土	18.1	5.1	5.46
锡林郭勒栗钙土	43.5455	116.6571	15.3	12	72.7	砂壤	35.6	4.8	2.87
万州紫色土	30.694	108.4116	20.8	48.3	30.9	壤土	23.9	1.1	1.53
新建红壤	28.6839	115.7953	56.4	41.9	1.7	粉黏土	72.6	14.5	1.37

13.3.2　土壤示踪方法

所有室内实验均在陕西省杨凌示范区西北农林科技大学水土保持科学与工程学院完成。首先，土样过 2 mm 尼龙筛，并与磁性示踪剂均匀混合。土壤与磁铁矿粉的混合质量比为 40∶1。这一比例可保证示踪剂标记的土壤磁性高出原始土壤大约 20 倍，并尽可能避免潜在的原始土壤的可蚀性发生变化。土壤与示踪剂的混合方法详见 Liu 等(2018)的研究。

13.3.3　土壤磁化率测定

将所有土样样品(包括原始土壤和标记土壤)风干，用手分解，并通过 2 mm 尼龙筛。对于每个样品，使用配有 MS2B 探头的巴廷顿磁化率仪，测量并计算得出低频质量磁化率(χ_{lf})和高频质量磁化率(χ_{hf})。

13.3.4　土壤团聚体粒度分布测定

对于土壤团聚体粒度分布，使用 8841 型电动振动筛机以每次运行 20min 分析所有样品。该振动筛配备一组含 5 种不同规格的尼龙筛，即 5000μm、2000μm、500μm、200μm 和 50μm。对标记的土壤样品进行三次重复分析，对原始土壤样品进行一次分析。

13.3.5　土壤渗透实验

为了研究土壤剖面中磁性示踪剂的垂直迁移情况，我们构建了内径为 80 mm、深度为 250 mm 的聚甲基丙烯酸甲酯(PMMA)柱。通过 5 mm 孔径尼龙筛过滤的所有土样均被填充在 0.2 m 高的土柱中，形成土壤剖面。每个柱子有 10 层，每层厚度为 0.02 m。第一层用磁铁矿粉标记的土壤层放置在其余九层原始土壤层之上，并且用一块 0.5 mm 网孔的无纺布将磁铁矿粉标记的土壤与下层土壤隔开。柱子底部有排水孔，以确保模拟的土壤剖面排水良好。

所使用的渗滤模拟程序与之前的研究(Liu et al., 2018)类似。该模拟是为了测试四种不同土壤环境下示踪剂在土壤剖面中的长期潜在迁移能力。每一种土壤在每次渗滤试验中提供体积约 0.02 m^3 的去离子水。典型的九三、锡林郭勒、万州和新建土壤的年平均降水量分别约为 600 mm、300 mm、1200 mm 和 1600 mm(全国土壤普查办公室, 1998)。进入每个土柱的总水量分别相当于 6.7 年、13.3 年、3.3 年和 2.5 年的自然淋溶时间。首先使 $2.5\times10^{-3}m^3$ 的去离子水通过整个土柱，其次将土柱风干 3 天后使用 $2.5\times10^{-3}m^3$ 的去离子水。渗滤过程重复 8 次，持续约 60 天，这取决于各自的土壤渗透能力。最后使用塑料刀分离柱中每个 0.02 m 土壤层，风干，并通过 2 mm 尼龙筛以测量其 χ_{lf}。所有四种土壤都进行了三次土柱模型测试。

13.3.6 土壤冲刷实验

为了检验磁性示踪剂在地表径流冲刷条件下在标记土壤中的分离同步性，本研究设计了长 1.20m，宽 0.20m 的水槽和与之配套的长 0.14 m，宽 0.05 m，深 0.02 m 的测试样品盒。将原始土壤和标记土壤风干，通过 5 mm 网筛分，然后装入样品盒中。在测试之前，供试土样盒通过底部微孔吸收去离子水，以实现对土样的饱和处理。对于每次运行，水槽以 10%的斜率定位。使用流速为 $5\times10^{-4}m^3/s$ 的自来水，运行时间为 120 s。将测试后盒中残留的土壤样品风干并通过 2 mm 筛网，测量它们的 χ_{lf}。该测试重复 10 次。

13.3.7 数据分析

使用 SPSS 17.0 软件(SPSS Inc, 2008)，采用单因素方差分析分别研究了不同土壤团聚体粒级中 χ_{lf} 和土壤重量之间的差异。采用 T 检验对渗滤试验后原始土层与标记土层之间的 χ_{lf} 差异以及土壤冲刷试验前后的 χ_{lf} 和土壤失重差异进行了评估。

13.4 结 果

13.4.1 不同粒径土壤团聚体的磁性示踪特征

九三、锡林郭勒、万州和新建土壤中不同粒径团聚体中的天然磁性矿物相对均匀(图 13-1)。4 种土壤中不同团聚体粒径(> 5mm、2~5mm、0.5~2mm、0.2~0.5mm、0.1~0.2mm、0.05~0.1mm 和<0.05mm)的 χ_{lf} 相似，但锡林郭勒土壤中<0.05 mm 的团聚体除外[图 13-1(a)]。砂壤质地的锡林郭勒土壤中<0.05 mm 粒径的团聚体磁性增加原因是其自身质地较粗且团聚体数量相对较低。然而，不同大小的土壤团聚体的重量变化很大[图 13-1(b)]。

相比之下，磁铁矿粉示踪剂标记后的 4 种土壤的不同粒径团聚体 χ_{lf} 和土壤重量的分布特征相似(图 13-2)。4 种标记土壤的不同粒径团聚体 χ_{lf} 分布特征相似，除<0.05mm 粒径团聚体外[图 13-2(a)]。而对应的土壤团聚体质量占比的分布特征波动较大[图 13-2(b)]。结果表明，在不同团聚体粒径范围内，四种土壤的示踪剂浓度分布相对均匀。

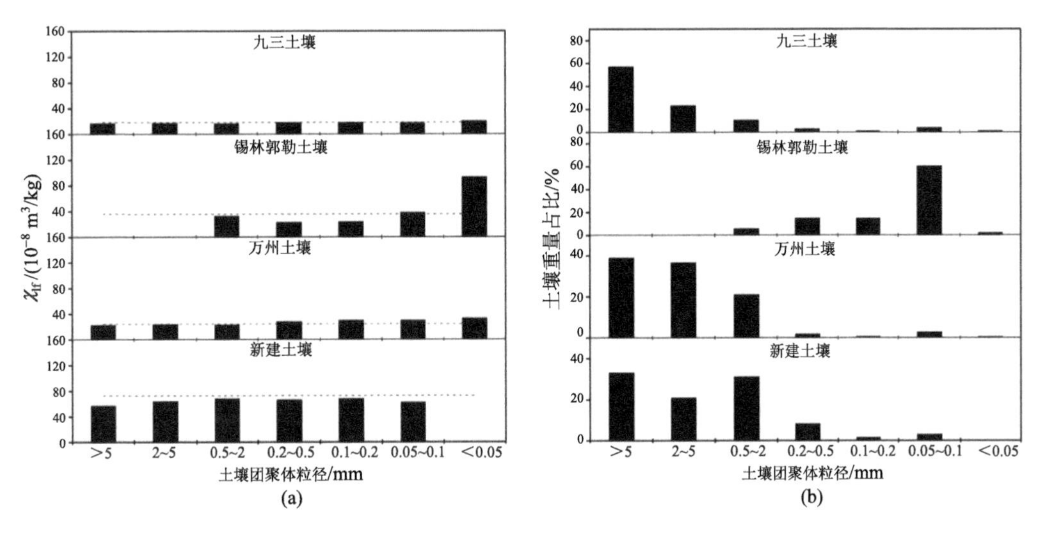

图 13-1　九三(JS)、锡林郭勒(XL)、万州(WZ)和新建(XJ)原始土壤的不同粒径团聚体的土壤重量占比和质量磁化率 χ_{lf}

红色虚线表示每种土壤的平均质量磁化率

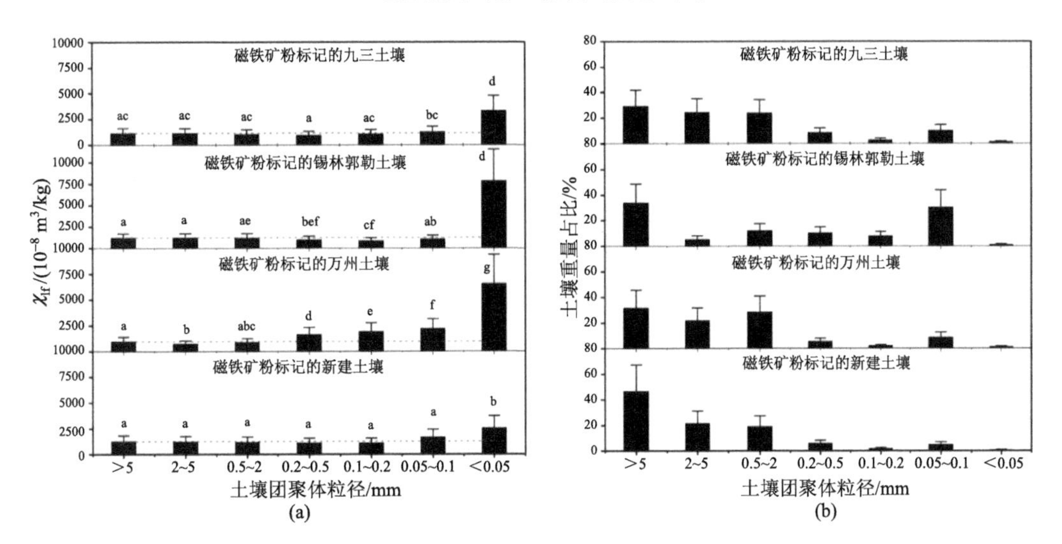

图 13-2　被磁铁矿粉示踪剂标记过的九三(JS)、锡林郭勒(XL)、万州(WZ)和新建(XJ)土壤的不同粒径团聚体的土壤重量占比和质量磁化率 χ_{lf}

红色虚线表示每种土壤的平均质量磁化率，不同字母表示在 0.05 的显著性水平下，不同粒径团聚体的 χ_{lf} 存在显著差异

13.4.2　淋溶过程后土壤剖面中磁性示踪剂的迁移特征

因土壤质地存在差异，四种土壤的入渗速率差异较大(表 13-1)。九三、锡林郭勒、万州和新建土壤的实测稳定渗透率分别为 0、$1\times10^{-4}m^3/h$、0 和 $4.9\times10^{-4}\ m^3/h$。锡林郭勒和新建两种土壤根据标准程序成功完成了这一部分模拟渗滤测试，但九三和万州两种土壤中的土壤水在整个渗滤测试过程中几乎停滞不前。对于每种土壤(九三、锡林郭勒、万州和新建土壤)，顶部标记土壤 0～0.02 m 层与原始土壤 0.02～0.20 m 层的 χ_{lf} 存在显

著差异(P＜0.05)[图 13-1(b)]。新建土壤 0.02～0.04m 原始土壤层与 0.04～0.20 m 原始土壤层的χ_{lf}差异显著(P＜0.05)。0.02～0.04 m 土层的χ_{lf}仅略大于 0.04～0.20 m 土层的χ_{lf}，与 0～0.02 m 标记土壤层的高磁性相比，这些土层表现出相对很低的磁性。当水首先被添加到顶部土柱，少量的标记土壤被迅速地从标记层挟带到下一层的自由土壤层。这些结果表明，磁性示踪剂在 0～0.02 m 标记土壤层中保持稳定，仅轻微迁移到下一个 0.02～0.04 m 原始土壤层。此外，整个渗滤过程中从四种土壤中收集的所有渗滤液的χ_{lf}为$(-0.9 \pm 0.1) \times 10^{-8}\ m^3/kg$，这相当于纯水的$\chi_{lf}$(Dearing, 1994)。这表明在测试期间没有来自顶部标记层的磁性示踪剂穿透所有土壤剖面。

13.4.3 标记土壤在冲刷过程后磁性示踪剂的分离特征

表 13-2 显示出在表面流冲刷条件下四种原始和标记的九三、锡林郭勒、万州和新建土壤中的χ_{lf}变化和土壤重量变化。对于原始土壤而言，经过冲刷作用后，每种土壤的χ_{lf}变化范围为 0.5%~3.6%，显示出原始土壤磁性的低变异性。与原始土壤相比，经过径流冲刷剥离的九三、万州和新建土壤中的χ_{lf}相似。锡林郭勒土壤在冲刷试验后的χ_{lf}与原始土壤存在显著不同(P<0.05)，但χ_{lf}的变化量很小(2.2%)。与χ_{lf}不同，4 种土壤重量占比的变化范围在 9%~45%，在冲刷试验前后存在显著变化(P<0.05)。

表 13-2 土壤冲刷试验前后未标记示踪剂土壤与标记示踪剂土壤的磁化率与土壤重量变化情况

土壤类型		试验前χ_{lf}			试验后χ_{lf}			χ_{lf}差值		土壤重量差值	
		均值(n=3) /($10^{-8}m^3/kg$)	SD /($10^{-8}m^3/kg$)	CV/%	均值(n=10) /($10^{-8}m^3/kg$)	SD /($10^{-8}m^3/kg$)	CV/%	差值 /($10^{-8}m^3/kg$)	占比 /%	差值 (n=10)/g	占比 /%
原始土壤	JS	18.0	0.9	5.0	18.1	0.6	3.6	–0.2	0.9	14*	9
	XL	37.0	0.5	1.5	36.2	0.4	1.1	0.8*	2.2	23*	14
	WZ	23.1	2.0	8.6	22.7	0.6	2.8	0.3	1.5	41*	25
	XJ	73.1	3.3	4.5	75.7	2.9	3.9	–2.6	3.6	68*	45
标记土壤	JS	1119.2	24.6	2.2	1145.7	9.7	0.8	–26.5*	2.4	36*	26
	XL	1157.8	44.6	3.9	1115.9	26.8	2.4	42.0	3.6	34*	18
	WZ	1183.4	36.1	3.0	1226.9	60.0	4.9	–43.5	3.7	43*	24
	XJ	1265.9	19.1	1.5	1255.0	10.8	0.9	10.9	0.9	39*	25

注：JS、XL、WZ 与 XJ 分别代表黑龙江省九三黑土、内蒙古自治区锡林郭勒地区栗钙土、重庆市万州紫色土、江西新建红壤；SD 表示标准差；CV 表示变异系数。

*在 0.05 的概率水平上，土壤冲刷试验前后的原始土壤或标记土壤磁化率（χ_{lf}）差异显著。

四种磁铁矿粉标记的土壤在冲刷试验前后的χ_{lf}变化幅度(0.9%～3.7%)与原始土壤(0.9%～3.6%)相似，变化幅度较小。具体地，在冲刷试验后，磁铁矿粉标记的九三和万州土壤中的χ_{lf}存在负变化，并且标记的锡林郭勒和新建土壤中的χ_{lf}存在正变化(表 13-2)。这些χ_{lf}正负变化的波动主要是由干筛土样(团聚体粒径小于 2 mm)进行磁性测量所引起的磁性误差。

在地表水冲刷条件下，质地因素对磁性示踪剂与原始土壤的结合能力影响较小。对于九三和新建粉质黏土来说，示踪剂标记土壤的χ_{lf}比原始土壤更均匀(表 13-2)。对于锡林郭勒和万州砂质壤土或壤土来说，磁铁矿粉标记的土壤磁性的均匀性低于天然土壤，但与原始土壤相比，磁铁矿粉标记土壤的磁性仍然表现出较低的χ_{lf}变化(表 13-2)。

13.5 讨　论

13.5.1 标记土壤磁性的均匀性

图 13-2 显示了通过机械干筛试验将磁性示踪剂加入四种供试土壤中的土壤团聚体随粒径大小的分布情况。使用所描述的方法向土壤中添加磁性示踪剂能够有效地实现均匀的标记土壤目标。这一发现与先前黄土性土壤的研究结果一致(Liu et al.，2018)。然而，干筛试验中的机械振动导致磁性示踪剂易与粗质地的土壤发生分离。随后示踪剂较容易富集在细颗粒中，进而导致细颗粒土壤团聚体表现出相对较高的磁性。这可能会导致不同颗粒尺寸范围之间的磁化率存在随机变异。这种现象在原始锡林郭勒砂质壤土中的<0.05mm 团聚体颗粒中[图 13-1(a)]和所有四种示踪剂标记土壤中的<0.05mm 团聚体颗粒中[图 13-2(a)]最为明显。相比之下，九三和新建粉质黏土与示踪剂的结合能力最强。除了<0.05mm 粒径的土壤团聚体外，这些原始土壤和标记土壤中不同粒径大小团聚体的磁性在干筛后最为均匀。然而，在自然条件下，侵蚀外营力对土壤团聚体的破坏可能相对较小，且在原始或标记土壤中土壤团聚体的磁性随粒径大小的分布可能更加均匀，先前的研究也观察到类似的结果(Guzmán et al., 2010; Liu et al., 2018)。

13.5.2 长期淋溶条件下示踪剂沿土壤剖面向下迁移的问题

土壤剖面顶层的粉粒级磁铁矿粉示踪剂在长期模拟的土壤渗透环境中没有明显的向下迁移(图 13-3)。结果表明，这四种土壤与示踪剂的稳定结合状态不容易受到土壤中水分运移的干扰。示踪剂的有限迁移距离主要限制在表土层的最上部分及其邻近层。这些结果与 Liu 等(2018)和 Guzmán 等(2010)的研究结果一致。而稀土元素示踪剂在土壤渗滤试验中也表现出类似磁铁矿粉示踪剂的微小移动性(Zhang et al.，2001)。本研究的渗滤试验使用连续供水方式，模拟了自然长期土壤淋溶环境以及交替湿润和干燥的土壤条件。这些试验有效地验证了在四种供试土壤剖面中，示踪剂没有在 2 个月内模拟试验期内发生明显迁移。2 个月的模拟试验等效于几年的自然条件下土壤的淋溶条件。另外，长期(即>1 年)野外试验中，应考虑对土壤剖面中示踪剂稳定性起作用的长期通气因素和生物扰动因素。

13.5.3 坡面径流条件下土壤团聚体与示踪剂的潜在同步示踪能力

通过比较表 13-2 中标记土壤在地表径流冲刷前后的磁性水平，有效地展示了采用防水冲刷试验来验证四种土壤-示踪剂混合物中示踪剂的分离特点，并证明了示踪剂在土壤分离过程中对质地因素不敏感。结果表明，在冲刷试验过程中，磁铁矿粉标记的九三、锡林郭勒、万州和新建土壤中，示踪剂均能够与土壤团聚体同步分离。这一发现与黄土

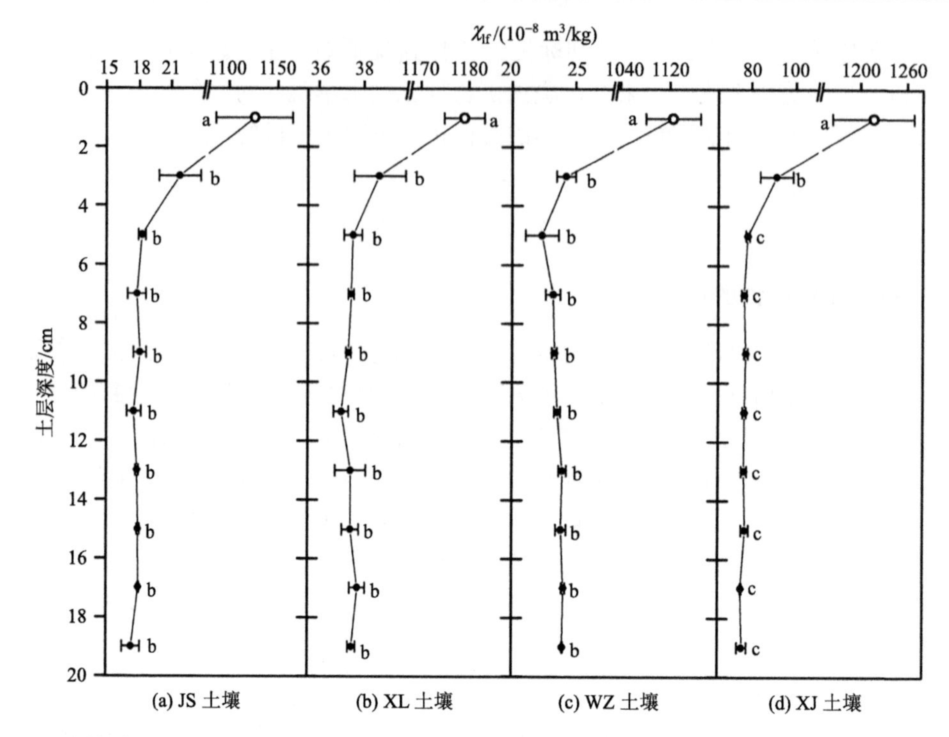

图 13-3　土壤渗透试验后九三(JS)、锡林郭勒(XL)、万州(WZ)和新建(XJ)土壤剖面在不同土层深度上的质量磁化率 χ_{lf}

在 0～0.02 m 土层深度上布设被示踪剂标记的土壤，其余深度(0.02～0.20 m)均为原始未标记示踪剂的土壤。不同字母(a、b、c)表示在 0.05 的显著性水平上，经渗透实验后 0～0.02m 标记土层与 0.02～0.20m 原始土层之间的 χ_{lf} 存在显著差异

高原黄土的研究结果一致(Liu et al., 2018)，并得到对 Guzmán 等(2010)的模拟降雨实验研究结果的佐证。本研究中的土壤冲刷试验不涉及雨滴击溅侵蚀和雨滴分散效应。因此，降雨模拟条件将有可能进一步验证在雨滴溅蚀和地表径流冲刷双重作用下示踪剂与土壤颗粒之间的侵蚀分离同步性。

13.5.4　示踪剂标记试验土壤的侵蚀研究意义

示踪剂与土壤颗粒紧密结合的能力是判断示踪剂能否用于定量侵蚀监测的重要依据(Zhang et al., 2001)。Guzmán 等(2010)测试了西班牙四种典型土壤的磁性特征，这些土壤用粉粒级磁铁矿粉末标记，发现磁性颗粒可与测试土壤紧密结合。此外，有学者开展了模拟降雨侵蚀实验(Guzmán et al., 2010)和自然降雨侵蚀实验(Guzmán et al., 2013)。这些研究显示，基于磁性示踪剂的土壤流失量估算结果与基于实测侵蚀泥沙的土壤流失量基本一致。这表明示踪剂可用于土壤流失的定量评价。因此，如果证明该磁铁矿粉具有与特定土壤颗粒紧密结合的能力，就可以推测该磁铁矿粉能够作为土壤流失量评估的侵蚀示踪剂。

Liu 等(2018)收集了分布在黄土高原地区的四种黄土性土壤。这些土壤具有许多共同的性质，证实了粉砂级磁性示踪剂能与这些黄土颗粒紧密结合。在这项研究中，四个代表性的土壤(表 13-3)覆盖在中国四个不同的侵蚀区。磁性示踪剂用于标记这些土壤，以检查其在一系列土壤类型中的有效性。我们测试的示踪剂与这些土壤颗粒的结合能力与以前的结果是一致的(Liu et al., 2018)。所测试的土壤具有广泛的代表性，因为它们在相关的气候带、地理位置、磁化率、有机质含量和质地方面有所不同(表 13-3，图 13-4)。因此，磁性示踪剂可作为一种有效的土壤侵蚀监测示踪剂。

表 13-3　磁铁矿粉侵蚀示踪剂研究中涉及的 12 种供试土样信息汇总

土壤代码[a]	土壤系统分类制(美国)	地理区域	气候带	土壤类型覆盖面积/km²	磁化率		有机质含量 /%	资料来源
					χ_{lf} /($10^{-8}m^3/kg$)	χ_{fd}% /%		
JS	黑土/黑钙土/栗钙土	中国东北地区	半湿润中温带	7.3×10^{4}[c]	18.1	5.1	5.5	本研究
XL		中国北部地区	亚干旱中温带	37.4×10^{4}[c]	35.6	4.8	2.9	
WZ	中等发育土	中国西南地区	湿润中亚热带	18.97×10^{4}[c]	23.9	1.1	1.5	
XJ	老成土	中国南部地区	湿润中亚热带	56.8×10^{4}[c]	72.6	14.5	1.4	
SM	新成土	中国西北地区(黄土高原地区)	半湿润北温带	1.1×10^{4}[c]	29.2	0.9	0.4	Liu 等(2018)
AS				9.0×10^{4}[c]	31.6	1.2	0.5	
CW				2.1×10^{4}[c]	81.8	7.4	1.1	
YL	人类活动土[b]			1.0×10^{4}[c]	144.6	9.5	2.3	
Al	典型干旱河流沉积土	西班牙南部地区安达卢西亚省	地中海气候带	$<8.7\times10^{4}$[d]	32.0	—	0.9	Guzmán 等(2010)
Be	石灰质硬层棕壤土				18.0	—	1.6	
Co	典型哈普洛克瑟尔特土				13.0	—	1.4	
Pe	典型钙质中等发育土				39.0	—	1.6	

a 缩写字母 JS、XL、WZ、XJ 分别表示黑龙江九三黑土、内蒙古锡林郭勒地区栗钙土、重庆万州紫色土、江西新建红壤；SM、AS、CW、YL 分别表示中国黄土高原北部地区神木黄土、中国黄土高原中部地区安塞、中国黄土高原南部地区长武黄土与杨凌黄土(Liu et al., 2018)；Al、Be、Co 和 Pe 分别表示欧洲西班牙南部地区的阿拉米达土壤、贝纳卡松土壤、孔丘拉土壤和佩德雷拉土壤(Guzmán et al., 2010)。

b 此土壤类型由《世界土壤参考基准》(ISSS et al., 1998)确定，不包括在《土壤系统分类(第 2 版)》(Soil Survey Staff, 1999)中。

c 此数据来源于《中国土壤》(全国土壤普查办公室，1998)。

d 该数据是替代参考值，代表西班牙南部安达卢西亚的覆盖面积，而不是 Guzmán 等(2010)研究中四种土壤的总覆盖面积。

需要开展进一步研究，以评估和改进野外条件下用于土壤侵蚀估算的磁性示踪剂应用效果。例如，示踪剂应考虑在不同空间尺度(如小区、坡地、小流域)上，结合多种示踪剂的野外布设方式(如点状、条状或片状)(刘普灵等，2001)开展土壤侵蚀速率监测。为了评估示踪剂的化学和物理稳定性，有必要在野外进行长期定位试验，以研究长期淋溶作用、生物活动扰动和交替变化的土壤氧化还原环境对磁性示踪剂的综合影响(Guzmán et al., 2010)。

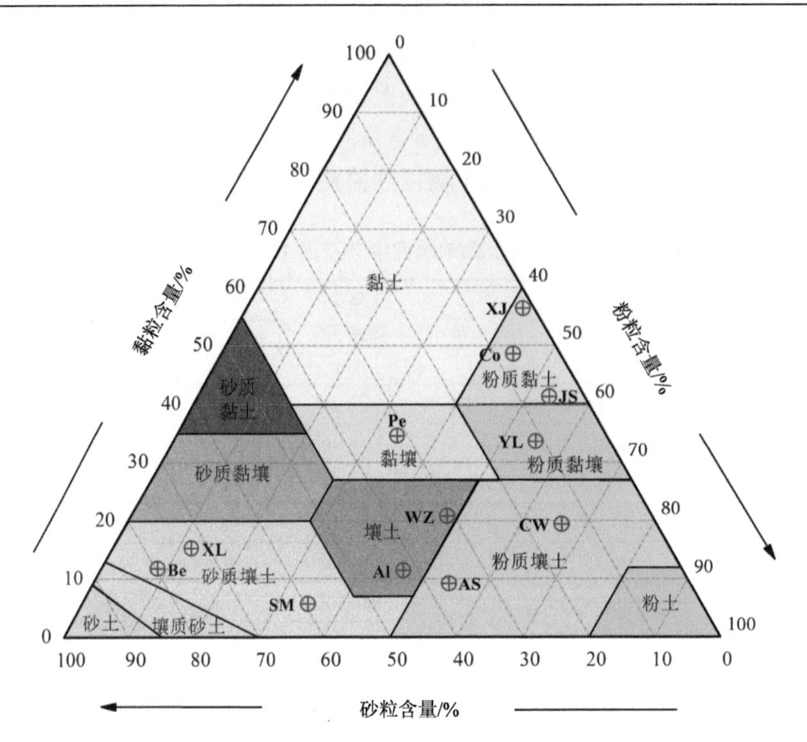

图 13-4 12 种用于磁铁矿粉侵蚀示踪剂有效性评估的土壤在美国农业部土壤质地三角形中的分布

图中缩写字母 JS、XL、WZ、XJ、SM、AS、CW、YL、Al、Be、Co 和 Pe 分别表示黑龙江九三黑土、内蒙古锡林郭勒地区栗钙土、重庆万州紫色土、江西新建红壤、神木黄土、安塞黄土、长武黄土、杨凌黄土、阿拉米达土壤、贝纳卡松土壤、孔丘拉土壤和佩德雷拉土壤

13.6 本 章 小 结

我国典型的四种不同质地的易蚀性土壤被用来测试粉粒级磁铁矿粉示踪剂与土壤结合的有效性。这四种类型的土壤至少占我国陆地面积的 12.5%。通过干团聚体分析，确定了采用湿混合方法将示踪剂掺入土壤的方法，能够保证示踪剂相对均匀地分布在不同粒径的土壤团聚体(＞0.05mm)中。在实验室模拟的长期淋溶过程证实，有很低的流动性的示踪剂在土壤剖面。同时，通过对采用示踪剂标记的四类土壤进行模拟坡面冲刷试验，表明了示踪剂与多种土壤之间具有良好结合能力。这些结果是在侵蚀研究中使用磁性示踪剂的重要先决条件。综合考虑本研究的四种土壤与其他学者研究的八种土壤，笔者认为磁铁矿粉示踪剂在侵蚀研究中具有良好的应用潜力。其可以替代传统侵蚀测量方法，也更适合偏远地区的原位侵蚀监测和研究。此外，进一步的研究需要集中在验证物理(生物扰动)和化学(氧化还原条件)的稳定性，以及长期自然气候条件下示踪剂的持续时间。

参 考 文 献

刘普灵, 田均良, 周佩华, 等. 2001.土壤侵蚀稀土元素示踪法实验研究. 稀土, 22(2):37-40.

全国土壤普查办公室. 1998.中国土壤. 北京: 中国农业出版社.

唐克丽. 2004. 中国水土保持. 北京: 科学出版社.

中国科学院南京土壤研究所. 1986. 中国土壤图. 北京：中国地图出版社.

Armstrong A, Quinton J N, Maher B A. 2012. Thermal enhancement of natural magnetism as a tool for tracing eroded soil. Earth Surface Process and Landforms, 37:1567-1572.

Dearing J. 1994. Environmental Magnetic Susceptibility, Using the Bartington MS2 System. Kenilworth: Chi Publishers.

Evans M, Heller F. 2003. Environmental Magnetism: Principles and Applications of Enviromagnetics. San Diego: Academic Press.

Guzmán G, Barrón V, Gómez J A. 2010. Evaluation of magnetic iron oxides as sediment tracers in water erosion experiments. Catena, 82: 126-133.

Guzmán G, Vanderlinden K, Giráldez J V, et al. 2013. Assessment ofspatial variability in water erosion rates in an olive orchard at plot scale using a magnetic iron oxide tracer. Soil Science Society of America Journal, 77: 350-361.

Hu G, Dong Y, Wang H, et al. 2011. Laboratory testing of magnetic tracers for soil erosion measurement. Pedosphere, 21: 328-338.

Hudson N. 1993. Field measurement of soil erosion and runoff. Rome: Food and Agriculture Organization of the United Nations.

Hudson N. 1995. Soil Conservation. Ames: Iowa State University Press.

ISSS，ISRIC，FAO. 1998. World reference base for soil resources. Rome: Food and Agriculture Organization of the United Nations.

Jordanova N. 2016. Soil Magnetism: Applications in Pedology, Environmental Science and Archeology (1st Edition). San Diego: Academic Press.

Lal R. 1994. Soil Erosion Research Methods (2nd Edition). New York: Soil and Water Conservation Society.

Lal R. 2005. Soil erosion and carbon dynamics. Soil and Tillage Research, 81:137-142.

Liu L, Huang M, Zhang K, et al. 2018. Preliminary experiments to assess the effectiveness of magnetite powder as an erosion tracer on the Loess Plateau. Geoderma, 310:249-256.

Liu P, Tian J, Zhou P, et al. 2004. Stable rare earth element tracers to evaluate soil erosion. Soil and Tillage Research, 76:147-155.

Montanarella L. 2015. Agricultural policy: Govern our soils. Nature, 528: 32-33.

Mullins C. 1977. Magnetic susceptibility of the soil and its significance in soil science–A review. Journal of Soil Science, 28: 223-246.

Nearing M A, Xie Y, Liu B, et al. 2017. Natural and anthropogenic rates ofsoil erosion. International Soil and Water Conservation Research, 5:77-84.

Olson K R, Gennadiyev A N, Golosov V N. 2008. Comparison of fly-ash and radio-cesium tracer methods to assess soil erosion and deposition in Illinois landscapes (USA). Soil Science, 173:575-586.

Olson K, Gennadiyev A, Jones R, et al. 2002. Erosion patterns on cultivated and reforested hillslopes in Moscow Region, Russia. Soil Science Society of America Journal, 66:193-201.

Parsons A J, Foster I D L. 2011. What can we learn about soil erosion from the use of Cs-137? Earth-Science Reviews, 108: 101-113.

Parsons A J, Wainwright J, Abrahams A D. 1993. Tracing sediment movement in interrill overland flow on a semi-arid grassland hillslope using magnetic susceptibility. Earth Surface Process and Landforms, 18:721-732.

Ritchie J, Ritchie C. 2007. Bibliography of publications of Cs-137 studies related to erosion and sediment deposition.https://www.ars.usda.gov/ARSUserFiles/80420510/Cesium137/BiblioCs137December2008.pdf [2024-4-7].

Soil Survey Staff. 1999. Soil Taxonomy（2nd Edition）. Washington D. C.: Natural Resources Conservation Service, United States Department of Agriculture.

SPSS Inc. 2008. SPSS Statistics for Windows, Version 17.0. Chicago: spss Inc.

Stroosnijder L. 2005. Measurement of erosion: Is it possible? Catena, 64: 162-173.

Thompson R, Oldfield F. 1986. Environmental Magnetism. London: Allen and Unwin.

Toy T J, Foster G R, Renard K G. 2002. Soil Erosion: Processes, Prediction, Measurement, and Control. Hoboken: John Wiley and Sons.

Ventura E, Nearing M A, Amore E, et al. 2002. The study of detachment and deposition on a hillslope using a magnetic tracer. Catena, 48: 149-161.

Ventura E, Nearing M A, Norton L D. 2001. Developing a magnetic tracer to study soil erosion. Catena, 43:277-291.

Walling D, He Q, Whelan P. 2003. Using Cs-137 measurements to validate the application of the AGNPS and ANSWERS erosion and sediment yield models in two small Devon catchments. Soil and Tillage Research, 69: 27-43.

Wheatcroft R A, Olmez I, Pink F X. 1994. Particle bioturbation in Massachusetts Bay: Preliminary results using a new deliberate tracer technique. Journal of Marine Research, 52: 1129-1150.

Yang M, Tian J, Liu P. 2006. Investigating the spatial distribution of soil erosion and deposition in a small catchment on the Loess Plateau of China, using Cs-137. Soil and Tillage Research, 87:186-193.

Zapata F. 2002. Handbook for the assessment of soil erosion and sedimentation using environmental radionuclides. Dordrecht: Kluwer Academic Publishers.

Zhang J H, Su Z A, Nie X J. 2009. An investigation of soil translocation and erosion by conservation hoeing tillage on steep lands using a magnetic tracer. Soil and Tillage Research, 105:177-183.

Zhang X C, Friedrich J M, Nearing M A, et al. 2001. Potential use of rare earth oxides as tracers for soil erosion and aggregation studies. Soil Science Society of America Journal, 65:1508-1515.

Zhang X C, Nearing M A, Garbrecht J D. 2017. Gaining insights into interrill erosion processes using rare earth element tracers. Geoderma, 299: 63-72.

Zhang X C, Nearing M A, Polyakov V O, et al. 2003. Using rareearth oxide tracers for studying soil erosion dynamics. Soil Science Society of America Journal, 67:279-288.

Zhang X C, Zhang G H, Wei X. 2015. How to make Cs-137 erosion estimation more useful: An uncertainty perspective. Geoderma, 239-240:186-194.

Zhu X, Lin J, Dai Q, et al. 2019. Evaluation of forest conversion effects on soil erosion, soil organic carbon and total nitrogen based on Cs-137 tracer technique. Forests, 10: 433.

第 14 章　基于磁性示踪剂的土壤漏失追踪

14.1　喀斯特地区侵蚀环境特征

作为独特的自然地理单元，喀斯特地区在地质结构、地貌特征、土壤形态及其分布，以及水热过程等方面都不同于其他地区。其下覆基岩以碳酸盐岩为主，裂隙发育，落水洞广布，具有典型的二元结构；地形崎岖陡峻，深切峡谷纵横；受岩石可溶性影响，土壤层薄且不连续，空间变异性大；降水过程中入渗显著，地表径流系数小，产流产沙及其输移过程复杂。

14.1.1　土壤侵蚀背景

成土母岩古老坚硬，成土速率低，土层薄。西南喀斯特地区 8 个省(自治区、直辖市)(云南、贵州、四川、重庆、湖南、湖北、广东、广西)的地层岩性以碳酸盐岩为主，分布面积达 51 万 km^2(Jiang et al., 2014)。其中，尤以贵州分布面积最大，为 12.7 万 km^2，占全省总面积的 72%(袁道先, 1993)。在 CO_2 和流动性水参与的弱酸环境下，碳酸盐岩是可缓慢溶蚀的，其风化残余物相对于其他岩石偏少，决定了喀斯特地区土壤层普遍偏薄。岩石的孔隙度和渗透率是影响溶蚀成土速率的主要因素。西南地区的碳酸盐岩大多形成于三叠纪以前，致密且坚硬。在相同压力下，致密而坚硬的碳酸盐岩比其他可溶岩更难破碎，导致其孔隙度和渗透率都很小。中国绝大部分地区的石灰岩孔隙度都小于 2%，渗透率更是接近于零，白云岩孔隙度和渗透率略高于石灰岩。由于孔隙度和渗透率低，降水产流过程不利于岩石的溶解。另外，在质地纯的碳酸盐岩中，二氧化硅和氧化铝等不溶物质的含量只在 5%以内。因此，碳酸盐岩在风化搬运过程中，有 95%以上的物质可以溶解于水并被带走，残留下来形成土壤的比例非常低。所以喀斯特地区的土层一般都很薄且分布零星，厚度一般为 10～20 cm，许多地区的土层甚至只有 1～2 cm 厚(袁道先等, 2016)。由于成土速率低，再加上持续的土壤侵蚀作用，该地区形成 1 m 厚的土层，大约是 50 m 厚的石灰岩经历 1 万多年溶蚀的结果(卢耀如, 2001)。因此，与非喀斯特侵蚀区相比，同等降水条件下的侵蚀在喀斯特地区造成的危害更为严重。

西南喀斯特地区水热同期，喀斯特形态发育，土体稳定性低；地处热带-亚热带气候区，雨量充沛(1000～2200 mm)，年均气温高(16～22℃)(卢耀如, 2001)；降雨集中，5～9 月的雨量占全年总降水量的 70%以上，多以阵雨或暴雨形式发生，降雨径流的侵蚀潜能高。而且由于降水产流汇流过程以及地表水与地下水的转换迅速，土层的稳定性和抗侵蚀能力差。因为土壤会在旱季出现脱水干裂，促进节理发育，形成多裂缝的柱状土壤形态。一旦遇到降水便吸水膨胀，土壤结构的稳定性降低。在喀斯特地区，土壤与下覆基岩直接接触，缺少半风化碎屑母质层，形成上层土壤疏松、下覆基岩坚硬密实的不整合接触面，使岩土之间的黏着力与亲和力大为降低，降水入渗后，土-石界面的侧向径流易诱发严重的土壤侵蚀(卢耀如, 2001)。虽然碳酸盐岩的孔隙度和渗透率低，抗压强度大，但是丰沛的降水和适宜的气温极大地促进了溶蚀作用，加上新构造运动的不断抬升，使喀斯特形态发育得充分且完整，不存在长期的夷平和堆积作用(袁道先, 2008)。纵观整个喀斯特地区，不仅在地表分布着喀斯特槽谷、喀斯特高原、喀斯特峡谷、断陷盆地、峰丛洼地和峰林平原等地貌类型，地下还广泛分布着大型洞穴、喀斯特泉、地下河系统等。地形的不断抬升，使得水动力作用比较强烈，更容易诱发和加剧水土流失问题(马芊红和张科利, 2018)。同时，广泛分布的负地形导致该地区的土壤不仅长期遭受着地表侵蚀，还会通过裂隙等地下通道发生垂向流失(即地下漏失)。

土壤富钙偏碱，植被单一，保土能力弱。喀斯特山区是一种典型的钙生性环境，支持生态系统的化学元素多是富钙成分。而且碳酸盐岩风化溶解后残留的土壤物质少，转化储存于土壤中的营养型元素氮、磷、钾相对缺乏(苏维词, 2001)，尤其是钾含量非常低，且易溶解流失。土壤的这种生物地球化学特性，导致该区域许多喜酸、喜湿、喜肥的植物难以生长，多适宜生长耐瘠、抗旱嗜钙的岩生性植被(李林立等, 2003)。植物生长缓慢，绝对生长量低，群落结构简单，顺向演替难，群落的自我调控力弱。植被生态系统蓄水拦沙、保护地表免受侵蚀的作用微弱。同时，土壤长期保持高钙含量和高 pH，延缓了土壤的发育，使土壤长时间保持在相对幼年阶段。生态系统非常脆弱，植被一旦被破坏，土壤流失严重。

人口压力大，坡耕地多，水土流失严重。根据《2021 年中国统计年鉴》，西南喀斯特地区居住着 5 亿人口，人口密度为 257 人/km^2，相当于全国平均人口密度的 1.75 倍，严重超过喀斯特生态系统的承载力，人地矛盾尖锐。巨大的人口压力导致西南喀斯特地区坡耕地比重非常大。相关研究表明，贵州省 90%的侵蚀泥沙来自坡耕地(张旭贤等, 2013)，耕地土壤侵蚀模数是林地和草地的 6.3～6.8 倍(陈美淇等, 2017)，坡耕地年度平均侵蚀厚度为林地和草地的 1.8～42 倍(张治伟等, 2007; 马芊红, 2020)。虽然新中国成立后，特别是 21 世纪以来，大力推行退耕还林还草、坡改梯、砌墙保土等水土保持措施，但受到人口快速增长和山地地形的限制，西南喀斯特地区陡坡耕种现象仍然很严重，区域土壤侵蚀仍是最大的环境问题。

14.1.2 土壤侵蚀特征

地表产流少，产流类型多。尽管西南喀斯特地区降水丰沛，但大量研究表明该地区的径流系数普遍较低(表 14-1)。喀斯特坡地的降水产流与其他均质地区显著不同。在非喀斯特地区，只要降水满足土层饱和或超过土层入渗能力，就会开始并发生持续性区域产流。但喀斯特地区土层浅薄，土层下覆的多孔(裂)隙的表层岩溶带具有高渗透率和强大的储水功能，改变了喀斯特地区的产流机制，增大了坡面产流的降水阈值(马芊红, 2020)。姜光辉等(2009)认为，石质坡地的径流是表层岩溶带产流、超渗产流、蓄满产流(饱和产流)的集合，包括以下 5 种产流模式：①大气-岩石界面的超渗产流；②大气-土壤界面的超渗产流或者饱和产流；③土壤-岩石界面的壤中流；④表层岩溶带-包气带界面的表层岩溶带产流；⑤包气带-饱水带界面的地下径流。这 5 种产流模式共同构成完整的喀斯特坡面产流过程，充分体现了喀斯特地区产流的复杂性和不确定性。

表 14-1　西南喀斯特地区地表产流研究汇总

地理位置	估算方法	降水量/mm	径流系数	参考文献
黔中鱼梁河流域	径流场	963～1420	0.02～0.21	张喜等, 2007
贵州后寨地下河流域	径流场	1336	0～0.13	彭韬等, 2008
桂西北峰丛洼地	大型径流场	1389	0～0.05	陈洪松等, 2012
贵州花江峡谷	径流小区	1100	0.18	王涵等, 2019
贵州羊鸡冲小流域	径流小区	1100	0.08	彭宏佳等, 2018
重庆观音峡背斜	径流小区	1185	0.01	张远瞩等, 2019
广西环江毛南族自治县肯福生态移民示范区	径流小区	1389	0.20～0.30	何铁光等, 2004
贵州蚂蝗田小流域	卡口站	1236	0.23	涂成龙等, 2016
贵州毕节石桥小流域	径流小区	863	0.02～0.37	陈美淇等, 2016
贵州后寨河流域	水文观测站	1334	0.17～0.38	徐森等, 2017

地表产沙少，地表地下流失共存。受坡度、坡长、坡位、降雨强度、降雨历时、降水量、基岩裸露率、地下孔裂隙度、土地利用类型等因素的综合影响，不同地区的坡地地表侵蚀产沙存在一定的差异。与非喀斯特地区相比，通过径流小区、侵蚀划线或核素示踪等手段获得的纯碳酸盐岩喀斯特坡面的年均地表土壤侵蚀模数都比较小[<50 t/(km^2·a)]（表 14-2）。在长期的喀斯特作用下，形成的二元水文地质结构和水循环过程，使喀斯特地区水土流失过程具有隐蔽性（地表土壤缓慢、持续沿着溶蚀裂隙或空隙垂直下渗）、复杂性（土壤地表流失和垂向漏失）及空间异质性（曹建华等, 2011）。水土地表和地下流失同时存在是该地区独特的侵蚀方式。同时，地表仅有的少量的土壤又多分布于溶沟、溶槽和洼地内，不易被侵蚀，导致喀斯特坡地的地表产沙量很低。

表 14-2　西南喀斯特地区地表侵蚀产沙研究汇总

地理位置	估算方法	研究年份	年降水量/mm	侵蚀模数/[t/(km^2·a)]	参考文献
贵州花江喀斯特峡谷	沉沙池	1999～2000	1100	1.65～24.56	彭建和杨明德, 2001
贵州花江喀斯特峡谷	侵蚀划线法	2003～2005	1100	17.54～23.57	龙明忠, 2006
贵州普定县	径流小区	2007～2008	1336	0.05～62.25	彭韬等, 2009
贵州普定县	^{137}Cs 示踪	1963～2008	1300	20.27	白晓永等, 2009
贵州茂兰自然保护区	^{137}Cs 示踪	1963～2007	1753	45.95	何永彬等, 2009
广西环江毛南族自治县	大型径流场	2006～2010	1389	＜30	陈洪松等, 2012
广西环江毛南族自治县	^{137}Cs 示踪	1963～2008	—	57.1	李豪等, 2010
重庆观音峡背斜	径流小区	2017～2018	1185	7.73	张远瞩等, 2019

14.1.3　侵蚀危害与现存问题

尽管西南喀斯特地区土壤侵蚀模数小，但对于生态环境脆弱、人地矛盾尖锐的喀斯特地区而言，土壤流失后的危害更严重、治理恢复更困难。因此，在研究西南喀斯特地区土壤侵蚀规律、实施水土保持措施及效益评价时，不能照搬其他地区的研究成果(马芊红和张科利, 2018)。然而，国内早期在开展喀斯特地区水土保持综合治理工作时，由于研究基础薄弱，大多借鉴其他类型区比较成熟的研究方法和相关研究成果，忽视了喀斯特地区地质地貌的特殊性、水土流失过程的复杂性，结果事倍功半，收效甚微。由于喀斯特地表产流产沙少，单纯从水土流失防治的角度来看，常用的坡改梯、砌墙保土等措施在土层浅薄的喀斯特坡地应用得不偿失(陈洪松等, 2018; 张信宝, 2019)。

喀斯特独特的产流产沙过程使侵蚀因子监测与量化难度大，实测资料少。目前喀斯特地区水土流失监测多采用传统的方法，如打桩法、划线法、水沙分析法、人工模拟降雨实验和水槽实验等，监测技术和监测体系有待进一步完善。而地下漏失作为喀斯特地区一种独特的水土流失方式，虽然已得到广泛关注，并已开展了大量研究，但由于其复杂性、隐蔽性和强烈的时空变异性，其定位监测和防控依然是目前研究中的难点。寻求新的方法，探究西南喀斯特地区地下漏失的过程和强度，对于在该区域开展水土流失防治工作、促进区域可持续发展具有重要的理论和现实意义。

14.2 土壤漏失研究进展

14.2.1 地下漏失现象与概念

1. 地下漏失现象的发现

刘志刚(1963)指出随着喀斯特地貌的发育，地形起伏加大，石灰岩风化的产物会随地表径流经落水洞流入地下。随后，Jones(1965)和 Gosden(1968)发现附着在岩石上的地衣、孢粉存在断层现象，认为是土壤随喀斯特裂隙下陷造成的。李德文等(2001)通过野外考察发现，在植被良好且起伏和缓的地貌面上，地表直接冲刷非常微弱，但风化壳却不发育，将该种现象归结为“土壤丢失”的依据，认为“土壤丢失”与地下水垂直作用引起节理或裂隙被拓宽而使地表的风化碎屑物不断向下运动有关。徐则民等(2005)发现，在喀斯特地下空间内常可观察到厚层红土，且暗河出口河水表现出旱季清澈、雨季浑浊的现象，认为地面附近的红土在高含水量情况下可向溶缝、管道及巨型不规则地下空间和地下暗河排泄。袁红(2009)通过对重庆喀斯特坡地土壤中的 Ca、Mg、Cu、Zn、Mn、Mo、Si、Fe 八种元素进行分析发现，从坡顶到坡底有土壤流失，但在坡脚没有明显堆积，推测土壤主要通过裂隙和落水洞等通道流失。张笑楠(2009)、何永彬等(2009)、魏兴萍等(2010)、严冬春等(2008)、冯腾等(2011)发现喀斯特坡地土壤中 ^{137}Cs 的分布规律不同于非喀斯特区，认为这种现象主要与土壤的地下漏失有关。

2. 概念界定

(1)土壤在孔隙中的沉陷、整体蠕移。张信宝等(2007)根据在岩土界面处和红土层中下部发现的擦痕，推断碳酸盐岩风化壳的岩土界面处和上覆土体下部存在土壤蠕滑现象，指出地下土壤漏失是指溶沟、溶槽和洼地内的土壤通过蠕滑和错落等方式，充填土下化学溶蚀和管道侵蚀形成的孔隙和孔洞，部分进入地下暗河，造成溶沟、溶槽、洼地和岩石缝隙内土壤沉陷的现象，其认为地下漏失是喀斯特地区主要的土壤流失方式。冯腾等(2011)和 Feng 等(2020)通过 ^{137}Cs 示踪技术推测土壤的地下漏失以沿地下管道、裂隙的整体蠕移丢失为主。

(2)土壤在与洞穴连通的管道中蠕滑和向下崩塌。唐益群等(2010)、张晓晖(2013)通过野外调查取证和室内试验分析发现，洞内堆积的厚层土壤相较于地表溶蚀残积物更湿滑、细腻和黏重；将地表土壤或溶蚀残积物受到流水的侵蚀，在重力的作用下通过倾泻、蠕滑或塌陷的方式，沿着基岩表面发育的溶隙通道向地下空间搬运或迁移的过程，称为土壤的地下漏失。Yang 等(2011)把土壤在水流的作用下通过连接洞穴与地表的通道进入洞穴的过程称为地下漏失，认为地下漏失是贵州普定地区水土流失的主要方式。Wang 等(2014)认为地下漏失发生在地下喀斯特发育、地下水埋深大且地下水位在土壤底部的喀斯特坡地，其基岩起伏大，上覆土壤由基岩风化形成，土层薄而不均匀。碳酸盐岩溶蚀速率慢，无法为漏失土壤提供足够的空间，认为填充于管道中的土壤在已破损的洞穴顶板处崩塌并向洞穴内漏失。

(3)土壤通过落水洞进入地下暗河以及泥沙在暗河中的运移。周念清等(2009)建立了喀斯特地区水土漏失模型，将水土漏失过程分为雨滴溅蚀、坡面侵蚀、落水洞漏失和地下暗河运移 4 个主要过程，把土壤从落水洞丢失以及在地下暗河中的运移过程认定为地下漏失。蒋忠诚等(2014)对石漠化区微地貌单元、峰丛坡面、洼地、峰丛洼地系统的水土漏失过程进行了描述，认为水土漏失是地表、地下双层空间结构发育的喀斯特地区，在水流机械侵蚀及化学溶蚀作用下，地表泥土经过落水洞和裂隙等喀斯特通道向下渗漏到地下河的过程。其主要以流域为研究尺度，地下漏失的速率相对较快。周永华等(2018)认为水土漏失是指喀斯特裂隙、喀斯特管道上方覆盖的土壤在重力作用下向地下系统搬运，以及洼地土壤在水驱动下经落水洞、天窗向地下暗河迁移形成土壤丢失的过程。

目前对土壤漏失的概念没有统一的认识，讨论的焦点在于上述三个方面。张信宝和王世杰(2016)认为喀斯特山地的土壤漏失应限定为坡地土壤地下流失，进入沟道、洼地后的泥沙运移属于输移过程，不应划为地下漏失。吴清林等(2020)对以上观点表示赞同，认为“漏”是指物体由孔或缝透过，从落水洞进入地下河的泥沙不属于地下漏失。

3. 地下漏失机理

特殊的地质背景为地下漏失提供了空间条件(唐益群等, 2010)。燕山构造运动、喜马拉雅构造运动塑造了西南喀斯特地区层面多、坡度大、切割深、垂向喀斯特发育剧烈、岩体结构破碎且节理裂隙发育的碳酸盐岩山地环境(卢耀如, 1986; 王世杰, 2003)。在湿热环境下，径流优先对节理裂隙发育的部位进行溶蚀，形成一系列溶沟、裂隙、溶洞、漏斗、落水洞、天窗、地下暗河等地下空间，成为土壤或溶蚀残积物搬运和堆积的主要通道(王恒松等, 2009)。

喀斯特地区土壤抗蚀性差、质地黏重、通透性差、具有强烈胀缩性，为地下漏失提供了物质基础。土壤与下覆基岩直接接触，缺少半风化碎屑母质层，上层土壤松散，下覆基岩坚硬密实，使岩土之间的黏着力与亲和力大为降低，在降水的渗透作用下，土壤在原地或经短距离运移而进入地下空间(苏维词, 2002; 孙承兴等, 2002)。唐益群等

(2009)发现干燥的土壤颗粒遇水容易崩解，离散土壤细颗粒沿着孔隙和岩溶裂隙向地下空间迁移，浸润黏土可向地下溶洞、地下河蠕滑搬运迁移。

降水的下渗为地下漏失提供动力条件。喀斯特坡面地表产流很少，地表径流系数小。张信宝(2019)也指出喀斯特坡地径流系数大多不到5%，远低于40%～60%的流域径流系数。在喀斯特地区，水的运动是水土漏失的重要传输介质(周永华, 2019)，降水的渗漏很可能是导致土壤地下漏失最主要的诱因之一(唐益群等, 2010)。

喀斯特发育程度决定漏失量。地下漏失量的大小取决于裂隙的发育程度及裂隙下部与地下空间的连通情况，当裂隙较发育且与地下空间系统连通时，其漏失就较大(彭旭东, 2018)。如果表层岩溶带与地下水动力联系弱，孔隙本身的空间小，土壤更多的是充填在其中，通过此途径丢失的土壤少(熊康宁等, 2012)。张信宝等(2009)认为地下流失量与裂隙和暗河的发育程度有关，在裂隙和暗河不发育的喀斯特山地，地下漏失量可能为零。Zhou 等(2012)探究了岩溶管道系统中的土壤蠕移机制，蠕移变形程度随着含水量的增加而增大，并发现在靠近地下河的管网底部，土壤蠕移速度加快。

人为活动加速地下漏失。喀斯特坡面的耕作使原有植物根系固网消失，水分下渗增强，加之犁耕的震动作用及对土壤的松动等都加剧了土壤向地下空间的蠕滑漏失(张信宝等, 2007)。蒋忠诚等(2014)研究发现，人为耕种会加剧缓坡部土壤的地下侵蚀。苏维词(2002)指出，受人类耕作活动叠加土壤与降水的影响，石槽中的土壤极易通过裂隙或漏斗进入地下空间。魏兴萍等(2010)运用 ^{137}Cs 技术也发现喀斯特地区的水土漏失发生在岩石裸露度高和人类干扰强度大的地区。

14.2.2　地下漏失强度

许多研究对地下漏失在区域水土流失中的贡献比例做了探讨，发现贡献比例存在较大差异(表 14-3)。熊康宁等(2012)、曹建华等(2008)认为土壤主要经落水洞、漏斗等途径向下运移至地下暗河中，而由岩石裂隙、管道、孔洞向地下空间流失的土壤仅占小部分。冯腾等(2011)通过分析桂西北典型峰丛坡地裂隙剖面中的 ^{137}Cs 分布，认为土壤颗粒在裂隙中向下迁移的量极小。何永彬等(2009)根据贵州茂兰工程碑草地典型小流域出口淤积土壤来源于坡地表层土壤和裂隙深层土壤，利用 ^{137}Cs 比率法求得地下漏失的相对贡献率为 29.87%。魏兴萍等(2015)根据重庆喀斯特槽谷区地表土壤和地下河淤泥 ^{137}Cs 质量比活度，通过比率法得出地下漏失比例为 25%。对洞穴内壁土壤 ^{137}Cs 比活度的测定发现，从坡面通过裂隙漏失进入溶洞的地表土壤几乎为 0。Wei 等(2016)通过 ^{137}Cs 示踪法，粗略估算出裂隙的漏失速率为 3%～34%，用划痕法和小区泥沙观测法计算的地下漏失速率为 0。使用 ^{137}Cs 比率法估算出重庆木渡河小流域的漏失率为 4.5%。李晋等(2012)通过对贵州王家寨小流域地下河出口断面河水流量及含沙量进行观测，得出在没有落水洞的干扰下，地下漏失量占土壤流失总量的 0.81%。岳坤前(2016)对喀斯特高原、峡谷、盆地不同石漠化等级下的洞穴进行为期一年的滴水监测表明，在 1m^2 滴水范围内，年地下漏失量为 1.04～49.34g。Li 等(2020)利用复合指纹识别技术，分析了 18 种土壤指标，结合多元混合模型计算出裂隙或裂隙土对洼地沉积物的平均相对贡献为 22.1%。周春衡等(2020)通过人工模拟降雨实验，发现土壤漏失量总体较少(<10 g)，土壤强烈漏失

现象只在极端状况下发生(雨强为 120 mm/h 的出露型土壤大孔隙微区)。

表 14-3　西南喀斯特地区地下漏失贡献比例研究

地理位置	研究方法	研究对象	漏失贡献比例/%	参考文献
贵州贞丰县	泥沙监测	地下河出口	0.81	李晋等, 2012
重庆南川区	小区监测	径流小区	0	Wei et al., 2016
	^{137}Cs 比率法	坡地、地下河	4.5	
	面积比例法	裂隙、地表	3～34	
广西环江毛南族自治县	复合指纹	洼地、农地、林地、裂隙	22.1	Li et al., 2020
贵州茂兰自然保护区	^{137}Cs 比率法	洼地、地下河出口、谷地	29.87	何永彬等, 2009
广西平果市	小区观测	坡地、洼地	>38.68	罗为群等, 2008
贵州贵阳市	模拟降雨试验	模拟坡地	> 44	Dai et al., 2018
贵州普定县、贞丰县	树根监测	裸露树根、埋藏树根	66.67	Luo et al., 2016
贵州普定县	复合指纹技术	地下河出口	68	Cheng et al., 2020
广西环江毛南族自治县	^{137}Cs 比率法	小流域	88	王克林等, 2008
贵州普定县	蠕变试验	洞穴	极大	Yang et al., 2011

Yang 等(2011)和 Dai 等(2017)的野外监测和室内模拟研究表明，在喀斯特石漠化地区，土壤通过地下管道漏失是水土流失的主要方式，比地表流失更严重。彭旭东(2018)通过人工模拟降雨实验，发现裂隙在不同雨强、坡度、裂隙发育程度以及不同石漠化程度条件下的地下漏失率分别为 53.1%～100%、58.1%～89.6%、32.1%～58.9%、50.8%～85.33%。王克林等(2008)根据广西环江喀斯特生态系统站水库沉积泥沙来源于流域表层土壤和深层土壤，利用 ^{137}Cs 比率法计算出该流域的地下漏失量占 88%。罗为群等(2008)利用数学模型法测得广西龙何上峰丛洼地坡面山峰顶部、峰坡中部、缓坡部位和坡麓部位 4 个位置的地下漏失量占 75%以上，洼地底部以地表土壤流失为主，占 61.32%，但最终都通过落水洞转成地下河管道流失。Luo 等(2016)对贵州普定和贞丰 2 个典型喀斯特地区样地内的裸露树根与埋藏树根进行解剖与年龄测定，发现地下流失量占总土壤侵蚀量的 2/3。Cheng 等(2020)利用复合指纹识别技术，结合 ^{137}Cs 和磁化率，估算了流域出口悬浮沉积物三种来源(表层土壤、地下土壤和碎屑岩)的相对贡献，结果表明，地下土壤对地表河和地下河出口的悬浮沉积物的贡献分别占 62%和 68%。张信宝等(2010)根据土壤中硅酸盐矿物的物质平衡关系，粗略估算出茂兰喀斯特森林自然保护区的土壤地面流失量占 20%，地下流失量占 80%。

14.2.3　土壤漏失研究方法

(1)人工降雨模拟实验。在可调坡度、地下孔(裂)隙度的试验钢槽内装满土，并按一定间距布设岩石，用于模拟喀斯特裸露坡耕地，通过人工模拟降雨法，研究雨强对坡地径流养分流失的影响(靳丽等, 2016)，以及雨强、坡度、岩石裸露度及裂隙度等因子对地下产流产沙的作用(Dai et al., 2017, 2018)。由于喀斯特特殊的地质背景，对于地下漏失机理的研究存在很大的挑战。人工降雨模拟实验对地下漏失机制的认识有一定贡献，但喀斯特地区地下漏失的影响因素复杂多样，导致模拟结果与自然界的地下漏失规律存在偏差(周立刚等, 2020)。开展人工降雨模拟实验时，应充分考虑喀斯特特殊的土石剖面特征(马芊红和张科利, 2018)。

(2)核素示踪技术。通过 ^{137}Cs 示踪可判断土壤是否通过裂隙漏失。^{137}Cs 在未扰动的土壤剖面中呈指数递减，在耕层中均匀分布。因此，在一定深度的裂隙土壤剖面中，^{137}Cs 活性的突然增加可为土壤漏失提供证据(马芊红和张科利, 2018)。测量 ^{137}Cs 活性，利用比率法(或称为混合模型)计算地下漏失比例(王克林等, 2008; 何永彬等, 2009; 魏兴萍等, 2015; Wei et al., 2016)。地下漏失比例的计算公式如式(14-1)和式(14-2)所示：

$$S_0=S_a\times r_a+S_b\times r_b \tag{14-1}$$

$$r_a+r_b=1 \tag{14-2}$$

式中，S_0 为地下河出口产沙土壤的 ^{137}Cs 比活度；S_a 为地表流失土壤的 ^{137}Cs 比活度；S_b 为地下漏失土壤的 ^{137}Cs 比活度；r_a 为土壤地表流失比例；r_b 为土壤地下流失比例。地下河出口泥沙来源包括通过落水洞、天窗、竖井等地表水土流失形式进入地下河的部分，以及来自孔(裂)隙深处的地下漏失部分，其中来自孔(裂)隙深处的土壤不含 ^{137}Cs。

^{137}Cs 通过干湿沉降被地面土壤颗粒与有机物强烈吸附，不溶于水，不随水淋溶，不被植物吸收，只随土壤颗粒移动，是土壤侵蚀研究的良好示踪元素(Cornell, 1993; He and Walling, 1996)。但 ^{137}Cs 示踪法是基于局部空间沉降的均匀性进行假设的，而喀斯特地区地形起伏大、地貌类型多样、土被不连续，用 ^{137}Cs 比率法计算坡地水土流失存在较大误差。

(3)洞穴沉积物及滴水观测。通过对洞穴沉积土壤的粒径、孔隙度进行分析，推断洞穴土壤是否由地表漏失而来(唐益群等, 2009; Yang et al., 2011; 李晋和熊康宁, 2011)。但 Francesco 和 Ivan(2013)指出，仅分析洞穴内外土壤中的黏土矿物不足以让人们正确理解洞穴与地表土壤之间的关系，有时会得出误导性的结论。岳坤前(2016)通过测量洞穴滴水挟带的泥沙量，计算出单位滴水面积地下漏失强度。洞穴为土壤提供容纳空间，洞穴滴水和沉积土壤的研究可加深对水土漏失过程及机理的理解，并且能直接观测到漏失的土壤量。但由于滴水面积不等于地表水土漏失面积，利用滴水面积计算的地下漏失强度可能与实际漏失强度存在差异。

(4)地下河出口断面连续定位监测。地下河出口监测是在地下河出口设置水位计、浊度计、水质分析仪、采样器等自动采样监测设备或现场采集水样分析河水的水文水化学特征(彭韬等, 2008; 陈雪彬等, 2014; 孔洁, 2018; 姚邦杰等, 2019)，是反映地下河输沙特征的一种方法。地下河水中挟带的泥沙来源于地下漏失，河水的水文水化学特征能在一定程度上反映地下漏失过程，地下河出口水沙的监测具有很好的研究价值。

(5)数学模型法。数学模型法分为两种：一种是将划痕法和小区泥沙观测的土壤侵蚀强度的差值作为地下漏失量(罗为群等, 2008)。另一种是将树根测量的研究区总侵蚀量与站点观测确定的地表侵蚀量的差值作为地下漏失量(Luo et al., 2016)。其中，划痕法包括在小区边上用油漆画线，或者扦插，测量一定时间范围内的垂直侵蚀距离，计算总侵蚀量。而通过树根测量总侵蚀量则是基于裸露树根发生土壤侵蚀时，细胞生长会发生明显变化的原理，通过测定树根年龄确定侵蚀发生的时间，解剖树根测量侵蚀深度。数学模型法只能间接计算地下漏失量，其准确性无法保证。

(6) 稀土元素示踪技术。稀土元素示踪是在典型裂隙上的表面人工添加稀土元素，在自然降水条件下，探索裂隙土壤在岩-土界面及裂隙土壤剖面中的变化特征(彭旭东, 2018)。该方法对于揭示裂隙土壤颗粒在剖面中的运移特征具有很好的潜力，但目前该方法还不太成熟，要投入到大范围使用还需要继续探索，并利用多方法验证。

(7) 溶蚀试片法。裂隙岩石的溶蚀可为上覆土壤的漏失提供空间，通过测量已知面积和质量的圆形碳酸盐岩试片的年溶蚀量，计算每年裂隙的溶蚀量，便可直接推测每条裂隙的潜在年漏失量(Feng et al., 2020)。由于碳酸盐岩溶蚀速率慢，监测时间长，溶蚀试片在实验处理过程中损耗大，且都会被计入溶蚀量中，因此测出的裂隙潜在漏失量偏大。

(8) 磁性示踪。磁化率因不同土壤的磁性随母质、成土特点和风化发育程度不同差异很大，不仅可以作为土壤发生、分类的指标，还可用于确定河流泥沙来源及土壤侵蚀发生(俞劲炎和卢升高, 1991)。磁性示踪技术已被成功运用在古气候及环境演化、环境污染监测、沉积物来源、生物磁学及考古学等方向。该技术具有测量高效、结果精度高、测试费用低廉、设备及维护成本较低且在常温下对样品无损伤等诸多技术优势(刘亮, 2016; Liu et al., 2018)。目前磁化率技术在西南喀斯特地区地下漏失领域的应用较少，肖成芳等(2022)和程倩云等(2019)将磁化率作为指纹因子，探究了喀斯特地区地下泥沙来源。虽然磁化率技术在地下漏失领域尚处于探索阶段，但是该技术已在精确评估土壤侵蚀速率及空间分布规律方面显示出良好的应用潜力(Jordanova et al., 2014)。因此，为了实现有效且准确地评估地下漏失过程和程度，在现有土壤侵蚀研究方法的基础上，引入磁化率技术及其研究方法非常必要。

14.2.4　存在问题与展望

由于喀斯特地下系统的存在，土壤的地下漏失具有复杂性、隐蔽性、强烈的时空变异性，地下漏失的直接观测难度系数大，可用观测资料少，研究方法不成熟。地下漏失的范围界定、漏失程度还未被充分理解，土壤地下漏失过程与机理研究仍处于探索阶段。以往零散的、缺乏系统性的研究成果尚不能完整地认识地下漏失机制、理解漏失程度，对喀斯特地区水土保持工作的指导作用有限。为了回答和解决这些问题，必须运用新的方法，开展系统深入的研究，从不同空间尺度、结合多种方法探索喀斯特地下水土流失的机制。

14.3　土壤磁化率在喀斯特地区地下漏失研究中的应用

研究地下漏失就要关注漏失强度和发生过程。漏失强度可以直接通过溶洞滴水含沙量变化监测和浅层泉水泥沙浓度变化监测获取，也可以通过不同尺度泥沙输移比变化来间接分析。漏失过程需要通过核素示踪、磁化率对照等断代定年技术来识别。漏失强度就是监测每年土壤通过裂隙进入地下的多少，而漏失过程主要关注每年土壤在裂隙中移动的距离，或者迁移速度。因此，可以通过磁化率技术追踪裂隙中的土壤来源及其迁移速度。磁化率技术的应用，一方面利用裂隙土壤的磁化率剖面与裂隙周边土壤的磁化率剖面进行对照，反演裂隙土壤充填过程；另一方面是通过布撒磁性物质(如磁铁矿粉等)来模拟追踪裂隙中土粒的迁移过程，进而计算裂隙土壤的移动速度。基于以上两个方面，本研究在位于喀斯特地区的遵义市播州区进行了一系列淋溶模拟试验。

14.3.1　试验目的及研究区概况

喀斯特裂隙是地下漏失的通道，对其土壤移动过程的探究为地下漏失研究提供了新思路。为了探究土壤颗粒在裂隙中迁移的过程和强度，我们利用磁铁矿粉和稀土元素进行了淋溶模拟实验。试验点位于贵州省遵义市浒洋水小流域，该流域属于典型的喀斯特小流域，流域面积为 20.87 km^2。其水土流失面积高达 9.86 km^2，占小流域面积的 47.24%，流域坡面尺度上土壤侵蚀模数为 3.08～39.89 $t/(km^2 \cdot a)$ (李瑞等, 2019)。流域岩性以碳酸盐岩为主，喀斯特裂隙较发育，喀斯特面积为 20.24 km^2，占流域面积的 97%，其中石漠化面积占喀斯特面积的 69%。小流域位于乌江流域赤水河上中游，属中亚热带湿润季风气候，多年平均降水量为 1024 mm，多年平均气温为 14.6℃。小流域以黄壤为主，为地带性土壤，平均土层厚度在 50～70 cm(马芊红等, 2022)，呈酸性，有机质含量较低，土壤肥力低下。流域内农地坡面的质量磁化率范围为(3.7～98.2) $\times 10^{-8} m^3/kg$，草地和林地的范围分别是(8.1～132.9) $\times 10^{-8} m^3/kg$ 和(6.8～179.3) $\times 10^{-8} m^3/kg$ (Cao et al., 2021)。

14.3.2　试验准备及程序

土壤-示踪剂混合物的制备。为了使实验结果更可靠，本研究选择多种示踪剂，并将示踪剂和试验土进行充分混合。选取磁铁矿粉(Fe_3O_4)作为磁性示踪剂，氧化铈(CeO_2)和氧化镧(La_2O_3)作为稀土示踪剂。除去野外采回土壤样品中的草根和砾石，风干后研磨过 2 mm 的尼龙筛。将稀土氧化物、磁铁矿粉和风干的土壤按 1∶50∶1000 的比例均匀混合，逐步加入去离子水并搅拌至泥状，风干后轻轻研磨过 5 mm 筛，得到稀土-磁铁矿粉-土壤示踪混合物备用(He et al., 2022)。

示踪剂的特性。示踪剂的基本特征如表 14-4 所示。除氧化镧外，氧化铈和磁铁矿粉都主要由粉粒组成，黏土含量都低于 10%。所有示踪剂的磁化率都超过被测土壤三或四个数量级。根据 Zhang 等(2003)的建议，用于土壤侵蚀研究的示踪剂应具备能够与土壤充分结合、不溶于水、难以被植物吸收、对生态环境无害、土壤背景值低、与土壤的理化性质相似等基本特征。Liu 等(2020)也指出，磁铁矿粉与土壤聚集物紧密结合，在长期淋溶条件下几乎同时从侵蚀的土壤中脱离。因此，本研究中使用磁铁矿粉、氧化铈和氧化镧作为示踪剂是合理可行的。

表 14-4　示踪剂的基本特征

示踪剂	分子式	黏粒含量/%	粉粒含量/%	砂粒含量/%	容重/(g/cm^3)	χ_{lf}/($10^{-8}\ m^3/kg$)	稀土元素含量/(μg/g)
磁铁矿粉	Fe_3O_4	2.69	84.74	12.57	2.30	38519	—
氧化铈	CeO_2	8.66	65.29	26.05	7.19	—	805942
氧化镧	La_2O_3	32.98	57.56	9.46	6.51	—	844148

14.3.3 裂隙土壤垂直迁移模拟

(1) 试验设计。降水入渗为地下漏失过程提供主要动力，在不考虑坡度影响的条件下，主要影响因子是降水量。因此，为了探究土壤颗粒在裂隙中的漏失过程、漏失速率以及影响因子，试验将降水量和淋溶面积设置为控制因子，计算加注水量。另外，为了探究裂隙中心和边壁是否影响漏失，试验结束后，分别在中心和边壁采样。试验图片和装置分别如图 14-1 和图 14-2 所示。

图 14-1　人工淋溶条件下土壤漏失模拟实验

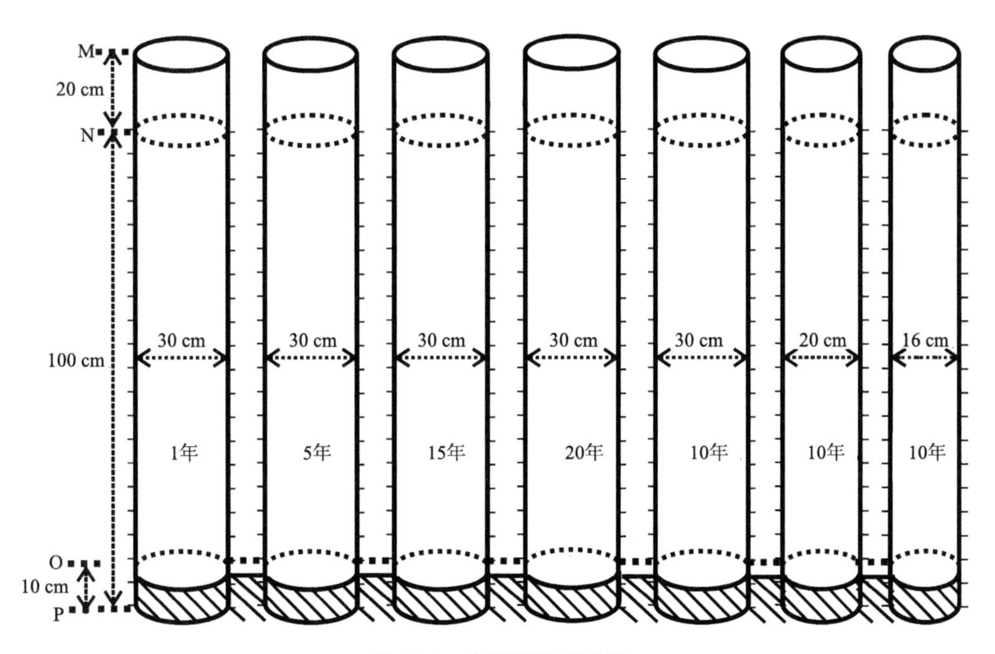

图 14-2　实验装置示意图

MN 为加水空间；NP 为试验土壤充填深度；OP 为埋入土壤深度，柱左右两侧的虚线为体积磁化率监测点

选取 7 个高度为 120 cm 的 PVC 管模拟 100 cm 深的天然裂隙，多出的 20 cm 作为加水空间。选取 5 根内径为 30 cm 的 PVC 管(横截面面积为 0.07 m^2)用于模拟浒洋水流域 1 年、5 年、10 年、15 年和 20 年降水条件下，土壤颗粒在裂隙中的移动过程。通过增加另外两个内径为 20 cm(横截面面积为 0.03 m^2)和 16 cm(横截面面积为 0.02 m^2)的管子，结合内径为30 cm的管子，模拟了10年降水条件下不同裂隙宽度对土壤颗粒移动的影响。

(2)测试土壤的充填。一条天然裂隙里的土壤太少，不足以填满 7 根模拟裂隙，且异质性太强。为了保持试验土壤的一致性，在试验样地旁的农地剖面按 10 cm 间隔逐层开挖 1 m 深的立方体土坑，挖出 10 层土，按剖面原有层序放置在一旁。开挖过程中，环刀分别在每一层取样测容重，并计算每填 10 cm 深土柱所需的土壤质量(表 14-5)，再按原有土层顺序回填到 PVC 管里。每个管子的底部 10 cm 被埋入地下，与周围的土壤自然接触，并用支架固定以保持垂直稳定。试验土柱制备完成后，在加入示踪混合物前，将约 30 L 水分别加入所有管子中，以快速减少土壤从农地被填到管子过程中所产生的大孔隙。在 30℃以上的气温下干燥 5 天后，在每个管子的土壤表面铺上 2 cm 厚的示踪混合物。

表 14-5　每 10 cm 高度的塑料柱内填入的土量

土层	湿土容重/(g/cm^3)	质量 1 (d=30 cm)/kg	质量 2 (d=20 cm)/kg	质量 3 (d=16 cm)/kg
0～10 cm	1.38	9.78	4.35	2.78
10～20 cm	1.67	11.78	5.23	3.35
20～30 cm	1.76	12.40	5.51	3.53
30～40 cm	1.80	12.74	5.66	3.62
40～50 cm	1.83	12.96	5.76	3.69
50～60 cm	1.80	12.74	5.66	3.62
60～70 cm	1.80	12.73	5.66	3.62
70～80 cm	1.78	12.56	5.58	3.57
80～90 cm	1.71	12.08	5.37	3.44
90～100 cm	1.79	12.63	5.61	3.59

(3)淋溶耗水量的确定。根据研究区 1000 mm 的年均降水量和模拟裂隙的内径确定每根管子的加水量。淋溶试验年限选定 1 年、5 年、10 年、15 年和 20 年，试验中每个年限分为 8 次小的加水试验。每个加水试验的耗水量如表 14-6 所示。试验用水为地表水，不添加任何人工物质。

表 14-6　不同实验组次试验的耗水量

试验组	1 年	5 年	10 年			15 年	20 年
			d=30 cm	d=20 cm	d=16 cm		
耗水量/L	8.83	44.15	88.30	39.25	25.12	132.45	176.60

(4)模拟试验过程。加水前，将纱布用竹条固定，平放于被标记土壤的表面，以防示踪剂被水冲击而破坏其均匀性。用量杯向管子里加水，管内水深始终保持在 2 cm 左右，直至每个管子加完对应的水量(计一次加水试验)。每次加水结束后，为初步了解土壤颗粒的移动状况，用 Bartington 磁化率仪的 MS2K 探头以 5 cm 的间隔在管子外壁测量内部土壤的体积磁化率，每个间隔分别在柱子左右两边对应的两个点上测量 10 次(图 14-2)。

所有管子在大于 30℃的气温下干燥 48h，再进行下一次加水试验。试验期为 2019 年 7～9 月，大约持续 50 天。试验结束约 10 天，待管子内的土壤含水量基本降低至土壤不沾黏土钻，分别在每个柱子的中心和靠近边壁的地方采集剖面样品，以便精确识别土粒的迁移情况。在每条模拟裂隙的 0～50 cm 段以 2 cm 间隔采样，在 50～100 cm 段以 3 cm 间隔采样。整个试验设计共采集土壤样品 560 个。

(5) 室内处理测量。所有的土壤样品(包括原始和淋溶后的土壤样品)经风干、破碎，并过 2 mm 的尼龙筛。用 Bartington 磁化率仪的 MS2B 双频探头测定土壤的质量磁化率。用电感耦合等离子体-原子发射光谱仪测定稀土元素(Ce 和 La)的浓度。土壤粒径用 Mastersizer 3000 激光粒度仪测定。

14.3.4　数据分析与结论

(1) 原位监测的土壤体积磁化率。为了初步观测土粒在裂隙中的移动特征，每次注水试验结束后，在管子外壁每隔 5 cm 深度测量管内土壤的体积磁化率(κ)。根据原位监测结果，裂隙中土粒向下移动的距离相对较短。图 14-3 仅展示了 0～20 cm 土层在每次加水试验后土壤的体积磁化率在剖面中的变化情况。在不同累积降水量的注水条件下，磁性示踪剂在土壤剖面中向下移动的最大深度只有 5 cm。磁性示踪剂的迁移深度在 20 年

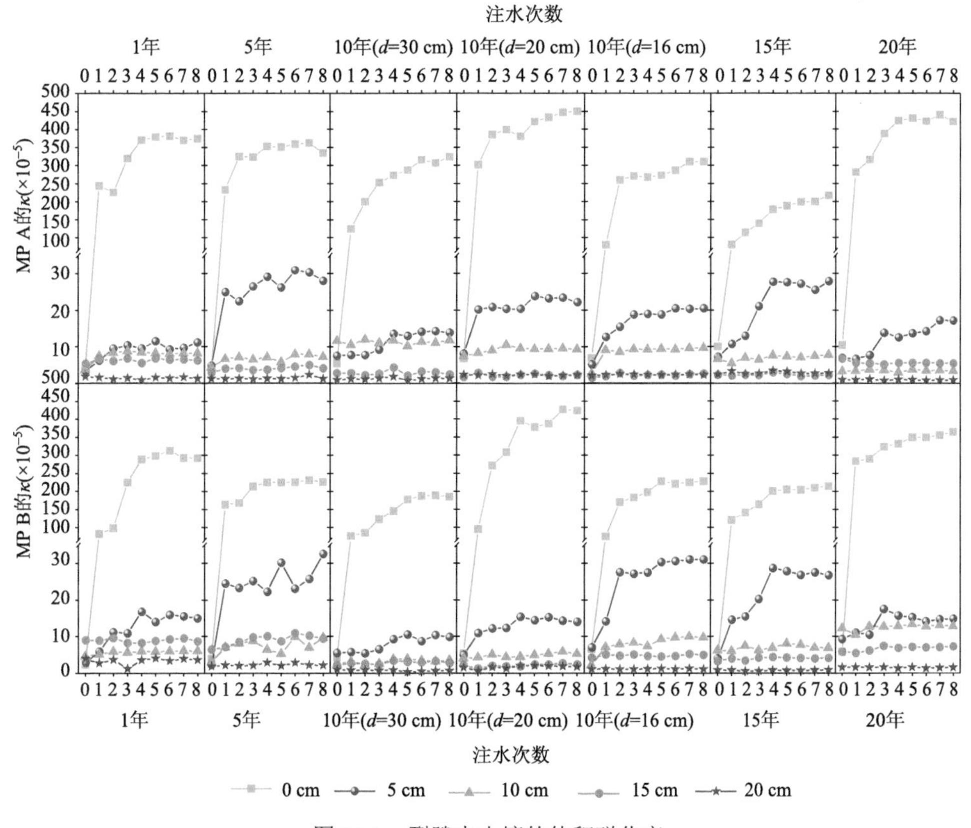

图 14-3　裂隙中土壤的体积磁化率

MP A 为管子左侧的监测点；MP B 为管子右侧的监测点

的降水量范围内几乎不随降水年限的增加发生改变，即土粒在裂隙中随水垂直向下迁移的距离有限。但是在一定范围内，降水量会影响土粒的迁移浓度。在 10 年、15 年、20 年累积降水量条件下，大约经过 4 次加水试验后，体积磁化率在 5 cm 深处趋向稳定，表明土粒在裂隙中的迁移距离有限或者向下迁移缓慢。而在 1 年和 5 年的累积降水量条件下，经过 8 次加水试验后，体积磁化率仍未稳定，表明从表土层迁移到 5 cm 深度的土粒总量较少，但随着累积降水量的增加，表层土粒可能会继续向下迁移。

图 14-3 展示了在 10 年累积降水量淋溶条件下，不同内径裂隙中土壤体积磁化率的变化。由图 14-3 可知，经过 2～3 次加水试验后，磁化率在内径为 16 cm 的裂隙 5 cm 深处就不再有明显变化，表明来自表层的土粒不再迁移到该土层。然而，在内径为 20 cm 和 30 cm 的裂隙中，经过 4～5 次加水后，土壤磁化率在 5 cm 深的土层处才达到稳定。上述磁化率的原位监测结果表明，土粒随降水入渗向下移动的距离为 5 cm 左右。随后，降水量的增加对土粒移动距离影响不明显，但可以增加土粒向下移动的浓度。裂隙内径大小则通过影响加水量而影响土粒的迁移浓度。

(2) 不同降水量条件下的迁移。在所有的累积降水量注水条件下，原位测量的土粒移动深度均为 5 cm。由于体积磁化率的测量间隔为 5 cm，无法识别 5～10 cm 的磁性颗粒迁移。因此必须加密采样间隔，才能准确捕捉到土粒的迁移距离。在详细的加密采样分析中，图 14-4 展示了 30 cm 深度内示踪剂的迁移状况。由图 14-4 可知，大量的示踪剂

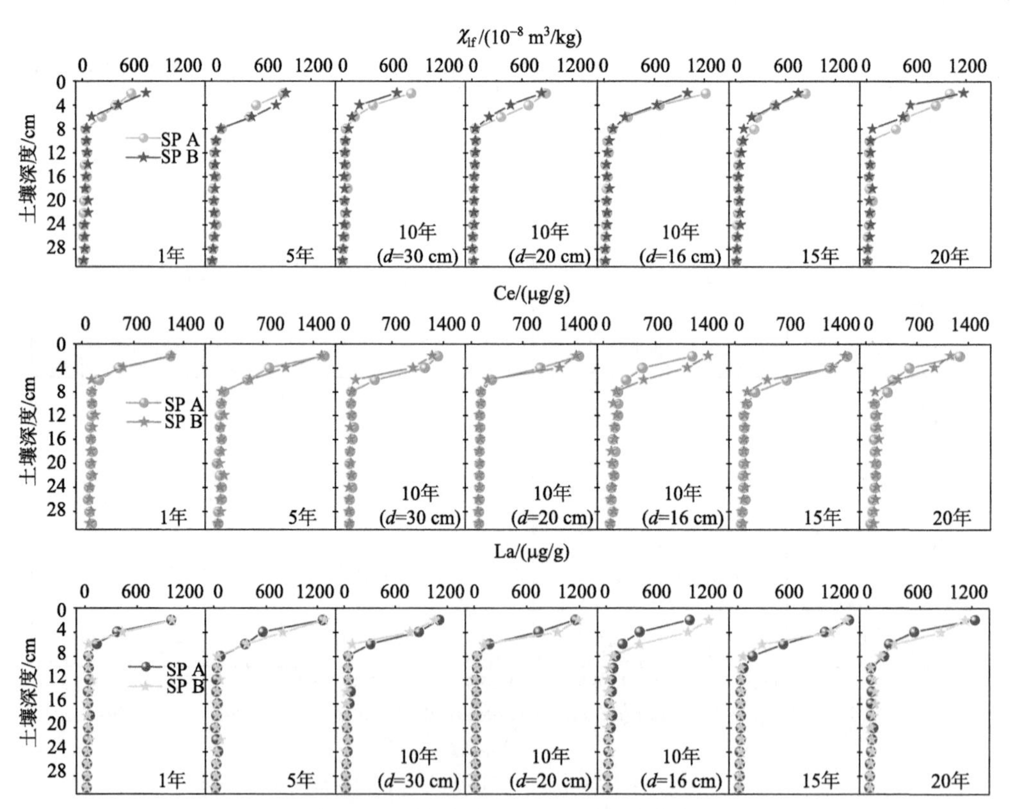

图 14-4　示踪剂在土壤剖面中的移动

SP A 表示模拟剖面的中心；SP B 表示模拟剖面的边壁

集中分布在 0～4 cm 土层，但会随着降水的入渗向下扩散到更深的土层。在 1 年、5 年、10 年、15 年和 20 年的累积降水量注水条件下，示踪剂的平均迁移距离分别为 5.3 cm、6 cm、6 cm、7 cm 和 7.3 cm，迁移速率分别为 5.3 cm/a、1.2 cm/a、0.6 cm/a、0.5 cm/a 和 0.4 cm/a(表 14-7)，通过拟合，累积降水年限(x)与迁移速率(y)存在以下关系：$y=5.0822x^{-0.873}$ (R^2=0.999)。模拟裂隙内采样分析的土粒在 1 年降水量条件下的移动速率为 5.3 cm/a，在 20 年累积降水量条件下仅为 0.4 cm/a，表明土粒在裂隙中确实会垂直向下迁移，但迁移距离不会随降水的增加而快速或大幅地增加。

表 14-7　人工注水条件下示踪剂在土壤剖面中的移动速率　(单位：cm/a)

示踪剂	采样位置	1 年	5 年	10 年			15 年	20 年
				d=30 cm	d=20 cm	d=16 cm		
磁化率	SP A	6	1.2	0.6	0.6	0.6	0.5	0.4
	SP B	6	1.2	0.6	0.6	0.6	0.4	0.3
Ce	SP A	4	1.2	0.6	0.6	0.6	0.5	0.4
	SP B	6	1.2	0.6	0.6	0.6	0.4	0.3
La	SP A	4	1.2	0.6	0.6	0.6	0.5	0.4
	SP B	5.3	1.2	0.6	0.6	0.6	0.4	0.4
总平均距离		5.3	1.2	0.6	0.6	0.6	0.5	0.4
SP A 平均距离		6	1.2	0.6	0.6	0.6	0.5	0.4
SP B 平均距离		4.7	1.2	0.6	0.6	0.6	0.4	0.3

(3) 不同采样位置的示踪剂移动。在所有降水条件下，三种示踪剂模拟裂隙中心处的移动距离和速率几乎相同，这也表明了这些示踪剂的迁移特征相似，试验结果可靠。但在设定的不同累积降水量条件下，不同示踪剂在边壁处的迁移距离略有不同。在 1 年降水量注水条件下，磁性示踪剂在边壁的迁移深度比稀土示踪剂迁移的深度大。由于标记土壤中磁性示踪剂的质量是稀土氧化物的 50 倍，即磁性物质浓度相对较大，所以在降水较少且重力占主导地位的情况下，磁性颗粒比稀土元素迁移得更快。但在 20 年降水量条件下，La_2O_3 在边壁的迁移距离要大于 CeO_2 和磁性示踪剂的迁移距离，主要原因是 La_2O_3 的黏粒含量为 32.98%，大于 CeO_2 和磁性示踪剂的黏粒含量，更易于随水迁移。在强降水的情况下，黏粒含量相对较高的物质在孔隙水中更容易移动。在 1 年、15 年和 20 年累积降水量注水条件下，示踪剂在裂隙中心的迁移距离比靠近边壁处的距离要深 2 cm。1 年的降水不足以使所有示踪剂移动相同的距离，而 5～10 年的累积降水量条件使所有示踪剂在中心处的移动距离与在边壁处移动的距离相同。然而，15 年的累积降水量导致中心处土粒再次移动，20 年的降水量又导致边壁处黏粒含量高的 La_2O_3 再次移动。这一结果表明，无论水是否充足或过量，裂隙中心处的土粒要比边壁处的土粒更容易移动。示踪剂在边壁处的移动受降水量、示踪剂类型和示踪剂浓度的影响，而在中心的示踪剂仅受降水量的影响。模拟裂隙边壁和土壤的界面与真实的裂隙岩土界面一样，缺乏界面过渡区，因此影响示踪剂在该界面内运动的因素较为复杂。同时也表明，土粒向下的距

离并没有随着降水量的增加而迅速增加。但不可否认的是，当降水量增加时，土粒会进一步向下移动，但存在一个最大深度。

(4) 示踪剂在不同内径裂隙中的移动。为了识别土粒在不同大小裂隙中的迁移过程，试验选定了三种不同内径的 PVC 管分别模拟三种不同宽度的裂隙。降水条件都选定为 10 年，即加注 10 年的降水量来模拟土粒的淋溶迁移过程。试验结果表明，在 10 年的累积降水量条件下，不同示踪剂在内径相异的裂隙中的移动距离均为 6 cm，且不论是在边壁处还是中心处，淋溶移动距离并无差异。人工注水淋溶试验结束后，采样分析和原位监测结果都表明，不同内径的裂隙内，土粒的移动状况仅与降水量有关，而降水量只影响向下迁移量的多少，对移动距离影响较小。

14.4 本章小结

喀斯特地区的地下漏失具有复杂性和隐蔽性，导致对地下漏失过程的认识和强度评判都存在很大争议。本章利用磁铁矿粉与稀土氧化物作为示踪剂，利用模拟淋溶试验的方法，综合探究了地下漏失的过程和影响因素，主要结论如下。

(1) 土粒在喀斯特裂隙中向下移动的距离相对较短，其运移是一个逐渐减缓的过程。在 1 年、5 年、10 年、15 年和 20 年的累积降水量注水条件下，土粒的平均迁移速率分别为 5.3 cm/a、1.2 cm/a、0.6 cm/a、0.5 cm/a、0.4 cm/a。随着累积降水量的增加，迁移距离增加得非常缓慢。

(2) 裂隙内径通过影响水的消耗来影响示踪剂的移动量，但对垂直移动距离没有明显影响。示踪剂在模拟剖面边缘处的移动受降水、示踪剂种类和含量的影响，其下移过程稍有不同，但与中心处的移动距离相差不大。如果淋溶时间足够长或降水量足够大，不同示踪剂间的差异对示踪结果的影响可以忽略不计。示踪剂在剖面中心的移动仅受降水影响，垂直移动距离随着降水量的增加而缓慢增加，与示踪剂类型没有关系。

(3) 本试验使用的 3 种示踪剂在剖面中心的垂直移动距离相同，说明用磁性物质示踪裂隙中土壤物质的移动是可行的。而且相对于稀土元素，磁性物质不但价格便宜，而且测试手段简单，可以在今后类似研究中大力推广使用。

参考文献

白晓永, 张信宝, 王世杰, 等. 2009. 普定冲头峰丛洼地泥沙沉积速率的 ^{137}Cs 法测定. 地球与环境, 37(2): 142-146.

曹建华, 鲁胜力, 杨德生, 等. 2011. 西南岩溶区水土流失过程及防治对策. 中国水土保持科学, 9(2): 52-56.

曹建华, 袁道先, 童立强. 2008. 中国西南岩溶生态系统特征与石漠化综合治理对策. 草业科学, (9): 40-50.

陈洪松, 冯腾, 李成志, 等. 2018. 西南喀斯特地区土壤侵蚀特征研究现状与展望. 水土保持学报, 32(1): 10-16.

陈洪松, 杨静, 傅伟, 等. 2012. 桂西北喀斯特峰丛不同土地利用方式坡面产流产沙特征. 农业工程学报, 28(16): 121-126.
陈美淇, 魏欣, 张科利, 等. 2017. 基于 CSLE 模型的贵州省水土流失规律分析. 水土保持学报, 31(3): 16-21.
陈美淇, 张卓栋, 王晓岚, 等. 2016. 西南黄壤和西北黄土坡面侵蚀产沙规律比较研究. 中国水土保持科学, 14(6): 53-60.
陈雪彬, 杨平恒, 蓝家程, 等. 2014. 降雨条件下岩溶地下水微量元素变化特征及其环境意义. 环境科学, 35(1): 123-130.
程倩云, 彭韬, 张信宝, 等. 2019. 西南喀斯特小流域地表、地下河流细粒泥沙来源的 ^{137}Cs 和磁化率双指纹示踪研究. 水土保持学报, 33(2): 140-145.
冯腾, 陈洪松, 张伟, 等. 2011. 桂西北喀斯特坡地土壤 ^{137}Cs 的剖面分布特征及其指示意义. 应用生态学报, 22(3): 47-53.
何铁光, 石雪晖, 肖润林, 等. 2004. 西南喀斯特环境移民示范区柑橘园水土流失及土壤水分变化. 农村生态环境, 20(2): 38-40.
何永彬, 李豪, 张信宝, 等. 2009. 贵州茂兰峰丛草地洼地小流域侵蚀产沙的 ^{137}Cs 法研究. 中国岩溶, 28(2): 181-188.
姜光辉, 陈坤琨, 于奭, 等. 2009. 峰丛洼地的坡地径流成分划分. 水文, 29(6): 14-19.
蒋忠诚, 罗为群, 邓艳, 等. 2014. 岩溶峰丛洼地水土漏失及防治研究. 地球学报, 35(5): 535-542.
靳丽, 戴全厚, 李昌兰, 等. 2016. 喀斯特裸露坡耕地径流养分流失试验研究. 水土保持学报, 30(5): 46-51.
孔洁. 2018. 典型表层岩溶泉域水土漏失过程与泥沙来源研究. 北京: 中国地质大学.
李德文, 崔之久, 刘耕年, 等. 2001. 岩溶风化壳形成演化及其循环意义. 中国岩溶, 20(3): 17-22.
李豪, 张信宝, 白晓永, 等. 2010. 桂西北喀斯特丘陵区峰丛洼地小流域泥沙堆积的 ^{137}Cs 示踪研究. 泥沙研究, (1): 17-24.
李晋, 熊康宁, 王仙攀. 2012. 喀斯特地区小流域地下水土流失观测研究. 中国水土保持, (6): 38-40.
李晋, 熊康宁. 2011. 岩溶洞穴土壤颗粒分析及其对水土流失的研究意义. 贵州师范大学学报(自然科学版), 29(2): 16-18.
李林立, 况明生, 蒋勇军. 2003. 我国西南岩溶地区土地石漠化研究. 地域研究与开发, 22(3): 71-74.
李瑞, 陈康, 刘瑞禄, 等. 2019. 基于小流域尺度的黔北喀斯特地区产流产沙特征. 农业工程学报, 35(11): 139-147.
刘亮. 2016. 磁化率技术在土壤侵蚀研究中的应用探索. 北京: 北京师范大学.
刘志刚. 1963. 广西都安县石灰岩地区土壤侵蚀的特点和水土保持工作的意见. 林业科学, (4): 354-360.
龙明忠. 2006. 喀斯特峡谷区生态治理的水土保持效应与土壤侵蚀模型. 贵阳: 贵州师范大学.
卢耀如. 1986. 中国喀斯特地貌的演化模式. 地理研究, 5(4): 25-35.
卢耀如. 2001. 岩溶: 奇峰异洞的世界. 北京: 清华大学出版社.
罗为群, 蒋忠诚, 韩清延, 等. 2008. 岩溶峰丛洼地不同地貌部位土壤分布及其侵蚀特点. 中国水土保持, (12): 46-49.
马芊红, 柯奇画, 张科利, 等. 2022. 黔北山区坡面基岩出露特点及与坡面特征的关系. 中国水土保持科学(中英文), 20(6): 17-24.
马芊红, 张科利. 2018. 西南喀斯特地区土壤侵蚀研究进展与展望. 地球科学进展, 33(11): 1130-1141.
马芊红. 2020. 西南喀斯特坡面侵蚀产沙规律研究. 北京: 北京师范大学.

彭宏佳, 吴起鑫, 任斐鹏, 等. 2018. 喀斯特地区坡面不同土地利用方式水土流失及磷素输出对次降雨特征的响应. 农业环境科学学报, 37(4): 756-765.

彭建, 杨明德. 2001. 贵州花江喀斯特峡谷水土流失状态分析. 山地学报, 19(6): 511-515.

彭韬, 王世杰, 张信宝, 等. 2008. 喀斯特坡地地表径流系数监测初报. 地球与环境, 36(2): 125-129.

彭韬, 杨涛, 王世杰, 等. 2009. 喀斯特坡地土壤流失监测结果简报. 地球与环境, 37(2): 126-130.

彭旭东. 2018. 喀斯特高原坡地浅层孔(裂)隙水土漏失过程及特征研究. 贵阳: 贵州大学.

苏维词. 2001. 贵州喀斯特山区的土壤侵蚀性退化及其防治. 中国岩溶, 20(3): 51-57.

苏维词. 2002. 中国西南岩溶山区石漠化治理的优化模式及对策. 水土保持学报, 16(5): 24-27, 110.

孙承兴, 王世杰, 周德全, 等. 2002. 碳酸盐岩差异性风化成土特征及其对石漠化形成的影响. 矿物学报, 22(4): 308-314.

唐益群, 张晓晖, 佘恬钰, 等. 2009. 贵州石漠化地区棕黄色粘性土团聚体稳定性研究. 工程地质学报, 17(6): 817-822.

唐益群, 张晓晖, 周洁, 等. 2010. 喀斯特石漠化地区土壤地下漏失的机理研究——以贵州普定县陈旗小流域为例. 中国岩溶, 29(2): 121-127.

涂成龙, 陆晓辉, 刘瑞禄, 等. 2016. 典型喀斯特流域地表产流输出特征. 长江流域资源与环境, 25(12): 1879-1885.

王涵, 刘琦, 任标, 等. 2019. 典型喀斯特石漠化地区降雨产流产沙特征. 贵州师范大学学报(自然科学版), 37(3): 6-12.

王恒松, 熊康宁, 刘云. 2009. 喀斯特区地下水土流失机理研究. 中国水土保持, (8): 11-14.

王克林, 苏以荣, 曾馥平, 等. 2008. 西南喀斯特典型生态系统土壤特征与植被适应性恢复研究. 农业现代化研究, 29(6): 641-645.

王世杰. 2003. 喀斯特石漠化——中国西南最严重的生态地质环境问题. 矿物岩石地球化学通报, 22(2): 120-126.

魏兴萍, 谢德体, 倪九派, 等. 2015. 重庆岩溶槽谷区山坡土壤的漏失研究. 应用基础与工程科学学报, 23(3): 462-473.

魏兴萍, 袁道先, 谢世友. 2010. 运用 ^{137}Cs 与土壤营养元素探讨重庆岩溶槽谷区山坡土壤的流失和漏失. 水土保持学报, 24(6): 16-19.

吴清林, 梁虹, 熊康宁, 等. 2020. 喀斯特地区水土漏失监测方法评述. 贵州师范大学学报(自然科学版), 38(3): 30-38.

肖成芳, 魏兴萍, 李慧, 等. 2022. 西南典型岩溶槽谷小流域地表和地下河悬浮泥沙来源. 农业工程学报, 38(12): 154-162.

熊康宁, 李晋, 龙明忠. 2012. 典型喀斯特石漠化治理区水土流失特征与关键问题. 地理学报, 67(7): 878-888.

徐森, 狄崇利, 李思亮. 2017. 典型喀斯特流域降水与径流特征分析及径流年际变化的影响因素贡献分解. 第四纪研究, 37(6): 1238-1250.

徐则民, 黄润秋, 唐正光, 等. 2005. 中国南方碳酸盐岩上覆红土形成机制研究进展. 地球与环境, 33(4): 33-40.

严冬春, 文安邦, 鲍玉海, 等. 2008. 黔中高原岩溶丘陵坡地土壤中的 ^{137}Cs 分布. 地球与环境, 36(4): 342-347.

姚邦杰, 刘琦, 任标, 等. 2019. 典型石漠化地区岩溶水系统循环演化分析. 工程地质学报, 27(5):

1179-1187.
俞劲炎, 卢升高. 1991. 土壤磁学. 南昌: 江西科学技术出版社.
袁道先, 蒋勇军, 沈立成, 等. 2016. 现代岩溶学. 北京: 科学出版社.
袁道先. 1993. 中国岩溶学. 北京: 地质出版社.
袁道先. 2008. 岩溶石漠化问题的全球视野和我国的治理对策与经验. 草业科学, 182(9): 19-25.
袁红. 2009. 西南岩溶区土壤养分保持能力和土壤退化研究. 重庆: 西南大学.
岳坤前. 2016. 中国南方典型石漠化区地下水土流失防治技术初步研究与示范. 贵阳: 贵州师范大学.
张喜, 薛建辉, 许效天, 等. 2007. 黔中喀斯特山地不同森林类型的地表径流及影响因素. 热带亚热带植物学报, 15(6): 527-537.
张晓晖. 2013. 贵州喀斯特石漠化山地土壤地表流失与地下漏失机理研究. 上海: 同济大学.
张笑楠. 2009. 桂西北喀斯特区域景观格局分析及土壤侵蚀研究. 长沙: 中国科学院亚热带农业生态研究所.
张信宝, 王世杰, 曹建华, 等. 2010. 西南喀斯特山地水土流失特点及有关石漠化的几个科学问题. 中国岩溶, 29(3): 274-279.
张信宝, 王世杰, 曹建华. 2009. 西南喀斯特山地的土壤硅酸盐矿物物质平衡与土壤流失. 地球与环境, 37(2): 97-102.
张信宝, 王世杰, 贺秀斌, 等. 2007. 碳酸盐岩风化壳中的土壤蠕滑与岩溶坡地的土壤地下漏失. 地球与环境, 35(3): 202-206.
张信宝, 王世杰. 2016. 浅议喀斯特流域土壤地下漏失的界定. 中国岩溶, 35(5): 602-603.
张信宝. 2019. 关于中国水土流失研究中若干理论问题的新见解. 水土保持通报, 39(6): 302-306.
张旭贤, 高华端, 孙利军, 等. 2013. 贵州不同碳酸盐岩坡耕地土壤侵蚀特征研究. 中国水土保持, (9): 42-45.
张远瞩, 蒋勇军, 李勇, 等. 2019. 隧道工程对喀斯特槽谷区坡面产流及土壤侵蚀的影响. 生态学报, 39(16): 6126-6135.
张治伟, 傅瓦利, 张洪, 等. 2007. 岩溶坡地土壤侵蚀强度的 ^{137}Cs 法研究. 山地学报, 25(3): 302-308.
周春衡, 陈洪松, 付智勇, 等. 2020. 土壤大孔隙形态对喀斯特区水土漏失过程的影响. 水土保持学报, 34(6): 70-76.
周立刚, 刘卉芳, 王昭艳, 等. 2020. 岩溶峰丛洼地水土流失机理及防治技术研究进展. 泥沙研究, 45(2): 66-73.
周念清, 李彩霞, 江思珉, 等. 2009. 普定岩溶区水土流失与土壤漏失模式研究. 水土保持通报, 29(1): 7-11.
周永华, 罗为群, 蒋忠诚, 等. 2018. 岩溶峰丛洼地水土漏失研究进展. 人民珠江, 39(10): 13-19.
周永华. 2019. 岩溶洼地水土漏失特征及防治技术试验. 南宁: 南宁师范大学.
Cao Z H, Zhang K L, He J H, et al. 2021. Linking rocky desertification to soil erosion by investigating changes in soil magnetic susceptibility profiles on karst slopes. Geoderma, 389: 1-12.
Cheng Q Y, Wang S J, Peng T, et al. 2020. Sediment sources, soil loss rates and sediment yields in a Karst plateau catchment in Southwest China. Agriculture, Ecosystems & Environment, 304: 107114.
Cornell R M. 1993. Adsorption of cesium on minerals: A review. Journal of Radioanalytical and Nuclear Chemistry, 171(2): 483-500.
Dai Q H, Peng X D, Wang P J, et al. 2018. Surface erosion and underground leakage of yellow soil on slopes

in karst regions of southwest China. Land Degradation & Development, 29(8): 2438-2448.

Dai Q H, Peng X D, Yang Z, et al. 2017. Runoff and erosion processes on bare slopes in the Karst Rocky Desertification Area. Catena, 152: 218-226.

Feng T, Chen H, Wang K, et al. 2020. Assessment of underground soil loss via the tapering grikes on limestone hillslopes. Agriculture, Ecosystems & Environment, 297: 106935.

Francesco I, Ivan M. 2013. Clay minerals in cave sediments and terra rossa soils in the Montagnola Senese karst massif (Italy). Geological Quarterly, 57(3): 527-536.

Gosden M S. 1968. Peat deposits of scar close, Ingleborough, Yorkshire. Journal of Ecology, 56(2): 345-353.

He J H, Zhang K L, Cao Z H, et al. 2022. Tracer vertical movement and its affecting factors in karst soil profiles in simulated leaching context. Journal of Soils and Sediments, 22(1): 229-237.

He Q, Walling D E. 1996. Interpreting particle size effects in the adsorption of ^{137}Cs and unsupported ^{210}Pb by mineral soils and sediments. Journal of Environmental Radioactivity, 30(2): 117-137.

Jiang Z C, Lian Y Q, Qin X Q. 2014. Rocky desertification in Southwest China: Impacts, causes, and restoration. Earth-Science Reviews, 132: 1-12.

Jones R J. 1965. Aspects of the biological weathering of Limestone pavement. Proceedings of the Geologists Association, 76(4): 421-428.

Jordanova D, Jordanova N, Petrov P. 2014. Pattern of cumulative soil erosion and redistribution pinpointed through magnetic signature of chernozem soils. Catena, 120: 46-56.

Li Z W, Xu X L, Zhang Y H, et al. 2020. Fingerprinting sediment sources in a typical karst catchment of Southwest China. International Soil and Water Conservation Research, 8(3): 277-285.

Liu L, Huang M B, Zhang K L, et al. 2018. Preliminary experiments to assess the effectiveness of magnetite powder as an erosion tracer on the Loess Plateau. Geoderma, 310: 249-256.

Liu L, Liu H, Fu S, et al. 2020. Feasibility of magnetite powder as an erosion tracer for main soils across China. Journal of Soils and Sediments, 20(4): 2207-2216.

Luo M, Chen Z, Criss R E, et al. 2016. Dynamics and anthropogenic impacts of multiple karst flow systems in a mountainous area of South China. Hydrogeology Journal, 24(8): 1993-2002.

Wang J X, Zou B P, Liu Y, et al. 2014. Erosion-creep-collapse mechanism of underground soil loss for the karst rocky desertification in Chenqi village, Puding county, Guizhou, China. Environmental Earth Sciences, 72(8): 2751-2764.

Wei X P, Yan Y E, Xie D T, et al. 2016. The soil leakage ratio in the Mudu watershed, China. Environmental Earth Sciences, 75(721): 1-11.

Yang P, Tang Y Q, Zhou N Q, et al. 2011. Characteristics of red clay creep in karst caves and loss leakage of soil in the karst rocky desertification area of Puding County, Guizhou, China. Environmental Earth Sciences, 63(3): 543-549.

Zhang X C, Nearing M A, Polyakov V O, et al. 2003. Using rare-earth oxide tracers for studying soil erosion dynamics. Soil Science Society of America Journal, 67(1): 279-288.

Zhou J, Tang Y Q, Yang P, et al. 2012. Inference of creep mechanism in underground soil loss of karst conduits I. Conceptual model. Natural Hazards, 62(3): 1191-1215.

第 15 章　成果、问题及未来研究展望

尽管土壤磁化率概念和测试技术提出较早，但将土壤磁化率应用于土壤侵蚀研究只是近几十年的事情，特别是通过野外实测土壤磁化率变化来估算土壤流失量更是近些年的进展。早期土壤磁化率主要应用于土壤形成环境分析、土壤分类及土壤污染评价等，研究工作多集中在不同地区土壤磁化率变化及其与气候等主要成土因子的关系方面。这一时期，最重要的一个研究成果就是发现天然土壤剖面表层磁化率增强现象，即不管是哪种土壤类型，表层土壤的磁化率都明显高于亚表层和剖面下层，但不同土壤类型都有不同的磁化率剖面。正是这一发现，为磁化率在土壤侵蚀研究中的应用奠定了理论基础。关于土壤磁化率研究的另一个主要成果就是土壤磁化率大小与水热条件呈正相关，这一发现为利用土壤磁化率反演古环境研究奠定了理论基础。在早期利用土壤磁化率开展土壤侵蚀时，多采用施加磁性物质来示踪泥沙运移，且主要应用于实验室内对土壤侵蚀规律的模拟研究，在野外开展的田间研究也主要涉及土壤再分配问题，还没有用于土壤侵蚀量的估算和评价。进入 21 世纪后，围绕土壤侵蚀量评价问题，我国学者在东北黑土区开展了一系列利用磁化率指标来示踪土壤侵蚀的研究，为土壤侵蚀预测和评价提供了新方法。同时，也拓展了土壤磁化率在地学领域的应用范畴。但作为一种新方法，土壤磁化率技术在应用过程中也必然会遇到一些难题和需要不断完善的地方。

15.1　近期主要研究成果

土壤磁化率是土壤基本属性之一，与土壤粒径组成密切相关，特别是土壤中黏粒含量的多少。土壤侵蚀是在侵蚀营力作用下土壤颗粒被分离搬运的过程，其结果导致土壤粒径组成或者剖面厚度发生变化。因此，土壤侵蚀的结果必然导致原地土壤的磁化率发生改变在理论上是成立的，但需要田间实测数据验证。即使土壤磁化率随侵蚀过程而发生改变，但如何建立它们之间的定量关系需要开展系统的分析研究。另外，将磁化率用于坡面土壤侵蚀评价时需要野外采集足够多的样品，传统的采样方法及工具效率太低，影响测试工作，需要不断改进和完善，建立一套从田间采样到实验室测定的技术规范。围绕上述问题，我们开展了以下工作并取得重要的研究成果。

15.1.1　磁化率与侵蚀在空间上的对应关系

土壤磁化率与侵蚀强度在空间上的对应关系的论证是将磁化率应用于土壤侵蚀评价的关键环节。如果这种对应关系不存在，后续工作就没有必要开展了。根据土壤侵蚀的先验知识，在一个给定坡面上，土壤侵蚀强度与坡度成正比，坡度越陡，土壤侵蚀越强。由于自然坡面坡度变化基本遵循坡顶较缓，然后逐渐增大，坡中达到最大，到达坡脚时会有所缓和。相应地，土壤侵蚀应是由坡顶到坡中逐渐增强，到坡脚时减弱或者发生沉

积，即坡面上部和中部会以侵蚀过程为主，中部侵蚀最强，在坡面下部会发生沉积。特别是在坡度总体较缓，而坡长较长的东北黑土区，侵蚀泥沙在坡面下部沉积更为显著。根据侵蚀强度在坡面上的这种变化特征，理论上土壤磁化率也应存在坡面上部较大，中部最小，而中下部又逐渐增大，且坡脚出现最大值的变化规律。为此，我们选择坡长、坡度及土地利用类型都有代表性的典型坡面，确定从坡顶到坡脚的样线，等间距采样测定样线上的土壤磁化率。结果表明，土壤磁化率在沿坡向纵断面的变化与根据侵蚀规律预设的变化完全吻合，即坡面中部土壤磁化率最低，中上部次之，坡面下部到坡脚的土壤磁化率最高。这一印证性研究结果，奠定了磁化率在土壤侵蚀研究中应用的基础。

15.1.2　磁化率与侵蚀程度在时间上的对应关系

自人类破坏天然植被并长期垦殖以来，土壤侵蚀就持续发生。一般而言，开垦时间越长，坡面土壤性状，包括有机质含量、质地和结构等指标变化会越大。而有机质和质地变化都会反映在土壤磁化率上，即开垦时间越短的坡面，所有不同地貌(坡面)上的土壤磁化率都应最大。开垦时间越长的坡面，土壤磁化率应最小，其他开垦时段坡面上的土壤磁化率应介于两者之间。但是，在不同开垦时间的坡面上，土壤磁化率沿坡向的变化规律也应遵循其对坡度和坡长的响应规律。为此，通过查阅当地开垦历史记录，走访当地居民，选定了百年尺度上 5 个不同开垦时间的坡面，最长到 110 年。采用与空间对应关系研究相同的采样设计，顺坡向选定样线并采样。测定结果表明，除一个时间段外，坡面土壤磁化率变化基本遵循开垦时间越长其值越小的变化规律，印证了土壤侵蚀历史与磁化率变化的对应关系，即开垦时间越长，土壤有机质降低、腐殖质层变薄和表层黏粒含量减少越严重，土壤磁化率也就相应地变小。同时，不论开垦时间的长短变化，土壤磁化率都遵循其随地形变化的分布规律。这一印证性研究结果，更加确定了土壤磁化率变化对土壤侵蚀响应规律在时空上的客观性和真实性。

15.1.3　磁化率在土壤再分配研究中的贡献

土壤再分配是东北黑土区坡面土壤侵蚀和泥沙运移结果的重要特征。不像黄土高原、西南喀斯特等侵蚀严重区，因丘陵漫岗的地形特征，来自上坡的侵蚀泥沙会在中下坡部位发生沉积，中下部土壤剖面存在深厚的腐殖质层就是证明。上坡部位侵蚀和下坡部位沉积，一方面加剧了土壤性状的空间变异性，另一方面增加了土壤侵蚀预测评价的难度。一般而言，现有的土壤侵蚀模型是不解决也没有办法解决坡面沉积问题的。尽管美国新一代土壤侵蚀模型 WEPP 在理论上可以估算每一个点上的侵蚀量，但由于涉及参数太多，目前被真正采用的例子不多，实用性远不如通用土壤流失方程 USLE。但大量的应用实践表明，将 USLE 应用于区域水土流失评价时，估算值的插值和外推问题一直是一个技术难题，技术和方法的合理性直接影响估算精度。对沿程发生沉积的东北黑土区而言，还必须考虑对泥沙沉积的订正问题。要解决这一问题，首先必须确定坡面上侵蚀区和沉积区的位置，即识别出侵蚀区和沉积区的分界线。侵蚀区可以用 USLE 直接计算。但对于沉积区而言，则存在对沉积影响的订正问题。同时，对侵蚀区和沉积区平均侵蚀速率的区别计算，还可以验证土壤侵蚀模型的估算精度。因此，对侵蚀区和沉积区进行识别与确定十分必要。

由于不论是发生侵蚀还是发生沉积，土壤磁化率剖面都会发生改变，即侵蚀和沉积都可以通过磁化率变化来反映。对于侵蚀区而言，由于表层土壤遭受侵蚀，磁化率会变小。而对于沉积区而言，由于上部坡面运至的大量黏粒富集，磁化率会增加。通过比较每个采样点的土壤磁化率剖面曲线与参考点的土壤磁化率剖面曲线就能计算出侵蚀厚度或沉积厚度，侵蚀厚度和沉积厚度为零的点的连线就是坡面上侵蚀与沉积的分界线。按照这一理论假设，在研究区选择典型坡面，布设样线和采样点密度，在每个采样点上沿剖面等间距地采集土样，测定磁化率，绘制每个采样点的土壤磁化率剖面。研究结果表明，利用土壤磁化率剖面变化可以确定坡面上侵蚀区和沉积区的分界线，从而识别出侵蚀区和沉积区。

15.1.4 利用土壤磁化率估算土壤侵蚀量

尽管 USLE 可以估算多年平均土壤流失量，但必须有实测资料的支撑。而对于大量侵蚀地区而言，监测资料的时间序列不够长，很难评价百年尺度上的水土流失。但在现实中，需要知道更长时段的土壤流失，如东北黑土区自开垦以来的土壤流失量估算、腐殖质层变薄的速度确定等问题，都需要知道长时间尺度的土壤侵蚀情形。借助土壤磁化率技术，就可以解决长时间尺度的土壤流失评价问题。首先，根据研究区自然环境特征及人类活动特点，选定参考点。东北黑土区的农耕地基本上都是由天然草地开垦而来，需要寻找未受人类影响的草地。同时，再排除草地本身发生侵蚀的可能性。因此，参考点的条件就是平坦的天然草地，如果在野外寻找理想的参考点有困难，可以选择尽可能接近此条件的点。待参考点选定后，沿土壤剖面等间距采样测定磁化率，并绘制参考点土壤磁化率剖面线。再利用耕作均一化模型逐次计算每侵蚀掉 1 cm 土层后，耕层土壤的平均磁化率，并绘制土壤层厚度变薄过程对应的土壤磁化率变化的虚拟剖面(表层土壤磁化率随侵蚀层厚度的变化曲线)。有了这条虚拟曲线，就可以用当前实测的表层土壤磁化率找出现在土壤表面在原来未经侵蚀的土壤剖面中的位置，被侵蚀掉的土层厚度就可以确定了。对于沉积区而言，用参考点剖面 20 cm 耕层的平均磁化率在每一个采样点的土壤磁化率剖面线上画一条直线，两线的交点对应的深度就是沉积厚度。有了侵蚀厚度和沉积厚度，除以开垦时间就得到侵蚀速率和沉积速率。有了坡面不同地点的侵蚀速率或沉积速率，就可以计算坡面上侵蚀区平均侵蚀速率和沉积区平均沉积速率，以及这个坡面的净侵蚀率。研究结果表明，利用上述方法确定坡面在百年尺度上的平均侵蚀强度和平均沉积强度是可行的，而且研究结果与其他方法的结果存在可比性。因此，土壤磁化率技术为百年尺度土壤侵蚀评价提供了有效途径。

15.1.5 土壤磁化率采样及测定方法优化

土壤磁化率本身为无量纲指标，但在环境磁学中用质量磁化率表示，单位为 m^3/kg。现在最常用的测定仪器为英国巴廷顿公司生产的土壤磁化率仪。该设备有一个体积固定的测样室，测试时需要将风干过筛后的样品装入测试盒，称重后测试，待测完后再用容重换算成单位质量的磁化率。这种传统的从采样到测试的程序，必须经历采样—风干—

过筛—再装样—称重—测试等过程，费时费力。而且采样设备基本都用通用的土壤采样土钻等。通过改进现有土壤采样设备，设计一套专门用于土壤磁化率采样设备，且能保证测定结果与传统方法保持一致，是当务之急。为此，通过反复试验研究，设计了土壤磁化率采样设备，包括特制土钻和取样盒。取样盒直径及体积与巴廷顿公司生产的磁化率仪上配备的标准测试盒相同，土钻钻头内腔刚好与取样盒大小一致。在野外取样时，预先将取样盒置入钻头内，将土直接取至取样盒内。待在室内风干后，将取样盒放入测样室直接测定土样磁化率。研究结果表明，经过对同一土样的两种方法的测试结果进行反复验证，两种方法的测试结果存在极显著相关关系。由于磁化率测定过程中，最费时费工的工作就是测试样品的准备，省去这一过程，测试效率会显著提高。因为上机测试一个样品只需几秒到十几秒钟，但准备一个测试样品也许需要几十分钟。因此，新设备的研制成功，在不影响测试精度的前提下，测试效率得到极大提升。

15.1.6　土壤厚度探测技术及应用

土壤磁化率最初是作为磁性示踪剂来研究土壤侵蚀，就是将磁性物质均匀地混入测试土壤，得到一个已知的土壤磁化率。经过降水后，磁性物质随泥沙流失，土壤磁化率会变小，可以通过土壤与磁性物质的比例变化，计算土壤流失量。但此方法仍存在不足，首先是如何保证磁性物质与土壤混合均匀，其次又如何保证磁性物质与土壤按照设计的配比同步流失。为了克服上述不足，我们设想将强磁性物质预埋入试验土壤下一定深度处，通过测定不同埋深时的土壤磁化率，建立土壤磁化率与磁性物质埋深(土壤厚度)的关系曲线。再通过测定土壤磁化率，利用率定构建的关系曲线，就可以计算出该磁化率对应的侵蚀土壤厚度。以此类推，通过测定土壤磁化率变化就可以计算出土壤厚度变化，根据土壤厚度变化量就可以计算出土壤侵蚀量。

实现上述设想首先要测试土壤磁化率变化对应的厚度变化精度能否达到毫米级，即土壤厚度出现毫米级变化时，土壤磁化率是否出现可分辨(刻度可读)的变化。其次，根据磁化率变化测定的土壤厚度变化计算的土壤流失量与传统方法实测值是否一致。针对上述两个问题设计了系列实验，利用人工模拟降雨进行测试。试验结果表明，侵蚀过程中土层厚度的变化可以通过测定磁化率变化来识别，且根据土层厚度变化计算的土壤流失量与传统方法观测值十分接近。这一创新性设想为磁化率技术在土壤侵蚀研究中的应用开拓了新思路，克服了早期研究中将磁性物质混入试验土壤等方法的不足。与常用的稀土元素相比，磁性物质不仅成本低廉，磁化率测试方法也更为简单高效。

15.1.7　复合指纹技术中的环境指示价值

为了探讨土壤侵蚀与生态环境的演变过程，需要追踪千年尺度或更长时间序列的土壤侵蚀过程，靠现在的观测手段或核素示踪技术很难实现，而磁化率技术为满足这一需求提供了可能。例如，为了揭示西南地区土地石漠化发生发展过程及其主导因子，就需要追踪千年尺度上的土壤侵蚀过程，探究土壤侵蚀与石漠化发展在时间上是否存在耦合关系，为评价人类活动对土地石漠化的贡献大小提供理论支撑。由于人类活动历史可以通过历史记录及现有人口分布、垦殖率等指标进行追踪，如果通过磁化率等技术反演出土壤侵蚀演变过程，就可以建立两者的对应关系。为此，我们利用磁化率技术，从坡面尺度和小流域尺度开展了百年和千年尺度上的土壤侵蚀反演研究。

在坡面尺度上，选择现存的天然林地作为对照样地，借助树木年轮技术，结合现场走访，都证实采样林地至少存在百年之上。在所选林地上，从坡顶到坡脚选择样线，并等间距选定采样点，在每个采样点上沿土壤剖面采集不同深度的土壤样品，测定磁化率，构建土壤磁化率剖面。再在耕地坡面同样沿坡向布设样线，并等间距选定采样点，在每个采样点沿土壤剖面采集不同深度的土壤样品，测定磁化率，构建土壤磁化率剖面。通过对比分析采样点与参考点土壤磁化率剖面的差异，就可以解析不同地貌(坡面)被侵蚀掉的土壤层厚度，计算土壤侵蚀量。

在小流域尺度上，选择沉积洼地，通过构建沉积层土壤磁化率剖面，结合 ^{14}C 和光释光等技术对沉积剖面进行断代定年，分析沉积过程。借助沉积剖面上土壤磁化率变化曲线，确定开垦开始时段对应的地层位置。因为沉积泥沙来自坡面上的土壤剖面，剖面上不同土层具有特定的磁化率分布。在未开垦之前，侵蚀量小且以磁化率高的细粒为主，对应的沉积泥沙磁化率也高。随着开垦种植的持续，表层土壤剥蚀到亚表层等，沉积泥沙的磁化率也会逐渐减小。因此，沉积剖面中土壤磁化率开始显著变小的土层所对应的时间点应该就是开始开垦的时间。

研究结果表明，不论是在坡面尺度还是在小流域尺度，土壤磁化率变化都可以用于土壤侵蚀反演。借助其他断代定年技术，不仅可以估算长时间尺度的土壤侵蚀强度，还可以追踪泥沙来源以及开垦历史。

15.2　存在的不足

作为一种新的研究方法，利用磁化率技术研究土壤侵蚀时也存在诸多不足和难题，对采样设计也有较高的专业背景知识要求。参考面在磁化率技术应用中至关重要，选择得合理与否，直接关系到计算结果。另外，利用磁化率变化研究土壤侵蚀时，需要知道确切的时间，否则即使知道了土壤流失量，不能与时间建立对应关系也就失去了评价价值。

15.2.1　参考点的选定问题

参考点及其剖面选择是磁化率应用的一个关键问题。所谓参考点就是未遭受侵蚀的点，或者对应于某一个时间点的土壤性状及剖面。与其他示踪技术一样，参考点选择时首先考虑未遭受侵蚀或者仅发生微度侵蚀的林地或草地，而且要求地形平坦。但对于磁化率技术而言，在此基础上还需要考虑成土环境要有代表性。因为应用磁化率技术来研究土壤侵蚀时，是通过追踪或反演土壤剖面在遭受侵蚀时的变化过程，根据已知时间段内土壤厚度的损失程度来计算土壤流失量。理论上讲，参考点上的土壤与研究地区的土壤应具有相同的发育历史，以及相同或相近的土壤剖面。由于东北黑土区在开垦成农地之前，基本上都是天然草地，因此参考点应首先选择草地。但由于近百年来大规模的开垦，已经很难找到理想的天然草地，只能找尽可能接近理想条件的地块作为参照。对于其他地区的坡耕地而言，耕地一般都是通过毁林开荒而来，只要找到天然林地，就可以作为较理想的参考点。对于侵蚀严重的黄土高原地区而言，地带性土壤已经被侵蚀殆尽，很难找到原有的地带性土壤剖面做参考点。因此，在黄土高原地区，利用磁化率技术研究土壤侵蚀存在困难。由于磁化率技术的实质是通过磁化率变化来反演土壤侵蚀过程，理论上只要知道某一个时间点上的土壤剖面，就可以反演这个时间点之后的土壤侵蚀变化，但在现实中几乎不可能找到某一个具体时间点对应的土壤剖面，如某一个地方 1750 年、1800 年或 1830 年的土壤剖面都已经不存在了。但在没有已知时间点的土壤剖面上，如果有原始土壤剖面上的土壤调查数据，如土壤普查数据，可以根据剖面上每层土壤的粒径组成数据，用现在的土壤配比出当时的土壤剖面，然后逐层测定土壤磁化率，重建历史时期对应年份的土壤磁化率剖面，并以此作为参考面，用来研究从当时年份起至今的土壤侵蚀问题。

参考面选定要根据研究目的和内容来确定。东北黑土区的开垦历史相对较短，特别是一些大型的国营农场，大面积的开垦基本发生于 20 世纪 50 年代。目前仍有未开垦的天然林地或天然草地存在，尽可能地寻找天然林草地作为参考面，用来研究自开垦以来土壤侵蚀发生的演变过程。由于林地和草地的土壤发育过程不同，剖面特征也存在差异，选用林地作为参考面，在理论上不可行。在其他侵蚀严重区，由于开垦历史较长，再去寻找与研究区成土环境相近的未开垦地十分困难，可合理地选择替代地块。所谓合理是指成土条件相近，发育历史足够长，满足上述条件的次生林地也可以考虑。因此，只要能确定参考面，就可以用磁化率变化来反演因侵蚀而导致的土壤剖面变化。对于有资料记录的土壤剖面，可以通过质地配比的办法构建虚拟参考面。

15.2.2　研究时段起点确定

时间段长度的确定是磁化率技术在土壤侵蚀研究中应用时面临的另一个难题。对于开垦历史较短的地区，可以通过查阅文献资料或实地走访来确定。但对于开垦历史很久的地区，初始开垦时间的确定十分困难，需要借助其他技术手段。一般而言，每一个地方的开垦过程都应遵循先难后易、先近后远和先缓后陡的规律，即在聚落或村落人口较少的早期，开垦的耕地主要分布在平坦的地方，一来方便劳作，二来水热条件好，粮食产量肯定也高。随着人口的不断增加，仅种植平坦的土地会渐渐不能满足粮食需求，必然会扩展耕地，开始开垦坡面，但会先开垦坡度相对较缓的地块。随着人口不断增加，粮食需求更大，开垦的坡度也就渐渐变陡。考虑到追求效率的本性，不管是开垦平坦地或坡耕地，都会遵循由近到远的规律。因此，对于一个村落而言，社会发展历史和开垦种植历程可能很悠久，但不同地块间会有不同的时间历程。而且由于水土流失只发生在坡耕地，特别是陡坡耕地，坡耕地开垦时间的确定才是关键。由于耕地面积与人口之间存在必然的相关关系，可以通过研究人口动态，利用有关粮食亩产等方面的历史记载来推算坡耕地的开垦时间。

研究时段起点确定的具体思路是：首先，通过查阅历史古籍或地方志等记载社会发展和人文特点的书籍，根据研究目的和资料的详细程度，构建省级、县级或不同地理单元的人口变化序列。其次，通过查找和间接描述推算不同时间段对应的粮食亩产量，以及人均年粮食需求量。根据人口数量和粮食需求量，就可以推算出该时段的耕地面积。根据统计资料或遥感影像，可以得到研究区平坦地和不同坡度级的面积。最后，利用根据历史记载推算的不同历史时期的耕地面积，与根据遥感或统计手段得到的不同坡度级的耕地面积进行对照，就可以推测出不同坡度级耕地开垦的起始时间，也就是土壤侵蚀开始发生的时间。有了这个起始时间，就可以通过土壤磁化率剖面变化，来估算该地区长历史时段的土壤侵蚀量，为人类活动影响评价提供数据支撑。尽管上述思路清晰可行，但在实施过程中会遇到很多困难。首先是研究范围与历史记载的匹配问题，因为历史记录一般都没有明确范围概念，需要根据记载的详略程度进行合理的推测和科学的概化或假设。其次是开垦地块位置的确定和开垦连续性的保证问题。由于历史记载推算结果不论是时间还是面积都很难落在具体地块上，都是针对平均状况，在具体推演过程中需要进行科学甄别。另外，早期的开垦都存在轮垦现象，增加了推算难度。

15.2.3　时间尺度问题

磁化率技术基于示踪土壤剖面变化来反演土壤侵蚀，而土壤剖面变化不是短时间内发生的事件。因此，用磁化率技术估算土壤侵蚀应关注的是长时间尺度，如百年或千年尺度，是对核素追踪技术的有效补充，但关注时段越长，涉及问题越多。对于几百年或几千年土壤侵蚀的估算与评价，怎样保证其精度以及用什么方法验证？核素示踪技术可以用小区资料验证或修订后，再应用于无资料地区，或者坡面不同部位的土壤侵蚀估算，很好地弥补了小区观测手段的局限性。而磁化率技术关注的时间段都超出了小区观测和核素示踪技术对应的时限，无法与核素示踪或小区观测资料来相互印证。因此，对磁化率技术估算结果的精度进行验证也是目前面临的难题之一。考虑可以用土壤聚湫以及封闭洼地的沉积物分析等手段来验证，不论是天然聚湫还是沉积洼地，沉积泥沙都来自坡面侵蚀的土壤。因此，沉积泥沙与坡面侵蚀之间存在因果关系。通过沉积泥沙分析，可以推算出小流域长时间序列的平均侵蚀量，可以间接地验证用磁化率技术估算的坡面侵蚀量。用这种方法验证时，土地利用类型越简单越好。

15.2.4　泥沙沉积信息的反演问题

用小流域沉积泥沙信息反推坡面侵蚀过程时，不论哪种技术方法都面临着如何合理科学地将点数据扩展到面的问题。地形条件和土地利用方式简单的小流域相对简单，但当地形变化越复杂和土地利用方式越多时，反演拓展就越难。沉积剖面的磁化率曲线可以很好地解析泥沙在源地土壤剖面上的层位。沉积剖面上磁化率高的层位一定是来自来源地土壤剖面上黏性物质含量高的表层，磁化率低的层位对应源地土壤剖面的下部。因此，在利用沉积泥沙反演流域土壤侵蚀时，磁化率赋有更丰富的环境信息。但如何构建准确的对应关系也是磁化率技术成功应用的难题。特别是在土地利用多样的小流域，不同土地利用的侵蚀强度不同，磁化率剖面衰减过程也不一致，意味着不同土地利用方式下土壤剖面的变化过程具有同层不同期，或者同期不同层的特点。因此，在反演过程中要根据土地利用类型的占比来修订，但如何确定历史时期的土地利用方式又增加了技术难度。

15.3　未来重点研究方向

尽管土壤磁化率技术在土壤侵蚀预测评价方面越来越受到关注，应用范围及使用区域不断扩大，也取得了丰富的研究成果。但如上所述，目前仍存在诸多难题和瓶颈问题。为了拓展磁化率技术在土壤侵蚀研究领域的应用范围和提高估算精度，需要针对当前遇到的难题，结合生产实际的客观需求和现代技术进步，做进一步的深入研究和探索。

15.3.1　参考面的选择规范问题

前已述及，参考面在磁化率技术应用中具有重要意义，但由于人类活动的强烈影响，在实际工作中要找到理想的参考面十分困难。但土壤形成过程受制于水热环境，在一定的水热环境下发育了特定的土壤类型和土壤磁化率剖面。理论上讲，如果水热环境保持稳定，土壤磁化率剖面就不会发生改变。在人类历史时段内，磁化率剖面发生改变的原因正是人类破坏植被和开垦种植活动所驱动。未来研究可以考虑用成土过程及土壤发育程度与水热因子之间的关系，构建地带性土壤的标准磁化率剖面；并针对主要影响因子，如地形、植被类型等修订参数，在地带性标准剖面的基础上，针对具体立地条件，通过订正参数进行修订，得到具体参考面。另外，可以利用土壤普查提供的土壤类型中土类、亚类、土种等对应的标准剖面，构建一套各级土壤类型对应的土壤磁化率剖面。在以后应用中，只要能识别研究区的土壤类型，就选择对应的标准磁化率剖面作为参考面。构建标准参考面还有利于保证不同研究成果之间具有可比性。

15.3.2　侵蚀估算中的时间断代问题

用土壤磁化率技术估算和评价土壤侵蚀的优势在于对较长时间侵蚀过程的重建，而研究时段的起始时间确定是其中关键的一环。在目前阶段，起始时间确定主要通过查阅文献和实地走访来解决，但存在局限性。对于开垦时间久远的地方，开始开垦时间的确定十分困难。同时，有时候可能还需要关注某个时段的侵蚀量。为了拓展磁化率技术的应用前景，未来需要强化年代识别确定方法等方面的研究工作。目前，几十年尺度的定年断代常常依赖 ^{137}Cs 技术，百年尺度用 ^{210}Pb 技术。千年和万年尺度的定年断代则依靠 ^{14}C 和光释光技术。如何构建 ^{137}Cs 技术和光释光技术定年结果与磁化率技术所解析出的信息间的关联性，是未来需要强化的研究领域。只有将磁化率解析的信息标定上确定时间，才能实现土壤侵蚀量的估算及侵蚀发展过程的反演。

15.3.3　磁性示踪物质的筛选与优化

磁化率技术最初是通过施加磁性物质追踪土壤迁移过程而引入土壤侵蚀研究领域的，但需要有一定前提假设：①磁性物质不溶于水且不随水的入渗而迁移；②磁性物质能与土粒充分结合且同步运动。考虑到成本因素，磁性物质基本都选择用磁铁矿粉，而磁铁矿粉是否完全满足上述两个假设条件？如果不完全满足，有多少误差？这些都需要在未来研究中予以关注。同时，除了磁铁矿粉外，是否还可以找到其他更好的替代品，以提高磁化率技术在泥沙来源反演中的精度及可信度。核素追踪技术之所以能应用于土壤侵蚀研究，是因为被公认为其满足上述两个假设。然而，近年来已有学者证明 ^{137}Cs 会随水分下渗而发生迁移，尽管不足 10 cm，但可能在小流域侵蚀估算中产生误差及时间对应上的错位。

参 考 文 献

Cao Z H, Ke Q H, Zhang K L, et al. 2022. Millennial scale erosion and sedimentation investigation in Karst watersheds using dating and palynology. Catena, 217: 106526.

Cao Z H, Zhang K L, He J H, et al. 2021. Linking rocky desertification to soil erosion by investigating changes in soil magnetic susceptibility profiles on karst slopes. Geoderma, 389(1): 114949.

Cao Z H, Zhang Z D, Zhang K L, et al. 2020. Identifying and estimating soil erosion and sedimentation in small Karst watersheds using a composite fingerprint technique. Agriculture, Ecosystems and Environment, 294: 106881.

He J H, Zhang K L, Cao Z H, et al. 2021. Tracer vertical movement and its affecting factors in karst soil profiles in simulated leaching context. Journal of Soils and Sediments, 22(1): 229-237.

Liu L, Huang M B, Zhang K L, et al. 2018. Preliminary experiments to assess the effectiveness of magnetite powder as an erosion tracer on the Loess Platea. Geoderma, 310: 249-256.

Liu L, Liu H Y, Fu S H, et al. 2020. Feasibility of magnetite powder as an erosion tracer for main soils across China. Journal of Soils and Sediments, 22(4): 2207-2216.

Liu L, Zhang K L, Fu S H, et al. 2019. Rapid magnetic susceptibility measurement for obtaining superficial soil layer thickness and its erosion monitoring implications. Geoderma, 351: 163-173.

Liu L, Zhang K L, Zhang Z D, et al. 2015. Identifying soil redistribution patterns by magnetic susceptibility on the black soil farmland in Northeast China. Catena, 129: 103-111.

Liu L, Zhang K L, Zhang Z D. 2016. An improved core sampling technique for soil magnetic susceptibility determination. Geoderma, 277: 35-40.

Liu L, Zhang Z D, Zhang K L, et al. 2018. Magnetic susceptibility characteristics of surface soils in the Xilingele grassland and their implication for soil redistribution in wind-dominated landscapes: A preliminary study. Catena, 163: 33-41.

Yu Y, Zhang K L, Liu L, et al. 2019. Estimating long-term erosion and sedimentation rate on farmland using magnetic susceptibility in Northeast China. Soil and Tillage Research, 187: 41-49.

Yu Y, Zhang K L, Liu L. 2017. Evaluation of the influence of cultivation period on soil redistribution in Northeastern China using magnetic susceptibility. Soil and Tillage Research, 174: 14-23.